W0004806

MATHEMATIK NEUE WEGE

ARBEITSBUCH FÜR GYMNASIEN

Lineare Algebra

Analytische Geometrie

Herausgegeben von
Günter Schmidt
Martin Zacharias
Arno Lergenmüller

Schroedel

MATHEMATIK NEUE WEGE
ARBEITSBUCH FÜR GYMNASIEN
Geometrie

Herausgegeben von:
Prof. Günter Schmidt, Martin Zacharias,
Arno Lergenmüller

erarbeitet von:
Michael Bostelmann, Neuhäusel
Dr. Eberhard Lehmann, Berlin
Annelies Paulitsch, Hamburg
Kerstin Peuser, Roetgen
Prof. Günter Schmidt, Stromberg
Martin Traupe, Hamburg
Reimund Vehling, Hannover
Dr. Hubert Weller, Lahnau
Martin Zacharias, Molfsee

Redaktion: Stephanie Aslanidis, Sven Hofmann
Herstellung: Reinhard Hörner
Umschlagentwurf: Klaxgestaltung, Braunschweig
Illustrationen: M. Pawle, München
techn. Zeichnungen: M. Wojczak, Butjadingen
technisch-grafische Abteilung Westermann, Braunschweig
Satz: CMS – Cross Media Solutions GmbH, Würzburg
Druck und Bindung: westermann druck GmbH, Braunschweig

ISBN 978-3-507-**85584**-7

Inhalt

Kapitel 1

Orientieren und Bewegen im Raum **9**

1.1 Orientieren im Raum – Koordinaten 10
Räumliche Koordinatensysteme, 2D-Darstellung räumlicher Objekte 16

1.2 Bewegen im Raum – Vektoren 25
Vektoren – algebraisch und geometrisch 28; Rechnen mit Vektoren 32; Parallele Vektoren – linear abhängig 34; Orthogonale Vektoren 38; Rechengesetze für Vektoren 40

CHECK UP 43
Sichern und Vernetzen – Vermischte Aufgaben 45

Anwendungen
Fluoritkristalle 13
Dachformen 17
Würfelschnitte 21, 47
Haus des Nikolaus 26, 47
Spinne auf der Jagd 27, 47
Parkettierungen 30
Würfelverschiebungen 30
Orientierungslauf 31
Schwerpunkte 37
Walmdach 43
Platonische Körper 48

Exkurse
Würfelhäuser 12
Räumliche Koordinatensysteme und 2D-Darstellung realer Objekte 16
Modell-Baukasten 20
Anfänge der Analytischen Geometrie 24
Spat 35
Beweis der Orthogonalitätsbedingung für Vektoren 38
Begründung der modernen Vektorrechnung 42

Projekte
Ebene Würfelschnitte 21
Schrägbilder mit dem Computer 22
Mittenviereck in der Ebene und im Raum 41

Kapitel 2

Geraden und Ebenen **49**

2.1 Geraden in der Ebene und im Raum. 50
Punkt-Richtungs-Form einer Geradengleichung 52; Darstellen von Geraden mit Spurpunkten 58; Lagebeziehungen zwischen Geraden 61; Gauß-Algorithmus 63

2.2 Ebenen im Raum. 72
Punkt-Richtungs-Form einer Ebenengleichung 75; Darstellen von Ebenen mit Spurpunkten 80; Lagebeziehung zwischen Gerade und Ebene 82; Lineare Abhängigkeit von drei Vektoren 84; Lagebeziehung zwischen Ebenen 86

CHECK UP 93
Sichern und Vernetzen – Vermischte Aufgaben 95

Anwendungen
Begegnungsproblem 50
Laser 51
Walmdach 53
Haus des Nikolaus 55
Projektionen 59
Tauchboot 60
Schiffswrack 60
Würfelschnitte 66, 67, 76, 79, 80, 85
Flugzeugkollision 68
Landeanflug 68
Schatten 69, 70, 90
Tripelspiegel 70, 71
Dachfläche 72, 73
Satteldach 77
Zeltflächen 87
Oktaeder 87
Kuboktaeder 88
Pyramide 90
Zentralperspektive 91
Fluchtpunkte 92
Licht und Schatten 69
Darstellen von Ebenen mit Spurpunkten 80
Dürer 91
3D im Gehirn 92

Exkurse
Darstellen von Geraden mit Spurpunkten 58

Projekte
Tripelspiegel 70
Perspektive und Dürer 91

Kapitel 3

Skalarprodukt und Messen **99**

3.1 Skalarprodukt und Winkel 100
Skalarprodukt und Anwendungen 102; Strukturelles zum Skalarprodukt 108

3.2 Winkel zwischen Geraden und Ebenen 111
Normalenvektor 113; Winkel zwischen Geraden und Ebenen 113; Normalenform einer Ebenengleichung 118; Geometrische Interpretation von Gleichungssystemen 124; Vektorprodukt 126

3.3 Abstandsprobleme 128
Lotfußpunktverfahren 130; Strategien zur Abstandsbestimmung 133; Hesse'sche Normalenform 134; Abstand windschiefer Geraden 136; Abstandsprobleme als Optimierung 138

CHECK UP 140

Sichern und Vernetzen – Vermischte Aufgaben 143

Anwendungen
Oktaeder 107, 132
Fähre 110
Draisinenfahrzeug 110
Walmdächer 117
Architektur 121
Winkel in platonischen Körpern 122
Parkettierung des Raumes 122, 123
Methan-Molekül 123
Dodekaeder 123
Abstandssituationen 128
Flugrouten 139

Exkurse
Beweis des Satzes des Thales 109
Vektoren in der Physik 110
Tetraederpackung 122
Geometrie LGS 124
Skalarprodukt und S-Multiplikation 126
Abstand Punkt – Gerade mithilfe der Analysis 138

Kapitel 4

Matrizen **147**

4.1 Von Tabellen zu Matrizen – Matrizen in Anwendungen 148
Rechnen mit Matrizen in Anwendungen 151; Matrizen in mathematischer Fachsprache 154; Multiplikation von Matrizen 156; Inverse Matrix 162; Codieren – Decodieren 163; Leontief-Modell 164

4.2 Übergangsprozesse 166
Übergangsprozesse mit Matrizen beschreiben 168; Langfristige Entwicklung und stabile Verteilung 173; Populationsentwicklung 179; Warteschlangen 182

4.3 Geometrische Abbildungen 183
Berechnung der Bildpunkte, Abbildungsmatrix 185; Hintereinanderausführung 193; Inverse Abbildungen 194

CHECK UP 197

Sichern und Vernetzen – Vermischte Aufgaben 201

Anwendungen
Gemüseeinkauf 148
Lagerhaltung 149
Marktanalyse 149, 158, 162, 171, 175
Schatten 150, 184, 189
Bundesligatabelle 152
Bestellmatrix 153
Haftpflichtversicherung 153
Käuferverhalten 153
Backzutaten 155
Schreinerei 155
Großküche 155
Wahlprognose 157
Seifenherstellung 158
Großbäckerei 159
Mäuselabyrinth 166, 174, 175, 178
Restaurant 167
Rent-a-Car 169, 175
Haarwaschmittel 169
Öffentlicher Nahverkehr 171
Diskothekenbesuch 171
Forellenteiche 172
Umfüllproblem 177
Partnerspiel 177
Stromanbieterwechsel 178
Irrfahrten 178
Maikäferpopulation 179
Käferpopulation 180
Insektenpopulation 180
Laubfrösche 181
Bildbearbeitung 183
Spiegel 184, 189, 193
Projektion 189, 195
Tripelspiegel 193

Exkurse
Mathematische Fachsprache 154
Lagerhaltung 159
Input-Output-Analyse 164
Dynamische Veranschaulichung 190
Inversion am Kreis 191
Projektionen 195
Schöne Grafiken 196

Projekte
Verschlüsselte Botschaften 163
Warteschlange am Sessellift 182

Kapitel 5 **Ergänzungen – Kugeln, Kegelschnitte und Vektorräume 207**

5.1 Kreise und Kugeln 208
Kreise in der Ebene, Kugeln im Raum 209; Tangentialgleichungen 211; Objektstudien mit Kugeln 212; Parameterdarstellung von Kreis und Kugel 214

5.2 Kegelschnitte 215
Schnittkurven eines Doppelkegels 216; Kegelschnitte als Ortslinien 217; Gleichungen der Kegelschnitte 218

5.3 Vektorräume 221
Vektorraum 222; Linear abhängig/unabhängig, Basis, Dimension 223; Vektorraum der reellen Funktionen 225; „Morphing" 226

Sichern und Vernetzen – Vermischte Aufgaben 227

Anwendungen
Olympische Ringe 210
Styroporschnitte 215
Magische Quadrate 221

Exkurse
Parameterdarstellung einer Kugel 214
Dandelinsche Kugeln 216
Der eigentliche Beginn der Analytischen Geometrie 220

Projekte
„Morphing" 226

Aufgaben zur Vorbereitung auf das Abitur 231
Lösungen zu den Check-ups 239
Stichwortverzeichnis 243
Fotoverzeichnis 245

Zum Aufbau dieses Buches

Jedes Kapitel beginnt mit einer **Einführungsseite**, die den Kapitelaufbau mit den einzelnen Lernabschnitten übersichtlich darstellt.

Jeder dieser Lernabschnitte ist in **drei Ebenen – grün – weiß – grün** – unterteilt.

2 Geraden und Ebenen

2.2 Ebenen im Raum

Was Sie erwartet

Mit Ebenen haben wir es im täglichen Leben häufig zu tun. Glasplatten, Fensterscheiben, Tischplatten, Wände oder Dachflächen sind Teile von Ebenen. Jede Hälfte eines Satteldachs ist Teil einer Ebene, deren Lage durch die Dachbalken und die Richtung der Dachsparren bestimmt ist.

Mit Vektoren und ihren Rechenoperationen lassen sich analog zu den Geraden im Raum einfache Gleichungen zur Beschreibung von Ebenen finden.

Mithilfe von Lagebeziehungen und Schnitten von Ebenen oder Geraden werden die Untersuchungen von geometrischen Objekten erweitert und vertieft.

Aufgaben

1 *Experimentieren: Wodurch ist eine Ebene festgelegt?*
Eine Gerade ist durch zwei Punkte eindeutig festgelegt. Wie sieht das bei einer Ebene aus?

eine Gerade — zwei sich schneidende Geraden — eine Gerade und ein Punkt

Material

In welchen Fällen ist eine Ebene festgelegt? Wie sind die Bewegungsmöglichkeiten, falls die Ebene nicht festgelegt ist?
Untersuchen Sie weitere Fälle durch Experimentieren mit Stiften (als Punkte oder Geraden) und mit einer Platte.

Die erste grüne Ebene

Was Sie erwartet

In wenigen Sätzen, Bildern und Fragen erfahren Sie, worum es in diesem Abschnitt geht.

Einführende Aufgaben

In vertrauten Alltagssituationen ist bereits viel Mathematik versteckt. Mit diesen Aufgaben können Sie wesentliche Zusammenhänge des Themas selbst entdecken und verstehen.

Dies gelingt besonders gut in der Zusammenarbeit mit einem oder mehreren Partnern.

In dem vielfältigen Angebot können Sie nach Ihren Erfahrungen und Interessen auswählen.

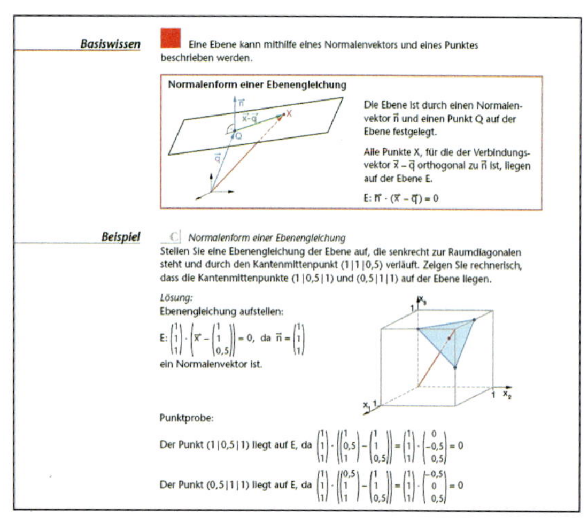

Basiswissen

Eine Ebene kann mithilfe eines Normalenvektors und eines Punktes beschrieben werden.

Normalenform einer Ebenengleichung

Die Ebene ist durch einen Normalenvektor $\vec{n}$ und einen Punkt Q auf der Ebene festgelegt.

Alle Punkte X, für die der Verbindungsvektor $\vec{x} - \vec{q}$ orthogonal zu $\vec{n}$ ist, liegen auf der Ebene E.

$E: \vec{n} \cdot (\vec{x} - \vec{q}) = 0$

Beispiel

C *Normalenform einer Ebenengleichung*
Stellen Sie eine Ebenengleichung der Ebene auf, die senkrecht zur Raumdiagonalen steht und durch den Kantenmittenpunkt (1 | 1 | 0,5) verläuft. Zeigen Sie rechnerisch, dass die Kantenmittenpunkte (1 | 0,5 | 1) und (0,5 | 1 | 1) auf der Ebene liegen.

Lösung:
Ebenengleichung aufstellen:

$E: \begin{pmatrix}1\\1\\1\end{pmatrix} \cdot \left(\vec{x} - \begin{pmatrix}1\\1\\0,5\end{pmatrix}\right) = 0$, da $\vec{n} = \begin{pmatrix}1\\1\\1\end{pmatrix}$ ein Normalenvektor ist.

Punktprobe:

Der Punkt (1 | 0,5 | 1) liegt auf E, da $\begin{pmatrix}1\\1\\1\end{pmatrix} \cdot \left(\begin{pmatrix}1\\0,5\\1\end{pmatrix} - \begin{pmatrix}1\\1\\0,5\end{pmatrix}\right) = \begin{pmatrix}1\\1\\1\end{pmatrix} \cdot \begin{pmatrix}0\\-0,5\\0,5\end{pmatrix} = 0$

Der Punkt (0,5 | 1 | 1) liegt auf E, da $\begin{pmatrix}1\\1\\1\end{pmatrix} \cdot \left(\begin{pmatrix}0,5\\1\\1\end{pmatrix} - \begin{pmatrix}1\\1\\0,5\end{pmatrix}\right) = \begin{pmatrix}1\\1\\1\end{pmatrix} \cdot \begin{pmatrix}-0,5\\0\\0,5\end{pmatrix} = 0$

Die weiße Ebene

Basiswissen

Im roten Kasten finden Sie das Wissen und die grundlegenden Strategien kurz und bündig zusammengefasst.

Beispiele

Die durchgerechneten Musteraufgaben helfen beim eigenständigen Lösen der Übungen.

Übungen

Die Übungen bieten reichlich Gelegenheit zu eigenen Aktivitäten, zum Verstehen und Anwenden. Zusätzliche „Trainingsangebote" führen zur Sicherheit.

hilfreiche Tipps und Lösungshinweise

Bei vielen Übungen finden Sie hilfreiche Tipps oder Möglichkeiten zur Selbstkontrolle.

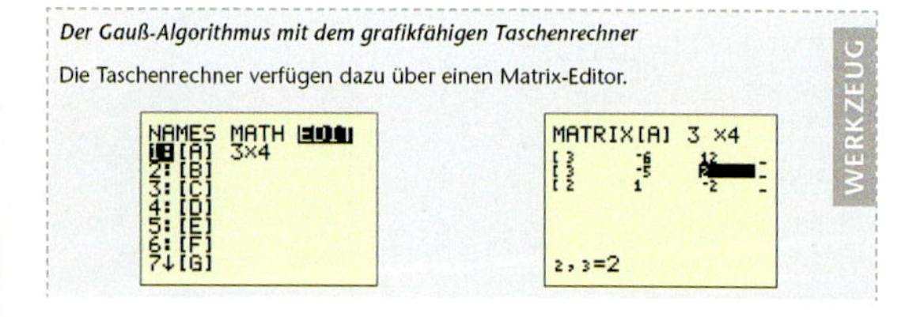

Der Gauß-Algorithmus mit dem grafikfähigen Taschenrechner

Die Taschenrechner verfügen dazu über einen Matrix-Editor.

Werkzeugkästen erläutern den Umgang mit dem GTR oder das Vorgehen bei mathematischen Verfahren.

Auf gelben Karten sind wichtige Sätze oder Sachverhalte zusammengefasst, die das Basiswissen ergänzen.

Matrix einer Drehung in der Ebene um den Winkel α

$D(\alpha) = \begin{pmatrix}\cos(\alpha) & -\sin(\alpha)\\ \sin(\alpha) & \cos(\alpha)\end{pmatrix}$

Die zweite grüne Ebene

Aufgaben

Hier finden Sie Anregungen zum Entdecken überraschender Zusammenhänge der Mathematik mit vielen Bereichen Ihrer Lebenswelt und anderer Fächer.

Die Aufgaben hier sind meist etwas umfangreicher, deshalb ist oft Teamarbeit sinnvoll.

In Projekten gibt es Anregungen zu mathematischen Exkursionen oder zum Erstellen eigener Produkte. Dies führt auch zu Präsentationen der Ergebnisse in größerem Rahmen.

2 Geraden und Ebenen

Aufgaben

52 *Schatten eines Turmes*
Ein Turm steht vor einer Wand (die x_1x_3-Ebene), die Sonne scheint und erzeugt einen Schatten des Turms an der Wand und auf dem Boden.

A = (6|4|0)
B = (6|6|0)
D = (4|4|0)
E = (6|4|3)
S = (5|5|6)

2101.ggb
2102.ggb

a) Die Richtung der Sonnenstrahlen ist gegeben durch den Vektor $\vec{v} = \begin{pmatrix} 2 \\ -3 \\ -1 \end{pmatrix}$. Berechnen Sie die Schattenpunkte und zeichnen Sie den Körper mit dem Schatten im Koordinatensystem.
b) Abends wird der Körper durch eine Lampe, die sich im Punkt L = (12|2|4) befindet, angestrahlt, und es wird ein Schatten auf der hinteren Wand (x_2x_3-Ebene) und dem Boden erzeugt. Berechnen und zeichnen Sie auch hier den Schatten.

Projekt

Tripelspiegel
Tripelspiegel sind Spiegel mit drei Spiegelflächen, die paarweise senkrecht zu einander sind. Sie finden in verschiedenen Bereichen ihre Anwendung. In der Messtechnik (z. B. bei der Weitenmessung in der Leichtathletik oder bei der Geländevermessung)

Check-up und Vermischte Aufgaben

Am Ende jedes Kapitels wird im **Check-up** nochmals das Wichtigste übersichtlich zusammengefasst.
Zusätzlich finden Sie passende Aufgaben, mit denen Sie Ihr Wissen festigen und sich für Prüfungen vorbereiten können. Die Lösungen dieser Aufgaben finden Sie am Ende des Buches.

Die abschließenden **Vermischten Aufgaben** zum Kapitel bieten weitere Übungen zur Festigung des Gelernten. Die Lösungen dazu finden Sie im Internet unter www.schroedel.de/neuewege-s2.

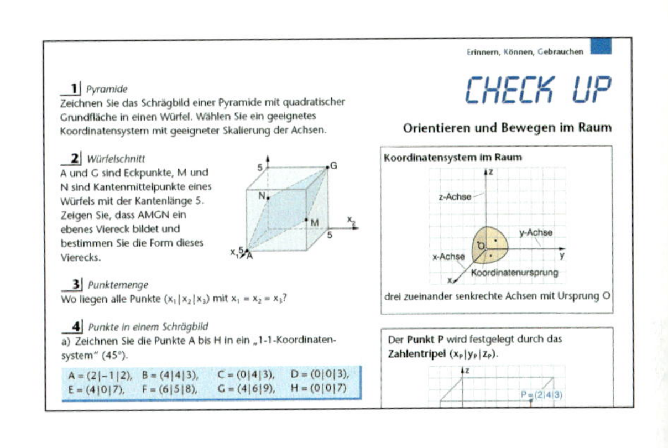
Erinnern, Können, Gebrauchen

CHECK UP

Orientieren und Bewegen im Raum

1 *Pyramide*
Zeichnen Sie das Schrägbild einer Pyramide mit quadratischer Grundfläche in einen Würfel. Wählen Sie ein geeignetes Koordinatensystem mit geeigneter Skalierung der Achsen.

2 *Würfelschnitt*
A und G sind Eckpunkte, M und N sind Kantenmittelpunkte eines Würfels mit der Kantenlänge 5. Zeigen Sie, dass AMGN ein ebenes Viereck bildet und bestimmen Sie die Form dieses Vierecks.

3 *Punktemenge*
Wo liegen alle Punkte $(x_1|x_2|x_3)$ mit $x_1 = x_2 = x_3$?

4 *Punkte in einem Schrägbild*
a) Zeichnen Sie die Punkte A bis H in ein „1-1-Koordinatensystem“ (45°).

A = (2|−1|2), B = (4|4|3), C = (0|4|3), D = (0|0|3),
E = (4|0|7), F = (6|5|8), G = (4|6|9), H = (0|0|7)

Koordinatensystem im Raum

drei zueinander senkrechte Achsen mit Ursprung O

Der **Punkt P** wird festgelegt durch das **Zahlentripel** $(x_P|y_P|z_P)$.

Grundwissen und Kurzer Rückblick

In den Kapiteln findet man an verschiedenen Stellen **Grundwissen**. Hier sind Übungen zusammengestellt, mit denen Sie testen können, wie gut die grundlegenden Inhalte der vorigen Lernabschnitte noch präsent sind.
In kurzen **Rückblick**en wird das Wissen aus vorherigen Schuljahren aufgefrischt.

GRUNDWISSEN

1 Welche Matrix ist zu $M = \begin{pmatrix} 2 & 1 \\ 3 & 4 \end{pmatrix}$ die inverse Matrix für die Multiplikation?

a) $\begin{pmatrix} 1 & 3 \\ 4 & 2 \end{pmatrix}$ b) $\begin{pmatrix} -2 & -1 \\ -3 & -4 \end{pmatrix}$ c) $\begin{pmatrix} \frac{4}{5} & -\frac{1}{5} \\ -\frac{3}{5} & \frac{2}{5} \end{pmatrix}$ d) $\begin{pmatrix} -2 & 3 \\ 1 & -4 \end{pmatrix}$

2 Gibt es zu jeder Matrix eine inverse Matrix für die Multiplikation?

3 Welche Matrix ist zu $M = \begin{pmatrix} 2 & 1 \\ 3 & 4 \end{pmatrix}$ die inverse Matrix für die Addition? Gibt es zu jeder Matrix eine inverse Matrix für die Addition?

Exkurse

Auch im Mathematikbuch gibt es einiges zu erzählen, über Menschen, Probleme und Anwendungen oder auch Seltsames.

Populationsentwicklung

Übergangsmatrizen finden auch bei Modellen zur Populationsentwicklung ihre Anwendung. So kann z. B. die Entwicklung einer aus Käfern, ihren Eiern und deren Larven bestehenden Population beschrieben werden.
Die hierbei auftretenden Matrizen können anderer Art sein als die vorher betrachteten stochastischen Matrizen.

CD-ROM & Maus-Symbol

Die beigefügte **CD-ROM** enthält interaktive Werkzeuge zur 3D-Darstellung geometrischer Objekte. Die Aufgaben, bei denen die bewegte 3D-Darstellung hilfreich ist, sind mit dem Maus-Symbol gekennzeichnet. Zusätzlich wird bei einigen Aufgaben auf interaktive Werkzeuge unter www.schroedel.de/neuewege-s2 hingewiesen. Dazu wird jeweils die zur Aufgabe passende Datei genannt.

1 Orientieren und Bewegen im Raum

Die Analytische Geometrie ist geprägt durch das Zusammenspiel von Geometrie und Algebra. In einem Koordinatensystem lassen sich Punkte und geometrische Objekte mithilfe von Zahlen, den Koordinaten, beschreiben. Bewegungen können durch Vektoren beschrieben werden.
Die Veranschaulichung räumlicher Objekte und die Erkundung von geometrischen Eigenschaften und Beziehungen geschieht an den räumlichen Modellen selbst und über das Zeichnen von Schrägbildern. Der Computer ermöglicht mit geeigneter 3D-Software neue Erkundungswege über bewegte Bilder.
Mit der Interpretation von Zahlentripeln als Punkte im Raum oder als Bewegungen im Raum erhält man wirkungsvolle Werkzeuge zur Lösung geometrischer Probleme.

1.1 Orientieren im Raum – Koordinaten

In einem Würfel wird über entsprechende Kantenmitten ein Sechseck konstruiert. Ist dieses Sechseck regelmäßig?
Am Würfelschnitt oder am durchsichtigen halb gefüllten Würfel lässt sich die Vermutung am realen Modell überprüfen.
In unterschiedlichen Koordinatensystemen kann man verschiedene Perspektiven darstellen. Mit Computersoftware lässt sich dies dynamisch beobachten.
Die Kantenlänge des Sechsecks lässt sich aus den Koordinaten berechnen.

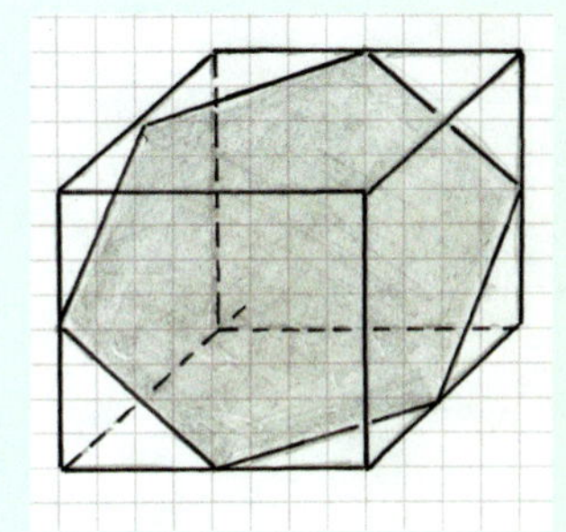

1.2 Bewegen im Raum – Vektoren

Aus Experimenten am Realmodell oder mit DGS gewinnt man die Vermutung, dass das Mittenviereck eines beliebigen Vierecks im Raum immer ein Parallelogramm ist.
Mithilfe der Darstellung und dem Rechnen mit Vektoren lässt sich die Vermutung beweisen.

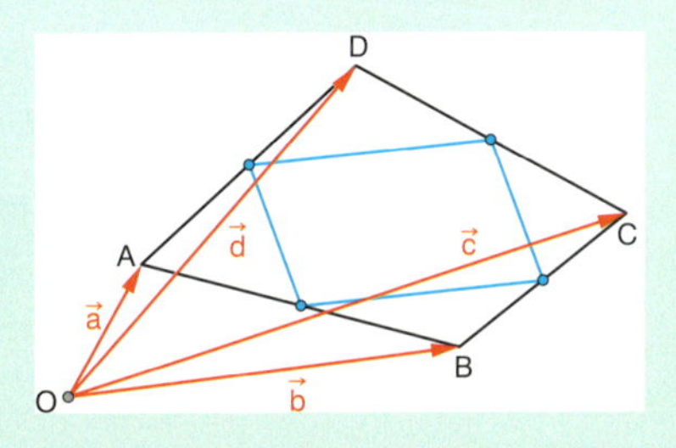

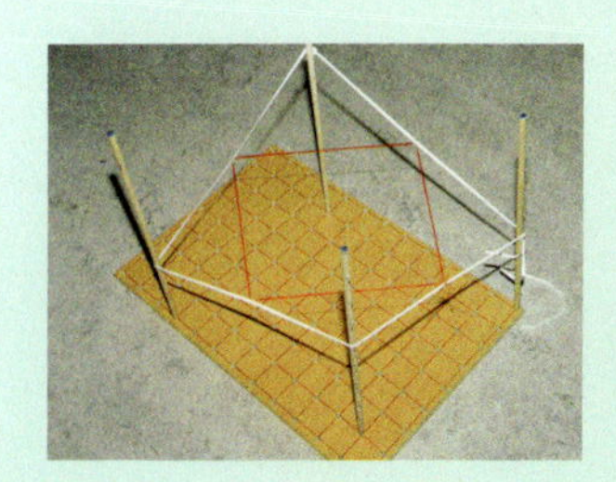

1.1 Orientieren im Raum – Koordinaten

Was Sie erwartet

„Orientierung im Raum" ist eines der Kernanliegen der Geometrie. Ein wesentliches Hilfsmittel sind dabei die Koordinaten. In der Ebene haben Sie das Koordinatensystem mit x-Achse und y-Achse schon häufig benutzt, insbesondere im Zusammenhang mit Funktionen und Graphen. Dies ist ein typisches Beispiel für das Zusammenspiel von Geometrie und Algebra. Geraden und Parabeln werden mithilfe von Funktionsgleichungen beschrieben; durch Rechnen mit diesen Gleichungen kann man Nullstellen oder Schnittpunkte bestimmen.

Schwieriger wird dieses Wechselspiel in der Geometrie des Raumes. Zwar ist es ein Leichtes, unser Koordinatensystem der Ebene durch eine dritte Achse (z-Achse) – die wiederum senkrecht auf den beiden schon vorhandenen Achsen steht – zu ergänzen. Die neuen Schwierigkeiten beginnen aber schon, wenn man ein anschauliches Bild der Lage von geometrischen Objekten im Koordinatensystem gewinnen will. Hier müssen wir entweder auf ein aufwändig herzustellendes räumliches Modell zurückgreifen oder mithilfe geschickter „Schrägbilder" einen räumlichen Eindruck auf unserem Zeichenpapier „vortäuschen".

Das Zeichnen von Schrägbildern gehört ebenso zu den mathematischen Fähigkeiten wie das Rechnen. Mit dem Computer steht uns heute ein Werkzeug zur Verfügung, mit dem wir solche Schrägbilder sehr anschaulich und sogar bewegt auf dem Bildschirm erzeugen können. Dabei ist dann wieder die Algebraisierung räumlicher Beziehungen über Zahlen und Koordinaten sehr hilfreich.

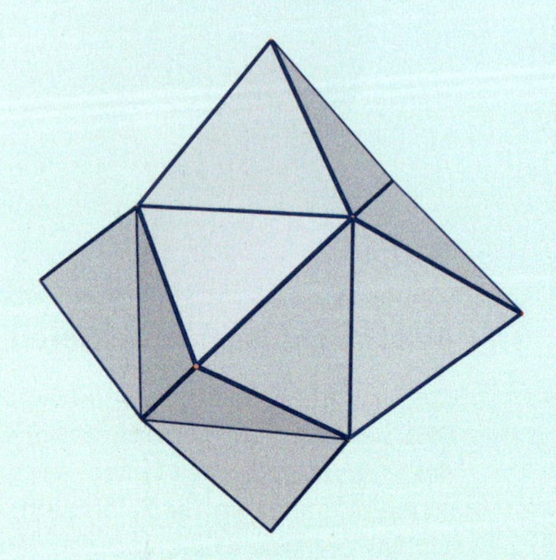

1 *„Descartes Lexikon" –Verbindung zwischen Geometrie und Algebra*

In der Mittelstufe haben Sie bereits in unterschiedlichen Zusammenhängen Verbindungen zwischen Geometrie und Algebra kennengelernt. Einige Beispiele sind im Folgenden aufgeführt.

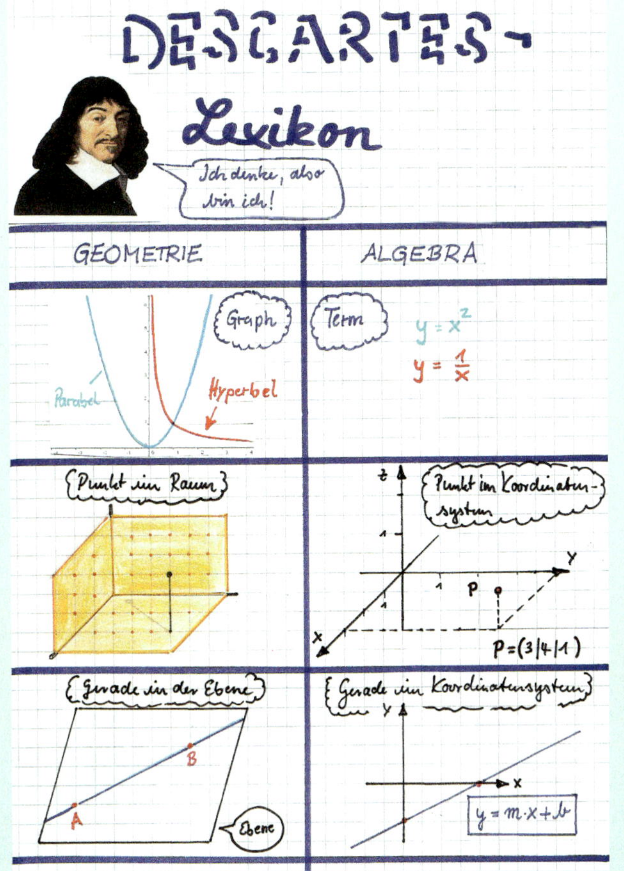

a) Unten sind Karten abgebildet. Je zwei davon bilden ein Paar Geometrie–Algebra. Finden Sie die Paare und ergänzen Sie damit das Descartes Lexikon.

A Senkrechte Geraden

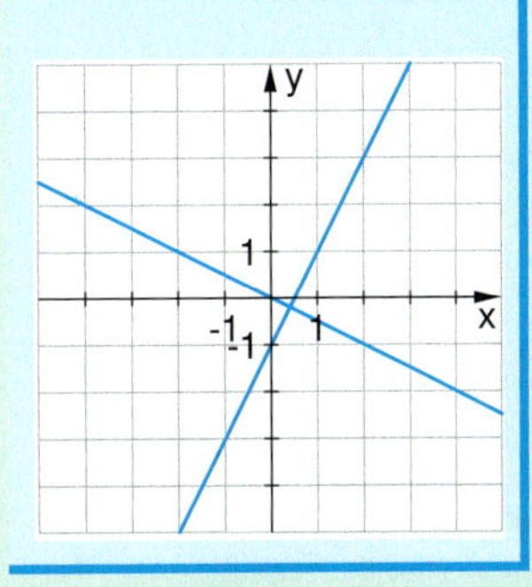

B Abstand eines Punktes P vom Koordinatenursprung

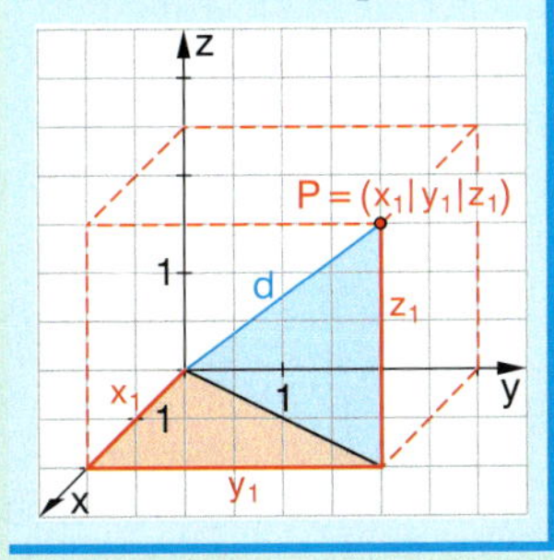

C Kreis mit Mittelpunkt M = (0|0) und r = 4

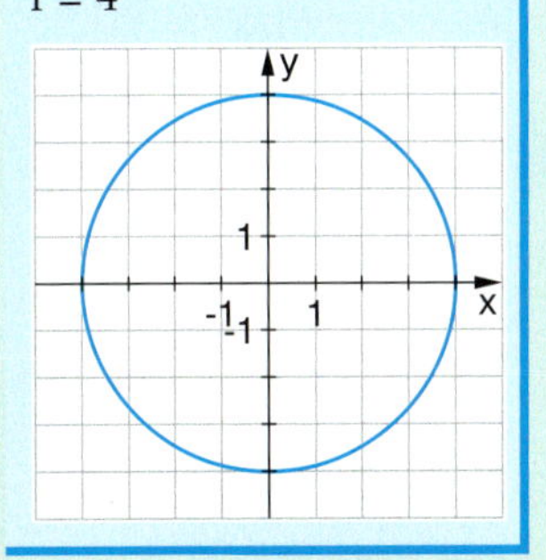

1 $d = \sqrt{x_1^2 + y_1^2 + z_1^2}$

2 $x^2 + y^2 = 16$

3 $y_1(x) = 2x - 1$
$y_2(x) = -0{,}5x$
$m_1 = -\frac{1}{m_2}$

b) Ergänzen Sie das Descartes Lexikon durch weitere eigene Beispiele.

Aufgaben

Der französische Mathematiker und Philosoph René Descartes (1596–1650) wird als Begründer der Analytischen Geometrie angesehen. Weitere Informationen finden Sie auf Seite 24.

Das Bild ist die Anfangsseite einer Schülerarbeit, in der Beziehungen zwischen Algebra und Geometrie zusammengestellt wurden.

Wesentlich für die Verbindung Geometrie–Algebra ist das Koordinatensystem.

Die eigenen Schulhefte oder die Lehrbücher aus der Mittelstufe bieten eine ergiebige Quelle. In Teamarbeit kommt rasch eine stattliche Sammlung zusammen.

Aufgaben

2 *Körper im dreidimensionalen Koordinatensystem – Schrägbilder*

Nebenan sehen Sie die Schrägbildskizze eines Würfels. Sechs Kantenmitten wurden miteinander verbunden.

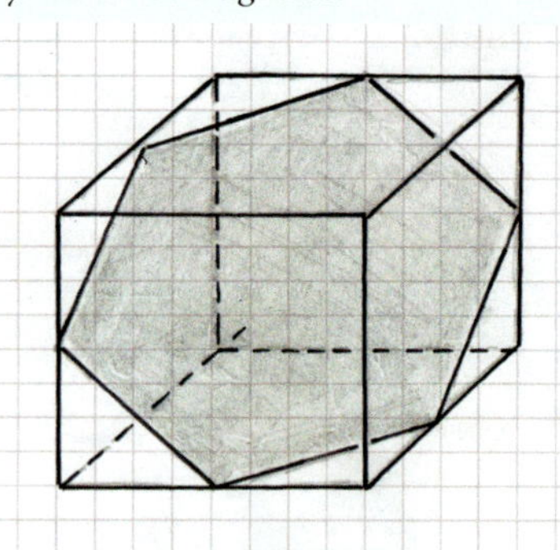

Ist das so entstandene Sechseck ein ebenes regelmäßiges Sechseck?

Die folgenden Aktivitäten können bei der Entscheidung helfen.

Das rechte Koordinatensystem ist auf isometrischem Papier gezeichnet. Vorlagen dazu findet man im Internet (Suchwort „Isometrie-Papier").

a) Übertragen Sie die Koordinatensysteme auf passendes Papier und zeichnen Sie jeweils einen Würfel mit der Kantenlänge 4 Längeneinheiten.

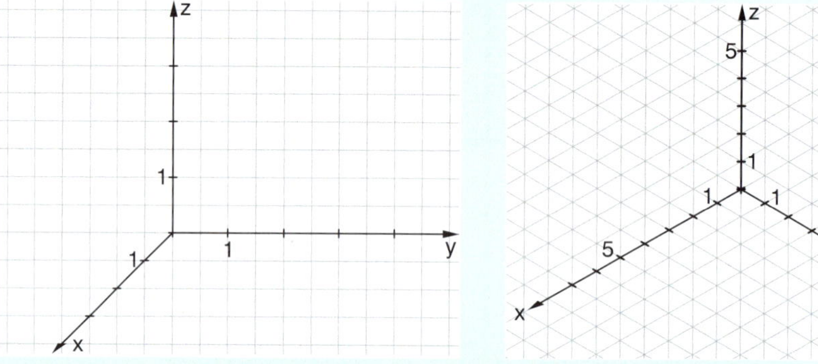

Eventuell hilft die Angabe der jeweiligen Koordinaten der Würfelecken (hintere untere Würfelecke im Koordinatenursprung), der Würfelmitte und der Kantenmitten.

Verbinden Sie dann in Ihrer Zeichnung die entsprechenden Kantenmitten. Welche Perspektive hilft mehr bei Ihrer Entscheidung?

b) Sie können versuchen, ein passend ausgeschnittenes Sechseck in ein Kantenmodell eines Würfels einzupassen. Das Kantenmodell lässt sich gut aus Stäben und Faltecken basteln. Die Länge der Verbindungen der Kantenmitten lässt sich berechnen (oder messen). Damit kann ein regelmäßiges Sechseck auf Pappe konstruiert und ausgeschnitten werden. Passt das Sechseck wie in der obigen Zeichnung in den Würfel?

Würfelhäuser

In den Jahren 1982–84 wurden in nächster Nähe zum alten Rotterdamer Hafen 18 Würfelhäuser (Kubuswoningen) gebaut. Mit diesem Projekt wollte der Architekt Piet Blom das Wohnen in Baumhäusern urbanisieren. Die interessante Architektur stellt natürlich besondere Anforderungen an die Einrichtung der Wohnungen und Büros. Bei der Einrichtung der Wohnebenen kommen auch in den Würfel einbeschriebene Sechseckflächen in Frage.

3 *Kristalle züchten im Computer*

Bei Kristallen entstehen aufgrund von chemischen Bindungsmechanismen häufig hochsymmetrische Formen. Der hier gezeigte Fluoritkristall hat annähernd die Form eines Oktaeders. Ein solches Oktaeder entsteht zum Beispiel, wenn man bei einem Würfel die Mittelpunkte benachbarter Seitenflächen verbindet.

Aufgaben

griechisch: oktáedron
= Achtflächner

Reales Modell eines Oktaeders

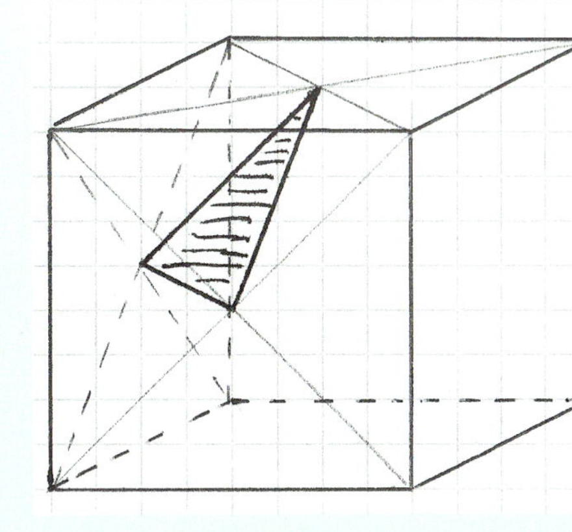

Anfang eines Schrägbildes

Fluoritkristall

a) Zeichnen Sie das Schrägbild eines Würfels mit der Kantenlänge 8 cm und konstruieren Sie das einbeschriebene Oktaeder mithilfe der Seitenflächenmittelpunkte. Zeichnen Sie verdeckte Kanten gestrichelt.

Das gezeichnete Schrägbild vermittelt einen ersten Eindruck von dem Körper. Um eine bessere räumliche Vorstellung zu bekommen oder um ein Objekt weiter zu analysieren, stellt man es häufig unter Verwendung von Koordinaten mit einer entsprechenden Computersoftware dar. Durch Drehen des Objekts bekommt man einen wesentlich besseren räumlichen Eindruck.

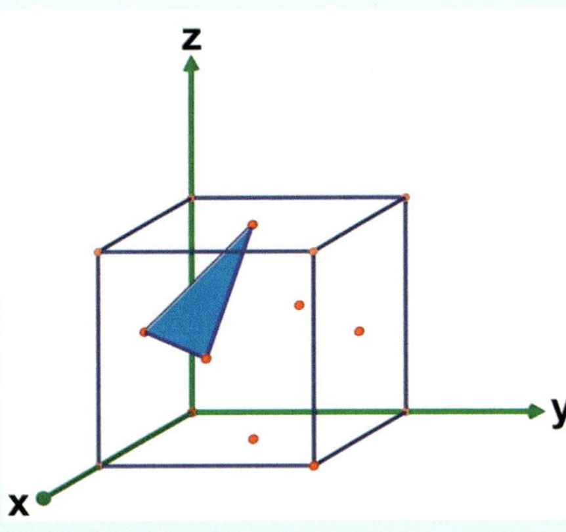

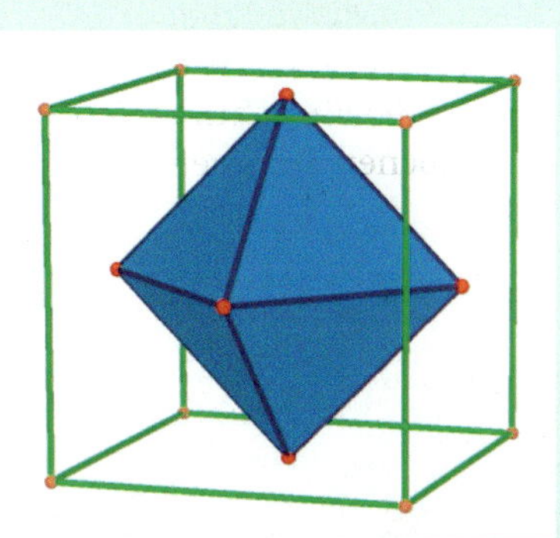

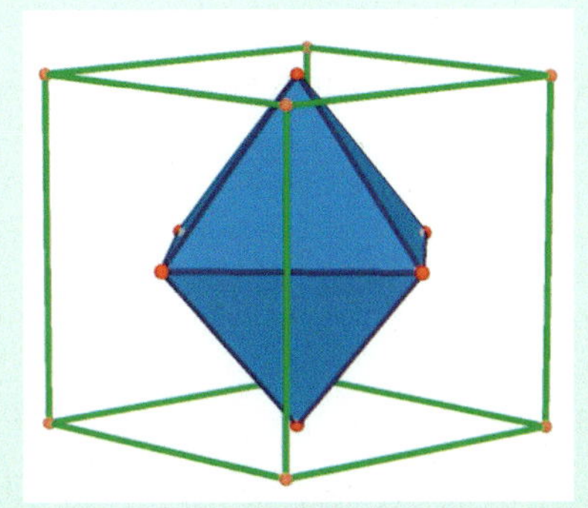

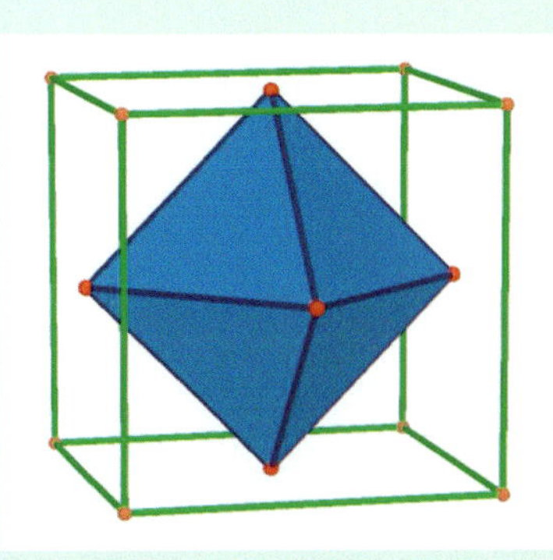

b) Bestimmen Sie für einen Würfel mit der Kantenlänge 8 cm die Koordinaten der Oktaedereckpunkte. Erzeugen Sie dann ein solches „Oktaeder-Kristall" mithilfe eines geeigneten Computerprogramms.

Basiswissen

In einem Koordinatensystem können Punkte und geometrische Objekte mithilfe von Zahlen – den Koordinaten – beschrieben werden. Man unterscheidet Koordinatensysteme im Raum und in der Ebene.

Die Achsen stehen zueinander senkrecht.

Koordinatensystem

in der Ebene

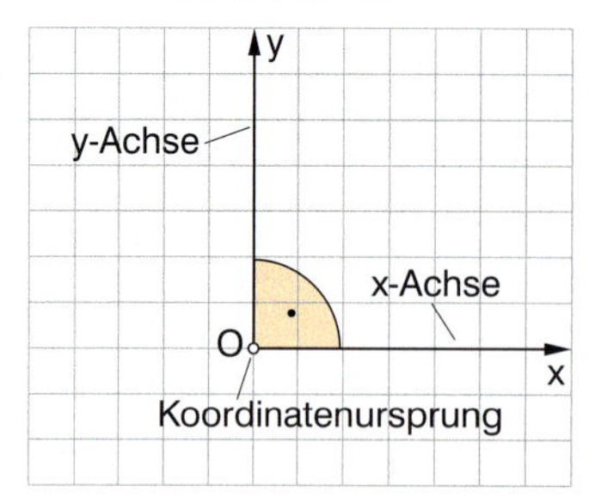

zwei zueinander senkrechte Achsen mit Ursprung O

im Raum

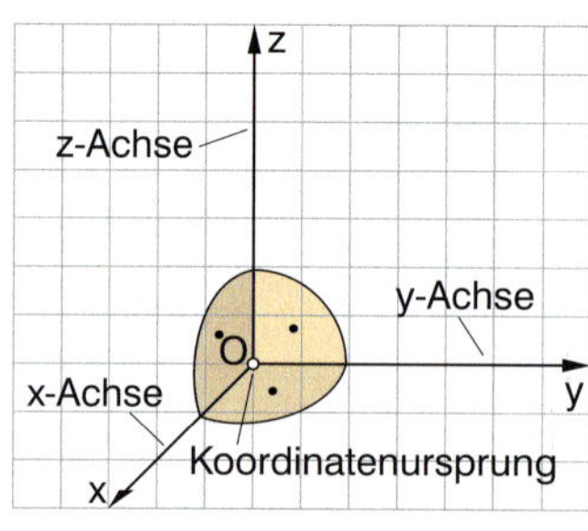

drei zueinander senkrechte Achsen mit Ursprung O

Das reale Modell des räumlichen Koordinatensystems stützt die Vorstellung im Schrägbild (→ Exkurs Seite 16).

Der **Punkt P** wird festgelegt durch das

Zahlenpaar $(x_P | y_P)$

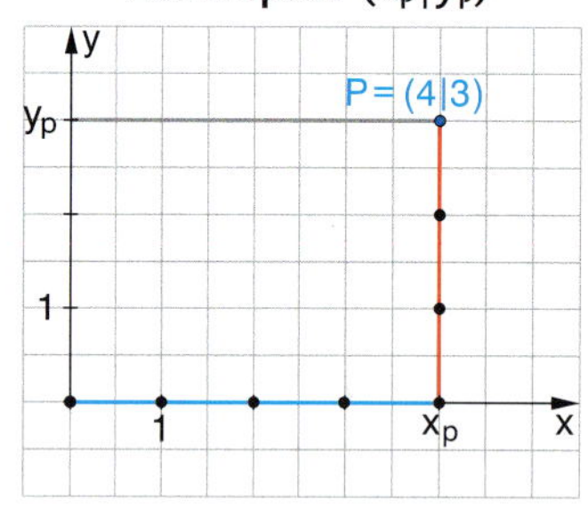

Zahlentripel $(x_P | y_P | z_P)$

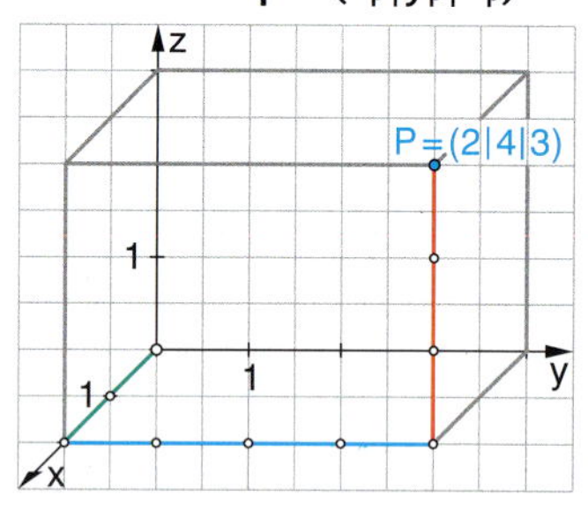

Geometrische Objekte werden durch die **Koordinaten von Punkten** beschrieben.

Zur Bezeichnung von Punkten verwenden wir hier die Form A = (4 | –4 | 0). Andere übliche Bezeichnungen wie A(4 | –4 | 0) sind auch zulässig.

Mittenviereck ABCD mit A = (1 | –1), B = (3 | 1), C = (0,5 | 2) und D = (–1,5 | 0)

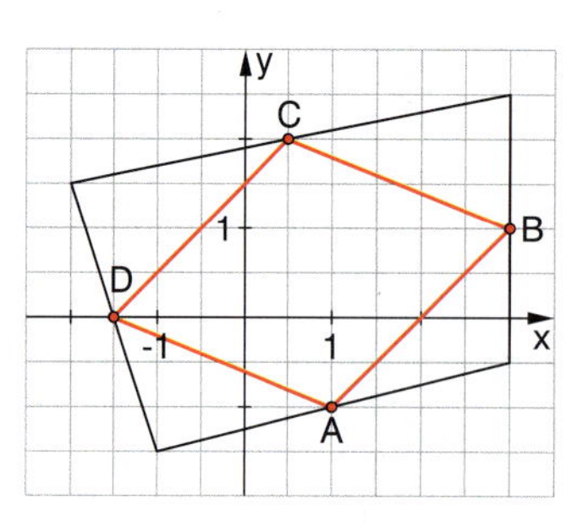

Quadratische Pyramide ABCDS mit A = (4 | –4 | 0), B = (4 | 4 | 0), C = (–4 | 4 | 0), D = (–4 | –4 | 0) und S = (0 | 0 | 6)

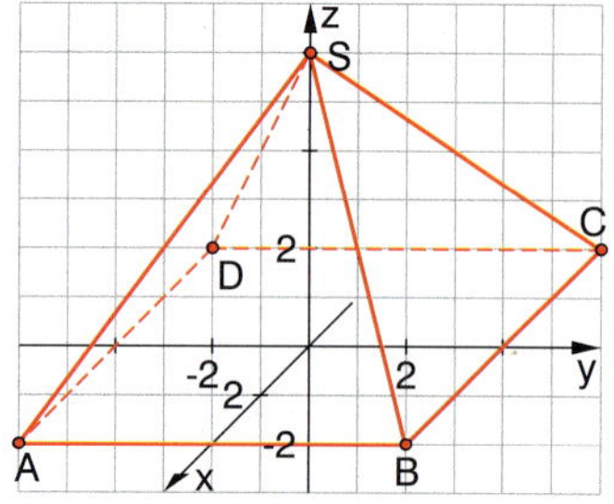

Der **Abstand zweier Punkte** kann mithilfe der Koordinaten bestimmt werden.

$d = \overline{P_1P_2} = \sqrt{(x_2 - x_1)^2 + (y_2 - y_1)^2}$

$d = \overline{P_1P_2} = \sqrt{(x_2 - x_1)^2 + (y_2 - y_1)^2 + (z_2 - z_1)^2}$

Für die Seite $\overline{AB}$ im Mittenviereck gilt:

$\overline{AB} = \sqrt{(3 - 1)^2 + (1 - (-1))^2} = \sqrt{8}$

Für die Kante $\overline{AS}$ der Pyramide gilt:

$\overline{AS} = \sqrt{(0 - 4)^2 + (0 - (-4))^2 + (6 - 0)^2} = \sqrt{68}$

Beispiele

A *Ebener Schnitt am Würfel*

Das Bild zeigt einen Holzwürfel mit einer Kantenlänge von 4 cm, bei dem eine Ecke über die Kantenmitten abgeschnitten wurde.
Beschreiben Sie die Schnittfläche mithilfe von Koordinaten.

Lösung:

1. Schritt: Einen Würfel mit der Kantenlänge 4 cm im Koordinatensystem zeichnen.
2. Schritt: Die Eckpunkte der dreieckigen Schnittfläche als Mitten K, L und M der drei Vorderkanten kennzeichnen.
3. Schritt: Die Koordinaten der Eckpunkte bestimmen. K = (4 | 2 | 4); L = (4 | 4 | 2); M = (2 | 4 | 4)

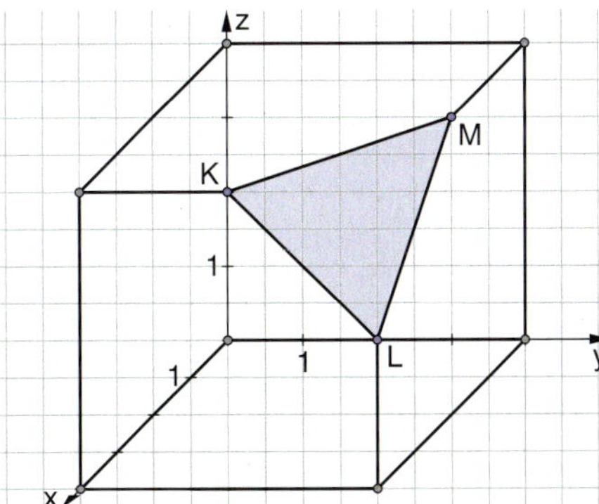

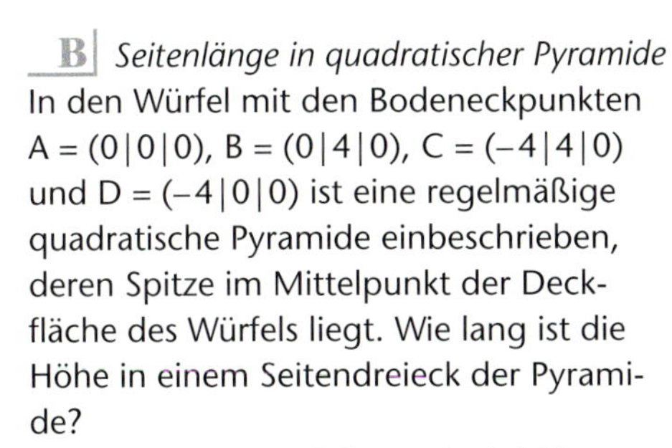

B *Seitenlänge in quadratischer Pyramide*

In den Würfel mit den Bodeneckpunkten A = (0 | 0 | 0), B = (0 | 4 | 0), C = (–4 | 4 | 0) und D = (–4 | 0 | 0) ist eine regelmäßige quadratische Pyramide einbeschrieben, deren Spitze im Mittelpunkt der Deckfläche des Würfels liegt. Wie lang ist die Höhe in einem Seitendreieck der Pyramide?

Lösung: Die Länge *l* der Dreieckshöhe ist der Abstand zwischen S und M. Für S = (–2 | 2 | 4) und M = (–2 | 4 | 0) gilt also:
$l = \sqrt{0^2 + (-2)^2 + 4^2} = \sqrt{20}$

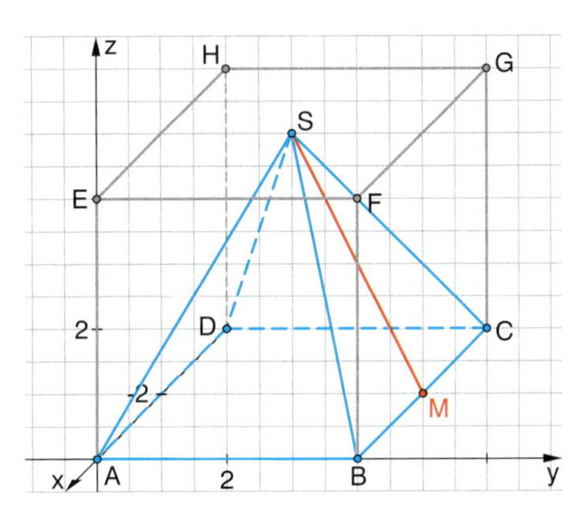

Übungen

4 *Mittenviereck*

a) Zeigen Sie, dass die gegenüberliegenden Seiten im Mittenviereck gleich lang sind.
b) Der Punkt D des Vierecks wird in D = (–4 | 8) verändert. Sind auch dann noch die gegenüberliegenden Seiten des Mittenvierecks gleich lang?

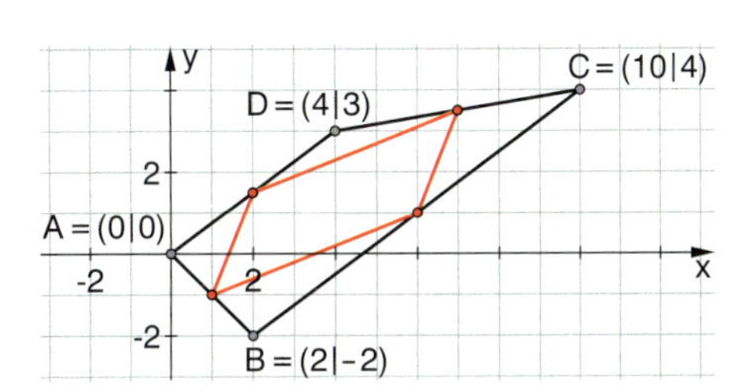

5 *Diagonalen*

a) Von einem Quader sind die Eckpunkte A = (6 | 2 | 1); B = (6 | 8 | 1); C = (2 | 8 | 1); D = (2 | 2 | 1) und E = (6 | 2 | 4) bekannt. Bestimmen Sie die Koordinaten der restlichen Punkte und zeichnen Sie den Quader in ein Koordinatensystem.
b) Welche der beiden Strecken $\overline{DM}$ oder $\overline{BG}$ ist länger? Schätzen und berechnen Sie.
c) Im Schrägbild sieht es so aus, als ob die Strecken $\overline{DM}$ und $\overline{BG}$ parallel sind. Kann das sein?

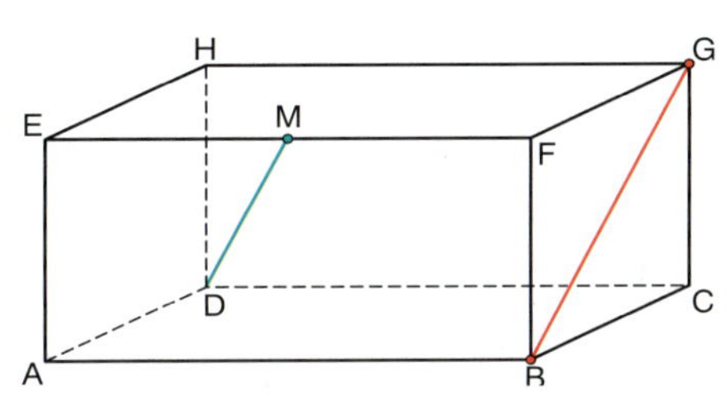

M ist der Mittelpunkt der Strecke $\overline{EF}$.

Übungen

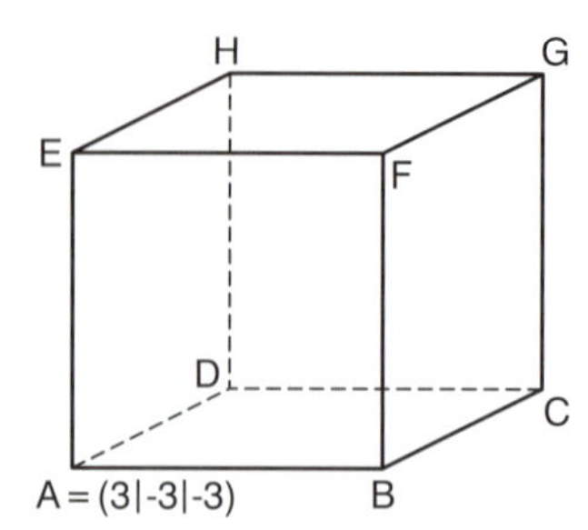

6 *Punkte im Würfel*

a) Zeichnen Sie einen Würfel ABCDEFGH mit der Kantenlänge 6 so in ein Koordinatensystem, dass alle Kanten parallel zu den Koordinatenachsen verlaufen und der Mittelpunkt des Würfels der Punkt M = (0|0|0) ist.

b) Prüfen Sie, welche der folgenden Punkte auf der Würfeloberfläche, welche innerhalb des Würfels und welche außerhalb des Würfels liegen: $P_1 = (4|2|1)$, $P_2 = (2|0|1)$, $P_3 = (3|3|1)$, $P_4 = (0|3|1)$, $P_5 = (4|5|6)$, $P_6 = (-1|2|1)$.

c) Wo liegen die Punkte $Q_1 = (3|3|-3)$, $Q_2 = (3|0|-3)$, $Q_3 = (0|0|3)$ in Bezug auf den Würfel?

Räumliche Koordinatensysteme und die 2D-Darstellung realer Objekte

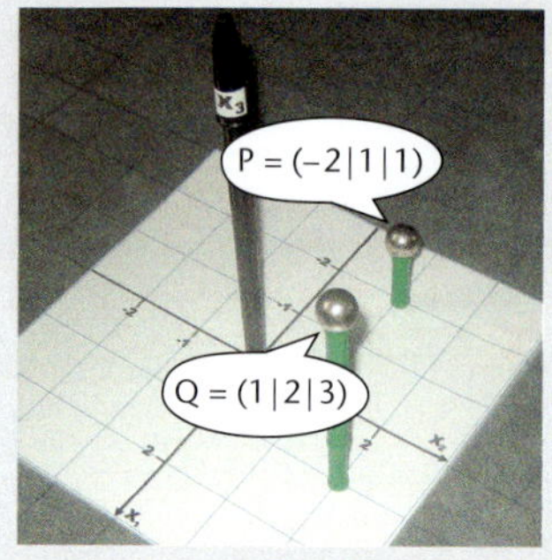

Zeichnen auf Papier

Bei der Darstellung eines räumlichen Objekts auf einem Blatt Papier stehen uns nur zwei Dimensionen zur Verfügung. Ziel ist es, durch geschickte Wahl der drei Achsen ein möglichst anschauliches Bild des Objekts zu erzeugen. Dabei kommt es darauf an, in welcher Richtung die Achsen gezeichnet werden. Je nach Situation können unterschiedliche Koordinatensysteme gezeichnet werden, wobei die Kästchen des Karopapiers gut zur Festlegung der Richtungen der Achsen genutzt werden können.

Die Bezeichnungen „2-1-Koordinatensystem" und „1-1-Koordinatensystem" orientieren sich am Einzeichnen der x-Achse im Karopapier.

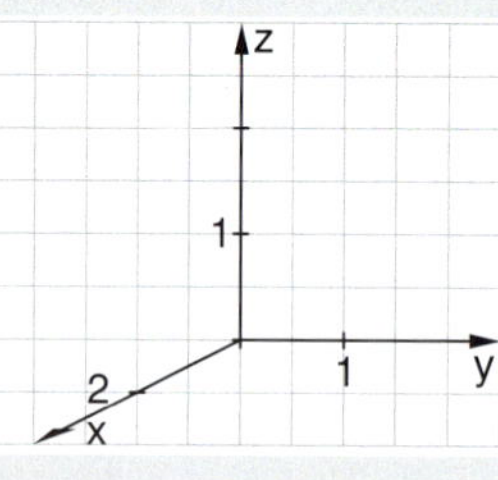

„2-1-Koordinatensystem"

„1-1-Koordinatensystem"

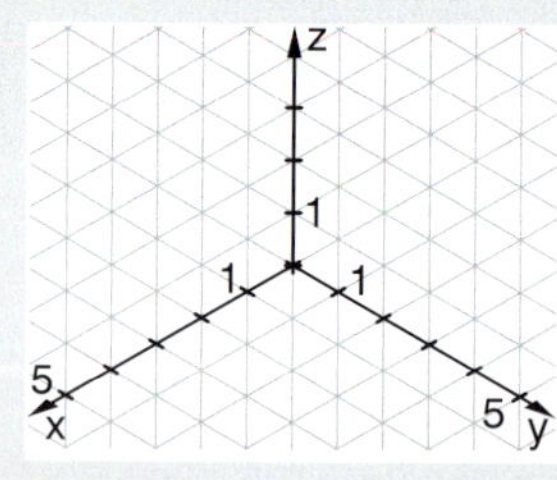

„Isometrisches Koordinatensystem"

Hilfreich beim Einzeichnen eines Punktes P ist der „Koordinatenweg" vom Ursprung des Koordinatensystems bis zum Punkt P:
Für P = (2|3|1,5) gehen wir
- zunächst 2 Schritte in Richtung der x-Achse,
- danach 3 Schritte in Richtung der y-Achse,
- schließlich 1,5 Schritte in Richtung der z-Achse.

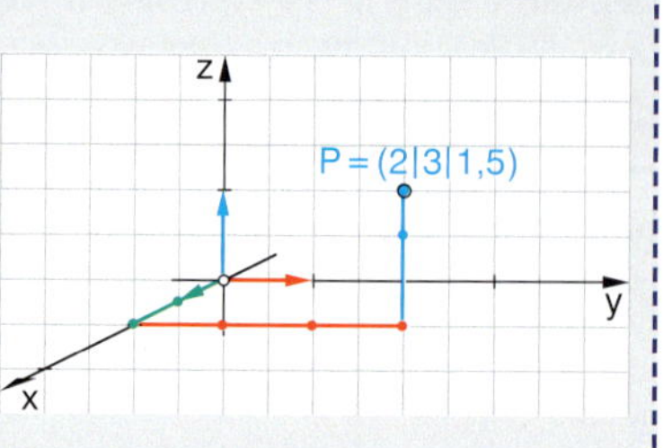

Das Einzeichnen des **Koordinatenquaders** stützt zusätzlich die Anschauung.

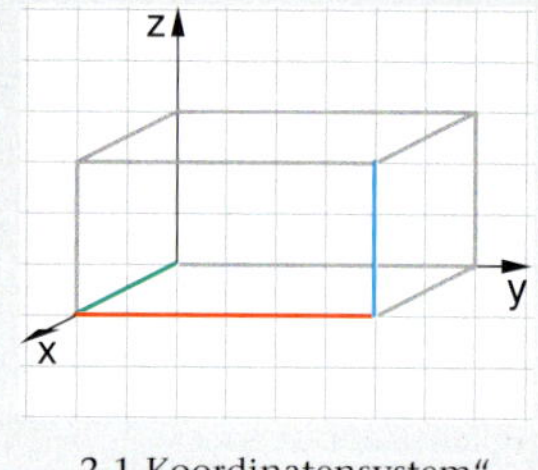

„2-1-Koordinatensystem"

„1-1-Koordinatensystem"

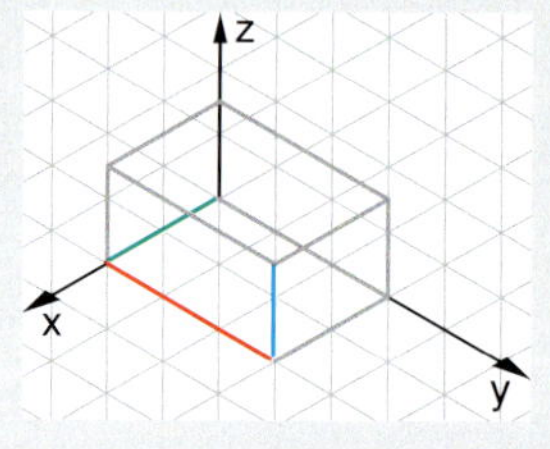

„Isometrisches Koordinatensystem"

Übungen

7 *Dachformen*

Die Dachformen lassen sich durch die Koordinaten von sechs Punkten im räumlichen Koordinatensystem darstellen.

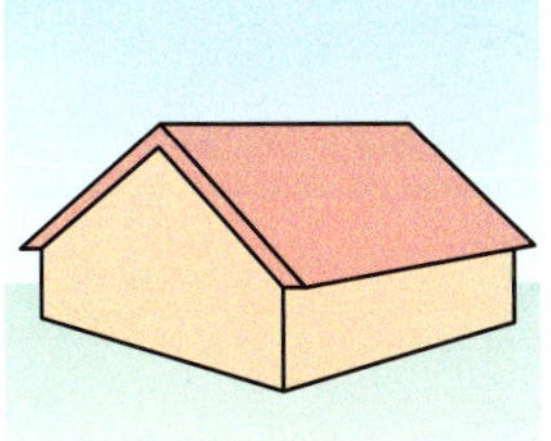
Satteldach

Walmdach

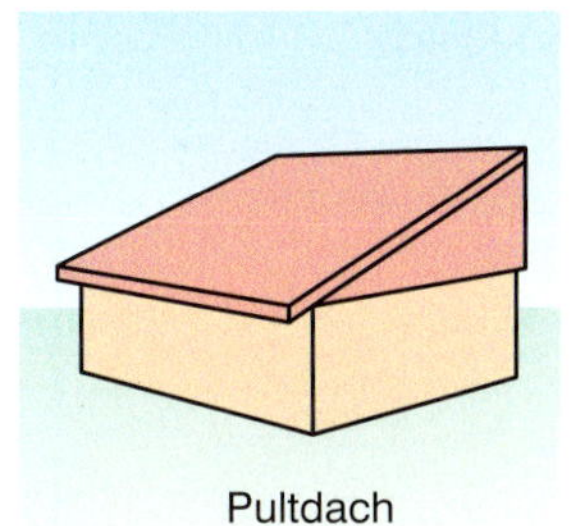
Pultdach

a) Welche Koordinaten gehören zu welcher Dachform? Begründen Sie Ihre Entscheidung.

I	II	III
$A = (2\|-3\|2)$ $B = (2\|3\|2)$	$A = (2\|-3\|2)$ $B = (2\|3\|2)$	$A = (2\|-3\|2)$ $B = (2\|3\|2)$
$C = (-2\|3\|2)$ $D = (-2\|-3\|2)$	$C = (-2\|3\|2)$ $D = (-2\|-3\|2)$	$C = (-2\|3\|2)$ $D = (-2\|-3\|2)$
$E = (0\|-2\|5)$ $F = (0\|2\|5)$	$E = (2\|3\|5)$ $F = (-2\|3\|5)$	$E = (0\|-3\|5)$ $F = (0\|3\|5)$

b) Zeichnen Sie die Dächer mit den gegebenen Koordinaten jeweils in ein geeignetes Koordinatensystem.

8 *Turm in verschiedenen Lagen im Koordinatensystem*

Zeichnen Sie jeweils ein Schrägbild des Turmes mit quadratischer Grundfläche in ein Koordinatensystem ein und geben Sie die Koordinaten der neun Eckpunkte an.

a) A liegt im Ursprung und B auf der y-Achse.	b) A, B und S haben die Koordinaten $A = (1\|-1\|2)$, $B = (1\|3\|2)$, $S = (-1\|1\|20)$.	c) Keine der Achsen berührt oder schneidet den Turm.

Vergleichen Sie die Ergebnisse untereinander.

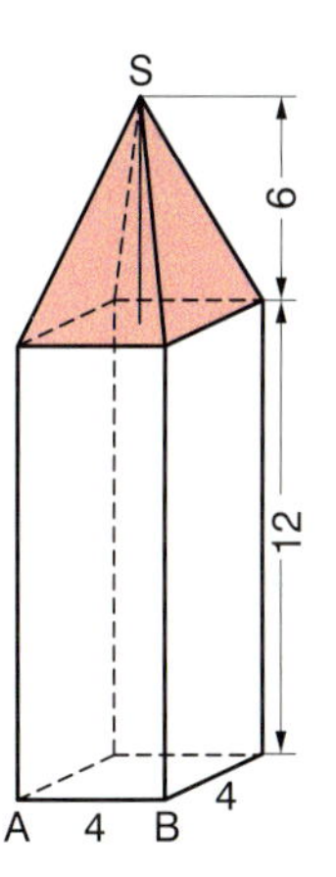

9 *Ablesen von Punkten in einem Schrägbild*

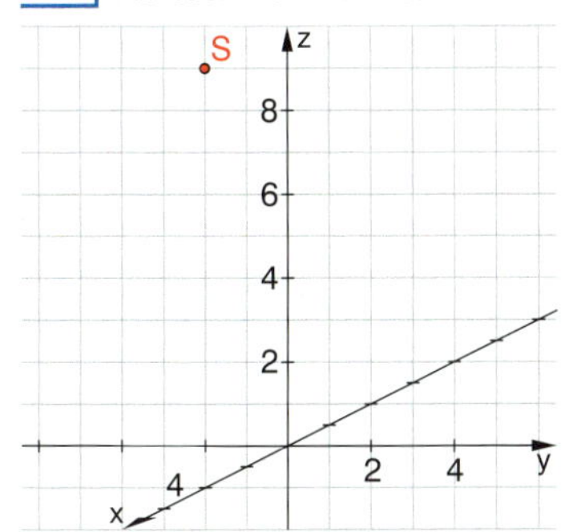

a) Paula, Emil und Lara lesen die Koordinaten des eingezeichneten Punktes S ab. Sie erhalten verschiedene Ergebnisse:

Paula: $S = (0|-2|9)$
Emil: $S = (8|2|11)$
Lara: $S = (-4|-4|8)$

Kann das sein? Zeichnen Sie das Bild in Ihr Heft. Prüfen Sie durch Einzeichnen der jeweiligen Koordinatenwege.

b) Sie erhalten die Zusatzinformation, dass S die Spitze einer quadratischen Pyramide ist. Die Pyramide hat die Höhe 9 und die Eckpunkte $A = (4|2|0)$ und $B = (-4|2|0)$. Lassen sich nun die Koordinaten der Spitze S eindeutig bestimmen?

c) Der eingezeichnete Punkt A könnte auch die Koordinaten $A = (0|0|-1)$ haben. Bestätigen Sie dies durch Einzeichnen des Koordinatenweges. Versuchen Sie, dazu passende Punkte B, C, D und S für eine quadratische Pyramide zu bestimmen. Halten Sie Ihre Beobachtungen in einem Bericht fest (zum Beispiel unter dem Thema *„Traue keinem Schrägbild“*).

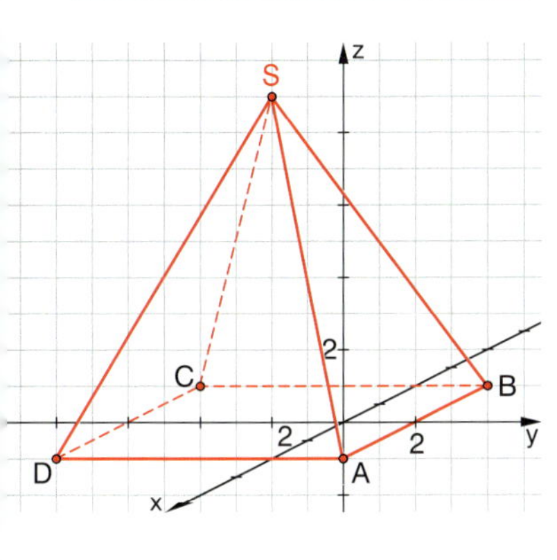

Übungen

Mit diesen Karten können Sie Ihr Descartes Lexikon erweitern. (Siehe Aufgabe 1, Seite 11)

10 *Punktmengen – geometrisch und algebraisch*

Ordnen Sie den geometrischen Beschreibungen die passende algebraische Beschreibung zu.

A yz-Ebene

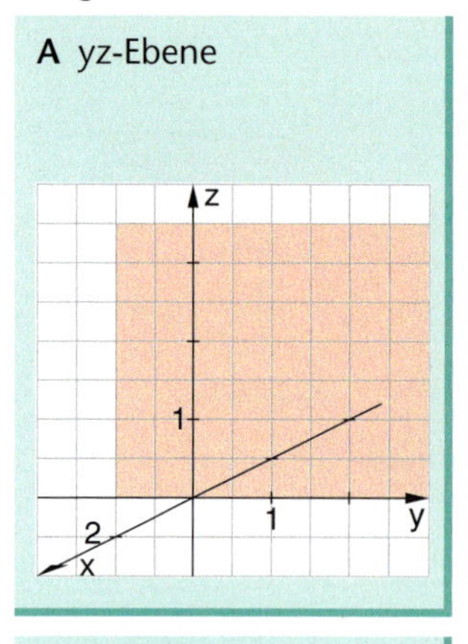

B Ebene parallel zur yz-Ebene durch den Punkt (1 | 0 | 0)

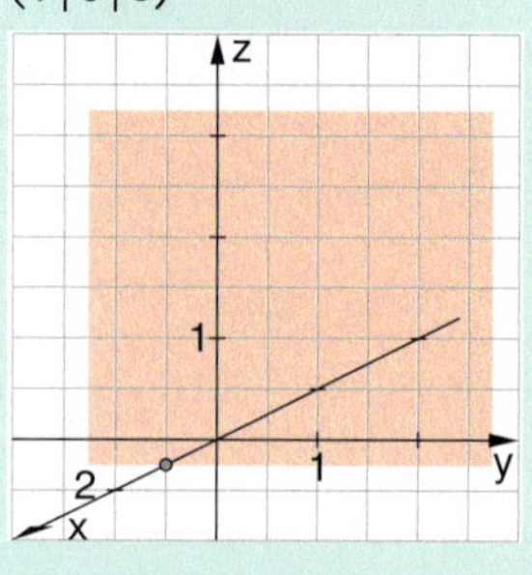

C z-Achse

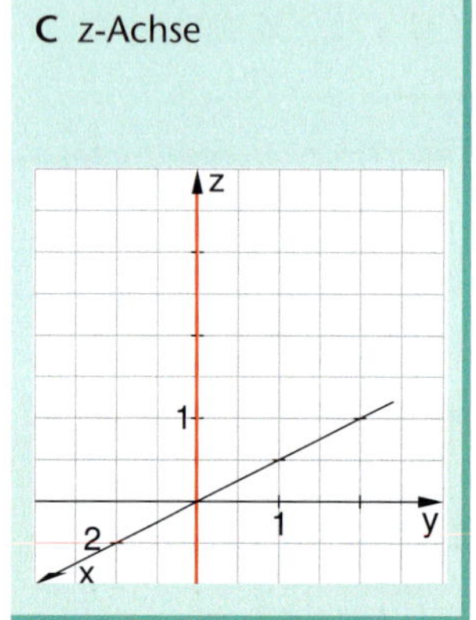

D Parallele zur x-Achse durch den Punkt (0 | 1 | 2)

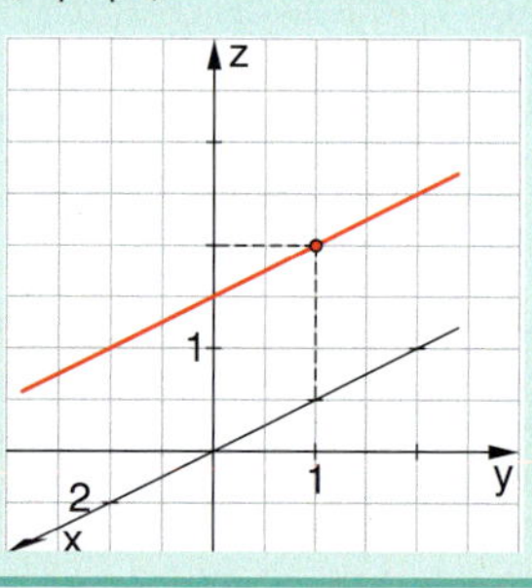

1 Alle Tripel (x | 1 | 2) mit x aus ℝ

2 Alle Tripel (0 | 0 | z) mit z aus ℝ

3 Alle Tripel (1 | y | z) mit y und z aus ℝ

4 Alle Tripel (0 | y | z) mit y und z aus ℝ

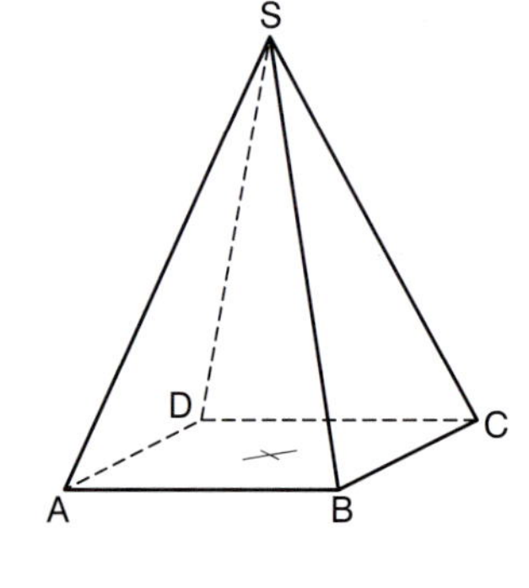

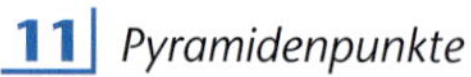

11 *Pyramidenpunkte*

a) Zeichnen Sie die quadratische Pyramide mit der Spitze S = (0 | 0 | 12) und den Bodeneckpunkten A = (4 | −4 | 0), B = (4 | 4 | 0), C = (−4 | 4 | 0), D = (−4 | −4 | 0) in ein Koordinatensystem.

b) Als Pyramidenpunkte werden alle Punkte bezeichnet, die im Inneren, auf der Grundfläche oder auf den Seitenflächen der Pyramide liegen.
Welche der folgenden Aussagen sind wahr, welche sind falsch?

I
Der Punkt P = (0 | 0 | 0) gehört zur Pyramide.

II
Die Pyramidenpunkte, für die z = 4 gilt, bilden ein Quadrat.

III
Die Pyramidenpunkte, für die y = 2 gilt, bilden ein Rechteck.

IV
Der Punkt P = (0 | 3 | 8) gehört nicht zur Pyramide.

V
Wenn P = (x | y | z) ein Pyramidenpunkt ist, dann ist es auch Q = (x | y | −z).

VI
Die Pyramidenpunkte, für die x = 0 gilt, bilden ein Dreieck.

c) Beschreiben Sie jeweils die geometrische Figur von Pyramidenpunkten, für die die folgende Bedingung gilt.

I) z = 12 II) z = 7 III) x = 3 IV) x = −y

Übungen

Gruppenarbeit

12 *Spiegeln*

Verschiedene Gruppen können unterschiedliche Aufgaben bearbeiten.
Fassen Sie die Ergebnisse in einem Abschlussbericht zusammen.

a) *Spiegeln in der Ebene*
Spiegeln Sie das Dreieck ABC mit
A = (2 | 1), B = (5 | 0,5) und C = (3 | 4)
- an den Koordinatenachsen,
- am Ursprung,
- an der Winkelhalbierenden des ersten Quadranten.

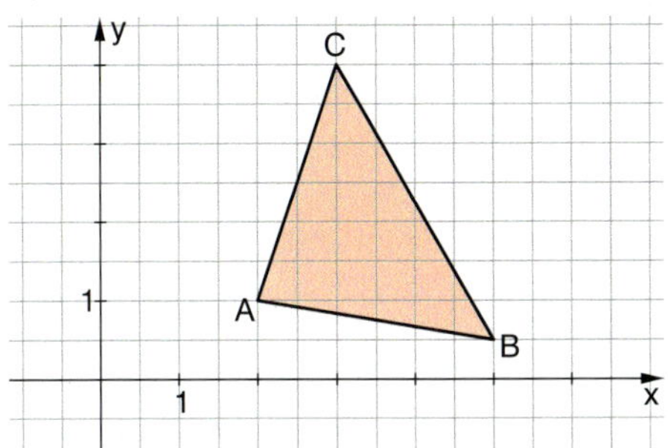

Bestimmen Sie jeweils die Koordinaten der Bildpunkte und zeichnen Sie die Bilddreiecke.

b) *Spiegeln im Raum*
Durch Spiegeln an der yz-Ebene wird der Punkt P = (4 | 3 | 2) auf den Punkt P_1 = (–4 | 3 | 2) abgebildet.
Woran wurde P gespiegelt, wenn der Spiegelpunkt P_2 die Koordinaten P_2 = (–4 | 3 | –2) hat?

Wie kann man mit Koordinaten eine Spiegelung beschreiben?

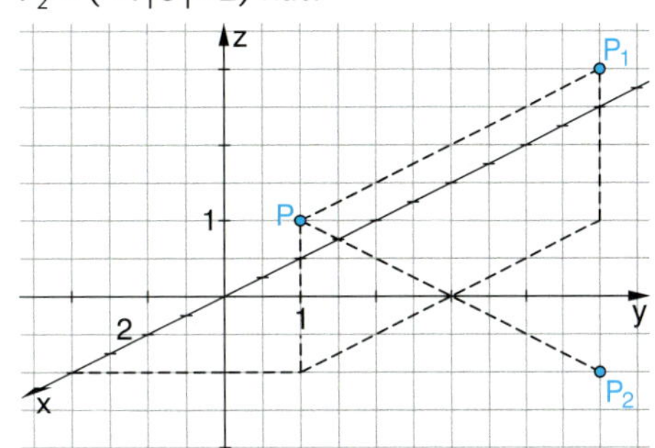

Bestimmen Sie jeweils die Koordinaten der Bildpunkte von P bei Spiegelungen an den Koordinatenebenen, an den Koordinatenachsen sowie am Ursprung und zeichnen Sie diese in ein Koordinatensystem.

c) *Spiegeldreiecke*
Das gleichseitige Dreieck ABC mit
A = (4 | 0 | 0), B = (0 | 4 | 0), C = (0 | 0 | 4)
wird an den drei Koordinatenebenen, den drei Koordinatenachsen sowie am Ursprung gespiegelt.
Die Spiegelung des Dreiecks ABC an der xz-Ebene ergibt das Dreieck AB_1C mit den Bildpunkten A = (4 | 0 | 0), B_1 = (0 | –4 | 0), C = (0 | 0 | 4).

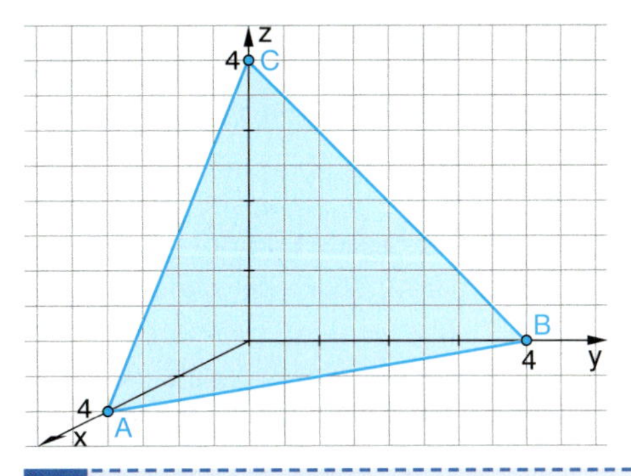

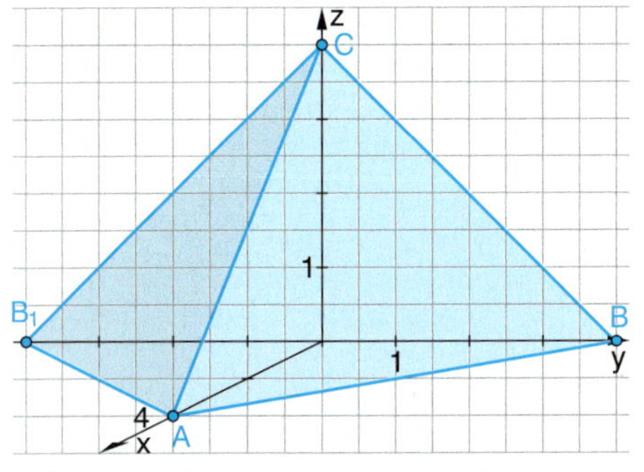

Geben Sie die weiteren Spiegeldreiecke an.
Wie viele Punkte ergeben sich insgesamt?
Welcher Körper wird durch die acht Dreiecke begrenzt?

KURZER RÜCKBLICK

1 Zeichnen Sie ein gleichseitiges Dreieck.

2 Wie groß ist die Winkelsumme im Dreieck?

3 Berechnen Sie die Länge der Diagonalen?

5 cm

12 cm

4 Welche geometrische Bedeutung hat der Schnittpunkt der Seitenhalbierenden eines Dreiecks?

Übungen

Ein Modell-Baukasten

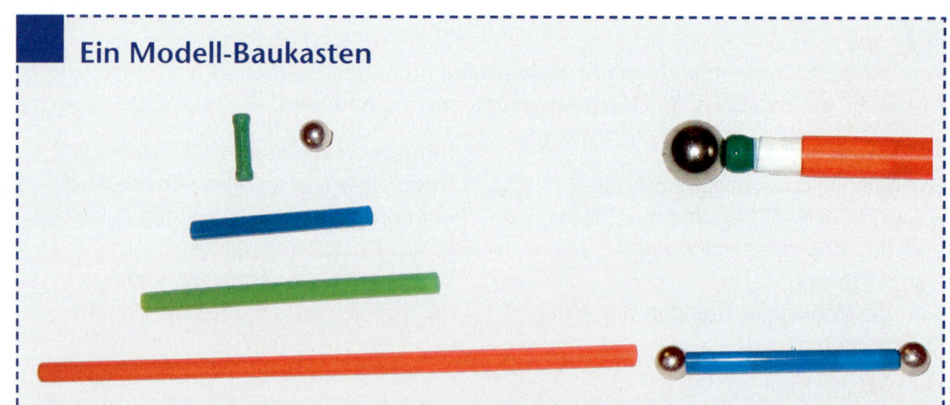

Mithilfe bunter Strohhalme und eines Magnetbaukastens lassen sich auf einfache Weise Kantenmodelle herstellen. Die Magnetstäbchen müssen ggf. mit etwas Papier umwickelt werden, so dass sie nicht so leicht herausrutschen. Damit nachher alles zusammen passt, müssen vorher die Kantenlängen berechnet und die Strohhalme entsprechend zugeschnitten werden.

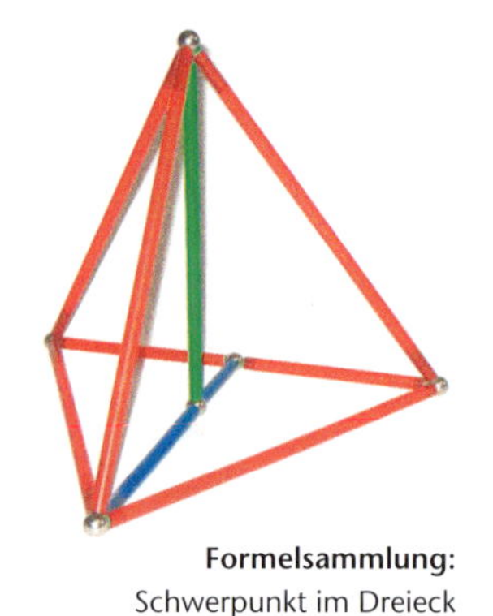

13 *Tetraederkoordinaten*

a) In dem Kantenmodell haben die roten Strohhalme eine Länge von 25 cm. Welche Länge muss der blaue (Höhe der Seitenfläche), welche der grüne Strohalm (Höhe des Tetraeders) haben?

Hinweis: F teilt die Höhe h_D im Verhältnis 2 : 1.

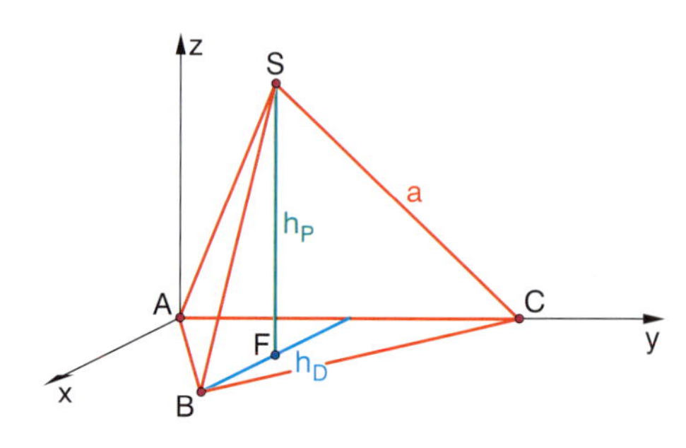

Formelsammlung:
Schwerpunkt im Dreieck

b) Begründen Sie, dass das gezeigte Tetraeder mit der Kantenlänge a die Koordinaten $A = (0|0|0)$, $B = \left(\frac{a}{2}\sqrt{3}\,\middle|\,\frac{a}{2}\,\middle|\,0\right)$, $C = (0|a|0)$ und $S = \left(\frac{a}{6}\sqrt{3}\,\middle|\,\frac{a}{2}\,\middle|\,a\sqrt{\frac{2}{3}}\right)$ hat.

c) Bestimmen Sie die Eckpunktkoordinaten des Tetraeders für a = 25 cm und stellen Sie das Tetraeder mithilfe einer geeigneten Software dar.

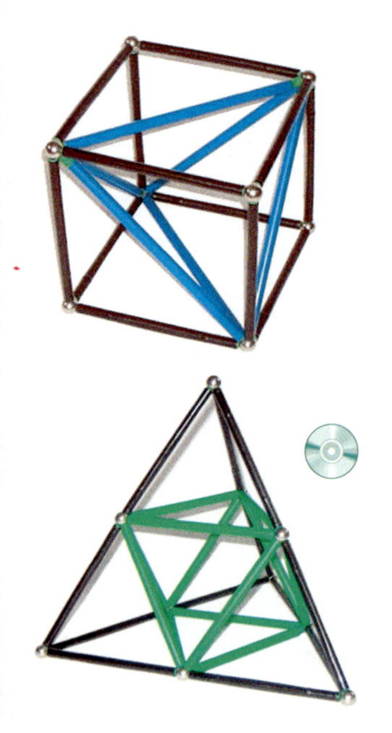

14 *Körper aus Würfelschnitten*

Bei dem gezeigten Würfel wurde die Ecke G = (8|8|8) über die Eckpunkte C, F und H abgeschnitten. Auf die gleiche Weise sollen auch die Ecken B, D und E abgeschnitten werden. Beschreiben Sie den Restkörper bezüglich der Anzahl von Ecken, Kanten und Seitenflächen. Bestimmen Sie die Eckpunktkoordinaten des Restkörpers und stellen Sie diesen dann als Schrägbild oder mithilfe einer geeigneten Software dar.

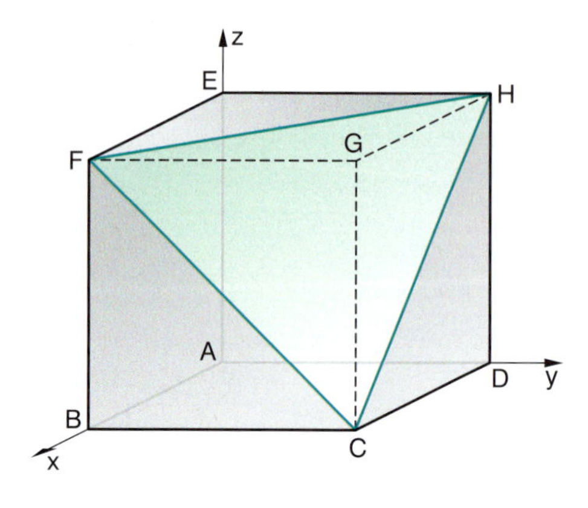

15 *Körper im Tetraeder*

Welcher Körper entsteht, wenn man jeweils zwei Kantenmittelpunkte eines Tetraeders miteinander verbindet? Stellen Sie den Körper mithilfe einer geeigneten Software dar. Dazu können Sie die Ergebnisse aus Aufgabe 13 nutzen.

Ebene Würfelschnitte

A Unterschiedliche Schnittflächen

Ein ebener Schnitt durch einen Würfel zerlegt diesen in zwei Teile.
Welche geometrischen Formen weisen die Schnittflächen auf? Welche Schnittflächen entstehen, wenn der Schnitt senkrecht zur Raumdiagonalen erfolgt?
Zeichnen Sie diese Schnittflächen in ein Schrägbild. Vergleichen Sie Umfang und Flächeninhalt der verschiedenen Formen. Gibt es Schnittflächen mit maximalen Werten?

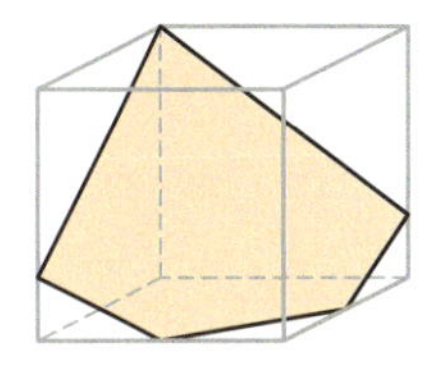

1101.cg3

Probieren am Modell
(Knete, Styropor, Kartoffel)

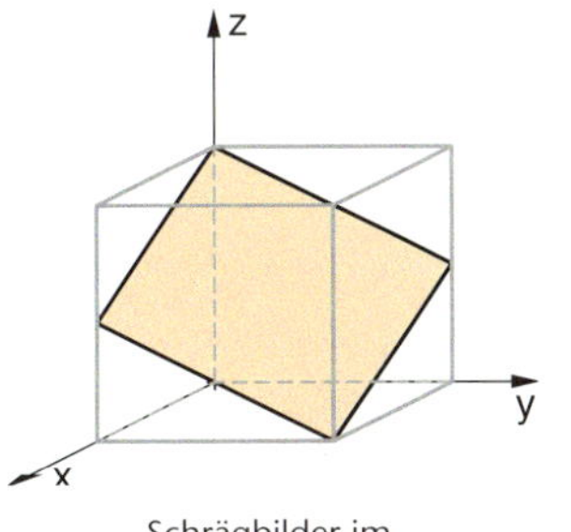

Schrägbilder im
Koordinatensystem zeichnen

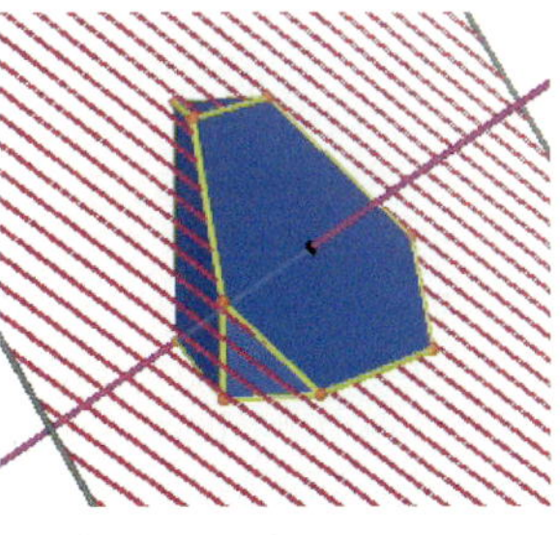

Computersoftware nutzen

B Würfelhalbierungen

Suchen Sie nach ebenen Würfelschnitten, die den Würfel in zwei volumengleiche Teile zerlegen. Welche Schnittflächen kommen vor, welche besonderen Eigenschaften haben diese? Sind die entstehenden Teilkörper immer kongruent zueinander? Welche der gefundenen Schnittflächen haben den größten oder kleinsten Umfang? Welche haben den größten oder kleinsten Flächeninhalt?

An einem halb mit Flüssigkeit gefüllten Plexiglaswürfel lässt sich vortrefflich experimentieren.

C Schnittlinien auf Würfelnetzen

Wie zeigen sich die Schnittlinien des Würfelschnitts auf den sechs Seitenflächen?
Tragen Sie diese in verschiedene Würfelnetze ein.
Entwerfen Sie Zuordnungsaufgaben für einen Test zur Raumanschauung.

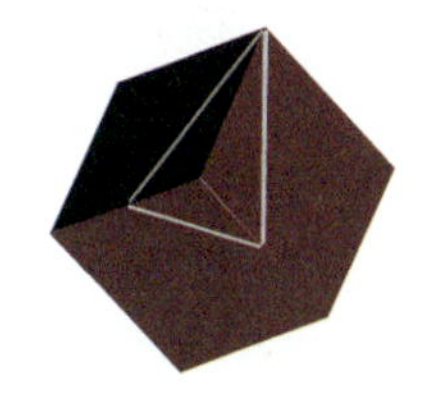

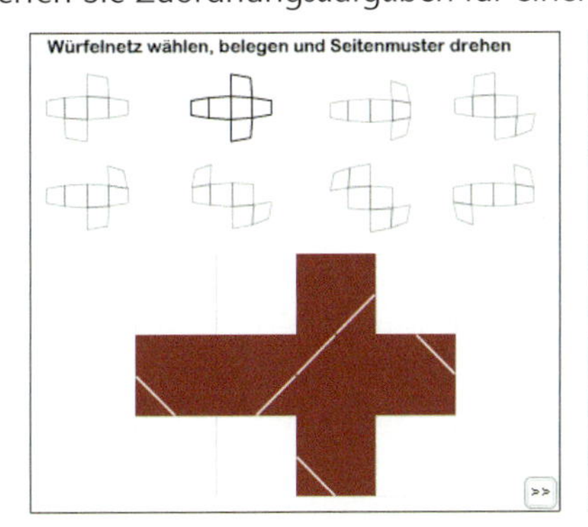

Die abschließende Präsentation ermöglicht ein facettenreiches Gesamtbild.
Schaffen Sie Gelegenheiten für Aktivitäten der Besucher, z. B. Experimente an realen Modellen, am Computer, kleine Raumanschauungstests oder Kunstobjekte.

Präsentation
Ausstellung

Projekt

Schrägbilder mit dem Computer

Mit vielen Computerprogrammen lassen sich ganz einfach Schrägbilder von geometrischen Körpern erzeugen. Man braucht dafür ein Computeralgebrasystem, eine Tabellenkalkulation oder einen Taschencomputer. Grundlage ist die Beschreibung des Körpers mithilfe der räumlichen Koordinaten der Eckpunkte.

Jede Darstellung eines geometrischen Objekts, sei es mit Bleistift und Lineal auf einem Blatt Papier, mit Geodreieck und Kreide an der Tafel oder mit dem Computer auf dem Bildschirm ist eine Projektion des dreidimensionalen Raumes in die zweidimensionale Ebene.

„2-1-Koordinatensystem" siehe Exkurs Seite 16

Um das Schrägbild eines Körpers mit dem Computer darstellen zu können, müssen die Raumkoordinaten geeignet in 2D-Koordinaten transformiert (umgerechnet) werden. Dies ist natürlich abhängig von dem zur Darstellung verwendeten 3D-Koordinatensystem (hier „2-1-Koordinatensystem"). Wenn das geleistet ist, müssen die Bildpunkte nur noch miteinander verbunden werden.

Aktivitäten

a) Zeichnen Sie den Punkt P = (5 | 6 | 3) in das räumliche Koordinatensystem und lesen Sie die Bildkoordinaten in dem zweidimensionalen Koordinatensystem ab. Sie entnehmen der Zeichnung: (3,5 | 1,75).

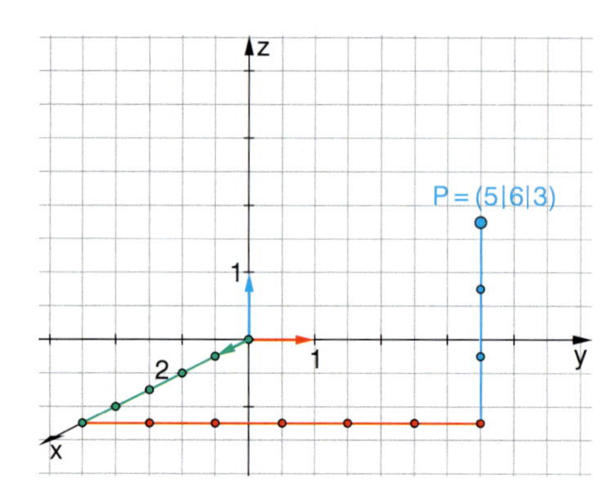

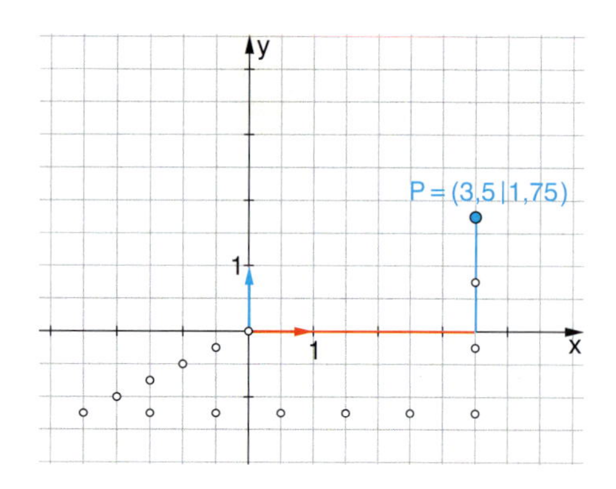

b) Bestimmen Sie auch für die folgenden Punkte die 2D-Bildkoordinaten, indem Sie die Punkte einzeichnen und die entsprechenden Koordinaten ablesen: (–4 | –5 | 6) und (8 | 7 | 1) und (–2 | 7 | 1).

c) Berechnen Sie für die folgenden Punkte die 2D-Bildkoordinaten: (20 | 35 | 70) und (150 | –24 | 160).

Berechnungsformel

Bestätigen Sie, dass für die allgemeine Berechnungsformel gilt:
Jeder Schritt in Richtung der (räumlichen) x-Achse ist (im 2D-Koordinatensystem) ein halber Schritt nach links und ein viertel Schritt nach unten.
Es gilt also:

$$(x \mid y \mid z) \rightarrow (-0{,}5\,x + y \mid -0{,}25\,x + z)$$

Damit ist eine wichtige Hürde genommen. Sie können jetzt die Koordinaten eines beliebigen Punktes im Raum so transformieren, dass die Punkte in der Ebene dargestellt werden können.
Nun werden wir ein Schrägbild des Turms auf dem Bildschirm erzeugen.

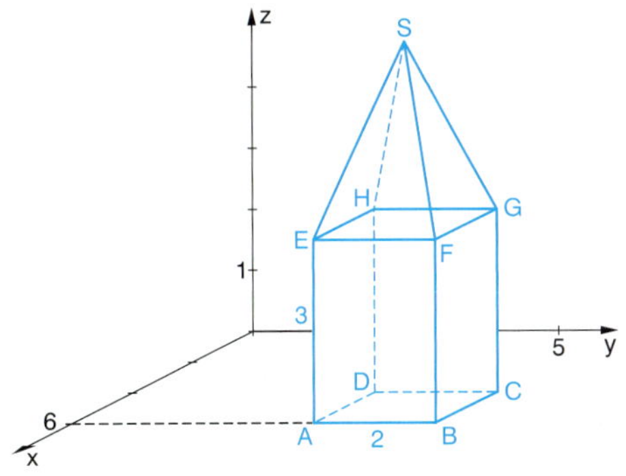

Aufgabe

Bestimmen Sie die räumlichen Koordinaten der Eckpunkte des Turms mit quadratischer Grundfläche (Der Punkt A hat die Koordinaten (6|4|0) und der Punkt S hat die dritte Koordinate 6).
Die meisten Grafikprogramme können Punkte miteinander verbinden. Informieren Sie sich, wie das mit dem von Ihnen benutzten Programm geht.

die entscheidende Idee

Die Punkte werden in der Reihenfolge in den PC eingegeben, in der sie miteinander verbunden werden sollen. Dabei müssen einzelne Kanten unter Umständen mehrmals durchlaufen werden. Stellen Sie sich vor, Sie wollten die sichtbaren Kanten in einem Zug zeichnen, ohne den Stift abzusetzen.

Aufgabe

Stellen Sie den Turm mit dem Ihnen zur Verfügung stehenden Programm dar.

Tabellenkalkulation

	Räumliche Koordinaten			Zugehörige 2D-Koordinaten	
	x	y	z	x1	x2
E	6	4	3	1	1,5
A	6	4	0	1	-1,5
B	6	6	0	3	-1,5
F	6	6	3	3	1,5
E	6	4	3	1	1,5
S	5	5	6	2,5	4,8
F	6	6	3	3	1,5
G	4	6	3	4	2
S	5	5	6	2,5	4,8
G	4	6	3	4	2
C	4	6	0	4	-1
B	6	6	0	3	-1,5

Die Berechnung der 2D-Koordinaten erfolgt in der Tabellenkalkulation mit der oben erarbeiteten Formel.
Im Diagrammassistenten den Diagrammtyp Punkt(XY) wählen und die Punkte geradlinig verbinden.

1102.xls
1103.ggb

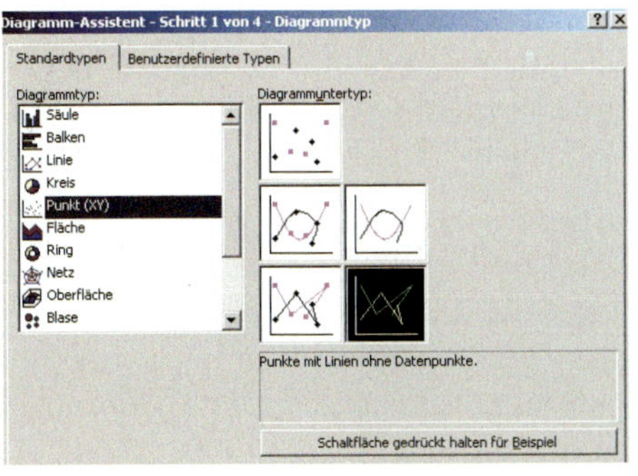

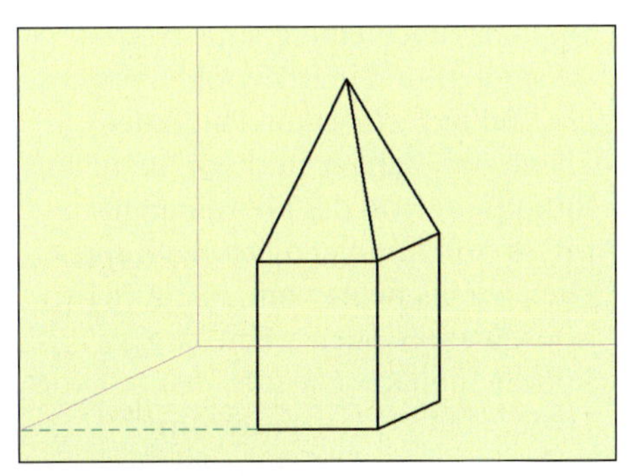

Bild mit einem Taschencomputer

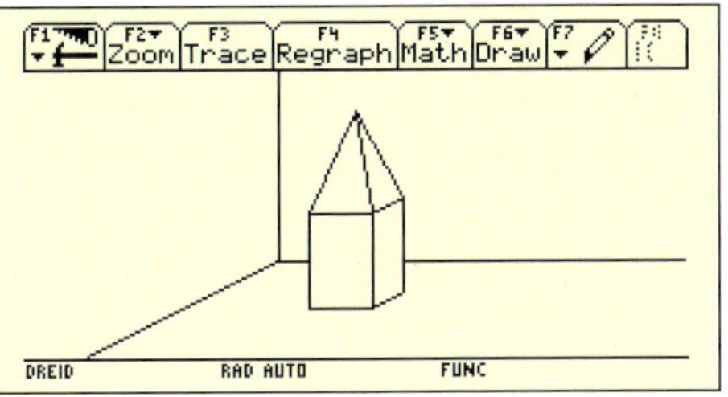

Anfänge der Analytischen Geometrie

Sucht man nach den Wurzeln der Analytischen Geometrie, so stößt man auf zwei Namen: René Descartes und Pierre De Fermat. Beide haben sich am Anfang des 17. Jahrhunderts unabhängig voneinander mit geometrischen Problemen befasst und neue Denkwege eingeschlagen. Dabei haben sie – jeder auf eigene Weise – Algebra und Geometrie miteinander verbunden und damit den Grundstein der modernen Analytischen Geometrie gelegt.

„Cogito ergo sum."
(Ich denke, also bin ich)

René Descartes
(1596–1650)

Descartes gilt als Begründer der neuzeitlichen Philosophie. Sein Lebensziel war die Errichtung eines philosophischen Weltsystems, welches logisch aufgebaut sein sollte. Hierbei schienen ihm mathematische Methoden hilfreich. Deshalb befasste er sich intensiv mit mathematischen Fragestellungen. Eine seiner großen Leistungen war es, dass er eine Verbindung zwischen geometrischen Linien und Zahlen suchte.

„... um die Linie zu umfassen, wurde ich mir darüber klar, dass ich diese durch bestimmte Zahlzeichen erklären müsste, ..."

Durch die Einführung einer Einheitsstrecke ordnete er jeder Strecke eine Zahl zu. Damit konnte er dann rechnen. Dies war neu in der Geometrie.

„... und ich werde mich nicht scheuen, diese der Arithmetik entnommenen Ausdrücke in die Geometrie einzuführen, um mich dadurch verständlicher zu machen."

Pierre de Fermat
(1601–1665)

Neben der Einheitsstrecke führte Descartes auch einen *Bezugspunkt 0* (Ursprung) und eine Koordinatenachse ein und ordnete jedem Punkt der Ebene zwei Zahlen zu (Koordinate und Entfernung von der Koordinatenachse). In Anlehnung an Descartes sprechen wir bis heute vom „Kartesischen Koordinatensystem". Eine zweite Koordinatenachse wurde aber erst von Leibniz (1646–1716) eingeführt.
Durch die Charakterisierung von Punkten durch zwei Zahlen gelang Descartes die Beschreibung *krummer Linien* (Kurven). Galt für jeden Punkt einer Kurve zwischen den beiden Zahlen dieselbe Beziehung, so nannte er diese Beziehung die Gleichung der Kurve.

Fermat war von Beruf Jurist. Die Mathematik war für ihn eine Freizeitbeschäftigung. Dabei strebte er die Verbindung antiker und zeitgenössischer Methoden an. Seine geometrischen Untersuchungen begann er mit der Untersuchung von Ortslinien. Darunter versteht man Kurven, die durch bestimmte geometrische Eigenschaften der auf ihnen liegenden Punkte gekennzeichnet sind. Die Ortslinie aller Punkte, die von einem gegebenen Punkt denselben Abstand haben, ist ein Kreis. Die Ortslinie aller Punkte, die zu einer gegebenen Gerade und einem gegebenen Punkt den gleichen Abstand haben, ist eine Parabel.

„Es ist kein Zweifel, dass die Alten sehr viel über Örter geschrieben haben. ... Aber wenn wir uns nicht täuschen, fiel ihnen die Untersuchung der Örter nicht gerade leicht ..... Wir unterwerfen daher diesen Wissenszweig einer besonderen, ihm eigens angepassten Analyse, ..."

Diese Analyse bestand darin, *Örter* (Ortslinien) durch Gleichungen zu beschreiben. Dabei fiel Fermat auf, dass man zu jeder Gleichung mit zwei unbekannten Größen eine Kurve finden kann.

„Sobald in einer Schlussgleichung zwei unbekannte Größen auftreten, hat man einen Ort, ... Die Gleichungen kann man aber bequem versinnlichen, wenn man die beiden unbekannten Größen in einem gegebenen Winkel (den wir meist gleich einem Rechten nehmen) aneinandersetzt."

Mit dem Aneinandersetzen der beiden Größen ist das Darstellen von Punkten in einem Koordinatensystem gemeint. Auch Fermat bediente sich also eines von ihm erdachten Koordinatensystems.

1.2 Bewegen im Raum – Vektoren

Was Sie erwartet

Mithilfe des Koordinatensystems können Sie bereits geometrische Objekte durch Zahlen beschreiben und in Schrägbildern anschaulich darstellen. In diesem Lernabschnitt werden Sie mit dem Vektor einen weiteren Begriff kennen lernen, mit dem viele geometrische Frage- und Problemstellungen mit rechnerischen (algebraischen) Methoden bearbeitet werden können. Die Grundidee ist dabei recht einfach: Die schon bekannten Zahlenpaare (x | y) und Zahlentripel (x | y | z) werden nun nicht mehr nur als Beschreibung von Punkten im ebenen und räumlichen Koordinatensystem genutzt, sondern zusätzlich auch als Bewegungen (Verschiebungen) interpretiert. Für die Vektoren lassen sich einfache Rechenoperationen definieren, die dann wiederum eine geometrische Bedeutung haben. Damit können Sie nun viele geometrische Eigenschaften von Objekten erkunden und Zusammenhänge nachweisen. Von besonderem Vorteil ist, dass dieses Rechnen mit Vektoren für die Ebene und den Raum in analoger Weise geschieht.

Aufgaben

1 *Körper im dreidimensionalen Koordinatensystem/Schrägbilder*

Die Punkte A = (2 | 3 | 0), B = (6 | 7 | 2), D = (4 | −1 | 4) und E = (−2 | 5 | 4) bilden eine Ecke eines Würfels im Raum.

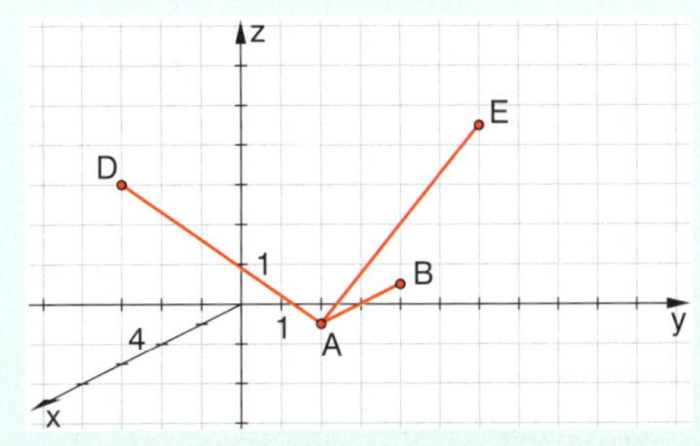

Zeichnen Sie die Punkte und die Kanten $\overline{AB}$, $\overline{AD}$, $\overline{AE}$ im räumlichen Koordinatensystem.

Rekonstruieren Sie aus diesen Angaben den Würfel, d. h. bestimmen Sie die Koordinaten der anderen Eckpunkte. Das ist nicht ganz einfach, weil der Würfel „schräg" im Koordinatensystem liegt. Beschreiben Sie Ihr Vorgehen. Vergleichen Sie mit den Strategien anderer.

Zeichnen Sie den Würfel so, dass deutlich wird, welche Kanten sichtbar und welche verdeckt sind.

Aufgaben

2 *Das „Haus des Nikolaus“ auf dem GTR*

Sicher kennen Sie diese Denksportaufgabe:
Das Haus des Nikolaus (Quadrat mit beiden Diagonalen und aufgesetztem Dach) soll in einem Zug gezeichnet werden, ohne dass der Stift abgesetzt und ohne dass eine Strecke doppelt durchlaufen wird.

a) Zeichnen Sie das Haus „regelgerecht“ mit Stift und Papier. Vergleichen Sie mit den Zeichnungen anderer. Es gibt viele verschiedene Wege.

b) Wenn das Haus gezeichnet ist, kann man den Prozess des Entstehens (den Weg) nicht mehr erkennen. Überlegen Sie, wie man den Weg möglichst kurz und klar dokumentieren kann.

c) Sofie hat ihren grafischen Taschenrechner anstelle von Stift und Papier benutzt. Hier ist eine kurze Dokumentation ihres Vorgehens:

Wie kommt das Haus des Nikolaus auf das Rechnerdisplay?

1. Eckpunkte des Hauses als Koordinaten in eine Datentabelle eingeben, die Punkte in einem Streudiagramm zeichnen (Achsen verborgen)
2. Eingabe der folgenden Gleichungen im Graphmodus „Parameter“

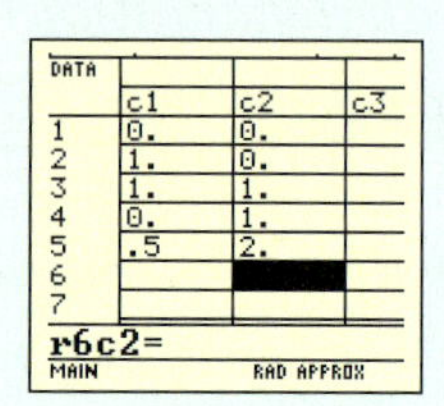

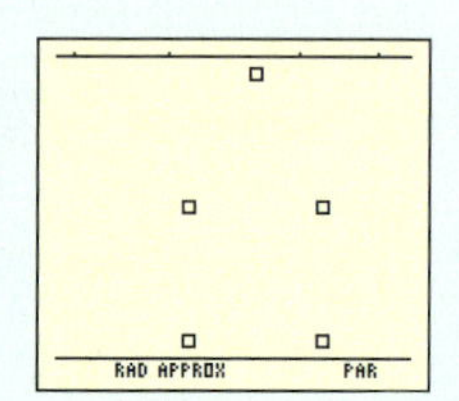

✓xt1=t
✓yt1=0
✓xt2=1 − t
✓yt2=t
✓xt3=0
✓yt3=1 − t
✓xt4=t
✓yt4=t

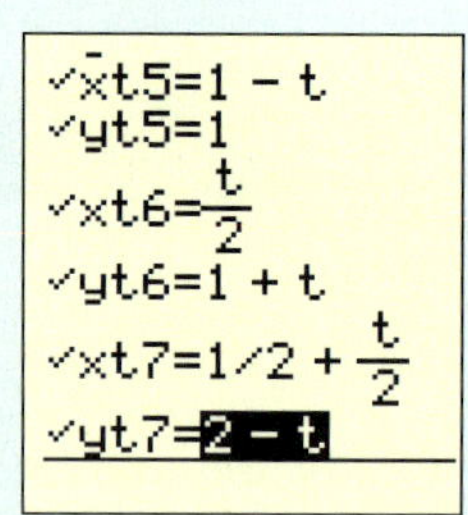

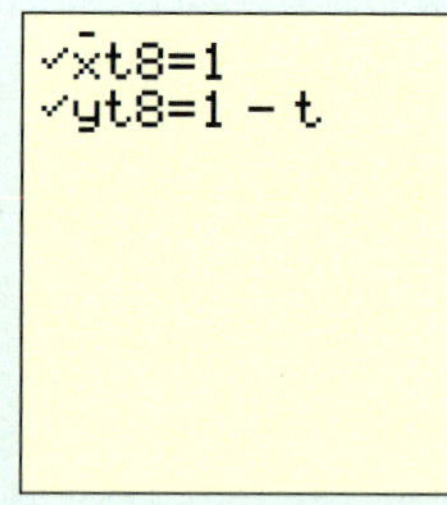

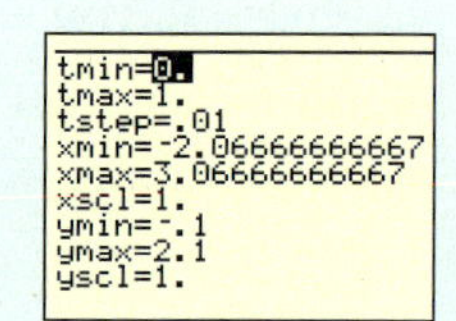

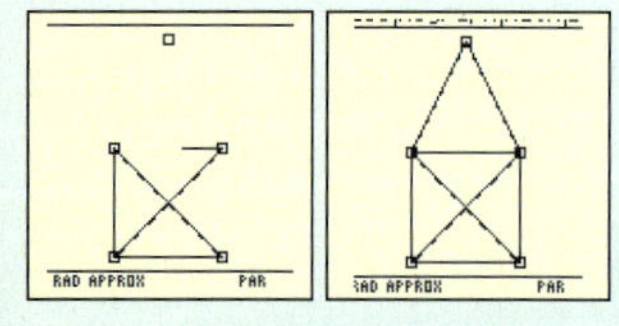

Zwei Momentaufnahmen des Prozesses

3. Grafische Darstellung der acht Parametergleichungen in dem rechts beschriebenen Fenster: Wenn der Zeichenmodus auf „sequence“ eingestellt ist, werden die einzelnen Graphen der Parameterfunktionen nacheinander gezeichnet; das Haus des Nikolaus entsteht vorschriftsgemäß auf dem Display.

Informieren Sie sich über die Parameterdarstellung von Funktionen. Finden Sie heraus, welche Seiten des Hauses mit den einzelnen Parametergleichungen beschrieben werden. Welche Rolle spielt dabei der Parameter t? Warum läuft der Parameter zwischen 0 und 1? Wodurch ist gewährleistet, dass der Graph der nächsten Funktion immer am Endpunkt des vorherigen beginnt?

Stellen Sie Ihren eigenen Weg auf dem GTR dar.

d) Nach der Bearbeitung von c) werden Sie sicher die folgende übersichtliche Schreibweise der Parametergleichungen schätzen:

$s_1\colon \vec{x} = \begin{pmatrix}0\\0\end{pmatrix} + t\begin{pmatrix}1\\0\end{pmatrix},\quad s_2\colon \vec{x} = \begin{pmatrix}1\\0\end{pmatrix} + t\begin{pmatrix}-1\\1\end{pmatrix},\quad s_3\colon \vec{x} = \begin{pmatrix}0\\1\end{pmatrix} + t\begin{pmatrix}0\\-1\end{pmatrix},\quad s_4\colon \vec{x} = \begin{pmatrix}0\\0\end{pmatrix} + t\begin{pmatrix}1\\1\end{pmatrix}$

Schreiben Sie auch die restlichen vier Parametergleichungen in dieser Form.

e) $\vec{x}$ und die in den Klammern stehenden Zahlenpaare werden als „Vektoren“ bezeichnet. Mit diesen Vektoren wird „gerechnet“: Einmal werden sie mit einer Zahl t multipliziert, dann werden sie addiert. Beschreiben Sie wie diese „Rechenoperationen“ ausgeführt werden.

Aufgaben

3 *Eine Spinne auf der Jagd*

In einer Ecke eines quaderförmigen Kartons (8 dm × 12 dm × 4 dm) sitzt eine Spinne und in der gegenüberliegenden Ecke ein Käfer. Um zum Käfer zu gelangen, muss die Spinne, da sie nicht fliegen kann, über die Innenflächen bzw. -kanten des Kartons laufen. Zur Beschreibung möglicher Wege verwenden wir ein Koordinatensystem, dessen Ursprung in der „Spinnenecke" liegt und in dem sich der Käfer im Punkt G = (8 | 12 | 4) befindet. Jedes Wegstück lässt sich dann durch die Positionsänderungen bezüglich der drei Koordinatenrichtungen beschreiben.

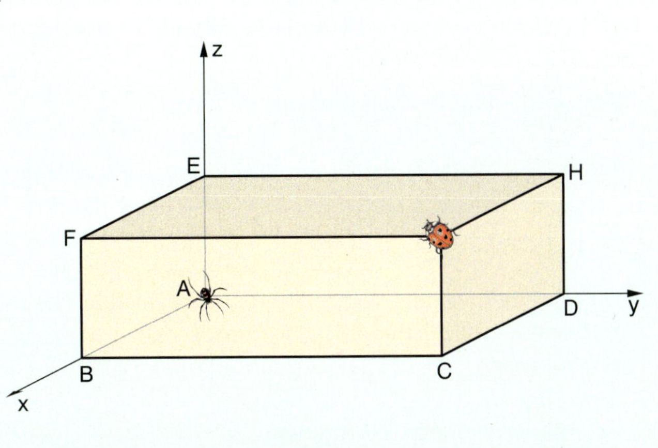

	A = (0 | 0 | 0) → B = (8 | 0 | 0)	B = (8 | 0 | 0) → C = (8 | 12 | 0)	C = (8 | 12 | 0) → G = (8 | 12 | 4)
$\begin{pmatrix}\text{Änderung in x-Richtung}\\ \text{Änderung in y-Richtung}\\ \text{Änderung in z-Richtung}\end{pmatrix}$	$\begin{pmatrix}8\\0\\0\end{pmatrix}$	$\begin{pmatrix}0\\12\\0\end{pmatrix}$	$\begin{pmatrix}0\\0\\4\end{pmatrix}$

Eine solche Darstellung bezeichnet man als **Vektor.**

Der Gesamtweg als Positionsänderung zwischen Anfangs- und Endpunkt ergibt sich dann aus der Summe der einzelnen Änderungen:

$$A = (0|0|0) \to G = (8|12|4): \begin{pmatrix}8+0+0\\0+12+0\\0+0+4\end{pmatrix} = \begin{pmatrix}8\\12\\4\end{pmatrix}$$

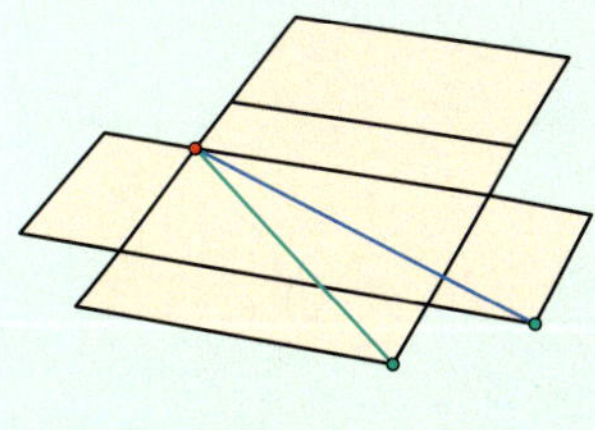

a) Finden Sie weitere Wege und stellen Sie diese mithilfe von Vektoren dar. Lassen Sie die Spinne dabei auch über Flächendiagonalen laufen.

b) In dem dargestellten Netz erkennt man, dass es noch kürzere Wege gibt. Beschreiben Sie die beiden eingezeichneten Wege ebenfalls durch Vektoren.

c) Vergleichen Sie die Längen Ihrer bisherigen Wege. Finden Sie weitere möglichst kurze Wege.

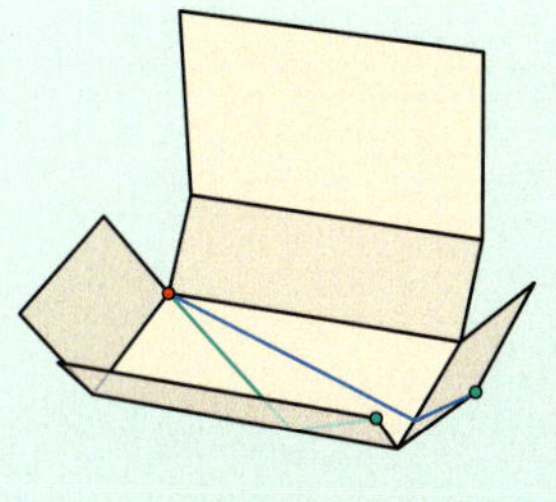

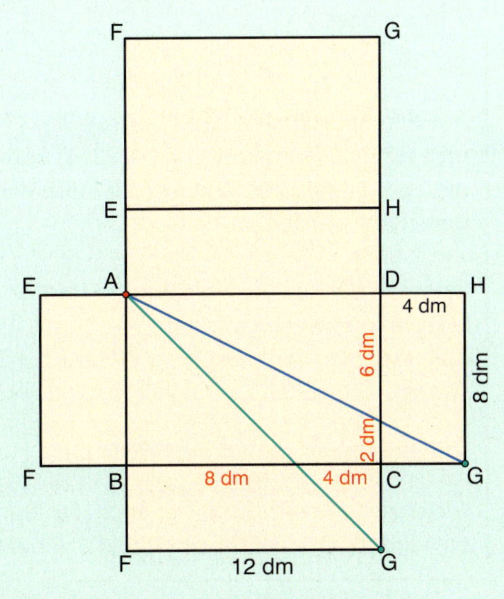

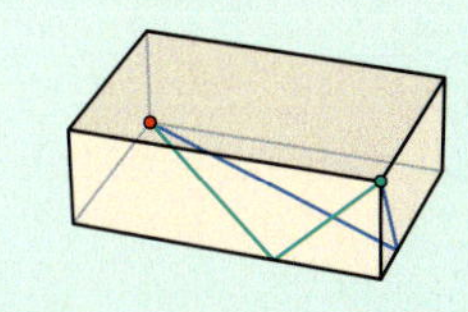

Basiswissen

Mit Vektoren gewinnen wir ein neues Werkzeug, mit dem wir im Koordinatensystem neben der Lage von Punkten nun auch Bewegungen beschreiben können.

Vektoren – algebraisch und geometrisch

Zahlenpaar
Zahlentripel

Algebraisch wird ein Vektor als **Zahlenpaar** oder **Zahlentripel** geschrieben.

$$\vec{x} = \begin{pmatrix} x_1 \\ x_2 \end{pmatrix} \qquad \vec{v} = \begin{pmatrix} 3 \\ -2 \end{pmatrix} \qquad \vec{x} = \begin{pmatrix} x_1 \\ x_2 \\ x_3 \end{pmatrix} \qquad \vec{v} = \begin{pmatrix} -2 \\ 1 \\ 3 \end{pmatrix}$$

Wir schreiben Vektoren als Spalten und bezeichnen sie mit kleinen Buchstaben und einem zusätzlichen Pfeil. Die reellen Zahlen x_1, x_2, x_3 heißen **Koordinaten des Vektors.**

Verschiebungen
Translationen

Geometrisch können Vektoren als **Verschiebungen (Translationen)** in der Ebene oder im Raum interpretiert werden.

Der Vektor $\vec{v} = \begin{pmatrix} -2 \\ 1 \\ 3 \end{pmatrix}$

Anstelle der Achsenbezeichnungen x, y und z verwenden wir nun x_1, x_2 und x_3.

verschiebt den Punkt A = (1 | 1 | 3)
- um –2 in Richtung x_1-Achse
- um 1 in Richtung x_2-Achse
- um 3 in Richtung x_3-Achse

Der Bildpunkt ist A′ = (–1 | 2 | 6).

Pfeile

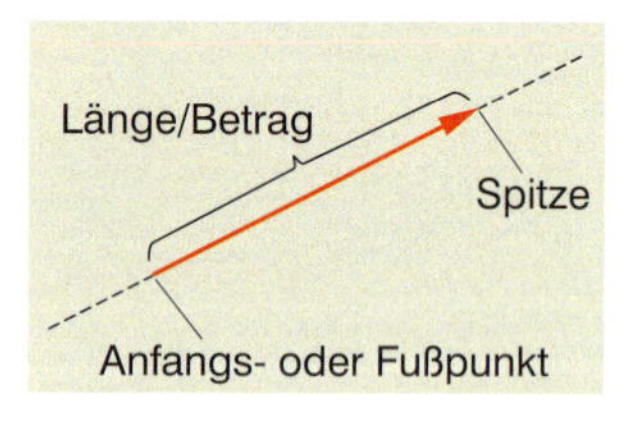

Der Vektor wird durch einen **Pfeil** gekennzeichnet. Pfeile gleicher Länge und gleicher Richtung kennzeichnen den gleichen Vektor.

Die Pfeile $\overrightarrow{AA'}$, $\overrightarrow{BB'}$ und $\overrightarrow{CC'}$ haben jeweils die gleiche Richtung und die gleiche Länge. Jeder dieser Pfeile kennzeichnet den Vektor $\vec{v} = \begin{pmatrix} -2 \\ 1 \\ 3 \end{pmatrix}$.

Betrag eines Vektors

Die Länge eines Pfeils $\overrightarrow{AA'}$ ist gleich dem Abstand der Punkte A und A′. Sie wird als **Betrag** $|\vec{v}|$ **des Vektors** $\vec{v}$ bezeichnet.

$$|\vec{v}| = \sqrt{v_1^2 + v_2^2 + v_3^2}$$

$$|\vec{v}| = \sqrt{(-2)^2 + 1^2 + 3^2}$$

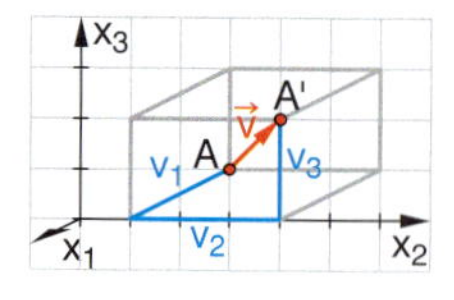

Berechnung des Vektors aus Punkt und Bildpunkt

Aus den Koordinaten eines Punktes A = (1 | 1 | 3) und seines Bildpunktes A′ = (–1 | 2 | 6) können die Koordinaten des Vektors (der Verschiebung) berechnet werden.

$$\overrightarrow{AA'} = \begin{pmatrix} a'_1 - a_1 \\ a'_2 - a_2 \\ a'_3 - a_3 \end{pmatrix} = \begin{pmatrix} -1-1 \\ 2-1 \\ 6-3 \end{pmatrix} = \begin{pmatrix} -2 \\ 1 \\ 3 \end{pmatrix}$$

Punkte
Ortsvektoren

Vektoren können auch als **Punkte im Koordinatensystem** interpretiert werden.
Zeichnet man vom Ursprung O des Koordinatensystems einen Pfeil zum Punkt P = (–2 | 1 | 3), so repräsentiert dieser den Vektor $\overrightarrow{OP} = \begin{pmatrix} -2 \\ 1 \\ 3 \end{pmatrix}$.
Gleichzeitig kennzeichnet er auch den Punkt P.
$\overrightarrow{OP}$ wird als **Ortsvektor** des Punktes P bezeichnet.

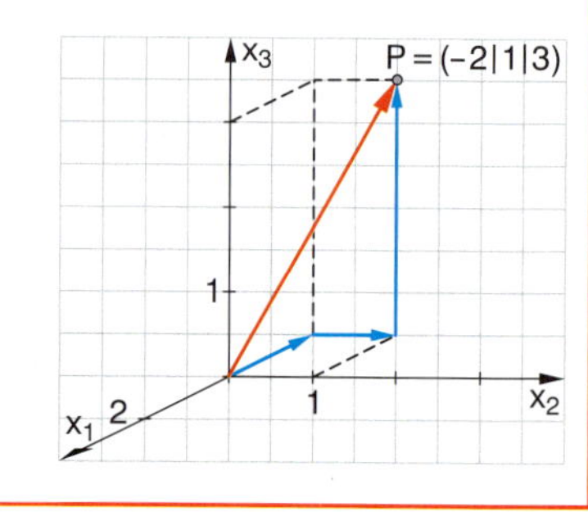

Beispiele

A *Verschieben eines Dreiecks*

Das Dreieck ABC wird in das Dreieck DEF verschoben.
Geben Sie den Verschiebungsvektor $\vec{v}$ und die Koordinaten der Eckpunkte des Bilddreiecks an, wenn A = (2|0|0), B = (–2|4|0), C = (–2|2|4) und D = (2|4|4) ist.

Lösung:

Den Vektor $\vec{v}$ können wir aus den Koordinaten des Punktes A und seines Bildpunktes D berechnen.

$$\vec{v} = \overrightarrow{AD} = \begin{pmatrix} 2-2 \\ 4-0 \\ 4-0 \end{pmatrix} = \begin{pmatrix} 0 \\ 4 \\ 4 \end{pmatrix}$$

Durch Addieren der Koordinaten von $\vec{v}$ zu den jeweiligen Koordinaten der Punkte B und C erhalten wir dann die Bildpunkte:

E = (–2|8|4)
F = (–2|6|8)

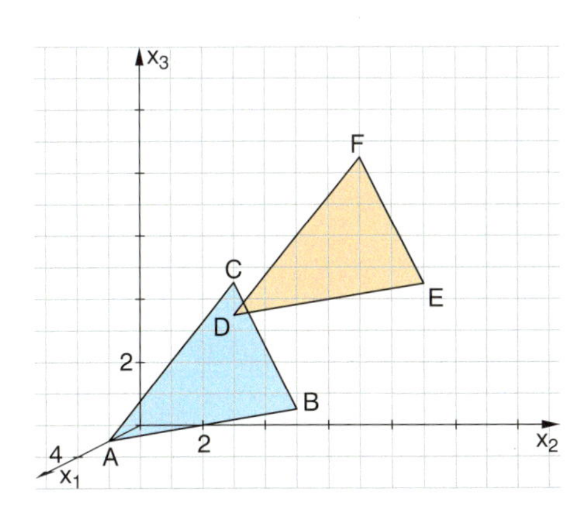

B *Streckenzüge*

Streckenzüge als „Vektorzüge"

Die Streckenzüge ABCD und ADCB können als Bewegungen vom Startpunkt A über Zwischenpunkte zum Endpunkt D bzw. B gedeutet werden („Vektorzüge").
Bestimmen Sie die jeweils passenden Vektoren. Welcher Streckenzug ist der kürzere?

Lösung:

$\overrightarrow{AB} = \begin{pmatrix} 4-0 \\ 2-0 \end{pmatrix} = \begin{pmatrix} 4 \\ 2 \end{pmatrix}$; $\quad \overrightarrow{BC} = \begin{pmatrix} 2-4 \\ 5-2 \end{pmatrix} = \begin{pmatrix} -2 \\ 3 \end{pmatrix}$; $\quad \overrightarrow{CD} = \begin{pmatrix} -1-2 \\ 4-5 \end{pmatrix} = \begin{pmatrix} -3 \\ -1 \end{pmatrix}$

$\overrightarrow{AD} = \begin{pmatrix} -1-0 \\ 4-0 \end{pmatrix} = \begin{pmatrix} -1 \\ 4 \end{pmatrix}$; $\quad \overrightarrow{DC} = \begin{pmatrix} 2-(-1) \\ 5-4 \end{pmatrix} = \begin{pmatrix} 3 \\ 1 \end{pmatrix}$; $\quad \overrightarrow{CB} = \begin{pmatrix} 4-2 \\ 2-5 \end{pmatrix} = \begin{pmatrix} 2 \\ -3 \end{pmatrix}$

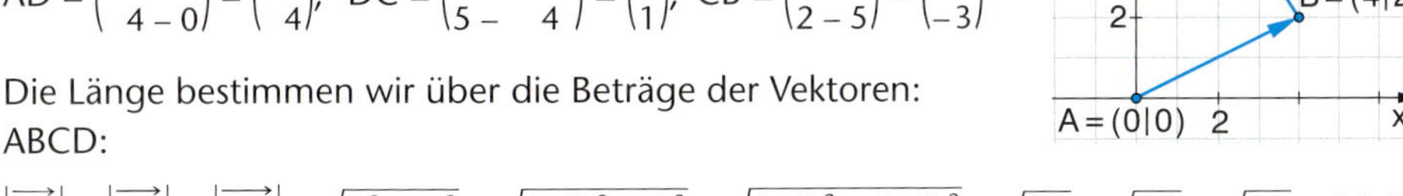

Die Länge bestimmen wir über die Beträge der Vektoren:
ABCD:

$$|\overrightarrow{AB}| + |\overrightarrow{BC}| + |\overrightarrow{CD}| = \sqrt{4^2+2^2} + \sqrt{(-2)^2+3^2} + \sqrt{(-3)^2+(-1)^2} = \sqrt{20} + \sqrt{13} + \sqrt{10} \approx 11{,}24$$

ADCB:

$$|\overrightarrow{AD}| + |\overrightarrow{DC}| + |\overrightarrow{CB}| = \sqrt{(-1)^2+4^2} + \sqrt{3^2+1^2} + \sqrt{2^2+(-3)^2} = \sqrt{17} + \sqrt{10} + \sqrt{13} \approx 10{,}89$$

Somit ist der Streckenzug ADCB der kürzere.

Übungen

4 *Verschiebungsvektor*

a) Das Dreieck ABC mit A = (2|2,5|–1), B = (6|8,5|1) und C = (–2|3,5|0) wird mit dem Vektor $\vec{v}$ verschoben. A hat den Bildpunkt A' = (2|1,5|4).
Bestimmen Sie den Verschiebungsvektor $\vec{v}$ und die Bildpunkte B' und C'.
Zeichnen Sie das durch Urbild- und Bilddreieck entstehende dreiseitige Prisma.
b) Bestimmen Sie aus dem Bilddreieck D'E'F' mit D' = (3|2|0), E' = (–4|0|–3) und F' = (–3|4|–1) sowie D = (5|–2|–3) die Urbildpunkte E und F.

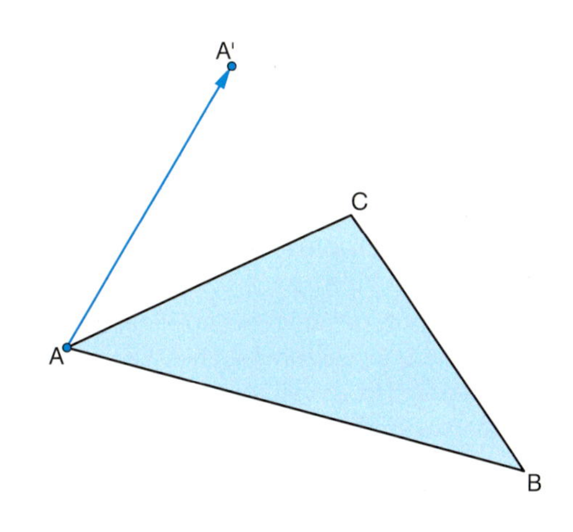

Übungen

5 *Vektoren im Würfel*

Die Vektoren $\vec{u} = \begin{pmatrix} 2 \\ 2 \\ 1 \end{pmatrix}$, $\vec{v} = \begin{pmatrix} -2 \\ 1 \\ 2 \end{pmatrix}$ und $\vec{w} = \begin{pmatrix} 1 \\ -2 \\ 2 \end{pmatrix}$ beschreiben mit dem Punkt $A = (-1\,|\,0\,|\,3)$ die Kanten eines Würfels.

a) Bestimmen Sie die restlichen Eckpunkte des Würfels.

b) Wie ändern sich die Eckpunkte, wenn der Würfel um $\begin{pmatrix} 2 \\ -1 \\ 4 \end{pmatrix}$ verschoben wird?

c) Der Würfel wird so verschoben, dass der Punkt A auf den Punkt $A' = (2\,|\,4\,|\,-4)$ zu liegen kommt. Geben Sie den dazugehörigen Verschiebungsvektor an.

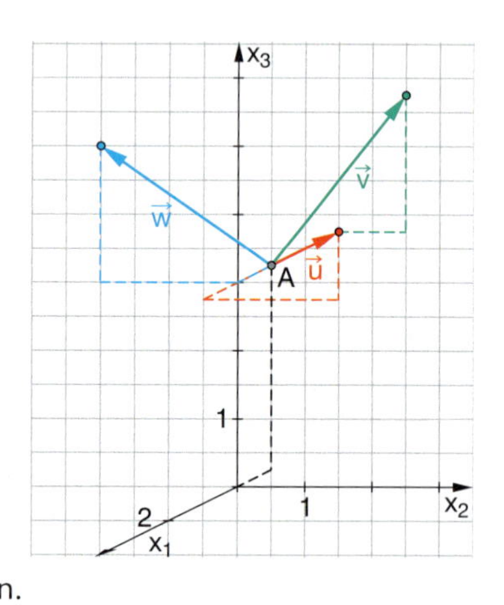

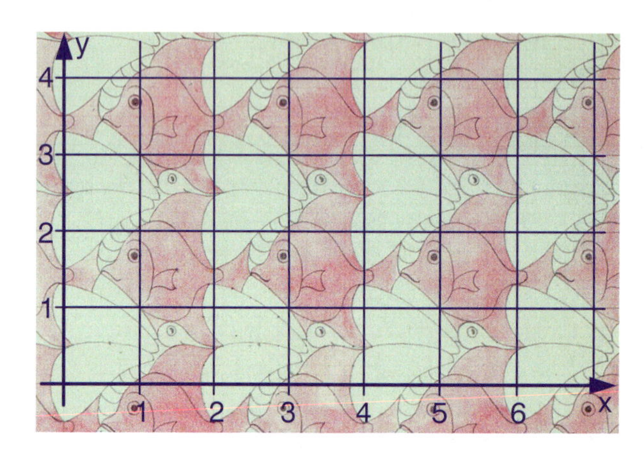

6 *Vektoren in Parkettierungen*

Viele Parkette des holländischen Künstlers M.C. ESCHER entstehen durch Verschiebung derselben Grundfigur(en). Die Grundfiguren entstehen meistens aus einem Rechteck, Quadrat oder Dreieck. Die Abbildung zeigt eine Studie von ESCHER, über die ein Koordinatensystem gelegt wurde. Ermitteln Sie aus der Abbildung verschiedene Verschiebungsvektoren, die sich zur Erzeugung des Parketts eignen.

7 *Parkett aus gleichseitigen Dreiecken*

Das Parkett lässt sich aus dem Dreieck $A = (1\,|\,0)$, $B = (3\,|\,0)$ und $C = (2\,|\,\sqrt{3})$ erzeugen.

a) Zeigen Sie, dass das Dreieck ABC gleichseitig ist.

b) Bestimmen Sie die Koordinaten der eingezeichneten Vektoren. Überlegen Sie, ob man mit diesen Vektoren das Parkett erzeugen kann. Finden Sie noch andere Vektoren, die sich eignen?

c) Bestimmen Sie die Koordinaten der Punkte D, E und F.

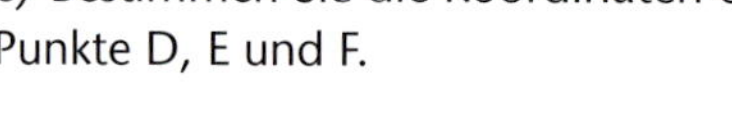

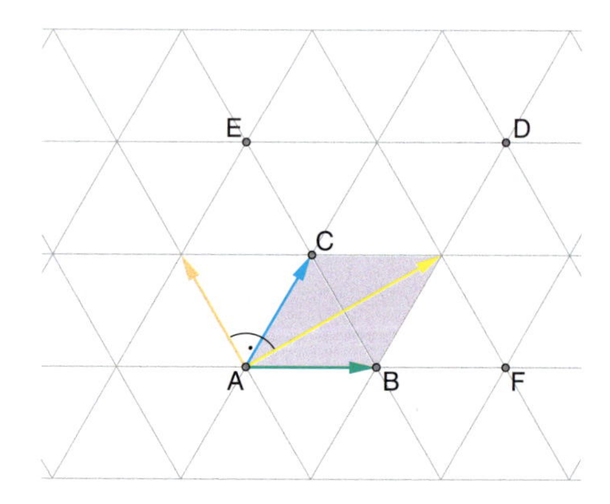

8 *Würfelverschiebungen*

Der rote Würfel mit der Kantenlänge 4 wurde mehrfach verschoben.

Führen Sie ein geeignetes Koordinatensystem ein und beschreiben Sie die Verschiebungen jeweils durch den passenden Vektor.

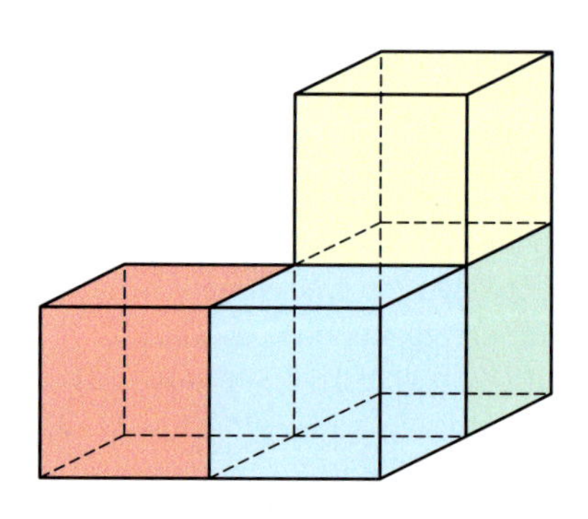

Übungen

9 *Dreiseitiges Prisma*
Prüfen Sie, ob es sich bei dem nebenstehenden Körper um ein dreiseitiges Prisma handelt.
Geben Sie gegebenenfalls den Verschiebungsvektor an, durch den das Dreieck ABC auf das Dreieck DEF abgebildet wurde.
Welcher Verschiebungsvektor bildet das Dreieck DEF auf ABC ab?

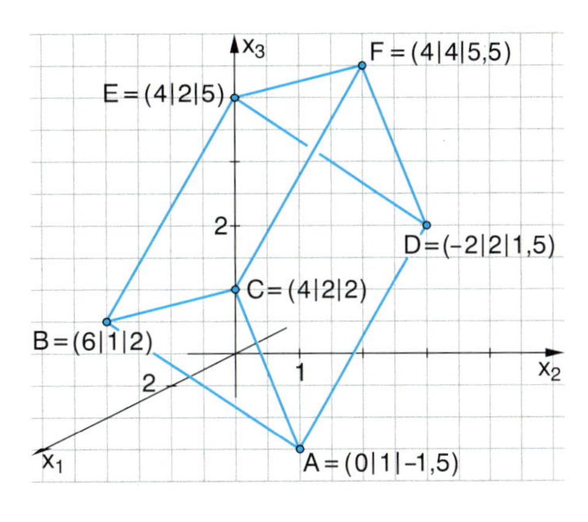

10 *Vektoren im Satteldach*

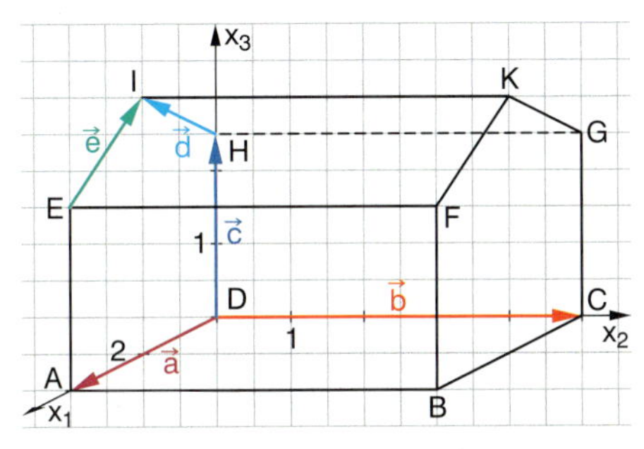

Zeichnen Sie das Haus mit Satteldach ab und tragen Sie zu jedem Vektor möglichst viele Pfeile entlang der Kanten mit gleicher Länge und gleicher Richtung ein.

11 *Mehrere Pfeile für den gleichen Vektor*

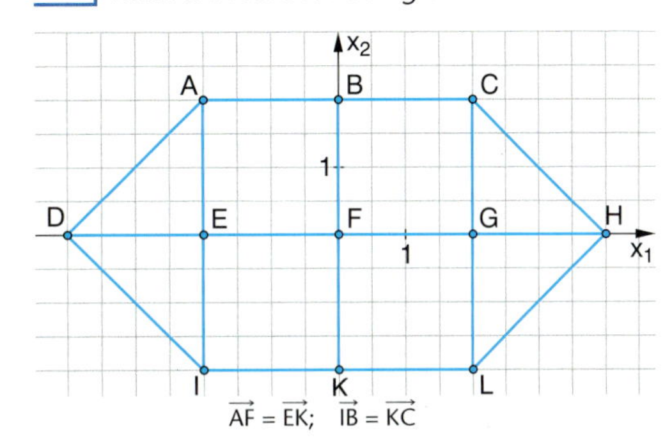

Zeichnen Sie die Figur ab und tragen Sie Pfeile ein, die jeweils gleiche Vektoren kennzeichnen. Wie viele verschiedene Vektoren finden Sie?

12 *Orientierungslauf*
Bei einem Orientierungslauf in einem ebenen Gelände werden nach dem Start die einzelnen Stationen in beliebiger Reihenfolge angelaufen. Geben Sie verschiedene Wege an. Beschreiben Sie die Strecken durch Vektoren. Berechnen Sie die Länge der Wege und vergleichen Sie.

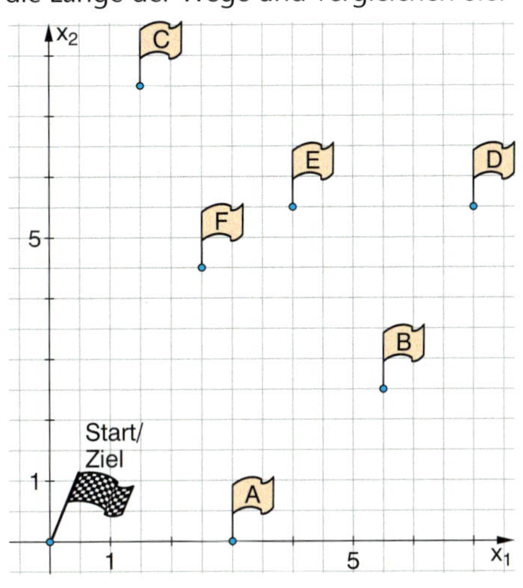

13 *Vektorzüge im Raum*
a) Auf den Punkt O = (0|0|0) werden nacheinander die Vektoren

$$\vec{w} = \begin{pmatrix} -1 \\ -1 \\ -3 \end{pmatrix}, \vec{x} = \begin{pmatrix} 3 \\ 5 \\ -4 \end{pmatrix}, \vec{y} = \begin{pmatrix} 4 \\ 1 \\ 0 \end{pmatrix} \text{ und } \vec{z} = \begin{pmatrix} -2 \\ -3 \\ 7 \end{pmatrix}$$

angewendet. Welchen Punkt erhält man als Endpunkt?

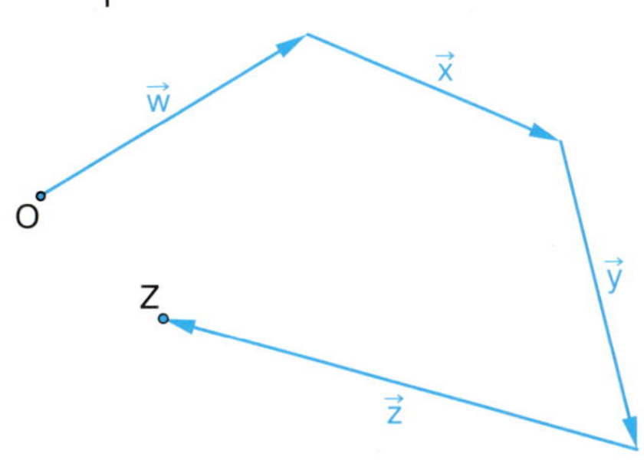

b) Bei welcher Reihenfolge der Vektoren erhält man nacheinander folgende Zwischenpunkte: (3|5|−4), (1|2|3), (0|1|0) und (4|2|0)?
c) Vergleichen Sie die Länge der Streckenzüge. Was stellen Sie fest?

12
Beispiel für einen Weg
$\overrightarrow{OA}$, $\overrightarrow{AB}$, $\overrightarrow{BD}$, $\overrightarrow{DF}$, $\overrightarrow{FE}$, $\overrightarrow{EC}$, $\overrightarrow{CO}$

Basiswissen

Mit Vektoren kann man „rechnen". Da sich die Rechenoperationen mithilfe der Pfeile auch geometrisch interpretieren lassen, gewinnt man damit ein wirkungsvolles Werkzeug zum Darstellen und Lösen geometrischer Probleme.

Rechnen mit Vektoren

algebraisch | geometrisch

Addition

$$\vec{a} + \vec{b} = \begin{pmatrix} a_1 \\ a_2 \\ a_3 \end{pmatrix} + \begin{pmatrix} b_1 \\ b_2 \\ b_3 \end{pmatrix} = \begin{pmatrix} a_1 + b_1 \\ a_2 + b_2 \\ a_3 + b_3 \end{pmatrix}$$

Die einzelnen Koordinaten der beiden Vektoren $\vec{a}$ und $\vec{b}$ werden jeweils addiert.

$$\begin{pmatrix} -2 \\ 4 \\ 3 \end{pmatrix} + \begin{pmatrix} 3 \\ 2 \\ -1 \end{pmatrix} = \begin{pmatrix} 1 \\ 6 \\ 2 \end{pmatrix}$$

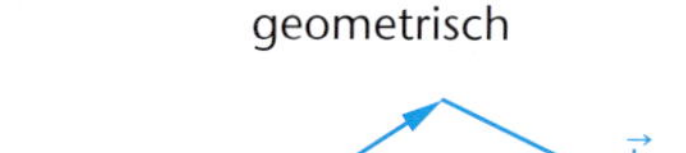
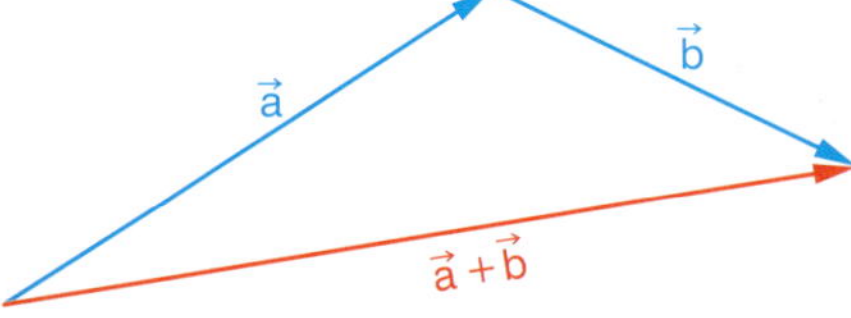

Die Pfeile werden aneinandergehängt. Dies entspricht dem Nacheinanderausführen der durch $\vec{a}$ und $\vec{b}$ gegebenen Verschiebungen. Der resultierende Pfeil kennzeichnet den Summenvektor $\vec{a} + \vec{b}$.

S-Multiplikation

Wir schreiben auch $s\vec{a}$.

Der Begriff S-Multiplikation kommt aus der Physik. Dort werden reelle Zahlen zur Unterscheidung von Vektoren oft als „Skalare" bezeichnet.

$$s \cdot \vec{a} = s \cdot \begin{pmatrix} a_1 \\ a_2 \\ a_3 \end{pmatrix} = \begin{pmatrix} s\,a_1 \\ s\,a_2 \\ s\,a_3 \end{pmatrix};\ s \in \mathbb{R}$$

Jede Koordinate des Vektors $\vec{a}$ wird mit der reellen Zahl s multipliziert.

$$1{,}9 \cdot \begin{pmatrix} -2 \\ 4 \\ 3 \end{pmatrix} = \begin{pmatrix} -3{,}8 \\ 7{,}6 \\ 5{,}7 \end{pmatrix};\ (-1{,}2) \cdot \begin{pmatrix} -2 \\ 4 \\ 3 \end{pmatrix} = \begin{pmatrix} 2{,}4 \\ -4{,}8 \\ -3{,}6 \end{pmatrix}$$

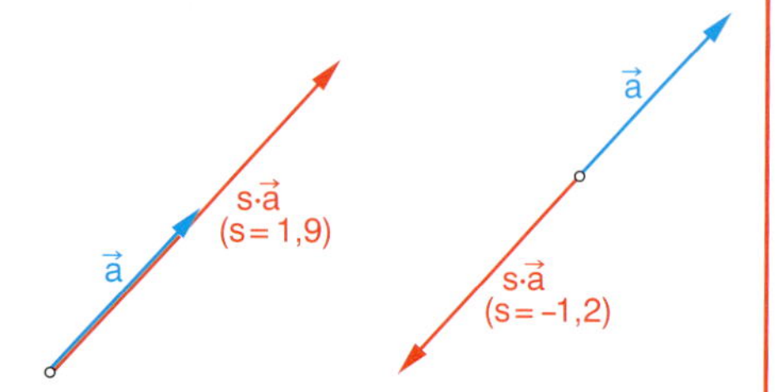

Der Pfeil wird auf die s-fache Länge gestreckt. Die Richtung bleibt erhalten.

Der Pfeil wird auf die |s|-fache Länge gestreckt. Die Richtung wird umgekehrt.

Linearkombination

Eine Linearkombination kann auch aus mehr als zwei Vektoren gebildet werden. $\vec{x} = r\vec{a} + s\vec{b} + t\vec{c}$

Ein Vektor

$$\vec{x} = r \cdot \vec{a} + s \cdot \vec{b} \quad \text{mit } r, s \in \mathbb{R}$$

heißt eine Linearkombination der Vektoren $\vec{a}$ und $\vec{b}$.

$$2 \cdot \begin{pmatrix} -2 \\ 4 \\ 3 \end{pmatrix} + (-0{,}5) \cdot \begin{pmatrix} 3 \\ 2 \\ -1 \end{pmatrix} = \begin{pmatrix} -5{,}5 \\ 7 \\ 6{,}5 \end{pmatrix}$$

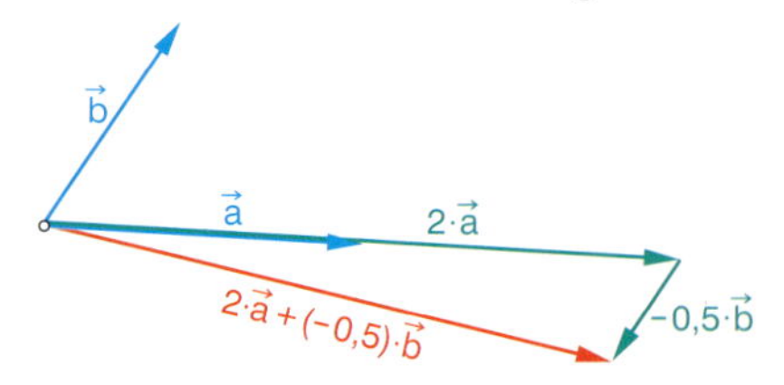

Beispiele

C *Linearkombination*

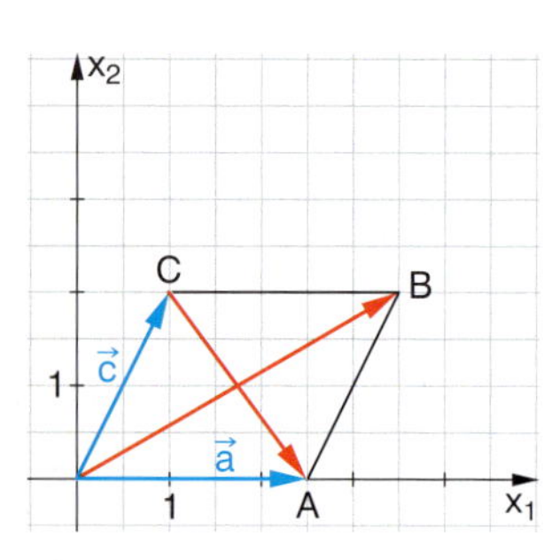

Stellen Sie im Parallelogramm OABC die Diagonalen $\overline{OB}$ und $\overline{CA}$ mithilfe der Vektoren $\overrightarrow{OA} = \vec{a} = \begin{pmatrix} 2{,}5 \\ 0 \end{pmatrix}$ und $\overrightarrow{OC} = \vec{c} = \begin{pmatrix} 1 \\ 2 \end{pmatrix}$ dar.

Lösung:

$$\overrightarrow{OB} = \vec{a} + \vec{c} = \begin{pmatrix} 2{,}5 \\ 0 \end{pmatrix} + \begin{pmatrix} 1 \\ 2 \end{pmatrix} = \begin{pmatrix} 3{,}5 \\ 2 \end{pmatrix}$$

$$\overrightarrow{CA} = -1 \cdot \vec{c} + \vec{a} = \vec{a} - \vec{c} = \begin{pmatrix} 2{,}5 \\ 0 \end{pmatrix} - \begin{pmatrix} 1 \\ 2 \end{pmatrix} = \begin{pmatrix} 1{,}5 \\ -2 \end{pmatrix}$$

Differenzvektor

Der Vektor $\overrightarrow{AB}$ lässt sich in der Form $\overrightarrow{AB} = \overrightarrow{OB} - \overrightarrow{OA} = \vec{b} - \vec{a}$ darstellen.

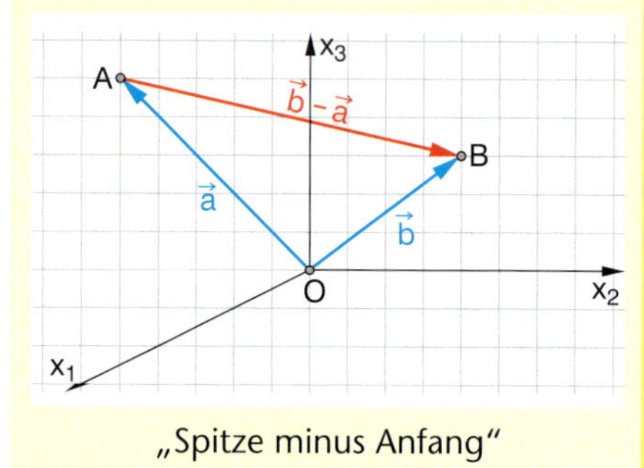

„Spitze minus Anfang"

Beispiele

D *Mittelpunkt einer Strecke*
Bestimmen Sie den Mittelpunkt M der Strecke $\overline{AB}$ mit A = (8 | 5 | 6) und B = (4 | 8 | 3).
Lösung:
Wir ermitteln $\overrightarrow{OM}$ als Linearkombination der Vektoren $\overrightarrow{OA}$ und $\overrightarrow{AB}$.

$\overrightarrow{OM} = \overrightarrow{OA} + \frac{1}{2} \cdot \overrightarrow{AB}$

$= \begin{pmatrix} 8 \\ 5 \\ 6 \end{pmatrix} + \frac{1}{2}\left[\begin{pmatrix} 4 \\ 8 \\ 3 \end{pmatrix} - \begin{pmatrix} 8 \\ 5 \\ 6 \end{pmatrix}\right] = \begin{pmatrix} 8 \\ 5 \\ 6 \end{pmatrix} + \frac{1}{2}\begin{pmatrix} -4 \\ 3 \\ -3 \end{pmatrix} = \begin{pmatrix} 6 \\ 6{,}5 \\ 4{,}5 \end{pmatrix}$

M hat die Koordinaten (6 | 6,5 | 4,5).

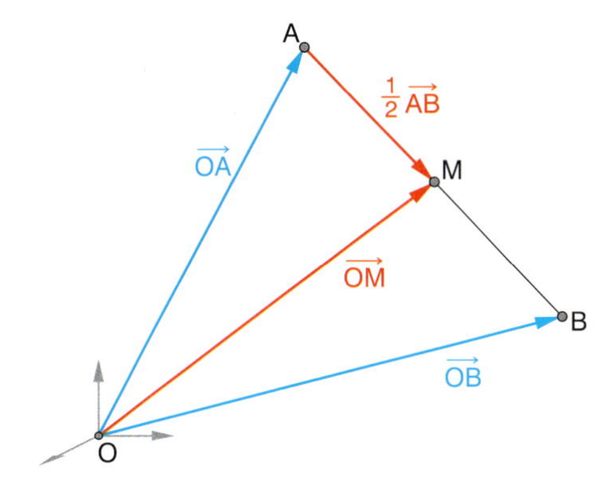

Übungen

14 *Diagonalen im Parallelogramm*
Zeigen Sie zeichnerisch und rechnerisch, dass in jedem Parallelogramm OABC gilt:
Die Summe der Diagonalenvektoren ergibt $\overrightarrow{OB} + \overrightarrow{CA} = 2\vec{a}$.
Die Differenz der Diagonalenvektoren ergibt $\overrightarrow{OB} - \overrightarrow{CA} = 2\vec{c}$.

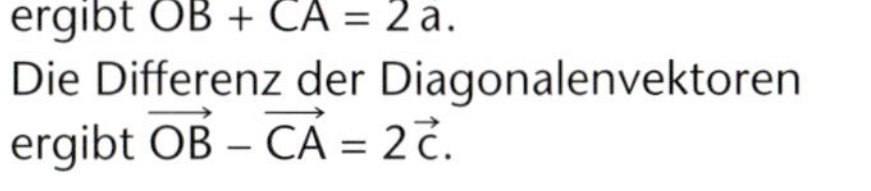

15 *Linearkombinationen im Quader*
a) Bestimmen Sie zeichnerisch die folgenden Vektoren.

$\vec{u} = \vec{a} + \vec{c}$

$\vec{v} = \vec{a} + \frac{1}{2}\vec{b}$

$\vec{w} = \vec{a} + \vec{b} + \vec{c}$

$\vec{x} = \vec{a} + \frac{1}{2}\vec{b} + \frac{1}{2}\vec{c}$

$\vec{y} = \frac{1}{2} \cdot (\vec{a} + \vec{b}) + \vec{c}$

$\vec{z} = (\vec{a} + \vec{c}) + (\vec{b} - \vec{a}) - (\vec{b} + \vec{c})$

b) Beschreiben Sie die vier Raumdiagonalen des Quaders mithilfe der Vektoren $\vec{a}$, $\vec{b}$ und $\vec{c}$.

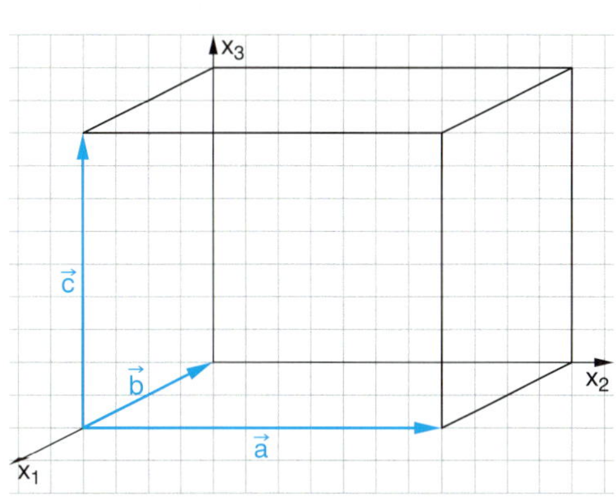

16 *Haus des Nikolaus*
a) Stellen Sie den Vektor $\vec{a}$ auf unterschiedliche Arten als Summe anderer Vektoren dar.
b) Bestimmen Sie $\vec{b} + \vec{c} + \vec{g}$.
c) Was ergibt die Summe aller Vektoren?

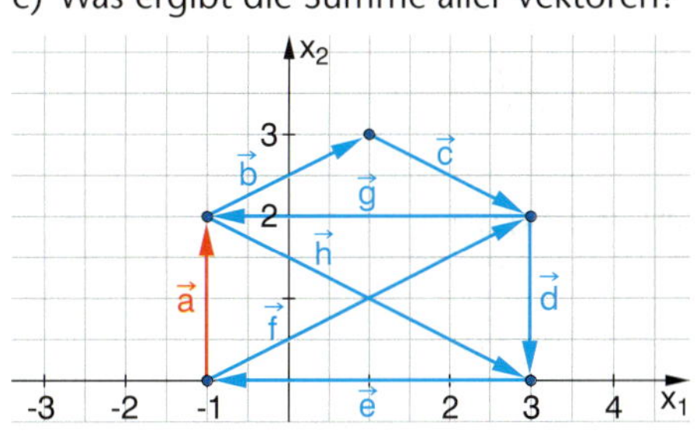

KURZER RÜCKBLICK

1 Wie verändert sich das Volumen eines Würfels, wenn die Seitenlänge verdoppelt wird?

2 Ist das wahr?
- Jedes Parallelogramm ist eine Raute.
- Jedes Quadrat ist ein Rechteck.

3 Wie viele Symmetrieachsen hat ein Rechteck?

4 Welches Volumen wird hier bestimmt?
$V = \frac{1}{3}\pi r^2 h$

5 Bestimmen Sie den Abstand zwischen den Punkten P = (2 | 1) und Q = (4 | 7).

Übungen

17 *Vervierfachung*
In der Abbildung ist die Kantenlänge des großen Würfels viermal so lang wie die Kantenlänge des kleinen Würfels. Weisen Sie rechnerisch nach, dass dann auch die Raumdiagonale des großen Würfels viermal so lang ist wie die des kleinen. Beschreiben Sie Ihr Vorgehen. Finden Sie auch eine geometrische Begründung?

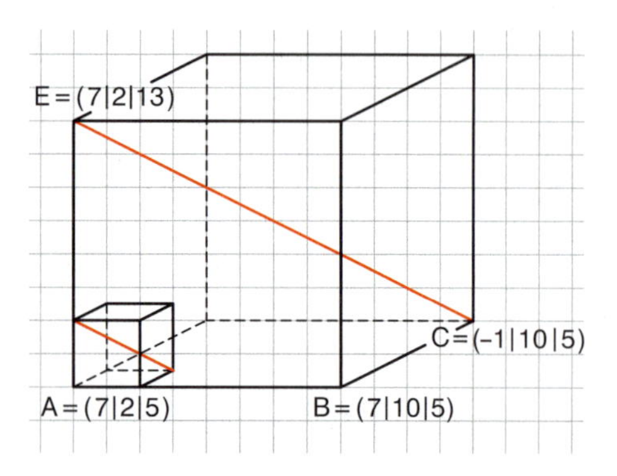

18 *Mittelpunkt als Mittelwert*
In der Formelsammlung finden Sie für den Mittelpunkt M einer Strecke $\overline{AB}$ die Formel $\vec{m} = \frac{1}{2}(\vec{a} + \vec{b})$.

a) Bestätigen Sie die Formel am Beispiel A = (4|1|7) und B = (−2|6|8).
b) Begründen Sie die Formel allgemein zeichnerisch und rechnerisch.

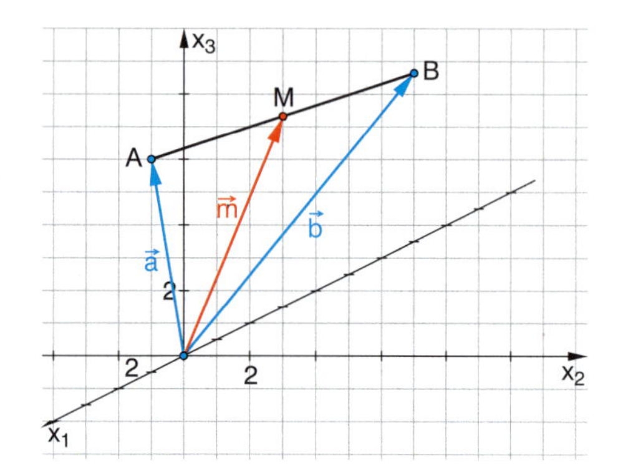

19 *Parallele Strecken*

Parallele Vektoren
Die **Parallelität** von zwei Strecken $\overline{AB}$ und $\overline{CD}$ lässt sich mithilfe von Vektoren leicht erkennen.
Zwei Vektoren $\vec{u} = \overrightarrow{AB}$ und $\vec{v} = \overrightarrow{CD}$ sind genau dann parallel, wenn $\vec{u} = c\vec{v}$ ($c \in \mathbb{R}$).
Man bezeichnet die Vektoren $\vec{u}$ und $\vec{v}$ auch als **linear abhängig.**

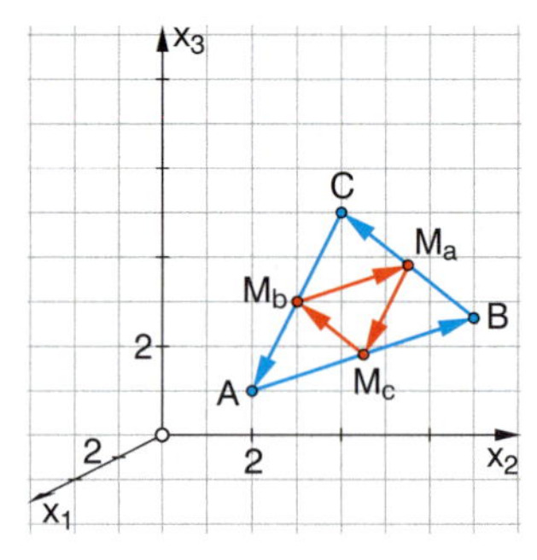

Aus der Kongruenzgeometrie ist folgender Satz bekannt:
Die Verbindungsstrecke der Mittelpunkte zweier Dreiecksseiten ist stets zur dritten Seite parallel und halb so lang wie diese.
a) Bestätigen Sie diesen Satz für das Dreieck ABC mit A = (1|3), B = (5|2), C = (4|7) mithilfe geeigneter Vektoren.
b) Der Satz gilt auch für ein Dreieck im Raum. Bestätigen Sie dies im Dreieck ABC mit A = (4|4|2), B = (2|8|3), C = (−4|2|4).

20 *Krüppelwalmdach*
Wie viele verschiedene Vektoren bestimmen die Kanten im Krüppelwalmdach?
Welche Vektoren sind jeweils parallel?

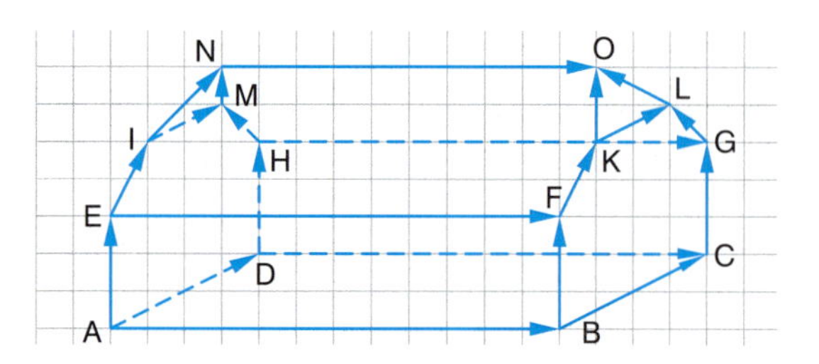

21 *Quader*
Gegeben sind zwei Körper mit der Grundfläche ABCD und der Deckfläche EFGH. Einer von beiden ist ein Quader, der andere nicht. Entscheiden Sie.

K_1: A = (0|0|0) B = (4|1|3) C = (6|8|−2) D = (2|7|−5)
E = (−2|2|2) F = (−2|1|4) G = (4|10|0) H = (0|9|−3)

K_2: A = (0|0|0) B = (4|1|3) C = (6|8|−2) D = (2|7|−5)
E = (−2|2|2) F = (2|3|5) G = (4|10|0) H = (0|9|−3)

Übungen

22 *Sechseck im Würfel*
Die Eckpunkte des Sechsecks im Würfel sind jeweils Kantenmitten.
Aus der Anschauung können Sie bereits vermuten, welche Seiten parallel sind.
Begründen Sie Ihre Vermutungen mithilfe von Vektoren.
Gibt es im Sechseck auch Diagonalen, die zu Seiten des Sechsecks parallel sind?
Begründen Sie mithilfe von Vektoren.

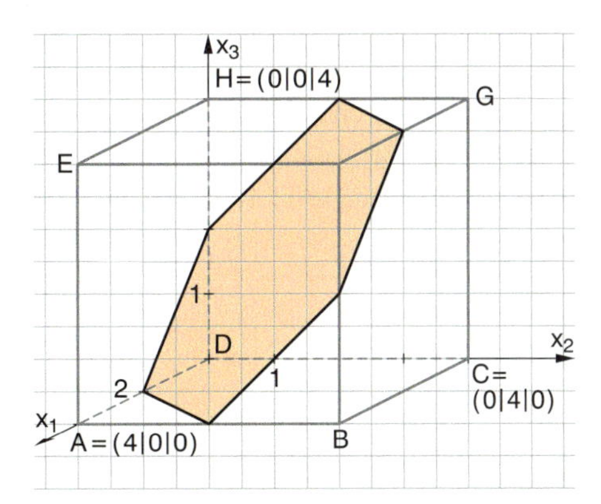

23 *Sechseck im Oktaeder*
In einem Würfel wird über die Flächenmittelpunkte ein Oktaeder konstruiert und in dieses wiederum über entsprechende Kantenmitten ein Sechseck. Prüfen Sie an jeweils einem Beispiel im Oktaeder und im Sechseck rechnerisch nach, ob parallel erscheinende Strecken wirklich parallel sind.

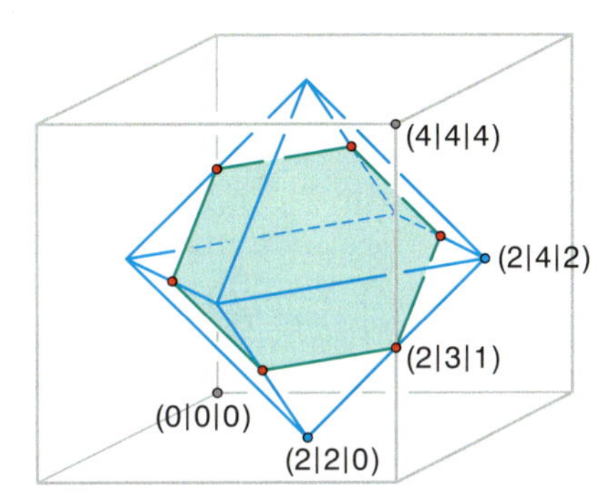

24 *Spat*
Von einem Spat sind die Eckpunkte A, B, D und E gegeben.

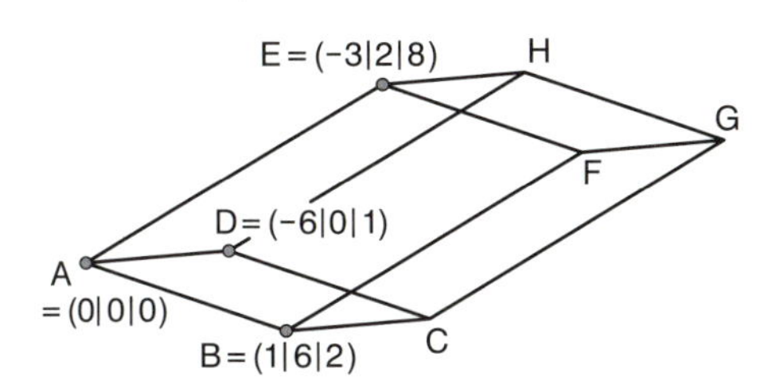

Bestimmen Sie die Koordinaten der anderen Eckpunkte und die Länge der Raumdiagonalen $\overline{AG}$ und $\overline{BH}$.

Spat

Aus dem Lexikon:
Als Spat (auch Parallelflach oder Parallelepiped) bezeichnet man in der Geometrie einen Körper, der von sechs paarweise kongruenten Parallelogrammen begrenzt wird.

Die Bezeichnung Spat rührt vom Kalkspat (Calcit, chemisch: $CaCO_3$) her, dessen Kristalle die Form eines Parallelflachs aufweisen.

25 *Spat mit aufgesetzter Pyramide*
Im nebenstehenden Spat mit aufgesetzter Pyramide ist F der Mittelpunkt der Strecke $\overline{BS}$.
a) Stellen Sie $\overrightarrow{AC}$, $\overrightarrow{BS}$, $\overrightarrow{SD}$, $\overrightarrow{HS}$, $\overrightarrow{EC}$ jeweils als Linearkombination von $\vec{a}$, $\vec{b}$, $\vec{c}$ dar.
b) Geben Sie zwei Punkte an, deren Verbindungsvektor durch den Vektor $\vec{a} - \vec{b} - \vec{c}$ bestimmt wird.

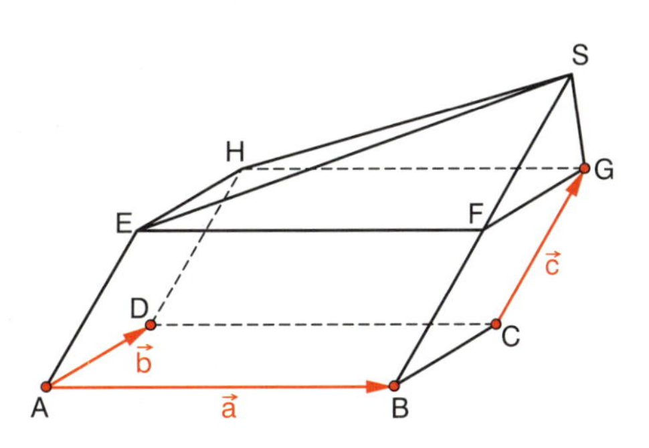

Übungen

26 *Sechseck*

Gegeben sind die Punkte $A = (4|8|0)$, $B = (0|8|4)$, $C = (0|4|8)$ und $D = (4|0|8)$. Bestimmen Sie rechnerisch zwei Punkte E und F, so dass die Punkte ABCDEF ein Sechseck bilden, bei dem die gegenüberliegenden Seiten jeweils parallel und gleich lang sind.

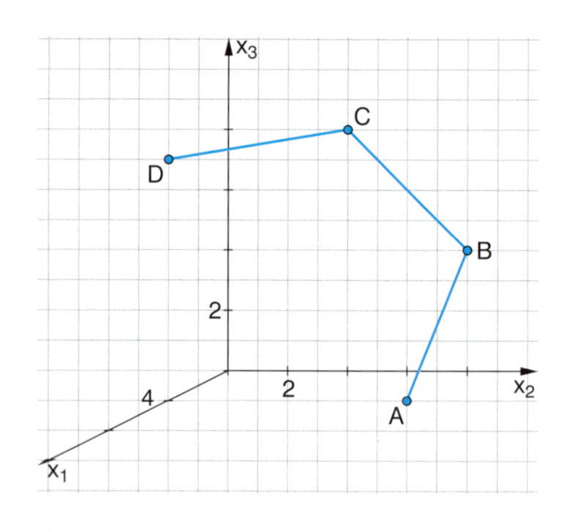

27 *Parallelogramme*

Fertigen Sie zunächst eine Planskizze an.

a) Zeichnen Sie die Punkte $A = (-2|2)$, $B = (2|3)$ und $C = (3|-1)$ in ein Koordinatensystem. Ergänzen Sie einen vierten Punkt so, dass sich ein Parallelogramm ergibt. Wie viele solcher Punkte finden Sie?

b) Können Sie die Punkte aus a) auch rechnerisch bestimmen? Beschreiben Sie Ihr Vorgehen.

c) Gegeben sind die Punkte $A = (4|2|-1)$, $B = (1|2|3)$ und $C = (-2|0|4)$. Bestimmen Sie rechnerisch alle Punkte, die mit A, B und C ein Parallelogramm bilden.

28 *Raute oder auch Quadrat?*

Zeichnen Sie das Viereck mit den Eckpunkten $A = (0|-3|-4)$, $B = (-5|0|0)$, $C = (0|3|4)$ und $D = (5|0|0)$.

Weisen Sie nach, dass es eine Raute ist und überprüfen Sie, ob es auch ein Quadrat ist.

Für eine der Diagonalen stimmt die Länge der im Schrägbild gezeichneten Strecke mit der realen Länge überein. Zeigen Sie, dass man dies bereits an den Koordinaten der Endpunkte dieser Diagonale erkennen kann.

29 *Viereckstyp bestimmen*

Neben der Bestimmung der Seitenlängen hilft die Bestimmung der Diagonalenlängen.

Parallelogramme, Rauten, Rechtecke und Quadrate haben die Eigenschaft, dass sich ihre Diagonalen gegenseitig halbieren, d. h. die Mittelpunkte der Diagonalen stimmen überein. Weisen Sie nach, dass das Viereck ABCD mit $A = (0|2|1)$, $B = (-1|-1|3)$, $C = (1|-2|6)$ und $D = (2|1|4)$ diese Eigenschaft besitzt.

Um welchen der angegebenen Viereckstypen handelt es sich? Begründen Sie.

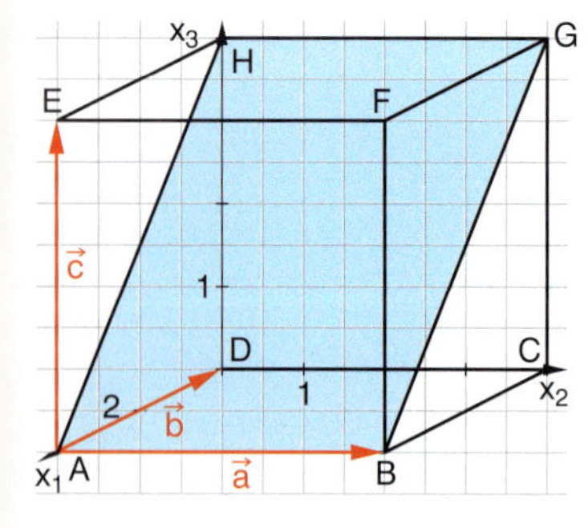

30 *Rechteck im Würfel*

Stellen Sie den Ortsvektor zum Mittelpunkt des Würfels als Linearkombination der Vektoren $\vec{a}$, $\vec{b}$, $\vec{c}$ dar.

Stellen Sie den Mittelpunkt des blauen Rechtecks als Linearkombination der Vektoren $\vec{a}$ und $\overrightarrow{AH} = \vec{b} + \vec{c}$ dar.

Zeigen Sie rechnerisch, dass die beiden Mittelpunkte identisch sind. Finden Sie auch eine geometrische Begründung.

Übungen

31 *Schwerpunkt eines Dreiecks*

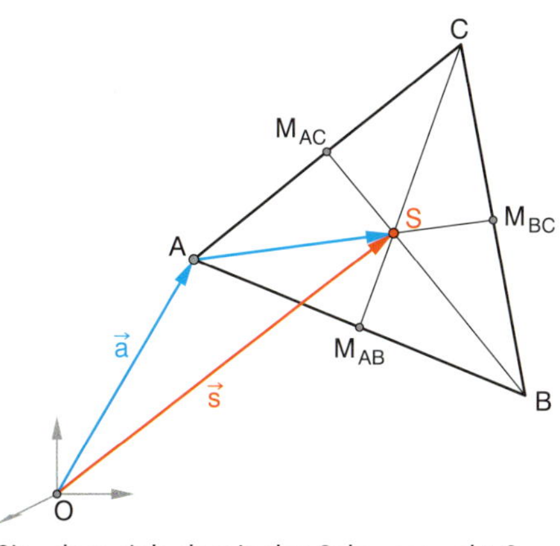

Mithilfe der Information auf dem Rand lässt sich der Schwerpunkt S eines Dreiecks ABC rechnerisch mit dem Punkt A und dem Mittelpunkt M_{BC} der Strecke $\overline{BC}$ ermitteln.

a) Zeichnen Sie das Dreieck ABC mit $A = (2|3)$, $B = (12|3)$ und $C = (4|9)$. Ermitteln Sie zeichnerisch seinen Schwerpunkt. Überprüfen Sie dann den angegebenen Rechenweg.

b) Der Schwerpunkt S lässt sich auch durch zwei weitere Vektorzüge berechnen. Ermitteln Sie diese aus der Zeichnung. Zeigen Sie, dass sich damit der Schwerpunkt S ergibt.

c) Bestimmen Sie rechnerisch den Schwerpunkt des Dreiecks QRT mit $Q = (-2|3|10)$, $R = (2|-1|6)$ und $T = (0|7|8)$.

Der Schwerpunkt eines Dreiecks teilt die Seitenhalbierenden im Verhältnis 2 : 1.

Rechnerische Ermittlung des Schwerpunkts S eines Dreiecks ABC:

$\vec{s} = \vec{a} + \frac{2}{3} \cdot \overrightarrow{AM_{BC}}$

32 *Schwerpunkt eines Dreiecks als Mittelwert*

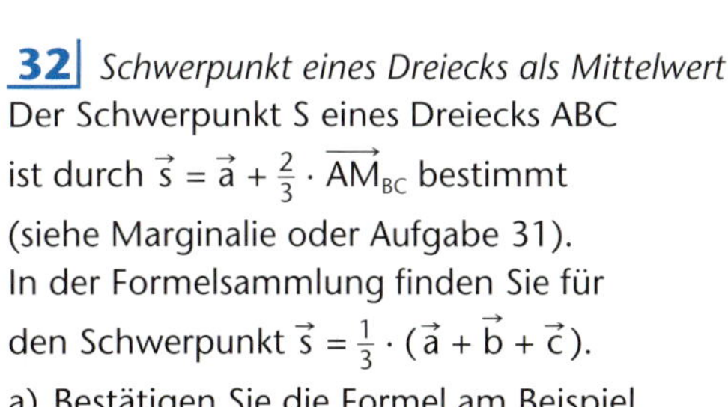

Der Schwerpunkt S eines Dreiecks ABC ist durch $\vec{s} = \vec{a} + \frac{2}{3} \cdot \overrightarrow{AM_{BC}}$ bestimmt (siehe Marginalie oder Aufgabe 31).

In der Formelsammlung finden Sie für den Schwerpunkt $\vec{s} = \frac{1}{3} \cdot (\vec{a} + \vec{b} + \vec{c})$.

a) Bestätigen Sie die Formel am Beispiel $A = (3|-4|7)$, $B = (1|5|-4)$ und $C = (-7|2|3)$.

b) Begründen Sie die Formel allgemein zeichnerisch und rechnerisch.

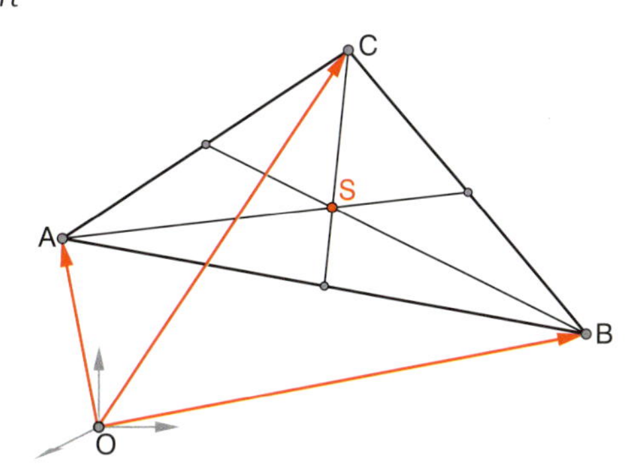

33 *Schwerpunkt im Tetraeder*

Die Punkte A, B, C und D sind Eckpunkte eines Tetraeders im Raum. S_g ist der Schwerpunkt der Grundfläche. Der Schwerpunkt S des Tetraeders ist durch folgende Gleichung definiert:

$\vec{s} = \frac{1}{4} \cdot (\vec{a} + \vec{b} + \vec{c} + \vec{d})$.

Zeigen Sie, dass S auf der Strecke DS_g liegt.

Vergleichen Sie dazu die Vektoren $\overrightarrow{DS}$ und $\overrightarrow{DS_g}$.

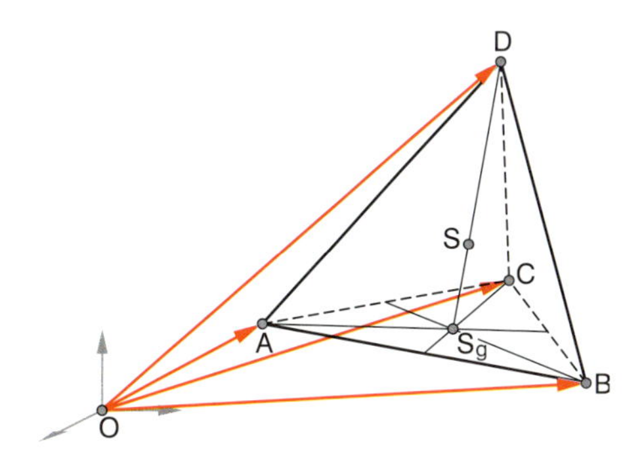

34 *Diagonale durch den Schwerpunkt*

S ist der Schwerpunkt des Dreiecks ABC. Zeigen Sie, dass im Quader der Schwerpunkt S auf der Raumdiagonalen $\overline{OF}$ liegt.

Finden Sie eine entsprechende Aussage für das Dreieck ABF.

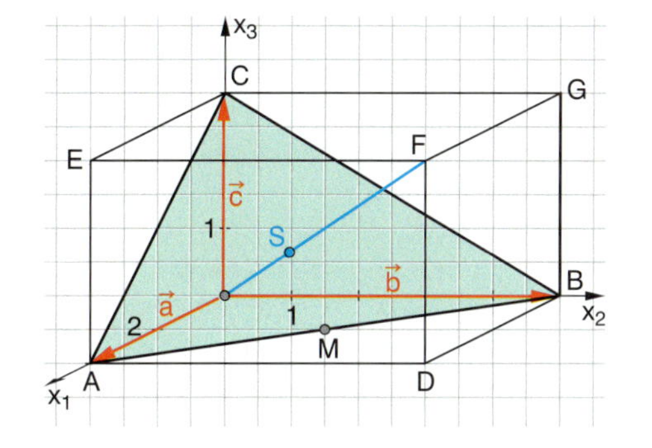

Übungen

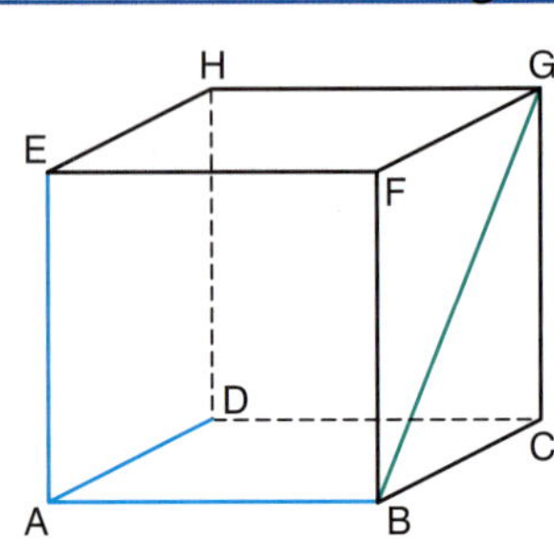

35 *Senkrechte Strecken*

a) Übertragen Sie den nebenstehenden Satz auf orthogonale Strecken in der Ebene und bestätigen Sie ihn am Beispiel eines rechtwinkligen Dreiecks im ebenen Koordinatensystem.

b) Anschaulich ist offensichtlich:
Die Kanten $\overline{AB}$, $\overline{AD}$ und $\overline{AE}$ eines Würfels stehen senkrecht aufeinander.
Die Kante $\overline{AB}$ ist senkrecht zur Flächendiagonalen $\overline{BG}$.
Die Raumdiagonalen $\overline{AG}$ und $\overline{BH}$ sind nicht senkrecht zueinander.
Bestätigen Sie diese Eigenschaften rechnerisch mithilfe passender Vektoren.

Orthogonale Vektoren

Ob zwei Strecken $\overline{AB}$ und $\overline{CD}$ **senkrecht zueinander** stehen, lässt sich auch mithilfe von Vektoren erkennen.

Zwei Vektoren $\vec{a} = \overrightarrow{AB}$ und $\vec{b} = \overrightarrow{CD}$ sind genau dann senkrecht zueinander, wenn $a_1b_1 + a_2b_2 + a_3b_3 = 0$.

Man bezeichnet die Vektoren $\vec{a}$ und $\vec{b}$ auch als **orthogonal**.

Beweis der Orthogonalitätsbedingung für Vektoren

Zwei Vektoren $\vec{a}$ und $\vec{b}$ sind genau dann senkrecht zueinander, wenn $a_1b_1 + a_2b_2 + a_3b_3 = 0$.

Begründung:
Nach dem Satz des Pythagoras für rechtwinklige Dreiecke stehen die Vektoren $\vec{a}$ und $\vec{b}$ zueinander senkrecht genau dann, wenn gilt:
$|\vec{a}|^2 + |\vec{b}|^2 = |\vec{a} - \vec{b}|^2$.

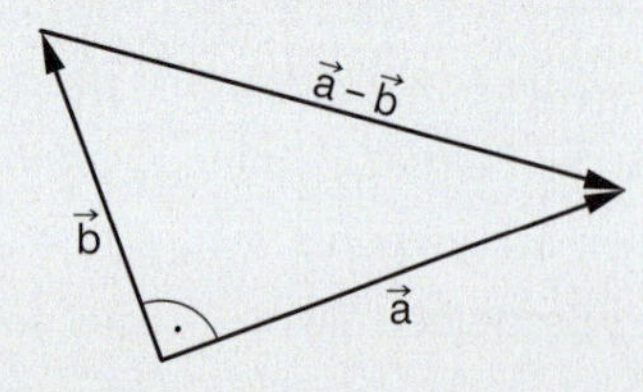

Für den Betrag eines Vektors $\vec{v}$ gilt $|\vec{v}| = \sqrt{v_1^2 + v_2^2 + v_3^2}$, somit
$|\vec{v}|^2 = v_1^2 + v_2^2 + v_3^2$.

Mit Äquivalenzumformungen ergibt sich nun:

$$\begin{aligned}
& \vec{a} \text{ senkrecht zu } \vec{b} \\
\Leftrightarrow\quad & |\vec{a}|^2 + |\vec{b}|^2 = |\vec{a} - \vec{b}|^2 \\
\Leftrightarrow\quad & a_1^2 + a_2^2 + a_3^2 + b_1^2 + b_2^2 + b_3^2 = (a_1 - b_1)^2 + (a_2 - b_2)^2 + (a_3 - b_3)^2 \\
\Leftrightarrow\quad & a_1^2 + a_2^2 + a_3^2 + b_1^2 + b_2^2 + b_3^2 = a_1^2 - 2a_1b_1 + b_1^2 + a_2^2 - 2a_2b_2 + b_2^2 + a_3^2 - 2a_3b_3 + b_3^2 \\
\Leftrightarrow\quad & 0 = -2a_1b_1 - 2a_2b_2 - 2a_3b_3 \\
\Leftrightarrow\quad & 0 = a_1b_1 + a_2b_2 + a_3b_3
\end{aligned}$$

36 *Würfelecke*

Die Punkte A = (2 | 3 | 0), B = (6 | 7 | 2), D = (4 | –1 | 4) und E = (–2 | 5 | 4) sind gegeben. Zeigen Sie, dass die Strecken $\overline{AB}$, $\overline{AD}$ und $\overline{AE}$ die Ecke eines Würfels bilden.

37 *Raumdiagonale im Quader*

a) Stehen die Raumdiagonalen in einem Quader senkrecht aufeinander?

b) Ein Quader hat die Breite 8 cm und die Höhe 4 cm. Wie lang ist er, wenn die beiden Raumdiagonalen senkrecht zueinander sind?

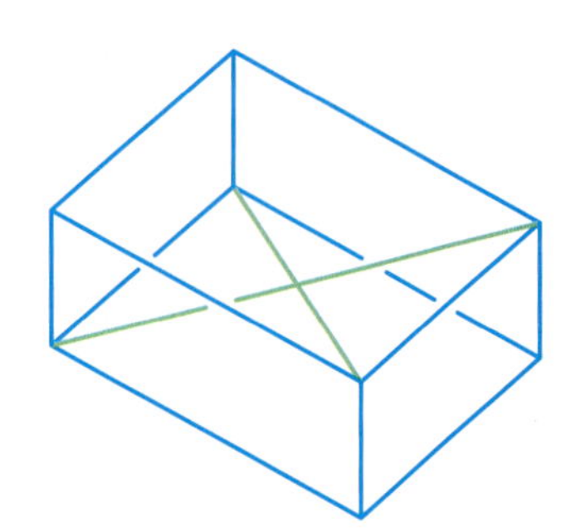

Übungen

Beachten Sie hierzu Seite 38.

38 *Sechseck im Würfel*

Die Eckpunkte des Sechsecks im Würfel sind die Kantenmitten.

a) Stehen die Sechseckdiagonalen senkrecht zur Raumdiagonalen $\overline{EC}$ des Würfels?
Begründen Sie Ihre Vermutungen mithilfe von Vektoren.

b) Übertragen Sie die Aussagen auf ein Sechseck im Quader.

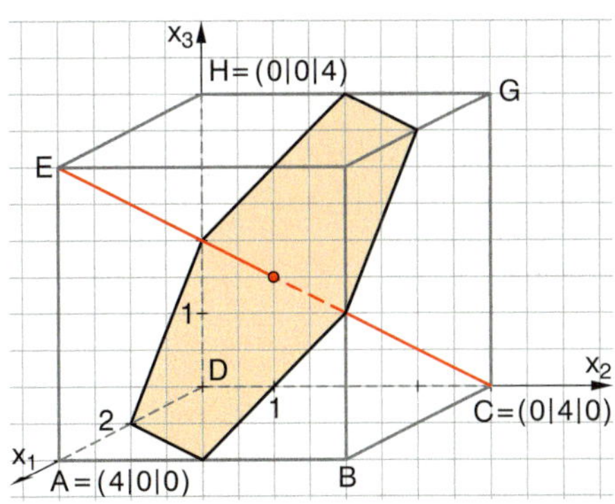

39 *Orthogonale Vektoren*

Untersuchen Sie mithilfe der **Orthogonalitätsbedingung für Vektoren**, wie die Koordinaten von P gewählt werden müssen, so dass die Vektoren $\overrightarrow{PA}$ und $\overrightarrow{PB}$ senkrecht zueinander sind.
Interpretieren Sie das Ergebnis geometrisch.

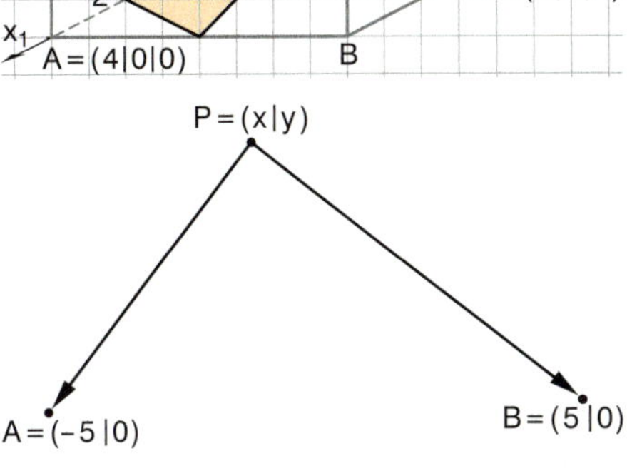

40 *Besondere Punkte suchen*

Der Karton hat die Maße 12 dm × 8 dm × 4 dm.

a) Gibt es einen Punkt auf der Kante $\overline{BC}$, so dass die Strecken $\overline{AP}$ und $\overline{PG}$ orthogonal sind?

b) Die Strecke s verbindet die Mittelpunkte der Kanten $\overline{FG}$ und $\overline{BC}$. Gibt es einen Punkt Q auf s, so dass die Strecken $\overline{AQ}$ und $\overline{QG}$ orthogonal sind? Bestimmen Sie diesen gegebenenfalls.

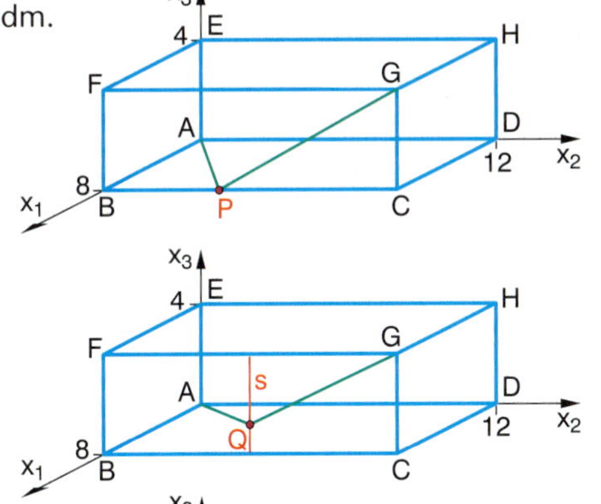

c) Das rote Rechteck entsteht durch Verbinden entsprechender Kantenmitten. Der Punkt R wandert auf dem Rand dieses Rechtecks. Bestimmen Sie alle Positionen des Punktes R, so dass die Strecken $\overline{AR}$ und $\overline{RD}$ orthogonal sind.

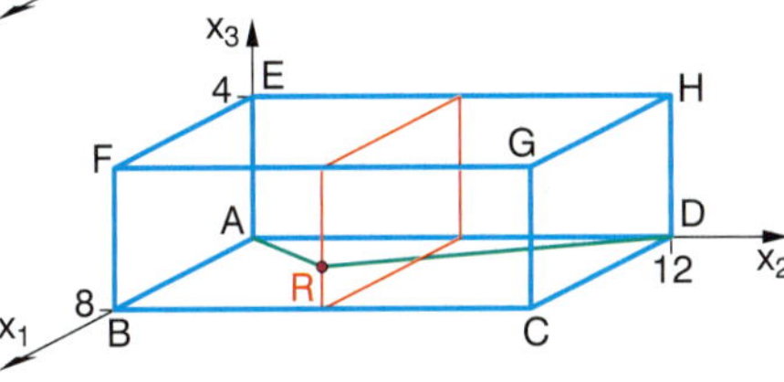

41 *Zentrische Streckung*

Die S-Multiplikation eines Vektors kann man auch als zentrische Streckung interpretieren. Ist $\vec{a}$ der Ortsvektor eines Punktes A, dann ist $k \cdot \vec{a}$ der Ortsvektor des Bildpunktes A′, k der Streckfaktor, und der Ursprung ist das Streckzentrum. Aus der Mittelstufe kennen Sie folgende Eigenschaften der zentrischen Streckung:

(1) Eine Strecke und ihre Bildstrecke sind parallel.
(2) Die Bildstrecke ist k-mal so lang wie das Original.
(3) Das Bild eines rechten Winkels ist wieder ein rechter Winkel (genau genommen gilt dies für beliebige Winkel, aber das können wir noch nicht nachweisen).

Wählen Sie drei Punkte A, B und C in der Ebene (im Raum) so, dass das Dreieck ABC rechtwinklig ist und untersuchen Sie am Bilddreieck A′B′C′ die Eigenschaften (1) bis (3).

Übungen

42 *Besondere Vektoren: Nullvektor – Gegenvektor*

a) In der Mittelstufe haben Sie bei Abbildungen auch die identische Abbildung kennen gelernt. Sie bildet jeden Punkt der Ebene (des Raumes) auf sich selbst ab.

Nullvektor $\vec{0}$

Erklären Sie damit die Bedeutung des Nullvektors $\vec{0} = \begin{pmatrix} 0 \\ 0 \\ 0 \end{pmatrix}$.

$-\vec{a}$: Gegenvektor zu $\vec{a}$

b) Der Vektor $-\vec{a} = \begin{pmatrix} -a_1 \\ -a_2 \\ -a_3 \end{pmatrix}$ heißt **Gegenvektor des Vektors** $\vec{a} = \begin{pmatrix} a_1 \\ a_2 \\ a_3 \end{pmatrix}$.

Erklären Sie algebraisch und geometrisch.

Nachweis von Rechengesetzen für Vektoren

Für das Rechnen mit Vektoren gibt es verschiedene Rechengesetze. Die Rechengesetze lassen sich algebraisch und geometrisch begründen. Wir zeigen dies am Beispiel des Assoziativgesetzes der Addition: $(\vec{a} + \vec{b}) + \vec{c} = \vec{a} + (\vec{b} + \vec{c})$.

algebraische Begründung

$(\vec{a} + \vec{b}) + \vec{c}$

$= \left(\begin{pmatrix} a_1 \\ a_2 \\ a_3 \end{pmatrix} + \begin{pmatrix} b_1 \\ b_2 \\ b_3 \end{pmatrix}\right) + \begin{pmatrix} c_1 \\ c_2 \\ c_3 \end{pmatrix}$ Übergang zur Koordinatenschreibweise

Definition der Addition

$= \begin{pmatrix} (a_1 + b_1) + c_1 \\ (a_2 + b_2) + c_2 \\ (a_3 + b_3) + c_3 \end{pmatrix}$

Assoziativgesetz für reelle Zahlen

$= \begin{pmatrix} a_1 + (b_1 + c_1) \\ a_2 + (b_2 + c_2) \\ a_3 + (b_3 + c_3) \end{pmatrix}$

Definition der Addition

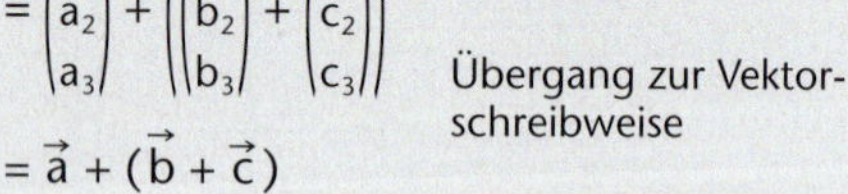

$= \begin{pmatrix} a_1 \\ a_2 \\ a_3 \end{pmatrix} + \left(\begin{pmatrix} b_1 \\ b_2 \\ b_3 \end{pmatrix} + \begin{pmatrix} c_1 \\ c_2 \\ c_3 \end{pmatrix}\right)$ Übergang zur Vektorschreibweise

$= \vec{a} + (\vec{b} + \vec{c})$

geometrische Begründung

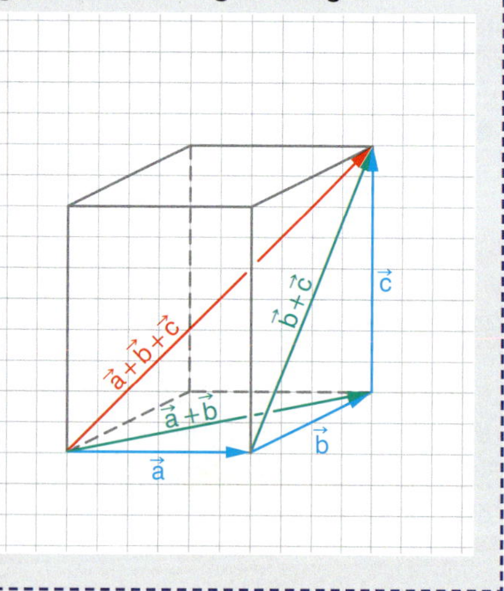

43 *Begründungen der Rechengesetze für Vektoren*

Gruppenarbeit

Begründen Sie die Gesetze in Gruppenarbeit. Die Hinweise helfen dabei. Stellen Sie die Begründungen auf Plakaten zusammen.

Das Multiplikationszeichen steht manchmal für die S-Multiplikation und manchmal für die Multiplikation reeller Zahlen.

A Kommutativgesetz

$\vec{a} + \vec{b} = \vec{b} + \vec{a}$

B Gemischtes Assoziativgesetz

$s \cdot (t \cdot \vec{a}) = (s \cdot t) \cdot \vec{a}$

C Erstes Distributivgesetz

$s \cdot \vec{a} + s \cdot \vec{b} = s \cdot (\vec{a} + \vec{b})$

D Zweites Distributivgesetz

$s \cdot \vec{a} + t \cdot \vec{a} = (s + t) \cdot \vec{a}$

$\vec{a} + \vec{b} = \begin{pmatrix} a_1 \\ a_2 \\ a_3 \end{pmatrix} + \begin{pmatrix} b_1 \\ b_2 \\ b_3 \end{pmatrix} = \begin{pmatrix} a_1 + b_1 \\ a_2 + b_2 \\ a_3 + b_3 \end{pmatrix}$

$s \cdot \vec{a} + t \cdot \vec{a} = s \cdot \begin{pmatrix} a_1 \\ a_2 \\ a_3 \end{pmatrix} + t \cdot \begin{pmatrix} a_1 \\ a_2 \\ a_3 \end{pmatrix} = \begin{pmatrix} s \cdot a_1 + t \cdot a_1 \\ s \cdot a_2 + t \cdot a_2 \\ s \cdot a_3 + t \cdot a_3 \end{pmatrix}$

s·a, a, b, s·b, a+b, s·a+s·b=s·(a+b)

s·(t·a), t·a, a, (s·t)·a

Mittenviereck in der Ebene und im Raum

Vielleicht haben Sie im Geometrieunterricht schon vom *Satz von Varignon* gehört.

> ***Satz von Varignon***
> *Verbindet man die Mittelpunkte der Seiten eines Vierecks, so entsteht ein Parallelogramm.*

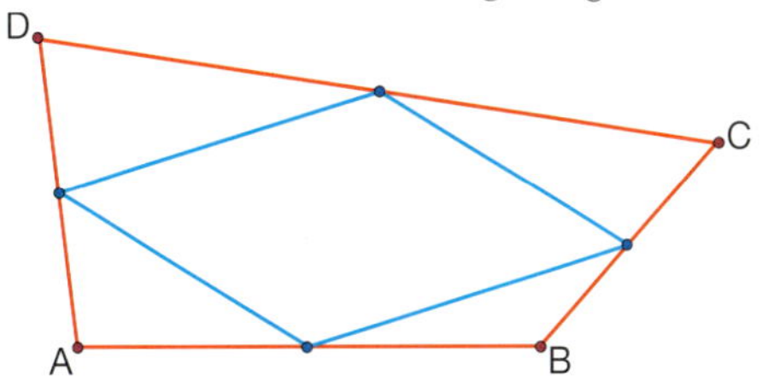

Mittenviereck in der Ebene

Der Beweis ist mit elementargeometrischen Mitteln nicht ganz einfach.

Mit DGS können Sie den Satz eindrucksvoll bestätigen.

Versuchen Sie mit Ihren Kenntnissen über das Rechnen mit Vektoren einen Beweis aufzuschreiben.
Beschreiben Sie die Ortsvektoren der Seitenmittelpunkte mit den Vektoren $\vec{a}$, $\vec{b}$, $\vec{c}$ und $\vec{d}$. Zeigen Sie, dass gegenüberliegende Seiten des Seitenmittenvierecks parallel sind.

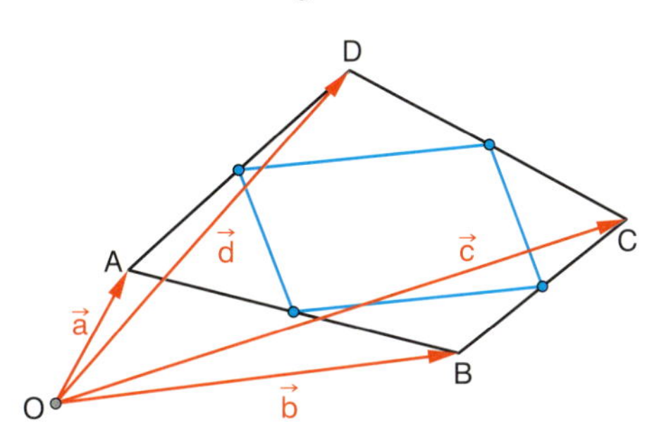

Gilt der *Satz von Varignon* auch für Vierecke im Raum?

Mittenviereck im Raum

Experimentieren und Vermuten am Realmodell

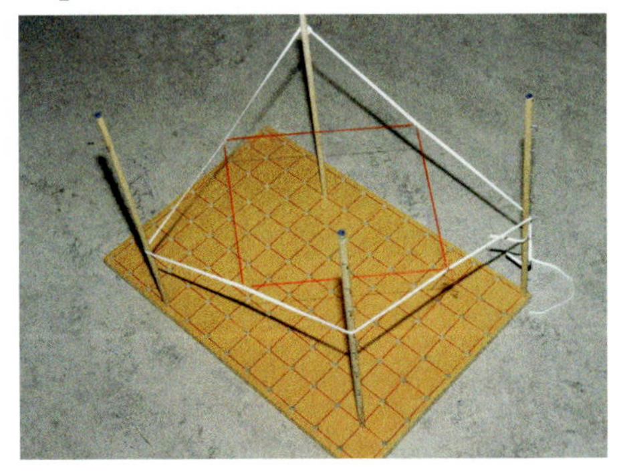

1201.cg3

Probieren und Bestätigen mit DGS

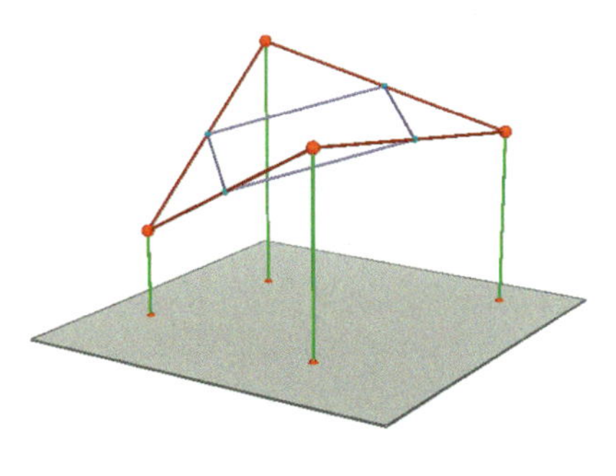

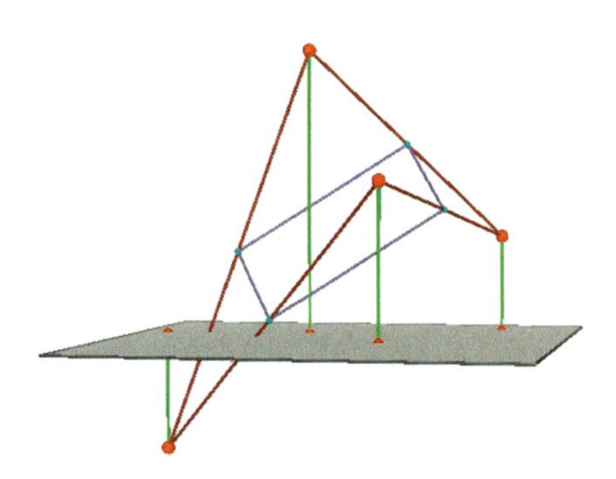

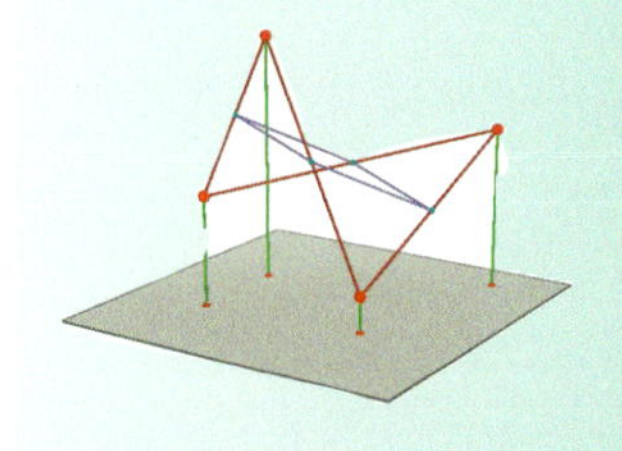

Beweisen mithilfe von Vektoren
Überlegen Sie, was Sie am Beweis für das Mittenviereck in der Ebene ändern müssen.

Die Begründung der modernen Vektorrechnung

Schon 1679 gab GOTTFRIED WILHELM LEIBNIZ (1629–1695) den Anstoß zur Entwicklung eines Vektorbegriffs:

„Die geometrische Analyse müsste in der Lage sein, die Lage und die Bewegung ihrer Figuren der rechnerischen Formel zugänglich zu machen."

LEIBNIZ selbst verfolgte seine Idee nicht weiter.

Viel später, im Jahr 1844, stellte die Gesellschaft der Wissenschaften in Leipzig zum Gedenken an LEIBNIZ (dieser war in Leipzig geboren) folgende Preisaufgabe:

„Es sind noch einige Bruchstücke einer von Leibniz erfundenen geometrischen Charakteristik übrig, in welcher die gegenseitigen Lagen der Orte .... unmittelbar durch einfache Symbole bezeichnet und durch deren Verbindung bestimmt werden und die daher von unserer [herkömmlichen] Geometrie gänzlich verschieden sind. Es fragt sich, ob nicht dieser Kalkül wieder hergestellt oder ein ihm ähnlicher angegeben werden kann, was keineswegs unmöglich zu sein scheint."

Den Preis erhielt 1846 HERMANN GÜNTER GRASSMANN, ein Gymnasiallehrer aus Stettin, der eine entsprechende neue Methode bereits 1839 in seiner Prüfungsarbeit *„Theorie von Ebbe und Flut"* verwendete und sie 1843 in seinem Werk *„Die lineare Ausdehnungslehre, ein neuer Zweig der Mathematik"* weiter ausarbeitete.

HERMANN GÜNTER GRASSMANN (1809–1877)

„Den ersten Anstoß gab mir die Betrachtung des Negativen in der Geometrie. Ich gewöhnte mich, die Strecken AB und BA als entgegengesetzte Größen aufzufassen. ... Strecken wurden nicht als bloße Längen aufgefasst, sondern an ihnen zugleich die Richtung festgehalten. So drängte sich der Unterschied auf zwischen der Summe der Längen und zwischen der Summe solcher Strecken, in denen zugleich die Richtung festgehalten war. .... Am Gesetz, dass $AB + BC = AC$ sei, wurde auch dann noch festgehalten, wenn A, B, C nicht in einer geraden Linie lagen. Hiermit war der erste Schritt zu einer Analyse getan, welche in der Folge zu dem neuen Zweig der Mathematik führte, die hier vorliegt."

Durchgängiger Grundgedanke GRASSMANNS war es, Beziehungen zwischen räumlichen Größen mithilfe algebraischer Beziehungen zu beschreiben. Damit gilt GRASSMANN als Begründer der modernen Vektorrechnung. GRASSMANNS Schriften sind allerdings keine leichte Lektüre. Selbst der Geometer FELIX KLEIN (1849–1925) bezeichnete sie als *„schwer zugänglich, fast unlesbar"*. GRASSMANNS Bemühungen um einen mathematischen Lehrstuhl blieben deshalb auch erfolglos. In einem entsprechenden Gutachten wurde sein Werk als *„guter Inhalt in mangelhafter Form"* bewertet. GRASSMANN wandte sich daraufhin enttäuscht von allen mathematischen Studien ab und widmete sich den Sprachwissenschaften, was ihm wesentlich mehr Erfolg einbrachte.

Die mathematischen Leistungen GRASSMANNS erlangten wissenschaftlich erst spät Anerkennung. Es waren vor allem Physiker, die in den 80er Jahren des 19. Jahrhunderts die Vektorrechnung in ihre Vorlesungen aufnahmen. Die Mathematiker taten es ihnen erst zu Beginn des 20. Jahrhunderts nach.

CHECK UP

Orientieren und Bewegen im Raum

1 *Pyramide*
Zeichnen Sie das Schrägbild einer Pyramide mit quadratischer Grundfläche in einen Würfel. Wählen Sie ein geeignetes Koordinatensystem mit geeigneter Skalierung der Achsen.

2 *Würfelschnitt*
A und G sind Eckpunkte, M und N sind Kantenmittelpunkte eines Würfels mit der Kantenlänge 5. Zeigen Sie, dass AMGN ein ebenes Viereck bildet und bestimmen Sie die Form dieses Vierecks.

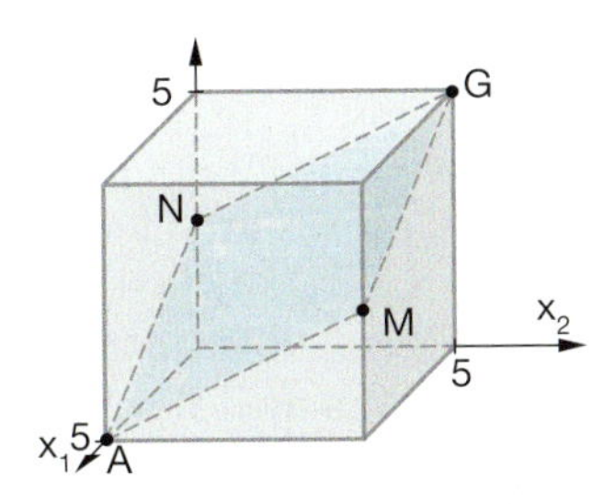

3 *Punktemenge*
Wo liegen alle Punkte $(x_1|x_2|x_3)$ mit $x_1 = x_2 = x_3$?

4 *Punkte in einem Schrägbild*
a) Zeichnen Sie die Punkte A bis H in ein „1-1-Koordinatensystem" (45°).

A = (2|−1|2),	B = (4|4|3),	C = (0|4|3),	D = (0|0|3),
E = (4|0|7),	F = (6|5|8),	G = (4|6|9),	H = (0|0|7)

Verbinden Sie die Punkte so, dass das Schrägbild eines Körpers mit „Bodenfläche" ABCD und „Deckfläche" EFGH entsteht. Um welchen Körper handelt es sich?
b) Zeichnen Sie nun den Körper wie in a) in ein „2-1-Koordinatensystem" (30°).
Vergleichen Sie. Können Sie Ihre Beobachtung begründen?
c) Weisen Sie nach, dass weder die „Boden-", noch die „Deckfläche" ein ebenes Viereck bilden.

5 *Walmdach*
Wie viele verschiedene Vektoren findet man im Walmdachhaus? Finden Sie Vektoren, die nicht gleich sind?

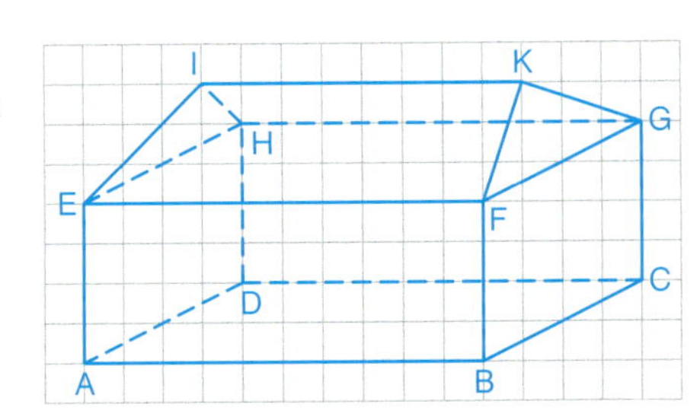

6 *Würfelverschiebungen*
a) Geben Sie für jeden Würfel (Seitenlänge 1) die Ortsvektoren der Eckpunkte an.
b) Geben Sie die Verschiebungsvektoren an, mit denen die Würfel jeweils ineinander verschoben werden können.

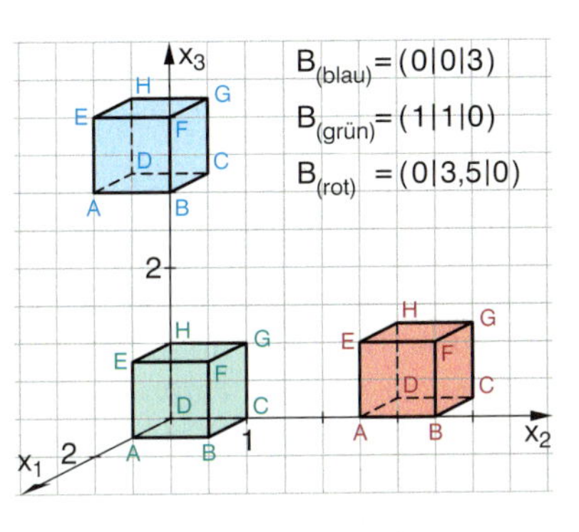

Koordinatensystem im Raum

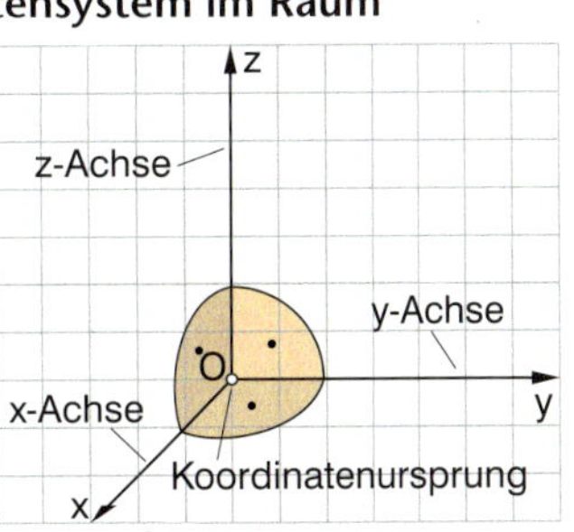

drei zueinander senkrechte Achsen mit Ursprung O

Der **Punkt P** wird festgelegt durch das **Zahlentripel** $(x_P|y_P|z_P)$.

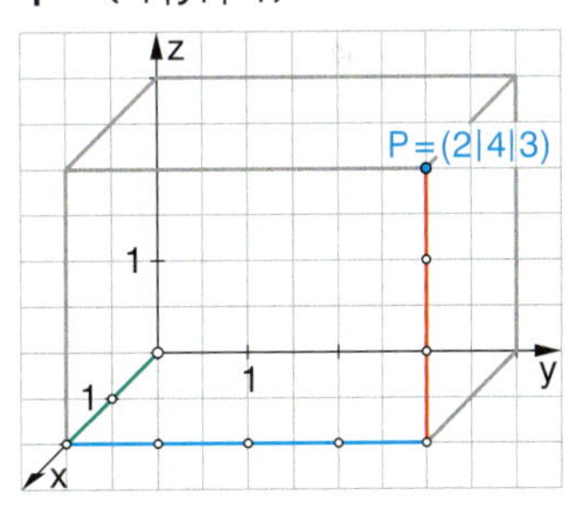

Algebraisch wird ein **Vektor** durch ein **Zahlenpaar** oder **Zahlentripel** beschrieben.

$\vec{x} = \begin{pmatrix} x_1 \\ x_2 \end{pmatrix}$ $\vec{v} = \begin{pmatrix} 3 \\ -2 \end{pmatrix}$ $\vec{x} = \begin{pmatrix} x_1 \\ x_2 \\ x_3 \end{pmatrix}$ $\vec{v} = \begin{pmatrix} -2 \\ 1 \\ 3 \end{pmatrix}$

Geometrisch können Vektoren als **Verschiebungen (Translationen)** in der Ebene oder im Raum interpretiert werden.

Betrag des Vektors $\vec{v}$ $|\vec{v}| = \sqrt{v_1^2 + v_2^2 + v_3^2}$

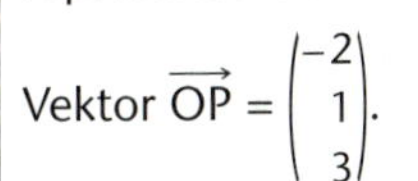

Vektoren können auch als **Punkte im Koordinatensystem** interpretiert werden.
Der Punkt P = (−2 | 1 | 3) repräsentiert den

Vektor $\overrightarrow{OP} = \begin{pmatrix} -2 \\ 1 \\ 3 \end{pmatrix}$.

Dieser kennzeichnet gleichzeitig geometrisch den Punkt P.

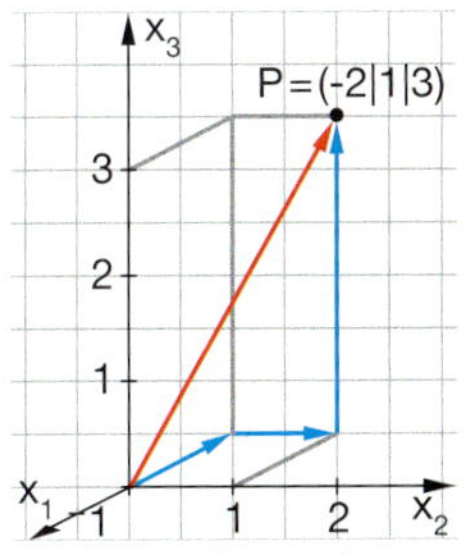

$\overrightarrow{OP}$ wird als **Ortsvektor** des Punktes P bezeichnet.

CHECK UP

Orientieren und Bewegen im Raum

Addition von Vektoren

$$\vec{a} + \vec{b} = \begin{pmatrix} a_1 \\ a_2 \\ a_3 \end{pmatrix} + \begin{pmatrix} b_1 \\ b_2 \\ b_3 \end{pmatrix} = \begin{pmatrix} a_1 + b_1 \\ a_2 + b_2 \\ a_3 + b_3 \end{pmatrix}$$

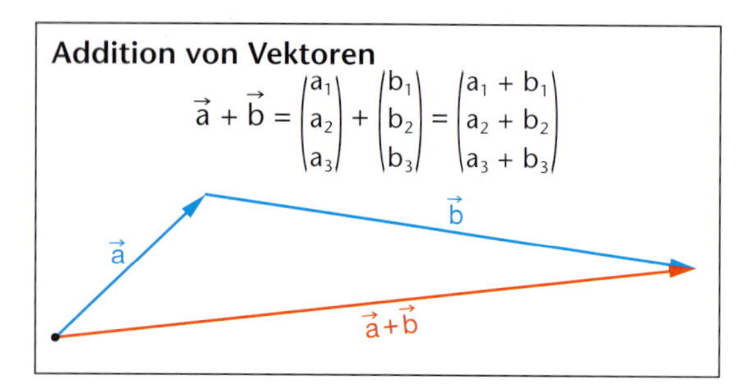

S-Multiplikation von Vektoren

$$s \cdot \vec{a} = s \cdot \begin{pmatrix} a_1 \\ a_2 \\ a_3 \end{pmatrix} = \begin{pmatrix} s \cdot a_1 \\ s \cdot a_2 \\ s \cdot a_3 \end{pmatrix}; \quad s \in \mathbb{R}$$

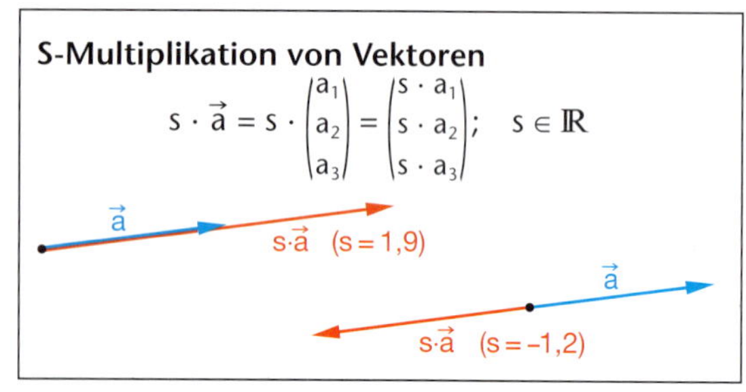

Differenzvektor

Der Vektor $\overrightarrow{AB}$ lässt sich in der Form $\overrightarrow{AB} = \overrightarrow{OB} - \overrightarrow{OA} = \vec{b} - \vec{a}$ darstellen.

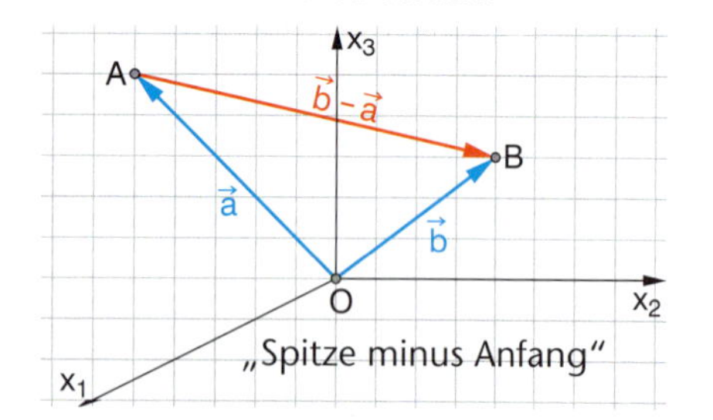

Linearkombination

Ein Vektor $\vec{x} = r \cdot \vec{a} + s \cdot \vec{b}$ mit r, s ∈ ℝ heißt eine **Linearkombination der Vektoren** $\vec{a}$ und $\vec{b}$.

$$2 \cdot \begin{pmatrix} -2 \\ 4 \\ 3 \end{pmatrix} + (-0{,}5) \cdot \begin{pmatrix} 3 \\ 2 \\ -1 \end{pmatrix} = \begin{pmatrix} -5{,}5 \\ 7 \\ 6{,}5 \end{pmatrix}$$

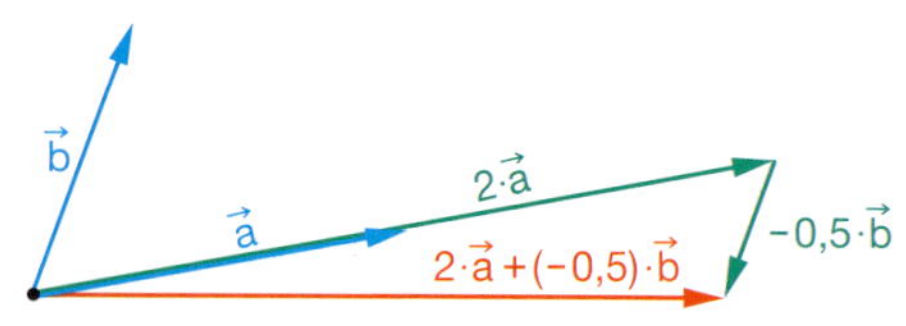

Zwei Vektoren $\vec{u} = \overrightarrow{AB}$ und $\vec{v} = \overrightarrow{CD}$ sind genau dann **parallel**, wenn $\vec{u} = c\vec{v}$, c ∈ ℝ
Man bezeichnet die Vektoren $\vec{u}$ und $\vec{v}$ auch als **linear abhängig**.

7 *Dreiecke*

a) Weisen Sie nach, dass das Dreieck ABC mit A = (4|2|7), B = (2|3|8) und C = (3|1|9) gleichseitig ist.
b) Finden Sie selbst Punkte, die ein gleichseitiges Dreieck bilden.
c) Zeigen Sie, dass das Dreieck ABC mit A = (2|1|4), B = (6|4|6) und C = (2|2|3) gleichschenklig ist.

8 *Mittelpunkt einer Strecke*

a) Bestimmen Sie mit Vektoren den Mittelpunkt der Strecke zwischen A = (1|–3|4) und B = (5|3|2).
b) M = (2|–4|1) ist Mittelpunkt der Strecke durch C = (–1|2|3) und D. Bestimmen Sie die Koordinaten des Punktes D.

9 *Was wird beschrieben?*

Martin berechnet mit A = (2|3|–4) und B = (4|–1|–2) den Punkt $P = \left(\frac{4-2}{2} \middle| \frac{-1-3}{2} \middle| \frac{-2-(-4)}{2}\right) = (1|-2|1)$. Was beschreiben die Koordinaten des Punktes?

10 *Linearkombination I*

Erklären Sie $3 \cdot \begin{pmatrix} 2 \\ 3 \end{pmatrix} + 2 \cdot \begin{pmatrix} 4 \\ 1 \end{pmatrix}$ mithilfe einer Zeichnung.

11 *Linearkombination II*

Stellen Sie die Vektoren $\vec{c}$ und $\vec{d}$ mithilfe der Vektoren $\vec{a}$ und $\vec{b}$ dar.

a)

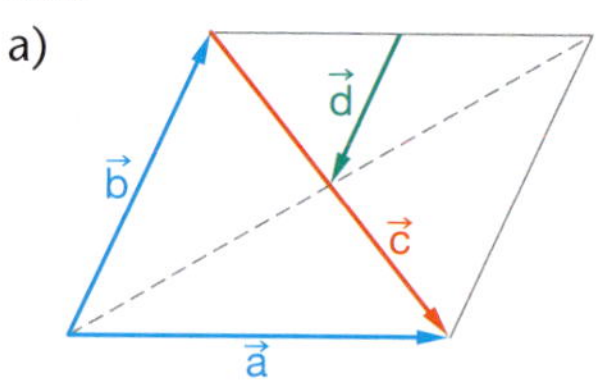

b)

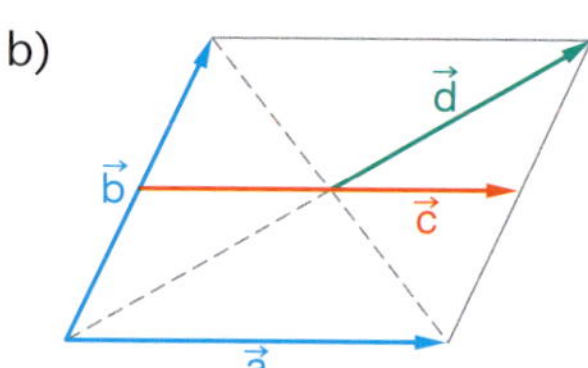

12 *Mittelpunkt einer Raute*

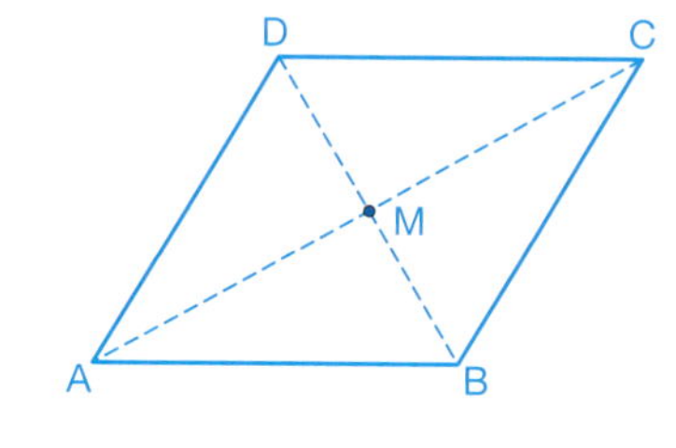

a) Zeigen Sie, dass das Viereck ABCD mit A = (1|0|4), B = (2|2|7), C = (3|0|10) und D = (2|–2|7) eine Raute ist.
b) Bestimmen Sie den Mittelpunkt der Raute ABCD.

13 *Punktspiegelung*

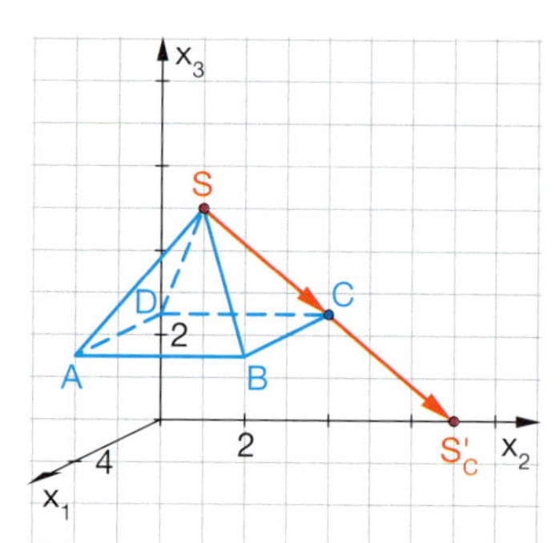

Die Spitze S = (4|3|6) der nebenstehenden Pyramide wird am Punkt C = (2|5|3) gespiegelt.
a) Beschreiben Sie die in der Zeichnung dargestellte Vorgehensweise und bestimmen Sie die Koordinaten des Spiegelpunktes S'_c.
b) Spiegeln Sie S auch an A = (6|1|3), B = (6|5|3) und D = (2|1|3) und bestimmen Sie die Koordinaten der Bildpunkte.
c) Welcher Körper entsteht, wenn die Bodenpunkte A, B, C und D an S gespiegelt werden?

Sichern und Vernetzen – Vermischte Aufgaben

Training

1 *Koordinaten und Schrägbild*

Von den Körpern sind einige Punkte gegeben. Geben Sie die Koordinaten der weiteren Punkte an und zeichnen Sie das Schrägbild des Körpers.

Würfel	**Quader**	**Quadratische Pyramide**
A = (2 | 2 | 0); C = (−2 | 6 | 0); D = (−2 | 2 | 0); H = (−2 | 2 | 4)	A = (4 | 0 | 0); C = (0 | 3 | 0); D = (0 | 0 | 0); E = (4 | 0 | 2)	A = (2 | 3 | 1) und B = (2 | 6 | 1) Höhe 5

2 *Dreieckspyramide*

Die Punkte A = (−6 | −2 | 1); B = (3 | −2 | 4) und C = (6 | −2 | 2) bilden die Grundfläche einer Dreieckspyramide mit der Spitze S = (2 | −5 | 3). Zeichnen Sie ein Schrägbild der Pyramide. Wie hoch ist die Pyramide?

3 *Spiegelpunkte*

Geben Sie die Bildpunkte des Punktes P = (2 | 3 | −5) an bei

a) Spiegelung an den drei Koordinatenachsen.

b) Spiegelung am Ursprung.

c) Spiegelung an den drei Koordinatenebenen.

4 *Gleiche Vektoren*

a) Welche Pfeile beschreiben den Vektor $\begin{pmatrix}-2\\0\\-2\end{pmatrix}$?

b) Geben Sie die Vektoren der weiteren Pfeile an.

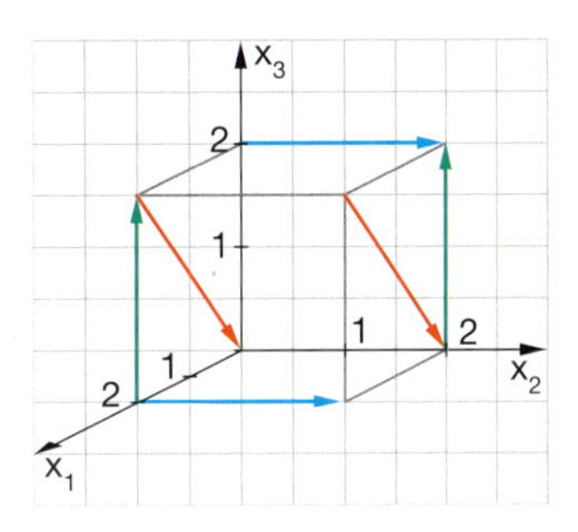

5 *Vektorzüge*

Welcher Vektorzug ergibt $\vec{0}$?

a) $\begin{pmatrix}0\\1\\-4\end{pmatrix}$; $\begin{pmatrix}-2\\3\\4\end{pmatrix}$; $\begin{pmatrix}2\\-3\\1\end{pmatrix}$; $\begin{pmatrix}0\\-3\\1\end{pmatrix}$

b) $\begin{pmatrix}2\\2\\1\end{pmatrix}$; $\begin{pmatrix}-3\\4\\3\end{pmatrix}$; $\begin{pmatrix}2\\-6\\0\end{pmatrix}$; $\begin{pmatrix}-1\\0\\-4\end{pmatrix}$

6 *Verschiebungsvektor – Ortsvektor*

Geben Sie den Verschiebungsvektor $\vec{v}$ an, der den Punkt A = (−3 | 5 | −3) auf den Punkt B = (2 | 1 | −2) verschiebt. Zu welchem Punkt ist $\vec{v}$ Ortsvektor?

7 *Betrag von Vektoren*

Welcher Vektor ist der kürzeste, welche der längste?

$\vec{a} = \begin{pmatrix}1\\2\\3\end{pmatrix}$; $\vec{b} = \begin{pmatrix}0{,}5\\4\\-1\end{pmatrix}$; $\vec{c} = \begin{pmatrix}1\\0\\-4\end{pmatrix}$; $\vec{d} = \begin{pmatrix}-1\\3\\-2\end{pmatrix}$; $\vec{e} = \begin{pmatrix}3\\-2\\-0{,}5\end{pmatrix}$; $\vec{f} = \begin{pmatrix}-2\\-4\\0\end{pmatrix}$

8 *Linearkombination*

Geben Sie die Linearkombination $3 \cdot \vec{a} - 4 \cdot \vec{b}$ für die Vektoren $\vec{a} = \begin{pmatrix}2\\-3\\5\end{pmatrix}$ und $\vec{b} = \begin{pmatrix}1\\2\\-1\end{pmatrix}$ an.

9 *Parallele Vektoren*

Welche Vektoren sind parallel zueinander?
Zu einem Vektor ist kein paralleler Vektor angegeben. Geben Sie zu diesem einen parallelen Vektor an.

$\vec{a} = \begin{pmatrix}-1\\4\\2\end{pmatrix}$; $\vec{b} = \begin{pmatrix}1\\-3\\5\end{pmatrix}$; $\vec{c} = \begin{pmatrix}-2\\8\\4\end{pmatrix}$; $\vec{d} = \begin{pmatrix}0{,}5\\-2\\-1\end{pmatrix}$; $\vec{e} = \begin{pmatrix}1\\0\\-1\end{pmatrix}$; $\vec{f} = \begin{pmatrix}3\\-9\\15\end{pmatrix}$

Verstehen von Begriffen und Verfahren

10 *Parallelogramme*

a) Zeichnen Sie die Punkte A = (−2 | 2), B = (2 | 3) und C = (3 | −1) in ein Koordinatensystem. Ergänzen Sie einen vierten Punkt so, dass sich ein Parallelogramm ergibt. Wie viele solcher Punkte finden Sie?

b) Bestimmen Sie rechnerisch die Punkte aus a).

11 *Raute oder Parallelogramm?*

Zeigen Sie, dass die Punkte A = (0 | 2 | 0), B = (2 | 5 | 1), C = (4 | 5 | 2) und D = (2 | 2 | 1) ein Parallelogramm, aber keine Raute bilden. Es darf vorausgesetzt werden, dass A, B, C und D auf einer Ebene liegen.

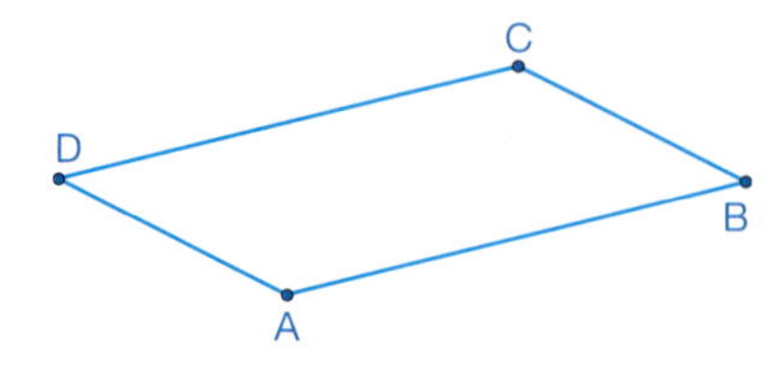

12 *Punkte in einem Schrägbild*

Zeigen Sie am eingetragenen Punkt P, dass die Koordinaten nicht eindeutig abgelesen werden können.

Gilt das auch für das Eintragen von Punkten?

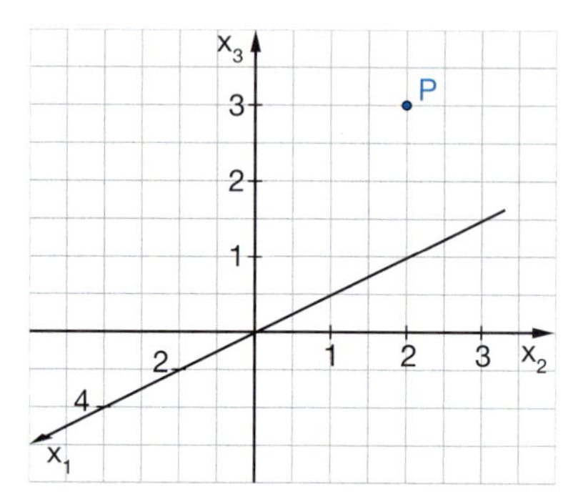

13 *Würfel*

AG mit A = (1 | 2 | 3) und G = (−3 | 6 | 7) ist die Raumdiagonale in einem Würfel. Geben Sie die Koordinaten der weiteren Eckpunkte eines Würfels an.

14 *Punktmengen*

Beschreiben Sie die Punktmenge $\vec{p} = r\vec{a} + s\vec{b}$ mit $\vec{a} = \begin{pmatrix} 4 \\ 1 \end{pmatrix}$ und $\vec{b} = \begin{pmatrix} -1 \\ 2 \end{pmatrix}$, wenn man für r und s reelle Zahlen einsetzt, für die gilt:

Ⓘ	Ⓘⓘ	Ⓘⓘⓘ
$r = 1$ und $0 \leq s \leq 1$	$0 \leq r \leq 1$ und $0 \leq s \leq 1$	$0 < r < 1$ und s beliebig

15 *Entscheidungen*

Welche Aussagen sind wahr? Begründen Sie.

I) $\begin{pmatrix} -1 \\ -5 \\ 6 \end{pmatrix}$ ist als Linearkombination von $\begin{pmatrix} 1 \\ -2 \\ 2 \end{pmatrix}$ und $\begin{pmatrix} 3 \\ 1 \\ -2 \end{pmatrix}$ darstellbar.

II) $\vec{a} + \vec{b}$ und $\vec{a} - \vec{b}$ mit $\vec{a} = \begin{pmatrix} -2 \\ 1 \\ 4 \end{pmatrix}$, $\vec{b} = \begin{pmatrix} 1 \\ -3 \\ 2 \end{pmatrix}$ sind linear abhängig.

16 *Vektoraddition – S-Multiplikation*

Interpretieren Sie die Vektoraddition und die S-Multiplikation geometrisch.

17 *Kommutativgesetz für Vektoren*

Begründen Sie das Kommutativgesetz der Vektoraddition $\vec{a} + \vec{b} = \vec{b} + \vec{a}$ mithilfe der Koordinatenschreibweise.

18 *Wahr oder falsch?*

Ⓘ	Ⓘⓘ	Ⓘⓘⓘ
$s \cdot \vec{a} + s \cdot \vec{b} = s \cdot (\vec{a} + \vec{b})$	$(r + s) \cdot \vec{c} = r + s \cdot \vec{c}$	$s \cdot (t \cdot \vec{a}) = (s \cdot t) \cdot \vec{a}$

Anwenden und Modellieren

19 *Regelmäßige dreiseitige Pyramide im Würfel*

In den Würfel soll eine regelmäßige dreiseitige Pyramide einbeschrieben werden. Geben Sie die Koordinaten der Eckpunkte an.

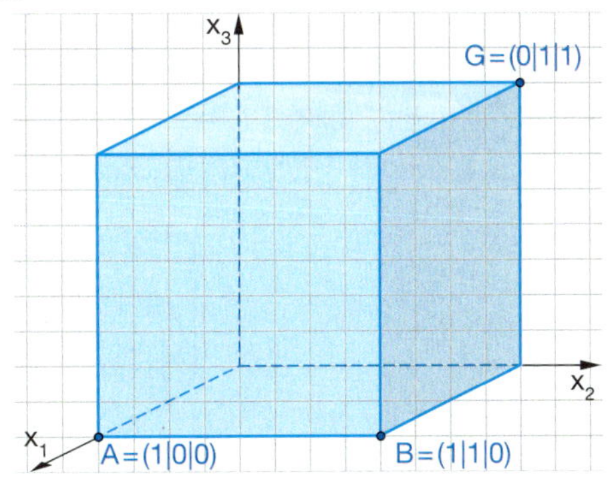

20 *Tetraeder?*

Beschreiben die Punkte $A = (0\,|\,0\,|\,0)$; $B = \left(\frac{1}{2}\sqrt{2}\,\middle|\,0\,\middle|\,0\right)$; $C = \left(0\,\middle|\,\frac{1}{2}\sqrt{2}\,\middle|\,0\right)$ und $D = \left(0\,\middle|\,0\,\middle|\,\frac{1}{2}\sqrt{2}\right)$ ein Tetraeder im Würfel? Zeichnen Sie ein Schrägbild des Körpers im Würfel.

21 *Würfelschnitte*

Ein Schnitt im oben abgebildeten Würfel verläuft durch die Punkte A, B, C und D. Welche Vierecke entstehen aus dem Würfelschnitt? Zeichnen Sie jeweils ein entsprechendes Schrägbild.

(I)	(II)	(III)
$A = (1\,|\,0\,|\,1)$, $B = (1\,|\,1\,|\,0)$, $C = (0\,|\,1\,|\,0)$, $D = (0\,|\,0\,|\,1)$	$A = (0\,|\,0\,|\,0)$, $B = (1\,|\,1\,|\,0)$, $C = (0\,|\,0\,|\,1)$, $D = (1\,|\,1\,|\,1)$	$A = (1\,|\,0\,|\,0{,}5)$, $B = (1\,|\,1\,|\,0{,}5)$, $C = (0\,|\,1\,|\,0{,}5)$, $D = (0\,|\,0\,|\,0{,}5)$

22 *Das Haus vom Nikolaus – 3D-Version*

Das Bild zeigt einen Würfel, der einen verstärkten Boden und ein aufgesetztes Dach besitzt. Der Würfel wird so in ein Koordinatensystem gesetzt, dass der Ursprung im hinteren linken Punkt liegt und die Kanten entlang der Achsen verlaufen.
Geben Sie eine Punktfolge an, mit der man das Haus in einem Zug zeichnen kann.

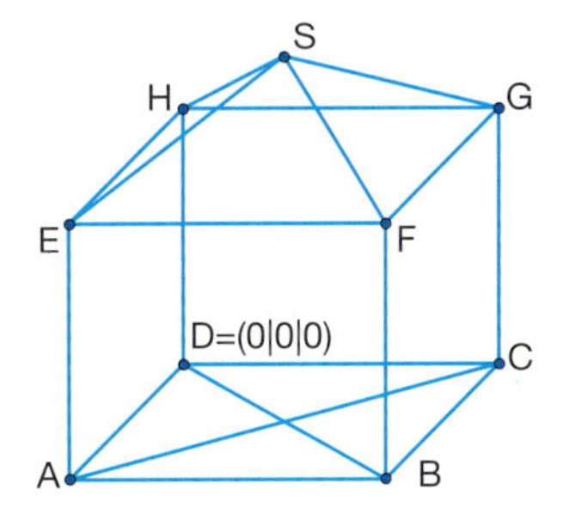

23 *Eine Spinne auf der Jagd*

Eine Spinne läuft auf einem Würfel von A zum gegenüberliegenden Punkt zum Käfer.

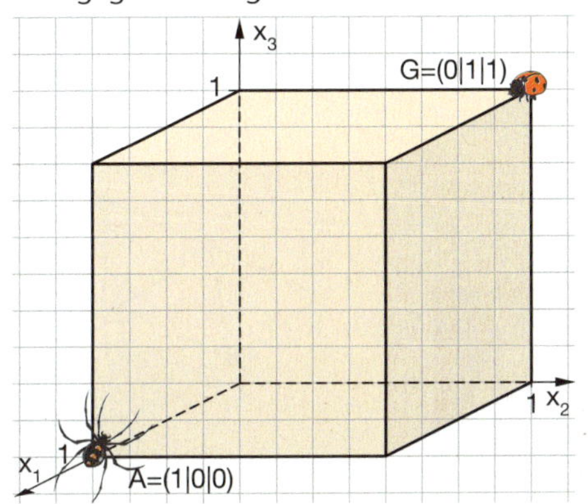

Geben Sie möglichst kurze Wege von A nach G mithilfe von Vektoren an.

24 *Abgeschnittener Körper*

Welcher Körper entsteht, wenn man bei einem Würfel mit der Kantenlänge 1 alle Ecken „abschneidet"?

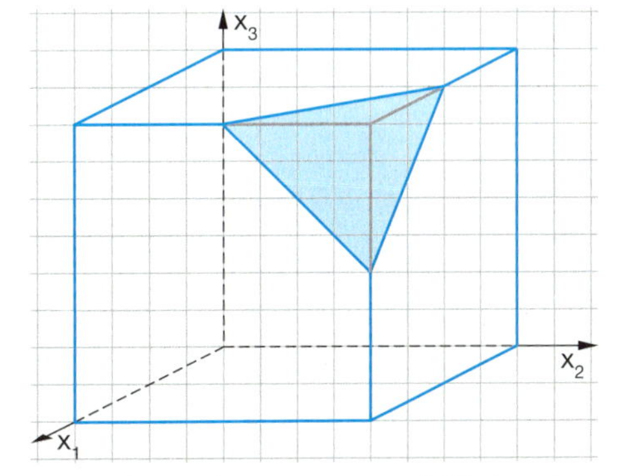

Wie viele Punkte, Kanten und Flächen hat dieser Körper? Welcher Körper entsteht, wenn man bei einem Würfel alle Ecken bis zur Kantenmitte „abschneidet"?

Kommunizieren und Präsentieren

25 *Konstruktionen*
Zeichnen Sie das nebenstehende Oktaeder in unterschiedlichen Koordinatensystemen.

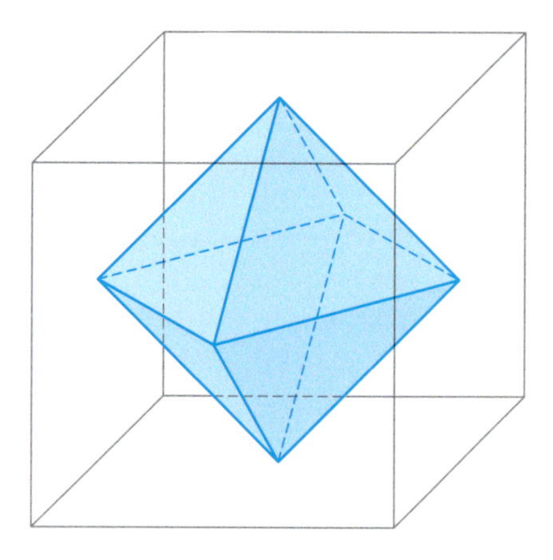

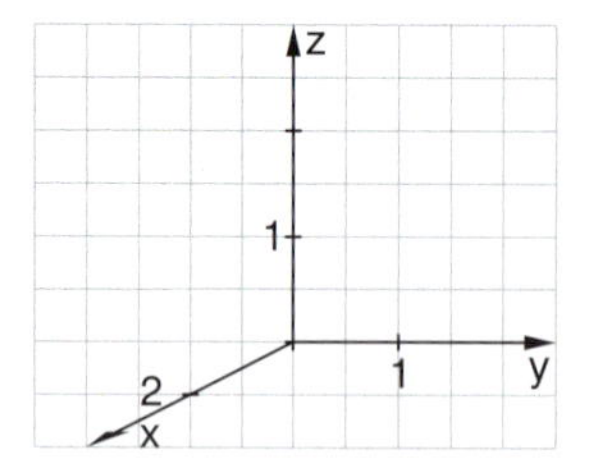

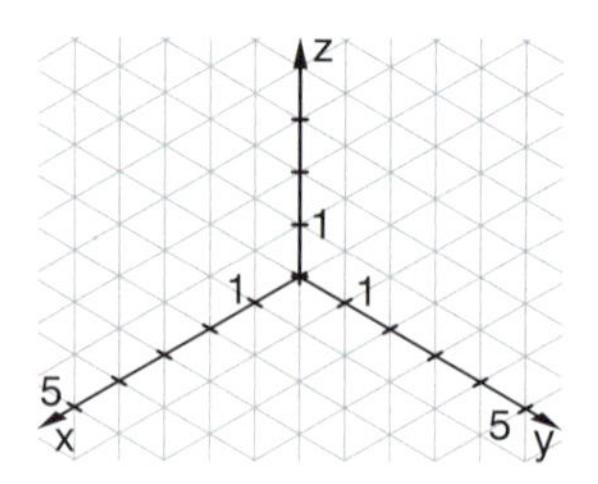

26 *Platonische Körper*

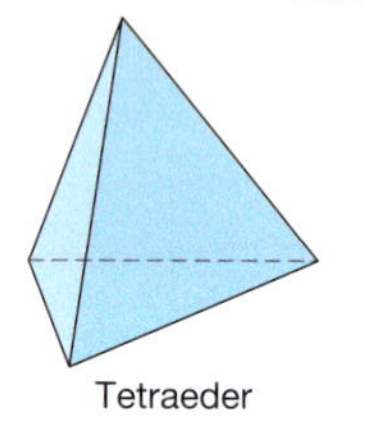
Tetraeder

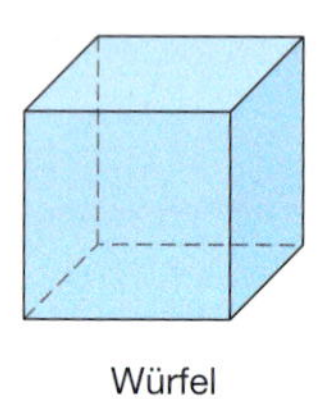
Würfel

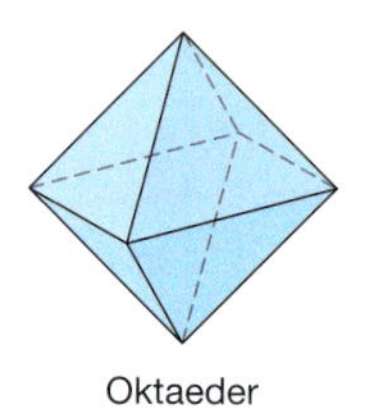
Oktaeder

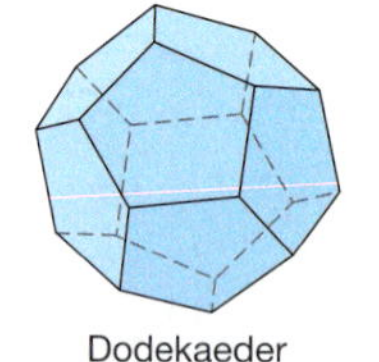
Dodekaeder

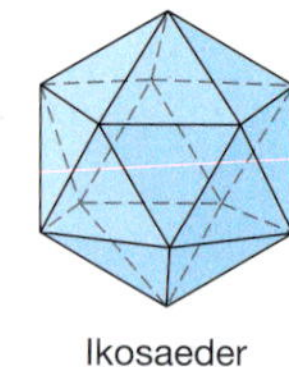
Ikosaeder

a) Welcher Körper entsteht, wenn man jeweils die Mittelpunkte zweier Seitenflächen bei einem Tetraeder miteinander verbindet?
Erläutern Sie dies an einer Zeichnung oder an einem Modell.
b) Verbindet man die Mittelpunkte benachbarter Seitenflächen eines Würfels, so entsteht ein Oktaeder.
Welcher Körper entsteht, wenn die Mittelpunkte benachbarter Seitenflächen eines Oktaeders verbunden werden?
Erläutern Sie dies an einer Zeichnung oder einem Modell.

27 *Mittendreieck in der Ebene und im Raum*
Aus der Mittelstufe ist bekannt, dass in der Ebene durch das Mittendreieck vier kongruente Dreiecke entstehen.
Gilt das auch für ein Mittendreieck im Raum?

Experimentieren Sie
- an Realmodellen
- mit DGS

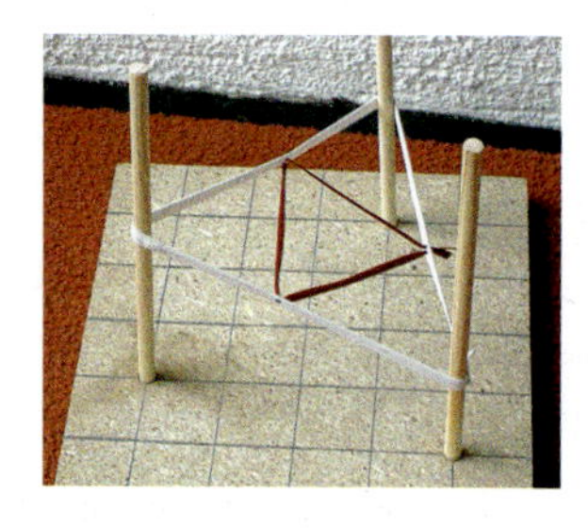

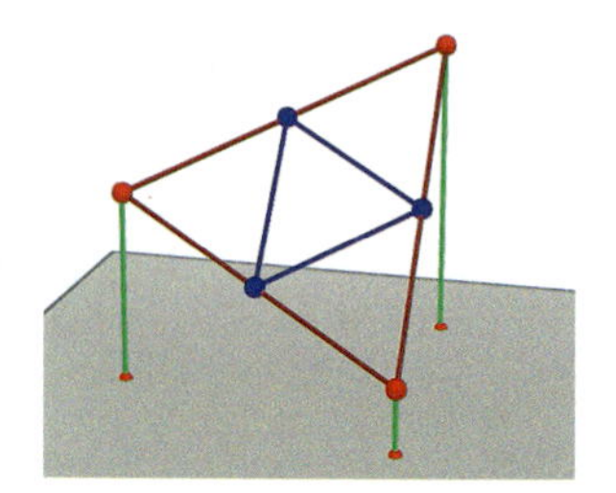

Erstellen Sie einen Bericht über das Mittendreieck in der Ebene und im Raum. In diesem sollten folgende Aspekte enthalten sein:

- Bauanleitungen für Realmodelle
- Fotos von Realmodellen
- Konstruktionszeichnungen
- Theoretische Untersuchungen Beweise und Erklärungen

2 Geraden und Ebenen

Mithilfe von Vektoren und ihren Rechenverknüpfungen können Geraden und Ebenen im Raum nun durch Gleichungen beschrieben werden. Lagebeziehungen von Geraden oder Ebenen können aus den Gleichungen erschlossen werden. Die gegebenenfalls vorhandenen Schnittpunkte oder Schnittgeraden können mithilfe von linearen Gleichungssystemen rechnerisch ermittelt werden. Beim Lösen dieser Gleichungssysteme mit dem Gauß-Algorithmus leistet der GTR gute Hilfe. Die geometrische Interpretation der Lösungsmengen muss in den verschiedenen Problemstellungen aber selbst geleistet werden. An speziellen geometrischen Objekten, wie zum Beispiel den Platonischen Körpern, kann man mit Methoden der Analytischen Geometrie interessante Zusammenhänge entdecken und begründen.

2.1 Geraden in der Ebene und im Raum

Mithilfe von Koordinaten und Richtungsvektoren lassen sich Ausschnitte aus Flugrouten als Geraden beschreiben. Die Darstellung dieser Geraden als Gleichungen ermöglicht es, die Frage nach einer möglichen Kollision der Flugzeuge im Modell zu beantworten.
Ebenso lassen sich Strahlengänge am Tripelspiegel begründen.

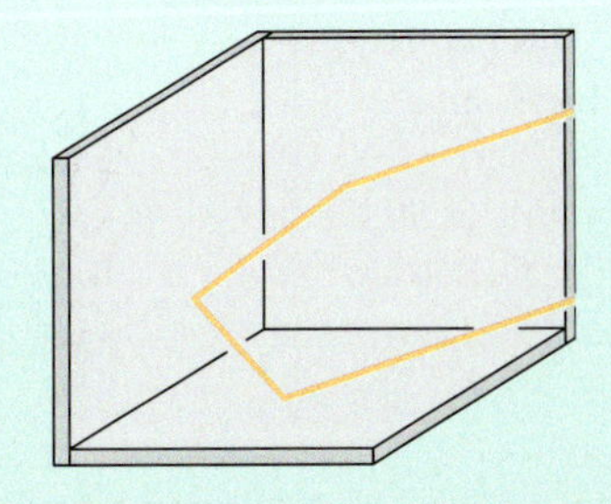

2.2 Ebenen im Raum

Wodurch ist eine Ebene festgelegt?
Experimentieren mit Stiften zeigt z. B., dass zwei einander schneidende Geraden eine Ebene ebenso festlegen wie ein Punkt und eine Gerade. Aus diesen Experimenten und weiteren Überlegungen lassen sich mithilfe von Vektoren Gleichungen für Ebenen aufstellen. Daraus kann man wiederum Erkenntnisse über Lagebeziehungen oder Schnittmengen rechnerisch gewinnen.

2.1 Geraden in der Ebene und im Raum

Was Sie erwartet

Die Kondensstreifen zeichnen die geradlinigen Spuren zweier Flugzeuge am Himmel. Von unten betrachtend hat man den Eindruck, dass sich die beiden Flugrouten kreuzen. In der Wirklichkeit ist dies wegen der unterschiedlichen Flughöhen wohl eher nicht der Fall.

In diesem Lernabschnitt werden Sie sich eingehender mit der mathematischen Beschreibung von Geraden im Raum befassen. Geraden in der Ebene können Sie bereits durch Gleichungen der Form $y = mx + b$ erfassen. Diese Darstellung lässt sich aber nicht ohne weiteres auf Geraden im Raum übertragen. Mit den Vektoren und ihren Rechenverknüpfungen finden wir nun Gleichungen für Geraden in der Ebene und im Raum, die in völlig analoger Weise aufgebaut sind. Mithilfe von Lagebeziehungen und Schnittproblemen von Geraden können wir die Untersuchungen an geometrischen Objekten vertiefen und weitere Anwendungen erschließen.

Aufgaben

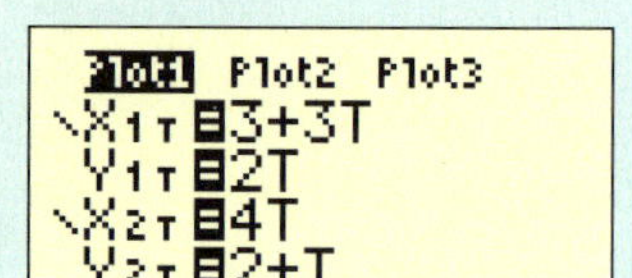

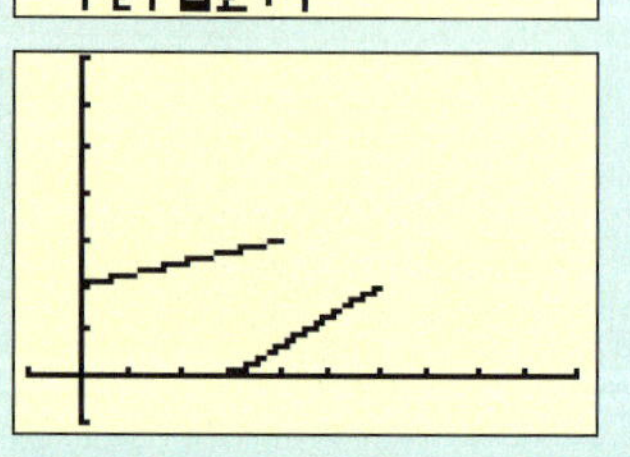

Mit der Parameterdarstellung kannst du das Begegnungsproblem auf dem GTR simulieren.

1 *Begegnungsproblem auf hoher See*

Kapitän Horner ist mit seinem Frachtschiff *Berta* mal wieder auf dem Atlantik unterwegs. Regelmäßig beobachtet er den Radarschirm.

Das Koordinatensystem auf dem Schirm ist so eingerichtet, dass die x_1 -Achse von Westen nach Osten verläuft und die x_2-Achse von Süden nach Norden. Der Ursprung L wird durch einen Leuchtturm markiert. Die Längeneinheiten auf beiden Achsen sind in Seemeilen (sm) angegeben. Um 13.00 Uhr befindet sich die *Berta* an der Stelle mit den Koordinaten (3|0). Außerdem erkennt Kapitän Horner noch ein weiteres Schiff, die *Ariane,* an der Stelle (0|2).

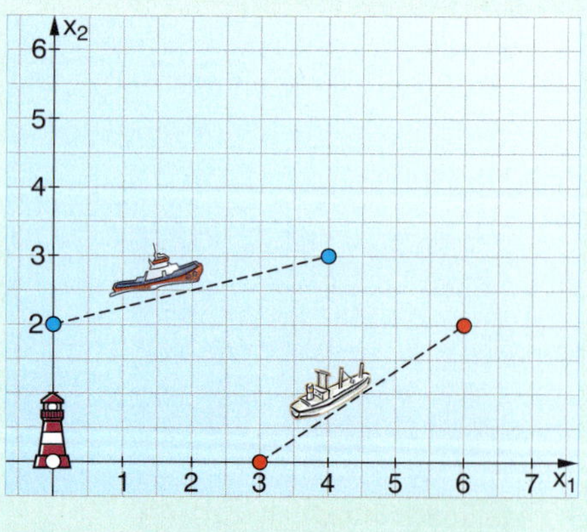

Eine Stunde später, um 14.00 Uhr, befindet sich die *Berta* an der Stelle (6|2) und die *Ariane* an der Stelle (4|3). Der geradlinige Kurs beider Schiffe wird mithilfe von „Richtungsvektoren“ $\vec{u} = \begin{pmatrix} 3 \\ 2 \end{pmatrix}$ und $\vec{v} = \begin{pmatrix} 4 \\ 1 \end{pmatrix}$ beschrieben.

a) Mit welcher Geschwindigkeit bewegen sich die beiden Schiffe?
In welcher Position befinden sie sich jeweils um 15.00 Uhr (15.30; 16.00; 17.00)?
Es wird angenommen, dass die Geschwindigkeiten gleich bleiben.

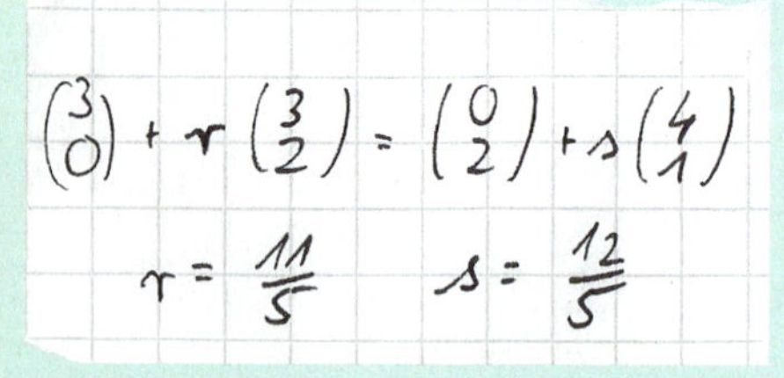

b) Bordingenieur Ingo berechnet schnell, wo sich die beiden fiktiven Kursgeraden schneiden. Er findet mit dem nebenstehenden Ansatz den Schnittpunkt S = (9,6|4,4). Erklären Sie diesen Ansatz und bestätigen Sie die Koordinaten des Schnittpunktes durch eigene Rechnung.

c) Muss der Kapitän nun die Kursrichtung seines Schiffes ändern, um einen Zusammenstoß zu vermeiden? Berechnen Sie dazu den jeweiligen Zeitpunkt, zu dem sich die beiden Schiffe in der Position S befinden.

Aufgaben

2 *Laser*

Im Maschinenbau werden heute CNC-Maschinen zum Bohren, Schneiden und Fräsen eingesetzt. Die Werkzeuge werden sehr präzise durch Computer gesteuert und bewegen sich mit gleich bleibender Geschwindigkeit.

Wir schauen uns den Vorgang mit einer „mathematischen Brille" an.

a) *Laser in der Ebene*

Ein Laser startet im Punkt A = (3|1), bewegt sich geradlinig mit konstanter Geschwindigkeit und hat nach genau einer Sekunde den Punkt B = (8|4) erreicht. Mit unseren Kenntnissen aus der Vektorrechnung können wir dies mit Vektoren beschreiben: $\vec{b} = \overrightarrow{OA} + 1 \cdot \overrightarrow{AB}$.

① In welchen Punkten befindet sich der Laser nach $t = \frac{1}{2}$ Sekunde, $t = \frac{3}{4}$ Sekunde, t = 0,9 Sekunden?

② In welchen Punkten wird der Laser nach t = 2 Sekunden, t = 3,5 Sekunden sein?

③ Wo ist die Position, die man mit der Zahl t = –5 Sekunden berechnet?

④ Wird der Laser die Punkte R = (27|14) und S = (75|37) erreichen?

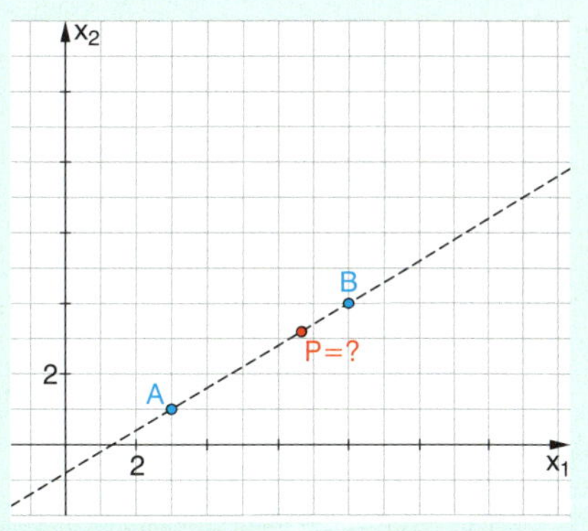

Wo liegen alle Punkte, die durch die Gleichung $\vec{x} = \overrightarrow{OA} + t \cdot \overrightarrow{AB}$ mit $-5 \le t \le 15$ bestimmt werden?

b) *Laser im Raum*

Ein Laser startet im Punkt A = (6|2|2), bewegt sich geradlinig mit konstanter Geschwindigkeit und hat nach genau einer Sekunde den Punkt B = (2|7|5) erreicht.

① In welchen Punkten befindet sich der Laser nach $t = \frac{1}{2}$ Sekunde, $t = \frac{3}{4}$ Sekunde, t = 0,9 Sekunden?

② In welchen Punkten wird der Laser nach t = 2 Sekunden, t = 3,5 Sekunden sein?

③ Wo ist die Position, die man mit der Zahl t = –5 Sekunden berechnet?

④ Wird der Laser die Punkte R = (–14|27|17) und S = (–6|18|11) erreichen?

Geben Sie allgemein die Position $X = (x_1|x_2|x_3)$ an, in der sich der Laser nach t Sekunden befindet.

Basiswissen

Mithilfe von Vektoren lassen sich die Punkte einer Geraden oder Strecke in der Ebene oder im Raum durch eine einfache Gleichung beschreiben.

Punkt-Richtungs-Form einer Geradengleichung

Gerade in der Ebene

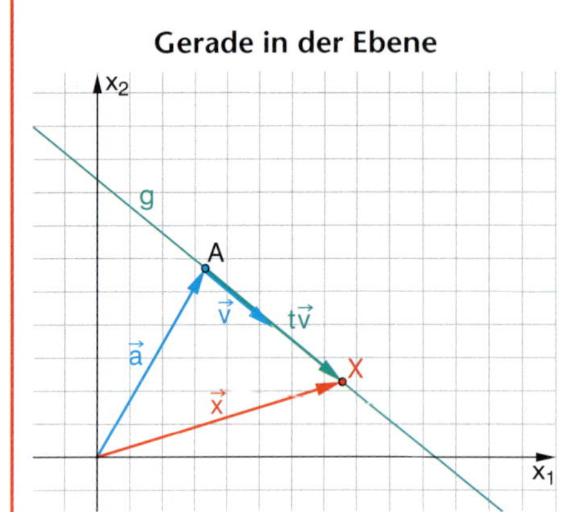

Gerade im Raum

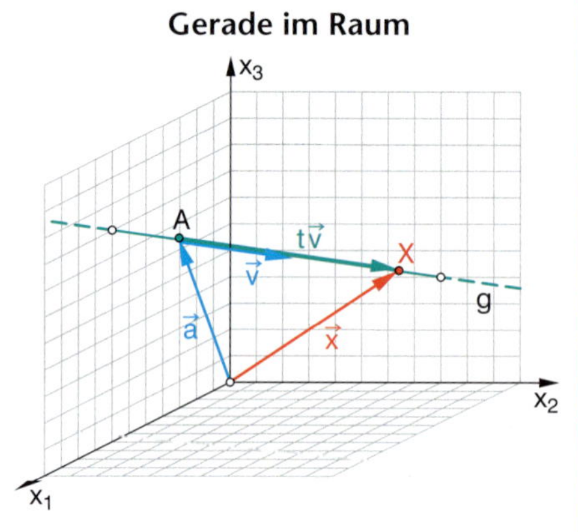

$$g\colon\ \vec{x} = \vec{a} + t\vec{v} \text{ mit } t \in \mathbb{R}$$

$\vec{a}$ **Stützvektor**, $\vec{v}$ **Richtungsvektor**

Sprechweise: Die Gerade g mit der Gleichung $\vec{x} = \vec{a} + t\vec{v}$

Durch einen Punkt und einen Richtungsvektor ist eine Gerade festgelegt. Durchläuft der Parameter t alle reellen Zahlen, so durchläuft X alle Punkte der Geraden.

Die Gleichung wird auch Parametergleichung genannt.

Richtungsvektor kann der Verbindungsvektor der Punkte sein $\vec{v} = \vec{b} - \vec{a}$

Strecke in der Ebene

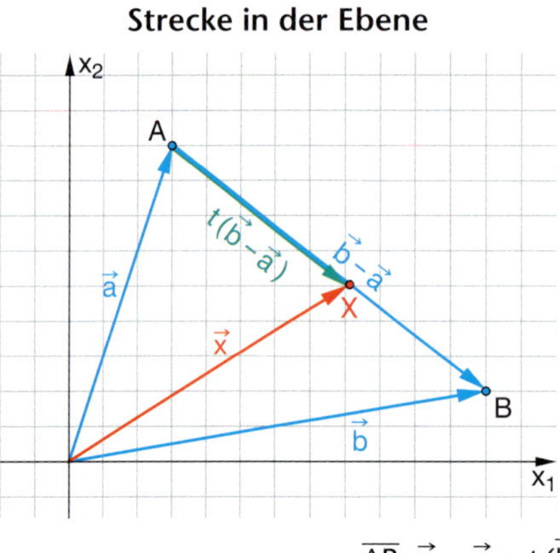

Strecke im Raum

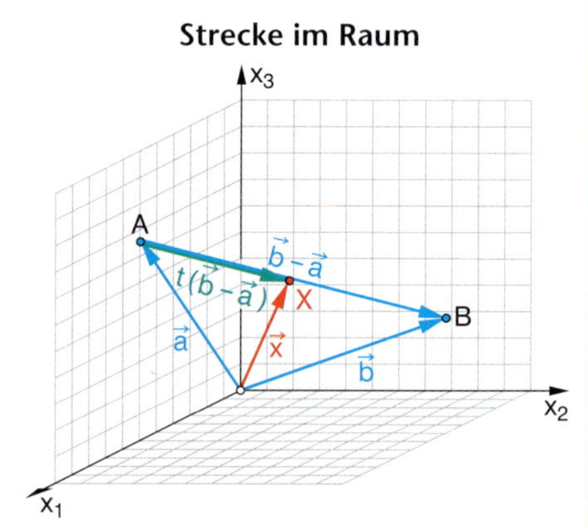

$$\overline{AB}\colon\ \vec{x} = \vec{a} + t(\vec{b} - \vec{a}) \text{ mit } 0 \le t \le 1$$

Durchläuft der Parameter t alle reellen Zahlen von 0 bis 1, so durchläuft X alle Punkte der Strecke $\overline{AB}$.

Beispiele

A *Gerade durch zwei Punkte*

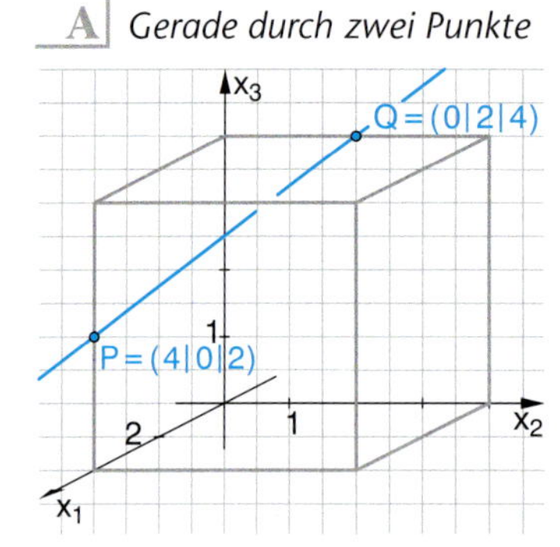

Geben Sie eine Punkt-Richtungs-Form der Geraden g an, die durch die Punkte P und Q geht.

Lösung:

Als Stützvektor wählen wir $\overrightarrow{OP} = \vec{p} = \begin{pmatrix}4\\0\\2\end{pmatrix}$,

als Richtungsvektor wählen wir

$$\vec{v} = (\vec{q} - \vec{p}) = \begin{pmatrix}0\\2\\4\end{pmatrix} - \begin{pmatrix}4\\0\\2\end{pmatrix} = \begin{pmatrix}-4\\2\\2\end{pmatrix}.$$

Punkt-Richtungs-Form $g\colon\ \vec{x} = \begin{pmatrix}4\\0\\2\end{pmatrix} + t\begin{pmatrix}-4\\2\\2\end{pmatrix},\quad t \in \mathbb{R}$

Beispiele

B *Punktprobe: Liegt P auf der Geraden g?*

Liegen die Punkte $P_1 = (8|-4|8)$ und $P_2 = (3|1|2)$ auf g?

Lösung:

Wenn P auf g: $\vec{x} = \vec{a} + t\vec{v}$ liegt, dann gibt es ein t, so dass $\overrightarrow{OP} = \vec{a} + t\vec{v}$.
Wenn man ein solches t nicht findet, dann liegt P nicht auf g.

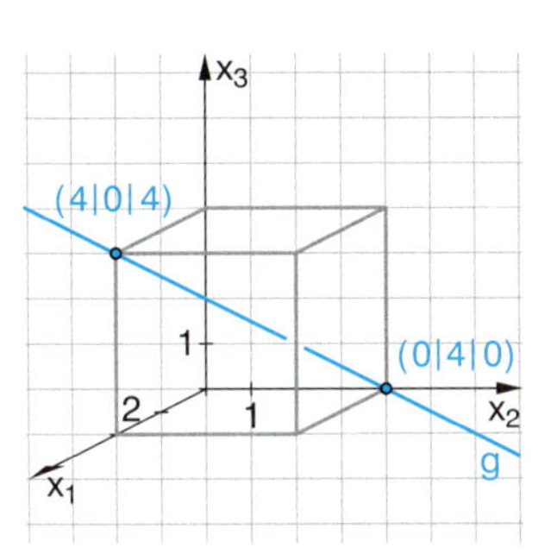

Die Gerade g lässt sich in der Form g: $\vec{x} = \begin{pmatrix}4\\0\\4\end{pmatrix} + t\begin{pmatrix}-4\\4\\-4\end{pmatrix}$ darstellen.

$\overrightarrow{OP_1} = \begin{pmatrix}4\\0\\4\end{pmatrix} + t\begin{pmatrix}-4\\4\\-4\end{pmatrix} \quad\rightarrow\quad \begin{pmatrix}8\\-4\\8\end{pmatrix} = \begin{pmatrix}4\\0\\4\end{pmatrix} + t\begin{pmatrix}-4\\4\\-4\end{pmatrix}$ liefert die Koordinatengleichungen

$8 = 4 - 4t$ also $t = -1$
$-4 = 0 + 4t$ also $t = -1$
$8 = 4 - 4t$ also $t = -1$

Es gibt ein t, das alle Koordinatengleichungen erfüllt. Somit liegt $P_1 = (8|-4|8)$ auf g.

$\overrightarrow{OP_2} = \begin{pmatrix}4\\0\\4\end{pmatrix} + t\begin{pmatrix}-4\\4\\-4\end{pmatrix} \quad\rightarrow\quad \begin{pmatrix}3\\1\\2\end{pmatrix} = \begin{pmatrix}4\\0\\4\end{pmatrix} + t\begin{pmatrix}-4\\4\\-4\end{pmatrix}$ liefert die Koordinatengleichungen

$3 = 4 - 4t$ also $t = +\frac{1}{4}$
$1 = 0 + 4t$ also $t = +\frac{1}{4}$
$2 = 4 - 4t$ also $t = +\frac{1}{2}$

Es gibt kein t, das alle Koordinatengleichungen erfüllt. Somit liegt $P_2 = (3|1|2)$ nicht auf g.

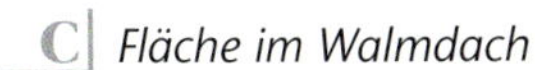

C *Fläche im Walmdach*

Beschreiben Sie die eingezeichnete Dreiecksfläche des Walmdaches.

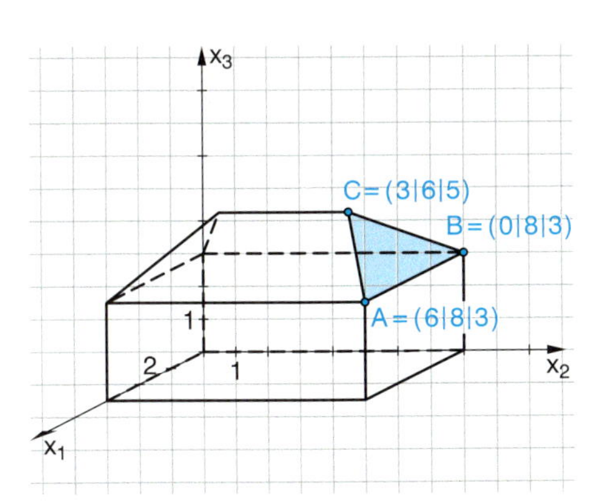

Lösung:

Die Dreiecksfläche kann mithilfe von Strecken durch die Punkte A, B und C beschrieben werden.

$\overline{AB}$: $\vec{x} = \begin{pmatrix}6\\8\\3\end{pmatrix} + r\begin{pmatrix}-6\\0\\0\end{pmatrix}, \quad 0 \le r \le 1$

$\overline{AC}$: $\vec{x} = \begin{pmatrix}6\\8\\3\end{pmatrix} + s\begin{pmatrix}-3\\-2\\2\end{pmatrix}, \quad 0 \le s \le 1$

$\overline{BC}$: $\vec{x} = \begin{pmatrix}0\\8\\3\end{pmatrix} + t\begin{pmatrix}3\\-2\\2\end{pmatrix}, \quad 0 \le t \le 1$

Übungen

3 *Kanten in einer Pyramide*

Vier der angegebenen Gleichungen beschreiben Kanten der Pyramide. Ordnen Sie zu.
Welche Strecken der Pyramide werden durch die beiden anderen Gleichungen beschrieben?

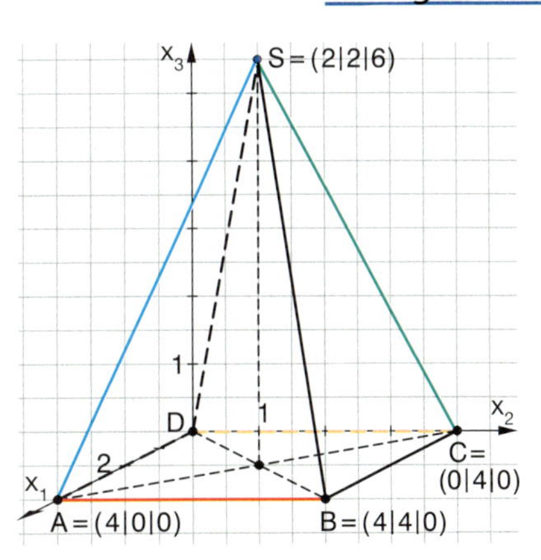

g: $\vec{x} = \begin{pmatrix}2\\2\\6\end{pmatrix} + t\begin{pmatrix}2\\-2\\-6\end{pmatrix}$, $0 \le t \le 1$

h: $\vec{x} = \begin{pmatrix}4\\0\\0\end{pmatrix} + t\begin{pmatrix}-4\\4\\0\end{pmatrix}$, $0 \le t \le 1$

i: $\vec{x} = \begin{pmatrix}2\\2\\6\end{pmatrix} + t\begin{pmatrix}-2\\2\\-6\end{pmatrix}$, $0 \le t \le 1$

k: $\vec{x} = t\begin{pmatrix}0\\4\\0\end{pmatrix}$, $0 \le t \le 1$

l: $\vec{x} = \begin{pmatrix}4\\0\\0\end{pmatrix} + t\begin{pmatrix}0\\4\\0\end{pmatrix}$, $0 \le t \le 1$

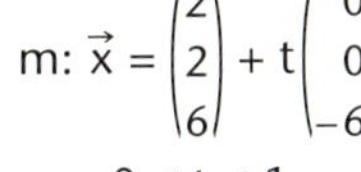

m: $\vec{x} = \begin{pmatrix}2\\2\\6\end{pmatrix} + t\begin{pmatrix}0\\0\\-6\end{pmatrix}$, $0 \le t \le 1$

Übungen

4 *Geraden im Pyramidenstumpf*

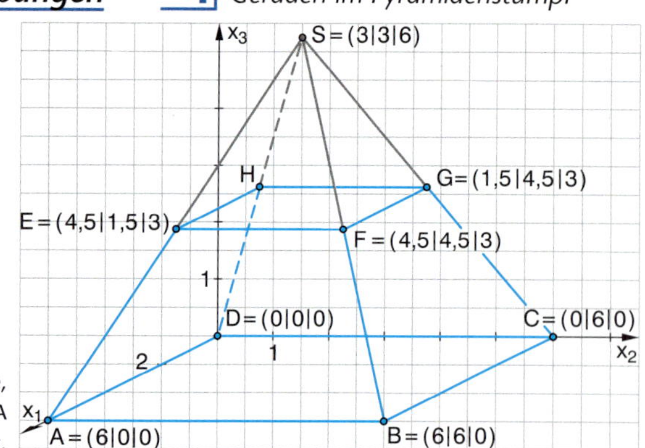

AB bezeichnet die Gerade, die durch die Punkte A und B verläuft.

Geben Sie die Gleichungen für die Kanten des Pyramidenstumpfes an. Zeigen Sie, dass S auf den Geraden durch die Seitenkanten liegt.

5 *Geradengleichungen aufstellen*

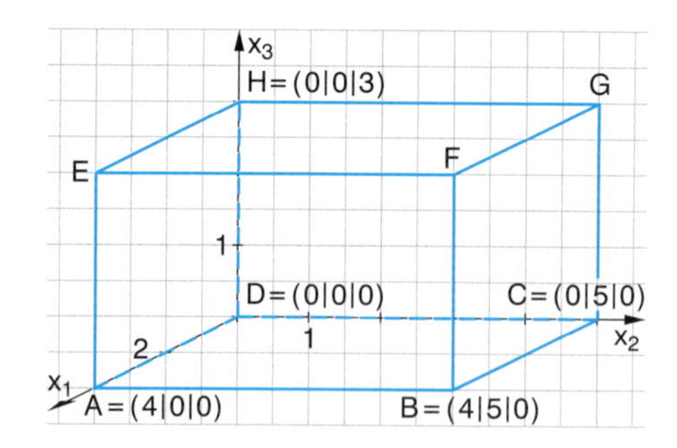

a) Stellen Sie die Geradengleichungen auf für AB, AD, GH, EG, FG, DH, HF, BF, BD.

b) Welche der Geraden sind parallel? Wie erkennen Sie an den Geradengleichungen parallele Geraden?

6 *Eine Gerade – „viele Geradengleichungen"*

a)

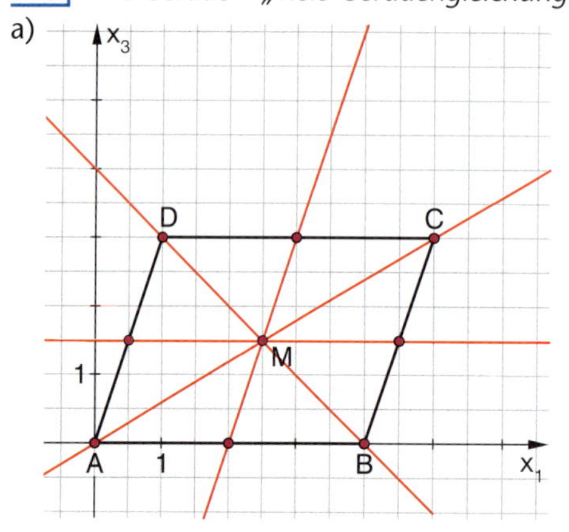

g_1: $\vec{x} = \begin{pmatrix} 2{,}5 \\ 1{,}5 \end{pmatrix} + t\begin{pmatrix} 1{,}5 \\ -1{,}5 \end{pmatrix}$; g_2: $\vec{x} = \begin{pmatrix} 4 \\ 0 \end{pmatrix} + t\begin{pmatrix} -1 \\ 1 \end{pmatrix}$

Beide Gleichungen beschreiben dieselbe Gerade. Kann das sein? Finden Sie die passende Gerade in der Abbildung.
Geben Sie für die anderen Geraden jeweils zwei verschiedene Geradengleichungen an.

b) Welche der Geradengleichungen beschreiben die eingezeichnete Gerade?

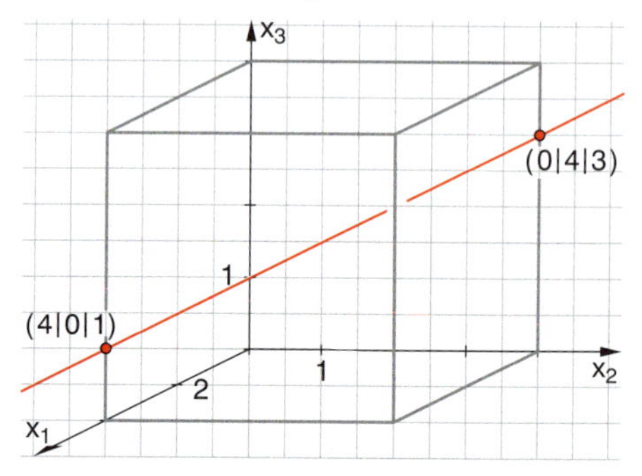

g: $\vec{x} = \begin{pmatrix} 4 \\ 0 \\ 1 \end{pmatrix} + t\begin{pmatrix} -4 \\ 4 \\ 2 \end{pmatrix}$ h: $\vec{x} = \begin{pmatrix} 0 \\ 4 \\ 3 \end{pmatrix} + t\begin{pmatrix} -4 \\ 4 \\ 2 \end{pmatrix}$

i: $\vec{x} = \begin{pmatrix} 4 \\ 0 \\ 1 \end{pmatrix} + t\begin{pmatrix} 0 \\ 4 \\ 3 \end{pmatrix}$ k: $\vec{x} = \begin{pmatrix} 4 \\ 0 \\ 1 \end{pmatrix} + t\begin{pmatrix} 2 \\ -2 \\ -1 \end{pmatrix}$

Erstellen Sie selbst weitere Geradengleichungen für die eingezeichnete Gerade.

7 *Punkte einsetzen*

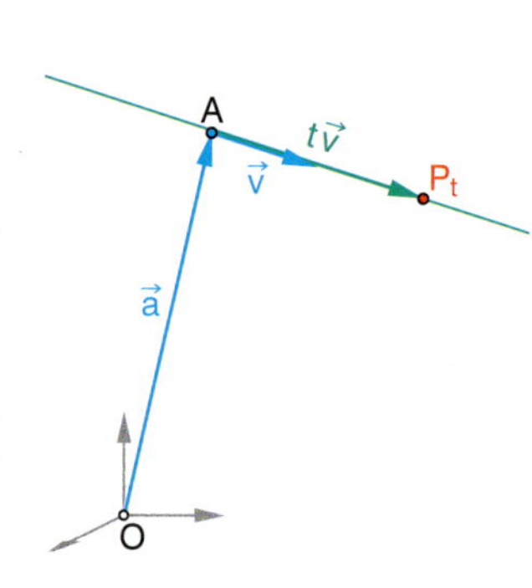

Gegeben ist die Gerade g: $\vec{x} = \begin{pmatrix} 1 \\ -1 \\ 2 \end{pmatrix} + t\begin{pmatrix} 4 \\ 2 \\ -4 \end{pmatrix}$.

Der zu einem Parameterwert t gehörende Punkt von g wird mit P_t bezeichnet.

a) Bestimmen Sie P_2, P_{-3} und $P_{0,5}$ und geben Sie das zu $P = (-5|-4|8)$ gehörende t an.

b) Zeigen Sie:

(I) Die Punkte P_t und P_{-t} sind gleichweit vom Punkt $A = (1|-1|2)$ entfernt.

(II) P_{-t} ist der Spiegelpunkt von P_t an A.

(III) Die Entfernung zwischen P_t und P_{t+1} beträgt für jedes t genau 6 Längeneinheiten.

Übungen

8 *Geraden im Quader*

$$g: \vec{x} = \begin{pmatrix} -2 \\ 3 \\ -2 \end{pmatrix} + t\begin{pmatrix} 4 \\ 0 \\ 4 \end{pmatrix} \qquad h: \vec{x} = \begin{pmatrix} -2 \\ 3 \\ -2 \end{pmatrix} + t\begin{pmatrix} 4 \\ -6 \\ 4 \end{pmatrix}$$

$$i: \vec{x} = \begin{pmatrix} 0 \\ 0 \\ 0 \end{pmatrix} + t\begin{pmatrix} -2 \\ 3 \\ -2 \end{pmatrix} \qquad k: \vec{x} = \begin{pmatrix} 2 \\ 3 \\ 2 \end{pmatrix} + t\begin{pmatrix} -4 \\ 0 \\ -4 \end{pmatrix}$$

Jeweils zwei der Geradengleichungen kennzeichnen eine der eingezeichneten Geraden. Ordnen Sie zu und begründen Sie.

Der Koordinatenursprung liegt im Mittelpunkt des Quaders.

9 *„Haus des Nikolaus" im Raum*

Die vier angegebenen Gleichungen beschreiben vier Kanten im Haus des Nikolaus. Ordnen Sie zu.

$$k: \vec{x} = \begin{pmatrix} 0 \\ 0 \\ 3 \end{pmatrix} + t\begin{pmatrix} 0 \\ 6 \\ 0 \end{pmatrix} \quad 0 \le t \le 1 \qquad l: \vec{x} = \begin{pmatrix} 0 \\ 6 \\ 3 \end{pmatrix} + t\begin{pmatrix} 3 \\ -3 \\ 5 \end{pmatrix} \quad 0 \le t \le 1$$

$$m: \vec{x} = \begin{pmatrix} 6 \\ 6 \\ 3 \end{pmatrix} + t\begin{pmatrix} 0 \\ 0 \\ -3 \end{pmatrix} \quad 0 \le t \le 1 \qquad n: \vec{x} = \begin{pmatrix} 6 \\ 6 \\ 3 \end{pmatrix} + t\begin{pmatrix} -6 \\ 0 \\ 0 \end{pmatrix} \quad 0 \le t \le 1$$

Geben Sie Gleichungen für die restlichen Kanten an.

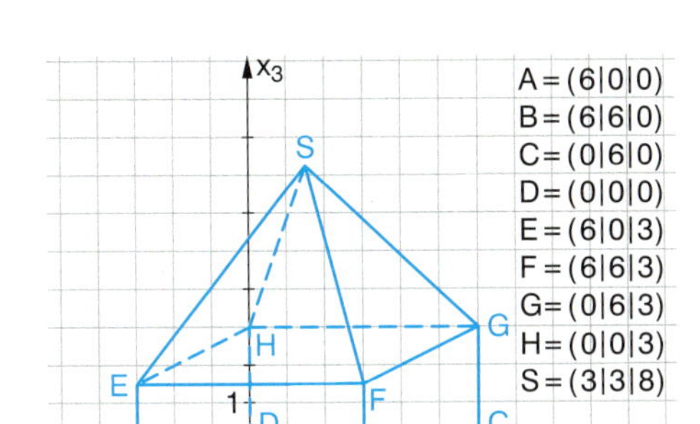

Für Knobler: Kann das Haus in einem Zug gezeichnet werden?

10 *Raumdiagonalen*

Zeigen Sie rechnerisch, dass der Mittelpunkt des Quaders auf beiden Diagonalen liegt.

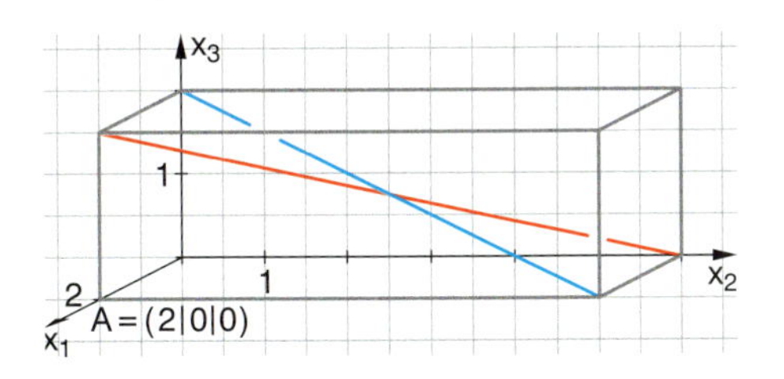

GRUNDWISSEN

1 Beschreiben Sie die vier Raumdiagonalen im Quader mithilfe von Vektoren.

2 Welcher der Vektoren $\vec{a} = \begin{pmatrix} 1 \\ -2 \\ 3 \end{pmatrix}$ oder $\vec{b} = \begin{pmatrix} -1 \\ 1 \\ 4 \end{pmatrix}$ ist länger? Schätzen und Rechnen.

3 Was versteht man unter linear abhängigen Vektoren? Erklären Sie dies am Beispiel der Vektoren $\vec{a} = \begin{pmatrix} 6 \\ 4 \\ -3 \end{pmatrix}$ und $\vec{b} = \begin{pmatrix} 3 \\ b_2 \\ b_3 \end{pmatrix}$, indem Sie die Koordinaten von $\vec{b}$ ergänzen.

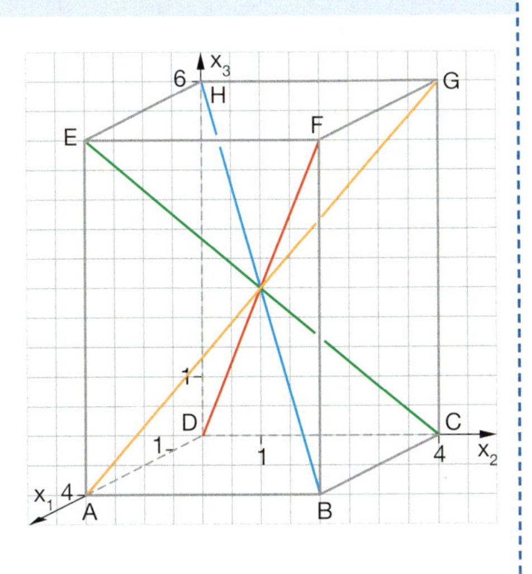

4 Veranschaulichen Sie zeichnerisch das Assoziativgesetz für Vektoren:
Für die Vektoren $\vec{a}$, $\vec{b}$ und $\vec{c}$ gilt: $(\vec{a} + \vec{b}) + \vec{c} = \vec{a} + (\vec{b} + \vec{c})$

Übungen

11 *Würfel mit abgeschnittener Ecke*

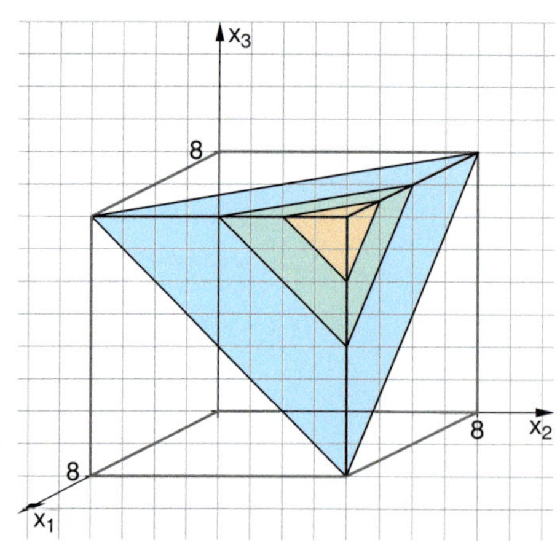

Die Eckpunkte der Schnittdreiecke befinden sich jeweils im gleichen Abstand von der Ecke des Würfels (bei dem gelben 2 cm, bei dem grünen 4 cm, bei dem blauen 8 cm).
Geben Sie für die Dreiecksseiten jeweils die Gleichungen an.
Was fällt Ihnen an den Gleichungen auf? Was bedeutet dies geometrisch?

12 *Abgeschnittener Würfel (Kuboktaeder)*

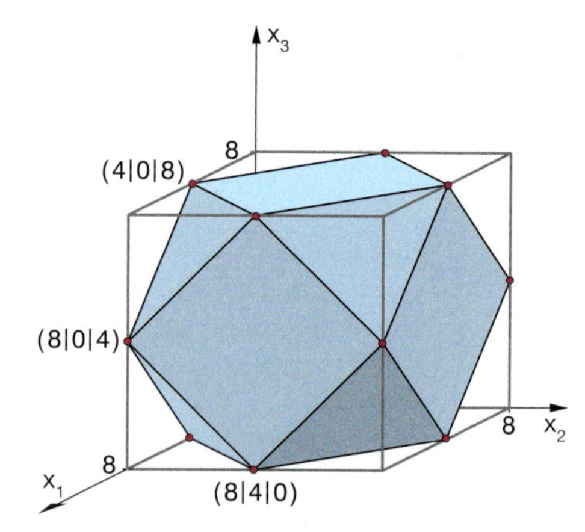

Von einem Würfel (a = 8 cm) werden die Ecken so abgeschnitten, dass die Schnittkanten jeweils durch die Mitten der Würfelkanten verlaufen.
Zwei der Punkte $P_1 = (8|2|6)$, $P_2 = (8|8|6)$, $P_3 = (8|0|8)$, $P_4 = (8|3|7)$ und $P_5 = (4|8|4)$ liegen auf einer Kante des entstandenen Körpers.
Begründen Sie dies rechnerisch mit den Gleichungen der Kanten.

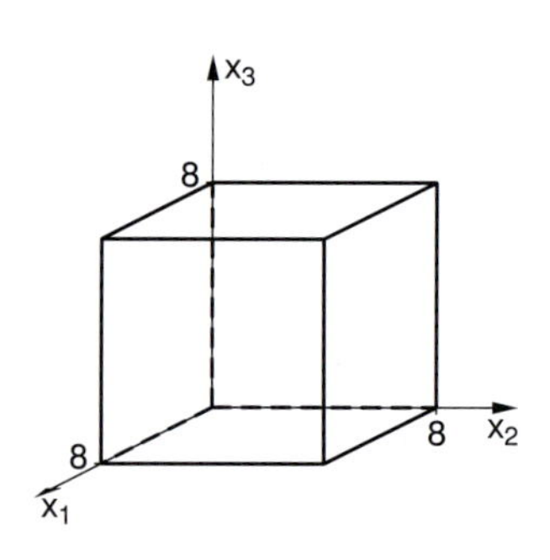

13 *Besondere Geraden im Würfel*

a) Zeichnen Sie die vier Geraden in das Schrägbild eines Würfels mit der Kantenlänge 8 cm ein.

$g_1\colon \vec{x} = \begin{pmatrix} 8 \\ 0 \\ 0 \end{pmatrix} + t \begin{pmatrix} -8 \\ 8 \\ 8 \end{pmatrix}$ $\quad g_2\colon \vec{x} = \begin{pmatrix} 0 \\ 8 \\ 0 \end{pmatrix} + t \begin{pmatrix} 8 \\ -8 \\ 8 \end{pmatrix}$

$g_3\colon \vec{x} = \begin{pmatrix} 8 \\ 8 \\ 0 \end{pmatrix} + t \begin{pmatrix} -8 \\ 0 \\ 8 \end{pmatrix}$ $\quad g_4\colon \vec{x} = \begin{pmatrix} 8 \\ 0 \\ 8 \end{pmatrix} + t \begin{pmatrix} -8 \\ 8 \\ 0 \end{pmatrix}$

b) Durch die folgenden Gleichungen sind die Seiten eines Dreiecks angegeben, das durch einen ebenen Schnitt am Würfel entstanden ist.
Zeichnen Sie diese Schnittfläche in den Würfel ein.

$s_1\colon \vec{x} = \begin{pmatrix} 8 \\ 0 \\ 4 \end{pmatrix} + t \begin{pmatrix} 0 \\ 4 \\ 4 \end{pmatrix}$ $\quad s_2\colon \vec{x} = \begin{pmatrix} 4 \\ 0 \\ 8 \end{pmatrix} + t \begin{pmatrix} 4 \\ 4 \\ 0 \end{pmatrix}$

$s_3\colon \vec{x} = \begin{pmatrix} 4 \\ 0 \\ 8 \end{pmatrix} + t \begin{pmatrix} 4 \\ 0 \\ -4 \end{pmatrix}$

c) Beschreiben Sie selbst eine Schnittfläche am Würfel.

KURZER RÜCKBLICK

1 Ist die Höhe eines gleichseitigen Dreiecks länger als die Seite a?

2 Gilt der Satz des Pythagoras für ein Dreieck mit den Seitenlängen 6, 8 und 10?

3 Schneiden sich die Höhen eines Dreiecks im Mittelpunkt des Umkreises?

4 Wie groß müssen die gesuchten Winkel sein?

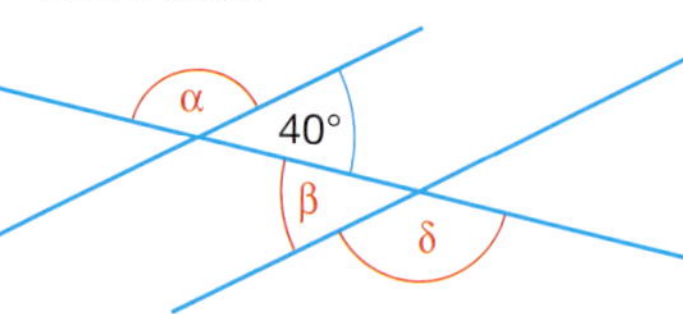

5 Wie lang ist die Breite eines Rechtecks, wenn es 5,5 cm lang ist und einen Umfang von 25 cm hat?

6 Wie ändern sich Umfang und Flächeninhalt eines Kreises, wenn der Radius verdoppelt wird?

14 *Würfelschnitte*

Beschreiben Sie die roten Schnittflächen jeweils durch Gleichungen für die vier Seiten.

a)

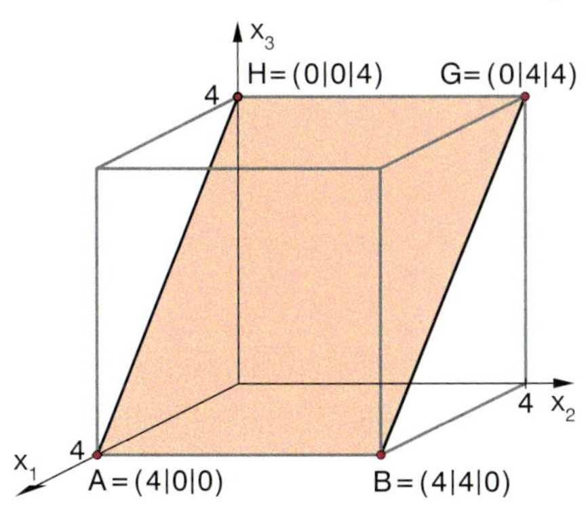

b)

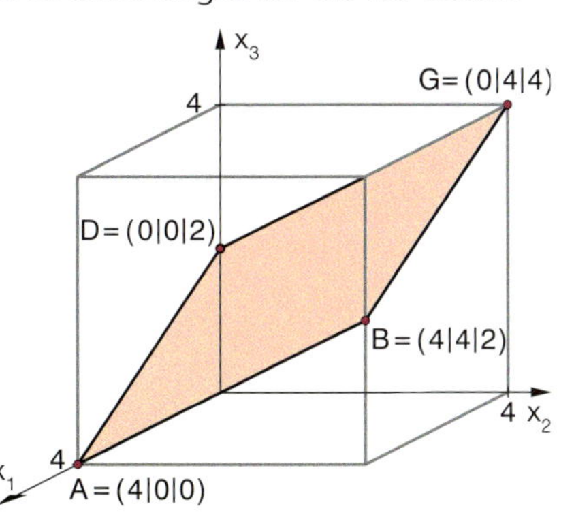

15 *Gleichungen bestimmen einen Körper*

Die folgenden Geraden beinhalten die Kanten eines bestimmten Körpers. Um welchen Körper handelt es sich?

Zeichnen Sie die Geraden in ein Koordinatensystem und ergänzen Sie fehlende Kanten und die dazugehörigen Geraden.

$g: \vec{x} = \begin{pmatrix} 0 \\ 0 \\ 5 \end{pmatrix} + t \begin{pmatrix} 3 \\ 0 \\ -5 \end{pmatrix}$ $\quad h: \vec{x} = \begin{pmatrix} -3 \\ 0 \\ 0 \end{pmatrix} + t \begin{pmatrix} 3 \\ 0 \\ 5 \end{pmatrix}$ $\quad i: \vec{x} = \begin{pmatrix} 0 \\ 0 \\ 5 \end{pmatrix} + t \begin{pmatrix} 0 \\ -3 \\ -5 \end{pmatrix}$

$j: \vec{x} = \begin{pmatrix} 0 \\ 3 \\ 0 \end{pmatrix} + t \begin{pmatrix} 0 \\ -3 \\ 5 \end{pmatrix}$ $\quad k: \vec{x} = \begin{pmatrix} 0 \\ 3 \\ 0 \end{pmatrix} + t \begin{pmatrix} 0 \\ -3 \\ -5 \end{pmatrix}$ $\quad l: \vec{x} = \begin{pmatrix} 0 \\ 0 \\ -5 \end{pmatrix} + t \begin{pmatrix} 3 \\ 0 \\ 5 \end{pmatrix}$

$m: \vec{x} = \begin{pmatrix} 0 \\ -3 \\ 0 \end{pmatrix} + t \begin{pmatrix} 0 \\ 3 \\ -5 \end{pmatrix}$ $\quad n: \vec{x} = \begin{pmatrix} 0 \\ 0 \\ -5 \end{pmatrix} + t \begin{pmatrix} -3 \\ 0 \\ 5 \end{pmatrix}$

16 *Dreimal dieselbe Gerade*

Gegeben sind drei Darstellungen derselben Geraden g:

$g_t: \vec{x} = \begin{pmatrix} 1 \\ 0 \\ 2 \end{pmatrix} + t \begin{pmatrix} 4 \\ 3 \\ -1 \end{pmatrix}$, $\quad g_s: \vec{x} = \begin{pmatrix} 1 \\ 0 \\ 2 \end{pmatrix} + s \begin{pmatrix} 8 \\ 6 \\ -2 \end{pmatrix}$ und $\quad g_r: \vec{x} = \begin{pmatrix} -11 \\ -9 \\ 5 \end{pmatrix} + r \begin{pmatrix} 4 \\ 3 \\ -1 \end{pmatrix}$.

a) Zum Punkt $P = (9|6|0)$ gehört in der Geradendarstellung g_t der Parameter $t = 2$. Bestimmen Sie die zum Punkt P gehörenden Parameter s und r in den anderen Darstellungen.

b) Welche Parameter gehören zu $Q = (-3|-3|3)$?

c) Zeigen Sie, dass zwischen r und t die Beziehung $r = t + 3$ besteht. Ermitteln Sie auch die Beziehungen zwischen s und t sowie zwischen r und s.

17 *Geradengleichung in der Ebene*

Die Geradengleichung $y = mx + b$ kennen Sie schon. Sie wird als Punkt-Steigungsform der Geradengleichung bezeichnet.

Geben Sie die Gerade $y = 3x + 2$ in der Punkt-Richtungs-Form an. Gibt es einen Zusammenhang zwischen Steigung und Richtung?

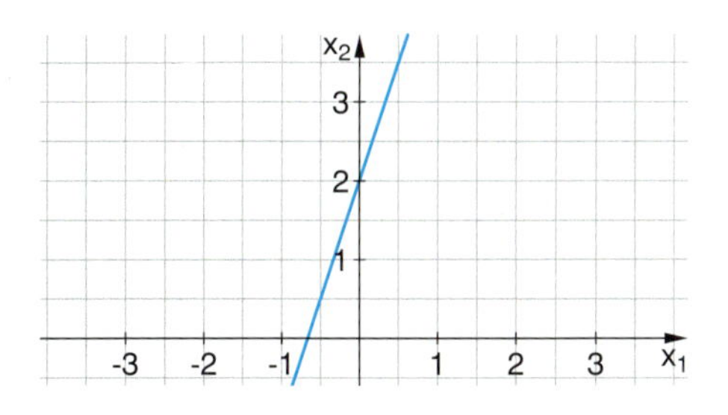

Übungen

In vielerlei Software wird diese Darstellung verwendet.

Statt $S_{x_1x_2}$ schreiben wir auch S_{12}.

S_{12} bezeichnet den Spurpunkt in der x_1x_2-Ebene.

Darstellen von Geraden mit Spurpunkten

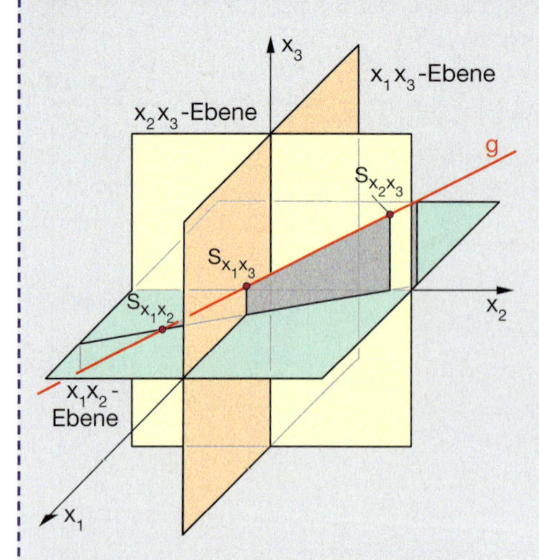

Mithilfe von Spurpunkten können wir Geraden im Raum darstellen. Stellen Sie sich ein dreidimensionales Koordinatensystem vor, in dem die Koordinatenebenen mit einer durchsichtigen Membran bespannt sind. Eine Gerade, die – je nach Lage – drei, zwei oder eine dieser Ebenen durchstößt, würde auf den Membranen ihre Spuren hinterlassen, die **Spurpunkte**.

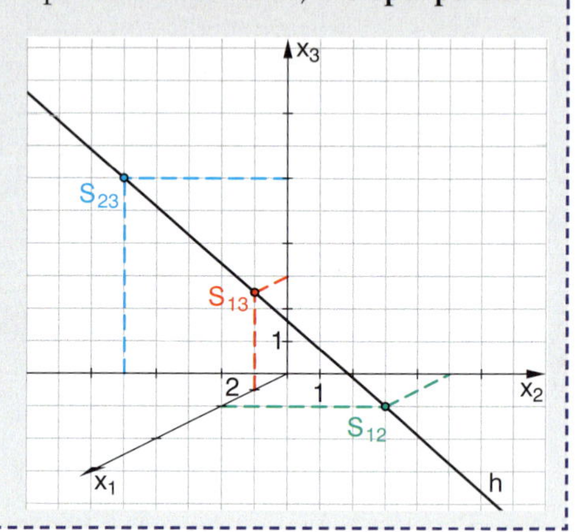

Sind die Spurpunkte in einer Abbildung als solche gekennzeichnet, so können ihre Koordinaten eindeutig bestimmt werden, da es zu jedem dieser Punkte genau einen Vektorweg gibt. So hat die Gerade h die Spurpunkte $S_{12} = (4|5|0)$, $S_{13} = (2|0|3)$ und $S_{23} = (0|-5|6)$.

Spurpunkte berechnen

Spurpunkte zeichnen sich dadurch aus, dass mindestens eine ihrer Koordinaten 0 ist und sind daher leicht zu berechnen.

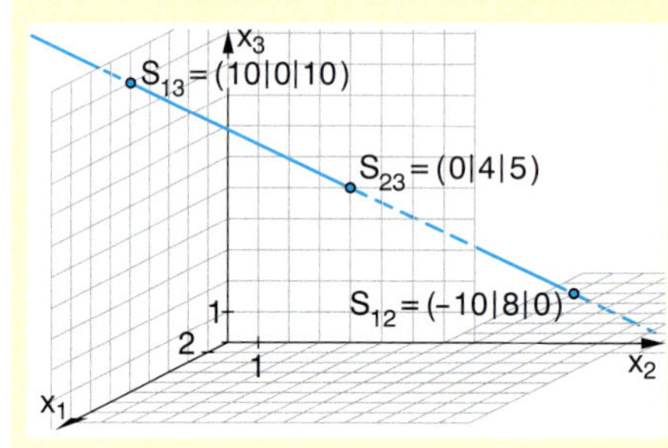

Die Spurpunkte der Geraden

$$g: \vec{x} = \begin{pmatrix} 5 \\ 2 \\ 7{,}5 \end{pmatrix} + t\begin{pmatrix} 10 \\ -4 \\ 5 \end{pmatrix}$$

berechnen wir wie folgt:

Schnitt mit der x_1x_2-Ebene:
$x_3 = 0 \Rightarrow 7{,}5 + 5t = 0 \Rightarrow t = -1{,}5$.
Somit $S_{12} = (-10|8|0)$.

Entsprechend werden S_{13} und S_{23} berechnet.

18 *Gerade aus Spurpunkten*
Bestimmen Sie mithilfe der Spurpunkte eine Parametergleichung der Geraden g und bestätigen Sie rechnerisch, dass g die abgelesenen Spurpunkte hat.

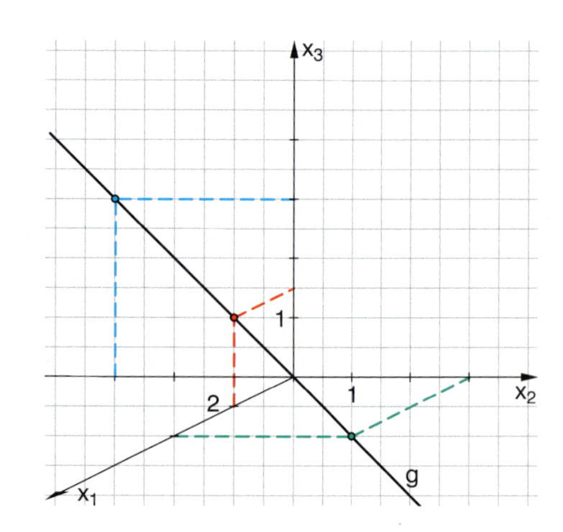

19 *Spurpunkte einer Geraden*
Bestimmen Sie die Spurpunkte der Geraden

$$g: \vec{x} = \begin{pmatrix} 5 \\ -1 \\ 6 \end{pmatrix} + r\begin{pmatrix} -2 \\ 0 \\ 4 \end{pmatrix}$$

und zeichnen Sie die Gerade ins Koordinatensystem.

Übungen

20 *Spurpunkte einer Geraden*

Von den Geraden g, h und k sind folgende Eigenschaften bekannt:

(I) g besitzt einen Schnittpunkt mit der x_3-Achse.	(II) h verläuft parallel zur x_1x_3-Ebene.	(III) k verläuft parallel zur x_1-Achse.

Wie viele Durchstoßpunkte mit den Koordinatenebenen kann jede der Geraden haben? Begründen Sie, dass die Anzahl der verschiedenen Durchstoßpunkte nur für eine der Geraden eindeutig zu bestimmen ist.

21 *Anzahl der Spurpunkte – Lage der Geraden*

Wie liegt eine Gerade im Koordinatensystem, die genau einen Spurpunkt (genau zwei Spurpunkte; genau drei Spurpunkte) hat? Erstellen Sie jeweils eine Skizze.

22 *Projektionen*

Die Punkte $A_1 = (2|1|4)$, $A_2 = (5|3|6)$ und $A_3 = (-1|2|5)$ sind die Eckpunkte eines Dreiecks im Raum.

a) **Parallelprojektion**
Das Dreieck wird in Richtung $\vec{v} = \begin{pmatrix} 1 \\ 1 \\ -2 \end{pmatrix}$ auf die x_1x_2-Ebene projiziert.
Berechnen Sie die Koordinaten der Bildpunkte in der x_1x_2-Ebene und zeichnen Sie das Dreieck und sein Bild.

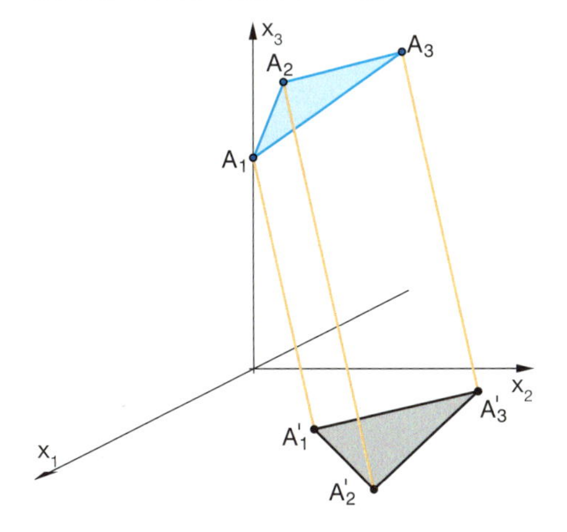

b) **Zentralprojektion**
Das Dreieck wird vom Punkt $S = (-1|8|3)$ aus an die „Wand" (x_1x_3-Ebene) projiziert. Berechnen Sie die Bildpunkte in der x_1x_3-Ebene und zeichnen Sie das Dreieck und sein Bild.

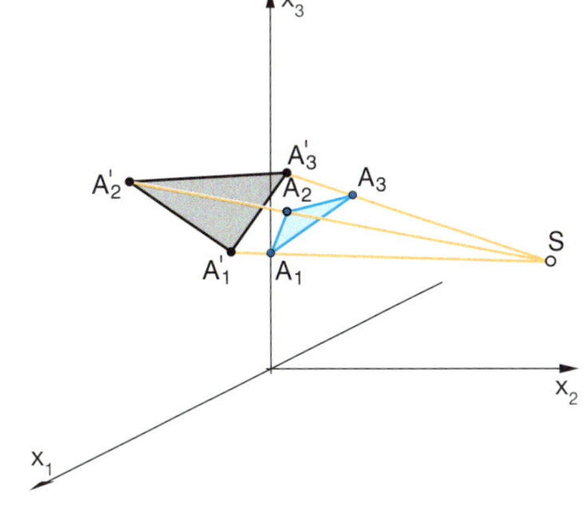

Holiday Inn, Chinatown in San Francisco

23 *Schattenpunkte*

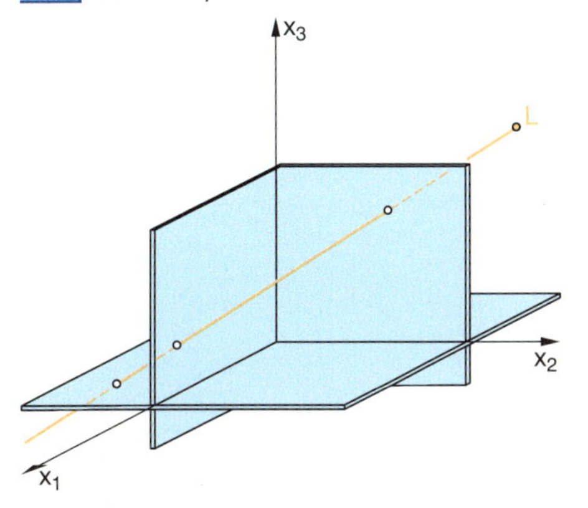

Ein Objekt im Punkt $A = (2|3|3)$ wird durch eine Lichtquelle im Punkt $L = (-2|5|6)$ beleuchtet.
Berechnen Sie die Punkte, in denen der Lichtstrahl die x_2x_3-Ebene, die x_1x_2-Ebene und die x_1x_3-Ebene trifft.
Stellen Sie L, A, die Spurpunkte und den Lichtstrahl im Koordinatensystem dar.

Welche Wand wird wirklich beleuchtet, wenn die Ebenen nicht transparent sind?

Übungen

24 *Baumschatten*

Legt man ein Koordinatensystem (Längeneinheit 1 m) über ein ebenes Gelände, so befindet sich der Fußpunkt eines gerade gewachsenen Baumes im Punkt F = (–1 | 5 | 0). Haben die Sonnenstrahlen die Richtung $\vec{v} = \begin{pmatrix} 1 \\ -1 \\ -3 \end{pmatrix}$, so wirft die Spitze des Baumes ihren Schatten auf den Punkt S' = (2 | 2 | 0). Bestimmen Sie die Höhe des Baumes.

25 *Tauchboot*

Positionen von Tauchbooten lassen sich durch Punkte im Raum beschreiben. Die Wasseroberfläche liegt dabei in der x_1x_2-Ebene.

Ein Tauchboot befindet sich in der Position P = (413 | –367 | –215). Es bewegt sich auf einem Kurs entlang des Vektors $\vec{v} = \begin{pmatrix} -84 \\ 100 \\ -2 \end{pmatrix}$. Im Punkt H = (–175 | 333 | –229) wird ein Hindernis geortet. Soll das Schiff seinen Kurs ändern? Begründen Sie anhand einer Rechnung.

26 *Schiffswrack*

Ein Tauchboot wird im Punkt S = (–213 | 107 | 0) zu Wasser gelassen um eine Expedition zu einem Schiffswrack zu unternehmen, das in der Position W = (1013 | 4082 | –350) auf dem Meeresboden liegt. Das Tauchboot bewegt sich geradlinig und mit konstanter Geschwindigkeit. Die Bewegung pro Minute lässt sich durch den Vektor $\vec{b} = \begin{pmatrix} 14 \\ 9 \\ -7 \end{pmatrix}$ beschreiben (Angaben in m).

a) Mit welcher Geschwindigkeit bewegt sich das Tauchboot? Nach welcher Zeit erreicht es die Tiefe des Schiffswracks?

b) Die Suchscheinwerfer des Tauchboots haben eine Reichweite von 90 m. Ist das Schiffswrack von der Stelle aus sichtbar, an der das Tauchboot den Meeresboden erreicht?

27 *Passagierflugzeug*

Positionen von Flugzeugen lassen sich durch Punkte im Raum beschreiben. Die Erdoberfläche liegt dabei in der x_1x_2-Ebene.

Ein Passagierflugzeug befindet sich zu einem bestimmten Zeitpunkt in der Position A = (–1010 | 960 | 8600). Fünf Sekunden später befindet es sich in der Position B = (178 | 217 | 8710) (Angaben in m). Ermitteln Sie die Position, in der sich das Flugzeug nach weiteren 20 Sekunden befindet, sofern es mit der gleichen Geschwindigkeit geradlinig weiterfliegt. Mit welcher Geschwindigkeit bewegt es sich fort?

28 *Lagen von Geraden*

In der Ebene sind Geraden identisch oder parallel oder sie schneiden sich.

a) Welcher der Fälle liegt vor?

$g_1: \vec{x} = \begin{pmatrix} 1 \\ 2 \end{pmatrix} + r\begin{pmatrix} 3 \\ -1 \end{pmatrix}$ $\quad g_2: \vec{x} = \begin{pmatrix} 4 \\ 2 \end{pmatrix} + s\begin{pmatrix} -6 \\ 2 \end{pmatrix}$

$h_1: \vec{x} = \begin{pmatrix} 3 \\ 1 \end{pmatrix} + r\begin{pmatrix} 2 \\ -5 \end{pmatrix}$ $\quad h_2: \vec{x} = \begin{pmatrix} -4 \\ 7 \end{pmatrix} + s\begin{pmatrix} 3 \\ 4 \end{pmatrix}$

$k_1: \vec{x} = \begin{pmatrix} 2 \\ -1 \end{pmatrix} + r\begin{pmatrix} 3 \\ -2 \end{pmatrix}$ $\quad k_2: \vec{x} = \begin{pmatrix} -1 \\ 1 \end{pmatrix} + s\begin{pmatrix} -6 \\ 4 \end{pmatrix}$

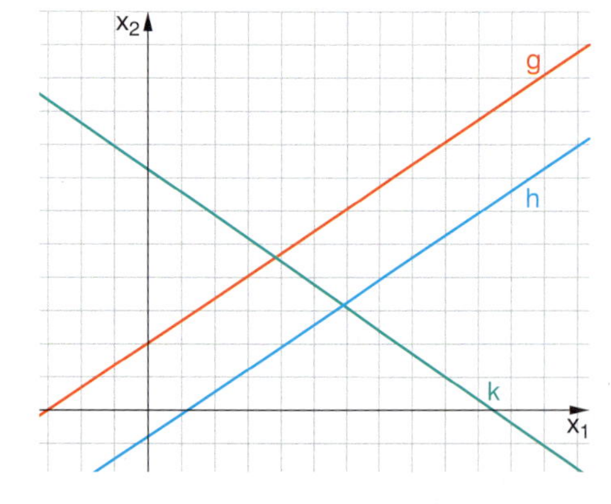

b) Gilt die Aussage oben auch für Geraden im Raum?

Basiswissen

Wie in der Ebene können Geraden im Raum **echt parallel** bzw. **identisch** sein oder **genau einen Schnittpunkt** haben. Durch die dritte Dimension gibt es noch eine weitere Lagebeziehung: Geraden im Raum können **windschief** sein. Die geometrische Lage lässt sich algebraisch an den Gleichungen ablesen.

Lagebeziehungen zwischen Geraden

Lage der Geraden g: $\vec{x} = \vec{p} + s\vec{u}$ und h: $\vec{x} = \vec{q} + t\vec{v}$

$\vec{u}$ und $\vec{v}$ sind **linear abhängig**
$\vec{u} = r\vec{v}$ für ein $r \in \mathbb{R}$

g und h sind **identisch**

g und h sind **verschieden** und **parallel**

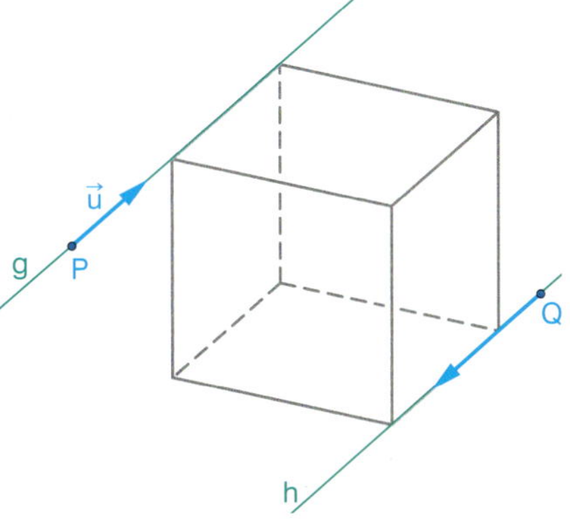

P liegt auf h
$\vec{p} = \vec{q} + t\vec{v}$ für ein $t \in \mathbb{R}$

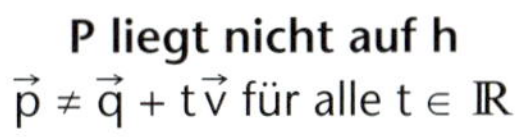

P liegt nicht auf h
$\vec{p} \neq \vec{q} + t\vec{v}$ für alle $t \in \mathbb{R}$

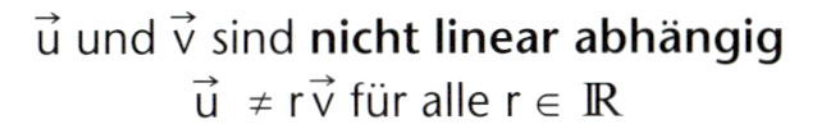

$\vec{u}$ und $\vec{v}$ sind **nicht linear abhängig**
$\vec{u} \neq r\vec{v}$ für alle $r \in \mathbb{R}$

g und h haben **genau einen gemeinsamen Punkt**

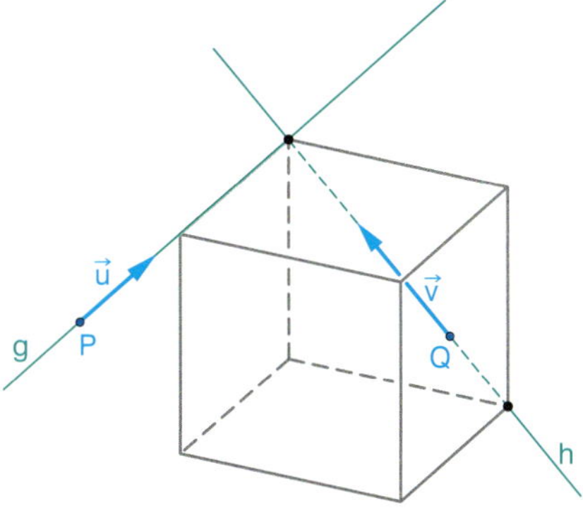

g und h sind **windschief**

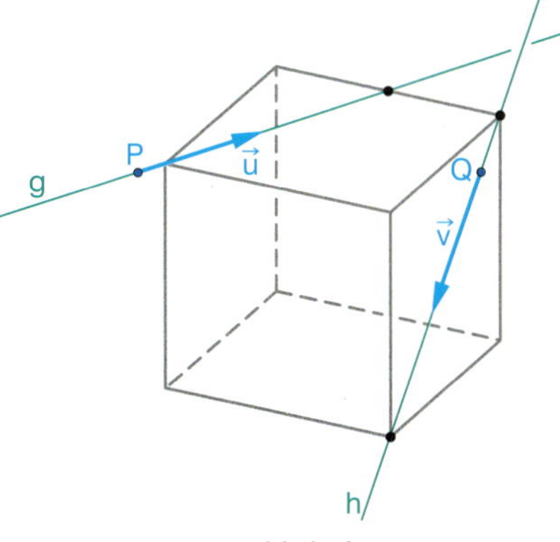

g und h haben **genau einen Schnittpunkt**

$\vec{p} + s\vec{u} = \vec{q} + t\vec{v}$ für je ein $s, t \in \mathbb{R}$

g und h haben **keinen Schnittpunkt**

$\vec{p} + s\vec{u} \neq \vec{q} + t\vec{v}$ für alle $s, t \in \mathbb{R}$

Übungen

29 *Lage von Geraden im Pyramidenstumpf*

a) Welche Lagebeziehung liegt bei den Geradenpaaren jeweils vor?

$g_1: \vec{x} = \begin{pmatrix} 4{,}5 \\ 4{,}5 \\ 3 \end{pmatrix} + t\begin{pmatrix} 3 \\ 0 \\ 0 \end{pmatrix}$ $g_2: \vec{x} = \begin{pmatrix} 6 \\ 6 \\ 0 \end{pmatrix} + t\begin{pmatrix} 1 \\ 0 \\ 0 \end{pmatrix}$

$h_1: \vec{x} = \begin{pmatrix} 1{,}5 \\ 4{,}5 \\ 3 \end{pmatrix} + t\begin{pmatrix} 1{,}5 \\ -1{,}5 \\ 3 \end{pmatrix}$ $h_2: \vec{x} = \begin{pmatrix} 6 \\ 6 \\ 0 \end{pmatrix} + t\begin{pmatrix} -1{,}5 \\ -1{,}5 \\ 3 \end{pmatrix}$

$i_1: \vec{x} = \begin{pmatrix} 4{,}5 \\ 1{,}5 \\ 3 \end{pmatrix} + t\begin{pmatrix} -1{,}5 \\ 1{,}5 \\ 3 \end{pmatrix}$ $i_2: \vec{x} = \begin{pmatrix} 6 \\ 0 \\ 0 \end{pmatrix} + t\begin{pmatrix} -3 \\ 3 \\ 6 \end{pmatrix}$

$k_1: \vec{x} = \begin{pmatrix} 6 \\ 0 \\ 0 \end{pmatrix} + t\begin{pmatrix} 0 \\ 1 \\ 0 \end{pmatrix}$ $k_2: \vec{x} = \begin{pmatrix} 1{,}5 \\ 4{,}5 \\ 3 \end{pmatrix} + t\begin{pmatrix} 1 \\ 0 \\ 0 \end{pmatrix}$

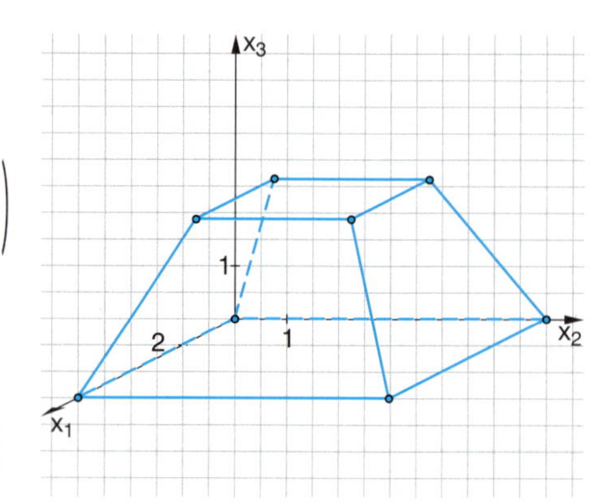

b) Die Geraden in a) gehen durch Kanten im Pyramidenstumpf. Zeichnen Sie die Geraden. Der Schnittpunkt S von zwei dieser Geraden ist die Spitze der Pyramide. Zeigen Sie rechnerisch, dass weitere „Kantengeraden" sich in S schneiden.

Schneiden von Geraden

Gegeben sind die Parametergleichungen der Geraden g und h mit g: $\vec{x} = \vec{a} + r\vec{v}$ und h: $\vec{x} = \vec{b} + s\vec{w}$.

Einen Schnittpunkt suchen heißt …

– geometrisch: Gibt es einen Punkt, der auf beiden Geraden liegt?

– algebraisch: Finden wir ein r und s so, dass $\vec{a} + r\vec{v} = \vec{b} + s\vec{w}$?

Beispiel 1:

$$g: \vec{x} = \begin{pmatrix} 4 \\ 1 \\ 2 \end{pmatrix} + r\begin{pmatrix} -2 \\ 3 \\ 1 \end{pmatrix}; \quad h: \vec{x} = \begin{pmatrix} 1 \\ 5 \\ -2 \end{pmatrix} + s\begin{pmatrix} -1 \\ 1 \\ -5 \end{pmatrix}$$

Schnittpunktansatz:

$$\begin{pmatrix} 4 \\ 1 \\ 2 \end{pmatrix} + r\begin{pmatrix} -2 \\ 3 \\ 1 \end{pmatrix} = \begin{pmatrix} 1 \\ 5 \\ -2 \end{pmatrix} + s\begin{pmatrix} -1 \\ 1 \\ -5 \end{pmatrix}$$

Koordinatengleichungen – Gleichungssystem:

$4 - 2r = 1 - s \Rightarrow s = 2r - 3$

$1 + 3r = 5 + s \Rightarrow s = 3r - 4$ $\Rightarrow r = 1;\ s = -1$

$2 + r = -2 - 5s \Rightarrow$ *r; s erfüllen 3. Gleichung*

Das Gleichungssystem ist lösbar. Es gibt einen Schnittpunkt S = (2 | 4 | 3).

Beispiel 2:

$$g: \vec{x} = \begin{pmatrix} 0 \\ 2 \\ 1 \end{pmatrix} + r\begin{pmatrix} 1 \\ 2 \\ 3 \end{pmatrix}; \quad h: \vec{x} = \begin{pmatrix} 3 \\ 12 \\ -4 \end{pmatrix} + s\begin{pmatrix} 1 \\ 2 \\ -3 \end{pmatrix}$$

Schnittpunktansatz:

$$\begin{pmatrix} 0 \\ 2 \\ 1 \end{pmatrix} + r\begin{pmatrix} 1 \\ 2 \\ 3 \end{pmatrix} = \begin{pmatrix} 3 \\ 12 \\ -4 \end{pmatrix} + s\begin{pmatrix} 1 \\ 2 \\ -3 \end{pmatrix}$$

Koordinatengleichungen – Gleichungssytem

$r = 3 + s \rightarrow r = 3 + s$

$2 + 2r = 12 + 2s \rightarrow r = 5 + s$ *Widerspruch*

$1 + 3r = -4 - 3s$

Das Gleichungssystem ist nicht lösbar. Somit gibt es keinen Schnittpunkt der beiden Geraden.

30 *Geraden im Quader*

a) Offensichtlich schneiden sich die vier Raumdiagonalen im Mittelpunkt des Quaders. Weisen Sie dies rechnerisch nach. Wie zeigt sich das am Gleichungssystem?

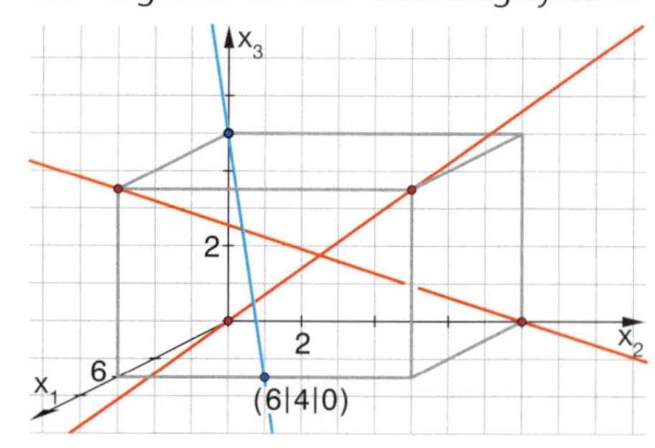

b) Schneiden die beiden eingezeichneten Raumdiagonalen die eingezeichnete blaue Gerade? Wie zeigt sich das am Gleichungssystem?

31 *Sich schneidende Geraden?*

In einem Würfel der Kantenlänge 4 gehen die Geraden durch die Mittelpunkte der entsprechenden Kanten. Schneiden sich die beiden Geraden? Begründen Sie auch rechnerisch.

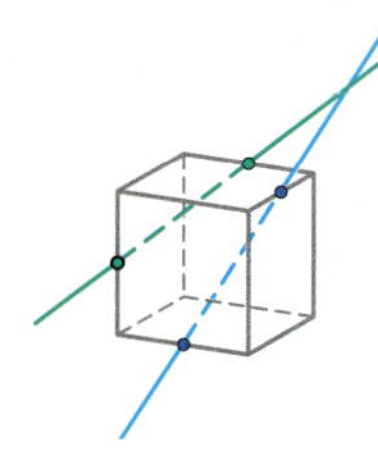

Mathematischer Werkzeugkasten

Die Bestimmung des Schnittpunktes von Geraden führt auf das Lösen von Gleichungssystemen. Auf den folgenden Seiten wird der Gauß-Algorithmus als effizientes Werkzeug für das Lösen von Linearen Gleichungssystemen vorgestellt.
In der Mittelstufe haben wir Lineare Gleichungssysteme mit dem Gleichsetzungsverfahren oder Einsetzungsverfahren gelöst. Ein weiteres Verfahren zum Lösen von Linearen Gleichungssystemen ist das Additionsverfahren.

(1) $4a - 3b = 18$
(2) $2a + b = 4$

Wir multiplizieren die zweite Gleichung mit (–2) und addieren dazu die erste Gleichung.
Die so entstandene neue Gleichung ersetzt dann die zweite Gleichung.

(1) $4a - 3b = 18$
(2*) $-5b = 10$

Das Gleichungssystem wurde damit in eine Dreiecksform („gestaffeltes System“) überführt.

$b = -2$
$a = 3$

Durch Rückwärtseinsetzen kann das Ausgangsgleichungssystem nun leicht gelöst werden.

Das Additionsverfahren ist übertragbar auf größere Gleichungssysteme.

Lösen linearer Gleichungssysteme mit dem Gauß-Algorithmus

WERKZEUG

Im Allgemeinen liegt ein Gleichungssystem nicht in der lösungsfreundlichen Dreiecksform vor. Die Mathematiker haben ein Verfahren entwickelt, mit dem man ein gegebenes Gleichungssystem systematisch in eine Dreiecksform überführen kann. Dies wird heute nach dem Mathematiker Gauß benannt.

Zur Ausführung des Gauß-Algorithmus benötigt man nur zwei erlaubte **Äquivalenzumformungen**:

- *Multiplikation einer Gleichung auf beiden Seiten mit einer reellen Zahl ungleich Null.*
- *Die Addition zweier Gleichungen und anschließendes Ersetzen einer Gleichung durch das Ergebnis.*

$3a - 6b + 12c = -21$ (1)
$3a - 5b + 2c = -27$ (2)
$2a + b - 2c = -4$ (3)

Eliminieren der Variablen a:

(1) $3a - 6b + 12c = -21$
$-(1) + (2)$ $b - 10c = -6$ (1*)
$-2 \cdot (1) + 3 \cdot (3)$ $15b - 30c = 30$ (3*)

Eliminieren der Variablen b:

(1) $3a - 6b + 12c = -21$
(2*) $b - 10c = -6$
$-15 \cdot (2^*) + (3)$ $120c = 120$

Die Lösung kann nun schrittweise von unten nach oben ermittelt werden.

Rückwärtseinsetzen:

$120c = 120$, also $c = 1$
$b - 10 \cdot 1 = -6$, also $b = 4$
$3a - 6 \cdot 4 + 12 \cdot 1 = -21$, also $a = -3$

Carl Friedrich Gauss
1777–1855

Dreiecksform
$3a - 6b + 12c = -21$
$0 \quad b - 10c = -6$
$0 \quad 0 \quad 120c = 120$

Das LGS in Kurzschreibweise

Ein solches Gleichungssystem lässt sich übersichtlich in eine **Tabelle** übertragen. Dazu werden alle Informationen, die selbstverständlich sind, weggelassen. Nur die Koeffizienten werden notiert und um eine Spalte mit den Ergebnissen erweitert. Wichtig ist, dass die Koeffizienten, die zur gleichen Variablen gehören, in die gleiche Spalte geschrieben werden. In der Algebra schreibt man eine solche Tabelle in Form einer **Matrix**.
Da die Matrix neben den Koeffizienten auch die Ergebnisspalte enthält, wird die Matrix **erweiterte Koeffizientenmatrix** genannt.

LGS ⟶ Tabelle ⟶ Matrix

(1) $3a - 6b + 12c = -21$
(2) $3a - 5b + 2c = -27$
(3) $2a + b - 2c = -4$

	a	b	c	Erg.
(1)	3	−6	12	−21
(2)	3	−5	2	−27
(3)	2	1	−2	−4

$$\left(\begin{array}{ccc|c} 3 & -6 & 12 & -21 \\ 3 & -5 & 2 & -27 \\ 2 & 1 & -2 & -4 \end{array}\right)$$

WERKZEUG

Der Gauß-Algorithmus mit dem grafikfähigen Taschenrechner

Die Taschenrechner verfügen dazu über einen Matrix-Editor.

```
NAMES MATH EDIT
1:[A] 3×4
2:[B]
3:[C]
4:[D]
5:[E]
6:[F]
7↓[G]
```

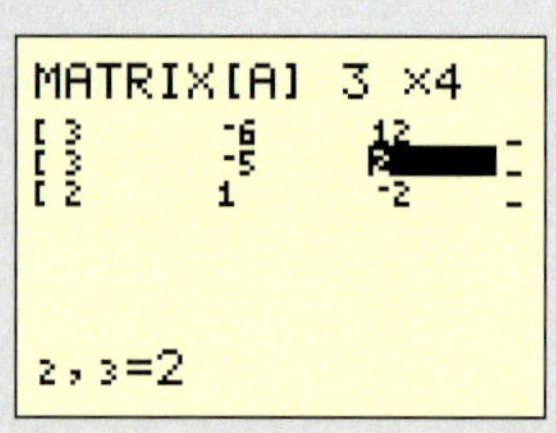

Mit **3 × 4** wird der Typ der Matrix festgelegt: 3 Zeilen, 4 Spalten

2, 3 kennzeichnet die Position der Zahl in der 2. Zeile und der 3. Spalte.

Die erweiterte Koeffizientenmatrix enthält neben den Koeffizienten auch die Ergebnisspalte.

Erweiterte Koeffizientenmatrix

$$\begin{aligned} 3a - 6b + 12c &= -21 \\ 3a - 5b + 2c &= -27 \\ 2a + b - 2c &= -4 \end{aligned}$$

```
[A]
  [3  -6  12  -21]
  [3  -5   2  -27]
  [2   1  -2   -4]
```

Mit dem Befehl ***ref*** erzeugt man eine **Dreiecksform**, aus der man die Lösungen durch Rückwärtseinsetzen bestimmen kann.

$$\begin{aligned} a - 2b + 4c &= -7 \\ b - 2c &= 2 \\ c &= 1 \end{aligned}$$

```
ref([A])
  [1  -2   4  -7]
  [0   1  -2   2]
  [0   0   1   1]
```

Der GTR besitzt einen weiteren Befehl ***rref***, mit dem man aus der Koeffizientenmatrix eine **Diagonalform** erzeugt, bei der man die Lösungen direkt ablesen kann.

$$\begin{aligned} a &= -3 \\ b &= 4 \\ c &= 1 \end{aligned}$$

```
rref([A])
  [1  0  0  -3]
  [0  1  0   4]
  [0  0  1   1]
```

Übungen

32 *Diagonalform*

Begründen Sie die einzelnen Umformungsschritte:

$$\begin{aligned} 3a - 6b + 12c &= -21 \\ b - 10c &= -6 \\ c &= 1 \end{aligned} \longrightarrow \begin{aligned} 3a - 6b &= -33 \\ b &= 4 \\ c &= 1 \end{aligned} \longrightarrow \begin{aligned} 3a &= -9 \\ b &= 4 \\ c &= 1 \end{aligned} \longrightarrow \begin{aligned} a &= -3 \\ b &= 4 \\ c &= 1 \end{aligned}$$

33 *Training per Hand*

(1; 2; –1)
(–1; 3; 4)
(2; 2; –1)

Lösen Sie die Linearen Gleichungssysteme mit dem Gauß-Algorithmus und führen Sie die Probe mit *rref* aus.

a) $\begin{aligned} x + y + z &= 2 \\ x - y + 2z &= -3 \\ 2x + y + z &= 3 \end{aligned}$

b) $\begin{aligned} x + y - z &= -2 \\ 2x + y + z &= 5 \\ -x + 2y - z &= 3 \end{aligned}$

c) $\begin{aligned} 2x - y + z &= 1 \\ x + 2y + 4z &= 2 \\ x - y + 3z &= -3 \end{aligned}$

34 *Training per Hand*

Übersetzen Sie zunächst die Matrix in ein Gleichungssystem und lösen Sie mithilfe des Gauß-Algorithmus.

a) $\begin{pmatrix} 1 & 2 & 1 & 1 \\ 2 & 1 & -1 & -1 \\ -1 & 2 & 2 & 1 \end{pmatrix}$

b) $\begin{pmatrix} 1 & 2 & 1 & 1 \\ 1 & 1 & -1 & 2 \\ 0 & 2 & 1 & 4 \end{pmatrix}$

c) $\begin{pmatrix} 3 & -2 & 4 & 5 \\ 4 & 6 & -1 & 9 \\ 5 & -4 & 3 & 4 \end{pmatrix}$

Lagebeziehung zwischen Geraden an der Matrix erkennen

Das Schneiden von Geraden führt auf ein Lineares Gleichungssystem mit drei Gleichungen und zwei Variablen. Die erweiterte Koeffizientenmatrix ist dann eine (3 × 3)-Matrix.
rref führt jeweils zu einer Matrix in Diagonalform.

Fall 1: sich schneidende Geraden

$$\begin{pmatrix} 2 & -3 & -8 \\ 1 & 4 & 7 \\ -1 & -1 & -1 \end{pmatrix} \xrightarrow{rref} \begin{pmatrix} 1 & 0 & -1 \\ 0 & 1 & 2 \\ 0 & 0 & 0 \end{pmatrix}$$

Fall 2: windschiefe Geraden

$$\begin{pmatrix} 1 & -1 & 0 \\ 1 & 0{,}5 & 1 \\ -1 & -1 & -1 \end{pmatrix} \xrightarrow{rref} \begin{pmatrix} 1 & 0 & 0 \\ 0 & 1 & 0 \\ 0 & 0 & 1 \end{pmatrix}$$

Fall 3: parallele Geraden

$$\begin{pmatrix} 2 & 4 & -1 \\ 1 & 2 & 0 \\ -3 & -6 & 2 \end{pmatrix} \xrightarrow{rref} \begin{pmatrix} 1 & 2 & 0 \\ 0 & 0 & 1 \\ 0 & 0 & 0 \end{pmatrix}$$

Fall 4: identische Geraden

$$\begin{pmatrix} 2 & -1 & -2 \\ 4 & -2 & -4 \\ -6 & 3 & 6 \end{pmatrix} \xrightarrow{rref} \begin{pmatrix} 1 & -0{,}5 & -1 \\ 0 & 0 & 0 \\ 0 & 0 & 0 \end{pmatrix}$$

37 *Parallele Geraden*

Das Schnittpunktverfahren liefert bei windschiefen und parallelen Geraden jeweils einen Widerspruch. Für parallele Geraden gilt für deren Richtungsvektoren $\vec{v}_1$ und $\vec{v}_2$: $\vec{v}_2 = s \cdot \vec{v}_1$.
Begründen Sie, warum in diesem Fall der Widerspruch in der zweiten Zeile ist.

Diagonalform

```
[A]
        [1 2 0]
        [0 0 1]
        [0 0 0]
```

38 *Identische Geraden*

Wie erkennen Sie an der Diagonalform, dass die Geraden identisch sind?

Matrix → *rref* → Diagonalform

```
[A]
     [ 2 -1 -2]
     [ 4 -2 -4]
     [-6  3  6]
```

```
rref([A])
     [1 -.5 -1]
     [0  0   0]
     [0  0   0]
```

35 *Diagonalmatrix sich schneidender Geraden*

Zeigen Sie, dass für die Geraden

$$g\colon \vec{x} = \begin{pmatrix} 7 \\ -5 \\ 6 \end{pmatrix} + s\begin{pmatrix} 2 \\ 1 \\ -1 \end{pmatrix} \text{ und}$$

$$h\colon \vec{x} = \begin{pmatrix} -1 \\ 2 \\ 5 \end{pmatrix} + t\begin{pmatrix} 3 \\ -4 \\ 1 \end{pmatrix}$$

rref die Matrix in Diagonalform $\begin{pmatrix} 1 & 0 & -1 \\ 0 & 1 & 2 \\ 0 & 0 & 0 \end{pmatrix}$ liefert.

36 *Windschiefe oder sich schneidende Geraden*

(A) $g\colon \vec{x} = \begin{pmatrix} 1 \\ 2 \\ 1 \end{pmatrix} + r\begin{pmatrix} 2 \\ 1 \\ 3 \end{pmatrix}$; $h\colon \vec{x} = \begin{pmatrix} 1 \\ 1 \\ 2 \end{pmatrix} + s\begin{pmatrix} -4 \\ -2 \\ 6 \end{pmatrix}$

(B) $k\colon \vec{x} = \begin{pmatrix} 1 \\ 2 \\ 1 \end{pmatrix} + r\begin{pmatrix} 2 \\ 1 \\ 3 \end{pmatrix}$; $l\colon \vec{x} = \begin{pmatrix} -5 \\ -1 \\ 16 \end{pmatrix} + s\begin{pmatrix} -4 \\ -2 \\ 6 \end{pmatrix}$

Beide Fälle sind in Matrix und Diagonalform übersetzt:

(I) Matrix → Diagonalform

$$\begin{pmatrix} 2 & 4 & -6 \\ 1 & 2 & -3 \\ 3 & -6 & 15 \end{pmatrix} \xrightarrow{rref} \begin{pmatrix} 1 & 0 & 1 \\ 0 & 1 & -2 \\ 0 & 0 & 0 \end{pmatrix}$$

(II) Matrix → Diagonalform

$$\begin{pmatrix} 2 & 4 & 0 \\ 1 & 2 & -1 \\ 3 & -6 & 1 \end{pmatrix} \xrightarrow{rref} \begin{pmatrix} 1 & 0 & 0 \\ 0 & 1 & 0 \\ 0 & 0 & 1 \end{pmatrix}$$

Welcher Fall gehört zu welchen Matrizen? Woran erkannt man dies?
Bestimmen Sie im Fall der sich schneidenden Geraden den Schnittpunkt.

39 *Lagebeziehung von Geraden im Würfel*

Die Abbildung zeigt einen Würfel mit der Kantenlänge vier. Die grünen Punkte markieren Kantenmitten.

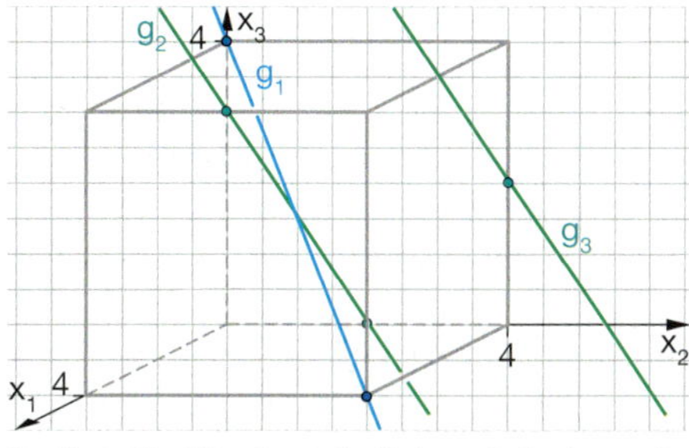

Stellen Sie für die möglichen Schnittprobleme ($g_1 - g_2$, $g_2 - g_3$, $g_1 - g_3$) jeweils die erweiterte Koeffizientenmatrix auf, bestimmen Sie die Lösung und begründen Sie damit die Lagebeziehung.

Übungen

40 *Geraden im Würfel*

a) Im abgebildeten Würfel mit Kantenlänge 4 sind die Punkte K, L, M, N Kantenmitten.
Schneidet die Raumdiagonale die eingezeichneten Geraden?
Begründen Sie rechnerisch.

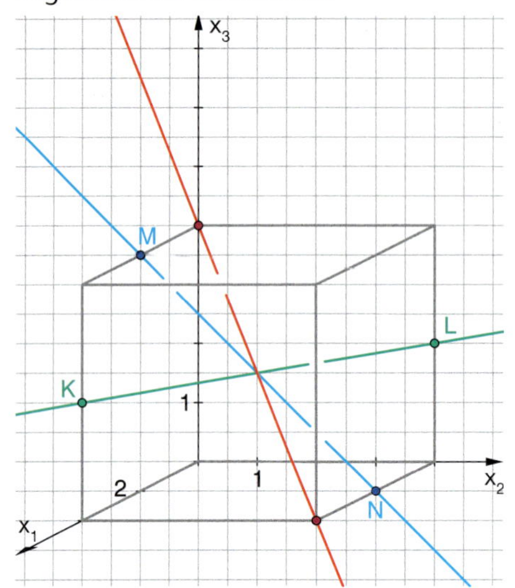

b) Geben Sie zur eingezeichneten Geraden im Würfel an:
- eine parallele Gerade
- eine schneidende Gerade
- eine windschiefe Gerade

Überprüfen Sie jeweils rechnerisch.
Wie erkennen Sie dies am Gleichungssystem?

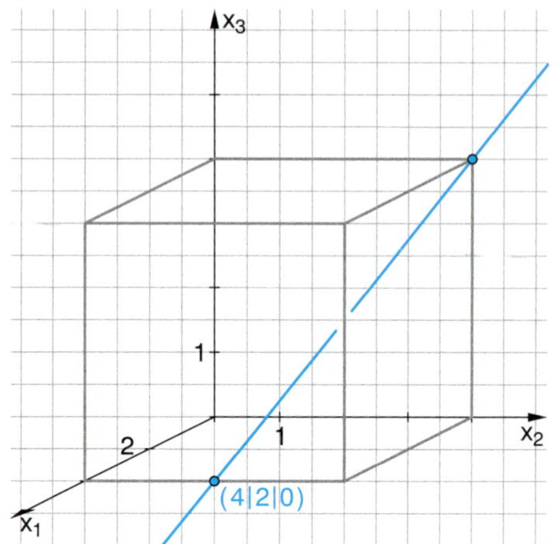

41 *Vier Geraden – Geradenpaare gesucht*

Suchen Sie unter den vier Geraden g_1, g_2, g_3 und g_4 Geradenpaare paralleler Geraden, sich schneidender Geraden sowie windschiefer Geraden.

$g_1\colon \vec{x} = \begin{pmatrix} 0 \\ 1 \\ 1 \end{pmatrix} + t\begin{pmatrix} 1 \\ 2 \\ 0 \end{pmatrix}$, $g_2\colon \vec{x} = \begin{pmatrix} 4 \\ 2 \\ 2 \end{pmatrix} + t\begin{pmatrix} 1 \\ 2 \\ 0 \end{pmatrix}$, $g_3\colon \vec{x} = t\begin{pmatrix} 0 \\ 1 \\ 1 \end{pmatrix}$ und $g_4\colon \vec{x} = \begin{pmatrix} 4 \\ 2 \\ 2 \end{pmatrix} + t\begin{pmatrix} 0 \\ 1 \\ 1 \end{pmatrix}$.

42 *Geraden gesucht*

Konstruieren Sie zur Geraden $g\colon \vec{x} = \begin{pmatrix} 2 \\ 3 \\ -1 \end{pmatrix} + t\begin{pmatrix} 3 \\ 2 \\ 4 \end{pmatrix}$ jeweils verschiedene Geraden, die

… parallel sind zu g, … windschief sind zu g, … mit g einen Schnittpunkt haben.
Überprüfen Sie dies auch rechnerisch.

43 *Lage von Geraden*

a) Welche der folgenden Geraden
… sind zueinander parallel, … schneiden sich, … sind windschief zueinander?

$g\colon \vec{x} = \begin{pmatrix} 1 \\ 2 \\ 3 \end{pmatrix} + t\begin{pmatrix} -2 \\ 0 \\ 1 \end{pmatrix}$; $h\colon \vec{x} = \begin{pmatrix} 0 \\ 0 \\ 1 \end{pmatrix} + t\begin{pmatrix} -2 \\ 0 \\ 1 \end{pmatrix}$; $k\colon \vec{x} = \begin{pmatrix} 1 \\ 2 \\ 3 \end{pmatrix} + t\begin{pmatrix} 1 \\ 0 \\ -2 \end{pmatrix}$

b) Bestimmen Sie x_1 so, dass sich die Gerade $l\colon \vec{x} = \begin{pmatrix} 2 \\ 2 \\ 4 \end{pmatrix} + t\begin{pmatrix} x_1 \\ 0 \\ 1 \end{pmatrix}$ mit g in $S = (1\,|\,2\,|\,3)$ schneidet.

c) Welche der Geraden b oder c ist zur Geraden a parallel?

$a\colon \vec{x} = \begin{pmatrix} 1 \\ 2 \\ 3 \end{pmatrix} + t\begin{pmatrix} 1 \\ 0 \\ 2 \end{pmatrix}$; $b\colon \vec{x} = \begin{pmatrix} 2 \\ 4 \\ 6 \end{pmatrix} + t\begin{pmatrix} 1 \\ 0 \\ 2 \end{pmatrix}$; $c\colon \vec{x} = \begin{pmatrix} 1 \\ 2 \\ 3 \end{pmatrix} + t\begin{pmatrix} 2 \\ 0 \\ 4 \end{pmatrix}$

Übungen

44 *Geradenschnittpunkt*

Gegeben sind die Geraden

$$g: \vec{x} = \vec{a} + r\vec{v} = \begin{pmatrix} 8 \\ 5 \\ 1 \end{pmatrix} + r\begin{pmatrix} 4 \\ 6 \\ 9 \end{pmatrix} \quad \text{und}$$

$$h: \vec{x} = \vec{b} + s\vec{w} = \begin{pmatrix} -2 \\ -4 \\ 1{,}5 \end{pmatrix} + s\begin{pmatrix} 2 \\ 10 \\ 2 \end{pmatrix}.$$

Im „2-1-Koordinatensystem" sieht es so aus, als ob sich die Geraden im Punkt (0 | 3 | 3) schneiden.
Wie kann man dies schnell nachprüfen?
Schneiden sich g und h überhaupt?

45 *Geraden im Quader*

Schneiden sich die drei Geraden?

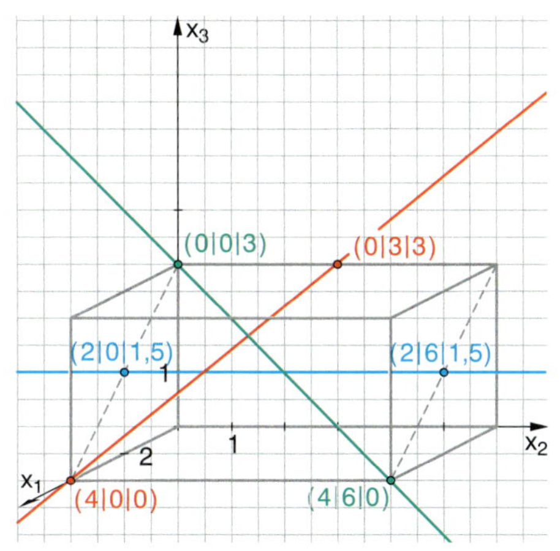

46 *Geraden im Turm*

Die Punkte K, L, M, N sind Kantenmitten.
Welche der Strecken $\overline{BK}$, $\overline{BL}$, $\overline{BM}$ oder $\overline{BN}$ schneiden die eingezeichnete Gerade?

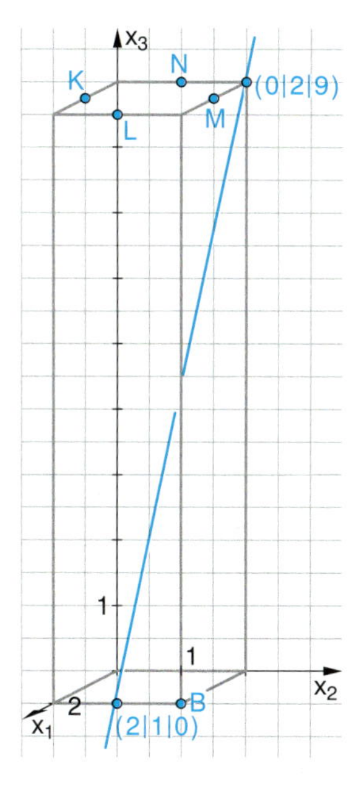

47 *Geradenbüschel*

Die Grafik zeigt einen Würfel der Kantenlänge 4. Die blaue Gerade h geht durch die eingezeichneten Kantenmitten.
Die roten Geraden gehen alle durch den Punkt Q = (0 | 0 | 4) und durch einen Punkt P_a auf der rechten unteren Kante des Würfels, die parallel zur x_1-Achse ist. Begründen Sie, dass die Punkte P_a die Koordinaten $P_a = (a | 4 | 0)$ haben.
Die Gerade durch Q und P_a wird mit g_a bezeichnet.

Bestimmen Sie a so, dass sich h und g_a schneiden.

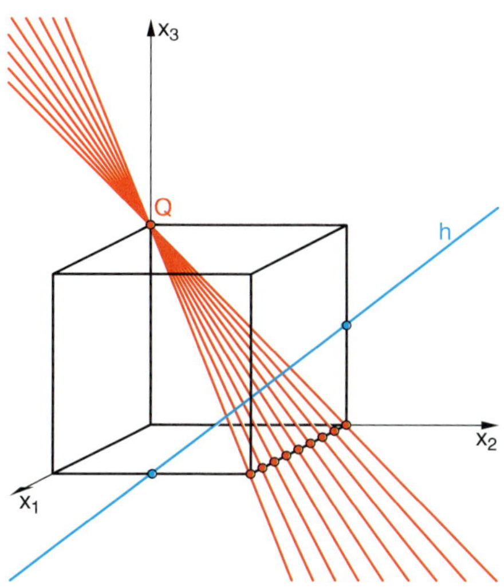

Übungen

Training

48 *Lage von Geraden in unterschiedlichen Körpern*
Bestimmen Sie die Lage der Geraden zueinander. Wie erkennen Sie am Gleichungssystem die Lage der Geraden? Geben Sie gegebenenfalls den Schnittpunkt an.
Die Punkte P, Q, R, T sind jeweils Kantenmitten.

a)
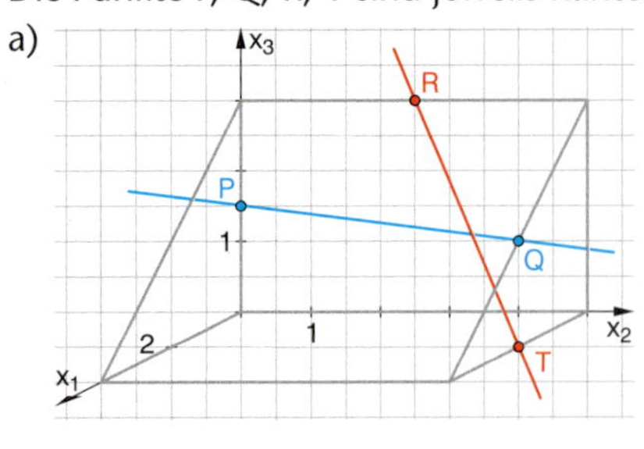

b)
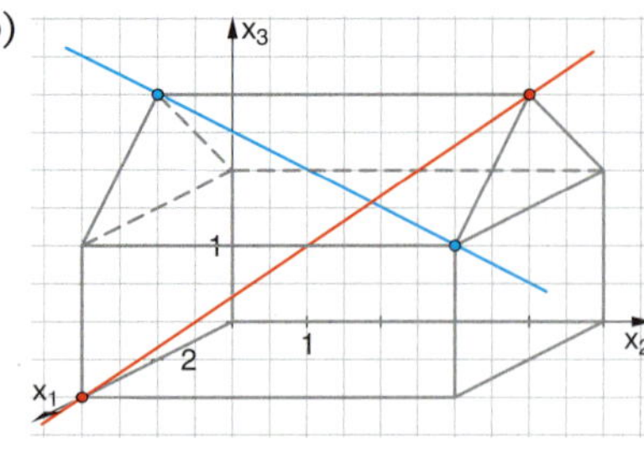

c)
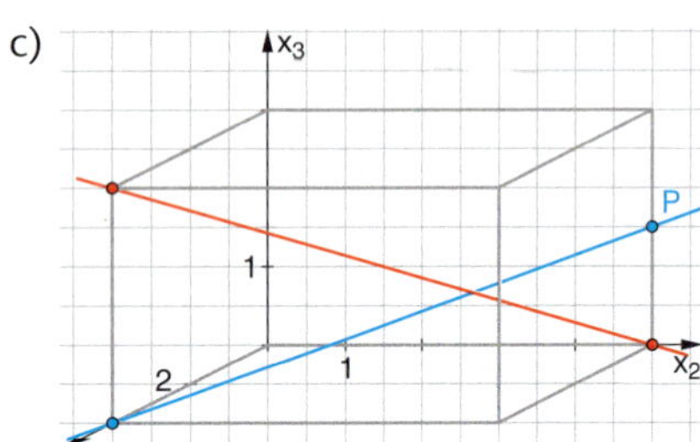

d)
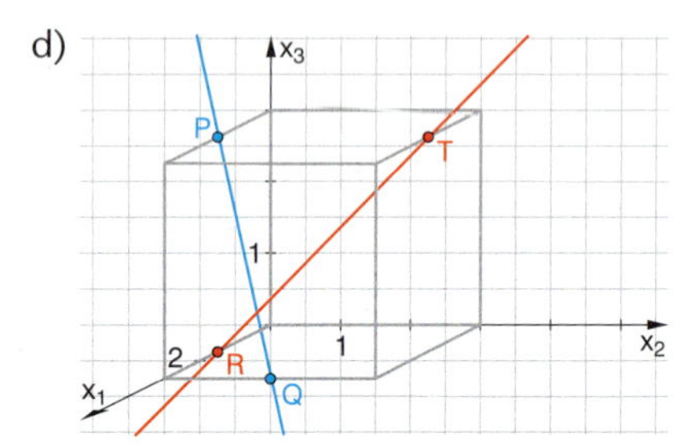

49 *Flugzeugkollision?*
Kondensstreifen am Himmel vermitteln oft den Eindruck, dass sich die Flugbahnen von Flugzeugen kreuzen. Zu einem bestimmten Zeitpunkt befindet sich ein Airbus 320 im Punkt $A = (8|-16|10{,}2)$ und bewegt sich in Richtung $\vec{v} = \begin{pmatrix} 1 \\ -2 \\ -0{,}01 \end{pmatrix}$.
Eine Boeing 747 befindet sich zum gleichen Zeitpunkt im Punkt $B = (20|16|10)$ und bewegt sich in Richtung $\vec{w} = \begin{pmatrix} -1{,}5 \\ 1{,}5 \\ 0 \end{pmatrix}$.
Kreuzen sich die beiden Flugrouten?

50 *Landeanflug*

Landeanflüge von Flugzeugen müssen sehr präzise sein, insbesondere, wenn die Landebahnen sehr kurz sind, z. B. auf Inseln.
Ein Flugzeug soll auf einer Landebahn etwa im Punkt $L = (200|100|0)$ aufsetzen.
Aktuell befindet es sich in der Position $P = (-2450|6300|1050)$ und fliegt in Richtung des Vektors $\vec{v} = \begin{pmatrix} 25 \\ -60 \\ -10 \end{pmatrix}$ (Angaben in m).
Wie weit ist das Flugzeug noch vom Landepunkt entfernt? In welchem Punkt setzt es auf der Insel auf, wenn es seinen Kurs nicht ändert? Welche Kursänderung schlagen Sie vor? Begründen Sie.

Licht und Schatten

Wo Licht ist, ist auch Schatten! Wenn ein undurchsichtiger Gegenstand beleuchtet wird, entsteht ein Schatten auf dem Boden oder an einer Wand. Diese Lichteffekte werden in der Computergrafik genutzt, um ein möglichst realistisches Bild zu erzeugen.

Aber wie werden solche Schattenbilder in die Sprache der Zahlen übersetzt, um sie zu berechnen und auf dem Bildschirm darzustellen?

Sie haben in diesem Abschnitt das notwendige „Handwerkszeug" kennengelernt, denn Lichtstrahlen können wir als Geraden auffassen, und Sie können die Schnittpunkte von Geraden mit den Koordinatenebenen berechnen.

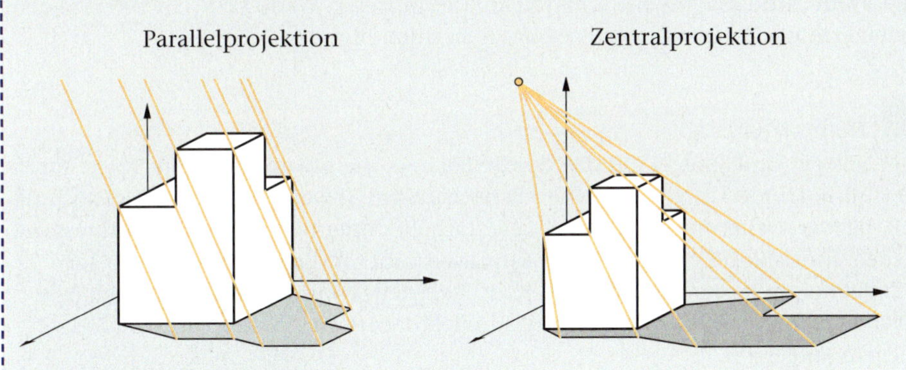

Je nachdem, ob die Lichtstrahlen parallel sind (wie z. B. beim Sonnenlicht) oder von einem Punkt ausgehen (z. B. von einer Lampe), spricht man von **Parallelprojektion** oder **Zentralprojektion**.

Aufgaben

51 *Schatten einer Pyramide*
Eine quadratische Pyramide mit $A = (8|4|0)$, $B = (8|8|0)$ und $S = (6|6|5)$ wird von der Sonne beschienen.
a) Morgens steht die Sonne so, dass die Spitze S auf der x_1x_2-Ebene den Schattenpunkt $S_1 = (14|17|0)$ erzeugt. Stellen Sie die Pyramide und ihren Schatten im „2-1-Koordinatensystem" dar.
b) Am Nachmittag steht die Sonne so, dass die Spitze S auf der x_1x_3-Ebene den Schattenpunkt $S_2 = (10|0|2,5)$ erzeugt. Erklären Sie anhand der Zeichnung wie die Schattenpunkte S_3 und S_4 bestimmt werden können.
Stellen Sie die Pyramide und ihren Schatten im „2-1-Koordinatensystem" dar.

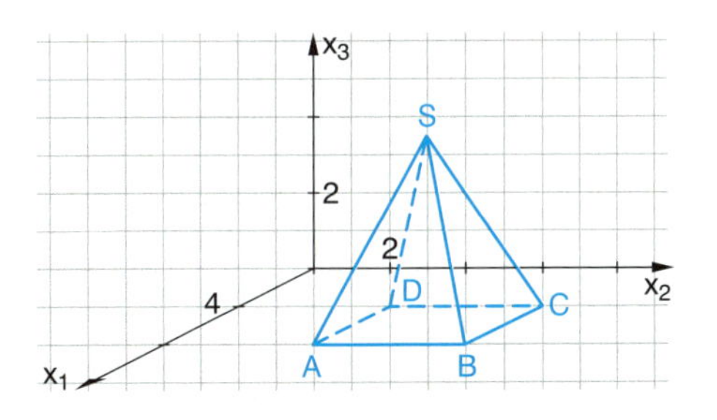

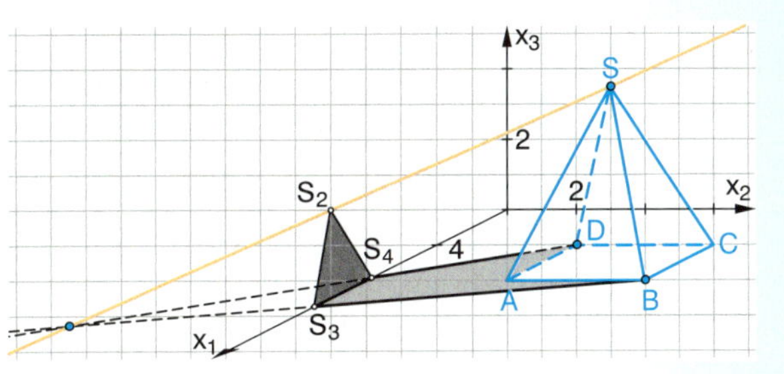

Aufgaben

52 *Schatten eines Turmes*

Ein Turm steht vor einer Wand (die x_1x_3-Ebene), die Sonne scheint und erzeugt einen Schatten des Turms an der Wand und auf dem Boden.

A = (6|4|0)
B = (6|6|0)
D = (4|4|0)
E = (6|4|3)
S = (5|5|6)

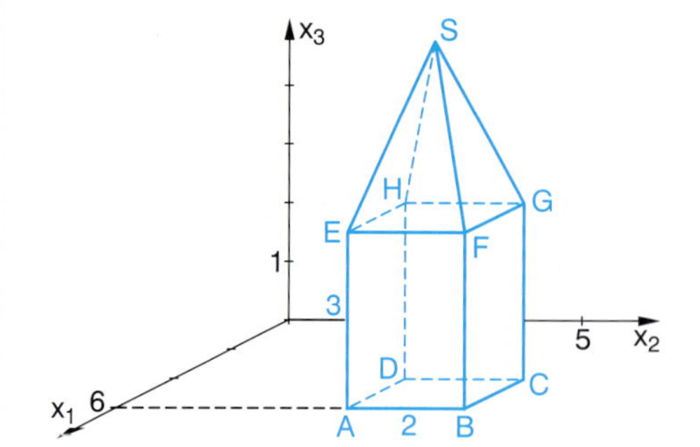

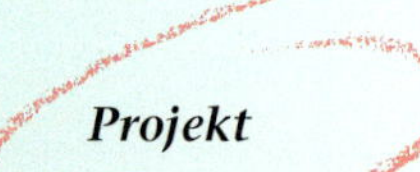

2101.ggb
2102.ggb

a) Die Richtung der Sonnenstrahlen ist gegeben durch den Vektor $\vec{v} = \begin{pmatrix} 2 \\ -3 \\ -1 \end{pmatrix}$. Berechnen Sie die Schattenpunkte und zeichnen Sie den Körper mit dem Schatten im Koordinatensystem.

b) Abends wird der Körper durch eine Lampe, die sich im Punkt L = (12|2|4) befindet, angestrahlt, und es wird ein Schatten auf der hinteren Wand (x_2x_3-Ebene) und dem Boden erzeugt. Berechnen und zeichnen Sie auch hier den Schatten.

Projekt

Tripelspiegel

Tripelspiegel sind Spiegel mit drei Spiegelflächen, die paarweise senkrecht zu einander sind. Sie finden in verschiedenen Bereichen ihre Anwendung. In der Messtechnik (z.B. bei der Weitenmessung in der Leichtathletik oder bei der Geländevermessung) werden Tripelspiegel verwendet, um den Laserstrahl für die Entfernungsmessung zu reflektieren. In der Schifffahrt werden Radarreflektoren benutzt, die nach dem gleichen Prinzip arbeiten. Auch Fahrradreflektoren sind aus vielen kleinen Tripelspiegeln aufgebaut.

Geländevermessung

Drei orthogonale Spiegel

Ein Fahrradreflektor besteht aus vielen kleinen Tripelspiegeln

Sechs Tripelspiegel im Mathematikum in Gießen

Experimentieren

Experimentieren am eigenen Tripelspiegel
Bauen Sie selbst einen Tripelspiegel, z. B. aus Spiegelkacheln. Leuchten Sie mit einer Taschenlampe aus verschiedenen Richtungen in den Spiegel und beobachten Sie an der Wand, wohin der Strahl reflektiert wird.

Mathematisieren

Untersuchen des Strahlengangs
Für die folgenden Rechnungen legen wir fest, dass die drei Spiegelebenen die Koordinatenebenen eines räumlichen Koordinatensystems sind.

Eine Lichtquelle befindet sich im Punkt A = (5|6|2). Der Lichtstrahl trifft die x_1x_2-Ebene im Punkt B = (4|4|0) und wird dort reflektiert.

Wie lässt sich der Weg des an den drei Koordinatenebenen reflektierten Strahls berechnen?

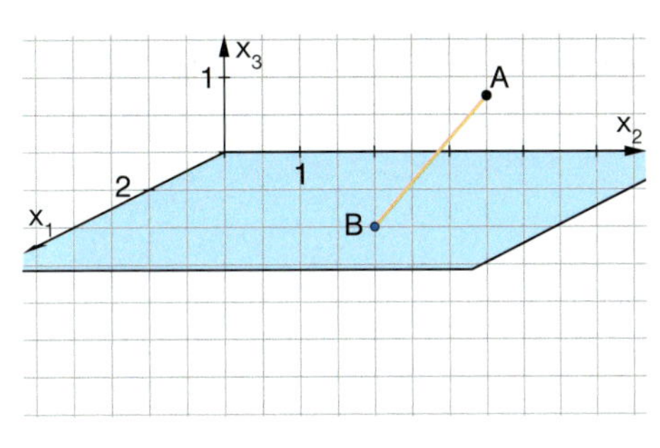

2103.cg3

Spiegeln Sie dafür den Punkt A an der x_1x_2-Ebene. Sie erhalten den Punkt $A_1 = (5|6|-2)$.
Die Gerade durch A_1 und B beschreibt den gespiegelten Lichtstrahl.

In welchem Punkt trifft er die x_1x_3-Ebene? Berechnen Sie diesen Punkt.

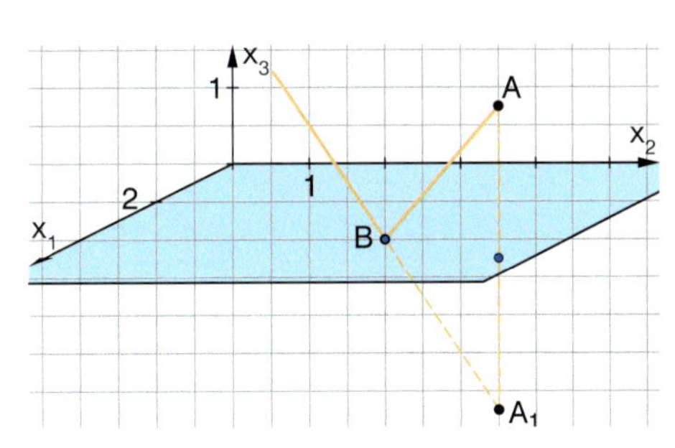

Der gespiegelte Strahl wird auf die gleiche Weise an der x_1x_3-Ebene und danach an der x_2x_3-Ebene reflektiert. Zeigen Sie, dass nach drei Reflexionen der an der x_2x_3-Ebene gespiegelte Strahl die gleiche Richtung wie der Strahl der Lichtquelle hat.

Wählen Sie einen Strahl mit einer anderen Richtung und überprüfen Sie, ob der nach dreifacher Reflexion ausfallende Lichtstrahl wiederum parallel zum Strahl der Lichtquelle ist.

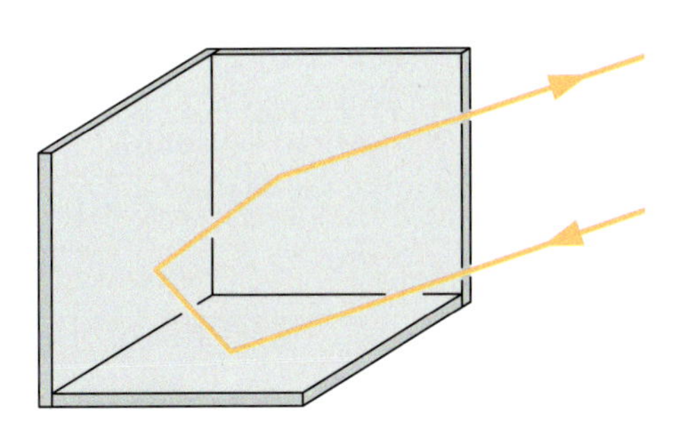

Der allgemeine Beweis kann mithilfe eines Computeralgebrasystems gelingen.

Präsentieren

Präsentieren
Erstellen Sie einen Projektbericht, der die folgenden Aspekte des Projekts enthält.

- Bauanleitung für einen Tripelspiegel
- Konstruktionszeichnungen
- Fotos von Experimenten
- theoretische Untersuchungen und Erklärungen

2.2 Ebenen im Raum

Was Sie erwartet

Mit Ebenen haben wir es im täglichen Leben häufig zu tun. Glasplatten, Fensterscheiben, Tischplatten, Wände oder Dachflächen sind Teile von Ebenen. Jede Hälfte eines Satteldachs ist Teil einer Ebene, deren Lage durch die Dachbalken und die Richtung der Dachsparren bestimmt ist.

Mit Vektoren und ihren Rechenoperationen lassen sich analog zu den Geraden im Raum einfache Gleichungen zur Beschreibung von Ebenen finden.
Mithilfe von Lagebeziehungen und Schnitten von Ebenen oder Geraden werden die Untersuchungen von geometrischen Objekten erweitert und vertieft.

Aufgaben

1 *Experimentieren: Wodurch ist eine Ebene festgelegt?*
Eine Gerade ist durch zwei Punkte eindeutig festgelegt. Wie sieht das bei einer Ebene aus?

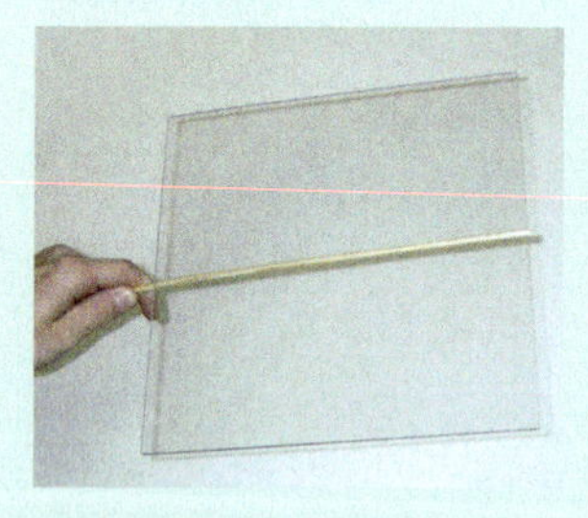

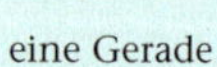

eine Gerade

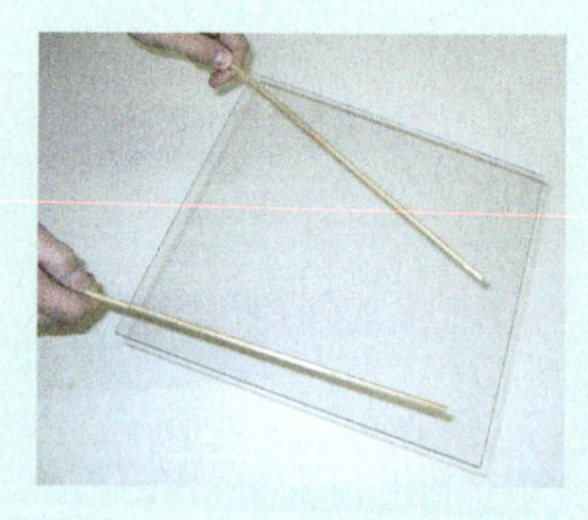

zwei sich schneidende Geraden

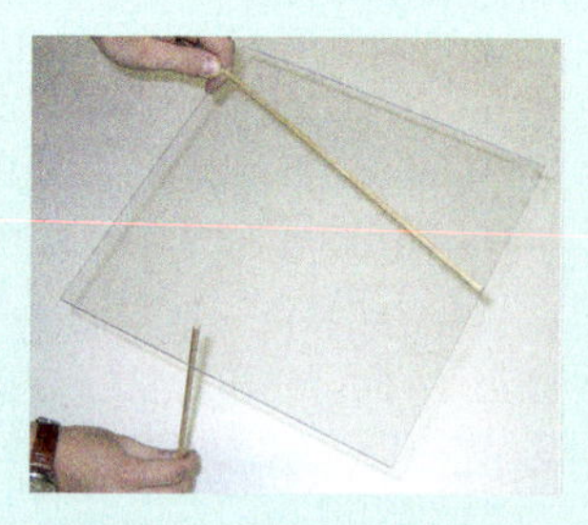

eine Gerade und ein Punkt

Material

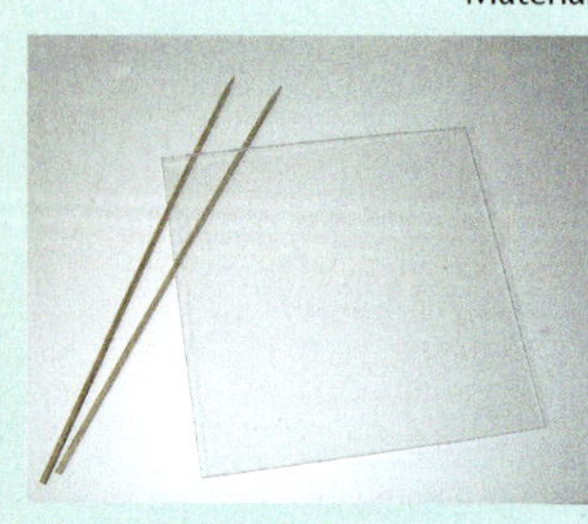

In welchen Fällen ist eine Ebene festgelegt? Wie sind die Bewegungsmöglichkeiten, falls die Ebene nicht festgelegt ist?
Untersuchen Sie weitere Fälle durch Experimentieren mit Stiften (als Punkte oder Geraden) und mit einer Platte.

Stellen Sie Ihre Ergebnisse übersichtlich in einer Tabelle dar.

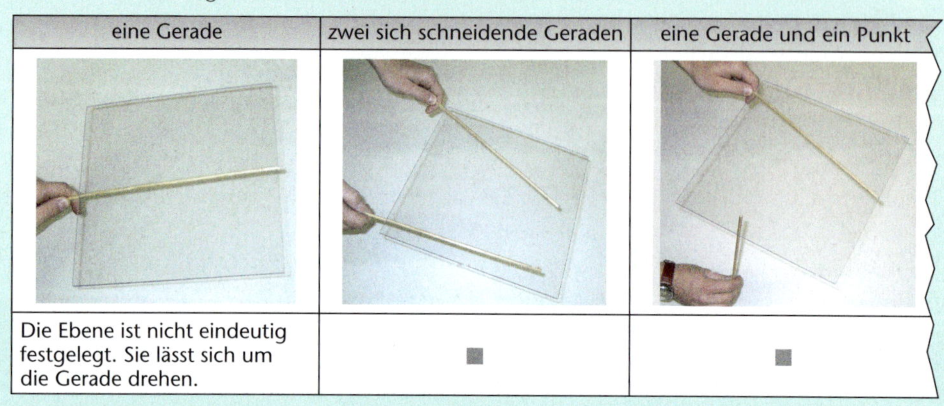

eine Gerade	zwei sich schneidende Geraden	eine Gerade und ein Punkt
Die Ebene ist nicht eindeutig festgelegt. Sie lässt sich um die Gerade drehen.	■	■

Vergleichen Sie die Ergebnisse untereinander.

2 *Ebene einer Dachfläche*

Für die Lage einer Dachfläche sind der Dachfirst (AB) und die Richtung der Dachsparren (AD) entscheidend.

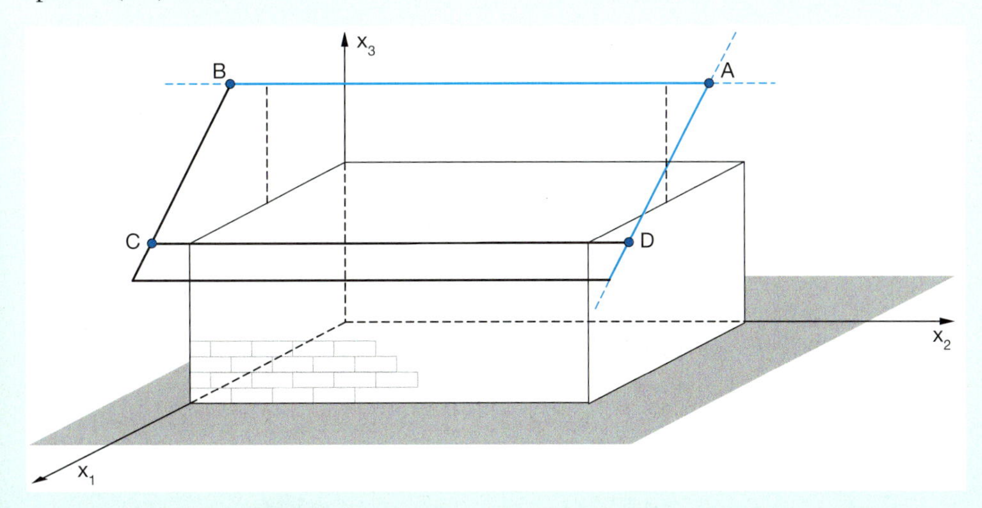

Aufgaben

$A = (4|11|7)$
$B = (4|-1|7)$
$D = (8|11|4)$
$\vec{a}, \vec{b}, \vec{d}$ sind die entsprechenden Ortsvektoren.

Welche Punktmengen werden durch die folgenden Gleichungen beschrieben?

(A) $\vec{x} = \vec{a} + r \cdot (\vec{b} - \vec{a})$ mit $0 \le r \le 1$ (B) $\vec{x} = \vec{a} + s \cdot (\vec{d} - \vec{a})$ $0 \le s \le 1$

Lässt sich die Dachfläche auch entsprechend beschreiben?

Die Koordinaten des Punktes Q können mit den Punkten A, B und D bestimmt werden.

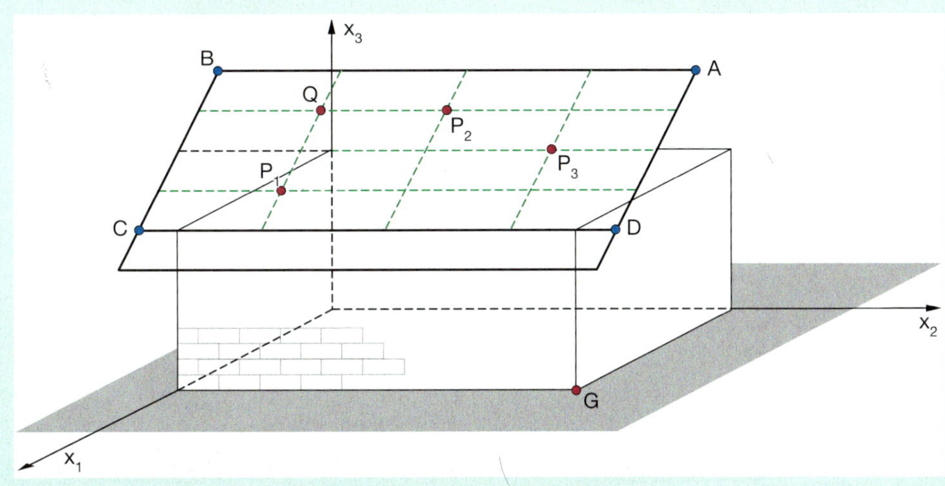

$$\vec{q} = \vec{a} + \tfrac{3}{4} \cdot \overrightarrow{AB} + \tfrac{1}{4} \cdot \overrightarrow{AD} = \begin{pmatrix} 4 \\ 11 \\ 7 \end{pmatrix} + \tfrac{3}{4} \cdot \begin{pmatrix} 0 \\ -12 \\ 0 \end{pmatrix} + \tfrac{1}{4} \cdot \begin{pmatrix} 4 \\ 0 \\ -3 \end{pmatrix} = \begin{pmatrix} 5 \\ 2 \\ 6{,}25 \end{pmatrix}, \text{ also}$$

$Q = (5|2|6{,}25)$

a) Bestimmen Sie ebenso die Koordinaten der Punkte P_1, P_2 und P_3.

b) Zeigen Sie, dass ein beliebiger Punkt X auf der Dachfläche darstellbar ist durch $\vec{x} = \vec{a} + r \cdot \overrightarrow{AB} + s \cdot \overrightarrow{AD}$. Welche Werte darf man für r und s verwenden?

c) Was passiert, wenn es keine Einschränkungen für r und s gibt? Wo liegt z. B. der Punkt, wenn $r = 1{,}2$ und $s = 2{,}5$ ist?

d) Kann man auf diese Weise auch den Punkt $G = (8|10|0)$ als Linearkombination der Vektoren $\vec{a}$, $\overrightarrow{AB}$ und $\overrightarrow{AD}$ darstellen?

Aufgaben

Das Programm Surfer wird im Internet zur freien Verfügung bereitgestellt. Stichwort: imaginary 2008

3 *Flächen im Raum werden durch Gleichungen beschrieben*

Zum Jahr der Mathematik (2008) wurde das Programm Surfer zur Visualisierung algebraischer Flächen entwickelt. Damit lassen sich die unten gezeigten Bilder erzeugen.

Beispiele für Gleichungen und die zugehörigen Flächen:

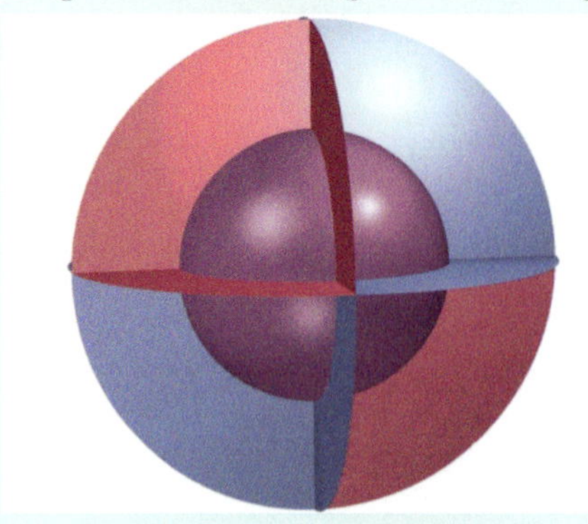

Kugel: $x^2 + y^2 + z^2 = 1$

Paraboloid: $x^2 + y^2 - z = -0{,}5$

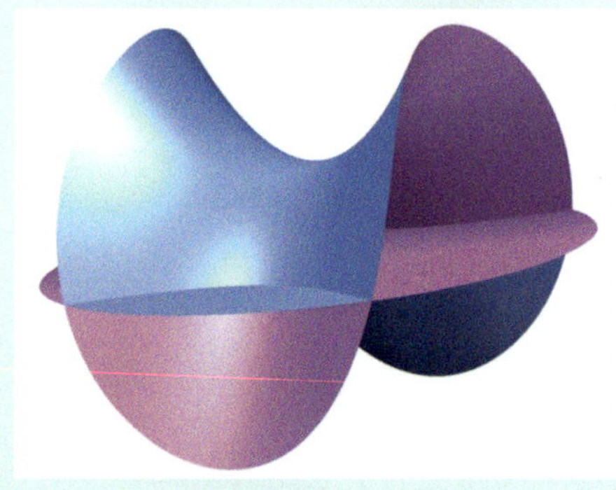

Sattel: $(x \cdot y + z - 1) \cdot z = 0$

Tülle: $(x^2 + y - z) \cdot y \cdot z = 0$

Die zu einer einfachen linearen Gleichung gehörende Fläche können wir auch mit dem Programm Surfer darstellen.

$2x - y + z = 2$ ist eine lineare Gleichung. Im Folgenden soll untersucht werden, wo die Punkte $(x|y|z)$ liegen, die diese Gleichung erfüllen.

a) Zeigen Sie, dass die Punkte $P_1 = (4|8|2)$ und $P_2 = (-1|1|5)$ zu der Punktmenge gehören. Zeichnen Sie diese und drei weitere beliebige Punkte der Menge in ein „2-1-Koordinatensystem".

b) Ergänzen Sie in der Tabelle die Koordinaten so, dass die Punkte A, B und C zur Punktmenge gehören. Zeichnen Sie diese Punkte in das Koordinatensystem. Zeichnen Sie einige weitere Punkte der Punktmenge ein.

	x	y	z
A	0	■	0
B	■	0	0
C	0	0	■

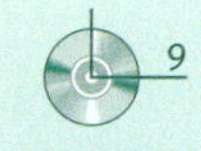

Mit dem Zufallszahlengenerator werden für x und y zwei Zufallszahlen zwischen 0 und 1 erzeugt. z wird mit der Gleichung $z = 2 - 2x + y$ berechnet.

Mit dem Applet auf der CD können Sie per Knopfdruck viele Punkte der Punktmenge zufällig erzeugen und zeichnen lassen:

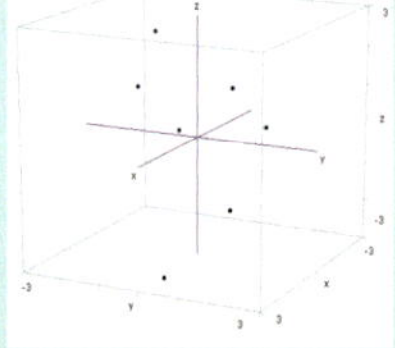

einzelne Punkte…

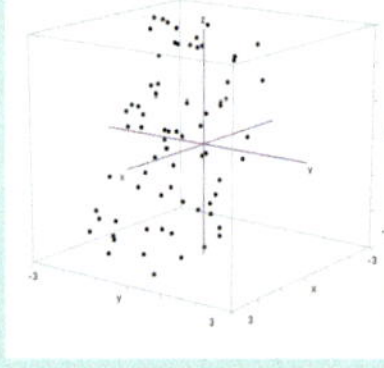

…mehr Punkte…

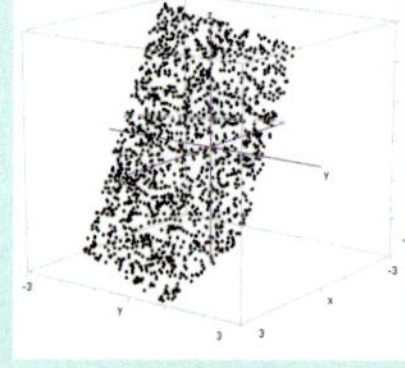

…sehr viele Punkte…

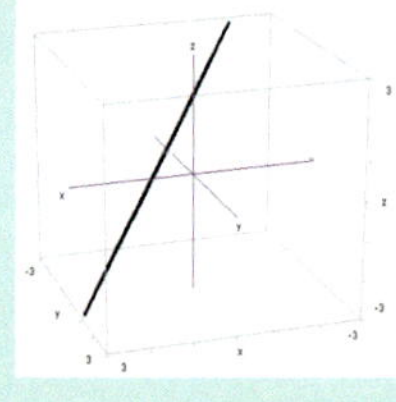

…Blick von der Seite.

Basiswissen

Eine Ebene ist durch **drei Punkte**, die nicht auf einer Geraden liegen, festgelegt. Mithilfe von Vektoren lassen sich die Punkte einer Ebene durch einfache Gleichungen beschreiben.

Punkt-Richtungs-Form einer Ebenengleichung

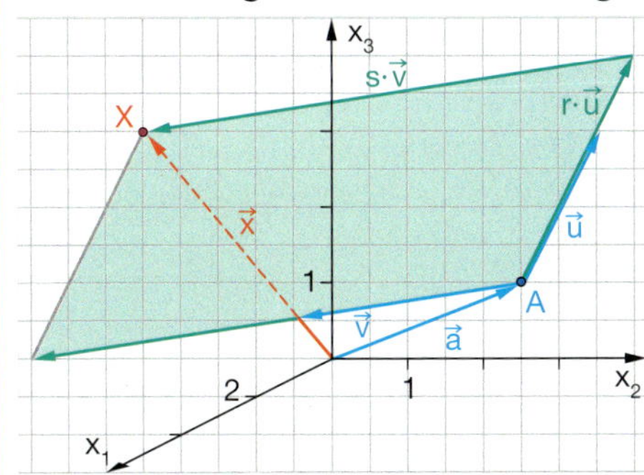

E: $\vec{x} = \vec{a} + r\vec{u} + s\vec{v}$ mit $r, s \in \mathbb{R}$

$\vec{a}$ **Stützvektor**

$\vec{u}$ und $\vec{v}$ **Richtungsvektoren**

$$E\colon \vec{x} = \begin{pmatrix} 4 \\ 4{,}5 \\ 2 \end{pmatrix} + r\begin{pmatrix} 2 \\ 2 \\ 2{,}5 \end{pmatrix} + s\begin{pmatrix} -2 \\ -4 \\ -1 \end{pmatrix}$$

Durch einen Punkt und zwei linear unabhängige Richtungsvektoren ist eine Ebene festgelegt. Durchlaufen die Parameter r und s alle reellen Zahlen, so erhält man alle Punkte X der Ebene.

Ebenes Flächenstück durch Begrenzung der Parameter

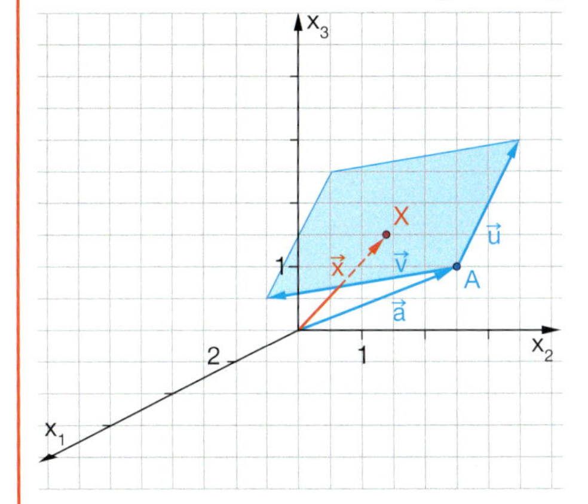

Durch $\vec{x} = \vec{a} + r\vec{u} + s\vec{v}$
mit $0 \le r \le 1,\ 0 \le s \le 1$
wird die von den Vektoren $\vec{u}$ und $\vec{v}$ vom Punkt A aus aufgespannte Parallelogrammfläche beschrieben.

$$\vec{x} = \begin{pmatrix} 4 \\ 4{,}5 \\ 2 \end{pmatrix} + r\begin{pmatrix} 2 \\ 2 \\ 2{,}5 \end{pmatrix} + s\begin{pmatrix} -2 \\ -4 \\ -1 \end{pmatrix}$$
mit $0 \le r \le 1,\ 0 \le s \le 1$

Koordinatenform einer Ebenengleichung

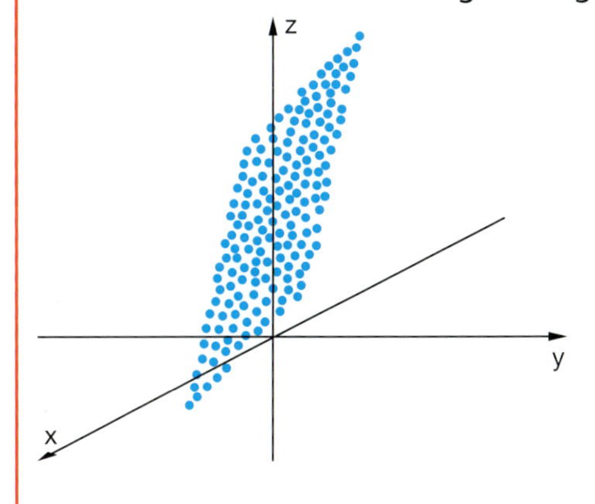

Alle Punkte P = (x | y | z), die einer Gleichung der Form $ax + by + cz = d$ genügen, liegen auf einer Ebene (a, b, c und d sind reelle Zahlen).

E: $2x - y + z = 2$

Das Bild kann mit der CD erstellt werden.

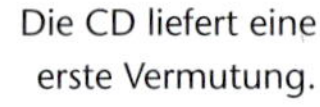

Beispiele

A *Objektstudie mithilfe einer Ebenengleichung*

Liegt der Mittelpunkt des Würfels mit der Kantenlänge 4 auf der Dreiecksfläche?

Die CD liefert eine erste Vermutung.

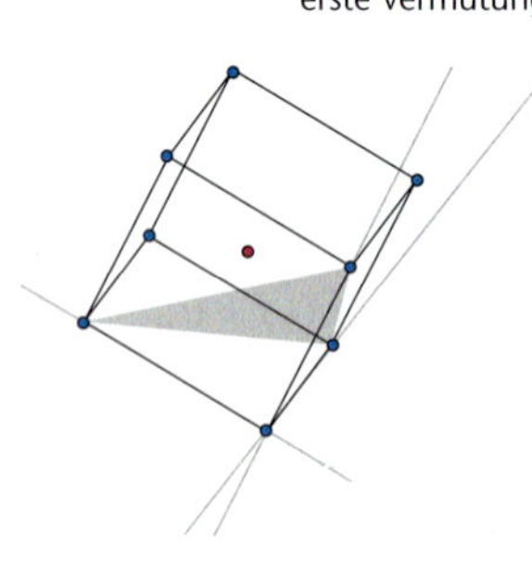

Lösung 1: Mit der Ebenengleichung in Punkt-Richtungs-Form

Stützvektor $\overrightarrow{OA} = \vec{a} = \begin{pmatrix} 4 \\ 0 \\ 0 \end{pmatrix}$,

Richtungsvektoren $\vec{u} = (\vec{c} - \vec{a}) = \begin{pmatrix} 0 \\ 4 \\ 0 \end{pmatrix} - \begin{pmatrix} 4 \\ 0 \\ 0 \end{pmatrix} = \begin{pmatrix} -4 \\ 4 \\ 0 \end{pmatrix}$ und $\vec{v} = (\vec{h} - \vec{a}) = \begin{pmatrix} 0 \\ 0 \\ 4 \end{pmatrix} - \begin{pmatrix} 4 \\ 0 \\ 0 \end{pmatrix} = \begin{pmatrix} -4 \\ 0 \\ 4 \end{pmatrix}$

Punkt-Richtungs-Form der Ebene E: $\vec{x} = \begin{pmatrix} 4 \\ 0 \\ 0 \end{pmatrix} + r\begin{pmatrix} -4 \\ 4 \\ 0 \end{pmatrix} + s\begin{pmatrix} -4 \\ 0 \\ 4 \end{pmatrix}$

Mittelpunkt des Würfels: $M = (2|2|2)$.

Punktprobe: Gibt es ein r und ein s, so dass $\begin{pmatrix} 2 \\ 2 \\ 2 \end{pmatrix} = \begin{pmatrix} 4 \\ 0 \\ 0 \end{pmatrix} + r\begin{pmatrix} -4 \\ 4 \\ 0 \end{pmatrix} + s\begin{pmatrix} -4 \\ 0 \\ 4 \end{pmatrix}$?

Dies führt zu einem linearen Gleichungssystem mit drei Gleichungen und zwei Variablen.

Lösen des LGS per Hand	Lösen des LGS mit dem Rechner		
	LGS	Matrix	Diagonalform
$2 = 4 - 4r - 4s$ $2 = 0 + 4r \quad \Rightarrow r = \frac{1}{2}$ $2 = 0 \quad + 4s \quad \Rightarrow s = \frac{1}{2}$	$-4r - 4s = -2$ $4r \quad = 2$ $4s = 2$	$\begin{bmatrix} -4 & -4 & -2 \\ 4 & 0 & 2 \\ 0 & 4 & 2 \end{bmatrix}$	$\begin{bmatrix} 1 & 0 & 0 \\ 0 & 1 & 0 \\ 0 & 0 & 1 \end{bmatrix}$
Mit $r = \frac{1}{2}$ und $s = \frac{1}{2}$ ist die 1. Koordinatengleichung nicht erfüllt: $2 \neq 4 - 2 - 2$. Also gibt es keine Werte für r und s, sodass alle Koordinatengleichungen erfüllt sind.	Die Zeile [0 0 1] liefert den Widerspruch $0r + 0s = 1$.		

Das Gleichungssystem ist nicht lösbar, somit liegt M nicht auf der Dreiecksfläche.

Lösung 2: Mit der Ebenengleichung in Koordinatenform

Die drei Eckpunkte der Dreiecksfläche erfüllen die Koordinatengleichung E: $x + y + z = 4$ (Bestätigen durch Einsetzen).

Für den Punkt $M = (2|2|2)$ gilt $2 + 2 + 2 = 6 \neq 4$. Somit liegt M nicht auf E.

B *Flächenstück*

In einem Würfel mit der Kantenlänge 4 bilden die beiden Kantenmitten P und Q mit den Eckpunkten G und H ein Rechteck. Beschreiben Sie dieses Rechteck mithilfe von Vektoren.

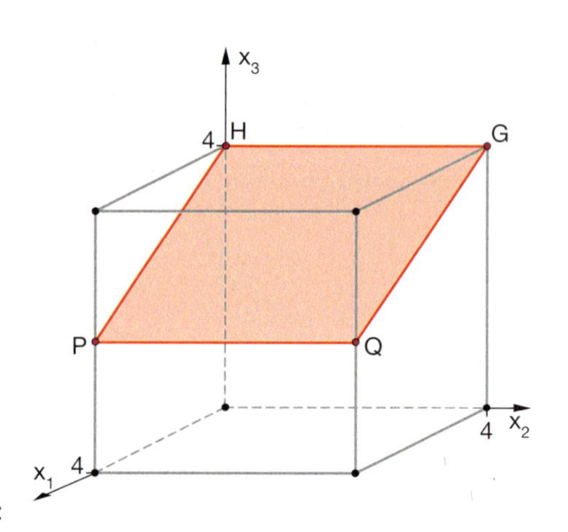

Lösung:

Das Rechteck wird vom Punkt $P = (4|0|2)$ aus durch die Vektoren

$\overrightarrow{PQ} = \begin{pmatrix} 0 \\ 4 \\ 0 \end{pmatrix}$ und $\overrightarrow{PH} = \begin{pmatrix} -4 \\ 0 \\ 2 \end{pmatrix}$ aufgespannt.

Die Gleichung für das Rechteck lautet dann:

$\vec{x} = \begin{pmatrix} 4 \\ 0 \\ 2 \end{pmatrix} + r\begin{pmatrix} 0 \\ 4 \\ 0 \end{pmatrix} + s\begin{pmatrix} -4 \\ 0 \\ 2 \end{pmatrix}$ mit der Einschränkung $0 \leq r \leq 1$, $0 \leq s \leq 1$

Übungen

In der Regel schreiben wir x_1, x_2, x_3. Gelegentlich verwenden wir auch x, y, z.

4 *Punktprobe im Würfel*

Die Ebene E ist im Würfel mit der Kantenlänge 8 durch die roten Eckpunkte festgelegt.

a) Begründen Sie, dass E durch die Gleichung $x_2 + x_3 = 8$ beschrieben wird.

b) Die Punkte P_1 bis P_4 sind jeweils Streckenmittelpunkte. Prüfen Sie rechnerisch nach, ob sie auf E liegen.

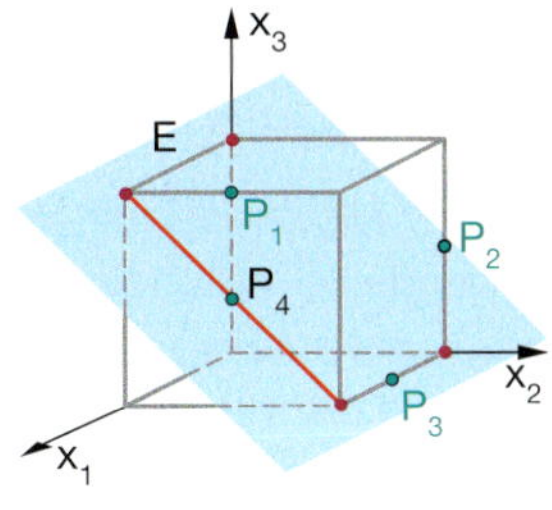

5 *Rechteckflächen im Würfel*

Im Würfel mit der Kantenlänge 8 sind durch Eckpunkte bzw. Kantenmittelpunkte drei Rechtecke F_1, F_2 und F_3 festgelegt.

Beschreiben Sie jede Rechteckfläche durch eine passende Gleichung.

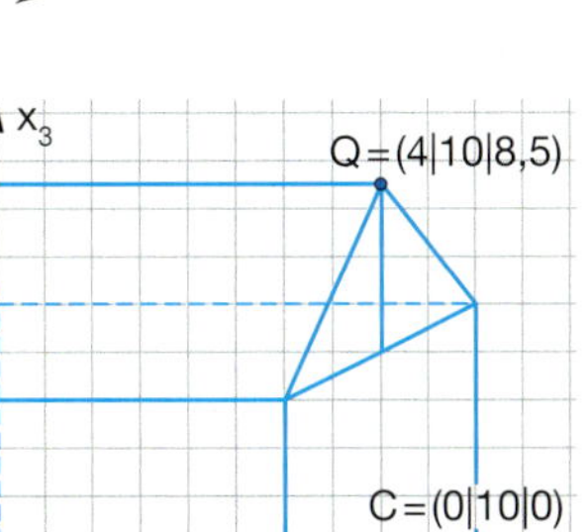

6 *Flächen im Haus mit Satteldach*

Geben Sie Gleichungen der Ebenen an, in denen

a) die Bodenfläche,

b) die vordere Dachfläche,

c) die hintere Dachfläche

liegt.

Wie müssen die Parameter eingeschränkt werden, damit die Flächenstücke beschrieben werden?

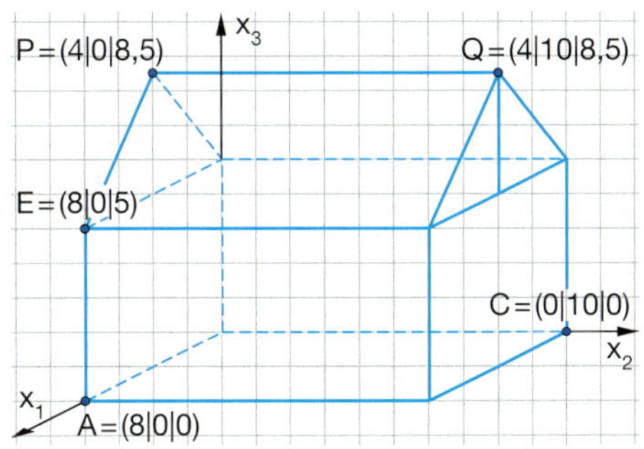

7 *Ebenen in einer Pyramide*

a) Zeigen Sie, dass die Bodenfläche der Pyramide durch die Gleichung

$$\vec{x} = \begin{pmatrix} 4 \\ 4 \\ 0 \end{pmatrix} + r \begin{pmatrix} -1 \\ 0 \\ 0 \end{pmatrix} + s \begin{pmatrix} 0 \\ -1 \\ 0 \end{pmatrix}$$

beschrieben wird.

b) Bestimmen Sie eine Ebenengleichung für die grüne Mittelebene.

c) Welche Seitenfläche liegt in der Ebene mit der Koordinatengleichung $3y - z = 0$?

8 *Ebenengleichungen gesucht*

Die abgebildeten Dreiecke bestimmen jeweils eine Ebene.
Geben Sie jeweils eine passende Gleichung an.

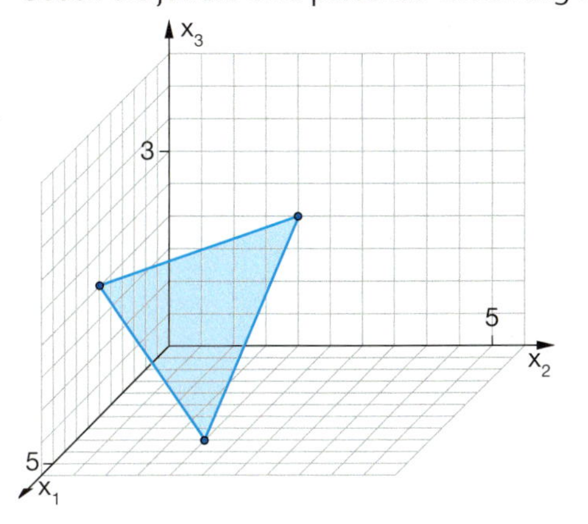

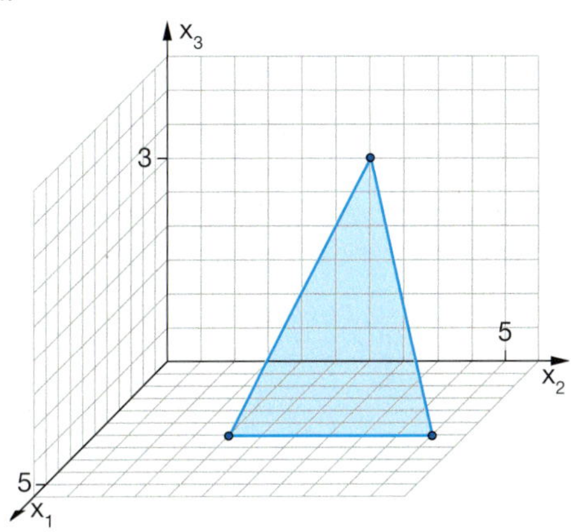

Übungen

9 *Dreiecke beschreiben – Erkunden mit Beispielen und DGS*

Die Gleichung $\vec{x} = \vec{a} + r\vec{u} + s\vec{v}$ mit $0 \le r \le 1$, $0 \le s \le 1$ beschreibt ein Parallelogramm.

Bei der Diskussion um die Frage, wie man ein Dreieck beschreiben kann, wurden folgende Vermutungen geäußert:

(1) r und s müssen kleiner als 0,5 sein.
(2) r oder s muss kleiner als 0,5 sein.
(3) Zusammen dürfen r und s nicht größer als 1 sein.

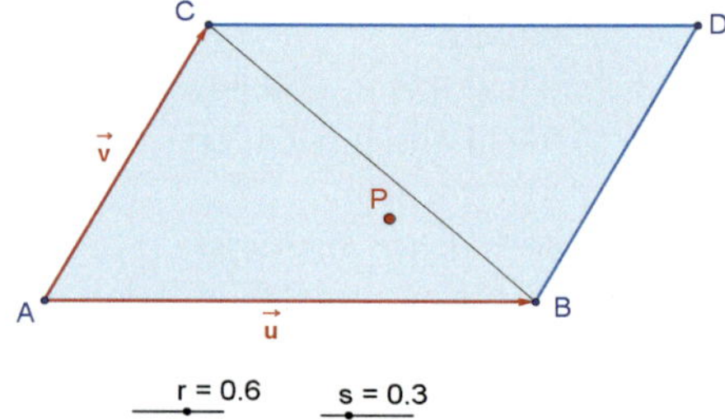

Überprüfen Sie die Vermutungen an Beispielen. Dabei ist eine dynamische Geometrie-Software mit Schiebereglern hilfreich.

Eingabe: **P=A+r*u+s*v**

10 *Ebenes Viereck*

Zeigen Sie, dass das Viereck ein ebenes Viereck ist.
Stellen Sie dazu mit drei Punkten eine Ebenengleichung auf und prüfen Sie, ob der vierte Punkt auf der Ebene liegt.

$P(4|1|1)$ $\quad Q(5|4|1)$

$R(1|4|2)$ $\quad S(0|1|2)$

11 *Punktprobe mit Punkt-Richtungs-Form und Koordinatenform*

Prüfen Sie jeweils, ob die Punkte P und Q in der Ebene E liegen.

a) Ebene: $E: \vec{x} = \begin{pmatrix}1\\1\\2\end{pmatrix} + r\begin{pmatrix}1\\1\\-1\end{pmatrix} + s\begin{pmatrix}2\\-1\\1\end{pmatrix}$

Punkte: $P = (1|4|-1)$ und $Q = (8|-1|4)$

b) Ebene: $E: -4x + 2y + 2z = 8$

Punkte: $P = (2|1|5)$ und $Q = (0|7|3)$

12 *Eine Ebene – „viele Ebenengleichungen"*

Im Würfel mit der Kantenlänge 2 sind die Punkte P_1, P_2, P_3 Kantenmittelpunkte. Genau drei der angegebenen Gleichungen bestimmen die Ebene, in der das Dreieck liegt.

I $\quad \vec{x} = \begin{pmatrix}1\\0\\2\end{pmatrix} + r\begin{pmatrix}1\\1\\-2\end{pmatrix} + s\begin{pmatrix}-1\\2\\-1\end{pmatrix}$

II $\quad x + y + z = 3$

III $\quad \vec{x} = \begin{pmatrix}0\\2\\1\end{pmatrix} + r\begin{pmatrix}1\\0\\1\end{pmatrix} + s\begin{pmatrix}2\\0\\-1\end{pmatrix}$

IV $\quad \vec{x} = \begin{pmatrix}2\\1\\0\end{pmatrix} + r\begin{pmatrix}-1\\-1\\2\end{pmatrix} + s\begin{pmatrix}-2\\1\\1\end{pmatrix}$

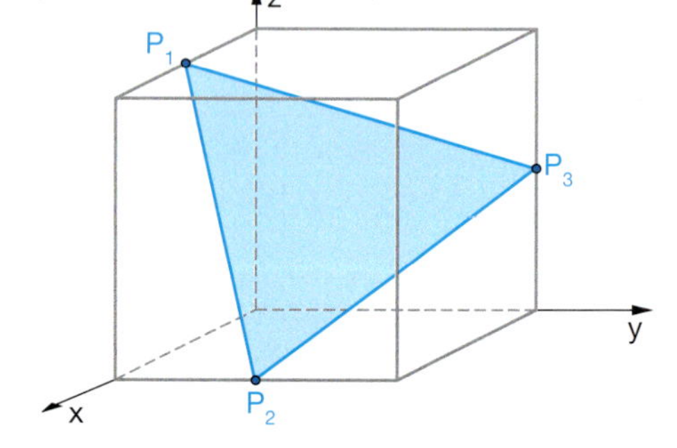

KURZER RÜCKBLICK

1 Die Seiten eines Rechtecks betragen 4cm und 5cm. Wie lang ist die Seitenlänge eines flächeninhaltsgleichen Quadrates?

2 Wie lang ist die Diagonale eines Quadrates mit der Seitenlänge a?

3 Wo liegen alle Punkte, die von zwei Punkten gleich weit entfernt sind?

4 Formulieren Sie den Satz des Pythagoras und seine Umkehrung.

13 *Punktprobe bei verschiedenen Ebenen*

Prüfen Sie jeweils, ob die Punkte P und Q in der Ebene E liegen.

a) E ist parallel zur x_3-Achse und enthält die Punkte $A = (3|3|0)$ und $B = (0|6|2)$.

$P = (4|2|4)$ und $Q = (0|7|3)$

b) E enthält die Punkte A, B und C.

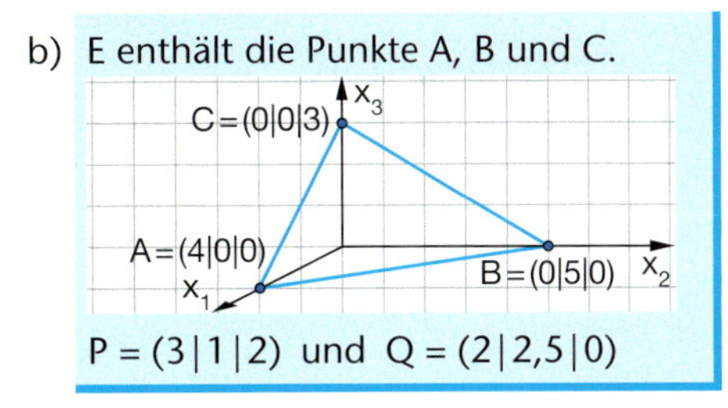

$P = (3|1|2)$ und $Q = (2|2{,}5|0)$

14 *Punktprobe mit dem GTR*

Zeigen Sie, dass die Punkte $P = (2|1|5)$ und $Q = (-4|5|6)$ auf der Ebene E durch A, B und C liegen.

Gehört der Punkt $R = (5|2|-1)$ zur Ebene E?
Prüfen Sie mit der CD.

Welche Matrix gehört zu welcher Punktprobe?

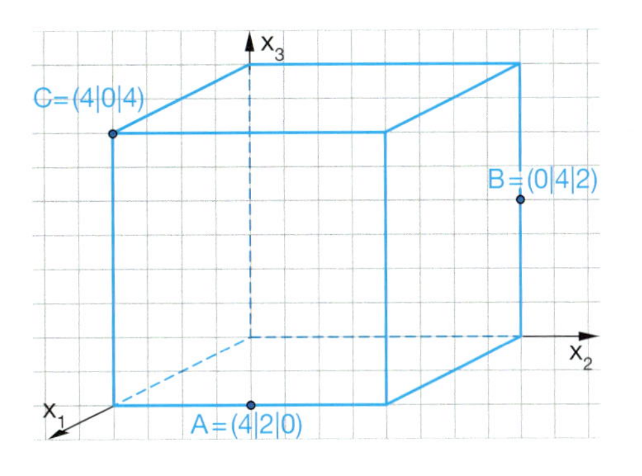

zu Matrizen, siehe Seite 63–65

A $\begin{bmatrix} 1 & 0 & 0 \\ 0 & 1 & 0 \\ 0 & 0 & 1 \end{bmatrix}$

B $\begin{bmatrix} 1 & 0 & 2 \\ 0 & 1 & .5 \\ 0 & 0 & 0 \end{bmatrix}$

C $\begin{bmatrix} 1 & 0 & .5 \\ 0 & 1 & 1 \\ 0 & 0 & 0 \end{bmatrix}$

15 *Ebene im Quader*

Ein Quader hat die Kantenlängen $\overline{AB} = 6$ cm, $\overline{AD} = 5$ cm und $\overline{AE} = 4$ cm.
M ist der Mittelpunkt der Kante $\overline{DH}$.
Die blaue Ebene enthält die Punkte F, C und M.
Bestimmen Sie eine Gleichung der Ebene in Punkt-Richtungs-Form.
Entscheiden Sie, ob der Mittelpunkt der Kante $\overline{EH}$ auf der Ebene liegt.

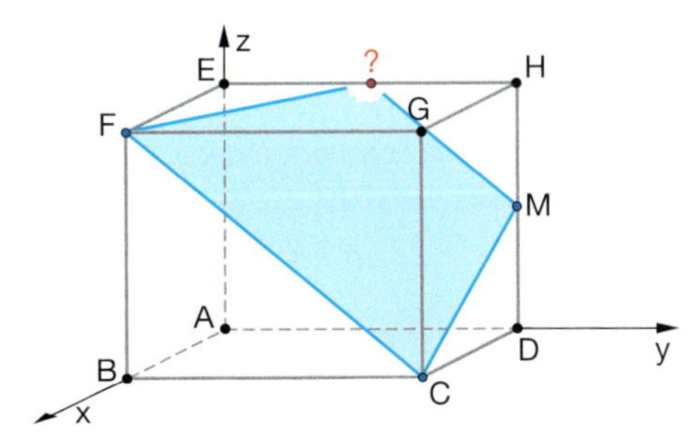

Zur Probe können Sie die Koordinatengleichung der Ebene nutzen:
$5x + 12y + 15z = 90$

16 *Neuer Blick auf das Sechseck im Würfel*

Die Frage, ob dieses Sechseck eben ist, wurde in 1.1 bereits experimentell beantwortet. Nun können wir dies mithilfe einer Ebenengleichung entscheiden.
Zeigen Sie rechnerisch, dass $P_1, P_2, \ldots, P_6$ ein ebenes Sechseck bilden und dass der Mittelpunkt des Würfels auf dieser Sechseckfläche liegt.
Wem der Nachweis für einen Würfel mit beliebiger Kantenlänge zu schwierig erscheint, kann es zunächst mit einem Würfel mit der Kantenlänge 4 versuchen.

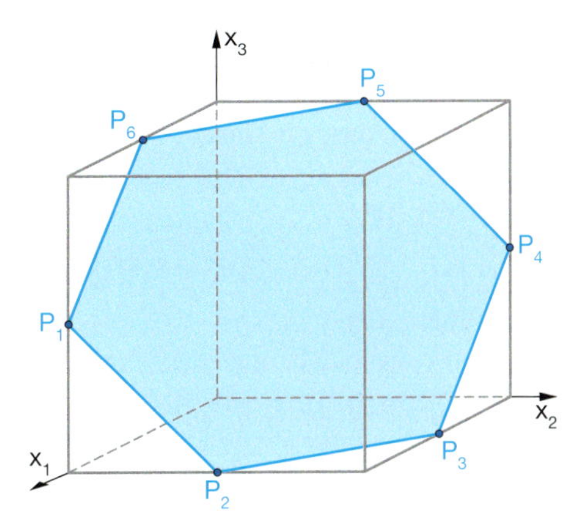

Übungen

17 *Spurpunkte bestimmen*

In welchen Punkten schneidet die Ebene durch $A = (2|0|4)$, $B = (4|4|0)$ und $C = (0|2|4)$ die Achsen?
Schätzen Sie zunächst und berechnen Sie dann.

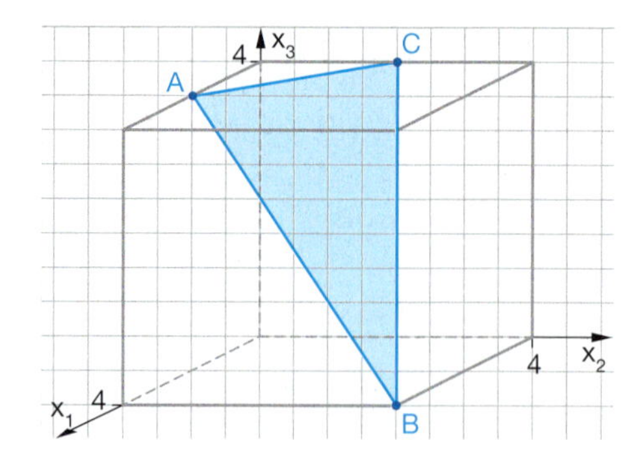

Von der Koordinatengleichung über Spurpunkte zur Veranschaulichung der Ebene

WERKZEUG

Mithilfe von Spurpunkten lassen sich in der Regel Ebenen so darstellen, dass man ein anschauliches Bild von der Lage der Ebene im Raum erhält.

Die Spurpunkte sind die Schnittpunkte der Ebene mit den Koordinatenachsen.

Berechnung der Spurpunkte am Beispiel:
E: $5x_1 + 6x_2 + 5x_3 = 30$

Schnitt mit der x_1-Achse:
$x_2 = 0$ und $x_3 = 0 \Leftrightarrow 5x_1 = 30 \Leftrightarrow x_1 = 6$
Somit ist $S_1 = (6|0|0)$ der Schnittpunkt der Ebene mit der x_1-Achse.

Entsprechend werden S_2 und S_3 berechnet.

Die Spurpunkte werden auf den Achsen eingetragen und miteinander verbunden.

18 *Ebenen mit Spurpunkten zeichnen*

Berechnen Sie zunächst die Spurpunkte und zeichnen Sie dann damit die Ebene.
E_1: $4x_1 + 2x_2 + 3x_3 = 12$; E_2: $2x_1 + 4x_3 = 8$; E_3: $x_2 = 5$

19 *Grenzen der Veranschaulichung*

Warum heißt es im obigen Kasten „in der Regel"? Zeigen Sie, dass es in den angegebenen Fällen keine drei Spurpunkte gibt.
E_1: $3x_1 - 2x_2 = 6$; E_2: $4x_3 = 8$
Woran liegt das? Gibt es weitere Fälle? Lassen sich diese Ebenen dennoch anschaulich darstellen?

20 *Spurpunkte sind Achsenabschnitte*

a) Zeigen Sie, dass die Gleichung
$\frac{x}{3} + \frac{y}{4} + \frac{z}{5} = 1$
die Ebene E mit

$$E: \vec{x} = \begin{pmatrix} 3 \\ 0 \\ 0 \end{pmatrix} + r\begin{pmatrix} -3 \\ 4 \\ 0 \end{pmatrix} + s\begin{pmatrix} 3 \\ 0 \\ -5 \end{pmatrix}$$

beschreibt. Weisen Sie nach, dass die Punkte $S_1 = (3|0|0)$, $S_2 = (0|4|0)$ und $S_3 = (0|0|5)$ auf der Ebene E liegen.

Aus einer Formelsammlung:

Achsenabschnittsform der Ebene
$\frac{x}{a} + \frac{y}{b} + \frac{z}{c} = 1$

$S_1 = (a|0|0)$, $S_2 = (0|b|0)$ und $S_3 = (0|0|c)$ sind die Spurpunkte.

b) Bestimmen Sie mithilfe der Spurpunkte die Achsenabschnittsform der Ebene
E: $2x - y + 6x = 12$.

Übungen

21 *Lage von Geraden und Ebenen*

Über mögliche Lagebezeichnungen zwischen Geraden wissen Sie bereits Bescheid (Abschnitt 2.1).
Wie sieht es mit den Lagebeziehungen zwischen Geraden und Ebenen aus?
Im rechten Bild sehen Sie einen Würfel mit Kantenlänge 4.
Entscheiden Sie, ob die Gerade und die Ebene, in der das Dreieck liegt, gemeinsame Punkte haben.

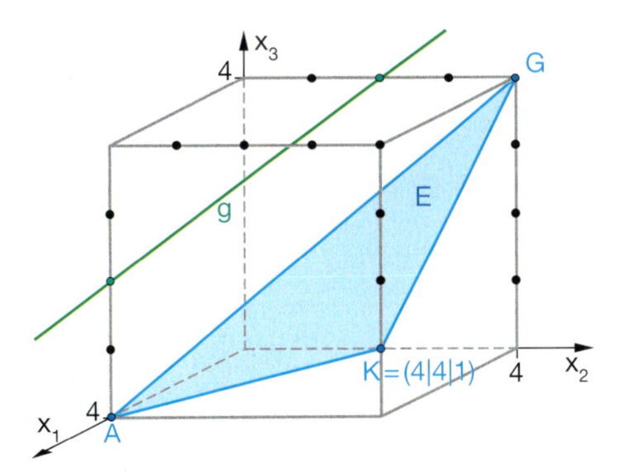

Dazu einige Ansätze:

Ⓘ *Richtungsvektor der Geraden und der Ebene betrachten*	Ⓘⓘ *Verschieben der Geraden nach unten und prüfen, ob die Gerade in der Ebene liegt*
Ⓘⓘⓘ *Schnittpunkte ausrechnen*	Ⓘⓥ *Prüfen, ob AG parallel zur Geraden liegt*

Beschreiben Sie Ihr Vorgehen und vergleichen Sie mit den anderen Lösungsansätzen.

22 *Lagebeziehung zwischen Geraden und Ebenen*

Lagebeziehungen zwischen Geraden und Ebenen lassen sich am Würfel zeigen.
Die Ebene E und die Gerade g schneiden sich in einem Punkt.

Welche weiteren Lagebeziehungen zwischen Geraden und Ebenen sind möglich?
Zeichnen Sie diese in einen Würfel ein.

In welchen Fällen kann man die Lagebeziehung direkt aus den Gleichungen ablesen? Wie kann man in den anderen Fällen die Lagebeziehung bestimmen?

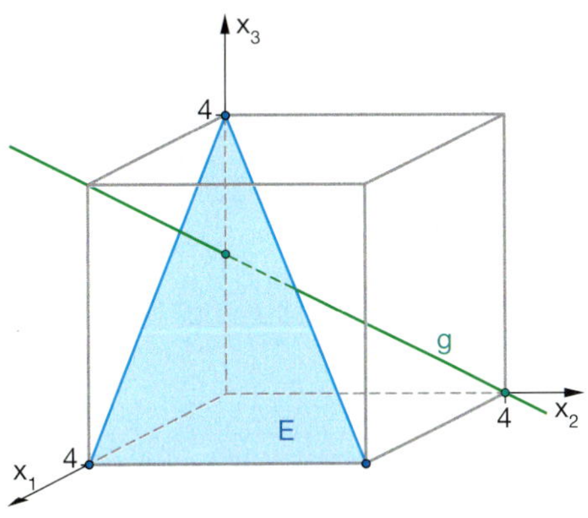

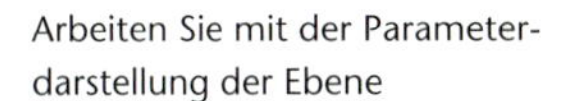
Arbeiten Sie mit der Parameterdarstellung der Ebene

23 *Lagebeziehung mit dem GTR*

Der Schnittpunktansatz einer Geraden mit einer Ebene führt zu einem linearen Gleichungssystem mit drei Gleichungen und drei Variablen.

a) g: $\vec{x} = \begin{pmatrix} 4 \\ 11 \\ 7 \end{pmatrix} + t\begin{pmatrix} 1 \\ -2 \\ -5 \end{pmatrix}$; E: $\vec{x} = \begin{pmatrix} 4 \\ 1 \\ 5 \end{pmatrix} + r\begin{pmatrix} 2 \\ 1 \\ 1 \end{pmatrix} + s\begin{pmatrix} 4 \\ 2 \\ -6 \end{pmatrix}$

Stellen Sie das Gleichungssystem auf. Welche Form hat die erweiterte Koeffizientenmatrix?
Wie erkennen Sie an der Diagonalform dieser Matrix die Lagebeziehung zwischen einer Geraden und einer Ebene?

Zur erweiterten Koeffizientenmatrix, vgl. Seite 63

b) E: $\vec{x} = \begin{pmatrix} 4 \\ 1 \\ 5 \end{pmatrix} + r\begin{pmatrix} 2 \\ 1 \\ 1 \end{pmatrix} + s\begin{pmatrix} 4 \\ 2 \\ -6 \end{pmatrix}$; h: $\vec{x} = \begin{pmatrix} 3 \\ 4 \\ 2 \end{pmatrix} + t\begin{pmatrix} 2 \\ 1 \\ -7 \end{pmatrix}$

Untersuchen Sie die Lage der Geraden h zur Ebene E.

Basiswissen

Für die Lage von Gerade-Ebene-Paaren im Raum lassen sich verschiedene Fälle unterscheiden.

Lagebeziehung zwischen Gerade und Ebene

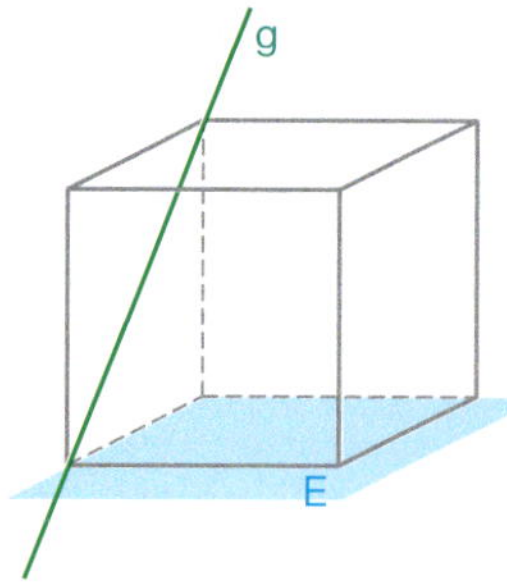

g und E schneiden sich in einem Punkt.

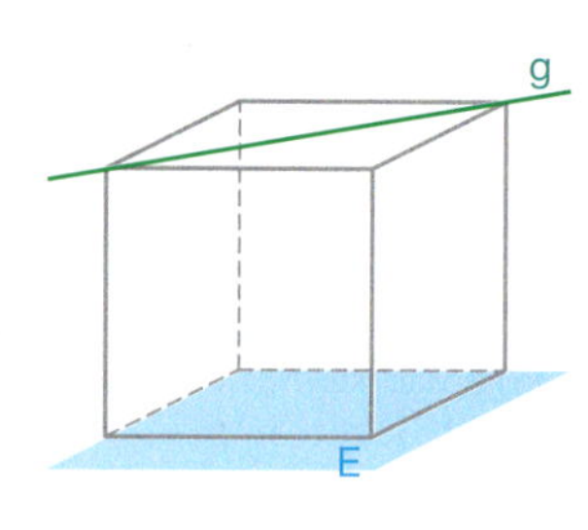

g und E sind parallel.

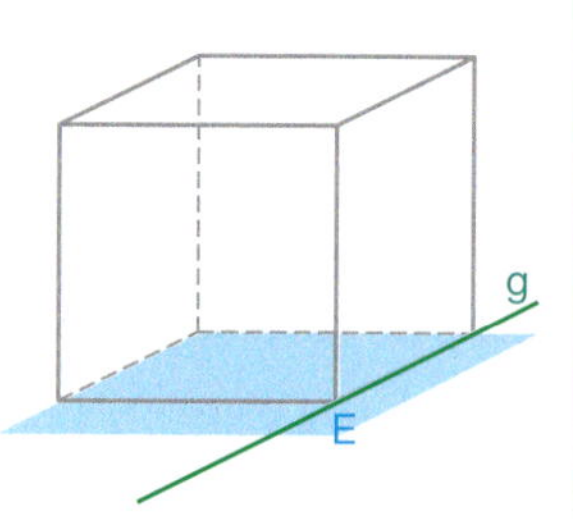

g liegt in E.

Die mögliche Lagebeziehung kann man mithilfe der Gleichungen der Geraden und der Ebene berechnen.

$$g\colon \vec{x} = \vec{a} + t\vec{u} \qquad E\colon \vec{x} = \vec{b} + r\vec{v} + s\vec{w}$$

Schnittpunktansatz:
Die Geradengleichung wird mit der Ebenengleichung gleichgesetzt.

$$\vec{a} + t\vec{u} = \vec{b} + r\vec{v} + s\vec{w}$$

Dies führt auf ein lineares Gleichungssystem mit drei Gleichungen und drei Variablen. Das Gleichungssystem kann genau eine Lösung, keine Lösung oder unendlich viele Lösungen haben.

Beispiel:

genau eine Lösung	keine Lösung	unendlich viele Lösungen
$\begin{bmatrix} 1 & 0 & 0 & -1 \\ 0 & 1 & 0 & 2 \\ 0 & 0 & 1 & -1 \end{bmatrix}$	$\begin{bmatrix} 1 & 0 & -1 & 0 \\ 0 & 1 & -2 & 0 \\ 0 & 0 & 0 & 1 \end{bmatrix}$	$\begin{bmatrix} 1 & 0 & -1 & 1 \\ 0 & 1 & -2 & 1 \\ 0 & 0 & 0 & 0 \end{bmatrix}$
g und E schneiden sich in einem Punkt	g und E sind parallel	g liegt in E

Beispiel

C *Lagebeziehung Gerade – Ebene*

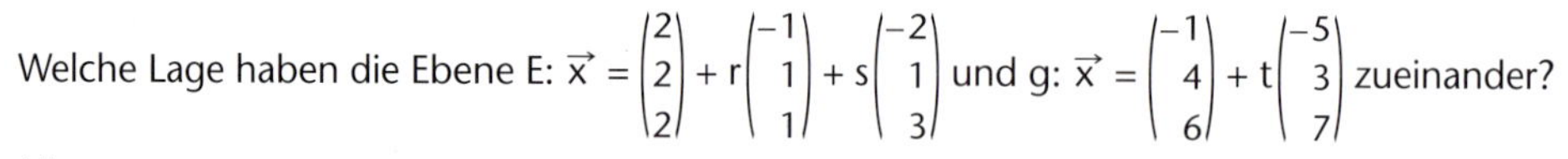
Welche Lage haben die Ebene E: $\vec{x} = \begin{pmatrix} 2 \\ 2 \\ 2 \end{pmatrix} + r\begin{pmatrix} -1 \\ 1 \\ 1 \end{pmatrix} + s\begin{pmatrix} -2 \\ 1 \\ 3 \end{pmatrix}$ und g: $\vec{x} = \begin{pmatrix} -1 \\ 4 \\ 6 \end{pmatrix} + t\begin{pmatrix} -5 \\ 3 \\ 7 \end{pmatrix}$ zueinander?

Lösung:
Der Schnittpunktansatz liefert:

LGS	Matrix	Diagonalform	Interpretation
$-r - 2s + 5t = -3$ $r + s - 3t = 2$ $r + 3s - 7t = 4$	$\begin{bmatrix} -1 & -2 & 5 & -3 \\ 1 & 1 & -3 & 2 \\ 1 & 3 & -7 & 4 \end{bmatrix}$	$\begin{bmatrix} 1 & 0 & -1 & 1 \\ 0 & 1 & -2 & 1 \\ 0 & 0 & 0 & 0 \end{bmatrix}$	$r - t = 1$ $s - 2t = 1$ $0 = 0$

Die letzte Gleichung ist allgemeingültig. Der Parameter t kann beliebig gewählt werden. Alle Punkte von g sind also Lösung des Gleichungssystems. Das bedeutet, die Gerade liegt in der Ebene.

g
E

Für das Rechnen mit Matrizen, siehe Werkzeugkasten Seite 64.

Übungen

$$\begin{bmatrix} 1 & 0 & 0 & -1 \\ 0 & 1 & 0 & 2 \\ 0 & 0 & 1 & -1 \end{bmatrix}$$

24 *Schnittpunkt aus Diagonalform*

Bestimmen Sie den Schnittpunkt der Ebene

E: $\vec{x} = \begin{pmatrix} 2 \\ 3 \\ 2 \end{pmatrix} + r\begin{pmatrix} -3 \\ 1 \\ 1 \end{pmatrix} + s\begin{pmatrix} 1 \\ -1 \\ 1 \end{pmatrix}$ mit der Geraden

g: $\vec{x} = \begin{pmatrix} 2 \\ 3 \\ 10 \end{pmatrix} + t\begin{pmatrix} -5 \\ 3 \\ 7 \end{pmatrix}$ aus der rechts angegebenen Diagonalform.

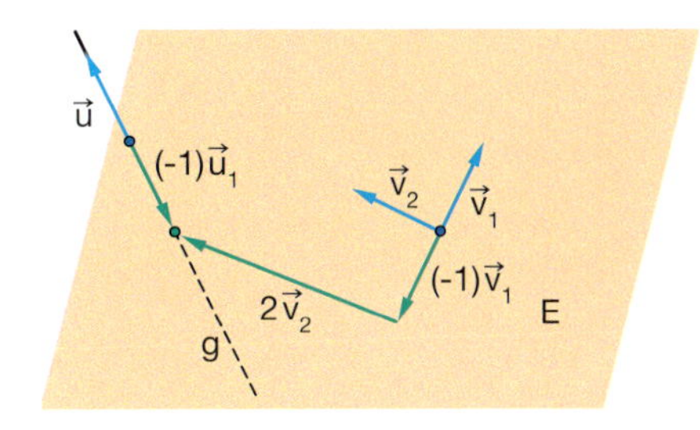

Ordnen Sie $\vec{u_1}$, $\vec{v_1}$ und $\vec{v_2}$ den Richtungsvektoren zu und interpretieren Sie die Zeichnung.

25 *Sechseckfläche*

Zeigen Sie mit dem GTR, dass die Diagonale $\overline{DF}$ des Würfels die Sechseckfläche im Mittelpunkt des Würfels M = (2|2|2) schneidet.
Wie erkennen Sie an der Diagonalmatrix, dass genau ein Schnittpunkt vorliegt?

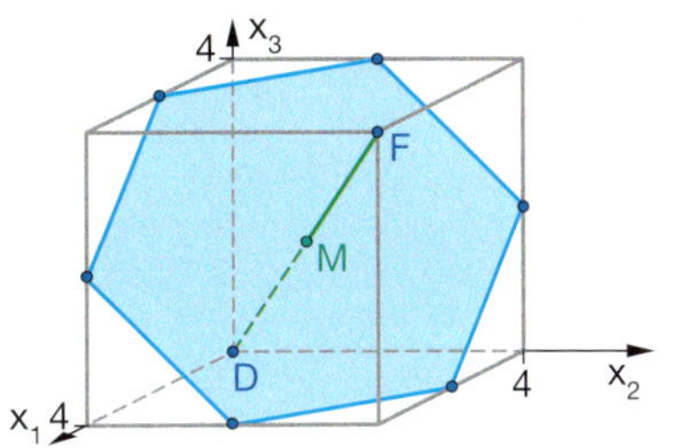

26 *Lagebeziehung Gerade – Ebene mit dem GTR*

Bei der Untersuchung der Lagebeziehung einer Ebene zu einer Geraden erhält man die Matrix $\begin{pmatrix} 1 & 0 & -1 & 0 \\ 0 & 1 & -2 & 0 \\ 0 & 0 & 0 & 1 \end{pmatrix}$.
Welche Lage haben die Ebene und die Gerade zueinander?
Begründen Sie Ihre Entscheidung.

27 *Rechner defekt – kein Problem*

Bei diesen Aufgaben geht es auch leicht per Hand. Welche Lage haben die Ebene und die Gerade zueinander?

a) E: $\vec{x} = \begin{pmatrix} 1 \\ 1 \\ 5 \end{pmatrix} + r\begin{pmatrix} 0 \\ 1 \\ 1 \end{pmatrix} + s\begin{pmatrix} 4 \\ 0 \\ -1 \end{pmatrix}$; g: $\vec{x} = \begin{pmatrix} 6 \\ 0 \\ -4 \end{pmatrix} + t\begin{pmatrix} 1 \\ 0 \\ 2 \end{pmatrix}$

b) E: $\vec{x} = \begin{pmatrix} 1 \\ 0 \\ 2 \end{pmatrix} + r\begin{pmatrix} 1 \\ 1 \\ 1 \end{pmatrix} + s\begin{pmatrix} 0 \\ 2 \\ -1 \end{pmatrix}$; g: $\vec{x} = \begin{pmatrix} 3 \\ 8 \\ 1 \end{pmatrix} + t\begin{pmatrix} -2 \\ 0 \\ -3 \end{pmatrix}$

c) E: $\vec{x} = \begin{pmatrix} 2 \\ 1 \\ 5 \end{pmatrix} + r\begin{pmatrix} 0 \\ 2 \\ -1 \end{pmatrix} + s\begin{pmatrix} 3 \\ 0 \\ 1 \end{pmatrix}$; g: $\vec{x} = t\begin{pmatrix} 3 \\ 2 \\ 0 \end{pmatrix}$

d) E: $\vec{x} = r\begin{pmatrix} 3 \\ 2 \\ 4 \end{pmatrix} + s\begin{pmatrix} 6 \\ -2 \\ 2 \end{pmatrix}$; g: $\vec{x} = \begin{pmatrix} 14 \\ 1 \\ 15 \end{pmatrix} + t\begin{pmatrix} -2 \\ 2 \\ 0 \end{pmatrix}$

Beispiel zu a):

$$\begin{array}{lcl} 1 \quad + 4s = 6 + t & & 4s - t = 5 \\ 1 + r \quad = 0 & \Rightarrow & r \quad = -1 \\ 5 + r - s = -4 + 2t & & r - s - 2t = -9 \end{array}$$

$$\begin{array}{lllllll} & t = 4s - 5 & & t = 4s - 5 & & t = 3 \\ \Rightarrow & r = -1 & \Rightarrow & r = -1 & \Rightarrow & r = -1 \\ & -1 - s - 8s + 10 = -9 & & -9s = -18 & & s = 2 \end{array}$$

E und g schneiden sich im Punkt P = (9|0|2).

GRUNDWISSEN

1 Ersetzen Sie die fehlenden Koordinaten, sodass die Geraden
g: $\vec{x} = \begin{pmatrix} 2 \\ 1 \\ -1 \end{pmatrix} + r\begin{pmatrix} 1 \\ 3 \\ 2 \end{pmatrix}$ und h: $\vec{x} = \begin{pmatrix} b_1 \\ b_2 \\ b_3 \end{pmatrix} + s\begin{pmatrix} 2 \\ w_2 \\ w_3 \end{pmatrix}$
parallel zueinander sind oder sich schneiden.

2 In welcher Koordinatenebene liegt die Gerade g: $\vec{x} = t\begin{pmatrix} 1 \\ 0 \\ 2 \end{pmatrix}$?

3 Wählen Sie die Vektoren $\vec{a}$, $\vec{v}$, $\vec{b}$, $\vec{u}$ so, dass die Geraden g: $\vec{x} = \vec{a} + r\vec{v}$ und h: $\vec{x} = \vec{b} + s\vec{w}$ windschief zueinander sind.

Übungen

28 *Lineare Abhängigkeit von drei Vektoren*
Bisher haben wir zwei linear abhängige Vektoren als parallele Vektoren interpretiert.
Bei drei Vektoren können wir das so nicht mehr.

Begründen Sie anschaulich, dass die Vektoren $\vec{a}$, $\vec{b}$ und $\vec{c}$ linear abhängig sind.
Zeigen Sie dies mithilfe der nebenstehenden Definition auch rechnerisch.

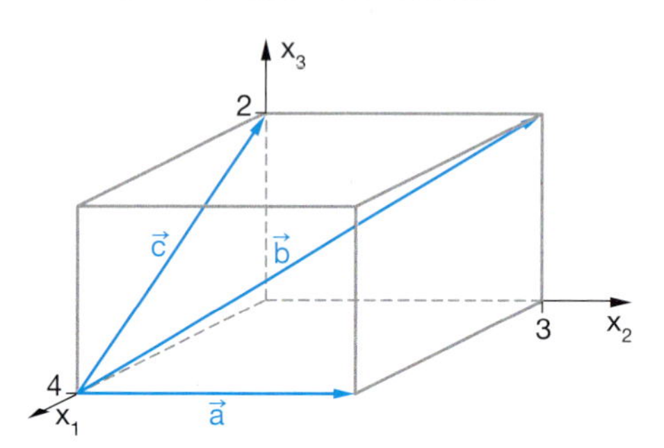

Lineare Abhängigkeit von drei Vektoren
(1) Drei Vektoren $\vec{a}$, $\vec{b}$ und $\vec{c}$ im Raum sind **linear abhängig**, wenn mindestens einer dieser Vektoren als Linearkombination der beiden anderen Vektoren darstellbar ist, z. B.

$\vec{a} = r\vec{b} + s\vec{c}$.

Oder

(2) Drei Vektoren $\vec{a}$, $\vec{b}$ und $\vec{c}$ im Raum sind **linear abhängig**, wenn es Zahlen r, s und t gibt, die nicht alle Null sind, sodass

$\vec{0} = r\vec{a} + s\vec{b} + t\vec{c}$ gilt.

Andernfalls sind die Vektoren $\vec{a}$, $\vec{b}$ und $\vec{c}$ **linear unabhängig.**

29 *Lineare Abhängigkeit – Lagebeziehung*
Die Lagebeziehung von Gerade und Ebene können Sie auch mithilfe der linearen Abhängigkeit oder linearen Unabhängigkeit der Richtungsvektoren untersuchen.
Entscheiden Sie, welche Lage jeweils vorliegt.

Beispiel zu a):

$$\begin{aligned} s &= 2 \\ 3r - 2s &= 1 \\ -2r + s &= -3 \end{aligned} \quad \Rightarrow \quad \begin{aligned} s &= 2 \\ 3r &= 5 \\ -2r &= -5 \end{aligned}$$

$$s = 2 \quad \Rightarrow \quad r = \tfrac{5}{3} \quad r = \tfrac{5}{2}$$

Das Gleichungssystem führt auf einen Widerspruch und hat also keine Lösung.
Die drei Richtungsvektoren sind somit nicht linear abhängig. E und g schneiden sich in einem Punkt.

a) E: $\vec{x} = \begin{pmatrix} -1 \\ 4 \\ 0 \end{pmatrix} + r\begin{pmatrix} 0 \\ 3 \\ -2 \end{pmatrix} + s\begin{pmatrix} 1 \\ -2 \\ 1 \end{pmatrix}$; g: $\vec{x} = \begin{pmatrix} 3 \\ 4 \\ 4 \end{pmatrix} + t\begin{pmatrix} 2 \\ 1 \\ -3 \end{pmatrix}$

b) E: $\vec{x} = \begin{pmatrix} 3 \\ 1 \\ 0 \end{pmatrix} + r\begin{pmatrix} 1 \\ 3 \\ -2 \end{pmatrix} + s\begin{pmatrix} 0 \\ -2 \\ 2 \end{pmatrix}$; g: $\vec{x} = \begin{pmatrix} -4 \\ 0 \\ 1 \end{pmatrix} + t\begin{pmatrix} 3 \\ 5 \\ -2 \end{pmatrix}$

c) E: $\vec{x} = \begin{pmatrix} 1 \\ 4 \\ 2 \end{pmatrix} + r\begin{pmatrix} 1 \\ 1 \\ 1 \end{pmatrix} + s\begin{pmatrix} 1 \\ 2 \\ 0 \end{pmatrix}$; g: $\vec{x} = \begin{pmatrix} 6 \\ 0 \\ -8 \end{pmatrix} + t\begin{pmatrix} 1 \\ 0 \\ 2 \end{pmatrix}$

30 *Vier Vektoren im Raum*
Zeigen Sie, dass vier Vektoren im Raum immer linear abhängig sind.
Weisen Sie dies zunächst an den folgenden vier Vektoren nach.

$\vec{a} = \begin{pmatrix} 1 \\ 1 \\ 1 \end{pmatrix}$, $\vec{b} = \begin{pmatrix} 1 \\ 0 \\ 0 \end{pmatrix}$, $\vec{c} = \begin{pmatrix} 0 \\ 1 \\ 2 \end{pmatrix}$, $\vec{d} = \begin{pmatrix} 0 \\ 1 \\ 0 \end{pmatrix}$

31 *Flussdiagramm*
Erläutern Sie die Lagebeziehung der Geraden g: $\vec{x} = \vec{a} + t\vec{u}$ zur Ebene E: $\vec{x} = \vec{b} + r\vec{v} + s\vec{w}$ anhand des Flussdiagramms.

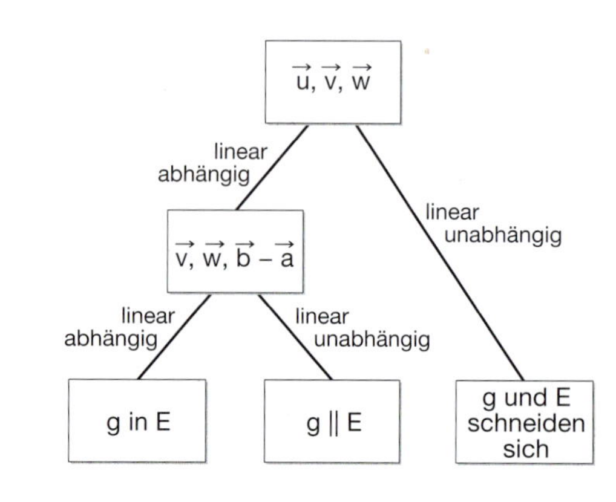

Übungen

32 *Lineare Unabhängigkeit mit dem GTR*

Überprüfen Sie rechnerisch, ob die Vektoren $\vec{a}$, $\vec{b}$ und $\vec{c}$ linear abhängig oder linear unabhängig sind.
Übersetzen Sie dazu die Gleichung $\vec{0} = r\vec{a} + s\vec{b} + t\vec{c}$ in die Matrixschreibweise.
Wie erkennen Sie an der Diagonalform, ob die Vektoren linear unabhängig sind?

a) $\vec{a} = \begin{pmatrix} 2 \\ 4 \\ 1 \end{pmatrix}, \vec{b} = \begin{pmatrix} 1 \\ 2 \\ 0 \end{pmatrix}, \vec{c} = \begin{pmatrix} 0 \\ 0 \\ 2 \end{pmatrix}$ b) $\vec{a} = \begin{pmatrix} 1 \\ 1 \\ 1 \end{pmatrix}, \vec{b} = \begin{pmatrix} 1 \\ 0 \\ 0 \end{pmatrix}, \vec{c} = \begin{pmatrix} 0 \\ 1 \\ 2 \end{pmatrix}$

33 *Dreiseitige Pyramide*

Die dreiseitige Pyramide steht auf der Ebene E.

$E: \vec{x} = \begin{pmatrix} 1 \\ -1 \\ 0 \end{pmatrix} + r\begin{pmatrix} 1 \\ -2 \\ 1 \end{pmatrix} + s\begin{pmatrix} 0 \\ 1 \\ -1 \end{pmatrix}$

Drei Seitenkanten der dreiseitigen Pyramide liegen auf den Geraden

$s_1: \vec{x} = \begin{pmatrix} 3 \\ 5 \\ 0 \end{pmatrix} + t_1\begin{pmatrix} 2 \\ 3 \\ 0 \end{pmatrix}$, $s_2: \vec{x} = \begin{pmatrix} 3 \\ 5 \\ 0 \end{pmatrix} + t_2\begin{pmatrix} 2 \\ 5 \\ 1 \end{pmatrix}$ und

$s_3: \vec{x} = \begin{pmatrix} 3 \\ 5 \\ 0 \end{pmatrix} + t_3\begin{pmatrix} 1 \\ 2 \\ 1 \end{pmatrix}$.

Bestimmen Sie die Eckpunkte der Pyramide. Handelt es sich um einen Tetraeder?

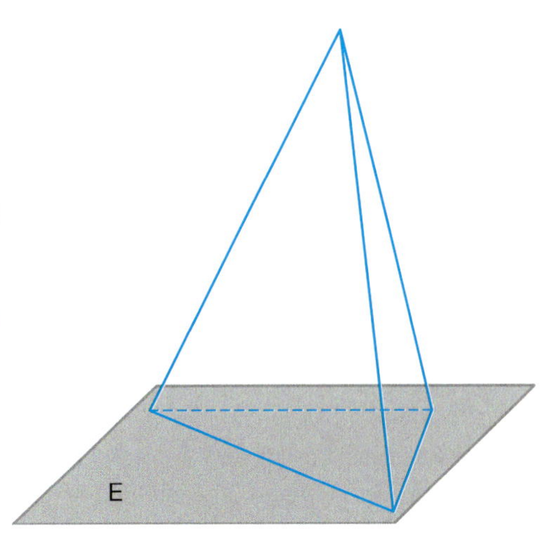

34 *Lagebeziehung zwischen Ebenen*

Auch Lagebeziehungen zwischen Ebenen lassen sich am Würfel zeigen. Die Ebenen E_1 und E_2 schneiden sich in einer Schnittgeraden g.

Welche weiteren Lagebeziehungen zwischen Ebenen sind möglich? Zeichnen Sie diese in einen Würfel ein.

In welchen Fällen kann man die Lagebeziehung direkt aus den Gleichungen erkennen? Welche Möglichkeiten sehen Sie in den anderen Fällen?

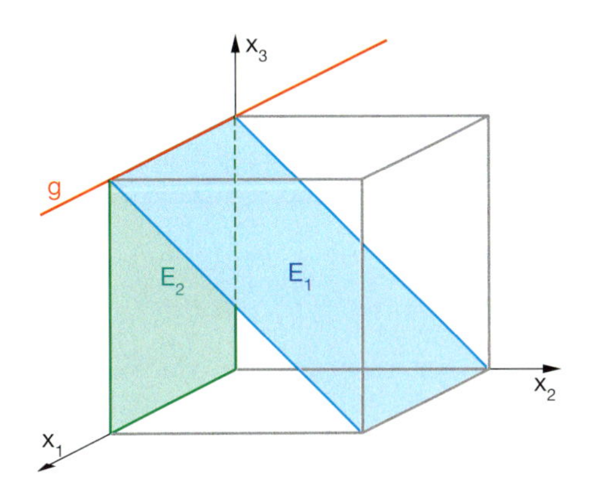

35 *Lagebeziehung mit dem GTR*

Der Schnittpunktansatz zweier Ebenen führt zu einem linearen Gleichungssystem mit drei Gleichungen und vier Variablen.

a) $E_1: \vec{x} = \begin{pmatrix} 2 \\ 1 \\ 4 \end{pmatrix} + r_1\begin{pmatrix} 1 \\ 4 \\ -2 \end{pmatrix} + s_1\begin{pmatrix} 4 \\ -2 \\ 3 \end{pmatrix}$; $E_2: \vec{x} = \begin{pmatrix} 8 \\ 7 \\ 3 \end{pmatrix} + r_2\begin{pmatrix} 5 \\ 2 \\ 1 \end{pmatrix} + s_2\begin{pmatrix} 4 \\ 3 \\ 2 \end{pmatrix}$

Stellen Sie das Gleichungssystem auf. Welche Form hat die erweiterte Koeffizientenmatrix?
Wie erkennen Sie an der Diagonalform die Lagebeziehung der Ebenen?

b) $E_1: \vec{x} = \begin{pmatrix} 2 \\ 1 \\ 4 \end{pmatrix} + r_1\begin{pmatrix} 1 \\ 4 \\ -2 \end{pmatrix} + s_1\begin{pmatrix} 4 \\ -2 \\ 3 \end{pmatrix}$; $E_3: \vec{x} = \begin{pmatrix} 1 \\ 1 \\ 1 \end{pmatrix} + r_3\begin{pmatrix} 5 \\ 2 \\ 1 \end{pmatrix} + s_2\begin{pmatrix} 2 \\ -10 \\ 7 \end{pmatrix}$

Untersuchen Sie analog die Lage der beiden Ebenen zueinander.

Basiswissen

Für die Lage von Ebenenpaaren lassen sich verschiedene Fälle unterscheiden.

Lagebeziehung zwischen Ebenen

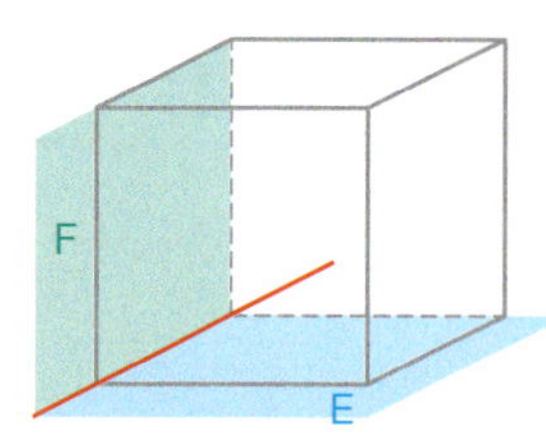

E und F schneiden sich in einer Geraden.

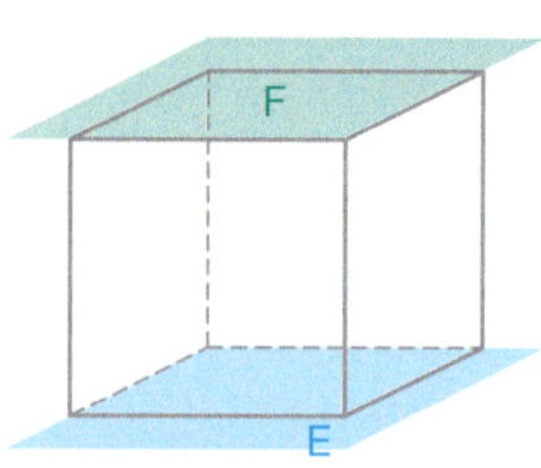

E und F sind parallel.

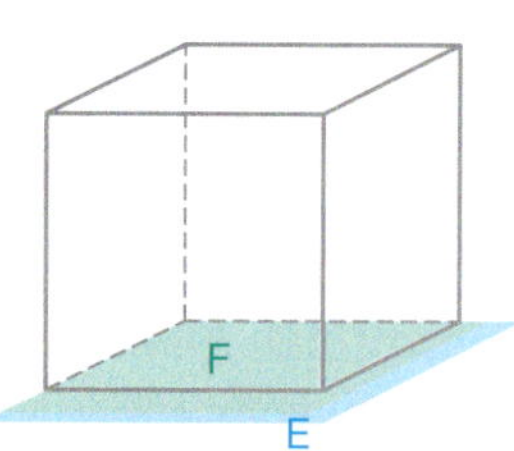

F liegt in E.

Die Lagebeziehung kann man mithilfe der Ebenengleichungen berechnen.

$$E\colon\ \vec{x} = \vec{b}_1 + r_1\vec{v}_1 + s_1\vec{w}_1 \qquad F\colon\ \vec{x} = \vec{b}_2 + r_2\vec{v}_2 + s_2\vec{w}_2$$

Schnittpunktansatz:
Die beiden Ebenen werden gleichgesetzt. $\vec{b}_1 + r_1\vec{v}_1 + s_1\vec{w}_1 = \vec{b}_2 + r_2\vec{v}_2 + s_2\vec{w}_2$

Dies führt auf ein lineares Gleichungssystem mit drei Gleichungen und vier Variablen. Das Gleichungssystem kann keine oder unendlich viele Lösungen haben. Bei unendlich vielen Lösungen kann man zwei Fälle unterscheiden.

unendlich viele Lösungen und in allen Zeilen der Diagonalform Einträge	keine Lösung	unendlich viele Lösungen und eine Zeile der Diagonalform nur Nullen
$\begin{bmatrix} 1 & 0 & 0 & -.5 & .5 \\ 0 & 1 & 0 & -1 & .5 \\ 0 & 0 & 1 & 1.5 & 1 \end{bmatrix}$	$\begin{bmatrix} 1 & 0 & -1 & -2 & 0 \\ 0 & 1 & -1 & -3 & 0 \\ 0 & 0 & 0 & 0 & 1 \end{bmatrix}$	$\begin{bmatrix} 1 & 0 & -1 & -2 & 1 \\ 0 & 1 & -1 & -3 & 0 \\ 0 & 0 & 0 & 0 & 0 \end{bmatrix}$
E und F schneiden sich in einer Geraden	E und F sind parallel	F liegt in E

Beispiel

D *Lagebeziehung von Ebenen*

Welche Lage haben die Ebenen $E_1\colon \vec{x} = \begin{pmatrix}2\\3\\2\end{pmatrix} + r_1\begin{pmatrix}-3\\1\\1\end{pmatrix} + s_1\begin{pmatrix}1\\-1\\1\end{pmatrix}$ und $E_2\colon \vec{x} = \begin{pmatrix}2\\2\\2\end{pmatrix} + r_2\begin{pmatrix}-1\\1\\1\end{pmatrix} + s_2\begin{pmatrix}-2\\1\\3\end{pmatrix}$ zueinander?

Lösung:

LGS	Matrix	Diagonalform	Interpretation
$-3r_1 + s_1 + r_2 + 2s_2 = 0$ $r_1 - s_1 - r_2 - s_2 = -1$ $r_1 + s_1 - r_2 - 3s_2 = 0$	$\begin{bmatrix} -3 & 1 & 1 & 2 & 0 \\ 1 & -1 & -1 & -1 & -1 \\ 1 & 1 & -1 & -3 & 0 \end{bmatrix}$	$\begin{bmatrix} 1 & 0 & 0 & -.5 & .5 \\ 0 & 1 & 0 & -1 & .5 \\ 0 & 0 & 1 & 1.5 & 1 \end{bmatrix}$	$r_1 - 0{,}5s_2 = 0{,}5$ $s_1 - s_2 = 0{,}5$ $r_2 + 1{,}5s_2 = 1$

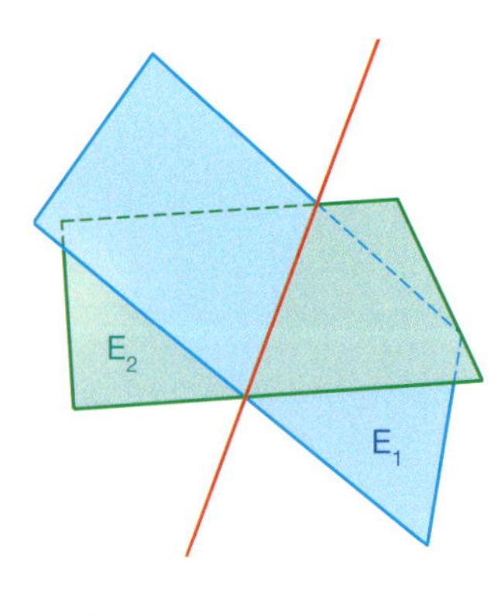

Da sich zwei Ebenen nicht in einem einzigen Punkt schneiden können, kann es keine eindeutige Lösung geben. Wir schreiben die Parameter r_1, s_1 und r_2 in Abhängigkeit vom vierten Parameter s_2. Damit ergibt sich

$r_1 - 0{,}5s_2 = 0{,}5 \Rightarrow r_1 = 0{,}5 + 0{,}5s_2$
$s_1 - s_2 = 0{,}5 \Rightarrow s_1 = 0{,}5 + s_2$
$r_2 + 1{,}5s_2 = 1 \Rightarrow r_2 = 1 - 1{,}5s_2$

Wir setzen nun r_2 in E_2 ein und fassen zusammen:

$$\vec{x} = \begin{pmatrix}2\\2\\2\end{pmatrix} + (1 - 1{,}5s_2)\begin{pmatrix}-1\\1\\1\end{pmatrix} + s_2\begin{pmatrix}-2\\1\\3\end{pmatrix}$$

Das ist die Gleichung der Schnittgeraden.

$$\vec{x} = \begin{pmatrix}1\\3\\3\end{pmatrix} + s_2\begin{pmatrix}-0{,}5\\-0{,}5\\1{,}5\end{pmatrix}$$

Übungen

36 *Schnitt von zwei Zeltflächen*

Die beiden Seitenflächen des gezeigten Zeltes liegen in den Ebenen

E_1: $\vec{x} = \begin{pmatrix} 8 \\ 0 \\ 0 \end{pmatrix} + r_1 \begin{pmatrix} -1 \\ 0 \\ 0 \end{pmatrix} + s_1 \begin{pmatrix} 0 \\ 3 \\ 4 \end{pmatrix}$ und

E_2: $\vec{x} = \begin{pmatrix} 8 \\ 6 \\ 0 \end{pmatrix} + r_2 \begin{pmatrix} -1 \\ 0 \\ 0 \end{pmatrix} + s_2 \begin{pmatrix} 0 \\ -3 \\ 4 \end{pmatrix}$.

Zeigen Sie rechnerisch, dass der Schnitt von E_1 und E_2 die Gerade g: $\vec{x} = \begin{pmatrix} 8 \\ 3 \\ 4 \end{pmatrix} + t \begin{pmatrix} -1 \\ 0 \\ 0 \end{pmatrix}$ durch die obere Zeltkante ergibt.

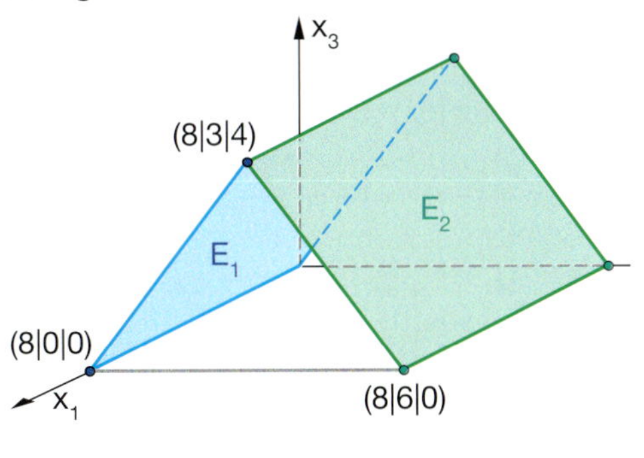

37 *Lagebeziehung von Ebenen*

Welche Lage haben zwei Ebenen zueinander, wenn die Lösung mit der Diagonalform folgendes Ergebnis liefert? Begründen Sie Ihre Entscheidung.

a) $\begin{bmatrix} 1 & 0 & -1 & -2 & 0 \\ 0 & 1 & -1 & -3 & 0 \\ 0 & 0 & 0 & 0 & 1 \end{bmatrix}$

b) 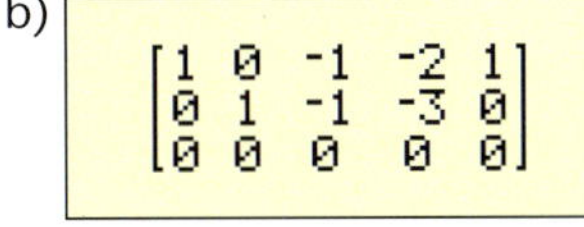
$\begin{bmatrix} 1 & 0 & -1 & -2 & 1 \\ 0 & 1 & -1 & -3 & 0 \\ 0 & 0 & 0 & 0 & 0 \end{bmatrix}$

38 *Schnittgerade*

Die Ebenen E_1: $\vec{x} = \begin{pmatrix} 0 \\ 4 \\ 0 \end{pmatrix} + r_1 \begin{pmatrix} 1 \\ 0 \\ 0 \end{pmatrix} + s_1 \begin{pmatrix} 0 \\ 0 \\ 1 \end{pmatrix}$

und E_2: $\vec{x} = \begin{pmatrix} 4 \\ 0 \\ 4 \end{pmatrix} + r_2 \begin{pmatrix} -1 \\ 0 \\ 0 \end{pmatrix} + s_2 \begin{pmatrix} 0 \\ 1 \\ -1 \end{pmatrix}$

schneiden sich in einer Schnittgeraden.
Wie erkennt man diese
a) aus dem Gleichungssystem?
b) aus der Diagonalform?

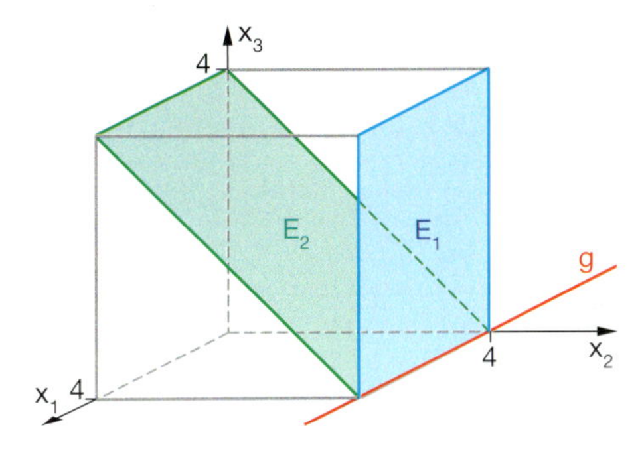

39 *Flussdiagramm*

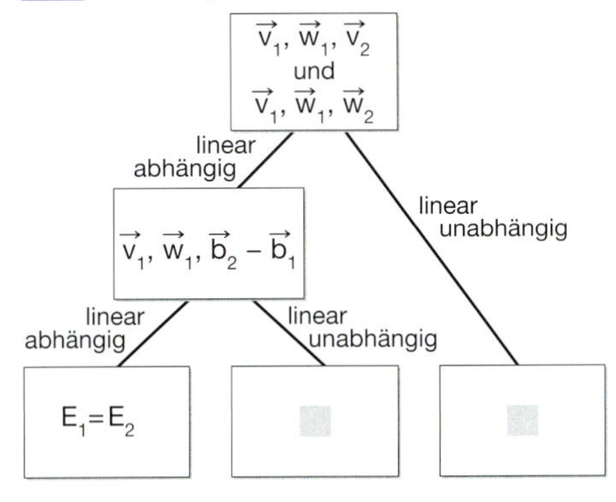

Erläutern Sie die Lagebeziehung der Ebenen
E_1: $\vec{x} = \vec{b_1} + r_1\vec{v_1} + s_1\vec{w_1}$ und
E_2: $\vec{x} = \vec{b_2} + r_2\vec{v_2} + s_2\vec{w_2}$
zueinander anhand des Flussdiagramms. Ergänzen Sie die Lagebeziehung der Ebenen.

40 *Oktaeder*

a) Man kann der Anschauung entnehmen, dass in einem Oktaeder gegenüberliegende Flächen parallel sind. Zeigen Sie dies rechnerisch.
b) Zeigen Sie rechnerisch, dass die rote Kante $\overline{AB}$ keinen Schnittpunkt mit den hinteren Flächen hat.

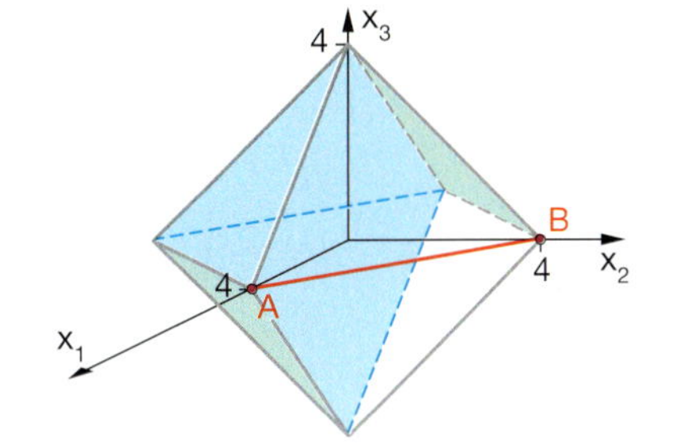

Übungen

41 *Flächen im Kuboktaeder*

Der Würfel hat die Kantenlänge 4, die Eckpunkte des Kuboktaeders sind die Mittelpunkte der Würfelkanten.

Welche Begrenzungsfläche des Körpers liegt in der Ebene E_1, welche in der Ebene E_2?

$$E_1\colon \vec{x} = \begin{pmatrix}4\\0\\2\end{pmatrix} + r_1\begin{pmatrix}-2\\0\\2\end{pmatrix} + s_1\begin{pmatrix}0\\2\\2\end{pmatrix}$$

$$E_2\colon \vec{x} = \begin{pmatrix}4\\4\\2\end{pmatrix} + r_2\begin{pmatrix}0\\-2\\2\end{pmatrix} + s_2\begin{pmatrix}-2\\0\\2\end{pmatrix}$$

Begründen Sie anschaulich, dass die gemeinsamen Punkte der Ebenen E_1 und E_2 auf einer Geraden liegen, und berechnen Sie eine Gleichung dieser Geraden. Beschreiben Sie ihre Lage.

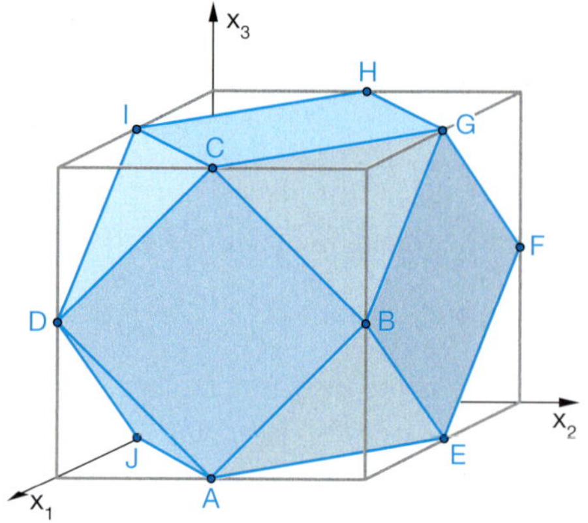

42 *Lage von Geraden und Ebenen im Pyramidenstumpf*

Übertragen Sie die Abbildung als Schrägbild in Ihr Heft. Veranschaulichen Sie die Lage der Objekte im Pyramidenstumpf und weisen Sie jeweils die Lagebeziehungen rechnerisch nach.

a) $g\colon \vec{x} = \begin{pmatrix}5\\5\\0\end{pmatrix} + t\begin{pmatrix}-1\\-1\\3\end{pmatrix}$;

$E\colon \vec{x} = \begin{pmatrix}5\\0\\0\end{pmatrix} + r\begin{pmatrix}-5\\0\\0\end{pmatrix} + s\begin{pmatrix}-4\\1\\3\end{pmatrix}$

b) $g\colon \vec{x} = \begin{pmatrix}5\\5\\0\end{pmatrix} + t\begin{pmatrix}-1\\-1\\3\end{pmatrix}$;

$E\colon \vec{x} = \begin{pmatrix}4\\1\\3\end{pmatrix} + r\begin{pmatrix}0\\3\\0\end{pmatrix} + s\begin{pmatrix}1\\-1\\-3\end{pmatrix}$

c) $E_1\colon \vec{x} = \begin{pmatrix}5\\5\\0\end{pmatrix} + r_1\begin{pmatrix}-1\\-1\\3\end{pmatrix} + s_1\begin{pmatrix}-5\\0\\0\end{pmatrix}$; $E_2\colon \vec{x} = \begin{pmatrix}5\\0\\0\end{pmatrix} + r_2\begin{pmatrix}-5\\0\\0\end{pmatrix} + s_2\begin{pmatrix}-4\\1\\3\end{pmatrix}$

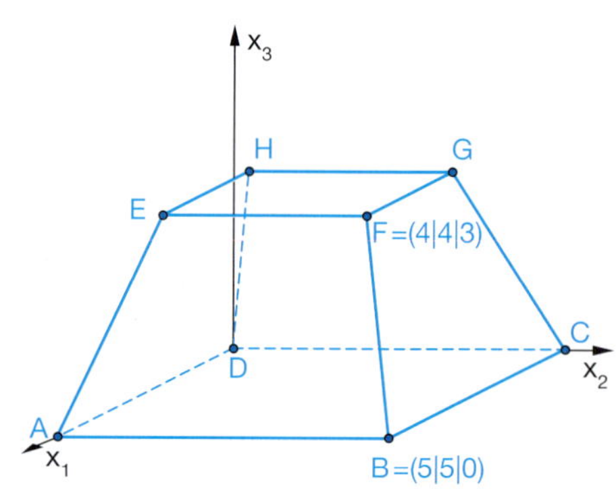

43 *Training zu Lageaufgaben*

Entscheiden Sie, welche Lage die Objekte zueinander haben.

a) $g\colon \vec{x} = \begin{pmatrix}1\\2\\-1\end{pmatrix} + t\begin{pmatrix}1\\2\\4\end{pmatrix}$; $E\colon \vec{x} = \begin{pmatrix}2\\4\\3\end{pmatrix} + r\begin{pmatrix}3\\1\\0\end{pmatrix} + s\begin{pmatrix}1\\2\\4\end{pmatrix}$

b) $g\colon \vec{x} = t\begin{pmatrix}1\\1\\1\end{pmatrix}$; $E\colon \vec{x} = \begin{pmatrix}1\\0\\0\end{pmatrix} + r\begin{pmatrix}1\\-1\\0\end{pmatrix} + s\begin{pmatrix}1\\0\\-1\end{pmatrix}$

c) $g\colon \vec{x} = \begin{pmatrix}2\\0\\1\end{pmatrix} + t\begin{pmatrix}2\\1\\-1\end{pmatrix}$; $E\colon \vec{x} = \begin{pmatrix}1\\1\\2\end{pmatrix} + r\begin{pmatrix}1\\0\\-1\end{pmatrix} + s\begin{pmatrix}1\\1\\0\end{pmatrix}$

d) $E_1\colon \vec{x} = \begin{pmatrix}1\\2\\3\end{pmatrix} + r_1\begin{pmatrix}3\\1\\0\end{pmatrix} + s_1\begin{pmatrix}1\\2\\4\end{pmatrix}$; $E_2\colon \vec{x} = \begin{pmatrix}2\\4\\3\end{pmatrix} + r_2\begin{pmatrix}1\\2\\4\end{pmatrix} + s_2\begin{pmatrix}3\\1\\0\end{pmatrix}$

e) $E_1\colon \vec{x} = \begin{pmatrix}1\\1\\2\end{pmatrix} + r_1\begin{pmatrix}0\\1\\0\end{pmatrix} + s_1\begin{pmatrix}1\\0\\0\end{pmatrix}$; $E_2\colon \vec{x} = \begin{pmatrix}1\\1\\0\end{pmatrix} + r_2\begin{pmatrix}1\\-1\\1\end{pmatrix} + s_2\begin{pmatrix}1\\-1\\0\end{pmatrix}$

Tipp:
Folgende Methoden stehen zur Verfügung:
- Lösen von LGS per Hand
- Lösen von LGS mit dem GTR
- Überprüfen der Richtungsvektoren auf lineare Abhängigkeit

Übungen

44 *Lagebeziehungen*

a) g: $\vec{x} = \vec{a} + t\vec{u}$
E: $\vec{x} = \vec{b} + r\vec{v} + s\vec{w}$

Wenn sich $\vec{u}$ als Linearkombination von $\vec{v}$ und $\vec{w}$ darstellen lässt, dann liegt g in E oder g ist parallel zu E.

b) E_1: $\vec{x} = \vec{b_1} + r_1\vec{v_1} + s_1\vec{w_1}$
E_2: $\vec{x} = \vec{b_2} + r_2\vec{v_2} + s_2\vec{w_2}$

Wenn sich jeder Richtungsvektor von E_1 als Linearkombination von $\vec{v_2}$ und $\vec{w_2}$ darstellen lässt, dann sind die Ebenen parallel oder identisch.

Veranschaulichen Sie die Aussagen an einer geeigneten Zeichnung und geben Sie jeweils ein Beispiel an.

45 *Schnittaufgaben im Würfel*

Entscheiden Sie anschaulich und überprüfen Sie rechnerisch, ob sich Gerade und Ebene bzw. beide Ebenen schneiden.
Bestimmen Sie gegebenenfalls eine Gleichung der Schnittmenge.

a)
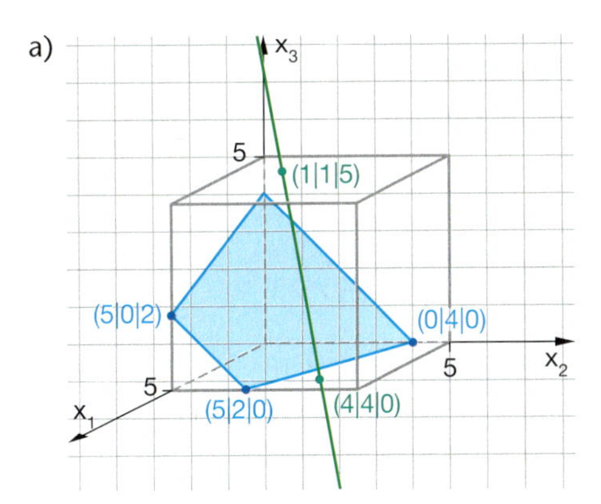

b)
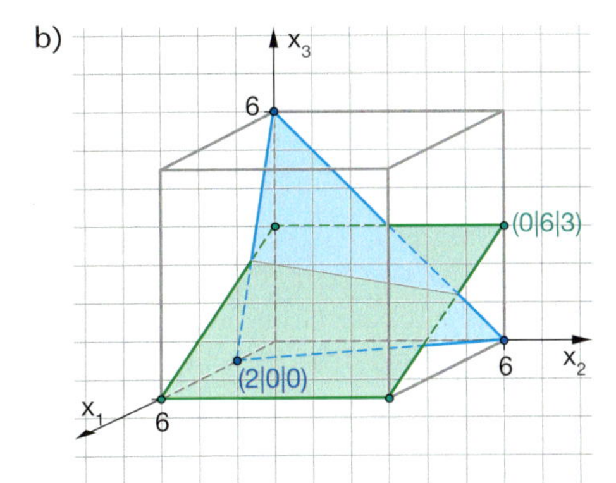

c)
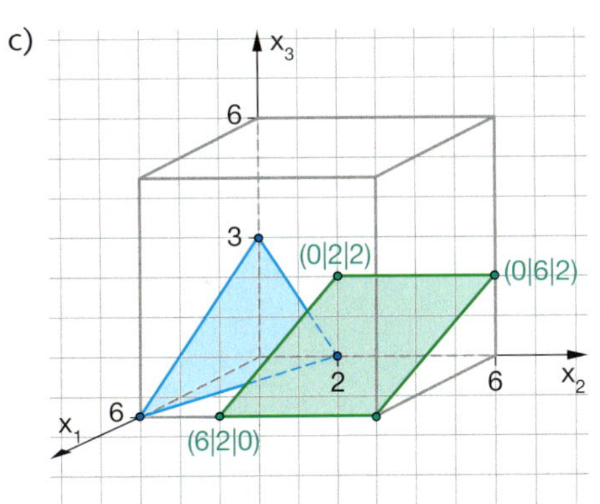

d)
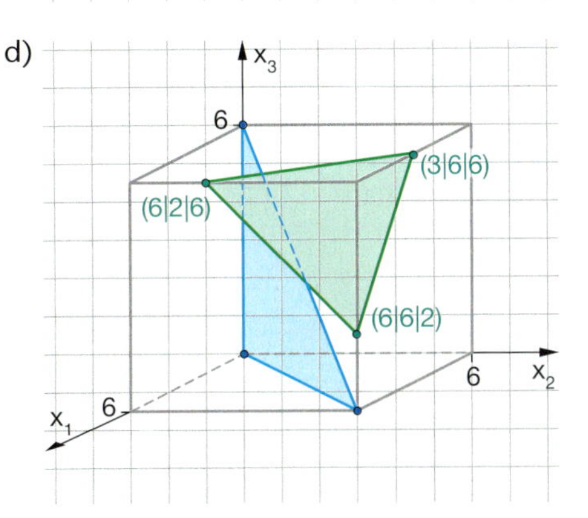

46 *Gerade und Ebene im Würfel*

Der Würfel hat die Kantenlänge 6 und M ist der Mittelpunkt der Seitenfläche BCGF.
Bestimmen Sie den Punkt S, in dem die Gerade durch A und M das Dreieck BCE trifft.

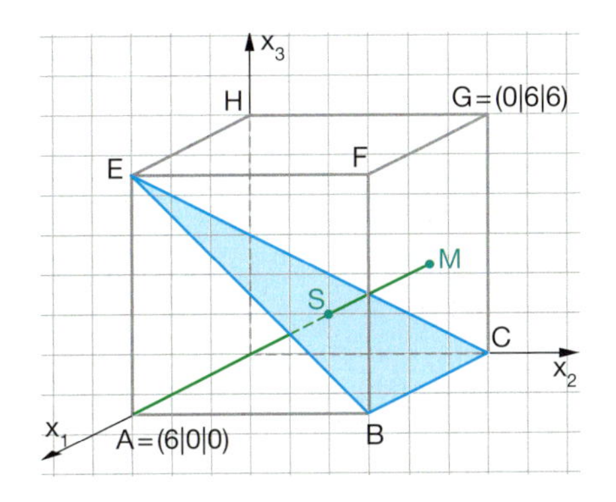

Aufgaben

47 *Pyramide und Treppenstufe*

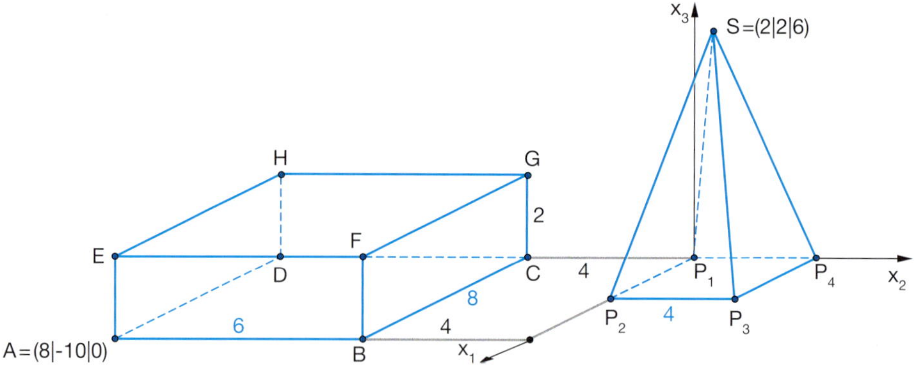

Eine quadratische Pyramide mit Grundkantenlänge 4 und Höhe 6 steht neben einem Quader. Die Sonne scheint und wirft einen Schatten der Pyramide auf die Stufe.

Die Richtung der Sonnenstrahlen ist $\vec{v} = \begin{pmatrix} 0{,}75 \\ -2{,}5 \\ -1 \end{pmatrix}$.

Zeichnen Sie die Pyramide vor der Stufe und den Schatten in einem „2-1-Koordinatensystem". Berechnen Sie die dazu notwendigen Eckpunkte.

48 *Pyramiden in Ägypten*

In der Nähe von Kairo steht die Cheops- neben der Chephrenpyramide. Die eine wirft einen Schatten auf die andere.

Wir nehmen an, dass die erste Pyramide die folgenden Eckpunkte hat:
$A = (-3|3|0)$, $B = (3|3|0)$, $C = (3|-3|0)$, $D = (-3|-3|0)$ und $E = (0|0|5)$.

Die Richtung der Sonnenstrahlen ist $\vec{v} = \begin{pmatrix} -12 \\ -16 \\ -7 \end{pmatrix}$.

a) Zeichnen Sie die Pyramide und ihren Schatten in ein Koordinatensystem.

b) Die zweite Pyramide hat die folgenden Eckpunkte:
$P = (-5|-10|0)$, $Q = (-5|-6|0)$, $R = (-9|-6|0)$, $S = (-9|-10|0)$ und $T = (-7|-8|3)$.
Zeichnen Sie diese Pyramide in das gleiche Koordinatensystem. Konstruieren Sie den Schatten, den die erste Pyramide auf der zweiten erzeugt. Berechnen Sie alle dazu notwendigen Punkte.

Das DIN-A4-Blatt quer nehmen, ganz rechts auf dem Blatt mit der ersten Pyramide beginnen und genau zeichnen.

49 *Restkörper*

Der im Bild dargestellte Quader wird durch zwei ebene Schnitte zerlegt.

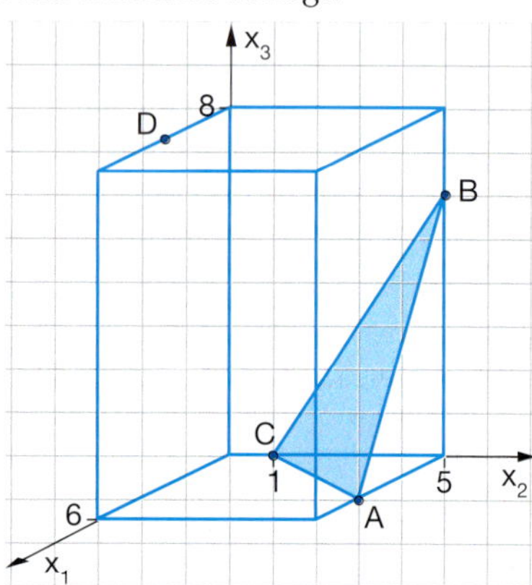

a) Den ersten Schnitt erzeugt die Ebene durch die Punkte ABC. Bestimmen Sie eine Gleichung dieser Ebene.

b) Die zweite Schnittebene geht durch den Punkt D und hat die Richtungsvektoren

$\vec{u} = \begin{pmatrix} 0 \\ 1 \\ -2 \end{pmatrix}$ und $\vec{v} = \begin{pmatrix} 6 \\ -1 \\ 0 \end{pmatrix}$.

Wie sieht der Restkörper aus, der die Ecke O enthält?
Berechnen Sie alle notwendigen Schnittgeraden und Schnittpunkte und fertigen Sie eine saubere Zeichnung des Körpers an.

Projekt

Zentralperspektive, Dürer und 3D-Kino
Das Kantenmodell eines Würfels wird vor einer weißen Wand durch eine punktförmige Lichtquelle beleuchtet und erzeugt einen Schatten an der Wand. Das Schattenbild sieht anders aus als alle Darstellungen eines Würfels, die Sie bisher benutzt haben. Sie haben mathematische Werkzeuge kennen gelernt, die es Ihnen erlauben, diese Bilder rechnerisch herzustellen. Die Lichtstrahlen durch die Eckpunkte können als Geraden gedeutet werden, deren Schnittpunkte mit der Wand (Ebene) bestimmt werden können.
Experimentieren Sie selber mit einem Kantenmodell und einer Lampe.

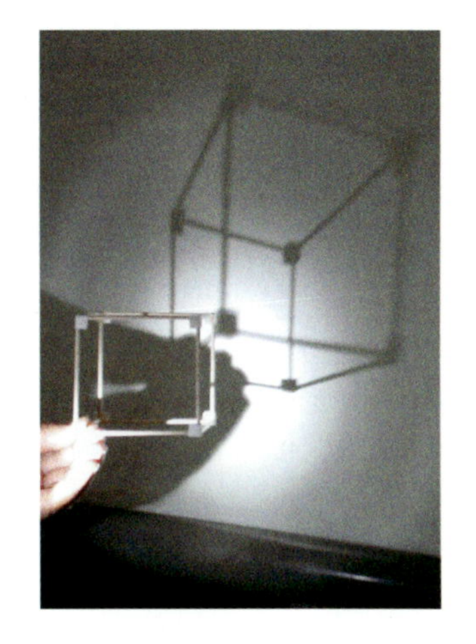

Experimentieren

Auf der x_1x_2-Ebene steht ein Würfel mit den Eckpunkten A, B, C, D, E, F, G und H. Dabei sind A = (0|3|0), B = (4|0|0), D = (3|7|0) und E = (0|3|5) gegeben.
Der Würfel wird vom Punkt L = (12|3|3) aus beleuchtet, das Bild wird auf der „Wand" x_2x_3-Ebene erzeugt.

- Bestimmen Sie die Koordinaten der anderen Eckpunkte.
- Berechnen Sie die Koordinaten der Bildpunkte A_1, B_1, …, H_1 und zeichnen Sie das Bild des Würfels in der x_2x_3-Ebene.

Perspektivisches Bild des Würfels berechnen

Dürer

Spätestens seit der Renaissance sind verschiedene Techniken zur Herstellung von realistischen Bildern räumlicher Objekte verwendet worden.
Albrecht Dürer hat in einer Zeichnung eine Handlungsanweisung für die Erzeugung perspektivischer Darstellungen festgehalten.

Formulieren Sie die im Bild dargestellte Methode mit Ihren eigenen Worten als Anleitung zum Zeichnen.
Was ist der wesentliche Unterschied zwischen der von Ihnen oben benutzten Methode und der in Dürers Bild dargestellten Technik? Wo liegen die Gemeinsamkeiten?

Mathematisieren

Sie haben sicherlich festgestellt, dass in Ihrer Zeichnung die Bilder von parallelen Kanten nicht mehr parallel sind.
Jeder kennt das Phänomen:
Die Eisenbahnschienen scheinen aufeinander zuzulaufen und sich am Horizont zu treffen, obwohl wir alle wissen, dass die Schienen in Wirklichkeit parallel sind und immer den gleichen Abstand zueinander haben.
Im Bild sind die Eisenbahnschienen keine parallelen Geraden – sie schneiden sich.
Ist dieses Phänomen typisch für perspektivische Abbildungen?

Parallele Kanten

2202.ggb

Fluchtpunkte

Teilen Sie sich die Arbeit

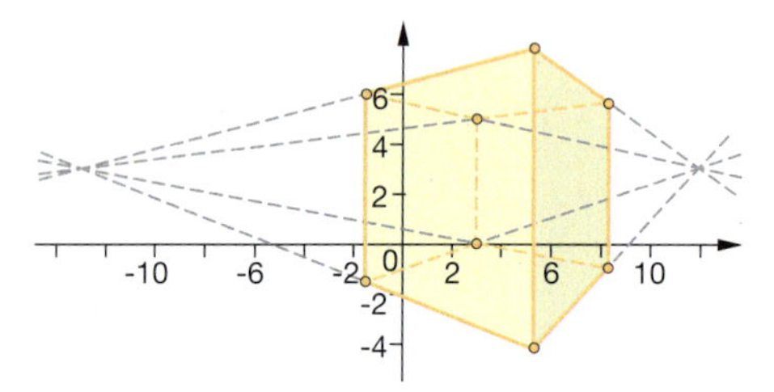

Am Anfang des Projekts haben Sie an einem konkreten Beispiel ein perspektivisches Bild des Würfels erstellt. Zeigen Sie hierfür rechnerisch, dass sich die Bilder der Geraden, die durch im Würfel parallele Kanten verlaufen, in einem Punkt schneiden.
Bestimmen Sie die Koordinaten dieser sogenannten „**Fluchtpunkte**".

Fluchtpunkte in Fotografien

3D im Gehirn

Auch auf Fotografien lassen sich Fluchtpunkte rekonstruieren.

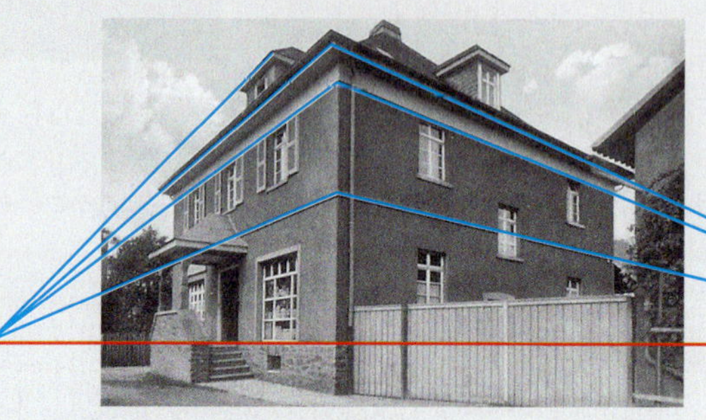

Die Eigenschaft, dass sich die Bilder paralleler Geraden in einem Punkt schneiden, wird in der darstellenden Geometrie zur Konstruktion von perspektivischen Darstellungen genutzt.

Mit der perspektivischen Darstellung möchte man möglichst realistische Bilder von Objekten erzeugen, und zwar so, wie sie vom menschlichen Auge wahrgenommen werden. Die hier beschriebene Methode ist gut geeignet für den Blick mit einem Auge.
Der Mensch hat aber zwei nebeneinander liegende Augen, die jedes für sich ein eigenes Bild sehen. Erst im Gehirn werden beide Bilder zu einem räumlichen Bild zusammengefügt.

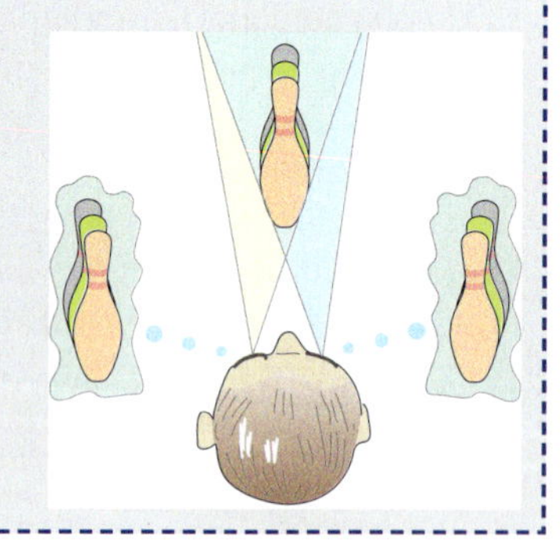

Räumliches Sehen mit Rot-Grün-Brille

Sie haben auf der vorigen Seite bereits ein perspektivisches Bild des Würfels gezeichnet. Berechnen und zeichnen Sie in dasselbe Koordinatensystem ein zweites Bild des Würfels, das entsteht, wenn der Würfel von dem Punkt $L_2 = (12|4|3)$ aus beleuchtet wird. L_2 liegt neben dem Punkt L.

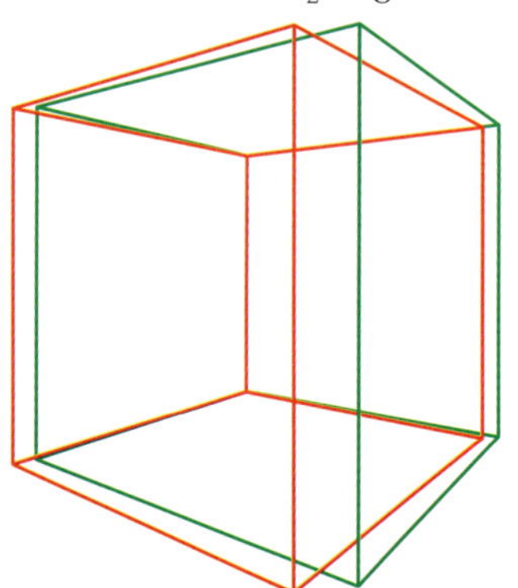

2203.ggb

Zeichnen Sie das erste Bild in grün und das zweite Bild in rot.
Besorgen Sie sich eine rote und grüne Folie und basteln Sie daraus eine Rot-Grün-Brille.
Wenn Sie nun das Bild der beiden Würfel betrachten (rote Folie am linken Auge) werden Sie ein räumliches Bild wahrnehmen.

Auf dem Prinzip, zwei unterschiedliche Bilder zu zeigen, beruhen auch die in den neuen 3D-Kinos gezeigten Filme, die ein völlig anderes dreidimensionales Sehen ermöglichen.

CHECK UP

Geraden und Ebenen im Raum

1 *Strecken im Würfel*

Zeichnen Sie die Geraden in einen Würfel mit der Kantenlänge 8 (D = (0|0|0)).

$g: \vec{x} = \begin{pmatrix}0\\8\\0\end{pmatrix} + t\begin{pmatrix}8\\-8\\0\end{pmatrix}$ $\quad$ $h: \vec{x} = \begin{pmatrix}0\\8\\0\end{pmatrix} + t\begin{pmatrix}0\\0\\8\end{pmatrix}$

$m: \vec{x} = \begin{pmatrix}0\\8\\8\end{pmatrix} + t\begin{pmatrix}8\\-8\\0\end{pmatrix}$ $\quad$ $n: \vec{x} = \begin{pmatrix}8\\0\\0\end{pmatrix} + t\begin{pmatrix}0\\0\\8\end{pmatrix}$

Kennzeichnen Sie jeweils die Strecken für $0 \le t \le 1$. Welche Figur entsteht im Würfel?

2 *Geraden gesucht*

a) Konstruieren Sie zur Geraden $g: \vec{x} = \begin{pmatrix}1\\2\\3\end{pmatrix} + t\begin{pmatrix}-2\\1\\4\end{pmatrix}$ jeweils zwei verschiedene Geraden, die parallel sind zu g oder mit g einen Schnittpunkt haben.

b) Welche der folgenden Geraden sind zueinander parallel, welche schneiden sich, welche sind windschief?

$g: \vec{x} = \begin{pmatrix}3\\-1\\2\end{pmatrix} + r\begin{pmatrix}2\\5\\-3\end{pmatrix}$; $\quad h: \vec{x} = \begin{pmatrix}3\\2\\-1\end{pmatrix} + s\begin{pmatrix}2\\1\\\frac{1}{2}\end{pmatrix}$; $\quad k: \vec{x} = \begin{pmatrix}3\\-1\\2\end{pmatrix} + t\begin{pmatrix}4\\2\\1\end{pmatrix}$

3 *Pyramide*

Geben Sie die Gleichungen für die farbigen Kanten der Pyramide an. Zeigen Sie rechnerisch, dass S Schnittpunkt der Seitenkanten ist.

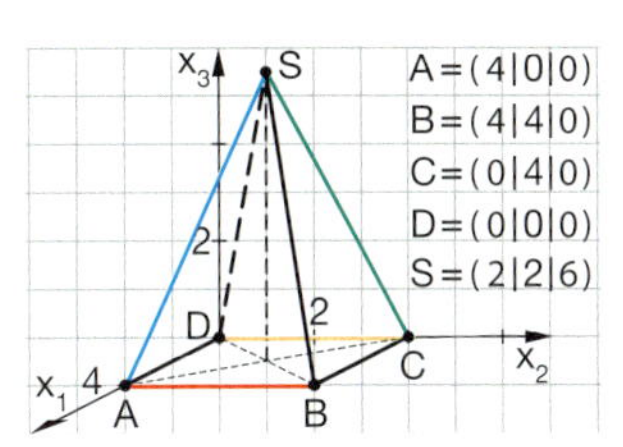

4 *Parallele Strecken im Quader*

Im Quader teilen R, S, T, U, V und W die Kanten jeweils im Verhältnis 1 : 2. Gibt es im Sechseck RSTUVW parallele Kanten?

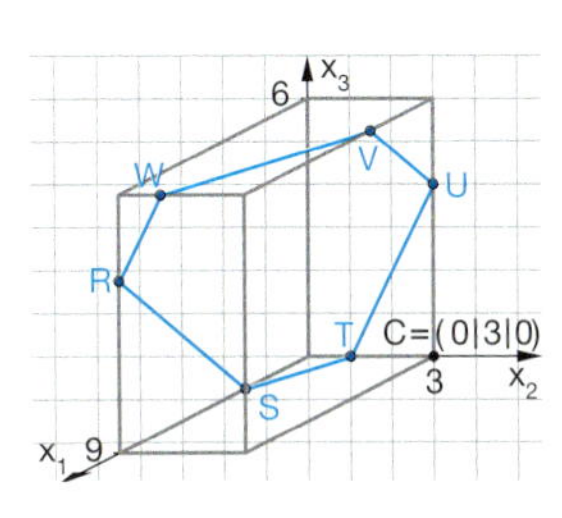

5 *Lage von Geraden*

Bestimmen Sie die Lage der Geraden zueinander. Geben Sie gegebenenfalls den Schnittpunkt an. Die Punkte P, Q, R in b) sind jeweils Kantenmitten.

a)

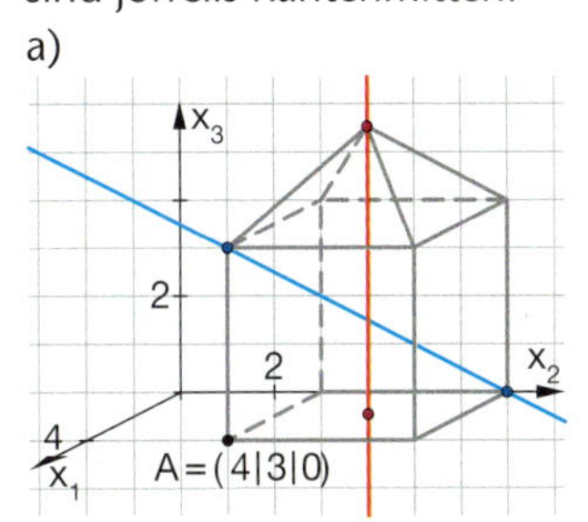

b)

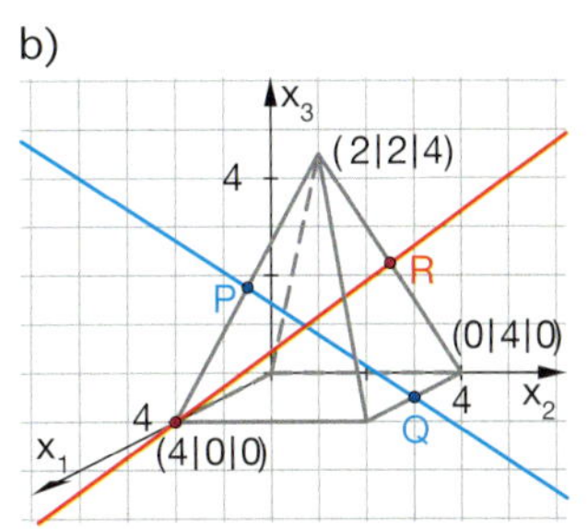

Gerade und Strecke im Raum

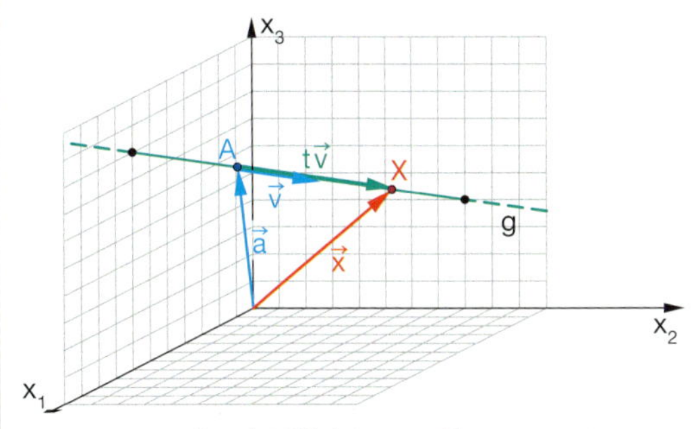

Punkt-Richtungs-Form

$g: \vec{x} = \vec{a} + t\vec{v}$ mit $t \in \mathbb{R}$

$\vec{a}$ **Stützvektor**, $\vec{v}$ **Richtungsvektor**

Durch Einschränkung des Parameters t entsteht eine Strecke.

Lagebeziehungen von Geraden im Raum

$g: \vec{x} = \vec{p} + s\vec{u}$ und $h: \vec{x} = \vec{q} + t\vec{v}$

$\vec{u}$ und $\vec{v}$ sind **linear abhängig**

$\vec{u} = r\vec{v}$ für ein $r \in \mathbb{R}$

g und h identisch

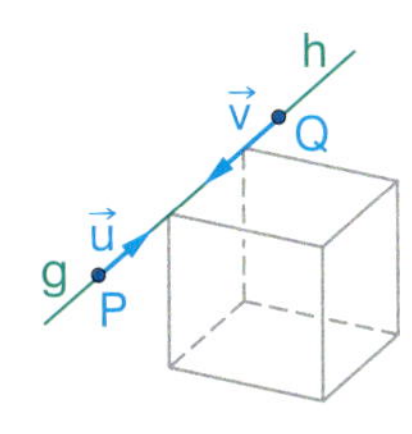

P liegt auf h

$\vec{p} = \vec{q} + t\vec{v}$

für ein $t \in \mathbb{R}$

g und h sind verschieden und parallel

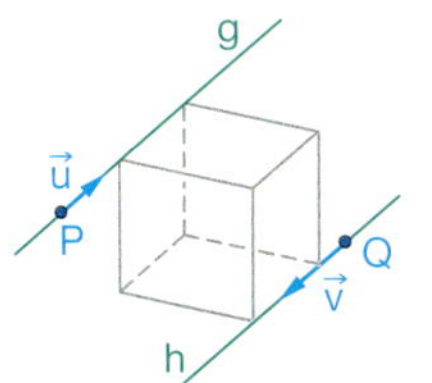

P liegt nicht auf h

$\vec{p} \neq \vec{q} + t\vec{v}$

für alle $t \in \mathbb{R}$

$\vec{u}$ und $\vec{v}$ sind **nicht linear abhängig**

$\vec{u} \neq r\vec{v}$ für alle $r \in \mathbb{R}$

g und h haben genau einen Schnittpunkt

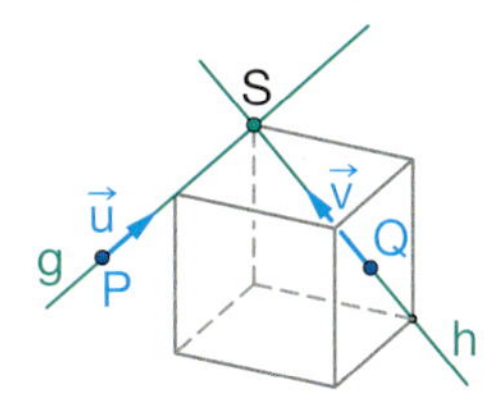

$\vec{p} + s\vec{u} = \vec{q} + t\vec{v}$

für je ein $s, t \in \mathbb{R}$

g und h sind windschief

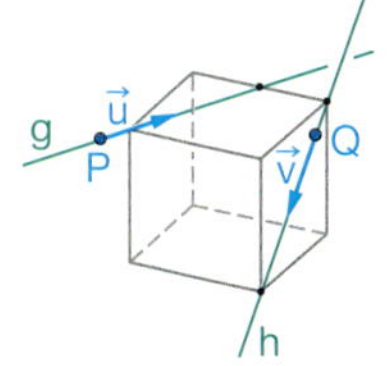

$\vec{p} + s\vec{u} \neq \vec{q} + t\vec{v}$

für alle $s, t \in \mathbb{R}$

CHECK UP

Geraden und Ebenen im Raum

Ebene im Raum

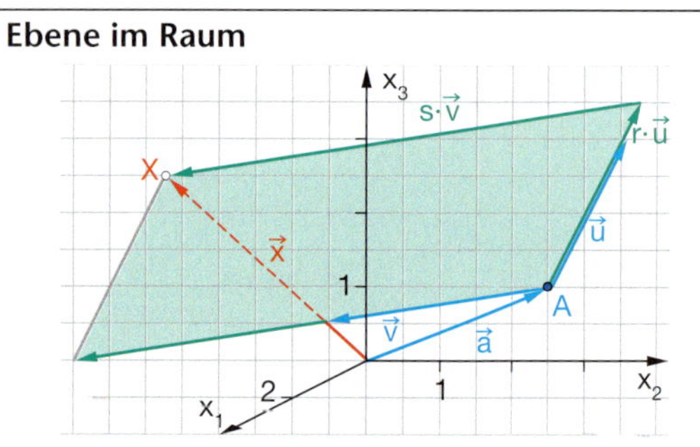

Punkt-Richtungs-Form

E: $\vec{x} = \vec{a} + r\vec{u} + s\vec{v}$ mit $r, s \in \mathbb{R}$

$\vec{a}$ **Stützvektor**, $\vec{u}$ und $\vec{v}$ **Richtungsvektoren**

$$E: \vec{x} = \begin{pmatrix} 4 \\ 4{,}5 \\ 2 \end{pmatrix} + r\begin{pmatrix} 2 \\ 2 \\ 2{,}5 \end{pmatrix} + s\begin{pmatrix} -2 \\ -4 \\ -1 \end{pmatrix}$$

Durch Einschränkung der Parameter r und s mit $0 \le r \le 1$, $0 \le s \le 1$ entsteht ein ebenes Flächenstück.

Koordinatenform

$$E: 8x_1 - 3x_2 - 4x_3 = 10{,}5$$

Lagebeziehung zwischen Gerade und Ebene

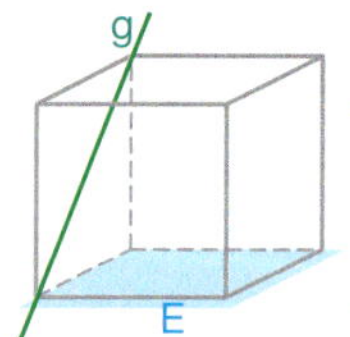

g und E schneiden sich

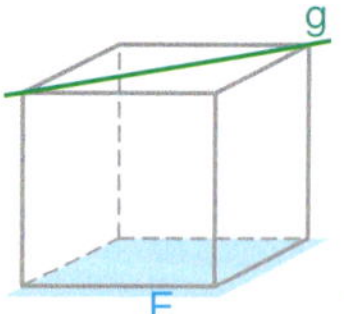

g und E sind parallel

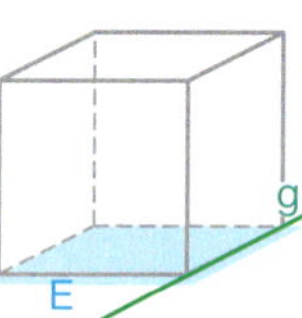

g liegt in E

g: $\vec{x} = \vec{a} + t\vec{u}$ E: $\vec{x} = \vec{b} + r\vec{v} + s\vec{w}$

Der Schnittpunktansatz durch Gleichsetzen führt auf ein lineares Gleichungssystem mit drei Gleichungen und drei Variablen.

Lagebeziehung zwischen Ebenen

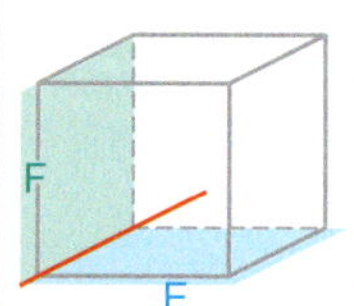

E und F schneiden sich

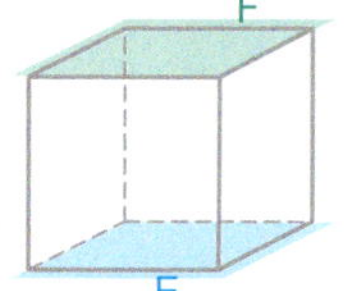

E und F sind parallel

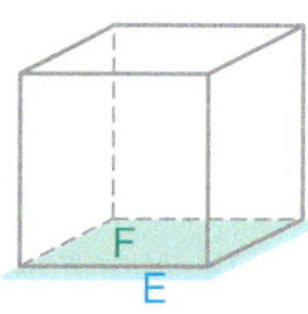

E liegt in F

E: $\vec{x} = \vec{b}_1 + r_1\vec{v}_1 + s_1\vec{w}_1$ F: $\vec{x} = \vec{b}_2 + r_2\vec{v}_2 + s_2\vec{w}_2$

Der Schnittpunktansatz durch Gleichsetzen führt auf ein lineares Gleichungssystem mit drei Gleichungen und vier Variablen.

6 *Walmdach*

a) Geben Sie die Gleichungen der Ebenen an, in denen die vier Dachflächen des Walmdaches liegen.

b) Welche Fläche wird beschrieben durch

$$E: \vec{x} = \begin{pmatrix} 2 \\ 4 \\ 1{,}5 \end{pmatrix} + r\begin{pmatrix} 0 \\ 0 \\ -1 \end{pmatrix} + s\begin{pmatrix} 0 \\ -1 \\ 0 \end{pmatrix}?$$

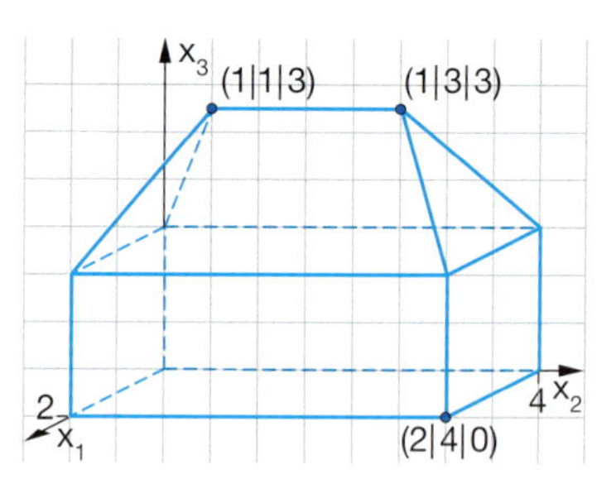

7 *Dreiseitige Pyramide*

Welche Flächen werden beschrieben durch

$$E: \vec{x} = \begin{pmatrix} 4 \\ 2 \\ 0 \end{pmatrix} + r\begin{pmatrix} -4 \\ 2 \\ 0 \end{pmatrix} + s\begin{pmatrix} -4 \\ -2 \\ 0 \end{pmatrix};$$

$$F: \vec{x} = \begin{pmatrix} 0 \\ 4 \\ 0 \end{pmatrix} + r\begin{pmatrix} 4 \\ -2 \\ 0 \end{pmatrix} + s\begin{pmatrix} 0 \\ -2 \\ 2 \end{pmatrix}?$$

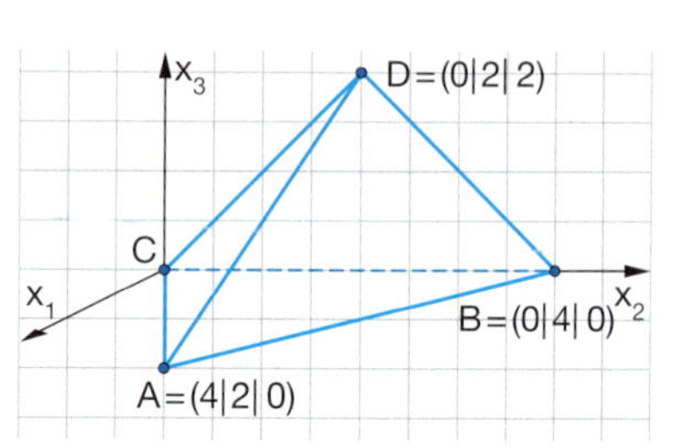

Stellen Sie die Ebenengleichungen für die weiteren Flächen auf.

8 *Koordinatenform einer Ebene*

Die Abbildung zeigt eine Ebene durch die Punkte A, B und C. Zeigen Sie, dass diese drei Punkte die Gleichung E: $1{,}5x_1 + 2x_2 + 3x_3 = 6$ erfüllen. Liegt der Punkt P(2|2|−1) auf E?

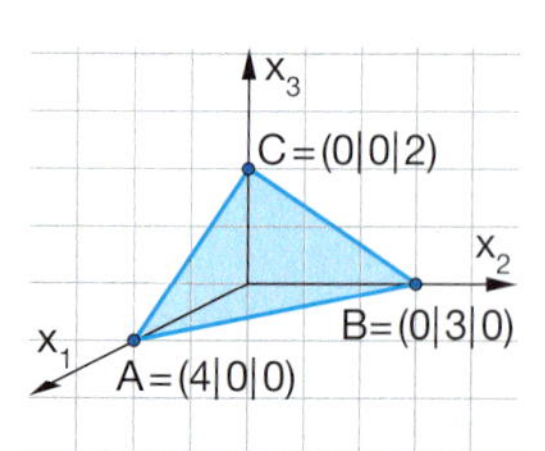

9 *Raumdiagonale und Ebenen im Würfel*

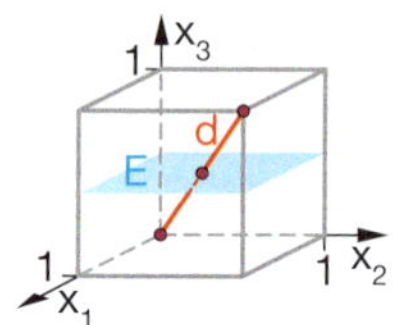

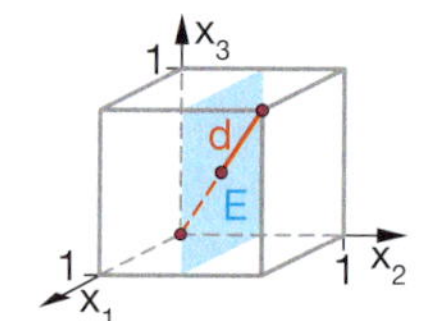

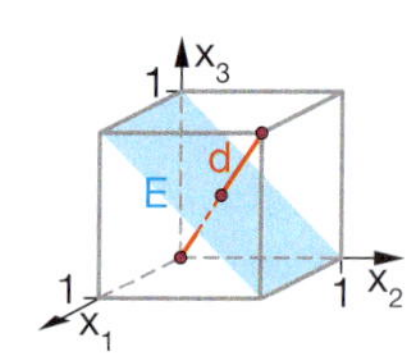

Bestimmen Sie jeweils den Schnittpunkt. Was fällt auf? Gibt es weitere Ebenen im Würfel mit der gleichen Besonderheit?

10 *Lagebeziehung im Würfel*

a) In welchem Punkt schneidet die Gerade g durch A und G das Dreieck AFH?

b) Schneidet die Gerade h durch B und G die Ebene, auf der das Dreieck AFH liegt?

11 *Ebenen im Würfel*

Welche Lage haben die Ebenen E_1, E_2 und E_3 zueinander? Bestätigen Sie geometrisch Ihre rechnerische Lösung.

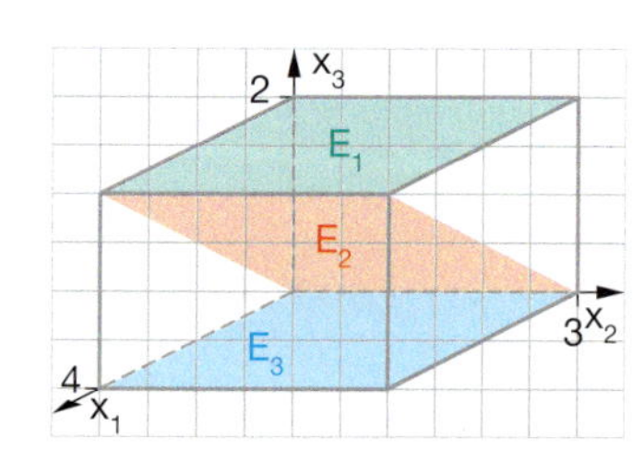

Sichern und Vernetzen – Vermischte Aufgaben

Training

1 *Punkte im Würfel*

a) Zeigen Sie zeichnerisch und rechnerisch, dass die Punkte $A = (4|0|0)$, $C = (0|4|0)$ und $H = (0|0|4)$ nicht auf einer Geraden liegen.

b) Geben Sie eine Gleichung der Ebene an, die diese Punkte enthält.

2 *Geraden im Würfel*

Geben Sie zur Geraden

$$g: \vec{x} = \begin{pmatrix} 4 \\ 0 \\ 4 \end{pmatrix} + t\begin{pmatrix} -4 \\ 4 \\ 0 \end{pmatrix}$$

Geraden h, k und l an, so dass gilt:
h und g sind parallel,
k und g sind windschief,
l und g besitzen einen Schnittpunkt.

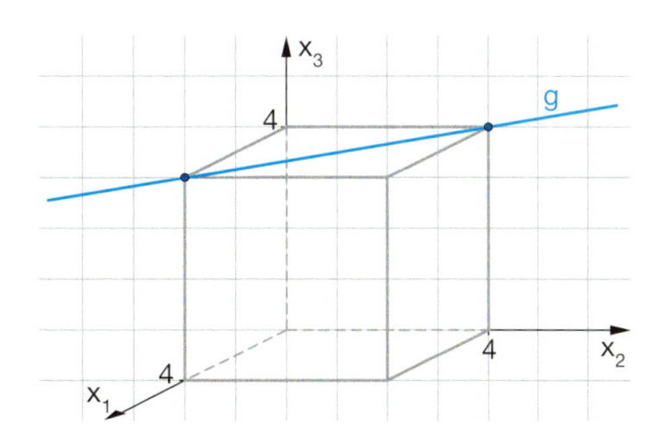

3 *Geraden im Quader*

a) Welche Lage haben die Geraden g und h zueinander? M und N sind Kantenmitten.

b) Geben Sie eine Gleichung der Ebene E an, die B, M und N enthält. Liegt C auf der Ebene E?

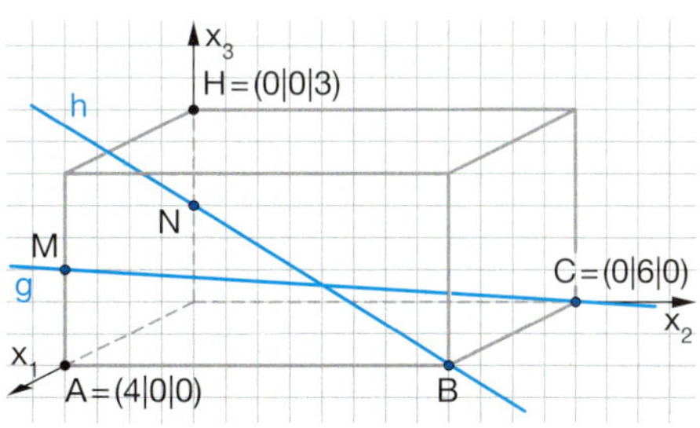

4 *Windschiefe Geraden im Würfel*

Weisen Sie rechnerisch nach, dass die Geraden

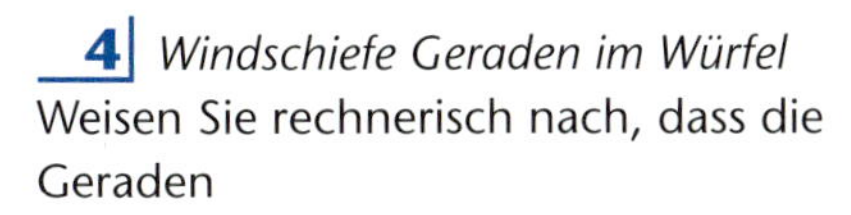

$$g: \vec{x} = \begin{pmatrix} 4 \\ 0 \\ 4 \end{pmatrix} + s\begin{pmatrix} -4 \\ 4 \\ 0 \end{pmatrix} \text{ und}$$

$$h: \vec{x} = \begin{pmatrix} 0 \\ 0 \\ 4 \end{pmatrix} + t\begin{pmatrix} 4 \\ 4 \\ -4 \end{pmatrix} \text{ windschief sind.}$$

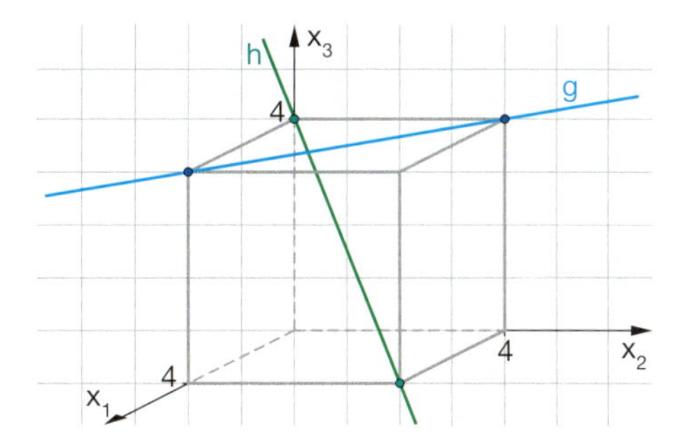

5 *Ebene – Geraden*

Geben Sie zur Ebene $E: \vec{x} = \begin{pmatrix} 4 \\ 2 \\ 3 \end{pmatrix} + r\begin{pmatrix} 3 \\ 3 \\ 3 \end{pmatrix} + s\begin{pmatrix} 0 \\ -4 \\ -3 \end{pmatrix}$ eine Gerade g an, die parallel zu E ist und eine Gerade h, die E im Punkt $P = (7|-3|0)$ schneidet.

6 *Ebenen durch vorgegebene Geraden*

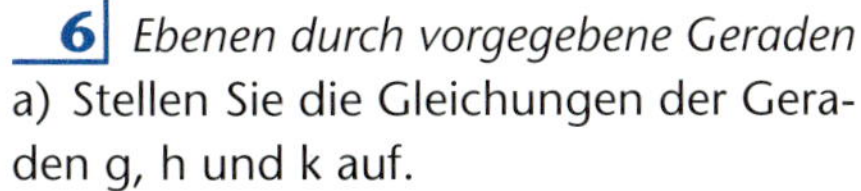

a) Stellen Sie die Gleichungen der Geraden g, h und k auf.

b) Geben Sie eine Gleichung der Ebene an, die h und k enthält.

c) Zeigen Sie, dass es keine Ebene gibt, die g und h enthält und dass es keine Ebene gibt, die g und k enthält.

d) Geben Sie eine Gleichung der Ebene an, die g enthält und parallel ist zu h sowie eine Gleichung der Ebene, die g enthält und parallel ist zu k.

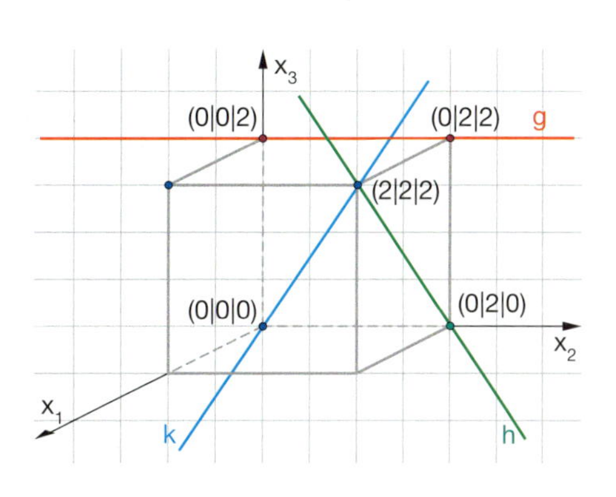

Verstehen von Begriffen und Verfahren

7 *Geradengleichung*
a) Welche Gleichung hat die Parallele h zu $g: \vec{x} = \begin{pmatrix}1\\3\\7\end{pmatrix} + t\begin{pmatrix}2\\0\\1\end{pmatrix}$, die durch $P = (5|7|2)$ geht?
b) Welche Gleichung hat die Mittelparallele m von g und h?
Begründen Sie Ihr Vorgehen.

8 *Spurgerade*
a) Veranschaulichen Sie die Ebenen $E_1: 3x_1 + 2x_2 + 3x_3 = 12$ und $E_2: 3x_1 + 2x_2 = 6$ mithilfe ihrer Spurgeraden.
b) Zeichnen Sie die Schnittgerade der beiden Ebenen ohne Rechnung ein. Begründen Sie Ihr Vorgehen.

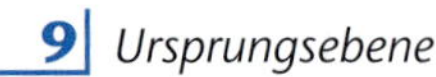
9 *Ursprungsebene*
Geben Sie die Gleichung einer Ebene durch den Ursprung an. Wie können Sie dies erkennen an einer Ebenengleichung in
- Punkt-Richtungs-Form?
- Koordinatenform?

10 *Schnittgeraden*
Geben Sie im Würfel mit der Kantenlänge 4 jeweils zwei Ebenen an, die die angegebene Gerade als Schnittgerade haben. Begründen Sie zeichnerisch und rechnerisch.

a) x_1-Achse b) $g: \vec{x} = t\begin{pmatrix}4\\4\\4\end{pmatrix}$

11 *Gleichungen für Objekte*
Ordnen Sie den Bildern die zugehörigen Gleichungen zu.

(I)
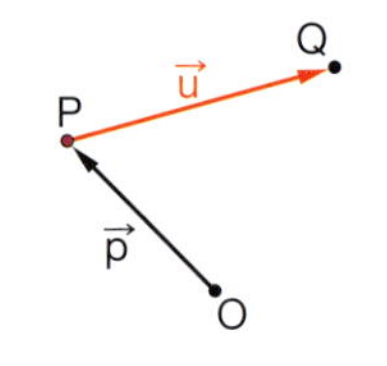

(II)
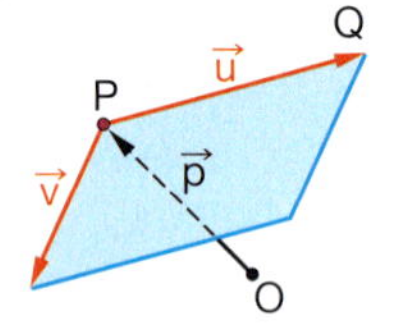

(III)
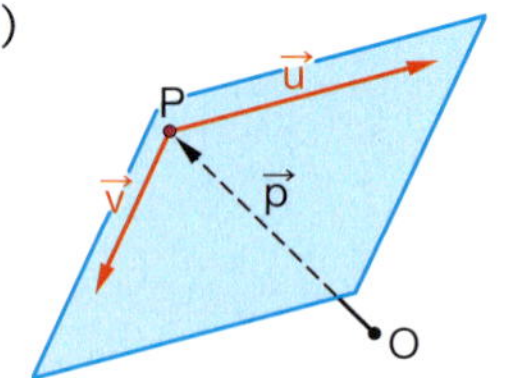

(IV)
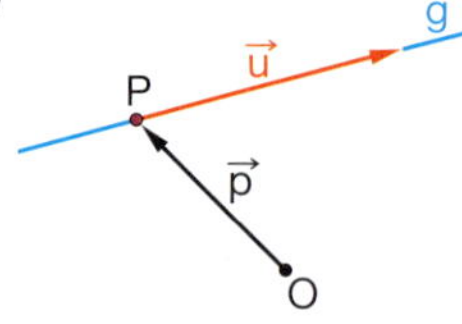

(V)

a) $\vec{x} = \vec{p} + r\vec{u} + s\vec{v}$ mit $r, s \in \mathbb{R}$

b) $\vec{x} = \vec{p} + t\vec{u}$ mit $0 \le t \le 1$

c) $\vec{x} = \vec{p} + r\vec{u} + s\vec{v}$ mit $0 \le r, s \le 1$

d) $\vec{x} = \vec{p} + r\vec{u} + s\vec{v}$ mit $0 \le r, s \le 1$ und $r + s \le 1$

e) $\vec{x} = \vec{p} + t\vec{u}$ mit $t \in \mathbb{R}$

12 *Wahr oder falsch?*
Welche der Aussagen sind wahr, welche falsch?

(A) Wenn die Ebene $E: \vec{x} = \vec{a} + r\vec{u} + s\vec{v}$ den Ursprung enthält, muss $\vec{a} = \vec{0}$ gelten.

(B) Für $\vec{a} = \vec{0}$ gilt: die Ebene $E: \vec{x} = \vec{a} + r\vec{u} + s\vec{v}$ enthält den Ursprung.

(C) Die Geraden $g: \vec{x} = \vec{a} + t\vec{u}$ und $h: \vec{x} = \vec{b} + t\vec{u}$ sind identisch, falls $\vec{a}$ und $\vec{b}$ linear abhängig sind.

(D) Wenn $g: \vec{x} = \vec{a} + t\vec{u}$ und $h: \vec{x} = \vec{b} + t\vec{u}$ identisch sind, dann sind $\vec{a} - \vec{b}$ und $\vec{u}$ linear abhängig.

13 *Parametersuche*
Der Punkt $P = (1|2|5)$ soll auf jeder der drei Ebenen liegen. Welchen Wert muss a jeweils haben?
$E_1: ax_1 - 3x_2 + x_3 = -4$; $E_2: \begin{pmatrix}1\\7\\1\end{pmatrix} \cdot \left[\vec{x} - \begin{pmatrix}2\\a\\4\end{pmatrix}\right] = 0$; $E_3: \vec{x} = r\begin{pmatrix}0\\8\\2\end{pmatrix} + s\begin{pmatrix}0{,}5\\a\\2\end{pmatrix}$

Anwenden und Modellieren

14 *Walmdach*

Es sind die folgenden Geraden

$g: \vec{x} = \begin{pmatrix} 4 \\ 6 \\ 0 \end{pmatrix} + t\begin{pmatrix} -4 \\ 0 \\ 3 \end{pmatrix}$, $h: \vec{x} = \begin{pmatrix} 4 \\ 6 \\ 3 \end{pmatrix} + t\begin{pmatrix} -2 \\ -2 \\ 2 \end{pmatrix}$, $k: \vec{x} = \begin{pmatrix} 4 \\ 0 \\ 3 \end{pmatrix} + t\begin{pmatrix} 6 \\ 0 \\ 0 \end{pmatrix}$, $l: \vec{x} = \begin{pmatrix} 5 \\ 3 \\ 2 \end{pmatrix} + t\begin{pmatrix} 0 \\ -1 \\ -3 \end{pmatrix}$

und $m: \vec{x} = \begin{pmatrix} 0 \\ 0 \\ 3 \end{pmatrix} + t\begin{pmatrix} 2 \\ 2 \\ 2 \end{pmatrix}$ gegeben.

Welche Gerade passt zu welcher Frage?

A) Auf welcher Geraden liegt die Dachkante HI?

B) Auf welcher Geraden liegt die Dachkante JF?

C) Welche Gerade ist Schnittgerade der Ebenen ABE und FIJ?

D) Welche Gerade ist keine Kante, aber in einer der Hauswandebenen enthalten?

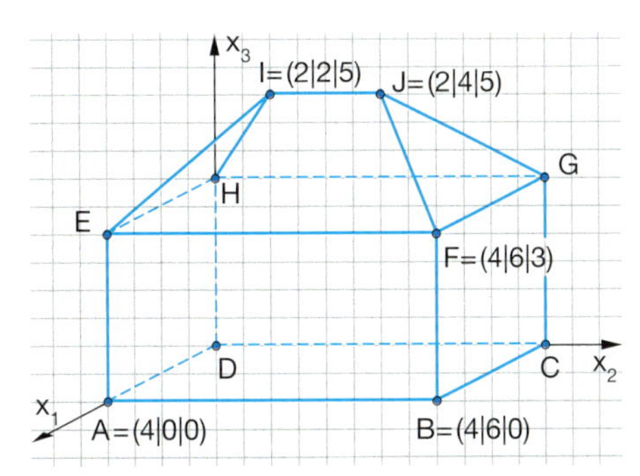

E) Welche Gerade verläuft außerhalb des Hauses?

15 *Ebenen beim Kuboktaeder*

Der Würfel hat die Kantenlänge 4, die Eckpunkte des Kuboktaeders sind die Mittelpunkte der Kanten des Würfels.

a) Welche Begrenzungsfläche des Körpers liegt in der Ebene $E: \vec{x} = \begin{pmatrix} 4 \\ 2 \\ 0 \end{pmatrix} + r\begin{pmatrix} -2 \\ 2 \\ 0 \end{pmatrix} + s\begin{pmatrix} 0 \\ 2 \\ 2 \end{pmatrix}$?

b) Geben Sie eine Gleichung der Ebene F an, die der Ebene E gegenüberliegt. Wie kann man an der Ebenengleichung die Parallelität erkennen?

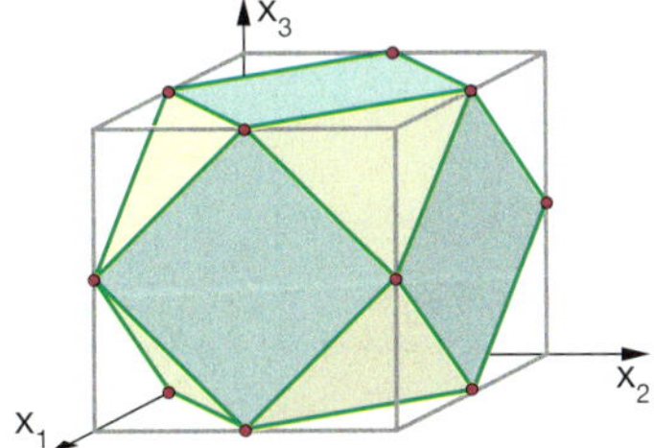

16 *Würfel – Quader – Spat*

Zeigen Sie an selbst gewählten Beispielen, dass sich die vier Diagonalen jeweils in einem Punkt schneiden.

17 *Pyramide aus Bauklötzen*

In einem Holzbauklotzkasten gehören jeweils drei Klötze zusammen, die zu einer Pyramide zusammengefügt werden können. Von einer Pyramide fehlt der mittlere Teil. Welche der beiden Spitzen gehört zu dem Pyramidenstumpf (1 LE entspricht 1 cm)?

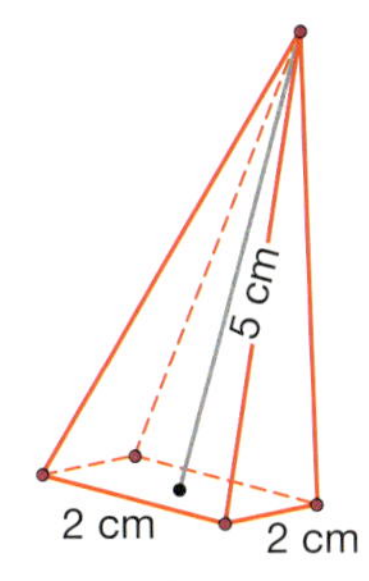

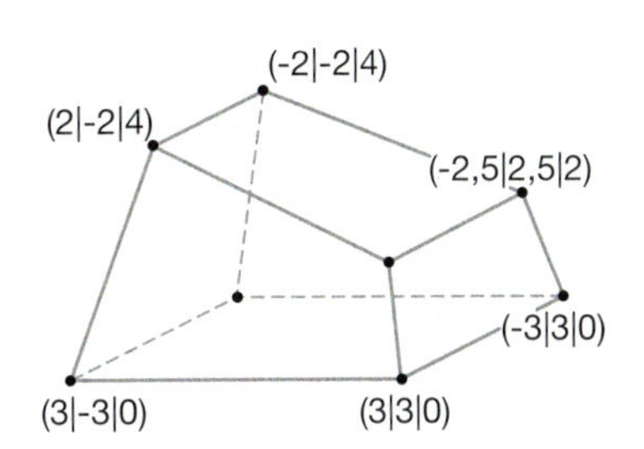

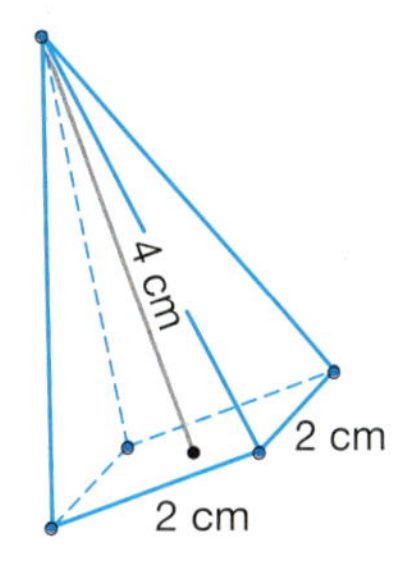

Kommunizieren und Präsentieren

18 *Geraden und Ebenen im Oktaeder*

Beschreiben Sie die Lagemöglichkeiten von Geraden oder Ebenen zueinander am Oktaeder.
Geben Sie jeweils ein Beispiel an.
Erstellen Sie eine Übersicht über alle Lagemöglichkeiten von Geraden oder Ebenen.

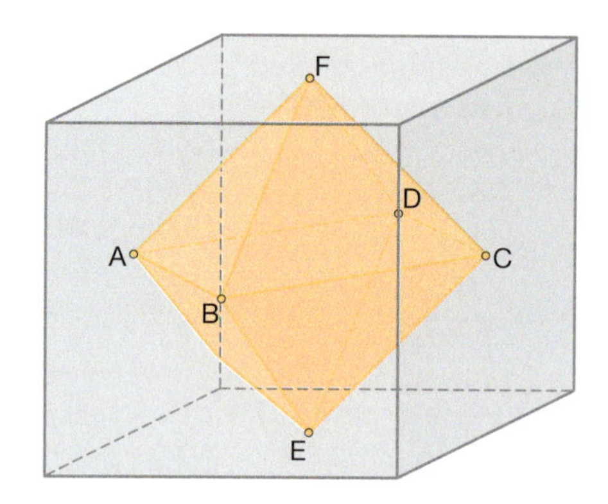

A = (1 | 0 | 1), B = (2 | 1 | 1), C = (1 | 2 | 1),
D = (0 | 1 | 1), E = (1 | 1 | 0), F = (1 | 1 | 2)

19 *Auf einen Blick*

Erläutern Sie am Bild und an den Vektoren.

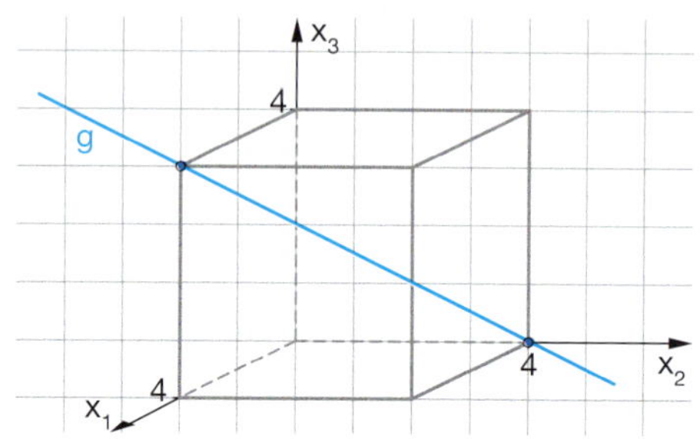

a) P = (3 | 1 | 3) liegt auf g: $\vec{x} = \begin{pmatrix} 4 \\ 0 \\ 4 \end{pmatrix} + t \begin{pmatrix} -4 \\ 4 \\ -4 \end{pmatrix}$.

b) Die Gerade g: $\vec{x} = \begin{pmatrix} 4 \\ 0 \\ 4 \end{pmatrix} + t \begin{pmatrix} -4 \\ 4 \\ -4 \end{pmatrix}$ läuft nicht durch den Ursprung.

c) Die Ebene durch die Punkte (4 | 4 | 4), (0 | 0 | 4) und (0 | 4 | 4) ist parallel zu einer Koordinatenebene.

d) Die Punktmenge $\vec{x} = \begin{pmatrix} 0 \\ 0 \\ 4 \end{pmatrix} + r \begin{pmatrix} 4 \\ 4 \\ -4 \end{pmatrix} + s \begin{pmatrix} 2 \\ 2 \\ -2 \end{pmatrix}$ stellt keine Ebene, sondern eine Gerade dar.

20 *Gerade im Raum*

Welche geometrische Bedeutung haben die Vektoren $\vec{a}$ und $\vec{u}$ in einer Geradengleichung g: $\vec{x} = \vec{a} + t\vec{u}$? Veranschaulichen Sie dies mit einer Skizze.

21 *Drei Geraden*

Zur Geraden g: $\vec{x} = \vec{a} + t\vec{u}$ sollen die Gleichungen von drei Geraden h, k und l angegeben werden, sodass gilt: g und h sind parallel, g und k schneiden sich in einem Punkt, g und l sind windschief. Welche Bedingungen müssen jeweils der Stütz- und der Richtungsvektor erfüllen?

22 *GTR – Ergebnisse interpretieren*

Bei der Untersuchung der Lagebeziehung von Geraden und Ebenen in Parameterform ergaben sich aus den erweiterten Koeffizientenmatrizen mithilfe des *rref*-Befehls folgende Diagonalmatrizen.
Interpretieren Sie die jeweiligen Situationen geometrisch.

a) $\begin{bmatrix} 1 & 0 & 0 & 2 & 1 \\ 0 & 1 & 0 & 1 & 1 \\ 0 & 0 & 1 & 2 & 2 \end{bmatrix}$

b) $\begin{bmatrix} 1 & 0 & 2 & 2 \\ 0 & 1 & 4 & 2 \\ 0 & 0 & 1 & 1 \end{bmatrix}$

c) $\begin{bmatrix} 1 & 0 & 0 & 2 & 5 \\ 0 & 1 & 0 & 3 & 4 \\ 0 & 0 & 0 & 0 & 0 \end{bmatrix}$

d) $\begin{bmatrix} 1 & 0 & 0 & 1 & 1 \\ 0 & 1 & 0 & 1 & 1 \\ 0 & 0 & 1 & 1 & 0 \end{bmatrix}$

e) $\begin{bmatrix} 1 & 0 & 0 & 4 & 1 \\ 0 & 1 & 0 & 2 & 2 \\ 0 & 0 & 0 & 0 & 2 \end{bmatrix}$

f) 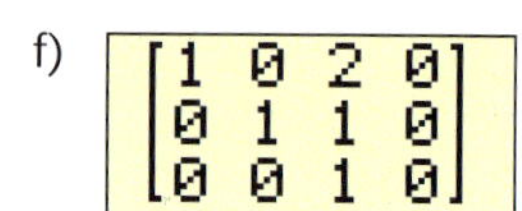
$\begin{bmatrix} 1 & 0 & 2 & 0 \\ 0 & 1 & 1 & 0 \\ 0 & 0 & 1 & 0 \end{bmatrix}$

3 Skalarprodukt und Messen

Mithilfe einer neuen Operation, dem Skalarprodukt von Vektoren, können metrische Eigenschaften wie Länge, Winkel und Abstände algebraisch beschrieben und berechnet werden.
Damit werden die Objektstudien um viele interessante Aspekte erweitert.

3.1 Skalarprodukt und Winkel

Mit dem Skalarprodukt von Vektoren können Winkel zwischen zwei Vektoren algebraisch berechnet werden. Dadurch kann man auf einfache Weise die Orthogonaltität von Vektoren als Spezialfall beschreiben und rechnerisch nachweisen.
Mit dem Skalarprodukt lassen sich manche Beweise für Sätze aus der Elementargeometrie finden und einfach darstellen. Auch in der Physik findet das Skalarprodukt viele Anwendungen.

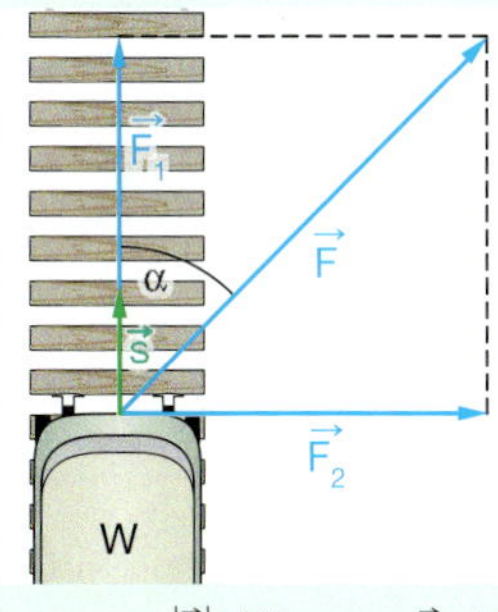

$W = |\vec{F}| \cdot |\vec{s}| \cdot \cos \sphericalangle(\vec{F}, \vec{s})$

3.2 Winkel zwischen Geraden und Ebenen

Welchen Winkel bildet die Raumdiagonale des Würfels mit den Seitenflächen? In welchem Winkel stoßen die Flächen bei den verschiedenen platonischen Körpern aneinander?
Aus der Formel für die Berechnung des Winkels zwischen zwei Vektoren können Winkel zwischen Geraden oder Ebenen bestimmt werden.
Dabei vereinfacht die Normalenform der Ebenengleichung einige Berechnungen wesentlich.

Oktaederwinkel und Tetraederwinkel ergänzen sich zu 180°.

3.3 Abstandsprobleme

Der Abstand eines Punktes zu einer Geraden oder der Abstand zweier paralleler Geraden im Raum lässt sich mithilfe von „Lotvektoren" recht einfach bestimmen. Andere Abstandsprobleme wie zum Beispiel der Abstand windschiefer Geraden lassen sich auf einfachere Fälle zurückführen. Abstandsprobleme lassen sich auch als Minimierungsprobleme beschreiben. Dabei bewährt sich das Zusammenspiel von Analytischer Geometrie und Analysis.

3.1 Skalarprodukt und Winkel

Was Sie erwartet

Bisher haben wir uns in der Geometrie im Wesentlichen mit Lagebeziehungen von Punkten, Geraden und Ebenen beschäftigt. Dabei lieferte uns die Darstellung und Beschreibung geometrischer Objekte durch Vektoren eine gute Hilfe. Als Vektoroperationen benötigten wir die Vektor-Addition und die S-Multiplikation.

Zwar haben wir in manchen Objekten auch bereits Längen und Orthogonalität von Vektoren berechnet, hierfür stand uns aber noch keine geeignete Vektoroperation zur Verfügung.

Mit dem ***Skalarprodukt*** *wird in diesem Abschnitt eine solche Operation eingeführt. Mithilfe des Skalarproduktes lassen sich die metrischen Eigenschaften wie Länge, Orthogonaltät und auch Winkel zwischen Vektoren algebraisch beschreiben und berechnen.*

Aufgaben

1 *Senkrechte Vektoren im Raum*

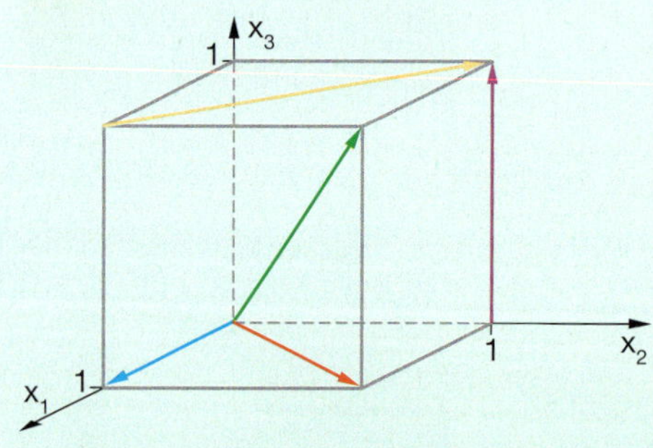

a) Sieht man in dem Bild, welche der farbig eingezeichneten Vektoren senkrecht zueinander stehen? Wie entscheiden Sie?

Mit dem Kriterium aus der Formelsammlung können Sie Ihre Vermutung rechnerisch überprüfen.

b) Wie lässt sich dieses Kriterium begründen?

Hier hilft wieder einmal der Satz des Pythagoras:
$\overline{CA} \perp \overline{CB}$
$\overline{CA}^2 + \overline{CB}^2 = \overline{AB}^2$

Übersetzt in vektorielle Darstellung:

$\vec{a} \perp \vec{b}$

$$|\vec{a}|^2 + |\vec{b}|^2 = |\vec{b} - \vec{a}|^2$$

$(a_1^2 + a_2^2 + a_3^2) + \ldots = \ldots$

Führen Sie den Beweis zu Ende.

Zur Erinnerung:
Für die Länge eines Vektors $\vec{v}$ gilt:
$|\vec{v}| = \sqrt{v_1^2 + v_2^2 + v_3^2}$
$|\vec{v}|^2 = v_1^2 + v_2^2 + v_3^2$

Aus der Formelsammlung:

Zwei Vektoren $\vec{a}$ und $\vec{b}$ sind genau dann senkrecht zueinander, wenn gilt: $a_1b_1 + a_2b_2 + a_3b_3 = 0$.

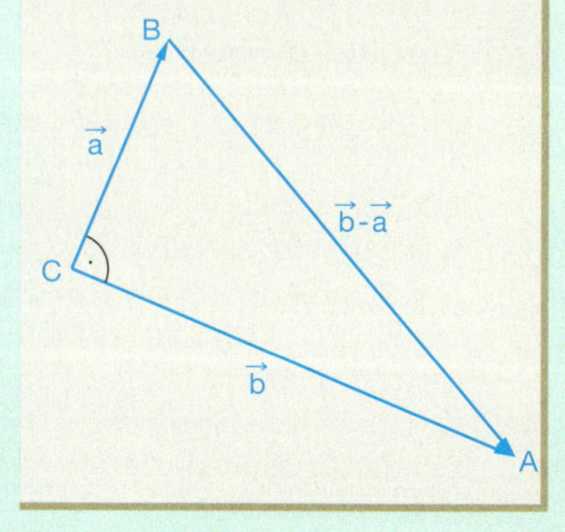

Aufgaben

2 *Schätzen, Messen und Berechnen von Winkeln im Raum*

a) Unter welchem Winkel schneiden sich die Raumdiagonalen im Würfel und im Quader?

Schätzen Sie anhand der Schrägbilder. Wie gut ist Ihre Schätzung?

Entscheiden Sie durch Messen an einem Modell.

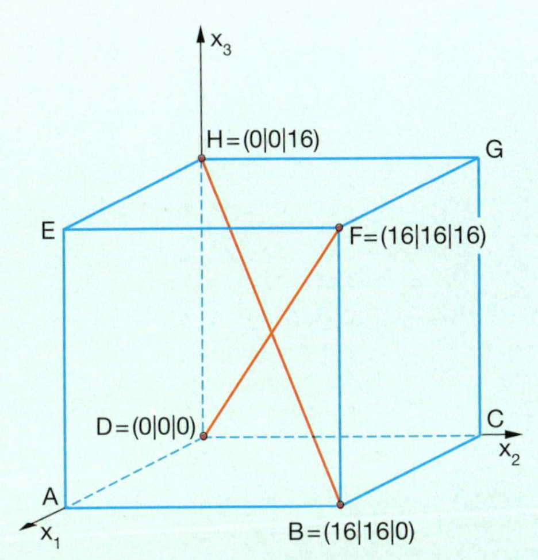

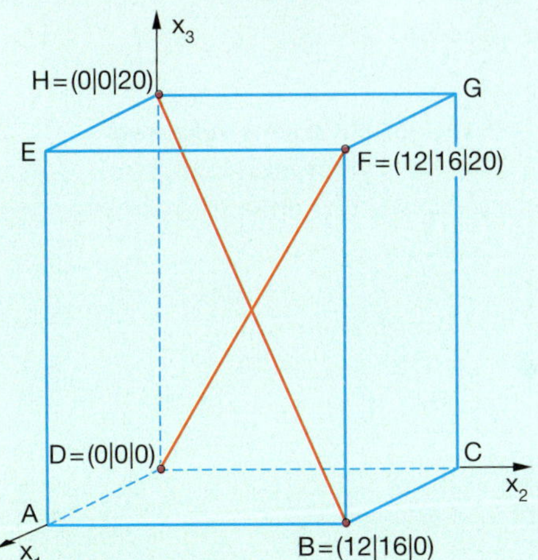

b) Lassen sich die Winkel auch rechnerisch ermitteln? Vielleicht haben Sie in der Mittelstufe den Kosinussatz behandelt. In der Formel kommen die Längen der Dreiecksseiten vor. Diese können wir vektoriell berechnen, z. B. $|\vec{a}| = \left|\begin{pmatrix} a_1 \\ a_2 \\ a_3 \end{pmatrix}\right| = \sqrt{a_1^2 + a_2^2 + a_3^2}$.

Kosinussatz

$$\cos(\gamma) = \frac{a^2 + b^2 - c^2}{2ab}$$

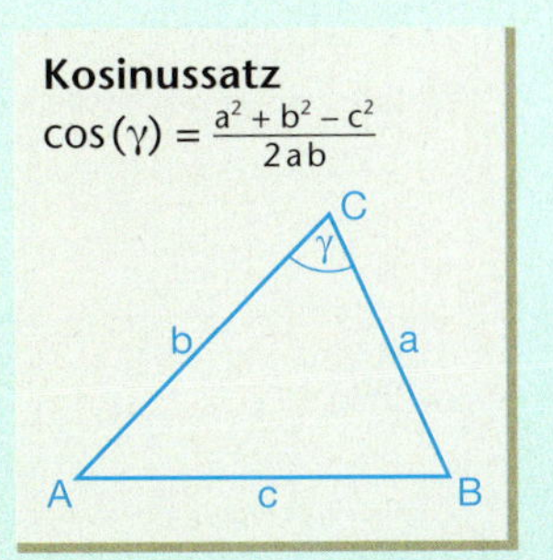

In vektorieller Schreibweise sieht der Kosinussatz so aus:

$$\cos(\gamma) = \frac{|\vec{a}|^2 + |\vec{b}|^2 - |(\vec{b} - \vec{a})|^2}{2|\vec{a}||\vec{b}|}.$$

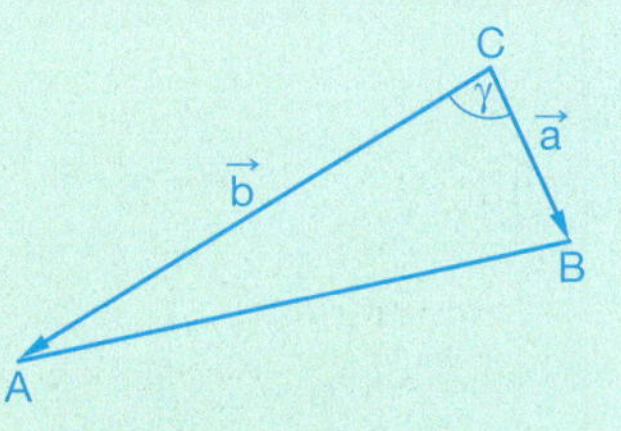

Zeigen Sie, dass Sie durch Ausmultiplizieren und Zusammenfassen

$$\cos(\gamma) = \frac{2(a_1b_1 + a_2b_2 + a_3b_3)}{2\sqrt{a_1^2 + a_2^2 + a_3^2} \cdot \sqrt{b_1^2 + b_2^2 + b_3^2}}$$ erhalten.

Vergleichen Sie Ihre Messergebnisse mit den Ergebnissen, die Sie mit der Formel berechnen.

Basiswissen

Mithilfe einer weiteren Verknüpfung von Vektoren können Winkel und Längen berechnet werden.

Die Bezeichnung Skalarprodukt ist darauf zurückzuführen, dass das Ergebnis dieser „Multiplikation" eine Zahl ist. Die Physiker nennen diese Zahlen „Skalare".

Skalarprodukt von Vektoren

$\vec{a} \cdot \vec{b} = \mathbf{a_1 b_1 + a_2 b_2 + a_3 b_3}$
heißt
Skalarprodukt von $\vec{a}$ und $\vec{b}$.

Schreibweise: $\vec{a} \cdot \vec{b}$

Für $\vec{a} = \begin{pmatrix} 2 \\ -3 \\ 1{,}5 \end{pmatrix}$ und $\vec{b} = \begin{pmatrix} 3 \\ 5 \\ 8 \end{pmatrix}$ gilt:

$$\vec{a} \cdot \vec{b} = \begin{pmatrix} 2 \\ -3 \\ 1{,}5 \end{pmatrix} \cdot \begin{pmatrix} 3 \\ 5 \\ 8 \end{pmatrix} = 2 \cdot 3 + (-3) \cdot 5 + 1{,}5 \cdot 8 = 3$$

Länge eines Vektors

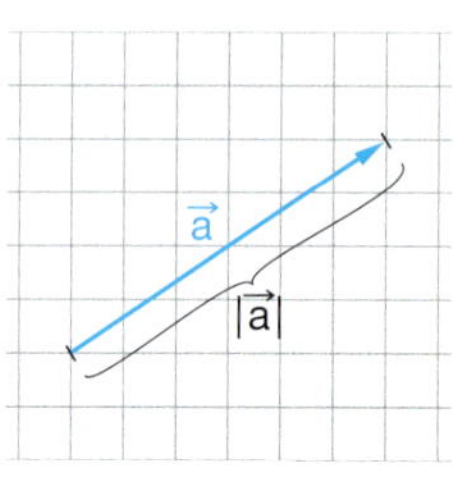

$|\vec{a}| = \sqrt{\vec{a} \cdot \vec{a}} = \sqrt{a_1^2 + a_2^2 + a_3^2}$

in der Ebene

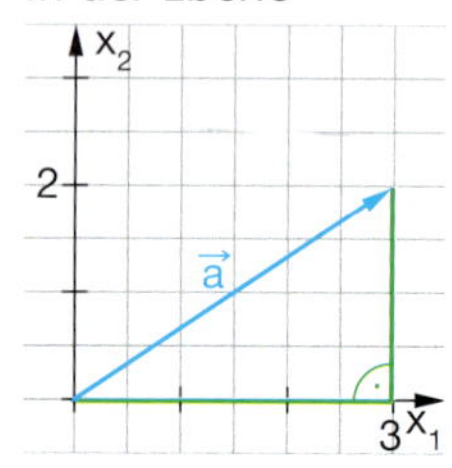

$|\vec{a}| = \sqrt{3^2 + 2^2} = \sqrt{13}$

im Raum

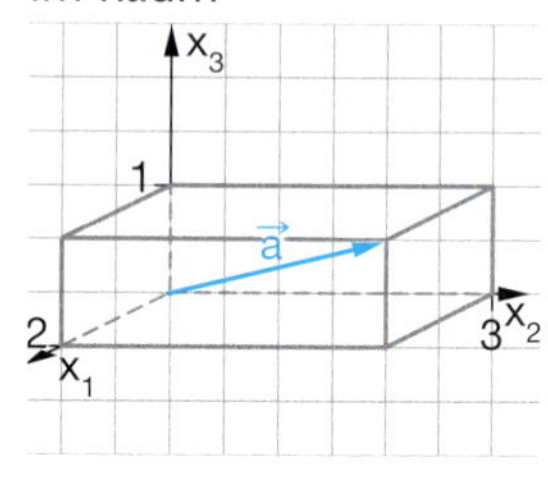

$|\vec{a}| = \sqrt{2^2 + 3^2 + 1^2} = \sqrt{14}$

Das Wort **orthogonal** kommt aus dem Griechischen und bedeutet **rechtwinklig**, also **senkrecht aufeinander** stehend.

Orthogonalität von Vektoren

Zwei Vektoren sind genau dann zueinander orthogonal, wenn $\vec{a} \cdot \vec{b} = 0$.

Mit Koordinaten:

$\vec{a} \perp \vec{b}$
$\Leftrightarrow a_1 b_1 + a_2 b_2 + a_3 b_3 = 0$

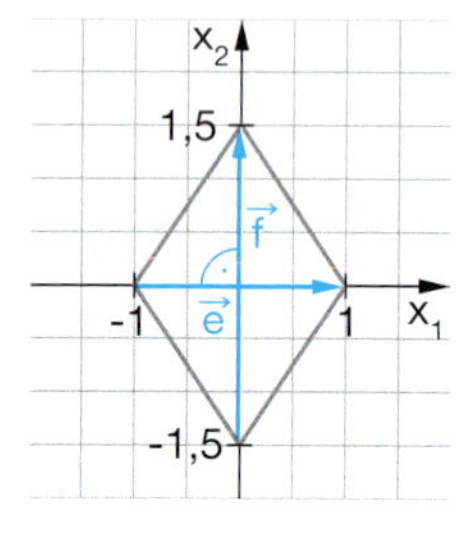

$\vec{e} \cdot \vec{f} = \begin{pmatrix} 2 \\ 0 \end{pmatrix} \cdot \begin{pmatrix} 0 \\ 3 \end{pmatrix}$
$= 2 \cdot 0 + 0 \cdot 3 = 0$

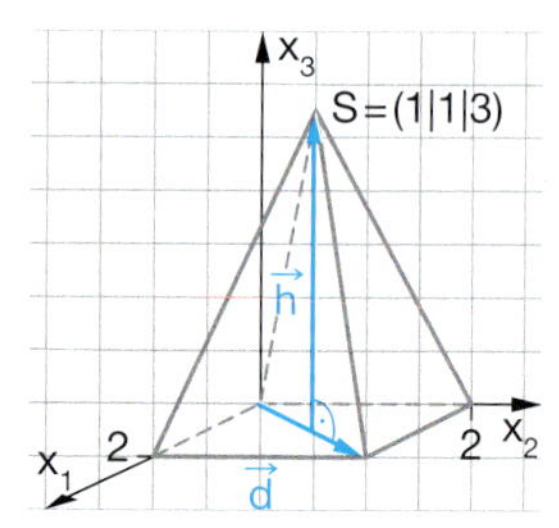

$\vec{d} \cdot \vec{h} = \begin{pmatrix} 2 \\ 2 \\ 0 \end{pmatrix} \cdot \begin{pmatrix} 0 \\ 0 \\ 3 \end{pmatrix}$
$= 2 \cdot 0 + 2 \cdot 0 + 0 \cdot 3 = 0$

Winkel zwischen zwei Vektoren

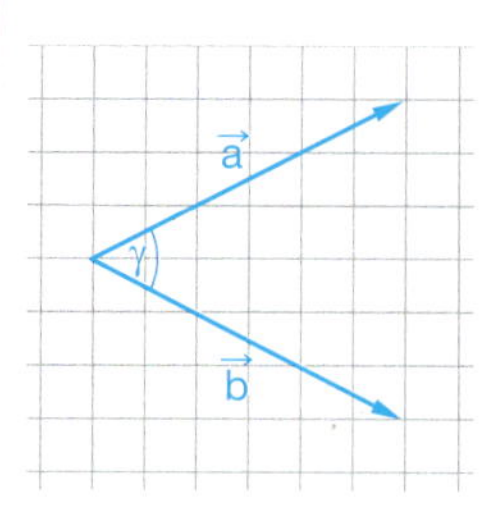

$\cos(\gamma) = \dfrac{\vec{a} \cdot \vec{b}}{|\vec{a}| \cdot |\vec{b}|}$

$= \dfrac{a_1 b_1 + a_2 b_2 + a_3 b_3}{\sqrt{a_1^2 + a_2^2 + a_3^2} \cdot \sqrt{b_1^2 + b_2^2 + b_3^2}}$

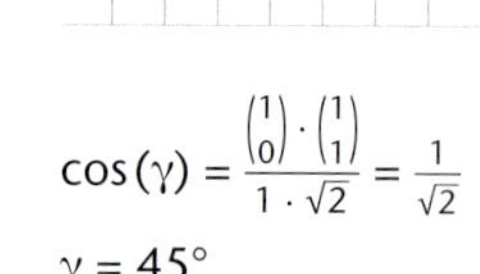

$\cos(\gamma) = \dfrac{\begin{pmatrix} 1 \\ 0 \end{pmatrix} \cdot \begin{pmatrix} 1 \\ 1 \end{pmatrix}}{1 \cdot \sqrt{2}} = \dfrac{1}{\sqrt{2}}$

$\gamma = 45°$

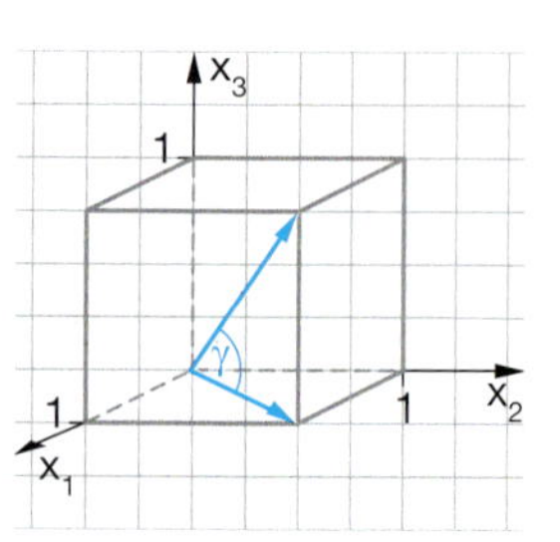

$\cos(\gamma) = \dfrac{\begin{pmatrix} 1 \\ 1 \\ 0 \end{pmatrix} \cdot \begin{pmatrix} 1 \\ 1 \\ 1 \end{pmatrix}}{\sqrt{2} \cdot \sqrt{3}} = \dfrac{2}{\sqrt{6}}$

$\gamma \approx 35{,}3°$

Die Beziehung $\cos(\gamma) = \frac{\vec{a} \cdot \vec{b}}{|\vec{a}| \cdot |\vec{b}|}$ kann auch als Definition für das Skalarprodukt verwendet werden:
$\vec{a} \cdot \vec{b} = |\vec{a}| \cdot |\vec{b}| \cdot \cos(\gamma)$

Beispiele

A *Skalarprodukt*

Nennen Sie Unterschiede und Gemeinsamkeiten zwischen dem Skalarprodukt von Vektoren und der bekannten Multiplikation reeller Zahlen.

Lösung:

Das Ergebnis der Multiplikation zweier reeller Zahlen ist wieder eine reelle Zahl.

Beispiel: $3 \cdot (-2) = -6$

Das Skalarprodukt zweier Vektoren ist nicht wieder ein Vektor, sondern eine reelle Zahl.

Beispiel: $\vec{a} = \begin{pmatrix} 1{,}5 \\ 0 \\ 2 \end{pmatrix}, \vec{b} = \begin{pmatrix} -5 \\ 4 \\ 2 \end{pmatrix}$ $\qquad \vec{a} \cdot \vec{b} = 1{,}5 \cdot (-5) + 0 \cdot 4 + 2 \cdot 2 = -3{,}5$

Das Skalarprodukt kann positiv, negativ oder 0 sein.
Beide Verknüpfungen sind kommutativ.

B *Winkel im Dreieck – Schätzen und Berechnen*

a) Begründen Sie geometrisch und rechnerisch, dass das Dreieck BCH im Einheitswürfel rechtwinklig ist.

b) Wie groß sind die beiden anderen Winkel? Schätzen und berechnen Sie.

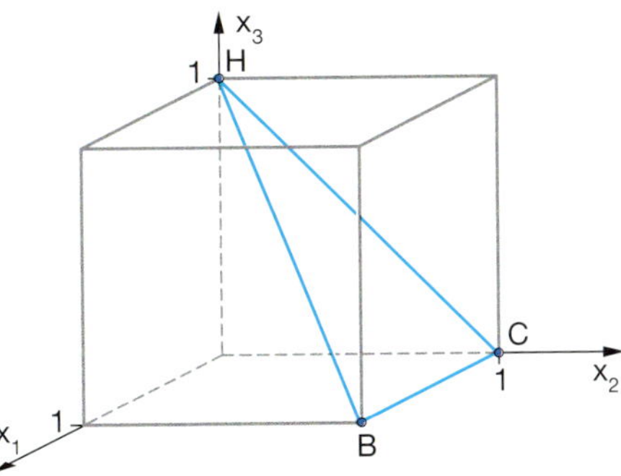

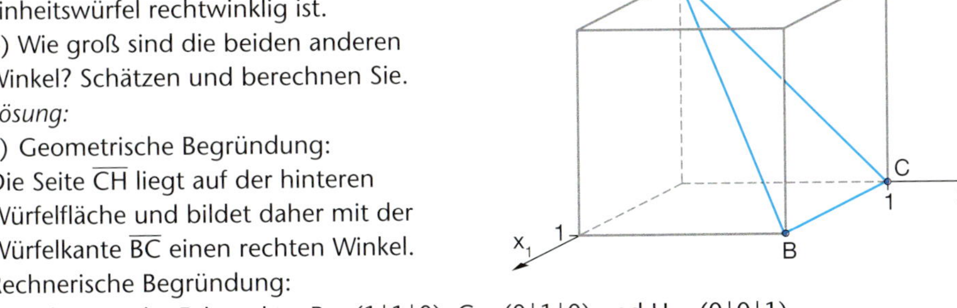

Lösung:

a) Geometrische Begründung:
Die Seite $\overline{CH}$ liegt auf der hinteren Würfelfläche und bildet daher mit der Würfelkante $\overline{BC}$ einen rechten Winkel.

Rechnerische Begründung:
Koordinaten der Eckpunkte: $B = (1\,|\,1\,|\,0)$, $C = (0\,|\,1\,|\,0)$ und $H = (0\,|\,0\,|\,1)$.

Vektoren: $\overrightarrow{CB} = \begin{pmatrix} 1 \\ 0 \\ 0 \end{pmatrix}$ und $\overrightarrow{CH} = \begin{pmatrix} 0 \\ -1 \\ 1 \end{pmatrix}$.

Skalarprodukt: $\overrightarrow{CB} \cdot \overrightarrow{CH} = 1 \cdot 0 + 0 \cdot (-1) + 0 \cdot 1 = 0$.

Somit ist der Winkel bei C ein rechter Winkel.

b) Der Winkel γ bei H ist geschätzt 30° groß und damit muss der Winkel bei B etwa 60° groß sein.

$\overrightarrow{HB} = \begin{pmatrix} 1 \\ 1 \\ -1 \end{pmatrix}$ und $\overrightarrow{HC} = \begin{pmatrix} 0 \\ 1 \\ -1 \end{pmatrix}$. Somit ist $\cos(\gamma) = \dfrac{\begin{pmatrix} 1 \\ 1 \\ -1 \end{pmatrix} \cdot \begin{pmatrix} 0 \\ 1 \\ -1 \end{pmatrix}}{\sqrt{3} \cdot \sqrt{2}} = \dfrac{2}{\sqrt{6}}$.

```
2/√6
            .8164965809
cos⁻¹(Ans)
            35.26438968
```

Also $\cos(\gamma) = 0{,}82 \Rightarrow \gamma \approx 35{,}3°$.

Der Winkel bei B beträgt dann ca. 54,7°.

Wenn man den Winkel zwischen $\overrightarrow{HB} = \begin{pmatrix} 1 \\ 1 \\ -1 \end{pmatrix}$ und $\overrightarrow{CH} = \begin{pmatrix} 0 \\ -1 \\ 1 \end{pmatrix}$ berechnet, erhält man

$\cos(\gamma) = \dfrac{\begin{pmatrix} 1 \\ 1 \\ -1 \end{pmatrix} \cdot \begin{pmatrix} 0 \\ -1 \\ 1 \end{pmatrix}}{\sqrt{3} \cdot \sqrt{2}} = \dfrac{-2}{\sqrt{6}}$. Also $\cos(\gamma) = -0{,}82 \Rightarrow \gamma \approx 144{,}7°$.

Je nach Orientierung der beiden Vektoren erhält man den spitzen Winkel oder den Ergänzungswinkel zu 180°.

Übungen

3 *Skalarprodukt berechnen*

Berechnen Sie die Skalarprodukte.

a) $\begin{pmatrix} 2 \\ -6 \\ 1 \end{pmatrix} \cdot \begin{pmatrix} 0{,}5 \\ 2 \\ 8 \end{pmatrix}$ b) $\begin{pmatrix} -3 \\ 0 \\ -2 \end{pmatrix} \cdot \begin{pmatrix} 2 \\ 3 \\ -2 \end{pmatrix}$ c) $\begin{pmatrix} 3 \\ 1 \\ 2 \end{pmatrix} \cdot \begin{pmatrix} 1 \\ -4 \\ 0{,}5 \end{pmatrix}$ d) $\begin{pmatrix} -2 \\ 4 \\ -5 \end{pmatrix} \cdot \begin{pmatrix} 1 \\ 1 \\ 2 \end{pmatrix}$ e) $\begin{pmatrix} -1 \\ 2 \\ 3 \end{pmatrix} \cdot \begin{pmatrix} 3 \\ 2 \\ 1 \end{pmatrix}$

Lösungen
$-8; -3; -2; 0; 4$

Übungen

4 *Senkrechte Vektoren suchen*

a) Bestimmen Sie zwei nicht kollineare Vektoren, die senkrecht zu $\vec{a}$ sind.

$\vec{a} = \begin{pmatrix}1\\0\\1\end{pmatrix}$

b) Ermitteln Sie einen Vektor, der zu $\vec{a}$ und $\vec{b}$ senkrecht ist.

$\vec{a} = \begin{pmatrix}1\\0\\1\end{pmatrix}$, $\vec{b} = \begin{pmatrix}2\\2\\1\end{pmatrix}$

5 *Hinsehen und Nachrechnen*

Nehmen Sie Stellung zu den Berechnungen.

a) $\begin{pmatrix}2\\4\\-3\end{pmatrix} \cdot \begin{pmatrix}1\\0,5\\-3\end{pmatrix} = \begin{pmatrix}2\\2\\9\end{pmatrix}$ b) $\begin{pmatrix}1\\1\\1\end{pmatrix} \cdot \begin{pmatrix}1\\1\\1\end{pmatrix} = 1$ c) $\begin{pmatrix}0\\1\\1\end{pmatrix} \cdot \begin{pmatrix}1\\0\\0\end{pmatrix} = 3$ d) $\begin{pmatrix}1\\2\\3\end{pmatrix} \cdot \begin{pmatrix}2\\3\\1\end{pmatrix} = 11$

6 *Geometrische Beziehung und Skalarprodukt*

Drücken Sie die Beziehungen mithilfe des Skalarproduktes aus.

a) Das Viereck ABCD ist ein Rechteck.

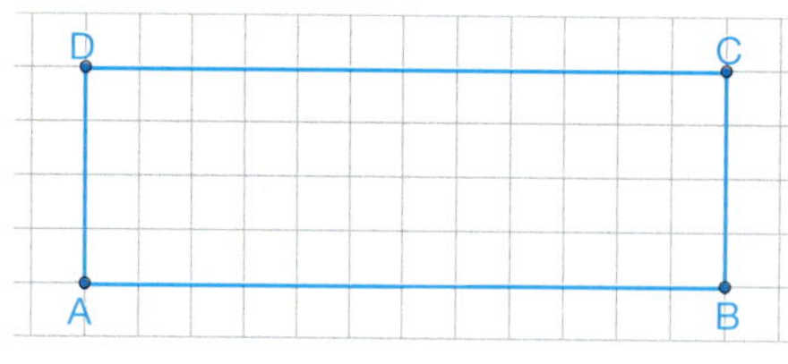

b) Die Vektoren $\vec{a}$ und $\vec{b}$ sind kollinear.

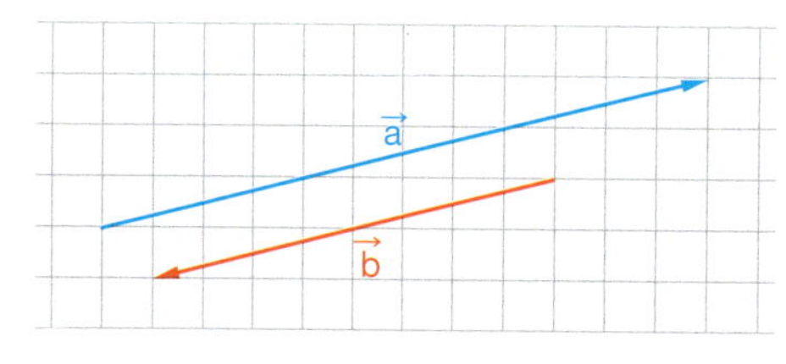

7 *Rechter Winkel*

Eine der Flächendiagonalen $\overline{EB}$ und $\overline{BG}$ steht senkrecht auf der Kante $\overline{BC}$, die andere nicht. Zeigen Sie dies rechnerisch.

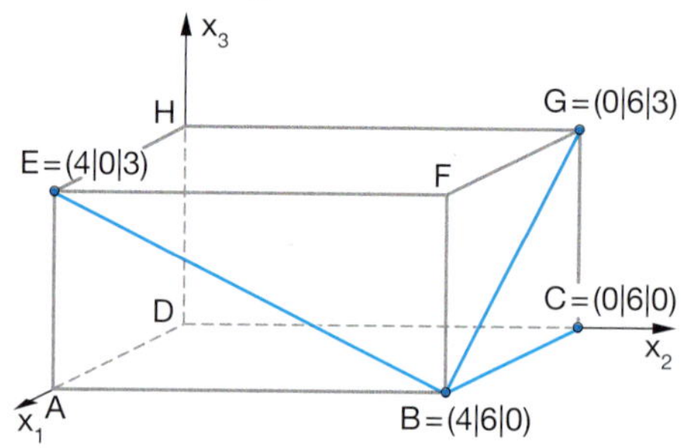

8 *Kollineare Vektoren*

Begründen Sie geometrisch und rechnerisch: Wenn die Vektoren $\vec{a}$ und $\vec{b}$ zueinander senkrecht sind, dann sind es auch die Vektoren $r\vec{a}$ und $s\vec{b}$ mit $r \neq 0$; $s \neq 0$; $r, s \in \mathbb{R}$.

9 *Winkel im Spat*

Beachten Sie Seite 35.

Die Vektoren $\vec{a} = \begin{pmatrix}0\\3\\1,5\end{pmatrix}$, $\vec{b} = \begin{pmatrix}4\\4\\4\end{pmatrix}$ und $\vec{c} = \begin{pmatrix}2\\6\\1\end{pmatrix}$ spannen einen Spat auf.

a) Berechnen Sie die Kantenlängen des Spates und die Winkel in O.

b) Wie ändern sich die Winkelgrößen, wenn die Kantenlängen des Spates verdoppelt werden? Begründen Sie geometrisch und rechnersich.

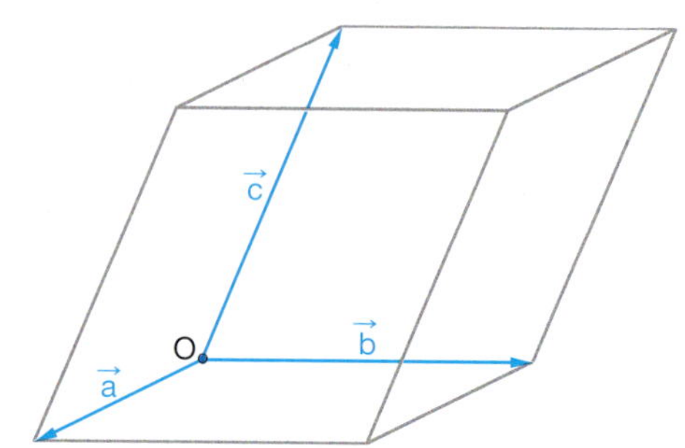

KURZER RÜCKBLICK

1 In welchen Vierecken stehen die Diagonalen senkrecht aufeinander?

2 Kann es in einem Spat, der kein Quader ist, Kanten geben, die orthogonal zueinander sind?

3 Zeigen Sie rechnerisch, dass das Dreieck mit $a = 4$ cm, $b = 3$ cm und $c = 6$ cm stumpfwinklig ist.

4 Wie lang sind die Diagonalen des Parallelogramms mit $a = 8$ cm, $b = 4$ cm und $\alpha = 60°$?

5 Wie lautet der Kosinussatz für gleichseitige Dreiecke?

Übungen

$\cos(\gamma) = \frac{\vec{a} \cdot \vec{b}}{|\vec{a}| \cdot |\vec{b}|}$

10 *Winkel und Ergänzungswinkel*

Martin will den Winkel ε bestimmen.
Er schätzt 60°.
Rechnerisch bestimmt er ε mithilfe des Skalarproduktes der Vektoren

$\overrightarrow{AC} = \begin{pmatrix} 4 \\ 2 \end{pmatrix}$ und $\overrightarrow{CB} = \begin{pmatrix} 0 \\ -2 \end{pmatrix}$ und erhält

$\cos(\varepsilon) = \frac{\begin{pmatrix} 4 \\ 2 \end{pmatrix} \cdot \begin{pmatrix} 0 \\ -2 \end{pmatrix}}{\sqrt{20} \cdot \sqrt{4}} = \frac{-4}{4 \cdot \sqrt{5}}$, also $\varepsilon = 116{,}6°$.

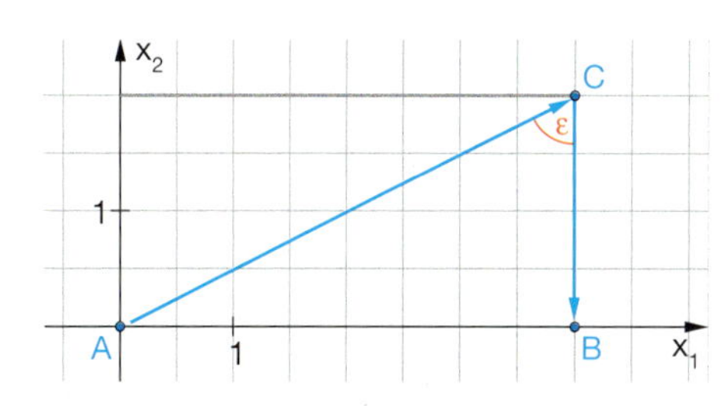

a) Wie kann das passieren? Bestimmen Sie ε mithilfe der Trigonometrie.

b) Bestimmen Sie ε mit $\overrightarrow{CA}$ und $\overrightarrow{CB}$. Ebenso mit $\overrightarrow{AC}$ und $\overrightarrow{BC}$. Was stellen Sie fest?

11 *Gestreckte Pyramide*

Wie verändern sich in der quadratischen Pyramide die Winkel γ und ε, wenn die Höhe der Pyramide verdoppelt wird? Schätzen und berechnen Sie.

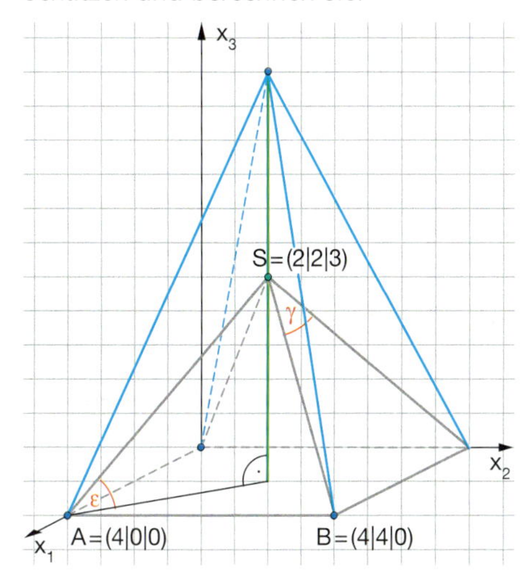

12 *Längen und Winkel*

Bestimmen Sie im Einheitswürfel die Längen der Strecken $\overline{AC}$, $\overline{AG}$ und $\overline{HC}$ sowie die Winkel ∢(AG, AB); ∢(AG, AC); ∢(AG, CG) sowohl elementargeometrisch mit rechtwinkligen Dreiecken als auch mit dem Skalarprodukt von Vektoren.
Vergleichen Sie die beiden Lösungswege.

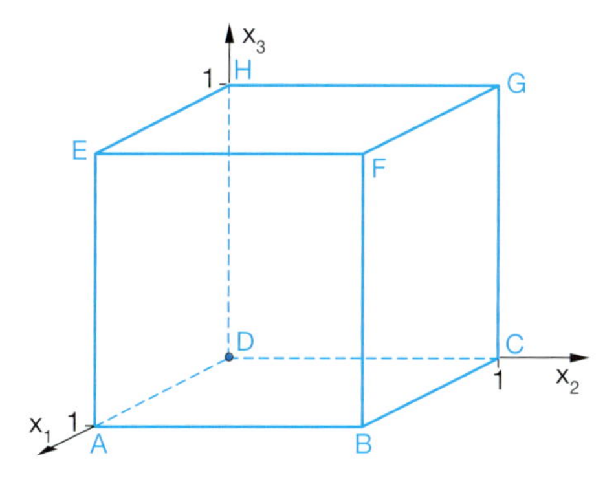

13 *Senkrechte Vektoren im Würfel*

Welche der auf dem Würfel eingezeichneten Vektoren stehen senkrecht zueinander? Schätzen Sie und rechnen Sie nach.

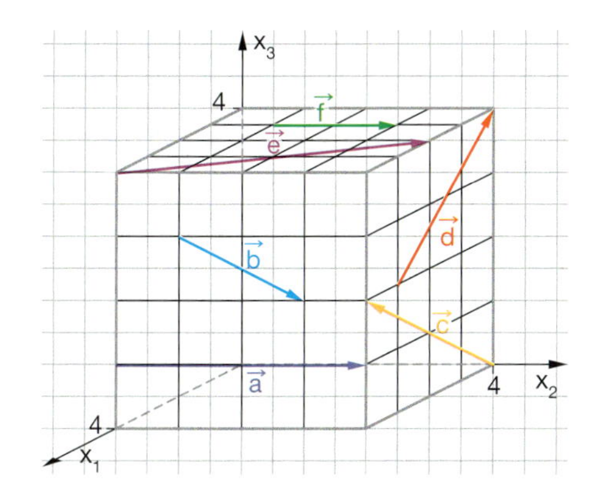

14 *Quadrat*

Bestimmen Sie D rechnerisch so, dass das Viereck ABCD mit A = (0|0|1), B = (0|5|1) und C = (3|5|5) ein Quadrat ist.
Verschiedene Wege sind möglich.

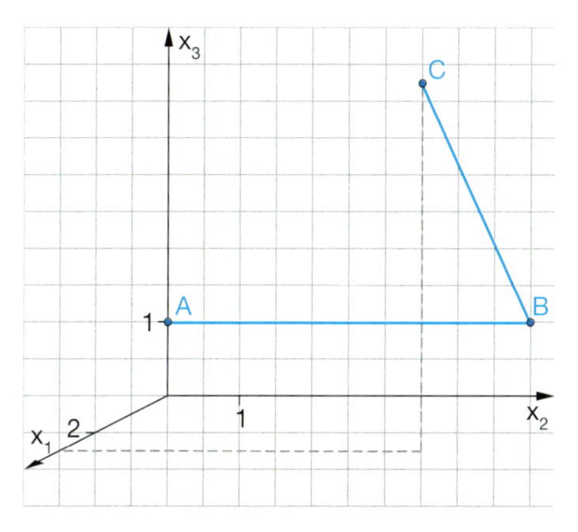

Übungen

15 *Geometrische Beziehungen und Vektorgleichungen*
Geometrische Beziehungen können mithilfe von Vektorgleichungen beschrieben werden.
Welche Gleichung passt zu welchem Bild?

(A) $(\vec{a} + \vec{b}) \cdot (\vec{a} - \vec{b}) = 0$ (B) $(\vec{b} - \vec{a}) \cdot \vec{a} = 0$ (C) $|\vec{a} + \vec{b}| = |\vec{a} - \vec{b}|$

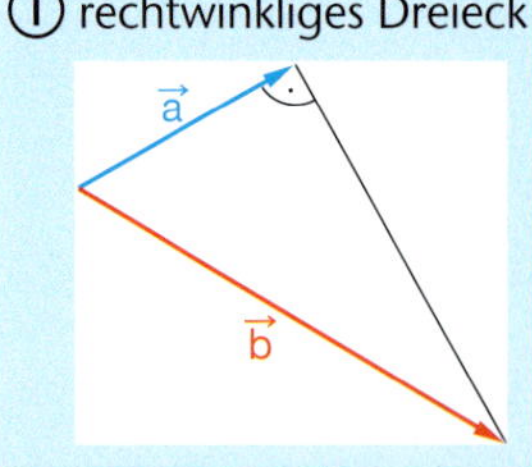

(II) Quadrat

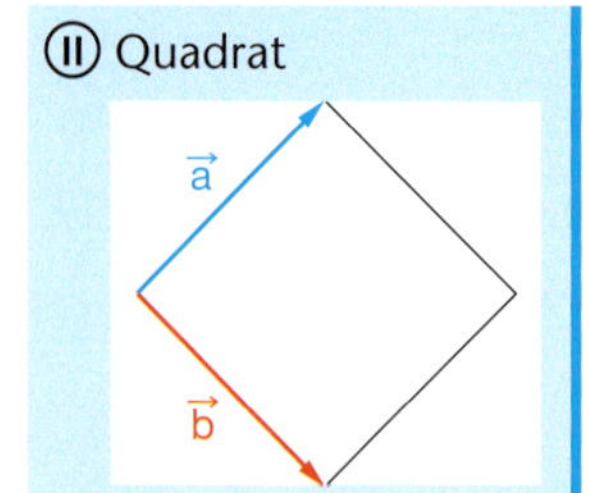

(III) Rechteck

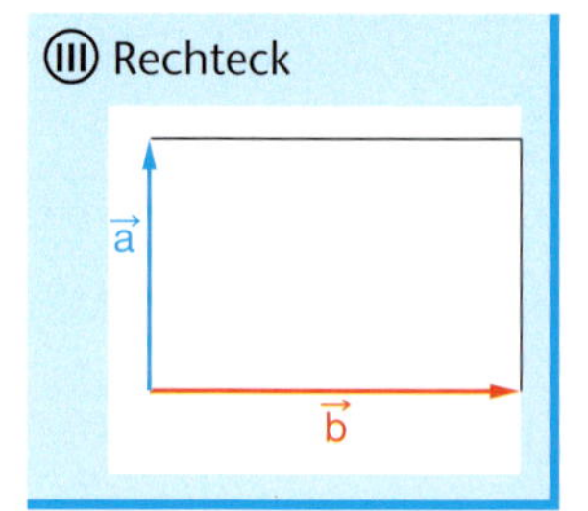

16 *Vierecke*

(I)

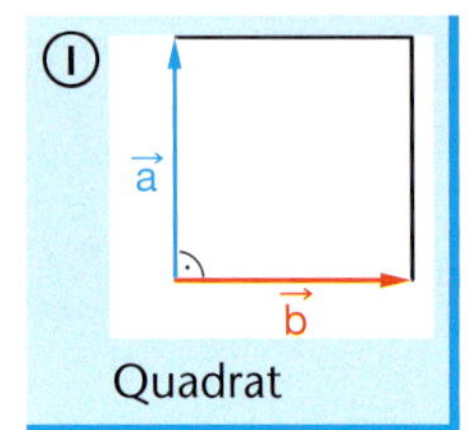

Quadrat

(II)

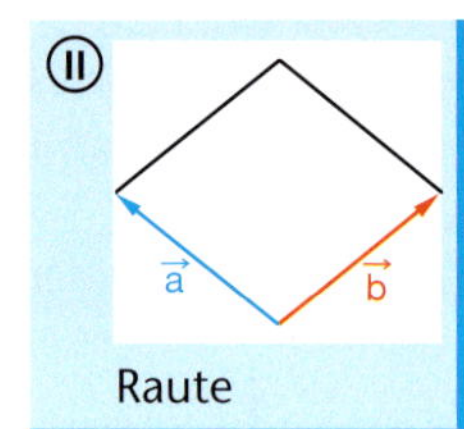

Raute

(III)

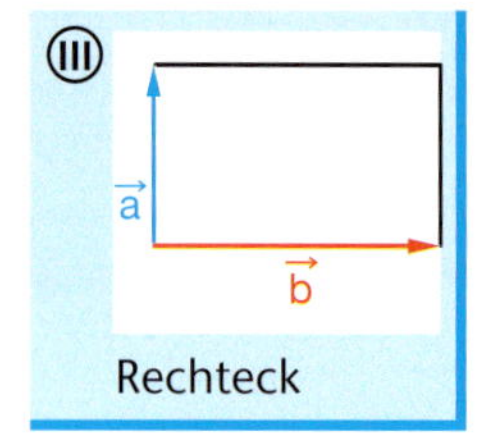

Rechteck

(IV)

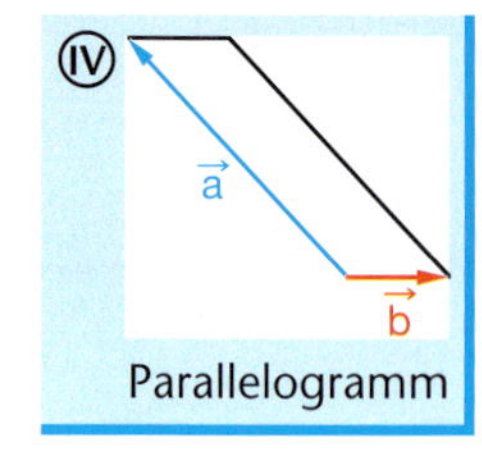

Parallelogramm

Welche Figur wird durch $\vec{x} = r\vec{a} + s\vec{b}$ mit $0 \le r, s \le 1$ beschrieben?

(A) $\vec{a} = \begin{pmatrix} 1 \\ 2 \\ 3 \end{pmatrix}, \vec{b} = \begin{pmatrix} -2 \\ 1 \\ 0 \end{pmatrix}$ (B) $\vec{a} = \begin{pmatrix} -1 \\ -3 \\ 5 \end{pmatrix}, \vec{b} = \begin{pmatrix} 4 \\ 2 \\ 3 \end{pmatrix}$ (C) $\vec{a} = \begin{pmatrix} 4 \\ 2 \\ 5 \end{pmatrix}, b = \begin{pmatrix} -3 \\ 6 \\ 0 \end{pmatrix}$ (D) $\vec{a} = \begin{pmatrix} 5 \\ 6 \\ 1 \end{pmatrix}, b = \begin{pmatrix} 2 \\ 7 \\ 3 \end{pmatrix}$

GRUNDWISSEN

1 Welche der folgenden Aussagen ist wahr?

a) Die Diagonalen eines Würfels schneiden sich im Mittelpunkt des Würfels.

b) Die Punktmenge $\vec{x} = r\begin{pmatrix} 2 \\ -1 \\ 1 \end{pmatrix} + s\begin{pmatrix} -4 \\ 2 \\ -2 \end{pmatrix}$ stellt eine Ebene dar.

c) Die Gerade g: $\vec{x} = t\begin{pmatrix} 1 \\ 0 \\ 0 \end{pmatrix}$ geht durch den Ursprung und liegt in der x_2x_3-Koordinatenebene.

d) Die Ebenen E: $\vec{x} = \begin{pmatrix} 2 \\ 3 \\ -2 \end{pmatrix} + r\begin{pmatrix} -2 \\ 6 \\ 2 \end{pmatrix} + s\begin{pmatrix} 4 \\ 1 \\ 3 \end{pmatrix}$ und F: $\vec{x} = \begin{pmatrix} 1 \\ 1{,}5 \\ -1 \end{pmatrix} + r\begin{pmatrix} 8 \\ 2 \\ 6 \end{pmatrix} + s\begin{pmatrix} 1 \\ -3 \\ -1 \end{pmatrix}$ sind zueinander parallel.

2 Punktprobe: Liegt P auf einer Ebene E: $\vec{x} = \vec{a} + r\vec{v} + s\vec{w}$ oder nicht?
Wie zeigt sich dies bei der Lösung im Gleichungssystem?

a) $\begin{pmatrix} 1 & 0 & 0 \\ 0 & 1 & 0 \\ 0 & 0 & 1 \end{pmatrix}$ b) $\begin{pmatrix} 1 & 1 & 1 \\ 0 & 1 & 1 \\ 0 & 0 & 1 \end{pmatrix}$ c) $\begin{pmatrix} 1 & 0 & 0 \\ 0 & 1 & 1 \\ 0 & 0 & 0 \end{pmatrix}$ d) $\begin{pmatrix} 1 & 0 & 0 \\ 0 & 1 & 1 \\ 0 & 0 & 1 \end{pmatrix}$

Übungen

zu den Aufgaben 17 bis 22:

17 *Winkel in quadratischer Pyramide*
Schätzen und berechnen Sie jeweils die Größen der eingezeichneten Winkel δ, φ und ε.

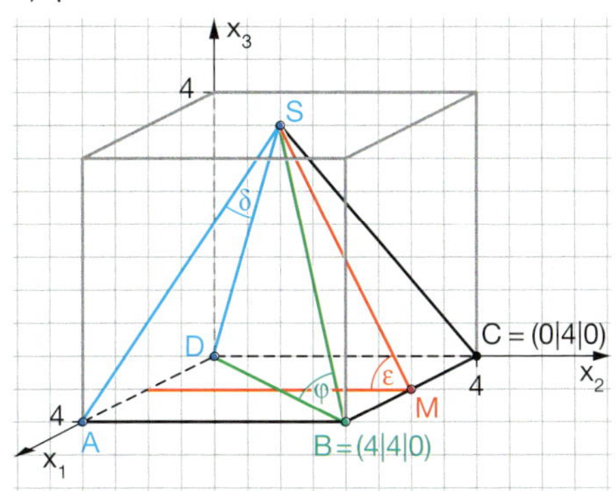

18 *Oktaeder*
Die Kanten eines Oktaeders sind gleich lang. Weisen Sie rechnerisch nach, dass die angegebene Figur ein Oktaeder ist.

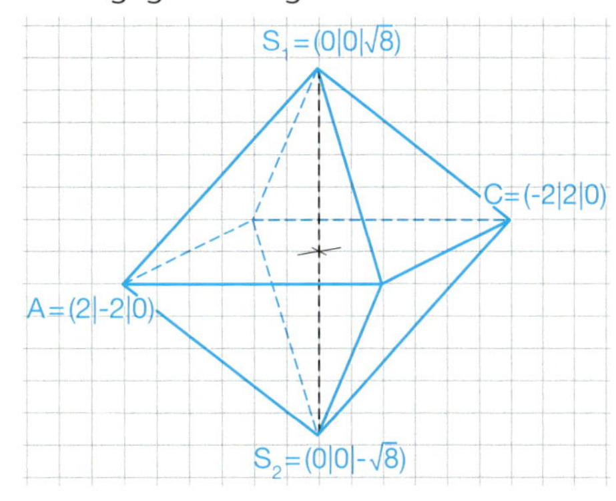

19 *Raumdiagonalen im Würfel*
a) Berechnen Sie den Schnittwinkel zweier Raumdiagonalen im Einheitswürfel.
b) Ändert sich der Winkel in einem Würfel mit der Kantenlänge a? Begründen Sie geometrisch und rechnerisch.

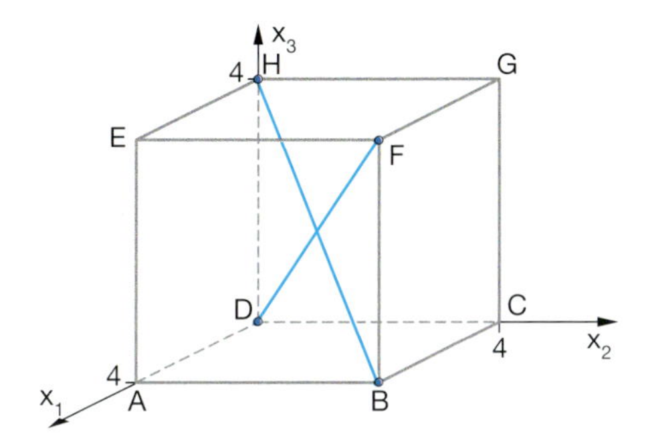

20 *Quadrat oder Raute?*
In einem Würfel mit der Kantenlänge a werden zwei Flächen- und zwei Kantenmittelpunkte zu einem Viereck verbunden. Handelt es sich um ein ebenes Viereck? Welche Form hat es? Stellen Sie Vermutungen auf und überprüfen Sie diese rechnerisch.

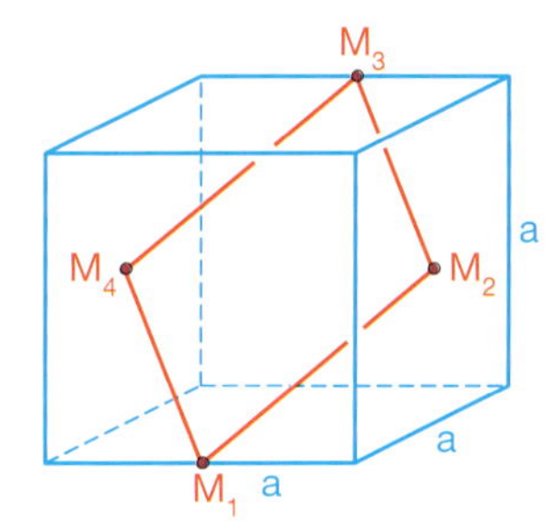

19 und **20**:
Hier helfen Geradengleichung
g: $\vec{x} = \vec{a} + t\vec{v}$
oder Ebenengleichung
E: $\vec{x} = \vec{a} + r\vec{v} + s\vec{w}$

Ein Viereck ist ein ebenes Viereck, wenn sich die Diagonalen schneiden.

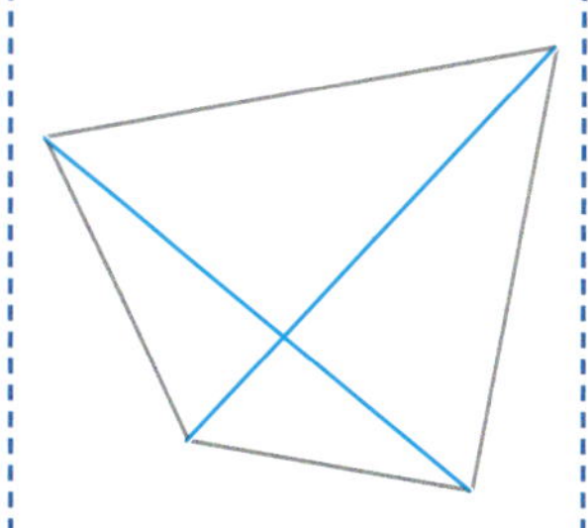

21 *Winkelsumme im Viereck*
a) Bestimmen Sie die Innenwinkel im Viereck ABCD mit A = (4 | 0 | 2), B = (6 | 6 | 0), C = (0 | 8 | 4) und D = (0 | 0 | 0).
Was fällt auf? Woran liegt das?

b) Verändern Sie D so, dass das Viereck eine Winkelsumme von 360° hat.

22 *Viereck in quadratischer Pyramide*

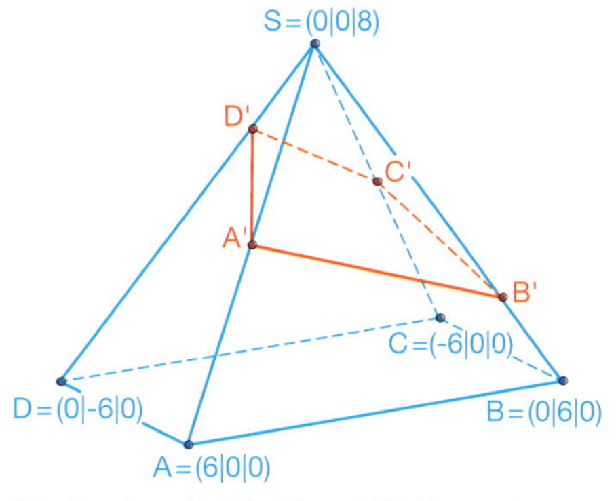

Die Punkte A′, B′, C′ und D′ liegen in unterschiedlichen Höhen zur Pyramidengrundfläche auf den Pyramidenkanten: B′ auf der Höhe 2, A′ und C′ auf der Höhe 4 und D′ auf der Höhe 6.
Ist A′B′C′D′ ein ebenes Viereck?

Übungen

Strukturuntersuchungen für Vektorverknüpfungen

23 *Produkte – genauer hingeschaut*

Erläutern Sie die beiden „Topfbilder".

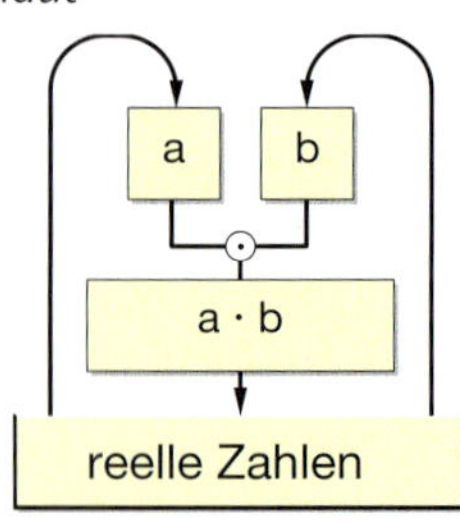

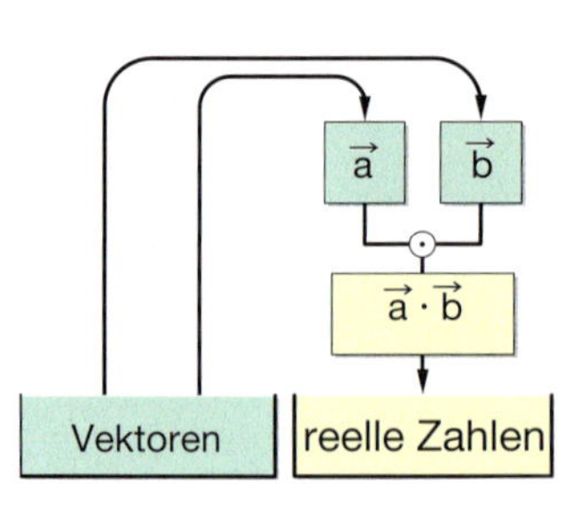

24 *Termanalyse*

In Vektortermen lassen sich verschiedene Rechenoperationen nicht immer durch die Rechenzeichen unterscheiden. Die Verwendung verschiedener Symbole kann hier Klarheit schaffen. Schreiben Sie die Terme mit den angegebenen Symbolen.

$(3 \cdot \vec{a} + \vec{b}) \cdot \vec{c} = (3 \circ \vec{a} \oplus \vec{b}) \otimes \vec{c}$

- $\oplus$ Vektoraddition
- $+$ Addition reeller Zahlen
- $\circ$ S-Multiplikation
- $\cdot$ Multiplikation reeller Zahlen
- $\otimes$ Skalarprodukt

a) $\vec{a} \cdot (\vec{b} + 5 \cdot \vec{c})$ b) $((2 \cdot 3) \cdot \vec{a} + \vec{b}) \cdot \vec{c}$ c) $(\vec{a} \cdot \vec{b} + 3) \cdot \vec{c}$

d) $(\vec{a} \cdot \vec{b} + \vec{a} \cdot \vec{c}) \cdot (3 \cdot \vec{a} + (2 + 3) \cdot \vec{b})$

25 *Eigenschaften des Skalarprodukts*

Welche der bekannten Rechengesetze für reelle Zahlen lassen sich auf das Rechnen mit dem Skalarprodukt übertragen?

a) Der folgende Beweis des Distributivgesetzes beim Rechnen mit Vektoren ist nicht so, wie er sein sollte! Bringen Sie die Karten in die richtige Reihenfolge:

Distributivgesetz:
Für alle Vektoren $\vec{a}$, $\vec{b}$ und $\vec{c}$ gilt: $(\vec{a} + \vec{b}) \cdot \vec{c} = \vec{a} \cdot \vec{c} + \vec{b} \cdot \vec{c}$

Beweis:

(I) $a_1 c_1 + a_2 c_2 + a_3 c_3 + b_1 c_1 + b_2 c_2 + b_3 c_3 =$

(II) $\vec{a} \cdot \vec{c} + \vec{b} \cdot \vec{c}$

(III) $(\vec{a} + \vec{b}) \cdot \vec{c} =$

(IV) $(a_1 + b_1)c_1 + (a_2 + b_2)c_2 + (a_3 + b_3)c_3 =$

(V) $\left(\begin{pmatrix} a_1 \\ a_2 \\ a_3 \end{pmatrix} + \begin{pmatrix} b_1 \\ b_2 \\ b_3 \end{pmatrix}\right) \cdot \begin{pmatrix} c_1 \\ c_2 \\ c_3 \end{pmatrix} =$

(VI) $a_1 c_1 + b_1 c_1 + a_2 c_2 + b_2 c_2 + a_3 c_3 + b_3 c_3 =$

(VII) $\begin{pmatrix} a_1 + b_1 \\ a_2 + b_2 \\ a_3 + b_3 \end{pmatrix} \cdot \begin{pmatrix} c_1 \\ c_2 \\ c_3 \end{pmatrix} =$

(VIII) $\begin{pmatrix} a_1 \\ a_2 \\ a_3 \end{pmatrix} \cdot \begin{pmatrix} c_1 \\ c_2 \\ c_3 \end{pmatrix} + \begin{pmatrix} b_1 \\ b_2 \\ b_3 \end{pmatrix} \cdot \begin{pmatrix} c_1 \\ c_2 \\ c_3 \end{pmatrix} =$

Eigenschaften des Skalarproduktes

Für alle Vektoren $\vec{a}$, $\vec{b}$ und $\vec{c}$ und für alle reellen Zahlen s gilt:

I:	$\vec{a} \cdot \vec{b} = \vec{b} \cdot \vec{a}$	(Kommutativgesetz)
II:	$(s\vec{a}) \cdot \vec{b} = s(\vec{a} \cdot \vec{b})$	(„Assoziativgesetz")
III:	$(\vec{a} + \vec{b}) \cdot \vec{c} = \vec{a} \cdot \vec{c} + \vec{b} \cdot \vec{c}$	(Distributivgesetz)

26 *Eigenschaften des Skalarproduktes*

a) Beweisen Sie die Eigenschaften I (Kommutativgesetz) und II („Assoziativgesetz").

b) Zeigen Sie an einem geeigneten Beispiel, dass das Assoziativgesetz $(a \cdot b) \cdot c = a \cdot (b \cdot c)$ der Multiplikation reeller Zahlen nicht für das Skalarprodukt von Vektoren gilt.

27 *Wahr oder falsch?*

Die folgenden Aussagen gelten für reelle Zahlen. Hier stehen sie für Vektoren. Welche Aussagen sind wahr? Begründen Sie Ihre Entscheidung.

a) $(\vec{a} + \vec{b})^2 = \vec{a}^2 + 2\vec{a} \cdot \vec{b} + \vec{b}^2$ b) $(\vec{a} \cdot \vec{a})(\vec{b} \cdot \vec{b}) = (\vec{a} \cdot \vec{b})(\vec{a} \cdot \vec{b})$

c) Wenn $\vec{a} \cdot \vec{b} = \vec{a} \cdot \vec{c}$, dann $\vec{b} = \vec{c}$. d) $\vec{a} \cdot \vec{b} = \vec{0} \Leftrightarrow \vec{a} = \vec{0}$ oder $\vec{b} = \vec{0}$

Mithilfe des Skalarproduktes und seiner Eigenschaften (vgl. Seite 106) lassen sich manche Sätze aus der Elementargeometrie „rechnerisch" beweisen.

Beweis des Satzes des Thales mithilfe des Skalarproduktes

Satz des Thales
„Liegen die Eckpunkte eines Dreiecks so auf einem Kreis, dass eine Seite des Dreiecks der Kreisdurchmesser ist, dann ist das Dreieck rechtwinklig."

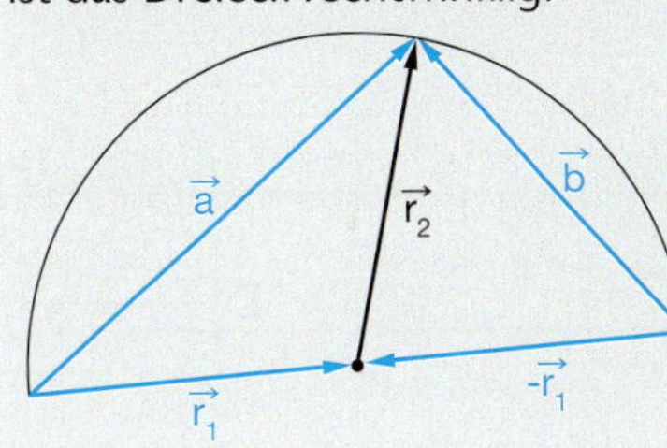

Beweis

Es gilt: $\vec{a} = \vec{r}_1 + \vec{r}_2$

$\vec{b} = \vec{r}_2 - \vec{r}_1$

$|\vec{r}_1| = |\vec{r}_2|$

Daraus folgt:

$$\begin{aligned}\vec{a} \cdot \vec{b} &= (\vec{r}_1 + \vec{r}_2) \cdot (\vec{r}_2 - \vec{r}_1) \\ &= -\vec{r}_1 \cdot \vec{r}_1 + \vec{r}_2 \cdot \vec{r}_2 \\ &= -|\vec{r}_1|^2 + |\vec{r}_2|^2 \\ &= 0\end{aligned}$$

Übungen

Beweise mithilfe des Skalarproduktes

28 *Gleichschenkliges Dreieck*

Mithilfe der Vektorrechnung soll gezeigt werden, dass im gleichschenkligen Dreieck eine Seitenhalbierende senkrecht auf der dazugehörenden Seite steht und dass die Winkel an dieser Seite gleich groß sind.

a) Rechnen Sie dies für das Dreieck ABC mit A = (1 | 1), B = (4 | 5) und C = (1 | 6) nach.

b) Zeigen Sie es allgemein.

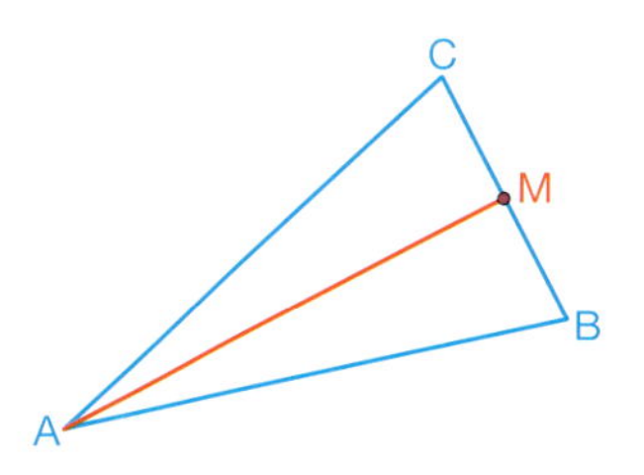

29 *Basiswinkel*

Zeigen Sie, dass die Basiswinkel im gleichschenkligen Dreieck gleich groß sind.

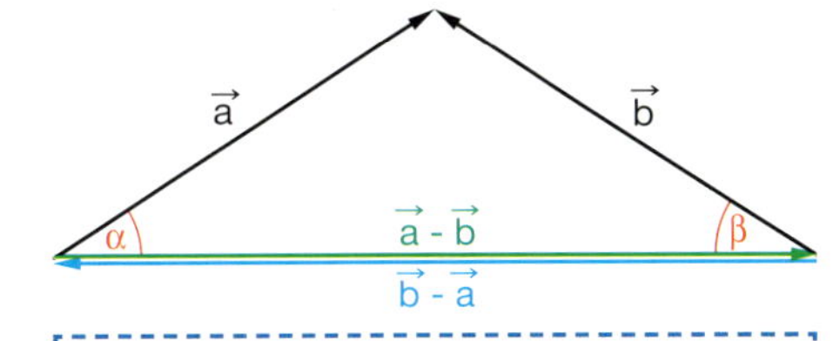

Tipp:
Es gilt: $|\vec{a}| = |\vec{b}|$
Zu zeigen ist: $\alpha = \beta$
Berechnen Sie $\cos(\alpha)$ und $\cos(\beta)$.

30 *Drachenviereck*

Zeigen Sie, dass die Diagonalen im Drachenviereck senkrecht zueinander sind.

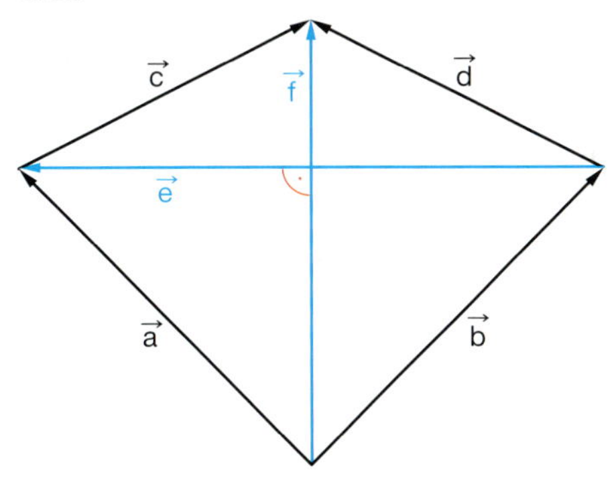

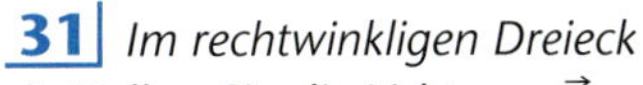

31 *Im rechtwinkligen Dreieck*

a) Stellen Sie die Vektoren $\vec{a}$ und $\vec{b}$ durch die Vektoren $\vec{h}$, $\vec{p}$ und $\vec{q}$ dar und bilden Sie das Skalarprodukt von $\vec{a}$ und $\vec{b}$. Welcher geometrische Satz ist damit bewiesen?

b) Zeigen Sie: $\vec{a} \cdot \vec{c} = \vec{p} \cdot \vec{c}$

c) Multiplizieren Sie $\vec{a} + \vec{b} = \vec{c}$ auf beiden Seiten mit $\vec{a}$ und nutzen Sie Aufgabenteil b). Interpretieren Sie das Ergebnis.

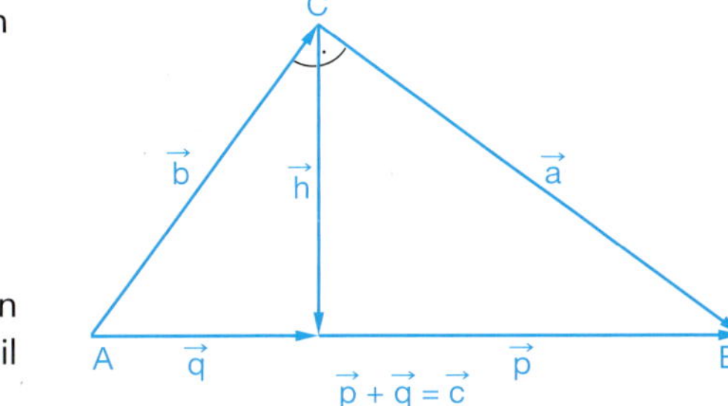

Aufgaben

32 *Eine andere Definition des Skalarprodukts – koordinatenfrei*

Aus der Winkelbeziehung des Skalarprodukts folgt koordinatenfrei unmittelbar $\vec{a} \cdot \vec{b} = |\vec{a}| \cdot |\vec{b}| \cdot \cos(\gamma)$.

Zeigen Sie mit dieser Definition:

a) Wenn $\vec{a} = r\vec{b}$ ist, dann ist $\vec{a} \cdot \vec{b}$ gleich dem Flächeninhalt des Rechtecks mit den Kantenlängen $|\vec{a}|$ und $|\vec{b}|$.

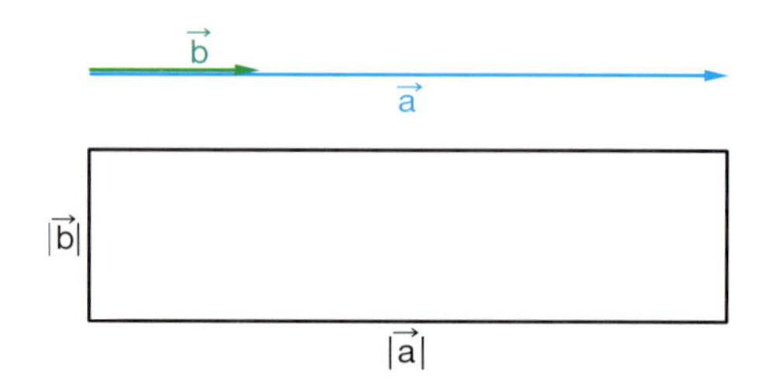

b) Wenn $\vec{a}$ nicht kollinear zu $\vec{b}$ ist, dann ist $\vec{a} \cdot \vec{b}$ gleich dem Flächeninhalt des Rechtecks mit der Kantenlänge $|\vec{a}|$ und der Länge der Projektion von $\vec{b}$ auf $\vec{a}$ (auch $\vec{b}_{\vec{a}}$).

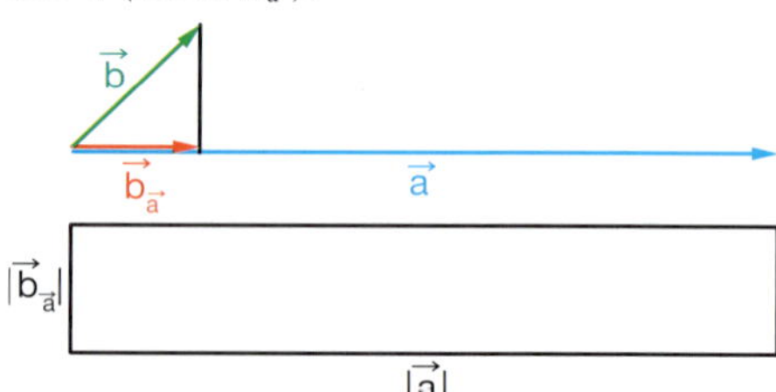

Vektoren in der Physik

In der Physik gibt es Größen, bei denen sowohl der Betrag als auch die Richtung eine Rolle spielen, zum Bespiel Geschwindigkeiten und Kräfte. Wenn man diese Größen als Vektoren beschreibt, so lassen sich manche physikalischen Probleme durch das Rechnen mit Vektoren übersichtlich darstellen und lösen.

Vektoraddition bei der Flussüberquerung

Die Fähre möchte den Fluss auf möglichst kurzem Weg überqueren. Hierbei spielen zwei Geschwindigkeiten eine Rolle: Die Strömungsgeschwindigkeit des Flusses v_F und die Eigengeschwindigkeit v_B des Bootes. Es gilt für die tatsächliche Geschwindigkeit v des Bootes: $\vec{v} = \vec{v}_F + \vec{v}_B$

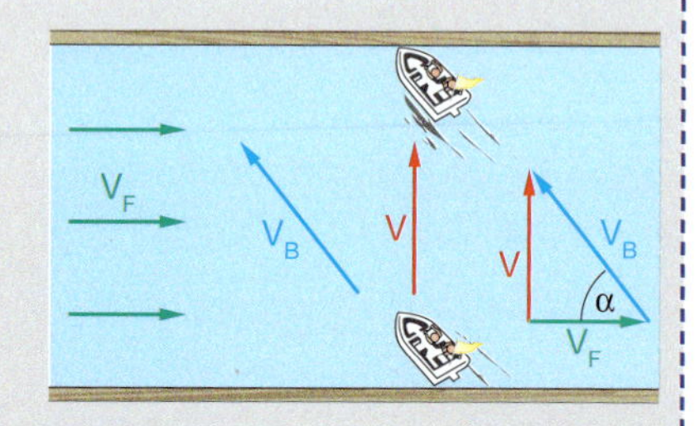

Daraus lassen sich Richtung und Betrag von $\vec{v}$ ablesen.

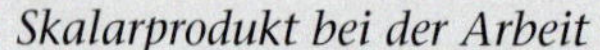

Skalarprodukt bei der Arbeit

Ein Draisinenfahrzeug wird zum Rangieren mit einem Seil gezogen. Wenn die Kraft $\vec{F}$ und der zurückgelegte Weg $\vec{s}$ in der Richtung übereinstimmen, dann kann man die aufgewendete Arbeit W als Produkt „Kraft mal Weg“ $W = |\vec{F}| \cdot |\vec{s}|$ berechnen. Falls die Kraft $\vec{F}$ nicht in Richtung des Weges $\vec{s}$ wirkt, müssen wir den Kraftvektor $\vec{F}$ in zwei Komponenten zerlegen, nämlich in eine Komponente $\vec{F}_1$, die in Richtung von $\vec{s}$ wirkt und eine Komponente $\vec{F}_2$, die senkrecht zu $\vec{s}$ wirkt. Nur die Komponente $\vec{F}_1$ liefert dann einen Beitrag zur Arbeit.

Es gilt: $W = |\vec{F}| \cdot |\vec{s}| \cdot \cos\sphericalangle(\vec{F}, \vec{s})$.

Dies ist nichts anderes als das Skalarprodukt von $\vec{F}$ und $\vec{s}$: $W = \vec{F} \cdot \vec{s}$.

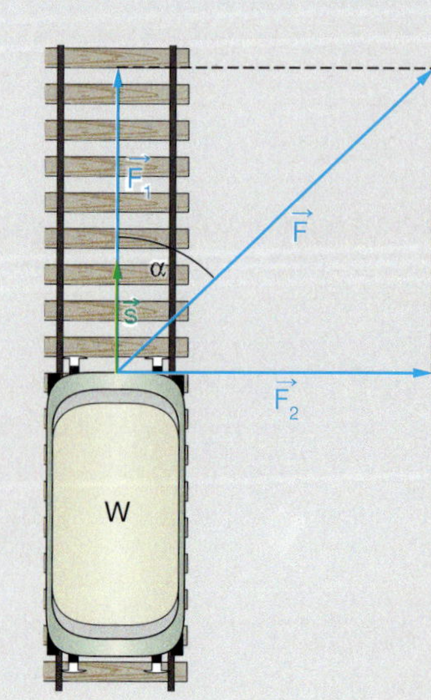

Der erste Fall lässt sich als Spezialfall mit dem Skalarprodukt darstellen, denn es gilt $\sphericalangle(\vec{F}, \vec{s}) = 0°$ und damit $\cos\sphericalangle(\vec{F}, \vec{s}) = 1$.

3.2 Winkel zwischen Geraden und Ebenen

Was Sie erwartet

Mit Tetraedern und Oktaedern gleicher Kantenlänge lässt sich der Raum lückenlos füllen. Dies hat etwas mit den Winkeln zwischen den Seitenflächen dieser beiden Platonischen Körper zu tun. Mithilfe der Formel für die Berechnung von Winkeln zwischen zwei Vektoren können Winkel zwischen Geraden oder Ebenen bestimmt werden. Dabei muss zunächst überlegt werden, wie die Winkel zwischen Geraden, zwischen Gerade und Ebene und zwischen Ebenen mithilfe von charakteristischen Vektoren definiert werden. Eine wichtige Rolle spielt der Normalenvektor einer Ebene. Mit der „Normalenform einer Ebenengleichung" wird die bisher überwiegend verwendete Punkt-Richtungs-Form um eine vielfach verwendbare algebraische Beschreibung der Ebene ergänzt.

Aufgaben

1 *Orthogonale Vektoren*

a) Welche der Vektoren sind orthogonal zur Geraden beziehungsweise zur Ebene?

Benutzen Sie die Aussagen auf den Karten.

Gerade in der Ebene

$$g: \vec{x} = \begin{pmatrix} 2 \\ 3 \end{pmatrix} + t\begin{pmatrix} -4 \\ 5 \end{pmatrix}$$

$$\vec{a} = \begin{pmatrix} 5 \\ 4 \end{pmatrix};\ \vec{b} = \begin{pmatrix} 15 \\ 12 \end{pmatrix};\ \vec{c} = \begin{pmatrix} 5 \\ -4 \end{pmatrix}$$

Ein Vektor ist orthogonal zu einer Geraden in der Ebene, wenn er orthogonal zum Richtungsvektor der Geraden ist.

Gerade im Raum

$$h: \vec{x} = \begin{pmatrix} 2 \\ 3 \\ 1 \end{pmatrix} + t\begin{pmatrix} -1 \\ -2 \\ 5 \end{pmatrix}$$

$$\vec{a} = \begin{pmatrix} 0 \\ 5 \\ 2 \end{pmatrix};\ \vec{b} = \begin{pmatrix} 5 \\ 0 \\ 1 \end{pmatrix};\ \vec{c} = \begin{pmatrix} 2 \\ -1 \\ 0 \end{pmatrix}$$

Ein Vektor ist orthogonal zu einer Geraden im Raum, wenn er orthogonal zum Richtungsvektor der Geraden ist.

Ebene im Raum

$$E: \vec{x} = \begin{pmatrix} -1 \\ 2 \\ 4 \end{pmatrix} + r\begin{pmatrix} 2 \\ -3 \\ 1 \end{pmatrix} + s\begin{pmatrix} -1 \\ 4 \\ 2 \end{pmatrix}$$

$$\vec{a} = \begin{pmatrix} 2 \\ 1 \\ -1 \end{pmatrix};\ \vec{b} = \begin{pmatrix} -4 \\ -2 \\ 2 \end{pmatrix};\ \vec{c} = \begin{pmatrix} 3 \\ 2 \\ 0 \end{pmatrix}$$

Ein Vektor ist orthogonal zu einer Ebene, wenn er orthogonal zu beiden Richtungsvektoren der Ebene ist.

b) In den Bildern sind jeweils zu einer Geraden oder einer Ebene orthogonale Vektoren eingezeichnet. Was können Sie jeweils über die blauen, orthogonalen Vektoren in den Bildern aussagen?

Gerade in der Ebene

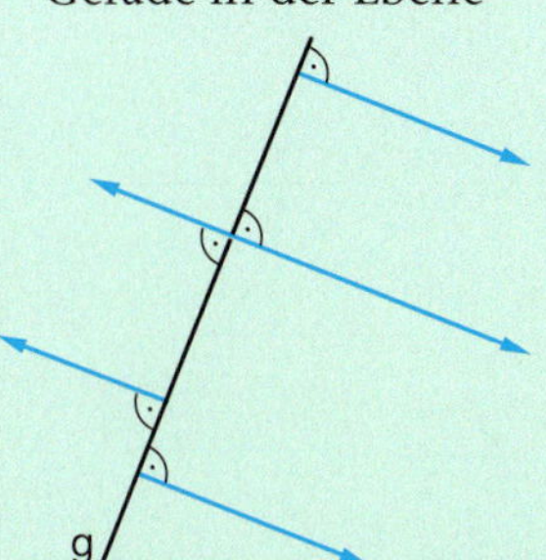

Gerade im Raum

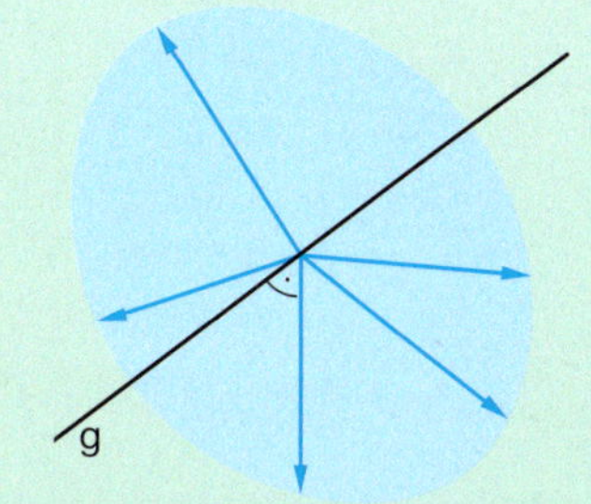

Ebene im Raum

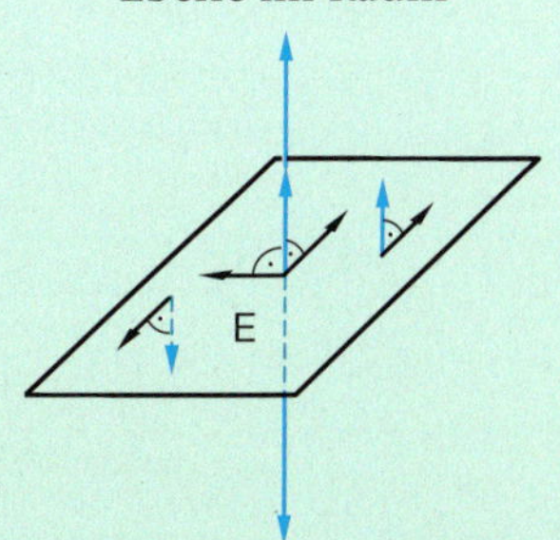

Aufgaben

2 *Winkel zwischen Geraden und Ebenen*

Den Winkel zwischen zwei Vektoren können wir bereits mit dem Skalarprodukt bestimmen.

Wie kann man den Winkel zwischen Geraden und Ebenen bestimmen? Versuchen Sie es an den Beispielen.

Schnittwinkel von Geraden

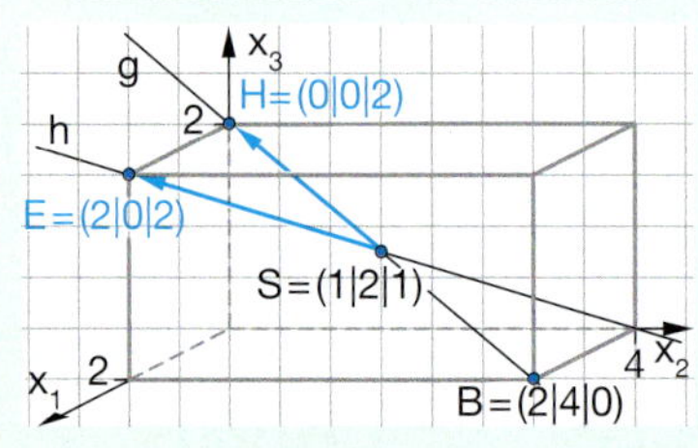

$$g\colon \vec{x} = \begin{pmatrix}1\\2\\1\end{pmatrix} + t\begin{pmatrix}-1\\-2\\1\end{pmatrix}$$

$$h\colon \vec{x} = \begin{pmatrix}1\\2\\1\end{pmatrix} + t\begin{pmatrix}1\\-2\\1\end{pmatrix}$$

Schnittwinkel von Ebenen

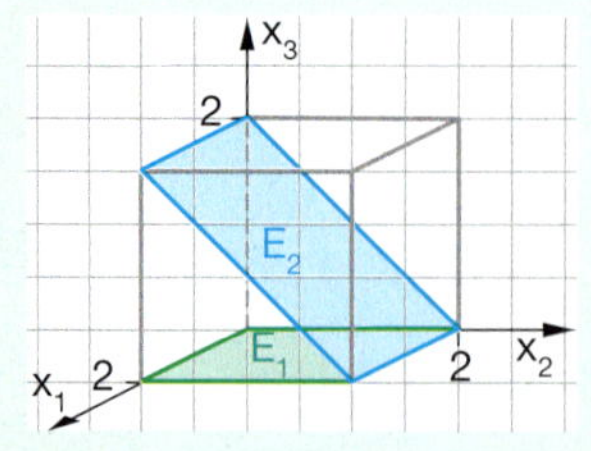

$$E_1\colon \vec{x} = \begin{pmatrix}2\\0\\0\end{pmatrix} + r\begin{pmatrix}0\\2\\0\end{pmatrix} + s\begin{pmatrix}-2\\2\\0\end{pmatrix}$$

$$E_2\colon \vec{x} = \begin{pmatrix}2\\2\\0\end{pmatrix} + r\begin{pmatrix}0\\-2\\2\end{pmatrix} + s\begin{pmatrix}-2\\0\\0\end{pmatrix}$$

Schnittwinkel von Ebene und Gerade

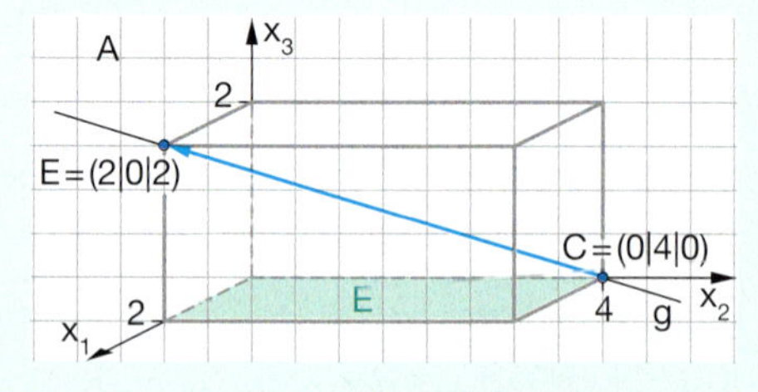

$$g\colon \vec{x} = \begin{pmatrix}0\\4\\0\end{pmatrix} + t\begin{pmatrix}2\\-4\\2\end{pmatrix}$$

$$E\colon \vec{x} = \begin{pmatrix}0\\4\\0\end{pmatrix} + r\begin{pmatrix}2\\0\\0\end{pmatrix} + s\begin{pmatrix}0\\-4\\0\end{pmatrix}$$

Erarbeiten Sie Vorschläge und vergleichen Sie diese untereinander.

Hier eine Ideensammlung von Schülerinnen und Schülern. Welche Strategien sind geeignet?

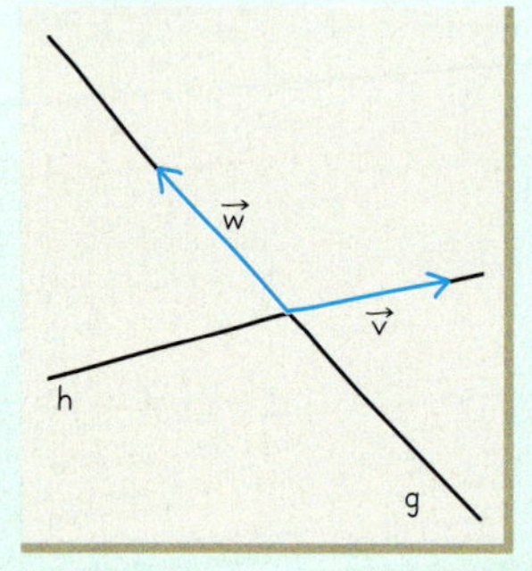

Man nimmt aus jeder Ebene einen Vektor – mit gemeinsamem Anfangspunkt auf der Schnittgeraden der Ebenen – und bestimmt den Winkel zwischen ihnen.

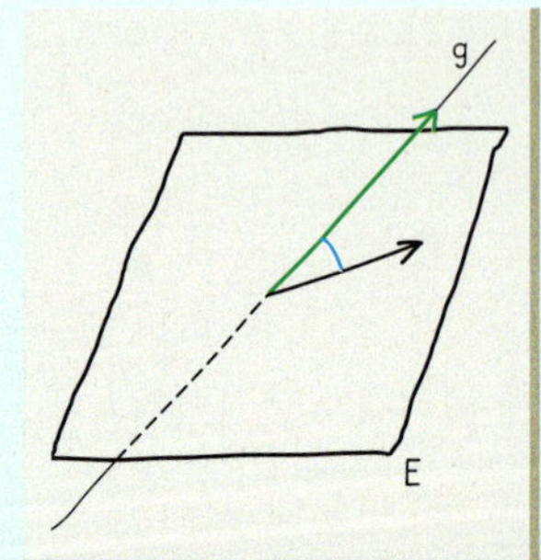

Winkel zwischen $\overrightarrow{CE}$ und $\overrightarrow{CA}$

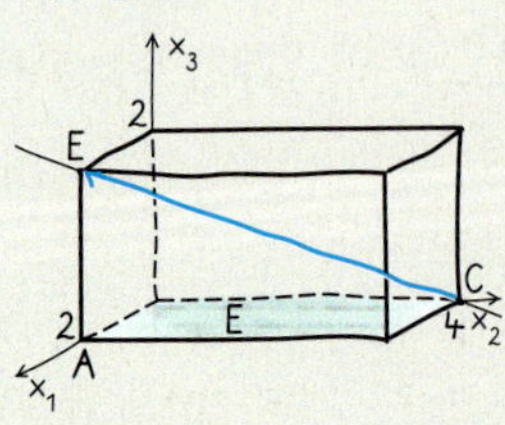

E
g

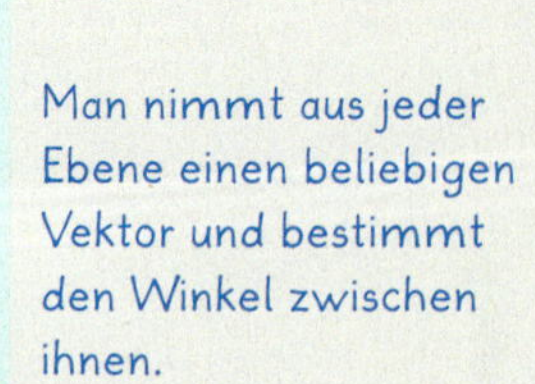

Winkel zwischen zwei zur Schnittgeraden senkrechten Vektoren.

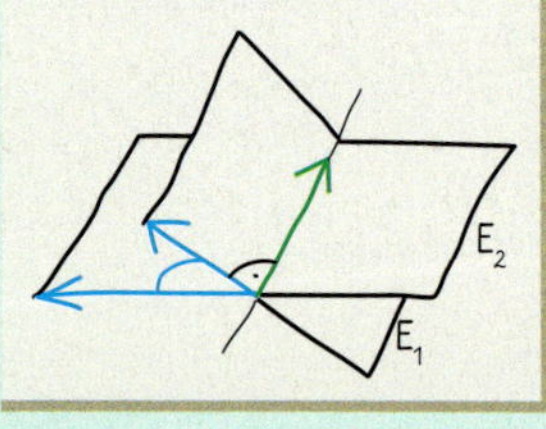

Man bestimmt für jede Ebene einen orthogonalen Vektor. Der Winkel zwischen diesen Vektoren ist der gesuchte Winkel.

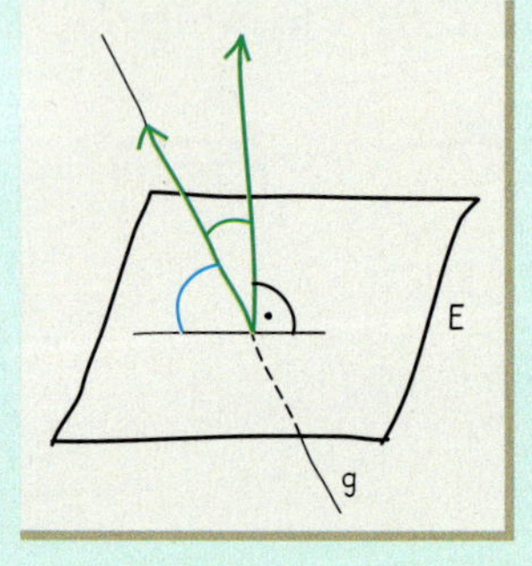

Mithilfe der Formel für die Berechnung des Winkels zwischen zwei Vektoren können Winkel zwischen Geraden oder Ebenen bestimmt werden. Eine wichtige Rolle spielt dabei der Normalenvektor einer Ebene.

Basiswissen

Normalenvektor einer Ebene

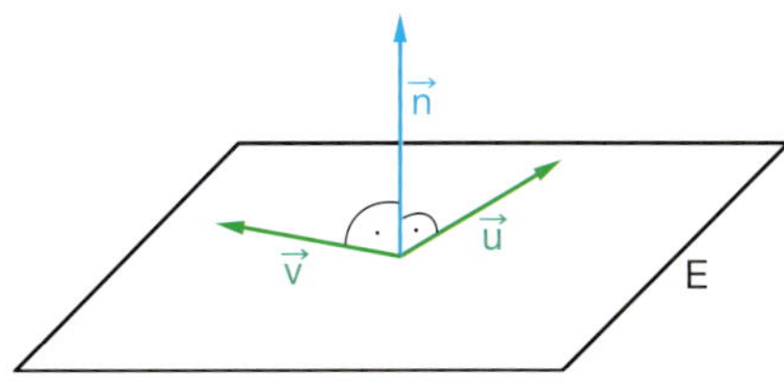

Ein Vektor $\vec{n}$, der orthogonal ist zu den beiden Richtungsvektoren der Ebene, heißt **Normalenvektor der Ebene**.

$$E: \vec{x} = \begin{pmatrix}1\\2\\3\end{pmatrix} + r\begin{pmatrix}1\\1\\-1\end{pmatrix} + s\begin{pmatrix}2\\1\\0\end{pmatrix} \qquad \vec{n} = \begin{pmatrix}-1\\2\\1\end{pmatrix}$$

$$\begin{pmatrix}-1\\2\\1\end{pmatrix} \cdot \begin{pmatrix}1\\1\\-1\end{pmatrix} = 0 \quad \text{und} \quad \begin{pmatrix}-1\\2\\1\end{pmatrix} \cdot \begin{pmatrix}2\\1\\0\end{pmatrix} = 0$$

Winkel zwischen Geraden

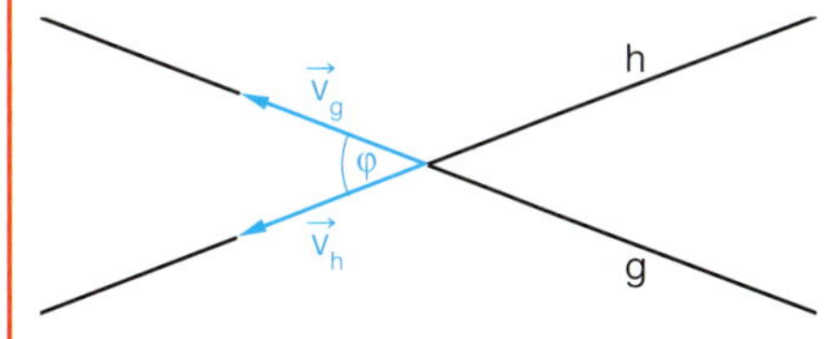

Der Winkel zwischen zwei Geraden, die sich schneiden, ist der Winkel zwischen den Richtungsvektoren.

$$g: \vec{x} = \begin{pmatrix}3\\-1\\4\end{pmatrix} + t\begin{pmatrix}2\\-2\\-1\end{pmatrix} \qquad h: \vec{x} = \begin{pmatrix}3\\-1\\4\end{pmatrix} + t\begin{pmatrix}4\\0\\3\end{pmatrix}$$

$$\cos(\varphi) = \frac{\begin{pmatrix}2\\-2\\-1\end{pmatrix} \cdot \begin{pmatrix}4\\0\\3\end{pmatrix}}{\sqrt{9} \cdot \sqrt{25}} = \frac{5}{15} = \frac{1}{3} \Rightarrow \varphi \approx 70{,}5°$$

Eigentlich dürfen wir nicht von **dem** Winkel zwischen zwei Geraden oder zwei Ebenen sprechen, sondern von zwei Winkeln, die sich zu 180° ergänzen. Welchen dieser Winkel wir suchen, hängt von der jeweiligen Situation ab.

Winkel zwischen Ebenen

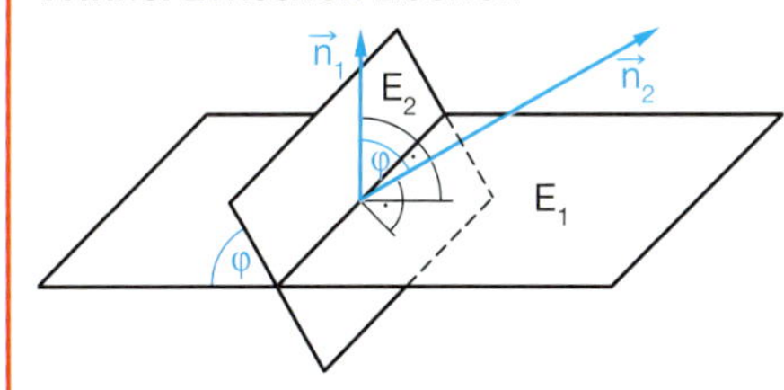

Der Winkel zwischen zwei Ebenen ist der Winkel zwischen den Normalenvektoren.

$$E_1: \vec{x} = \begin{pmatrix}1\\2\\3\end{pmatrix} + r\begin{pmatrix}1\\1\\-1\end{pmatrix} + s\begin{pmatrix}2\\1\\0\end{pmatrix} \qquad \vec{n}_1 = \begin{pmatrix}-1\\2\\1\end{pmatrix}$$

$$E_2: \vec{x} = \begin{pmatrix}1\\2\\3\end{pmatrix} + r\begin{pmatrix}2\\2\\1\end{pmatrix} + s\begin{pmatrix}1\\3\\-2\end{pmatrix} \qquad \vec{n}_2 = \begin{pmatrix}-7\\5\\4\end{pmatrix}$$

$$\cos(\varphi) = \frac{\begin{pmatrix}-1\\2\\1\end{pmatrix} \cdot \begin{pmatrix}-7\\5\\4\end{pmatrix}}{\sqrt{6} \cdot \sqrt{90}} = \frac{21}{\sqrt{6} \cdot \sqrt{90}} \Rightarrow \varphi \approx 25{,}4°$$

Winkel zwischen Gerade und Ebene

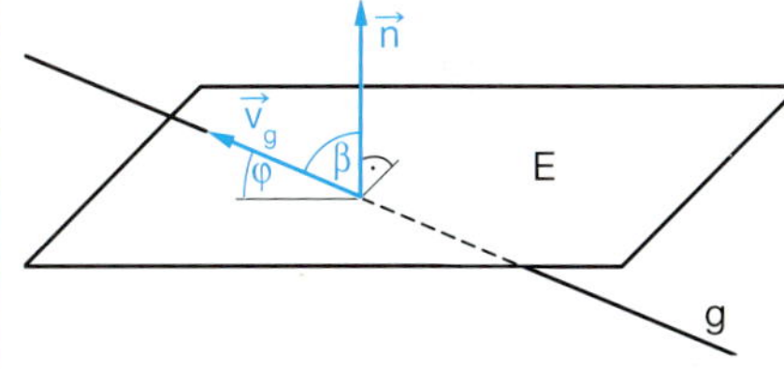

Der Winkel zwischen einer Ebene und einer Geraden ist der Winkel φ, der den Winkel β zwischen dem Normalenvektor der Ebene und dem Richtungsvektor der Geraden zu 90° ergänzt.

$$g: \vec{x} = \begin{pmatrix}1\\-1\\2\end{pmatrix} + t\begin{pmatrix}1\\0\\3\end{pmatrix}$$

$$E: \vec{x} = \begin{pmatrix}1\\-1\\2\end{pmatrix} + r\begin{pmatrix}3\\1\\1\end{pmatrix} + s\begin{pmatrix}0\\2\\-1\end{pmatrix} \qquad \vec{n} = \begin{pmatrix}-1\\1\\2\end{pmatrix}$$

$$\cos(\beta) = \frac{\begin{pmatrix}1\\0\\3\end{pmatrix} \cdot \begin{pmatrix}-1\\1\\2\end{pmatrix}}{\sqrt{10} \cdot \sqrt{6}} = \frac{5}{\sqrt{10} \cdot \sqrt{6}} \Rightarrow \beta \approx 49{,}8°$$

$$\varphi = 90° - \beta \approx 40{,}2°$$

Beispiele

A *Normalenvektor einer Ebene*

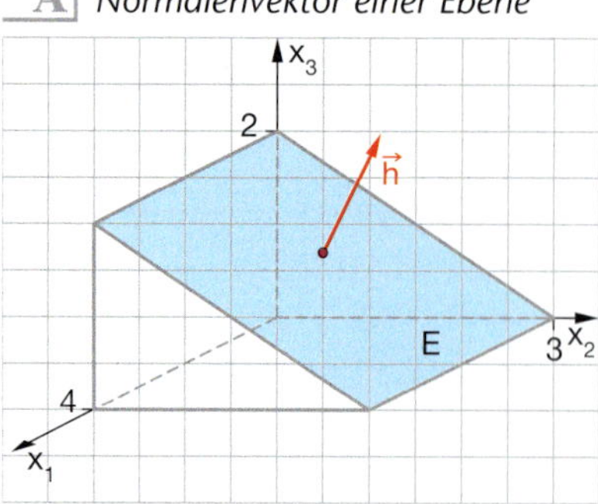

Bestimmen Sie einen Normalenvektor der Ebene

$E: \vec{x} = \begin{pmatrix} 4 \\ 3 \\ 0 \end{pmatrix} + r \begin{pmatrix} -4 \\ -3 \\ 2 \end{pmatrix} + s \begin{pmatrix} -4 \\ -1{,}5 \\ 1 \end{pmatrix}$.

Lösung:

Gesucht ist $\vec{n} = \begin{pmatrix} n_1 \\ n_2 \\ n_3 \end{pmatrix}$ mit:

$\begin{pmatrix} n_1 \\ n_2 \\ n_3 \end{pmatrix} \cdot \begin{pmatrix} -4 \\ -3 \\ 2 \end{pmatrix} = 0$ und $\begin{pmatrix} n_1 \\ n_2 \\ n_3 \end{pmatrix} \cdot \begin{pmatrix} -4 \\ -1{,}5 \\ 1 \end{pmatrix} = 0$

Dies liefert ein Gleichungssystem mit zwei Gleichungen und drei Variablen.

$-4n_1 - 3n_2 + 2n_3 = 0$

$-4n_1 - 1{,}5n_2 + n_3 = 0.$

Da die Länge eines Normalenvektors nicht festgelegt ist, hat das LGS auch keine eindeutige Lösung.

Lösen des LGS per Hand

Hier kann man eine Variable frei wählen.

Setze $n_3 = 1$.

$\begin{matrix} -4n_1 - 3n_2 + 2 = 0 \\ -4n_1 - 1{,}5n_2 + 1 = 0 \end{matrix} \rightarrow \begin{matrix} -4n_1 - 3n_2 + 2 = 0 \\ 1{,}5n_2 - 1 = 0 \end{matrix} \rightarrow \begin{matrix} -4n_1 - 3n_2 + 2 = 0 \\ n_2 = \frac{2}{3} \end{matrix} \rightarrow \begin{matrix} n_1 = 0 \\ n_2 = \frac{2}{3} \end{matrix}$

Man erhält also $n_1 = 0$, $n_2 = \frac{2}{3}$, $n_3 = 1$.

Lösen des LGS mit GTR

```
[A]
 [-4   -3   2 0]
 [-4 -1.5   1 0]
```
→
```
rref([A])
 [1 0  0   0]
 [0 1 -2/3 0]
```

Eine Variable kann man frei wählen.
Setze $n_3 = 1$.
Man erhält also $n_1 = 0$, $n_2 = \frac{2}{3}$, $n_3 = 1$.

Damit ist $\vec{n}_1 = \begin{pmatrix} 0 \\ \frac{2}{3} \\ 1 \end{pmatrix}$ ein Normalenvektor der Ebene und auch der „kollineare Freund"

$\vec{n}_2 = 3 \cdot \vec{n}_1 = \begin{pmatrix} 0 \\ 2 \\ 3 \end{pmatrix}$. Für weitere Berechnungen ist dieser häufig günstiger.

B *Winkel in Pyramide*

Beschreiben Sie die Winkel α, β, γ und berechnen Sie deren Größe.

Lösung:

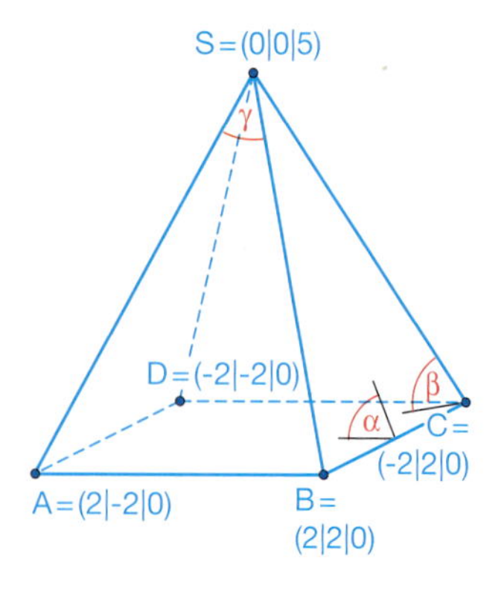

α ist der Winkel zwischen der Grundfläche und einer Seitenfläche.

Normalenvektoren zu den Ebenen sind:

Zur Bodenebene $\vec{n}_1 = \begin{pmatrix} 0 \\ 0 \\ 1 \end{pmatrix}$, zur Ebene BCS $\vec{n}_2 = \begin{pmatrix} 0 \\ 2{,}5 \\ 1 \end{pmatrix}$

Mit der Formel $\cos(\alpha) = \frac{\vec{n}_1 \cdot \vec{n}_2}{|\vec{n}_1| \cdot |\vec{n}_2|}$ erhält man $\alpha \approx 68{,}2°$.

β ist der Winkel zwischen der Kante $\overline{CS}$ und der Bodenebene.

Die Kante $\overline{CS}$ hat den Richtungsvektor $\overrightarrow{CS} = \begin{pmatrix} 2 \\ -2 \\ 5 \end{pmatrix}$,

der Boden den Normalenvektor $\vec{n} = \begin{pmatrix} 0 \\ 0 \\ 1 \end{pmatrix}$.

```
cos⁻¹(5/√(35))
      .5639426414
```

Für den Winkel ψ zwischen diesen Vektoren gilt: $\cos(\psi) = \frac{5}{\sqrt{33}}$, also $\psi \approx 29{,}5°$.

Der gesuchte Winkel β beträgt somit $\beta = 90° - \psi \approx 60{,}5°$.

γ ist der Winkel zwischen zwei Kanten.

Die Kanten haben die Richtungsvektoren $\overrightarrow{SA} = \begin{pmatrix} 2 \\ -2 \\ -5 \end{pmatrix}$ und $\overrightarrow{SB} = \begin{pmatrix} 2 \\ 2 \\ -5 \end{pmatrix}$; somit $\cos(\gamma) = \frac{25}{33}$; also $\gamma \approx 40{,}7°$.

Übungen

3 *Normalenvektoren im Prisma*

Welche der Vektoren $\vec{n}_1 = \begin{pmatrix} 2 \\ 3 \\ 2 \end{pmatrix}$, $\vec{n}_2 = \begin{pmatrix} 1 \\ 2 \\ 2 \end{pmatrix}$, $\vec{n}_3 = \begin{pmatrix} 1 \\ 0 \\ 1 \end{pmatrix}$ sind Normalenvektoren der vorderen Fläche im Prisma?

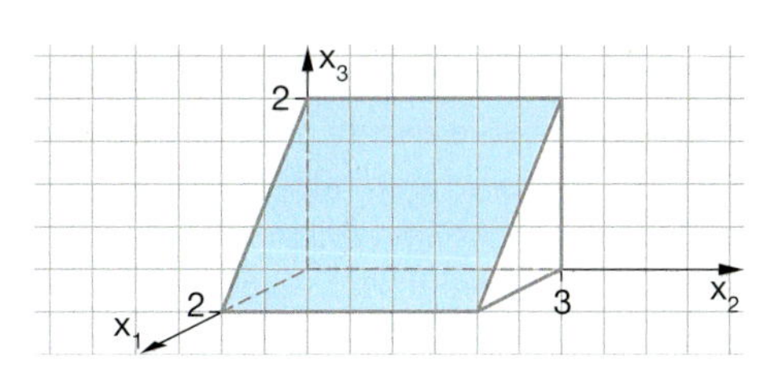

4 *Normalenvektoren von Ebenen*

Bestimmen Sie einen Normalenvektor der Ebene. In zwei Fällen kann man sich Arbeit ersparen und einen Normalenvektor unmittelbar erkennen.

a) $E: \vec{x} = \begin{pmatrix} 0 \\ 2 \\ 1 \end{pmatrix} + r\begin{pmatrix} 2 \\ 0 \\ 0 \end{pmatrix} + s\begin{pmatrix} 0 \\ 0 \\ 1 \end{pmatrix}$

b) $E: \vec{x} = \begin{pmatrix} 0 \\ 0 \\ 1 \end{pmatrix} + r\begin{pmatrix} 5 \\ 1 \\ 2 \end{pmatrix} + s\begin{pmatrix} 4 \\ -1 \\ 4 \end{pmatrix}$

c) $E: \vec{x} = \begin{pmatrix} 1 \\ 1 \\ 1 \end{pmatrix} + r\begin{pmatrix} 1 \\ 0 \\ -1 \end{pmatrix} + s\begin{pmatrix} 2 \\ -2 \\ 1 \end{pmatrix}$

d) $E: \vec{x} = \begin{pmatrix} 1 \\ 2 \\ 3 \end{pmatrix} + r\begin{pmatrix} 1 \\ 0 \\ 1 \end{pmatrix} + s\begin{pmatrix} 0 \\ 1 \\ 1 \end{pmatrix}$

5 *Normalenvektoren einer Pyramide*

Die Vektoren $\begin{pmatrix} 0 \\ 0 \\ 1 \end{pmatrix}$; $\begin{pmatrix} 3 \\ 0 \\ 2 \end{pmatrix}$; $\begin{pmatrix} 0 \\ 3 \\ 2 \end{pmatrix}$ sind Normalenvektoren zu Flächen in der Pyramide.

a) Ordnen Sie die Normalenvektoren den Flächen zu.

b) Geben Sie Normalenvektoren für die weiteren Flächen an.

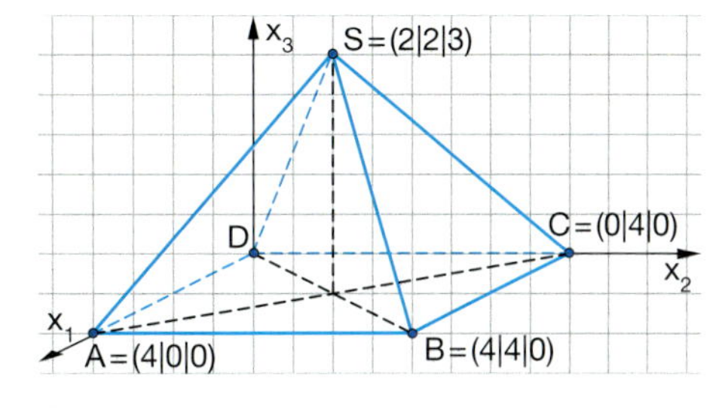

6 *Normalenvektoren einer Ebene*

a) Die Ebene durch die drei Punkte A = (3 | 1 | 4), B = (4 | 3 | 1) und C = (1 | 4 | 3) hat den Vektor $\vec{n}$ als Normalenvektor. Bestätigen Sie dies.

b) Zeigen Sie, dass $\vec{n}$ auch Normalenvektor der Ebenen durch die drei Punkte A = (1|2|3), B = (2 | 3 | 1) und C = (3 | 1 | 2) beziehungsweise D = (4 | −2 | −3), E = (−2 | −3 | 4) und F = (−3 | 4 | −2) ist.

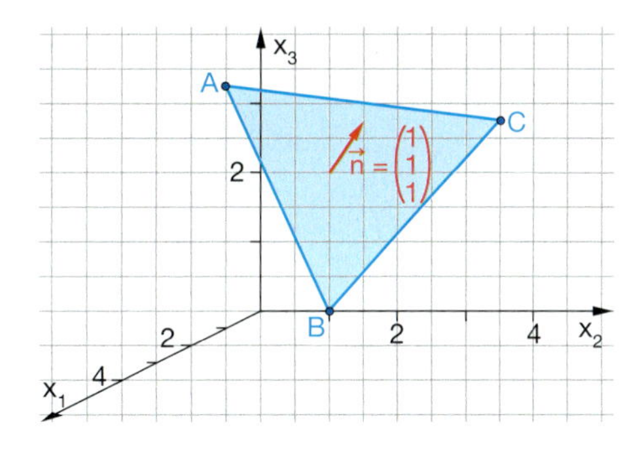

KURZER RÜCKBLICK

1 Zeichnen Sie ein gleichschenkliges Dreieck.

2 Geben Sie eine Formel für den Flächeninhalt eines Dreiecks an.

3 Wie verändert sich der Flächeninhalt eines Rechtecks, wenn eine Seite verdoppelt wird?

4 Bestimmen Sie die Höhe eines gleichseitigen Dreiecks mit der Kantenlänge a.

7 *Winkel der Raumdiagonalen im Quader – Schätzen und Rechnen*

a) Welche Winkel bildet die Raumdiagonale mit den drei Achsen?

b) Weisen Sie nach, dass im Würfel die Winkel der Raumdiagonalen mit den drei Achsen gleich groß sind.

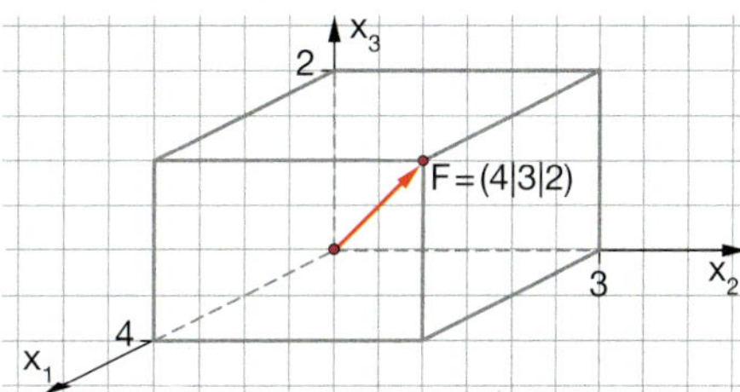

Übungen

8 *Winkel in einer Pyramide*

a) Bestimmen Sie den Winkel α zwischen den rot eingezeichneten Linien.

b) Bestimmen Sie den Winkel β zwischen der Bodenfläche und der vorderen Seitenfläche.

Vergleichen Sie die beiden Winkel.

Geht der Vergleich auch ohne Rechnung?

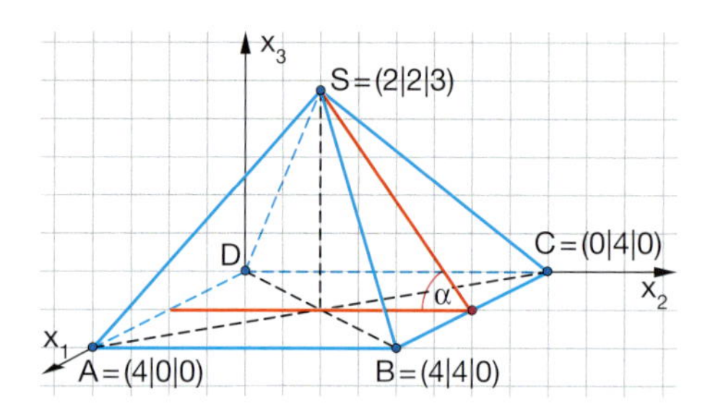

9 *Winkel im Würfel*

Welcher Winkel wird jeweils im Würfel bestimmt?

a) $\cos(\alpha) = \frac{1 \cdot 1 + 1 \cdot 1 + 1 \cdot 0}{\sqrt{3} \cdot \sqrt{2}}$

b) $\cos(\beta) = \frac{1 \cdot 1 + 0 \cdot 0 + 0 \cdot 1}{1 \cdot \sqrt{2}}$

c) $\cos(\gamma) = \frac{1 \cdot 1 + 1 \cdot 1 + 1 \cdot (-1)}{\sqrt{3} \cdot \sqrt{3}}$

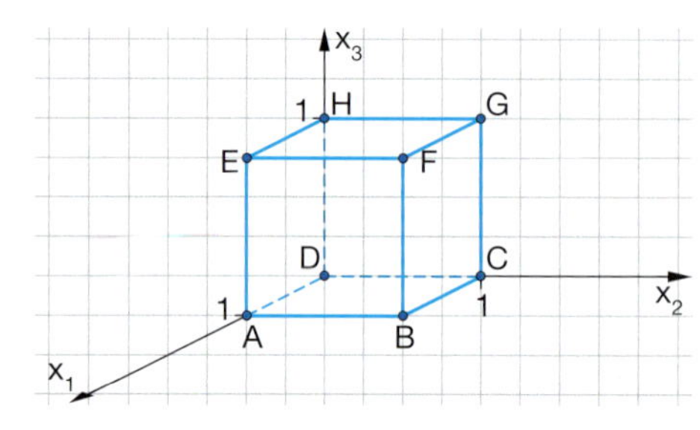

10 *Zum Nachdenken*

Kann man auch den Winkel zwischen windschiefen Geraden berechnen?

11 *Orthogonalität – Schätzen und Rechnen*

Welche der Ebenen wird von der Raumdiagonalen d im Würfelmittelpunkt geschnitten? Welche der Ebenen ist orthogonal zu d?

Begründen Sie dies rechnerisch und berechnen Sie im Fall der Nicht-Orthogonalität den Schnittwinkel.

Würfel mit Kantenlänge 1

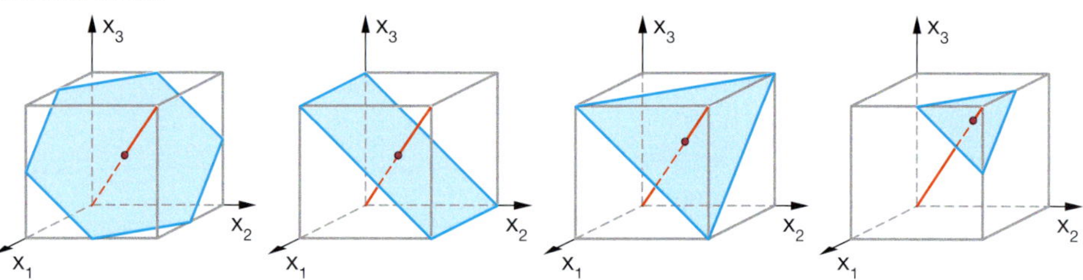

12 *Schnittwinkel in Würfel und Quader*

Wie ändert sich der Schnittwinkel von Ebene und Raumdiagonale, wenn der Würfel zu einem Quader mit gleich bleibender Grundfläche und doppelter Höhe wird? Wie ändert sich der Schnittpunkt?

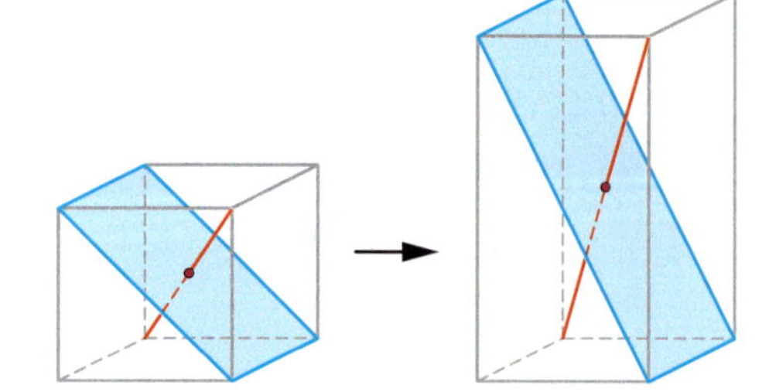

GRUNDWISSEN

1 Zeigen Sie rechnerisch, dass benachbarte Kanten im Einheitswüfel zueinander senkrecht stehen.

2 Zwischen welchen Vektoren ist der Winkel am größten?

a) $\begin{pmatrix}0\\1\\0\end{pmatrix}; \begin{pmatrix}0\\1\\1\end{pmatrix}$ b) $\begin{pmatrix}1\\1\\1\end{pmatrix}; \begin{pmatrix}1\\1\\0\end{pmatrix}$ c) $\begin{pmatrix}1\\0\\1\end{pmatrix}; \begin{pmatrix}0\\1\\1\end{pmatrix}$

Begründen Sie sowohl geometrisch am Einheitswüfel als auch rechnerisch.

13 *Winkel in Walmdächern*

Zwei Walmdächer unterscheiden sich lediglich in der Länge des Dachfirstes (Strecke $\overline{EF}$).

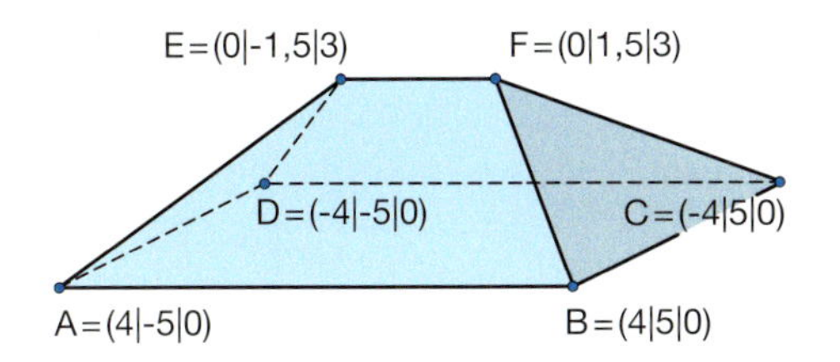

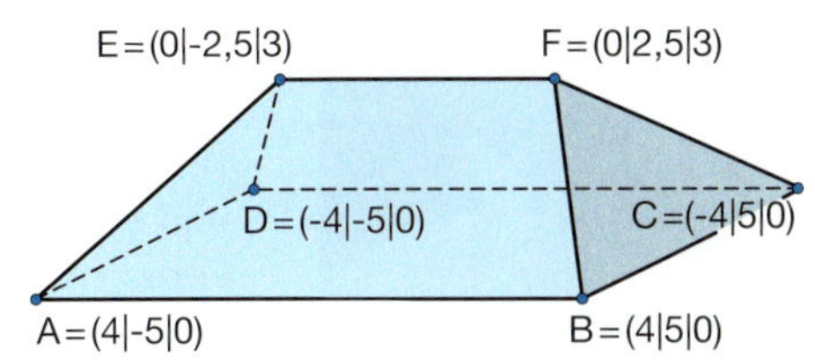

a) Wie ändern sich die Winkel α, β, γ, wenn der Dachfirst länger wird? Begründen Sie Ihre Entscheidung geometrisch und überprüfen Sie rechnerisch an einem Beispiel.

α: Winkel zwischen den Trapezflächen und dem Boden.

β: Winkel zwischen den Dreiecksflächen und dem Boden.

γ: Winkel zwischen den Trapezflächen und den Dreiecksflächen.

b) Bei keinem der beiden Dächer stimmt der Winkel α zwischen Boden und Trapezflächen mit dem Winkel β zwischen Boden und Dreiecksfläche überein.
Ist es bei einem Walmdach überhaupt möglich, dass die beiden Winkel α und β gleich groß sind?

14 *Pyramidenstumpf*

Von einer quadratischen Pyramide wurde die Spitze abgeschnitten.
Welcher Winkel ist größer? Der Winkel zwischen den Seitenflächen ABFE und BCGF oder der Winkel zwischen den Kanten AB und BC?
Vermuten Sie erst und überprüfen Sie Ihre Vermutung durch Rechnung an einem selbst gewählten Beispiel.

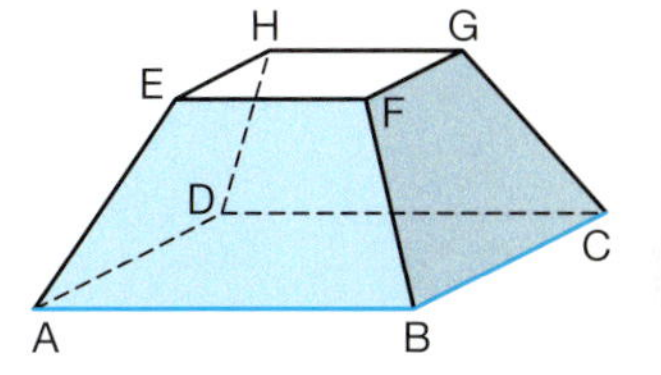

15 *Experimentieraufgabe*

Die Höhe h kann verändert werden. Wann ist der Winkel β am kleinsten bzw. am größten? Wie groß sind diese Winkel? Wie groß ist der Winkel β , wenn B* auf der Mitte der Kante $\overline{CG}$ liegt?

experimentieren
vermuten
überprüfen

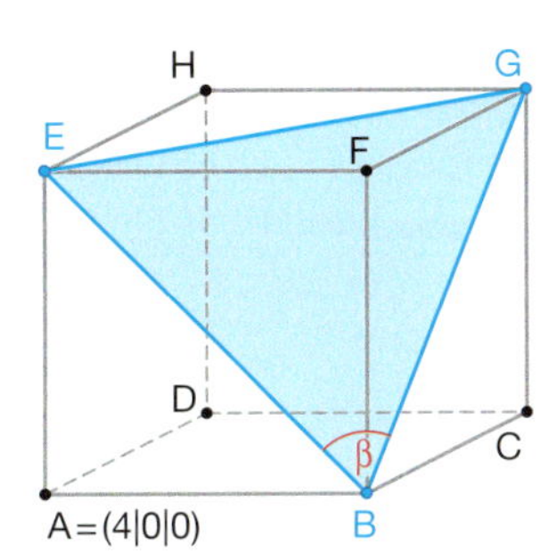

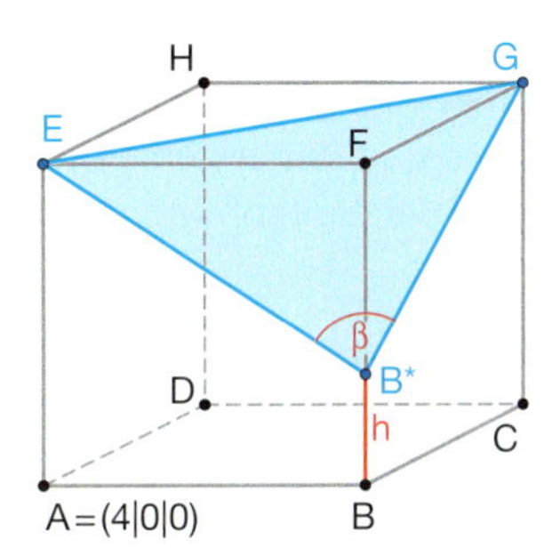

Die folgenden Strategien können helfen:

Was passiert, wenn B nach oben geschoben wird? – ansehen und nachdenken

„Randsituationen" betrachten

Den Winkel für einige festgelegte Höhenberechnen

Für Experten eine Verbindung zur Analysis:
Der Kosinus des Winkels lässt sich als Funktion darstellen: $f(h) = \frac{h^2 - 8h + 16}{h^2 - 8h + 32}$
Am Graphen lassen sich das Maximum und Minimum ablesen.

Übungen

16 *Weitere Form einer Ebenengleichung*

Die Stange steht senkrecht zur Ebene.

Das Experiment verdeutlicht eine weitere Möglichkeit wie man eine Ebene beschreiben kann. Wenn man einen Punkt und einen Normalenvektor der Ebene kennt, so kann man die Ebene eindeutig beschreiben.

Erläutern Sie an den Bildern, dass eine Ebene durch einen Normalenvektor und einen Punkt festgelegt ist.

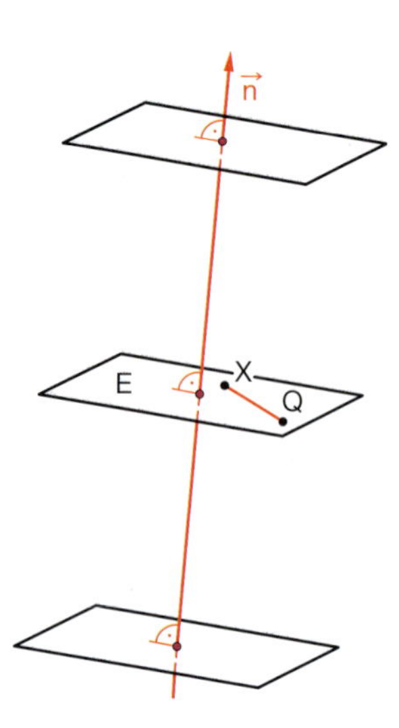

Basiswissen

Eine Ebene kann mithilfe eines Normalenvektors und eines Punktes beschrieben werden.

Normalenform einer Ebenengleichung

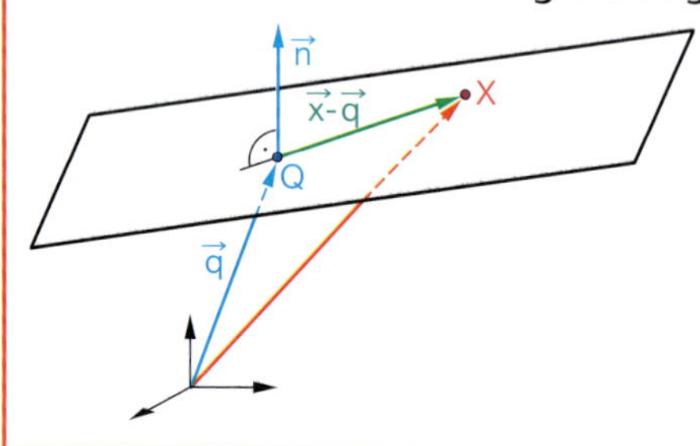

Die Ebene ist durch einen Normalenvektor $\vec{n}$ und einen Punkt Q auf der Ebene festgelegt.

Alle Punkte X, für die der Verbindungsvektor $\vec{x} - \vec{q}$ orthogonal zu $\vec{n}$ ist, liegen auf der Ebene E.

E: $\vec{n} \cdot (\vec{x} - \vec{q}) = 0$

Beispiel

C *Normalenform einer Ebenengleichung*

Stellen Sie eine Ebenengleichung der Ebene auf, die senkrecht zur Raumdiagonalen steht und durch den Kantenmittenpunkt (1 | 1 | 0,5) verläuft. Zeigen Sie rechnerisch, dass die Kantenmittenpunkte (1 | 0,5 | 1) und (0,5 | 1 | 1) auf der Ebene liegen.

Lösung:

Ebenengleichung aufstellen:

E: $\begin{pmatrix}1\\1\\1\end{pmatrix} \cdot \left(\vec{x} - \begin{pmatrix}1\\1\\0,5\end{pmatrix}\right) = 0$, da $\vec{n} = \begin{pmatrix}1\\1\\1\end{pmatrix}$

ein Normalenvektor ist.

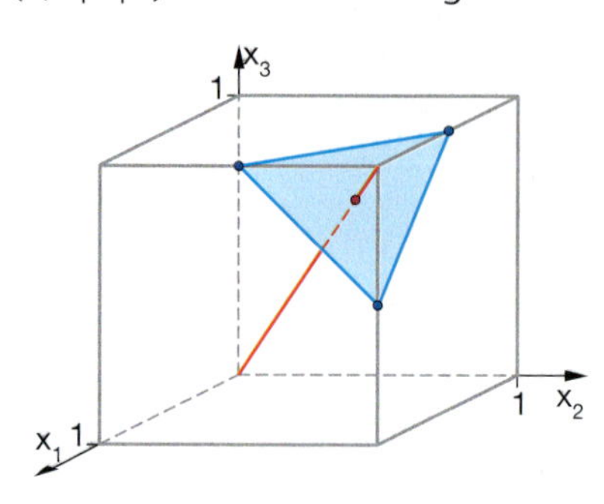

Punktprobe:

Der Punkt (1 | 0,5 | 1) liegt auf E, da $\begin{pmatrix}1\\1\\1\end{pmatrix} \cdot \left(\begin{pmatrix}1\\0,5\\1\end{pmatrix} - \begin{pmatrix}1\\1\\0,5\end{pmatrix}\right) = \begin{pmatrix}1\\1\\1\end{pmatrix} \cdot \begin{pmatrix}0\\-0,5\\0,5\end{pmatrix} = 0$

Der Punkt (0,5 | 1 | 1) liegt auf E, da $\begin{pmatrix}1\\1\\1\end{pmatrix} \cdot \left(\begin{pmatrix}0,5\\1\\1\end{pmatrix} - \begin{pmatrix}1\\1\\0,5\end{pmatrix}\right) = \begin{pmatrix}1\\1\\1\end{pmatrix} \cdot \begin{pmatrix}-0,5\\0\\0,5\end{pmatrix} = 0$

Übungen

17 *Normalenform aufstellen*

Stellen Sie für die Ebene durch G, die senkrecht zur Raumdiagonalen steht, eine Gleichung in Normalenform auf.
Zeigen Sie rechnerisch, dass die Eckpunkte B und E auf der Ebene liegen.

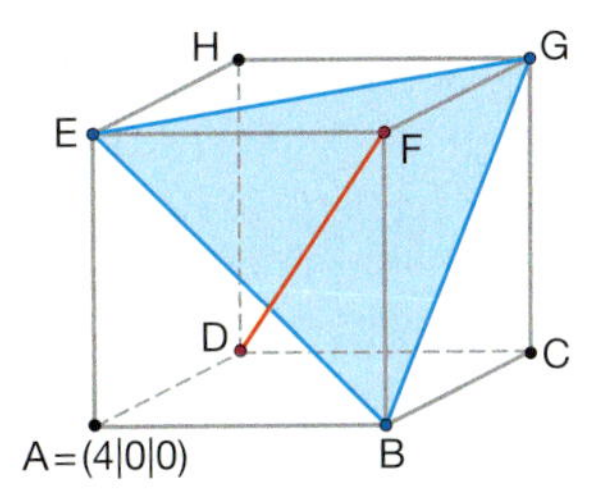

18 *Normalenform für Ebenen im Quader*

Welche Ebenengleichung beschreibt welche Fläche?

a) $\begin{pmatrix}0\\0\\1\end{pmatrix} \cdot \left(\vec{x} - \begin{pmatrix}2\\0\\4\end{pmatrix}\right) = 0$ b) $\begin{pmatrix}0\\4\\3\end{pmatrix} \cdot \left(\vec{x} - \begin{pmatrix}2\\0\\4\end{pmatrix}\right) = 0$

c) $\begin{pmatrix}0\\1\\0\end{pmatrix} \cdot \left(\vec{x} - \begin{pmatrix}2\\3\\0\end{pmatrix}\right) = 0$

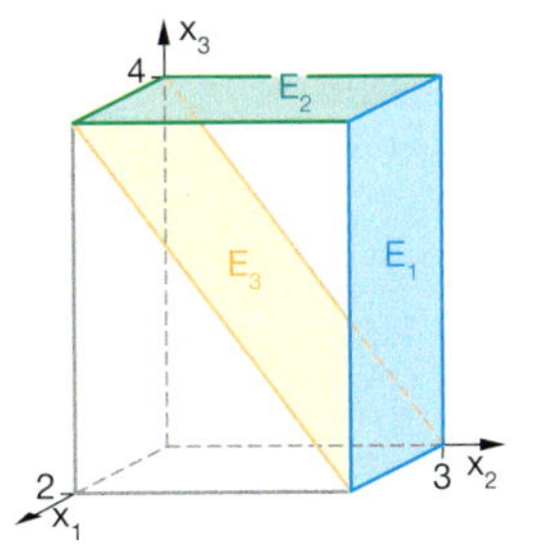

19 *Normalenformen in einem Würfel*

Beschreiben Sie die Ebenen, in denen die Seitenflächen des Würfels liegen, in Normalenform und in Punkt-Richtungsform.
Woran erkennt man jeweils parallele Ebenen?

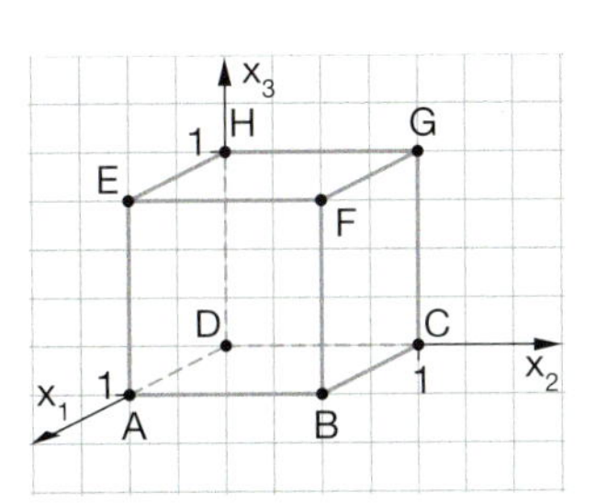

20 *Normalenformen in verschiedenen Darstellungen*

Welche Gleichungen stellen dieselbe Ebene dar?

a) $\begin{pmatrix}3\\2\\0\end{pmatrix} \cdot \left(\vec{x} - \begin{pmatrix}1\\1\\1\end{pmatrix}\right) = 0$ b) $\begin{pmatrix}1\\1\\1\end{pmatrix} \cdot \vec{x} = 5$

c) $3x_1 + 2x_2 - 5 = 0$ d) $\begin{pmatrix}3\\2\\0\end{pmatrix} \cdot \vec{x} - 5 = 0$

21 *Fünf Ebenen in Normalenform*

Wählen Sie aus den fünf Ebenen jeweils zwei aus, die

- parallel und verschieden sind.
- gleich sind.
- orthogonal zueinander sind.
- weder parallel noch orthogonal zueinander sind.

E_1: $\begin{pmatrix}-2\\3\\1\end{pmatrix}\left(\begin{pmatrix}x_1\\x_2\\x_3\end{pmatrix} - \begin{pmatrix}1\\0\\0\end{pmatrix}\right) = 0$

E_2: $\begin{pmatrix}0\\4\\0\end{pmatrix}\left(\begin{pmatrix}x_1\\x_2\\x_3\end{pmatrix} - \begin{pmatrix}2\\3\\4\end{pmatrix}\right) = 0$

E_3: $\begin{pmatrix}4\\-6\\-2\end{pmatrix}\left(\begin{pmatrix}x_1\\x_2\\x_3\end{pmatrix} - \begin{pmatrix}1\\0\\0\end{pmatrix}\right) = 0$

E_4: $4x_2 - 4 = 0$

E_5: $2x_1 + x_3 = 4$

22 *Punkte in der Ebene finden*

Bestimmen Sie einen Punkt Q auf E.

a) E: $2x_1 - 3x_2 + x_3 - 6 = 0$
b) E: $x_1 + 3x_2 + x_3 + 5 = 0$
c) E: $x_3 - 2 = 0$
d) E: $\begin{pmatrix}2\\-1\\5\end{pmatrix} \cdot \vec{x} - 10 = 0$

Wie gehen Sie vor?

Umwandeln von verschiedenen Darstellungen einer Ebene

Die Koordinatenform einer Ebene
E: $ax_1 + bx_2 + cx_3 - d = 0$ ist die „ausmultiplizierte" Normalenform der Ebene.

E: $\begin{pmatrix}a\\b\\c\end{pmatrix} \cdot \left(\begin{pmatrix}x_1\\x_2\\x_3\end{pmatrix} - \begin{pmatrix}q_1\\q_2\\q_3\end{pmatrix}\right) = 0$

E: $\begin{pmatrix}a\\b\\c\end{pmatrix} \cdot \begin{pmatrix}x_1\\x_2\\x_3\end{pmatrix} - \begin{pmatrix}a\\b\\c\end{pmatrix} \cdot \begin{pmatrix}q_1\\q_2\\q_3\end{pmatrix} = 0$

E: $ax_1 + bx_2 + cx_3 - \underbrace{(aq_1 + bq_2 + cq_3)}_{d} = 0$

E: $ax_1 + bx_2 + cx_3 - d = 0$

Die Koeffizienten a, b, c bilden einen Normalenvektor $\vec{n}$ von E. $\vec{n} = \begin{pmatrix}a\\b\\c\end{pmatrix}$

Wie findet man mit der Koordinatenform einen Punkt Q auf der Ebene E?

E: $4x_1 + x_2 + x_3 - 9 = 0$
Zwei Koordinaten Null setzen, z. B.
$x_1 = 0$ und $x_2 = 0$; dann ergibt sich $x_3 = 3$.
Damit ist Q(0 | 0 | 3) ein Punkt auf E.

Übungen

23 *Sechseckfläche*

Geben Sie die Ebene, in der die Sechseckfläche liegt, in Koordinatenform, Normalenform und in Punkt-Richtungs-Form an.
Welche Darstellung fällt Ihnen am leichtesten?

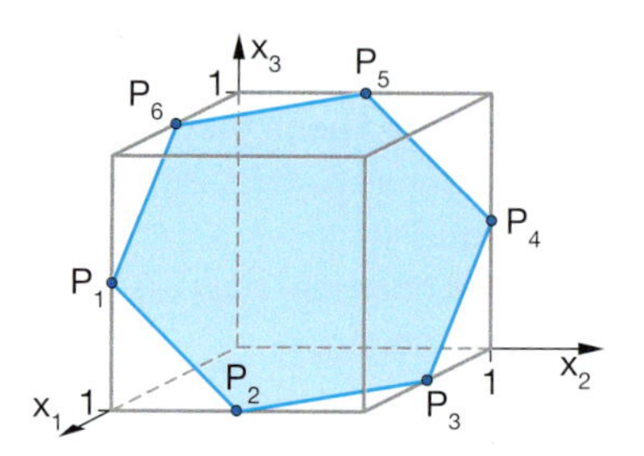

24 *Verschiedene Darstellungen einer Ebene*

Drei der vier Gleichungen beschreiben dieselbe Ebene. Welche sind es?

I) $\begin{pmatrix}1\\1\\1\end{pmatrix} \cdot \left(\vec{x} - \begin{pmatrix}6\\0\\0\end{pmatrix}\right) = 0$ II) $\begin{pmatrix}1\\1\\1\end{pmatrix} \cdot \begin{pmatrix}x_1\\x_2\\x_3\end{pmatrix} = \begin{pmatrix}1\\1\\1\end{pmatrix} \cdot \begin{pmatrix}2\\2\\2\end{pmatrix}$ III) $\begin{pmatrix}1\\1\\1\end{pmatrix} \cdot \vec{x} = 4$ IV) $x_1 + x_2 + x_3 = 6$

25 *Besondere Normalenform*

Anna behauptet: „Jede Ebene mit der Ebenengleichung $\vec{n} \cdot \vec{x} = 0$ geht durch den Ursprung."
Tim behauptet: „Auch die Ebene $\begin{pmatrix}1\\1\\-1\end{pmatrix} \cdot \left[\vec{x} - \begin{pmatrix}0\\1\\1\end{pmatrix}\right] = 0$ verläuft durch den Ursprung."
Haben die beiden Recht?

26 *Richtungsvektoren aus Normalenvektor finden*

Wie kann man zu einem Normalenvektor $\vec{n}$ einer Ebene dazugehörige Richtungsvektoren $\vec{v}$, $\vec{w}$ finden? Erläutern Sie das nebenstehende Verfahren und wenden Sie es auf $\vec{n} = \begin{pmatrix}1\\2\\3\end{pmatrix}$ an. Sind die Richtungsvektoren eindeutig festgelegt?

Umwandeln der Normalenform einer Ebene in die Punkt-Richtungs-Form

Normalenvektor $\vec{n} = \begin{pmatrix}2\\1\\-4\end{pmatrix}$

gesucht sind die Richtungsvektoren $\vec{v}$ und $\vec{w}$ mit
$\vec{v} \cdot \vec{n} = 0$ und $\vec{w} \cdot \vec{n} = 0$

$\begin{pmatrix}v_1\\v_2\\v_3\end{pmatrix} \cdot \begin{pmatrix}2\\1\\-4\end{pmatrix} = 0$ $\begin{pmatrix}w_1\\w_2\\w_3\end{pmatrix} \cdot \begin{pmatrix}2\\1\\-4\end{pmatrix} = 0$

Eine Koordinate Null setzen
z. B. $v_3 = 0$ z. B. $w_1 = 0$
Damit sind $\vec{v}$ und $\vec{w}$ linear unabhängig.

Eine weitere Koordinate wählen
$v_1 = n_2$ $w_2 = n_3$
$v_2 = -n_1$ $w_3 = -n_2$
(Vertauschen und ein umgekehrtes Vorzeichen)
$\vec{v} = \begin{pmatrix}1\\-2\\0\end{pmatrix}$ $\vec{w} = \begin{pmatrix}0\\-4\\-1\end{pmatrix}$

27 *Umwandeln von Ebenengleichungen*

a) Gegeben ist eine Ebene in Normalenform.

$E: \begin{pmatrix}1\\2\\-1\end{pmatrix} \cdot \left(\vec{x} - \begin{pmatrix}2\\-3\\4\end{pmatrix}\right) = 0$

Wandeln Sie die Normalenform mithilfe der angegebenen Strategien in die Punkt-Richtungs-Form und die Koordinatenform um.

Punkt-Richtungs-Form	Normalenform	Koordinatenform
Aus der Normalenform drei Punkte bestimmen und mithilfe der 3-Punkte-Form die Punkt-Richtungs-Form aufstellen.	$E: \begin{pmatrix}1\\2\\-1\end{pmatrix} \cdot \left(\vec{x} - \begin{pmatrix}2\\-3\\4\end{pmatrix}\right) = 0$	Die Normalenform „ausmultiplizieren".

b) Welche Umformung fällt Ihnen leichter? Das Umwandeln von der Punkt-Richtungs-Form in die Normalenform oder von der Normalenform in die Punkt-Richtungs-Form? Versuchen Sie es an einem Beispiel.

Übungen

28 *Wahr oder falsch?*

Gegeben sind zwei Ebenen und eine Gerade im Raum:

$E: \vec{x} = \vec{a} + r \cdot \vec{u} + s \cdot \vec{v}$ $\quad F: \vec{n} \cdot (\vec{x} - \vec{q}) = 0$ $\quad g: \vec{x} = \vec{b} + t\vec{w}$

Welche der Aussagen sind wahr? Begründen Sie Ihre Entscheidung.

A $\vec{n} \perp \vec{u}$ und $\vec{n} \perp \vec{v} \Rightarrow E = F$

B $E = F \Rightarrow \vec{n} \perp \vec{u}$ und $\vec{n} \perp \vec{v}$

C $\vec{n} = c\vec{w} \Rightarrow g \perp F$

⇒ „Wenn …, dann …"

29 *Zielauftrag erkennen und ausführen*

Gegeben sind eine Ebene

$E: x_1 + 2x_2 + 3x_3 = 4$ und eine Gerade

$g: \vec{x} = \begin{pmatrix} 2 \\ -1 \\ 4 \end{pmatrix} + t \begin{pmatrix} 1 \\ 3 \\ -2 \end{pmatrix}$.

Ansatz

$(2 + t) + 2(-1 + 3t) + 3(4 - 2t) = 4$

Was soll mit dem Ansatz berechnet werden? Rechnen Sie weiter.

30 *Lagerhalle*

a) Zeigen Sie, dass die Eckpunkte der Dachfläche in einer Ebene liegen.

b) Aus Sicherheitsgründen sollen zwei vertikale Träger t_1 und t_2 das Dach stabilisieren. t_1 stützt das Dach im Diagonalenschnittpunkt der Dachfläche, t_2 wird über dem Punkt $P = (1\,|\,1{,}5\,|\,0)$ errichtet.

Beschreiben Sie Ihr Vorgehen zur Bestimmung der Länge der Träger und berechnen Sie diese Längen.

c) Zeichnen Sie die Lagerhalle mit ihren Trägern in ein „2-1-Koordinatensystem".

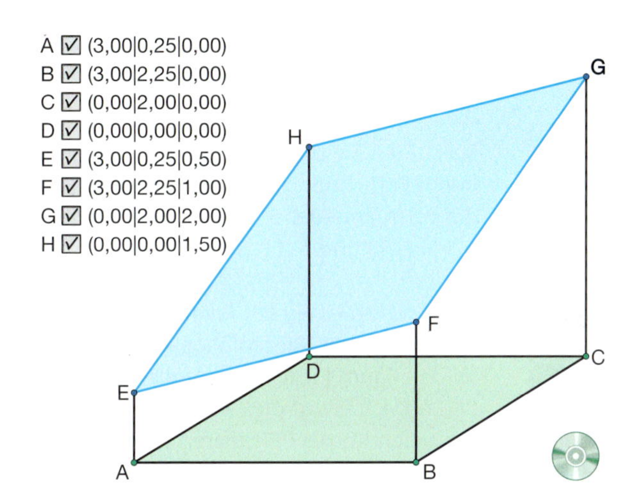

31 *Architektur*

Der Freihandentwurf eines Künstlers zu einem Würfelgebäude enthält folgende handschriftliche Anmerkungen:

Grundkörper ist ein Würfel mit der Kantenlänge von 8 m.
Die Front des Gebäudes mit dem Eingangsbereich ist so gestaltet, dass die beiden vorderen Kanten der Dachfläche genau in der Mitte enden und dann gerade und steil abfallen, bis sie auf den vorderen Eckpunkt des Würfels treffen. Die so entstehende dreieckige Fassadenfrontfläche wird von einem Mast beherrscht, der die Fassade genau in der Verlängerung der Raumdiagonale des Würfels verlässt.

Zeichnen Sie ein aussagekräftiges Schrägbild des Würfelgebäudes.

Fertigen Sie ein passendes Netz (Bastelbogen) für den Würfelkörper und bauen Sie daraus ein maßstabsgerechtes Modell des Gebäudes.

Beantworten Sie die folgenden Fragen:

- Wo ist die Stelle, an der der Mast die Fassade verlässt?
- Unter welchem Winkel verlässt der Mast die Fassade?

Übungen

Gruppenarbeit

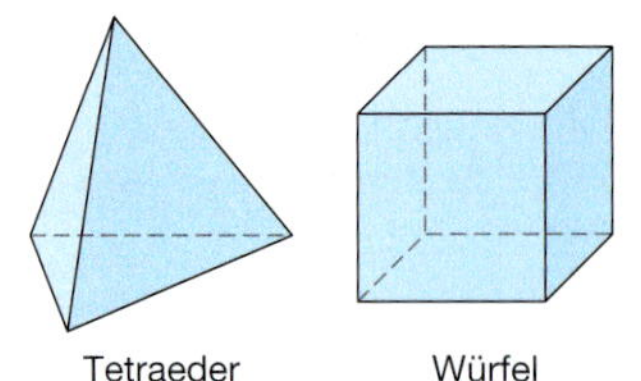

Tetraeder Würfel

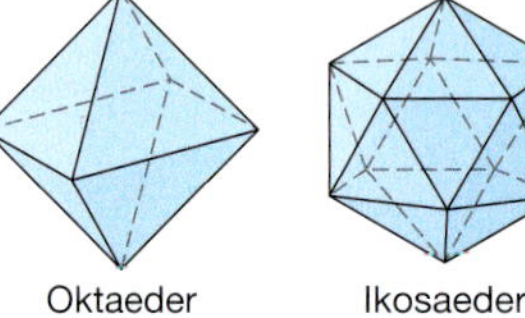

Oktaeder Ikosaeder

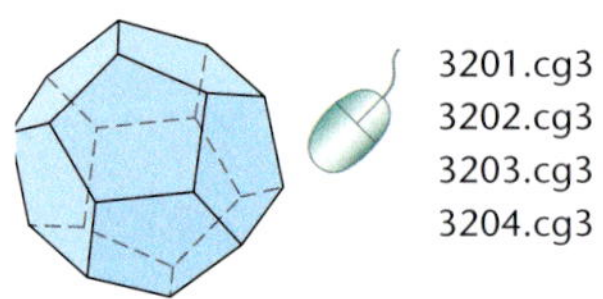

Dodekaeder

3201.cg3
3202.cg3
3203.cg3
3204.cg3

32 *Winkel zwischen Kanten und Flächen bei platonischen Körpern*
Die Winkel zwischen den Kanten lassen sich aus den regelmäßigen Begrenzungsflächen der Körper elementargeometrisch leicht ermitteln.

Körper	Tetraeder	Würfel	Oktaeder	Dodekaeder	Ikosaeder
Begrenzungsflächen	gleichseitiges Dreieck	Quadrat	■	■	■
Kantenwinkel	60°	■	■	■	■

a) Füllen Sie die Tabelle vollständig aus. Bestätigen Sie den elementargeometrisch ermittelten Kantenwinkel beim Oktaeder auch rechnerisch mit dem Skalarprodukt. Verwenden Sie zum Rechnen das Oktaeder mit den Ecken $(1\,|\,0\,|\,0)$, $(0\,|\,1\,|\,0)$, $(0\,|\,0\,|\,1)$, $(-1\,|\,0\,|\,0)$, $(0\,|\,-1\,|\,0)$ und $(0\,|\,0\,|\,-1)$.
b) Die Flächenwinkel lassen sich auch elementargeometrisch bestimmen, dies ist aber nur beim Würfel unmittelbar einsichtig.

Körper	Tetraeder	Würfel	Oktaeder	Dodekaeder	Ikosaeder
Flächenwinkel	70,53°	90°	109,47°	116,57°	138,19°

Bestätigen Sie die in der Tabelle angegeben Winkel für das Tetraeder und das Oktaeder durch Berechnung als Winkel zwischen zwei Ebenen. (Verwenden Sie zum Rechnen das oben angegebene Oktaeder und das Tetraeder mit den Ecken $(1\,|\,1\,|\,1)$, $(1\,|\,-1\,|\,-1)$, $(-1\,|\,1\,|\,-1)$ und $(-1\,|\,-1\,|\,1)$.)

33 *Parkettierung des Raumes mit platonischen Körpern?*
Würfel gleicher Kantenlänge kann man so stapeln, dass sie den Raum lückenlos ausfüllen („Räumliche Parkettierung"). Gelingt dies auch mit einem der anderen platonischen Körper? Probieren Sie und begründen Sie mit den in der Tabelle angegebenen Flächenwinkeln.

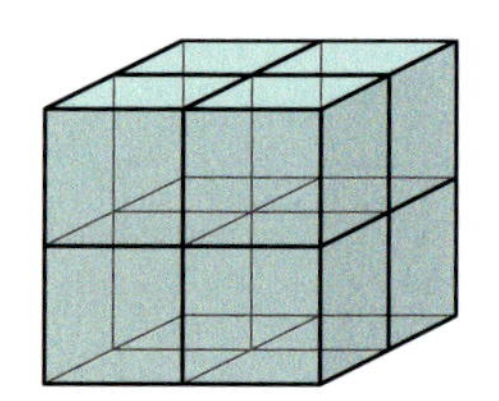

Tetraederpackung

Aristoteles schrieb vor über 2300 Jahren, dass man gleiche regelmäßige Tetraeder so stapeln könne, dass sie den Raum lückenlos füllen und dass von den anderen vier platonischen Körpern nur noch der Würfel diese Eigenschaft habe.

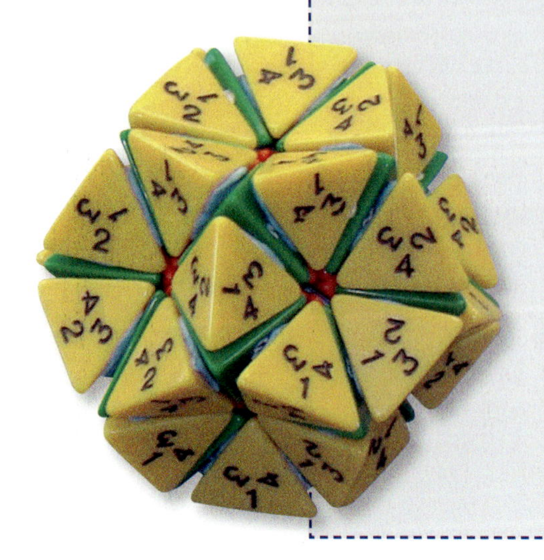

Dieser Irrtum wurde erst im 15. Jahrhundert aufgedeckt. Seitdem versuchen die Mathematiker herauszufinden, wie dicht man Tetraeder packen kann, so dass sie möglichst wenig Zwischenraum frei lassen. In jüngster Zeit führt dieses so genannte „Tetraederpackungsproblem" zu einer Fülle von Untersuchungen, sei es durch aufwändige Computersimulationen oder durch Realexperimente mit den überall käuflichen „Tetraederwürfeln". Der Physiker Chaikin besorgte sich im Jahre 2006 in einem Spielwarengeschäft viele tetraederförmige Spielwürfel, warf sie in einen Behälter, mischte sie durch langes Schütteln kräftig durch und ermittelte so eine Packungsdichte von über 72 %. In dem Wettrennen wurden immer neue Zahlen erreicht, der jüngste nachgewiesene Rekord (Dezember 2009) liegt bei 85,6437 %, aber niemand weiß, ob es noch dichtere Packungen gibt.

Übungen

34 *Parkettierung des Raums mit platonischen Körpern*

a) Vergleichen Sie die Flächenwinkel beim Tetraeder und beim Oktaeder. Was fällt Ihnen auf?

b) Mit Tetraedern und Oktaedern gleicher Seitenlänge lässt sich der Raum lückenlos füllen. Probieren Sie dies aus und begründen Sie mithilfe der Flächenwinkel.

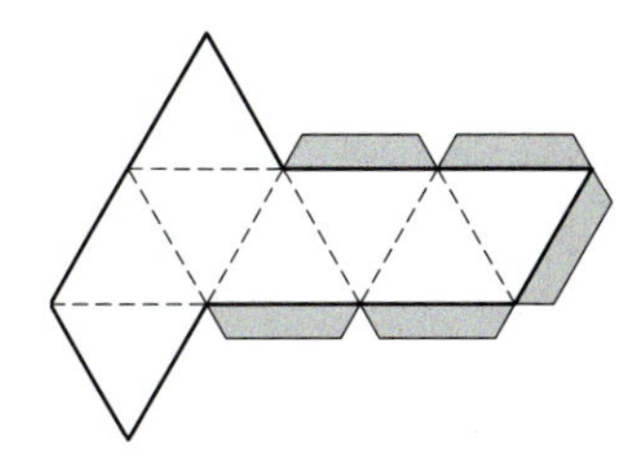

Bastelbögen finden Sie im Internet

35 *Nur auf den ersten Blick einfach*

Auf eine Seitenfläche eines regelmäßigen Oktaeders wird mit einer ganzen Seitenfläche ein regelmäßiges Tetraeder aufgesetzt.
Wie viele Ecken, Kanten und Flächen hat der entstehende Körper?

Strategie: Probieren und Nachdenken!

Auch hier spielen die Flächenwinkel eine Rolle.

36 *Tetraederwinkel*

Der Winkel zwischen den Geraden durch den Schwerpunkt und je einen der Eckpunkte eines gleichseitigen Tetraeders wird als Tetraederwinkel bezeichnet. Zeigen Sie, dass der Tetraederwinkel sich mit dem Flächenwinkel des Tetraeders zu 180° ergänzt.

Im Tetraeder mit den Ecken $(0|0|0)$, $(1|1|0)$, $(1|0|1)$ und $(0|1|1)$ hat der Schwerpunkt die Koordinaten $(0{,}5|0{,}5|0{,}5)$.

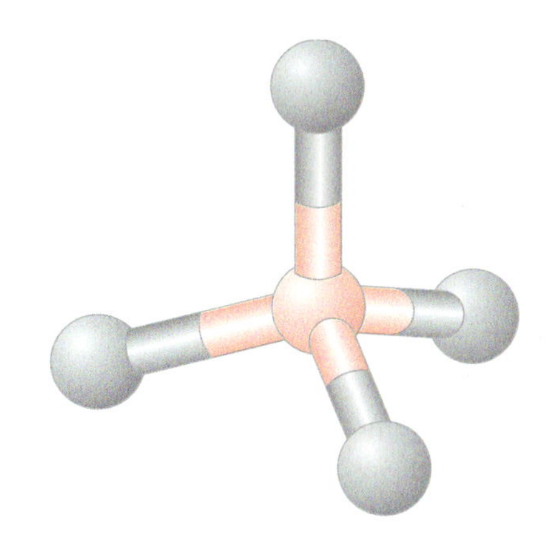

Der Tetraederwinkel ist in der Chemie von Bedeutung. Er spielt bei der Modellierung der Bindungsstruktur des Methan-Moleküls (CH_4) eine Rolle.

37 *Flächenwinkel beim Dodekaeder*

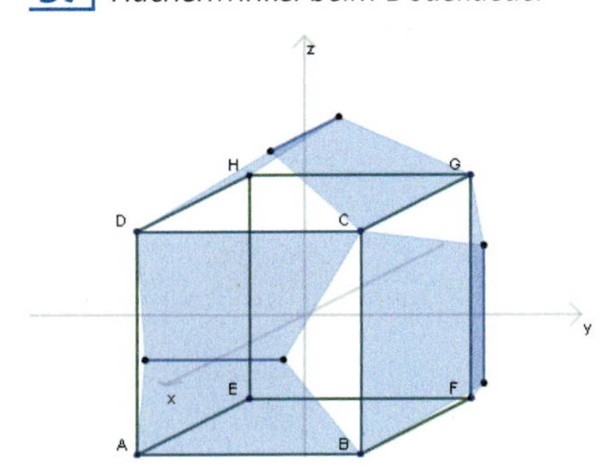

Würfel mit Kantenlänge 2.
Dazu über jeder Würfelfläche zwei Punkte

$(\varphi|\varphi-1|0)$, $(\varphi|-\varphi+1|0)$, $(0|\varphi|\varphi-1)$, $(0|\varphi|-\varphi+1)$, $(\varphi-1|0|\varphi)$, $(-\varphi+1|0|\varphi)$

Mit den Ecken des einbeschriebenen Würfels und den Ecken der auf jeder Würfelfläche aufgesetzten Walmdächer lassen sich die Koordinaten der Ecken eines Dodekaeders beschreiben. Bestimmen Sie mithilfe dieser Koordinaten den Winkel zwischen zwei Begrenzungsflächen des Dodekaeders.

$\varphi = \frac{\sqrt{5}+1}{2}$

$\varphi = 1{,}618\,033\,988\,749\ldots$

Ein Dodekaeder besteht aus 12 gleichseitigen 5-Ecken.

Aufgaben

38 *Lineare Gleichungen und Geraden*

Geometrische Interpretation von linearen Gleichungen in der Ebene

Eine lineare Gleichung mit zwei Variablen beschreibt eine Gerade in der Ebene. Die Lösungsmenge eines (2,2)-LGS lässt sich als Schnittmenge von zwei Geraden interpretieren.

I:	II:	III:
$3x - 2y = 4$	$3x - 2y = 4$	$3x - 2y = 4$
$6x - 4y = 8$	$6x - 4y = 2$	$x + 2y = 5$

Ordnen Sie die Gleichungssysteme den Bildern zu.

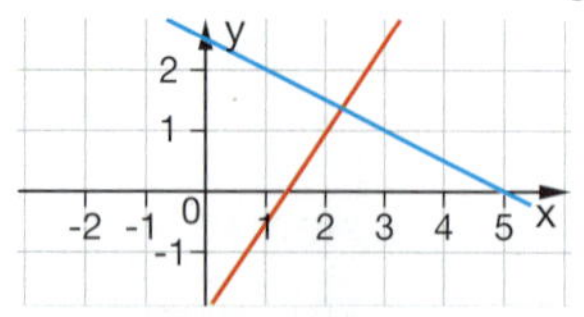

Ⓐ genau eine Lösung

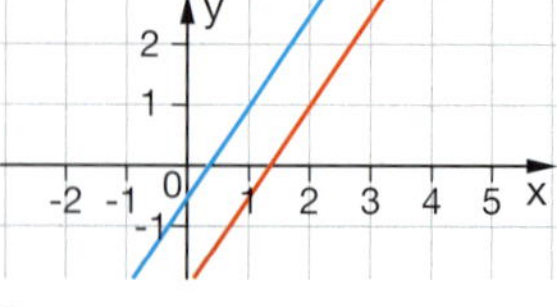

Ⓑ keine Lösung

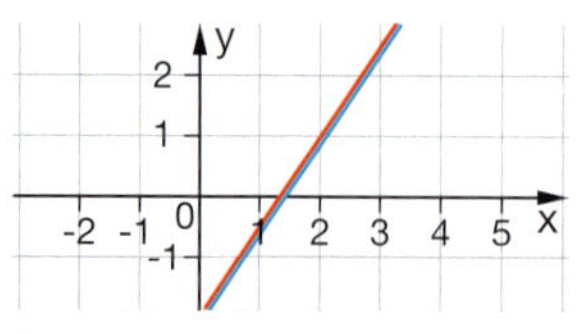

Ⓒ unendlich viele Lösungen

Geometrie linearer (3,3)-Gleichungssysteme

Geometrische Interpretation von linearen Gleichungen im Raum

Eine lineare Gleichung mit drei Variablen beschreibt eine Ebene im Raum. Die Lösungsmenge eines (3,3)-LGS lässt sich als Schnittmenge von drei Ebenen interpretieren.

Die drei Ebenen schneiden sich in einem Punkt.

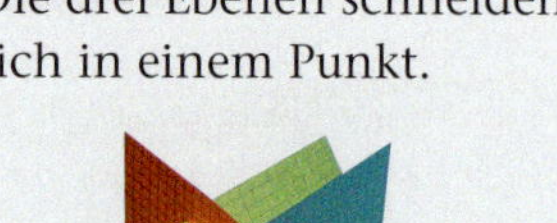

Das Gleichungssystem hat genau eine Lösung.

Die drei Ebenen schneiden sich in einer Geraden.

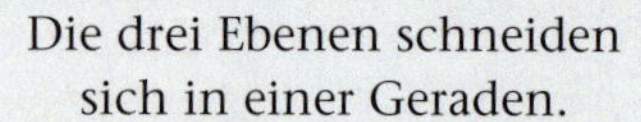

Das Gleichungssystem hat unendlich viele Lösungen. Diese erfüllen die Gleichung der Schnittgeraden.

Die drei Ebenen sind identisch.

Das Gleichungssystem hat unendlich viele Lösungen. Diese erfüllen die Gleichung der Ebene.

Die drei Ebenen haben keine gemeinsame Schnittmenge.

Das Gleichungssystem hat keine Lösung.

Stellen Sie die Ebenen-Modelle selbst her.

Aufgaben

39 *Ebenen im Würfel*

Im Würfel werden drei Ebenen E_1, E_2 und E_3 festgelegt.

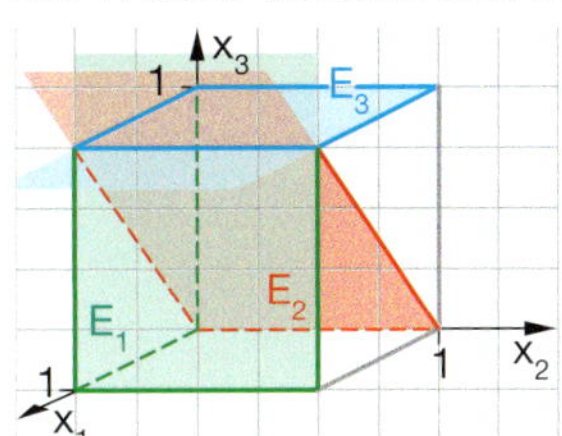

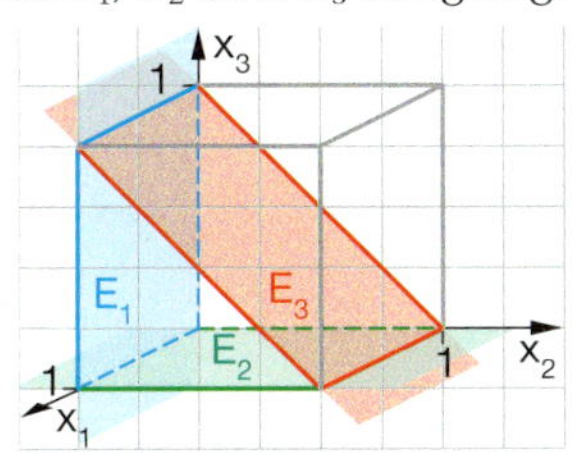

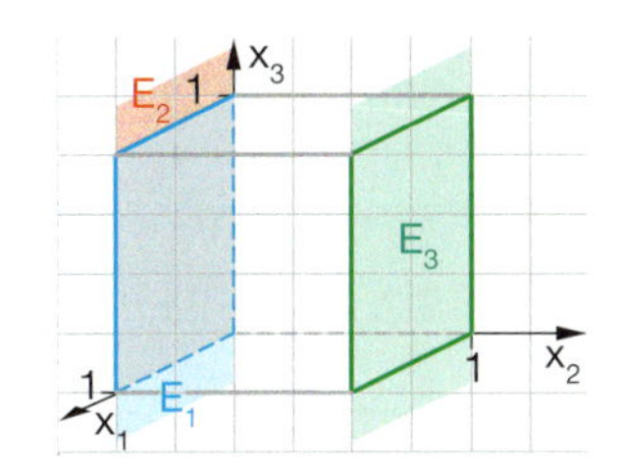

Für Bild 1 ist ein Verfahren zur Bestimmung der Lösungsmenge beschrieben.

Gleichungen	Gleichungssystem	Diagonalform	Lösungsmenge
E_1: $x_1 = 1$ E_2: $-x_1 + x_3 = 0$ E_3: $x_3 = 1$	$\begin{pmatrix} 1 & 0 & 0 & 1 \\ -1 & 0 & 1 & 0 \\ 0 & 0 & 1 & 1 \end{pmatrix}$	$\begin{pmatrix} 1 & 0 & 0 & 1 \\ 0 & 0 & 1 & 1 \\ 0 & 0 & 0 & 0 \end{pmatrix}$	Das Gleichungssystem hat unendlich viele Lösungen. Diese erfüllen die Geradengleichung: g: $\vec{x} = \begin{pmatrix} 1 \\ 0 \\ 1 \end{pmatrix} + t \begin{pmatrix} 0 \\ 1 \\ 0 \end{pmatrix}$

a) Stellen Sie für die anderen beiden Fälle jeweils das zugehörige LGS auf, lösen Sie es und überprüfen Sie Ihre Lösung am Bild.
b) Bearbeiten Sie analog dazu weitere Fälle.

Würfelbild mit Ebenen zeichnen
→ LGS aufstellen und lösen
→ Lösung im Bild überprüfen

40 *Interpretation der Lösungsmenge eines (3,3)-LGS mithilfe der Normalenvektoren*

Jede Gleichung eines LGS beschreibt eine Ebene in Koordinatenform. Daraus lässt sich sofort ein Normalenvektor der Ebene ablesen. Aus den drei Normalenvektoren kann man Rückschlüsse auf die Lage der Ebenen im Raum und damit auf die Lösungsmenge des LGS ziehen.

$3x_1 - 2x_2 + 4x_3 = 5$

$\vec{n} = \begin{pmatrix} 3 \\ -2 \\ 4 \end{pmatrix}$

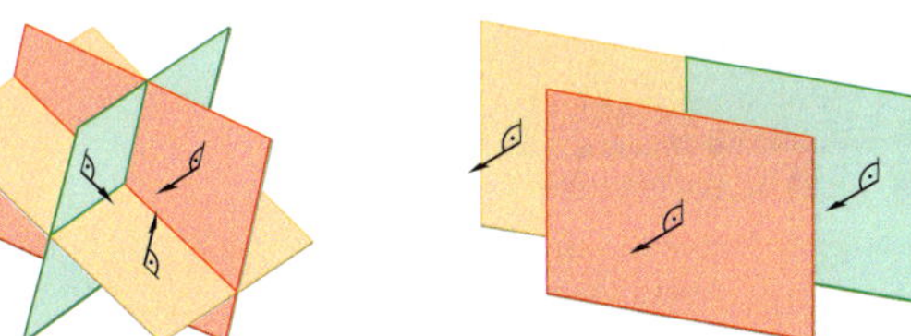

Die drei Normalenvektoren sind linear abhängig, zwei sogar kollinear.

Die drei Normalenvektoren sind linear unabhängig.

Die drei Normalenvektoren sind kollinear.

Untersuchen Sie in den übrigen Fällen die Lage der Normalenvektoren.

41 *Diagonalform und geometrische Interpretation*

Kann man an der Diagonalform des linearen Gleichungssystems die geometrische Lagebeziehung der Ebenen erkennen? Versuchen Sie es an den Beispielen.

a) $\begin{pmatrix} 0 & 1 & 0 & 0 \\ 0 & 0 & 0 & 1 \\ 0 & 0 & 0 & 0 \end{pmatrix}$ b) $\begin{pmatrix} 0 & 1 & 0 & 0 \\ 0 & 0 & 1 & 0 \\ 0 & 0 & 0 & 1 \end{pmatrix}$ c) $\begin{pmatrix} 0 & 0 & 1 & 0 \\ 0 & 0 & 0 & 0 \\ 0 & 0 & 0 & 0 \end{pmatrix}$ d) $\begin{pmatrix} 1 & 0 & 0 & 0 \\ 0 & 1 & 0 & 0 \\ 0 & 0 & 1 & 0 \end{pmatrix}$ e) $\begin{pmatrix} 1 & 0 & 0 & 1 \\ 0 & 0 & 1 & 1 \\ 0 & 0 & 0 & 0 \end{pmatrix}$

42 *LGS geometrisch interpretieren*

Untersuchen Sie bei den folgenden LGS die Schnittmenge der drei Ebenen.

a) $2x_1 + x_2 - 4x_3 = 2$
$x_1 + 3x_2 - x_3 = 5$
$3x_1 + 4x_2 - 5x_3 = 7$

b) $x_1 - x_2 + 2x_3 = 1$
$-x_1 + x_2 - 2x_3 = 2$
$x_1 + x_2 + x_3 = 3$

c) $2x_1 + x_2 + x_3 = 7$
$x_1 + 2x_2 + x_3 = 8$
$x_1 + x_2 + 2x_3 = 9$

Skalarprodukt und S-Multipikation

Skalarprodukt und S-Multiplikation sind unterschiedliche „Multiplikationen“.

Bei der S-Multiplikation wird ein Vektor mit einer reellen Zahl multipliziert – das Produkt ist ein Vektor.

Beim Skalarprodukt werden zwei Vektoren multipliziert – das Produkt ist eine reelle Zahl.

Geometrische Deutung

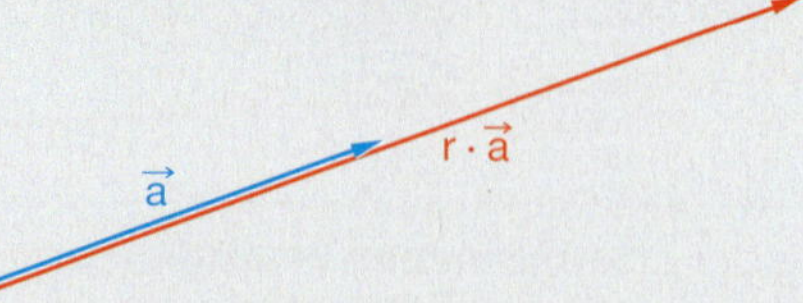

Streckung eines Vektors um den Faktor r

Flächeninhalt des Rechtecks $|\vec{a}_b| \cdot |\vec{b}|$

$\vec{a} \times \vec{b}$

lies „a kreuz b“

Vektorprodukt

Es gibt eine weitere Multiplikation mit Vektoren, das **Vektorprodukt**.

$$\begin{pmatrix} a_1 \\ a_2 \\ a_3 \end{pmatrix} \times \begin{pmatrix} b_1 \\ b_2 \\ b_3 \end{pmatrix} = \begin{pmatrix} a_2 b_3 - a_3 b_2 \\ a_3 b_1 - a_1 b_3 \\ a_1 b_2 - a_2 b_1 \end{pmatrix}$$

Beim Vektorprodukt werden zwei Vektoren multipliziert, das Produkt ist ein Vektor.

Es gilt:

1. Das Vektorprodukt $\vec{a} \times \vec{b}$ steht senkrecht zu $\vec{a}$ und $\vec{b}$; $\vec{a} \times \vec{b} \perp \vec{a}$ und $\vec{a} \times \vec{b} \perp \vec{b}$.
2. $|\vec{a} \times \vec{b}|$ ist der Flächeninhalt des durch $\vec{a}$ und $\vec{b}$ aufgespannten Parallelogramms.

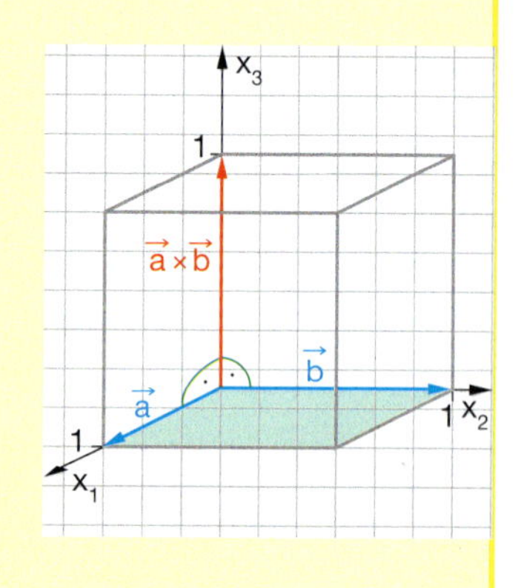

Aufgaben

43 *Eigenschaften des Vektorprodukts*

Bestätigen Sie rechnerisch die beiden Eigenschaften für das Vektorprodukt und verdeutlichen Sie sie an einer Zeichnung.

a) $\begin{pmatrix} 1 \\ 0 \\ 0 \end{pmatrix} \times \begin{pmatrix} 1 \\ 1 \\ 0 \end{pmatrix}$ b) $\begin{pmatrix} 1 \\ 1 \\ 0 \end{pmatrix} \times \begin{pmatrix} 0 \\ 1 \\ 1 \end{pmatrix}$ c) $\begin{pmatrix} 0 \\ 1 \\ 0 \end{pmatrix} \times \begin{pmatrix} 1 \\ 1 \\ 1 \end{pmatrix}$

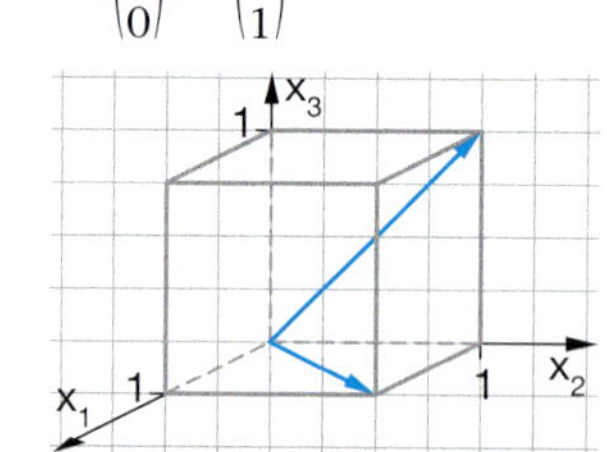

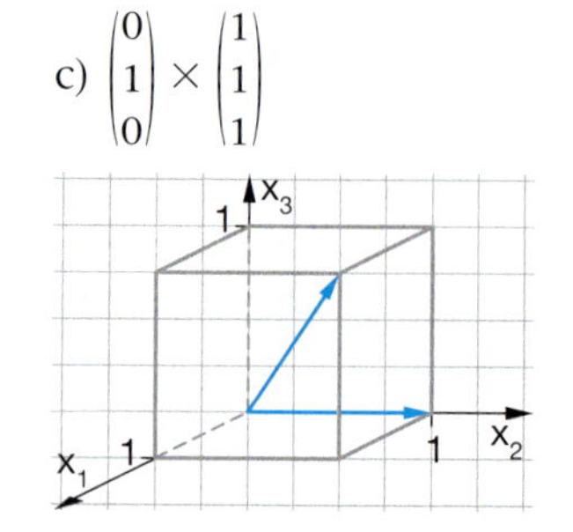

Zum einfacheren Behalten der Formel hilft das Ergänzen der 1. Zeile:

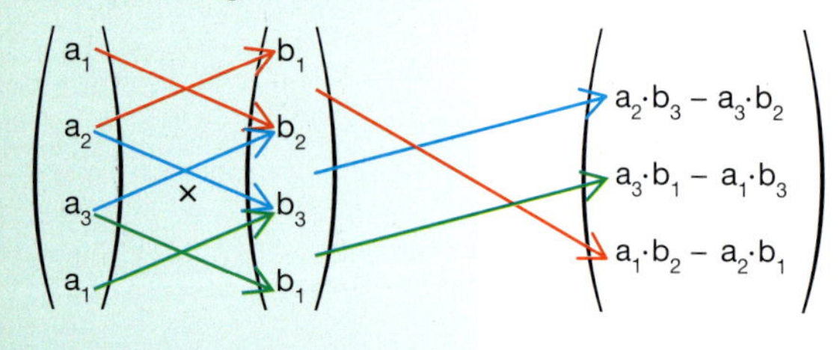

44 *Normalenvektoren*

Bestimmen Sie mithilfe des Vektorprodukts zu einer Ebene in Punkt-Richtungs-Form auf einfache Art einen Normalenvektor.

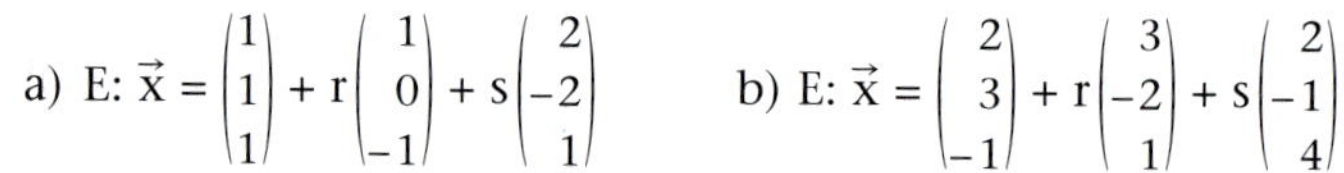

a) E: $\vec{x} = \begin{pmatrix} 1 \\ 1 \\ 1 \end{pmatrix} + r\begin{pmatrix} 1 \\ 0 \\ -1 \end{pmatrix} + s\begin{pmatrix} 2 \\ -2 \\ 1 \end{pmatrix}$ b) E: $\vec{x} = \begin{pmatrix} 2 \\ 3 \\ -1 \end{pmatrix} + r\begin{pmatrix} 3 \\ -2 \\ 1 \end{pmatrix} + s\begin{pmatrix} 2 \\ -1 \\ 4 \end{pmatrix}$

c) E: $\vec{x} = \begin{pmatrix} 0 \\ 1 \\ 4 \end{pmatrix} + r\begin{pmatrix} 2 \\ 0 \\ 1 \end{pmatrix} + s\begin{pmatrix} 1 \\ -1 \\ 2 \end{pmatrix}$ d) E: $\vec{x} = r\begin{pmatrix} 4 \\ -1 \\ 2 \end{pmatrix} + s\begin{pmatrix} 1 \\ 2 \\ 5 \end{pmatrix}$

Flächen- und Volumenberechnungen mit dem Vektorprodukt

Flächeninhalt eines Parallelogramms

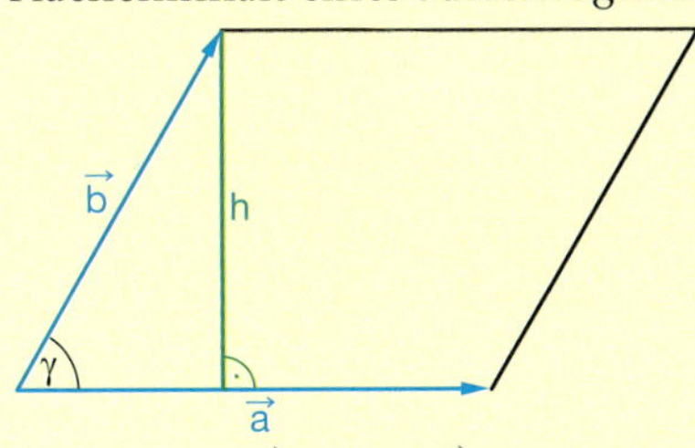

$A = |\vec{a} \times \vec{b}| = |\vec{a}| \cdot |\vec{b}| \cdot \sin(\gamma)$

Flächeninhalt eines Dreiecks

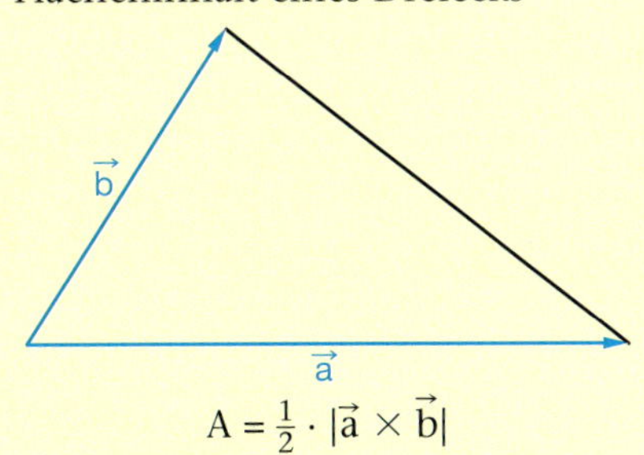

$A = \frac{1}{2} \cdot |\vec{a} \times \vec{b}|$

Volumen eines von $\vec{a}$, $\vec{b}$, $\vec{c}$ aufgespannten Spats

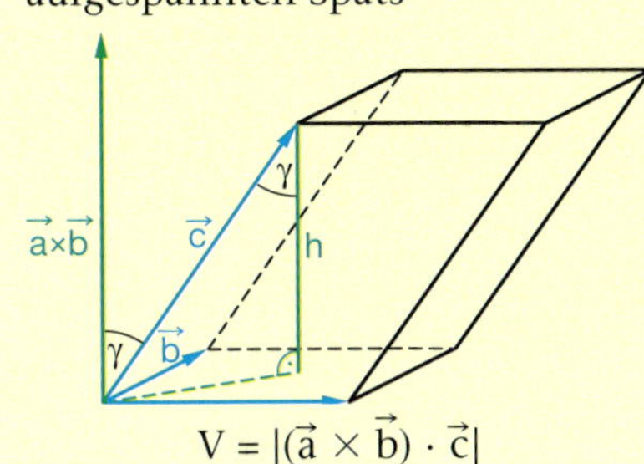

$V = |(\vec{a} \times \vec{b}) \cdot \vec{c}|$

Volumen einer dreiseitigen Pyramide

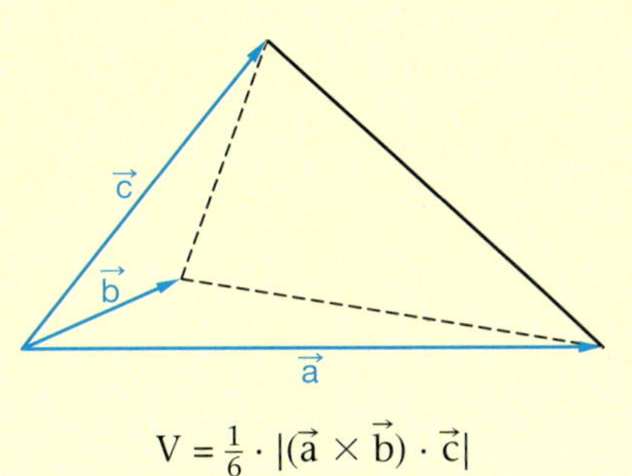

$V = \frac{1}{6} \cdot |(\vec{a} \times \vec{b}) \cdot \vec{c}|$

Die Verknüpfung $(\vec{a} \times \vec{b}) \cdot \vec{c}$ wird Spatprodukt genannt.

Aufgaben

45 *Parallelogramm*

Berechnen Sie die Koordinaten des fehlenden Parallelogrammpunktes und den Flächeninhalt mit dem Vektorprodukt.

a) $A = (4|0|3)$; $B = (5|-3|-1)$
$C = (-2|4|-3)$; D

b) $A = (0|3|4)$; $B = (6|0|0)$
C; $D = (9|-2|5)$

46 *Anwenden des Vektorprodukts*

a) Berechnen Sie den Flächeninhalt des Parallelogramms mit $A = (1|-2|4)$, $B = (7|0|6)$, $C = (5|6|-4)$; $D = (-1|4|-6)$.

b) Berechnen Sie den Flächeninhalt des Dreiecks mit $A = (3|2|-2)$, $B = (1|5|1)$, $C = (0|2|3)$.

c) Berechnen Sie das Volumen des Spats ABCDEFGH mit $A = (4|1|0)$, $B = (4|8|0)$, $C = (1|8|0)$; $E = (3|2|4)$. Erstellen Sie auch eine Zeichnung.

d) Berechnen Sie das Volumen einer dreiseitigen Pyramide mit den Eckpunkten $A = (6|0|0)$, $B = (0|4|0)$, $C = (0|0|0)$; $S = (2|2|6)$.

47 *Rechengesetze für das Vektorprodukt*

Welche Aussagen sind wahr? Begründen Sie Ihre Entscheidung.

1) $\vec{a} \times \vec{b} = \vec{b} \times \vec{a}$

2) $\vec{a} \times \vec{a} = \vec{0}$

3) $\vec{a} \times (\vec{b} \times \vec{c}) = (\vec{a} \times \vec{b}) \times \vec{c}$

4) $\vec{a} \times \vec{b} = -(\vec{b} \times \vec{a})$

5) $\vec{a} \parallel \vec{b} \Rightarrow \vec{a} \times \vec{b} = \vec{0}$

6) $\vec{a} \times (\vec{b} + \vec{c}) = (\vec{a} \times \vec{b}) + (\vec{a} \times \vec{c})$

7) $(r \cdot \vec{a}) \times \vec{b} = r \cdot (\vec{a} \times \vec{b})$

8) $(\vec{a} \times \vec{b}) \times (\vec{a} \times \vec{b}) = \vec{a} \times \vec{a} + \vec{b} \times \vec{b}$

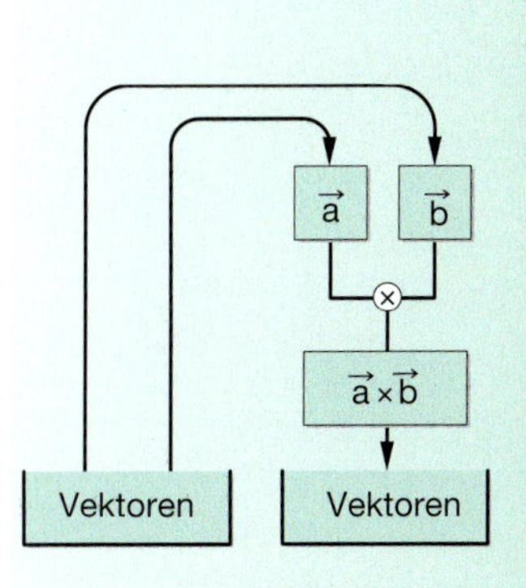

3.3 Abstandsprobleme

Was Sie erwartet

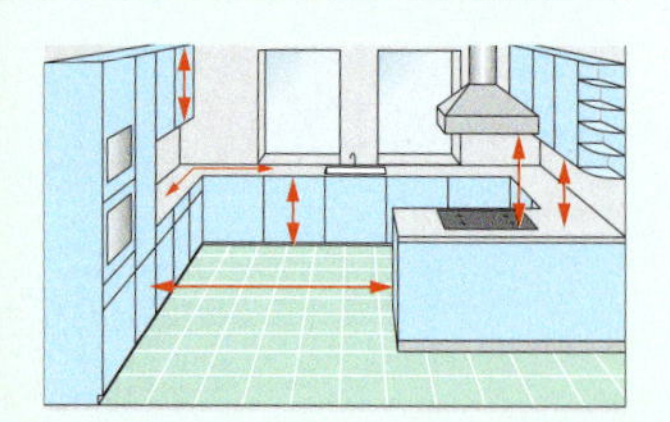

Bisher können wir den Abstand zweier Punkte bestimmen. Bei geometrischen Körpern und räumlichen Planungen im Alltag sind auch die Abstände zwischen Geraden und Ebenen häufig von Bedeutung. Bei der rechnerischen Bestimmung von Abständen spielt wiederum der Normalenvektor eine entscheidende Rolle. Die unterschiedlichsten Abstandsbestimmungen lassen sich weitgehend auf die zwei Grundprobleme „Abstand Punkt-Gerade" und „Abstand Punkt-Ebene" zurückführen.

Aufgaben

1 *Abstandsprobleme*

Wo spielen Abstände eine Rolle?

Situationen

I

II

III

IV

V

VI

Abstandsprobleme

Abstand Punkt – Gerade	Abstand paralleler Geraden	Abstand windschiefer Geraden
Abstand Punkt – Ebene	Abstand paralleler Ebenen	Abstand Gerade – parallele Ebene

a) Ordnen Sie die Abstandsprobleme den Situationen zu. Finden Sie noch aussagekräftigere Bilder oder auch andere Abstandssituationen.

b) Mit Ihren Mitteln können Sie die speziellen Abstandsprobleme lösen.

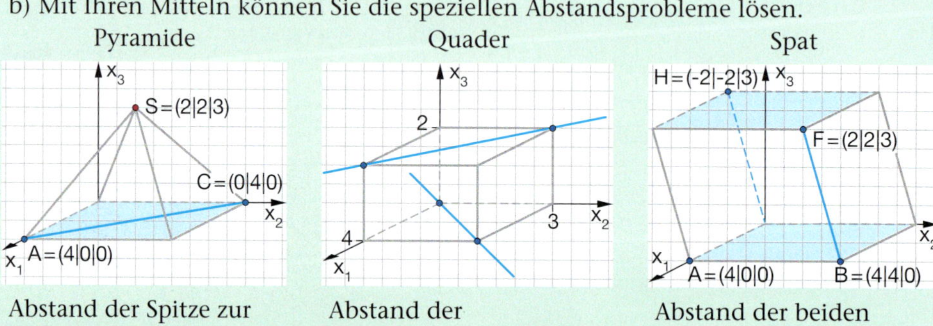

Abstand der Spitze zur Flächendiagonalen

Abstand der windschiefen Geraden

Abstand der beiden Ebenen

Aufgaben

2 *Strategien*

In den beiden Bildsequenzen sind zwei Verfahren zur Bestimmung von Abständen dargestellt. Beschreiben Sie die einzelnen Schritte.

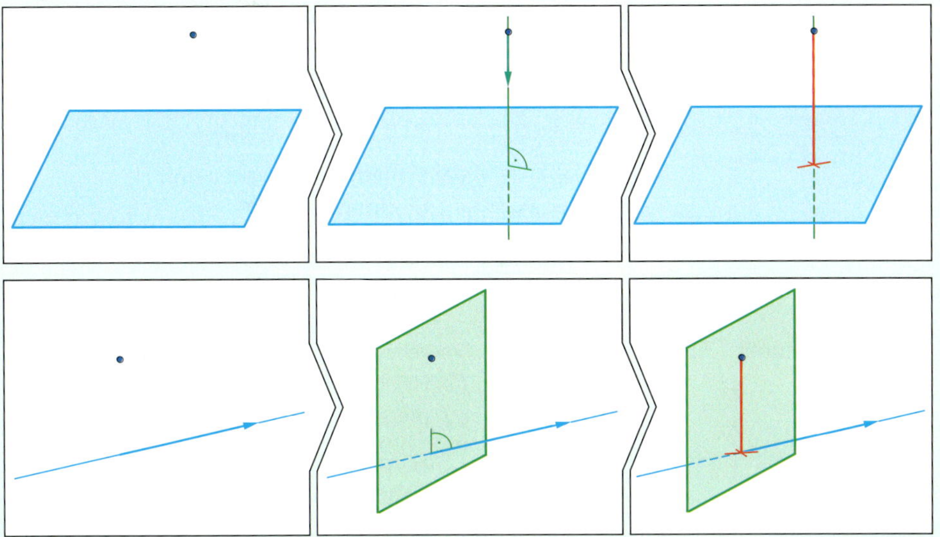

Wenden Sie die Verfahren auf die konkreten Beispiele an:
Abstand des Punktes $P = (0|1|2)$ von

E: $\vec{x} = \begin{pmatrix}2\\0\\2\end{pmatrix} + r\begin{pmatrix}0\\2\\0\end{pmatrix} + s\begin{pmatrix}-2\\0\\-2\end{pmatrix}$ und g: $\vec{x} = \begin{pmatrix}2\\0\\1\end{pmatrix} + t\begin{pmatrix}0\\2\\0\end{pmatrix}$

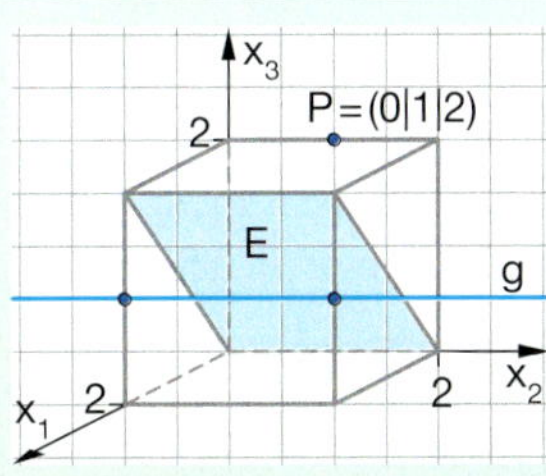

3 *„Abstand“*

Was ist eigentlich der Abstand zwischen zwei geometrischen Objekten?

Die Abstandsbestimmung ist ein Minimierungsproblem.
Für zwei Punkte ist der Abstand die kürzeste Verbindung dieser Punkte und somit eine Strecke. In den anderen Fällen spielt die Orthogonale (das Lot) eine entscheidende Rolle.

a) Erläutern Sie anhand der Bilder das Minimierungsproblem.

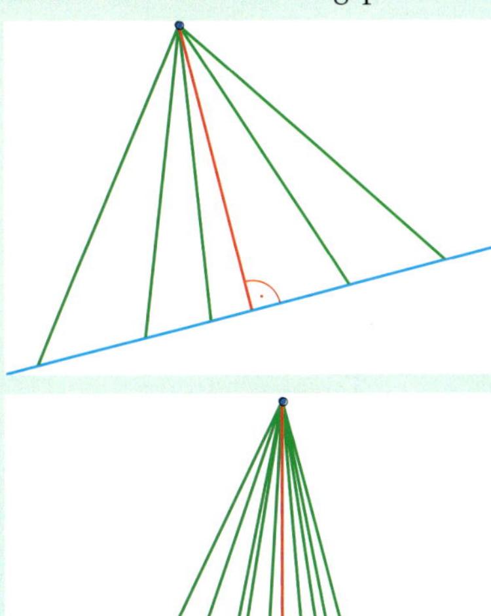

b) Bei windschiefen Geraden ist es schwierig. Experimentieren Sie deshalb an einem Modell.
Spielen auch hier Orthogonalen eine Rolle?
Messen oder Nachdenken sind hilfreich.

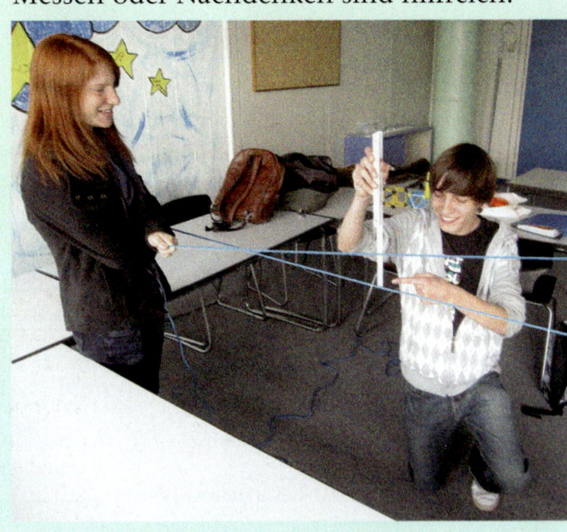

Basiswissen

Mithilfe der Orthogonalität von Vektoren können Abstände bestimmt werden.

Lotfußpunktverfahren zum Bestimmen von Abständen

Abstand Punkt – Gerade

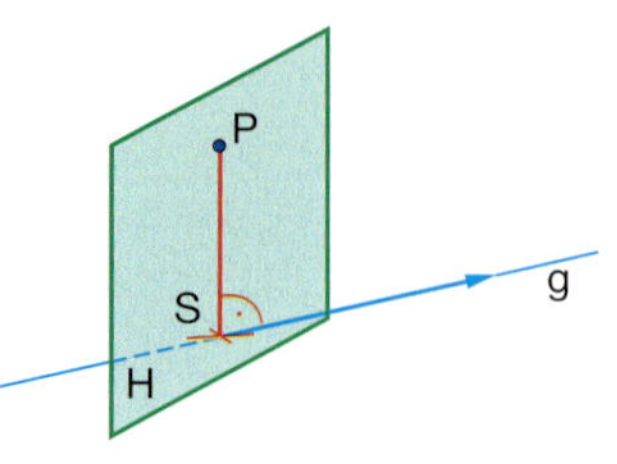

Vorgehen

(1) Hilfsebene H bestimmen, die senkrecht zu g ist und P enthält

(2) Schnittpunkt S von g und H bestimmen

(3) Abstand der Punkte P und S bestimmen

Kurzschreibweisen für Abstände:
Punkt – Gerade d (P, g)
Punkt – Ebene d (P, E)
Punkt – Punkt d (P, Q)

d von distance

Abstand Punkt – Ebene

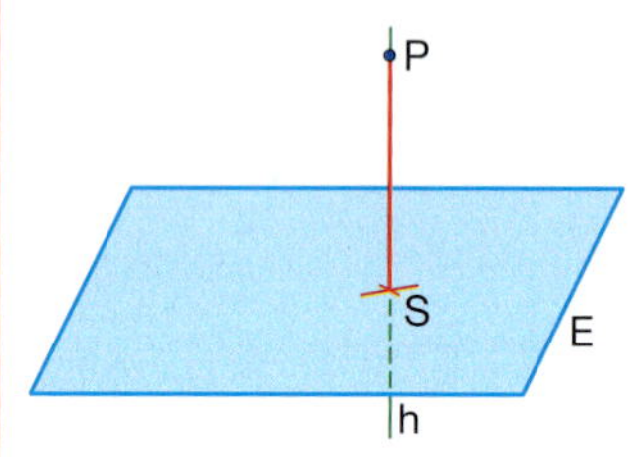

Vorgehen

(1) Hilfsgerade h bestimmen, die senkrecht zu E ist und P enthält

(2) Schnittpunkt S von h und E bestimmen

(3) Abstand der Punkte P und S bestimmen

Andere Abstandsprobleme können auf diese beiden grundlegenden Abstandsprobleme zurückgeführt werden.

Beispiele

A *Abstand Punkt – Gerade im Würfel*

Gesucht ist der Abstand der Würfelecke A zur Raumdiagonalen g: $\vec{x} = \begin{pmatrix} 3 \\ 0 \\ 3 \end{pmatrix} + t \begin{pmatrix} -3 \\ 3 \\ -3 \end{pmatrix}$.

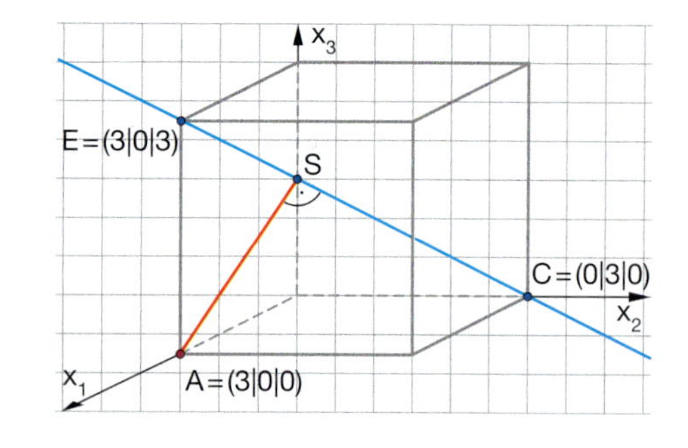

Lösung:

(1) Ebene H bestimmen, die senkrecht zu g ist und A enthält:

Der Richtungsvektor $\vec{v} = \begin{pmatrix} -3 \\ 3 \\ -3 \end{pmatrix}$ von g ist ein Normalenvektor von H.

Also H: $\begin{pmatrix} -3 \\ 3 \\ -3 \end{pmatrix} \cdot \left(\vec{x} - \begin{pmatrix} 3 \\ 0 \\ 0 \end{pmatrix}\right) = 0$ oder in Koordinatenform H: $-3x_1 + 3x_2 - 3x_3 = -9$

(2) Schnittpunkt S von g und H bestimmen:
Für einen Punkt P auf g gilt $P = (3 - 3t \,|\, 3t \,|\, 3 - 3t)$.
Einsetzen in die Koordinatengleichung von H ergibt
$-3(3 - 3t) + 3 \cdot 3t - 3(3 - 3t) = -9$.

Auflösen nach t liefert $t = \frac{1}{3}$.

Einsetzen von $t = \frac{1}{3}$ in die Geradengleichung g liefert den Schnittpunkt $S = (2 \,|\, 1 \,|\, 2)$.

(3) Abstand der Punkte A und S bestimmen:

$d(A, S) = \sqrt{(2-3)^2 + (1-0)^2 + (2-0)^2} = \sqrt{6}$

Der Abstand von A zur Raumdiagonalen beträgt $\sqrt{6}$ LE.

Beispiele

B *Abstand Punkt – Ebene in einer Pyramide*

Bestimmen Sie die Höhe einer dreiseitigen Pyramide mit der Grundfläche ABC durch A = (0|−2|4,5), B = (4|−2|4,5) und C = (2|4|0) und der Spitze S = (2|6|11).

Lösung:

Die Höhe der Pyramide ist der Abstand der Spitze zur Ebene, in der die Grundfläche liegt.

Die Grundfläche ABC liegt in der Ebene

$$E: \vec{x} = \begin{pmatrix} 0 \\ -2 \\ 4{,}5 \end{pmatrix} + r\begin{pmatrix} 4 \\ 0 \\ 0 \end{pmatrix} + s\begin{pmatrix} 2 \\ 6 \\ -4{,}5 \end{pmatrix}.$$

(1) Gerade h bestimmen, die senkrecht zu E ist und S enthält:

Ein Normalenvektor der Ebene E ist $\vec{n} = \begin{pmatrix} 0 \\ 3 \\ 4 \end{pmatrix}$. Also gilt h: $\vec{x} = \begin{pmatrix} 2 \\ 6 \\ 11 \end{pmatrix} + t\begin{pmatrix} 0 \\ 3 \\ 4 \end{pmatrix}$.

(2) Schnittpunkt F von h und E bestimmen: E = h führt zum Gleichungssystem bestehend aus drei Gleichungen mit drei Variablen.

Lösen des LGS per Hand

I: $4r + 2s = 2$

II: $6s - 3t = 8$

III: $-4{,}5s - 4t = 6{,}5$

mit den Lösungen $t = -2$, $r = s = \frac{1}{3}$

Lösen des LGS mit GTR

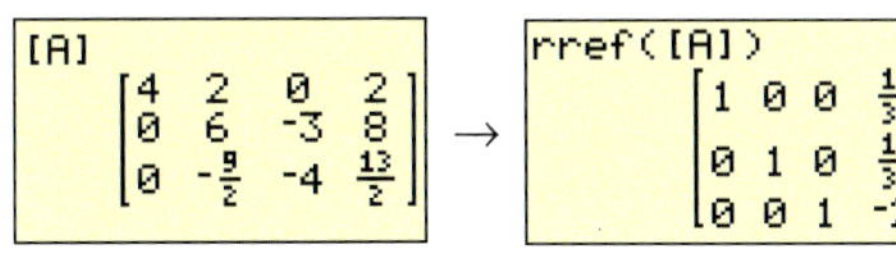

```
[A]
[4  2    0   2   ]
[0  6   -3   8   ]
[0 -9/2 -4  13/2 ]
→
rref([A])
[1 0 0  1/3]
[0 1 0  1/3]
[0 0 1  -2 ]
```

Einsetzen von $t = -2$ in die Geradengleichung h liefert den Schnittpunkt F = (2|0|3).

(3) Abstand der Punkte F und S bestimmen:

$d(F, S) = \sqrt{(2-2)^2 + (6-0)^2 + (11-3)^2} = \sqrt{100} = 10$

Die Höhe der Pyramide beträgt 10 LE.

Übungen

4 *Zeltdach*

Bestimmen Sie die Höhe des Zeltdachhauses rechnerisch als Abstand der Spitze von der Bodenfläche.

Vergleichen Sie mit den Angaben in der Zeichnung.

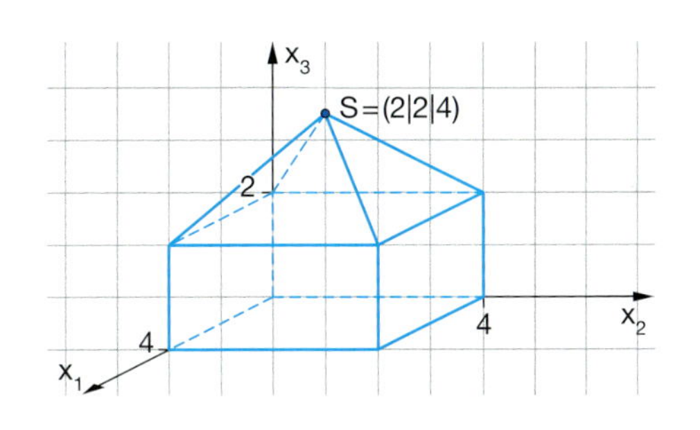

5 *Abstand im Würfel*

a) Berechnen Sie den Abstand des Mittelpunktes M = (2|2|2) des Würfels mit der Kantenlänge 4 von der Dreiecksfläche ACH mit E: $\vec{x} = \begin{pmatrix} 4 \\ 0 \\ 0 \end{pmatrix} + r\begin{pmatrix} -4 \\ 4 \\ 0 \end{pmatrix} + s\begin{pmatrix} -4 \\ 0 \\ 4 \end{pmatrix}$.

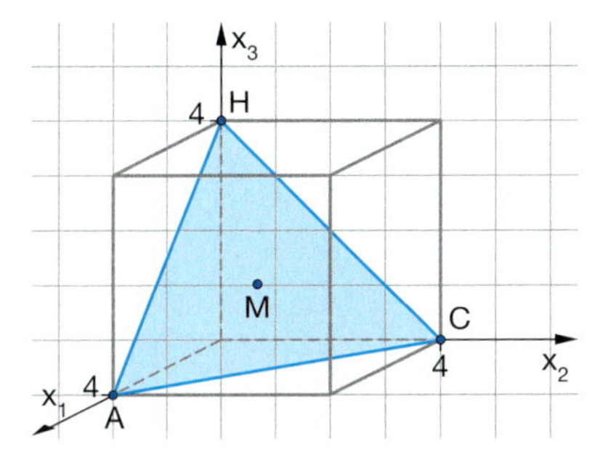

b) Welchen Abstand hat der Kantenmittelpunkt M = (4|2|4) von der Ebene E: $\vec{x} = \begin{pmatrix} 4 \\ 0 \\ 0 \end{pmatrix} + r\begin{pmatrix} 0 \\ 4 \\ 0 \end{pmatrix} + s\begin{pmatrix} -4 \\ 0 \\ 4 \end{pmatrix}$?

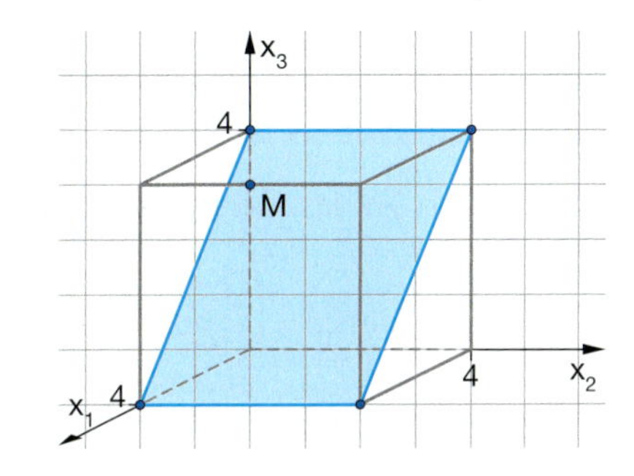

Übungen

6 *Raumdiagonale im Würfel*

a) Welchen Abstand hat der Punkt $A = (1|0|0)$ von der Raumdiagonalen $\overline{BH}$?

b) Welcher Eckpunkt, der nicht auf der Raumdiagonalen liegt, hat den geringsten Abstand zu dieser? Begründen Sie.

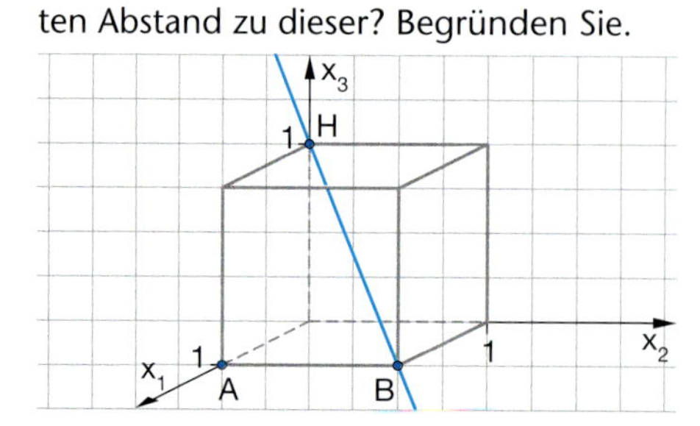

7 *Raumdiagonale im Quader*

Welchen Abstand haben die Eckpunkte des Quaders, die nicht auf der Raumdiagonalen liegen, von der Raumdiagonalen $\overline{DF}$?

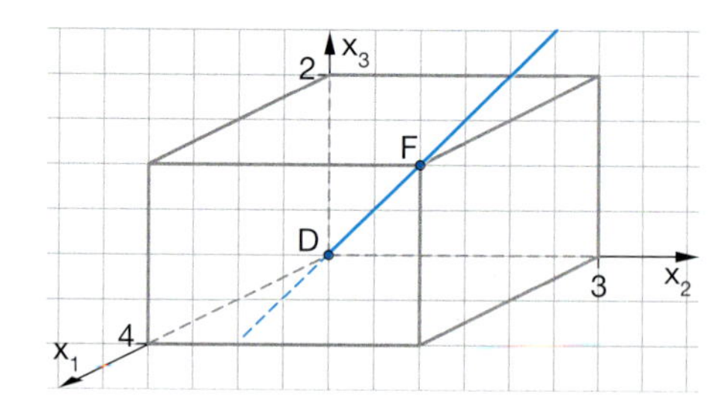

8 *Schiefe Pyramide*

Berechnen Sie die Höhe der schiefen Pyramide mit der Grundfläche ABCD mit $A = (5|-2|2)$, $B = (5|2|3)$, $C = (1|2|4)$ und $D = (1|-2|3)$ und der Spitze $S = (3|1|6)$.

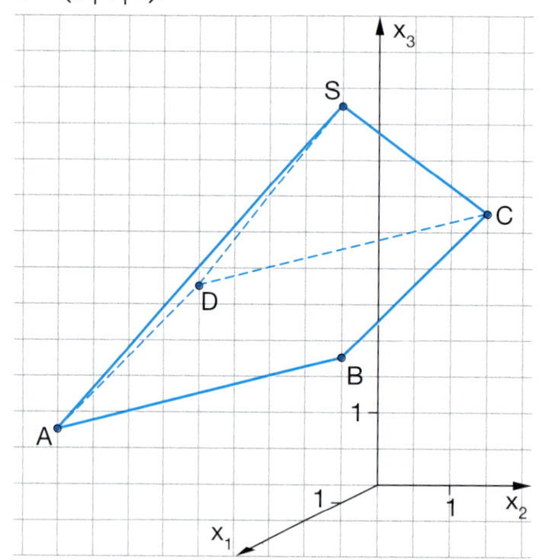

9 *Pyramide*

Welchen Abstand hat der Mittelpunkt M der Bodenfläche einer quadratischen Pyramide mit der Kantenlänge 4 cm und einer Höhe von 6 cm von den Seitenflächen der Pyramide?

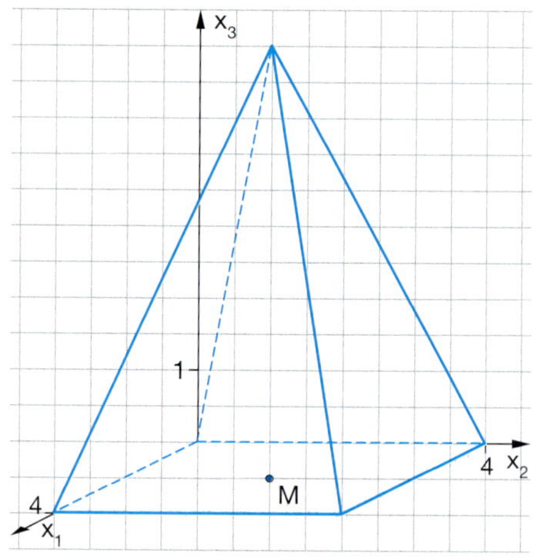

10 *Oktaeder*

a) Bestimmen Sie den Abstand paralleler Flächen im Oktaeder.

b) Welchen Abstand hat die blaue Kante zur gegenüberliegenden Fläche im Oktaeder?

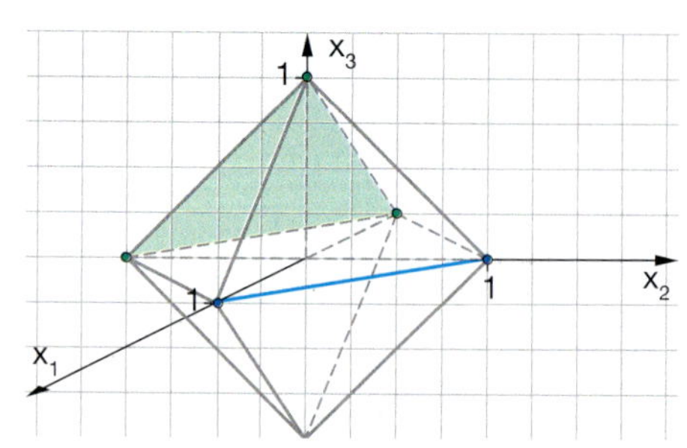

GRUNDWISSEN

1 Berechnen Sie das Skalarprodukt der Vektoren $\vec{a} = \begin{pmatrix} 1 \\ -1 \\ 2 \end{pmatrix}$ und $\vec{b} = \begin{pmatrix} 2 \\ 1 \\ 1 \end{pmatrix}$.

2 Zeigen Sie, dass $\vec{n} = \begin{pmatrix} 1 \\ 2 \\ 3 \end{pmatrix}$ orthogonal zu $\vec{a} = \begin{pmatrix} 2 \\ -1 \\ 0 \end{pmatrix}$ und $\vec{b} = \begin{pmatrix} 0 \\ 3 \\ -2 \end{pmatrix}$ ist.

3 Wodurch ist eine Normalenform einer Ebenengleichung festgelegt?

11 *Abstand Ebene – parallele Gerade als Abstandsproblem Punkt – Ebene*

Wie groß ist der Abstand zwischen der Ebene

$E: \vec{x} = \begin{pmatrix} 2 \\ -1 \\ 0 \end{pmatrix} + r \begin{pmatrix} 6 \\ 4{,}5 \\ -1 \end{pmatrix} + s \begin{pmatrix} -4 \\ -3 \\ 4 \end{pmatrix}$ und der zu E

parallelen Geraden $g: \vec{x} = \begin{pmatrix} 7 \\ -1 \\ 4 \end{pmatrix} + t \begin{pmatrix} 4 \\ 3 \\ 3 \end{pmatrix}$?

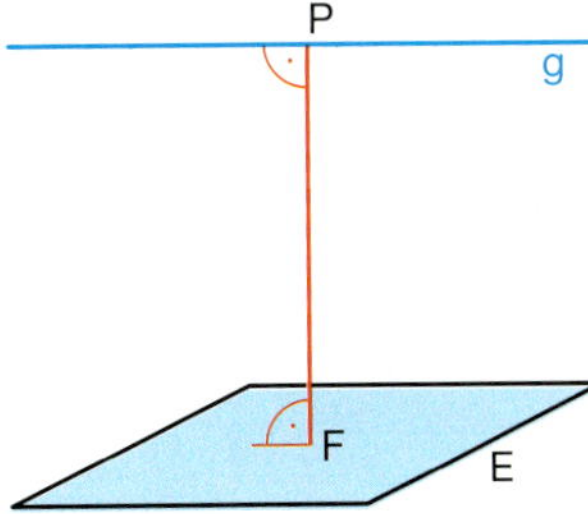

Übungen

Dieses Abstandsproblem kann man auf das Abstandsproblem Punkt – Ebene zurückführen.
Da der Abstand von g zur Ebene für alle Punkte von g gleich groß ist, kann ein beliebiger Punkt auf g genommen werden, z. B.
P = (7 | –1 | 4).

Der noch fehlende Fall windschiefer Geraden folgt auf Seite 136.

Strategien zum Zurückführen auf grundlegende Abstandsprobleme

Die folgenden Abstandsprobleme lassen sich auf die Lotfußpunktverfahren Punkt – Gerade oder Punkt – Ebene zurückführen.

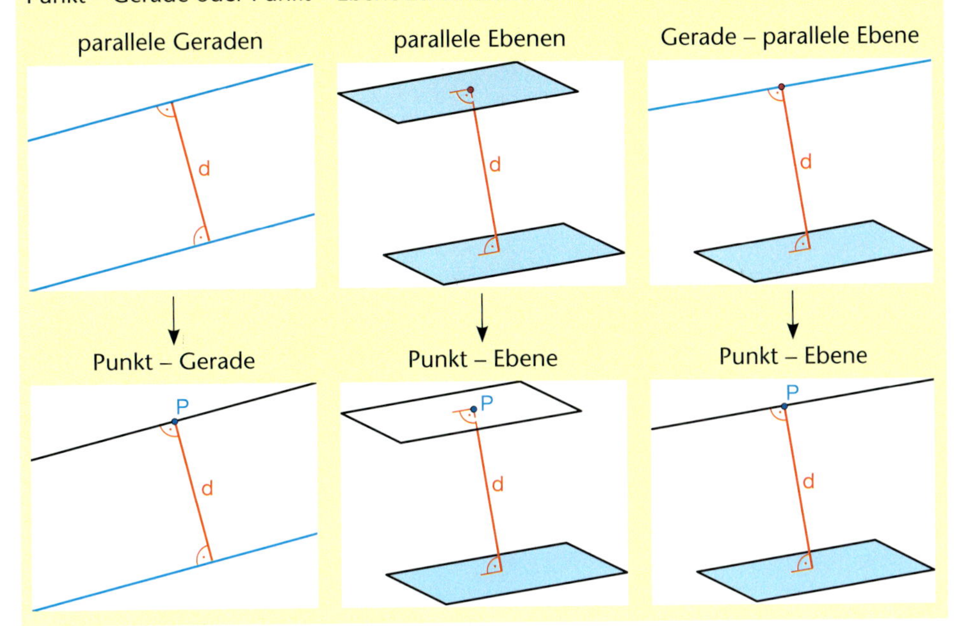

12 *„Abstandsprobleme in drei Schritten"*

Welcher Abstand wird hier ermittelt?

(1) Einen beliebigen Punkt auf einer Ebene wählen.
(2) Eine zur anderen Ebene senkrechte Gerade durch den gewählten Punkt aufstellen.
(3) Schnittpunkt der Geraden mit der Ebene bestimmen und Länge des Verbindungsvektors ermitteln.

13 *Höhenberechnung*

Die Bestimmung von Höhen ist für die Berechnung von Flächen- und Rauminhalten häufig notwendig. Welche Abstandsprobleme liegen hier vor? Auf welches Grundproblem lässt sich die Berechnung zurückführen?

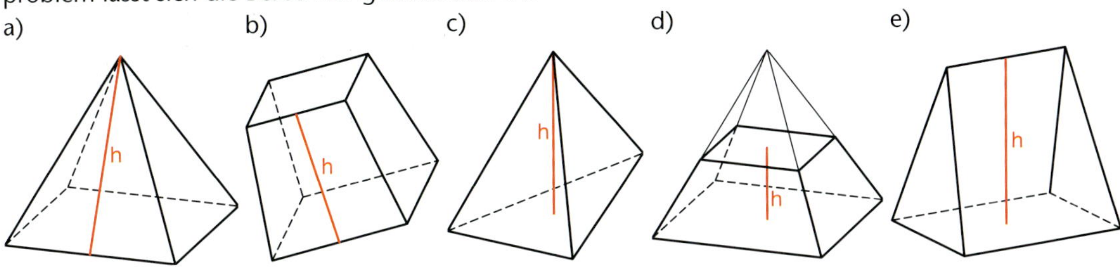

Ludwig Otto Hesse
(1811–1874)

Hesse'sche Normalenform

Für das Abstandsproblem Punkt – Ebene kann eine spezielle Normalenform helfen, den Abstand direkt zu berechnen.
In der Hesse'schen Normalenform muss der Normalenvektor die Länge 1 haben.

Normalenform der Ebene aufstellen:
E: $\vec{n} \cdot (\vec{x} - \vec{q}) = 0$

$P = (1|6|2)$

$$E: \begin{pmatrix} 2 \\ 1 \\ -2 \end{pmatrix} \cdot \left(\vec{x} - \begin{pmatrix} 1 \\ 3 \\ 2 \end{pmatrix}\right) = 0$$

Hesse'sche Normalenform aufstellen:
Normalenvektor $\vec{n}_0$ der Länge 1 bestimmen: $\vec{n}_0 = \frac{1}{|\vec{n}|} \cdot \vec{n}$
E: $\vec{n}_0 \cdot (\vec{x} - \vec{q}) = 0$ mit $|\vec{n}_0| = 1$

$$\vec{n}_0 = \frac{1}{3} \cdot \begin{pmatrix} 2 \\ 1 \\ -2 \end{pmatrix}$$

$$E: \frac{1}{3} \cdot \begin{pmatrix} 2 \\ 1 \\ -2 \end{pmatrix} \cdot \left(\vec{x} - \begin{pmatrix} 1 \\ 3 \\ 2 \end{pmatrix}\right) = 0$$

In obigen Term für $\vec{x}$ den **Vektor $\vec{p}$ einsetzen** und den **Betrag dieses Terms bilden.**
So erhalten wir direkt den Abstand von P zu E
$d(P, E) = |\vec{n}_0 \cdot (\vec{p} - \vec{q})|$

$$\left|\frac{1}{3} \cdot \begin{pmatrix} 2 \\ 1 \\ -2 \end{pmatrix} \cdot \left(\begin{pmatrix} 1 \\ 6 \\ 2 \end{pmatrix} - \begin{pmatrix} 1 \\ 3 \\ 2 \end{pmatrix}\right)\right|$$
$$= \frac{1}{3} \cdot (2 - 2 + 6 - 3 - 4 + 4)$$
$$= 1 = d(P, E)$$

Übungen

14 *Bestätigen des Verfahrens*
Überprüfen Sie das Verfahren an den Beispielen. Die Abstände können Sie in a) und c) auch den Zeichnungen entnehmen.

a) Abstand H zu E
b) Abstand M zu E
c) Abstand P zu Koordinatenebenen

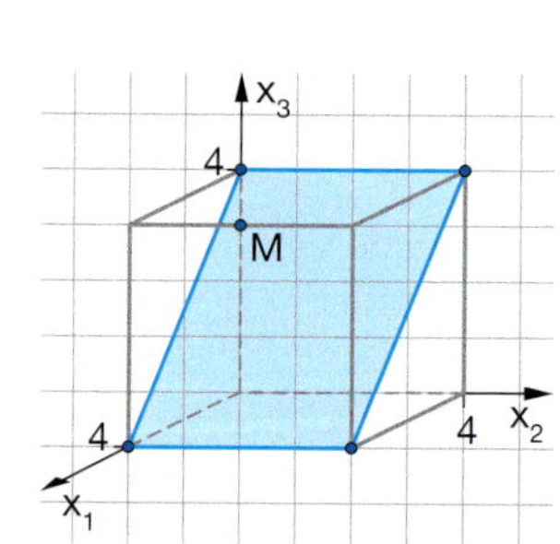

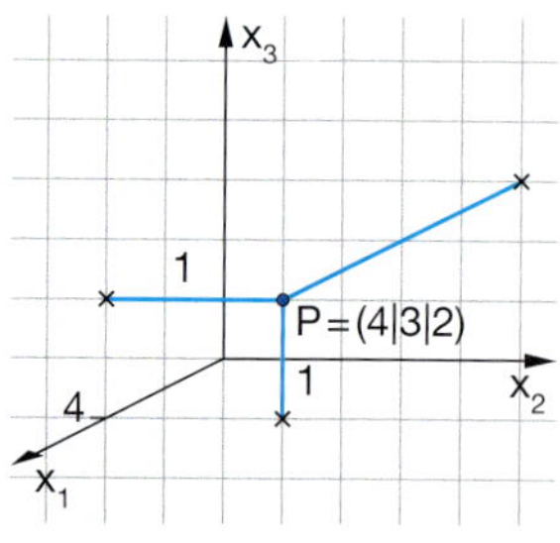

15 *Begründen des Verfahrens*
Lesen Sie den Text und vollziehen Sie die einzelnen Schritte nach.

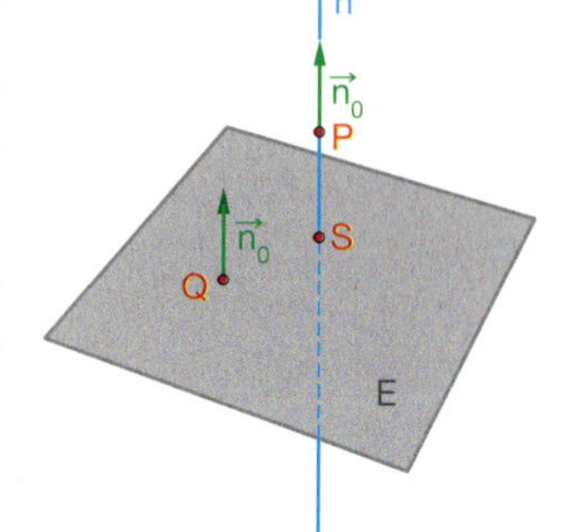

Um den Abstand des Punktes P zur Ebene E zu berechnen, konstruiert man zunächst die Orthogonale h zu E durch P mit h: $\vec{x} = \vec{p} + t\vec{n}_0$, wobei $\vec{n}_0$ der Normalenvektor der Länge 1 ist.

Schnittpunkt von h und E bestimmen:
Einsetzen von h: $\vec{x} = \vec{p} + t \cdot \vec{n}_0$ in E: $(\vec{x} - \vec{q}) \cdot \vec{n}_0 = 0$ ergibt $(\vec{p} + t\vec{n}_0 - \vec{q}) \cdot \vec{n}_0 = 0$
Ausmultiplizieren liefert: $\vec{p} \cdot \vec{n}_0 + t \cdot \vec{n}_0 \cdot \vec{n}_0 - \vec{q} \cdot \vec{n}_0 = 0$
Auflösen nach t liefert: $t \cdot \vec{n}_0 \cdot \vec{n}_0 = \vec{q} \cdot \vec{n}_0 - \vec{p} \cdot \vec{n}_0$.
Da $|\vec{n}_0| = 1$ gilt, folgt $t = (\vec{q} - \vec{p}) \cdot \vec{n}_0$

Der Parameter t ist ein Skalar und gibt an, dass man mit $t \cdot \vec{n}_0$ zum Schnittpunkt der Ebene E mit h gelangt.
Da $\vec{n}_0$ die Länge 1 hat, ist $d(P, E) = |t|$. Also gilt für den Abstand $d(P, E) = |(\vec{q} - \vec{p}) \cdot \vec{n}_0|$.

Bei den folgenden Übungen können Sie das Verfahren frei wählen.
Vergleichen Sie mit den Lösungswegen anderer.

Übungen

16 *Ebene mit Spurgeraden*
Wie weit ist die durch Spurgeraden dargestellte Ebene vom Ursprung entfernt?

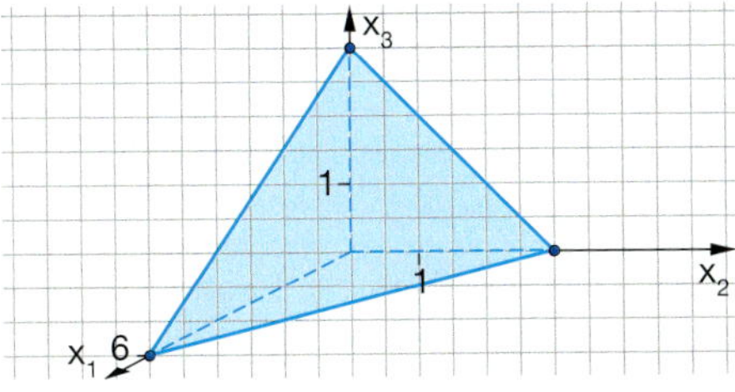

17 *Gerade mit Spurpunkten*
Wie weit ist die durch Spurpunkte dargestellte Gerade vom Ursprung entfernt?

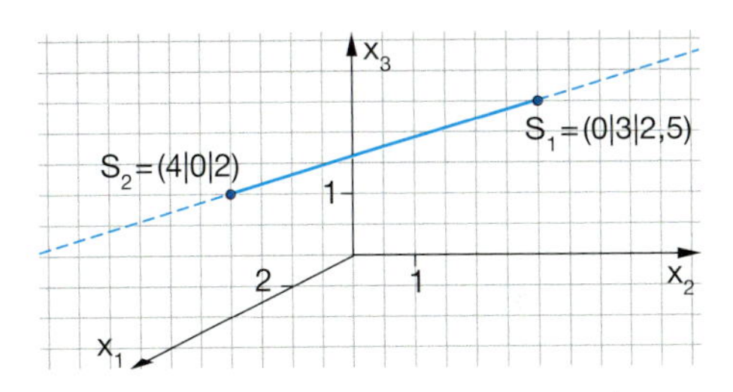

18 *Sechseck*
a) Berechnen Sie mit der Hesse'schen Normalenform den Abstand des Punktes $F = (1|1|1)$ von der Sechseckfläche E: $x_1 + x_2 + x_3 = 1{,}5$.

b) Was passiert, wenn der Punkt F in der Ebene liegt? Bestätigen Sie Ihre Vermutung am Mittelpunkt $M = (0{,}5|0{,}5|0{,}5)$ des Würfels.

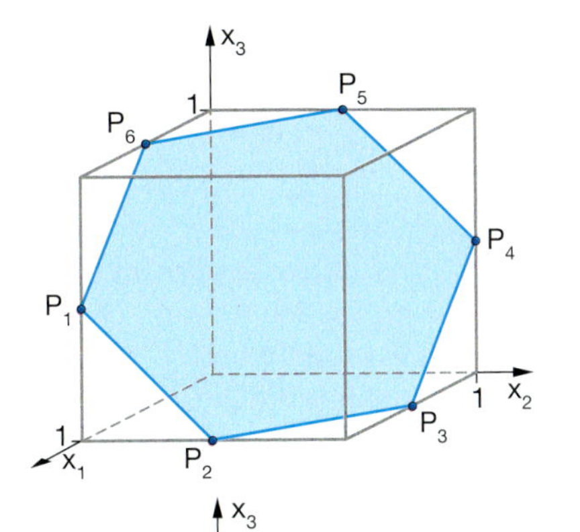

19 *„Würfel" mit abgeschnittenen Ecken*
Am Würfel wurden gegenüberliegende Ecken abgeschnitten. Die Punkte M_1, M_2, M_3 und M_4 sind Kantenmittelpunkte eines Würfels mit der Kantenlänge 6.
a) Weisen Sie nach, dass die blauen Schnittflächen parallel sind.
b) Vergleichen Sie den Abstand der Schnittflächen mit der Kantenlänge des ursprünglichen Würfels.
Stellen Sie Vermutungen auf (Schätzen und Messen am Modell ist auch erlaubt) und überprüfen Sie diese rechnerisch.

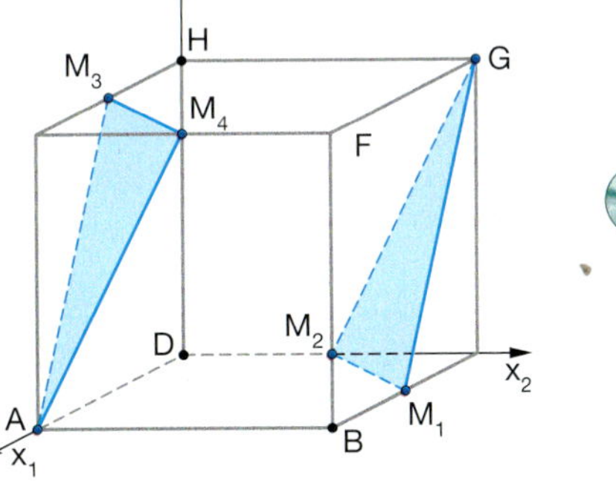

20 *Training zur Abstandsbestimmung*
a) Eine dreiseitige Pyramide hat die Grundfläche ABC mit $A = (2|2|3)$, $B = (0|-4|3)$ und $C = (2|-2|1)$ und die Spitze $S = (7|-4|6{,}5)$.
Berechnen Sie die Höhe.

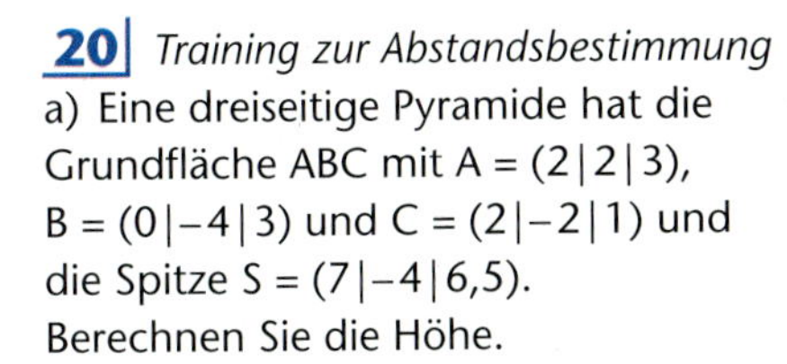

b) Zeigen Sie, dass E: $\vec{x} = \begin{pmatrix}1\\2\\0\end{pmatrix} + r\begin{pmatrix}4\\0\\1\end{pmatrix} + s\begin{pmatrix}-2\\1\\0\end{pmatrix}$ und g: $\vec{x} = \begin{pmatrix}2\\4\\-4\end{pmatrix} + t\begin{pmatrix}0\\2\\1\end{pmatrix}$ zueinander parallel sind. Berechnen Sie deren Abstand.

c) Welche Ebene ist vom Ursprung am weitesten entfernt?

E_1: $\vec{x} = \begin{pmatrix}-5\\-7\\3\end{pmatrix} + r\begin{pmatrix}2\\1\\-4\end{pmatrix} + s\begin{pmatrix}3\\6\\1\end{pmatrix}$

E_2: $\left(\begin{pmatrix}x_1\\x_2\\x_3\end{pmatrix} - \begin{pmatrix}-4\\4\\5\end{pmatrix}\right) \cdot \begin{pmatrix}3\\-3\\0\end{pmatrix} = 0$

E_3: $2x_1 - 2x_2 + 4x_3 = 12$

d) Zeigen Sie, dass sich die Ebene E: $x_1 - 4x_2 + x_3 = 12$ und die Gerade g: $\vec{x} = \begin{pmatrix}9\\1\\10\end{pmatrix} + t\begin{pmatrix}1\\0\\2\end{pmatrix}$ schneiden.
Wie viele Punkte auf g sind 3 LE von E entfernt?

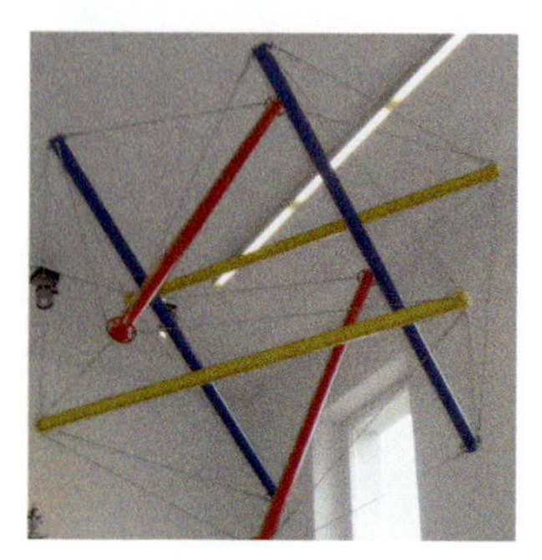

Auf welches grundlegende Abstandsproblem wird die Abstandsbestimmung windschiefer Geraden zurückgeführt?

Abstand windschiefer Geraden

Die Bildsequenz beschreibt ein Verfahren zur Abstandsbestimmung windschiefer Geraden.

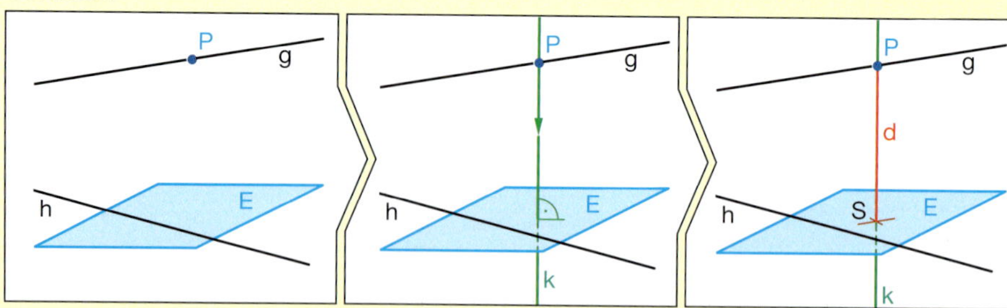

Ebene E bestimmen, die h enthält und parallel zu g ist. Als Richtungsvektoren von E können die Richtungsvektoren der Geraden übernommern werden.

Gerade k bestimmen, die senkrecht zu E ist und P enthält.

Schnittpunkt S von k und E bestimmen.
Abstand der Punkte P und S bestimmen.

Übungen

21 *Windschiefe Geraden im Quader*

Bestimmen Sie den Abstand der windschiefen Geraden g und h. Welche beiden Punkte auf den Geraden haben den geringsten Abstand zueinander?

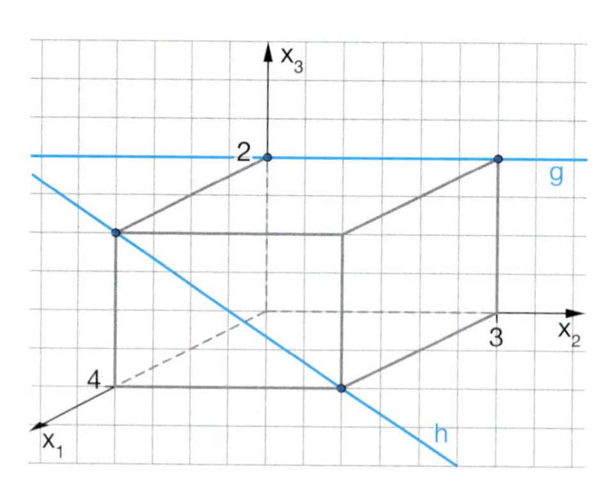

22 *Windschiefe Geraden in der Pyramide*

Bestimmen Sie den Abstand der eingezeichneten windschiefen Geraden in der Pyramide. Wie groß ist der Abstand der Geraden durch B und S zur Geraden durch C und D?

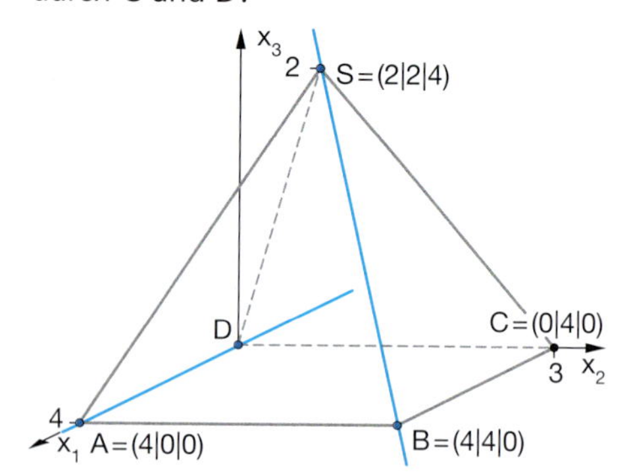

23 *Training windschiefer Geraden*

Bestimmen Sie den Abstand der windschiefen Geraden. Bei welchem Geradenpaar ist der Abstand am größten?

a) $g: \vec{x} = \begin{pmatrix}1\\0\\1\end{pmatrix} + r\begin{pmatrix}1\\1\\2\end{pmatrix}$; $h: \vec{x} = \begin{pmatrix}2\\1\\0\end{pmatrix} + s\begin{pmatrix}0\\1\\1\end{pmatrix}$

b) $g: \vec{x} = \begin{pmatrix}1\\2\\-1\end{pmatrix} + r\begin{pmatrix}1\\0\\1\end{pmatrix}$; $h: \vec{x} = \begin{pmatrix}0\\0\\1\end{pmatrix} + s\begin{pmatrix}1\\1\\1\end{pmatrix}$

c) $g: \vec{x} = \begin{pmatrix}3\\1\\1\end{pmatrix} + r\begin{pmatrix}2\\-3\\-10\end{pmatrix}$; $h: \vec{x} = \begin{pmatrix}-2\\3\\11\end{pmatrix} + s\begin{pmatrix}2\\1\\-2\end{pmatrix}$

24 *Windschiefe Geraden im Würfel*

Berechnen Sie den Abstand der beiden Geraden.

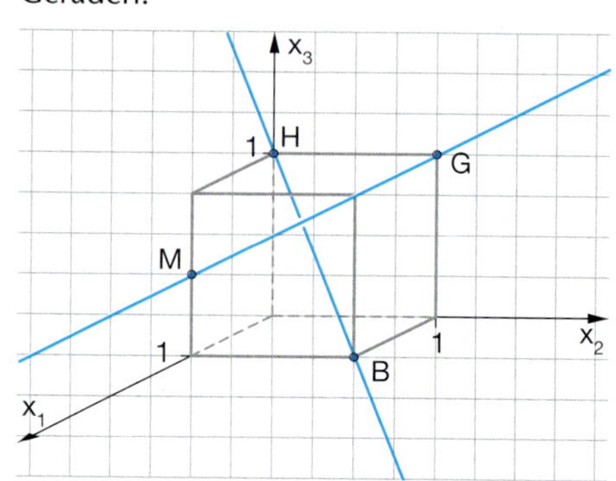

Übungen

Bei diesen Übungen werden Punkte mit einer vorgegebenen Bedingung gesucht. Dabei erhält man eine Gleichung, bei der auch die Hesse'sche Normalenform ihre Wirkung entfalten kann.

25 *Mittelebenen*

Die Würfelschnitte werden von den Punkten gebildet, die gleich weit von zwei gegebenen Punkten A und B entfernt sind.

Die Schnitte halbieren den Einheitswürfel.

(1)

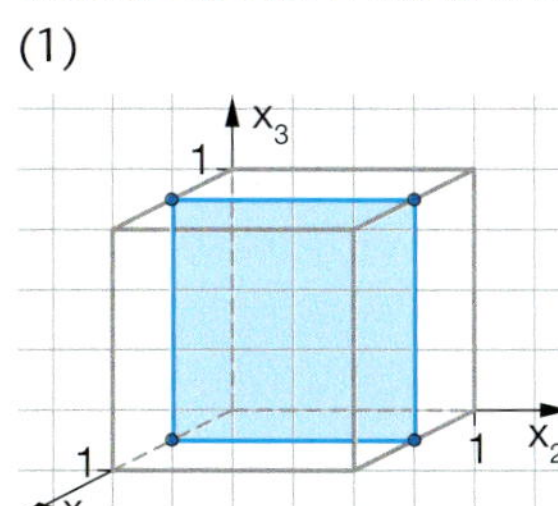

(2)

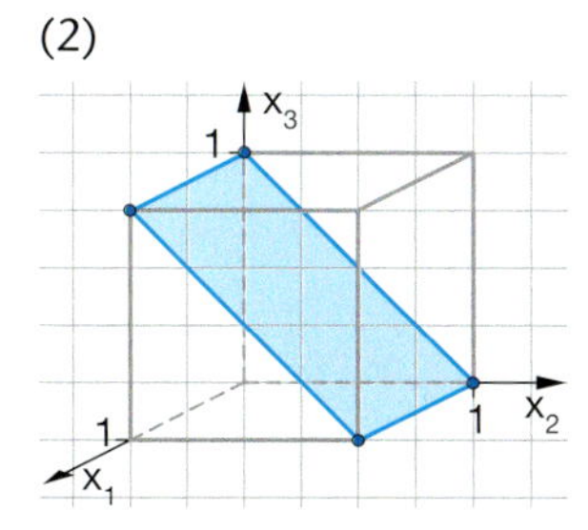

(3)

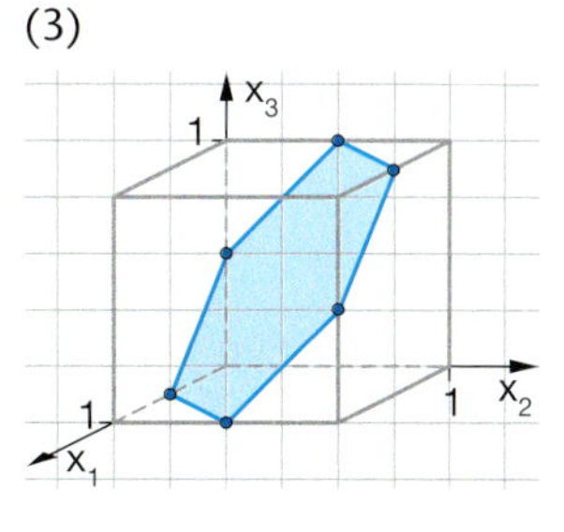

a) Begründen Sie, dass im Raum alle Punkte, die von zwei Punkten gleich weit entfernt sind, eine Ebene bilden.

In der Ebene liegen alle Punkte, die von zwei Punkten gliech weit entfernt sind, auf der Mittelsenkrechten.

b) Ordnen Sie die Fälle I) bis III) den Bildern zu.

I)	II)	III)
$A = (1\|0\|0)$; $B = (1\|1\|1)$	$A = (1\|0\|1)$; $B = (0\|0\|1)$	$A = (1\|0\|1)$; $B = (0\|1\|0)$

c) Die Ebenengleichungen lassen sich einfach aus der Anschauung bestimmen. Welche Ebenengleichung gehört zu welchem Schnitt?

$$E: \vec{x} = \begin{pmatrix} 0{,}5 \\ 0 \\ 0 \end{pmatrix} + r\begin{pmatrix} 1 \\ 1 \\ 0 \end{pmatrix} + s\begin{pmatrix} 1 \\ 2 \\ 1 \end{pmatrix} \quad F: \vec{x} = \begin{pmatrix} 0{,}5 \\ 0 \\ 0 \end{pmatrix} + r\begin{pmatrix} 0 \\ 0 \\ 1 \end{pmatrix} + s\begin{pmatrix} 0 \\ 1 \\ 0 \end{pmatrix} \quad G: \vec{x} = \begin{pmatrix} 1 \\ 0 \\ 1 \end{pmatrix} + r\begin{pmatrix} 0 \\ 1 \\ -1 \end{pmatrix} + s\begin{pmatrix} 1 \\ -1 \\ 1 \end{pmatrix}$$

d) Man kann die Ebenengleichungen auch ohne Anschauung aus der Bedingung $d(A, P) = d(B, P)$ erstellen. Die gesuchten Punkte P haben die Koordinatendarstellung $P = (x|y|z)$.

Für den Fall I) erhalten wir: $d(A, P) = d(B, P)$, also:

$$\sqrt{(1-x)^2 + (0-y)^2 + (0-z)^2} = \sqrt{(1-x)^2 + (1-y)^2 + (1-z)^2}$$

$$1 - 2x + x^2 + y^2 + z^2 = 1 - 2x + x^2 + 1 - 2y + y^2 + 1 - 2z + z^2$$

$$0 = 1 - 2y + 1 - 2z$$

Aus dieser Gleichung können wir die Koordinatengleichung ermitteln.

$$2y + 2z = 2$$

$$y + z = 1$$

Ermitteln Sie ebenso die Gleichungen der anderen beiden Ebenen.

26 *Winkelhalbierende im Raum*

Die Punkte, die von zwei sich schneidenden Ebenen gleichweit entfernt sind, bilden eine Ebene. Wir nennen sie im Folgenden Winkelhalbierenden-Ebene. Bestimmen Sie diese zu den Ebenen
E_1: $x_1 + 2x_2 + 2x_3 - 1 = 0$ und
E_2: $6x_1 + 2x_2 + 3x_3 + 3 = 0$.

Zeigen Sie, dass die beiden Winkelhalbierenden-Ebenen zueinander senkrecht sind.

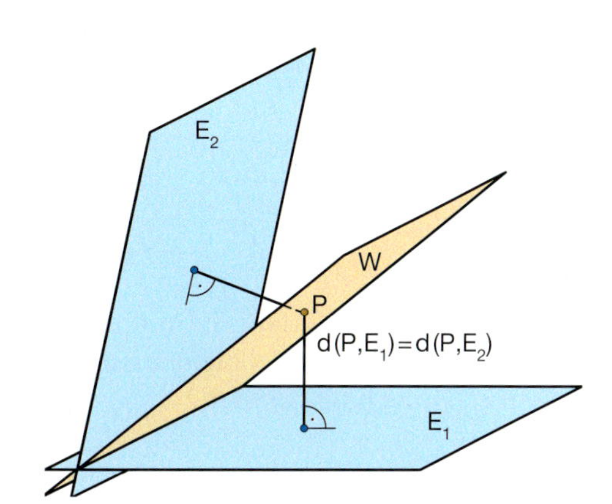

Die Ebenen E_1 und E_2 in die Hesse'sche Normalenform umstellen und die linken Terme gleichsetzen.

Abstand Punkt – Gerade mithilfe der Analysis

Zwischen einem Punkt P und einer Geraden g soll die minimale Entfernung bestimmt werden. Dazu können wir vom Punkt P die Entfernungen zu allen Punkten der Geraden g berechnen. Die kleinste dieser Entfernungen ist der Abstand der Geraden g zum Punkt P.

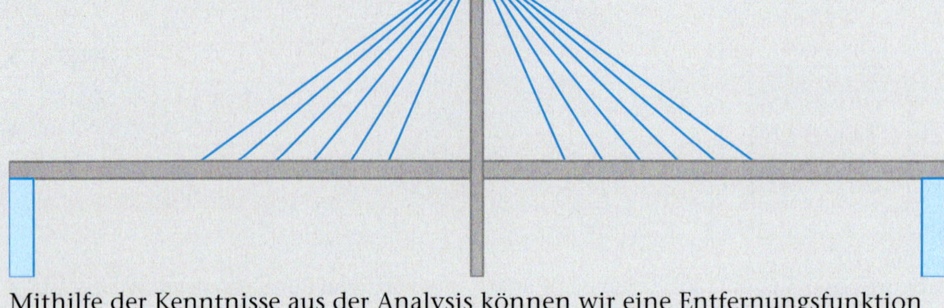

Mithilfe der Kenntnisse aus der Analysis können wir eine Entfernungsfunktion für je zwei Punkte aufstellen. Das Minimum dieser Entfernungsfunktion ist dann der Abstand Punkt – Gerade.

Aufgaben

27 *Abstand als Extremwertproblem*

Um den Abstand des Punktes $P = (p_1 | p_2 | p_3)$ von der Geraden g: $\vec{x} = \vec{a} + t\vec{v}$ zu berechnen, können wir den Abstand des Punktes P zu einem beliebigen Punkt auf g durch die Länge des Vektors $\vec{x} - \vec{p}$ ausdrücken.

Der Abstand ist dann eine Funktion des Parameters t der Geradengleichung.

$$f(t) = |\vec{x} - \vec{p}| = \sqrt{(x_1 - p_1)^2 + (x_2 - p_2)^2 + (x_3 - p_3)^2}$$
$$= \sqrt{(a_1 + tv_1 - p_1)^2 + (a_2 + tv_2 - p_2)^2 + (a_3 + tv_3 - p_3)^2}$$

Diese Abstandsfunktion ist eine Funktion, die von der Variablen t abhängt.

a) Zeigen Sie, dass $f(t) = \sqrt{9t^2 - 36t + 45}$ die Abstandsfunktion für das konkrete Beispiel $P = (2|3|4)$ und g: $\vec{x} = \begin{pmatrix} 2 \\ 0 \\ 10 \end{pmatrix} + t \begin{pmatrix} 1 \\ 2 \\ -2 \end{pmatrix}$ ist.

Erläutern Sie mögliche weitere Vorgehensschritte und berechnen Sie den Abstand.

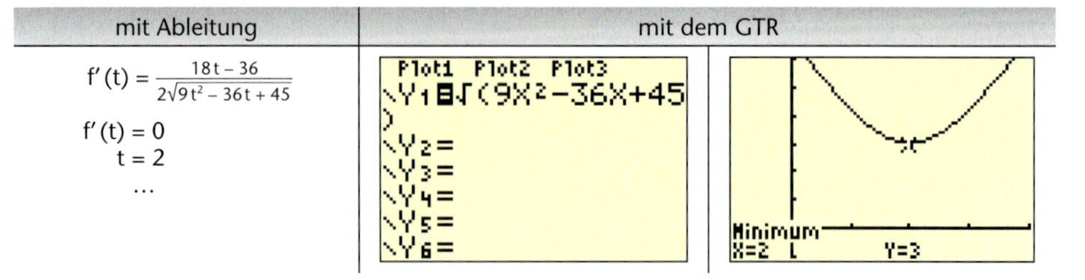

mit Ableitung	mit dem GTR
$f'(t) = \frac{18t - 36}{2\sqrt{9t^2 - 36t + 45}}$ $f'(t) = 0$ $t = 2$ …	

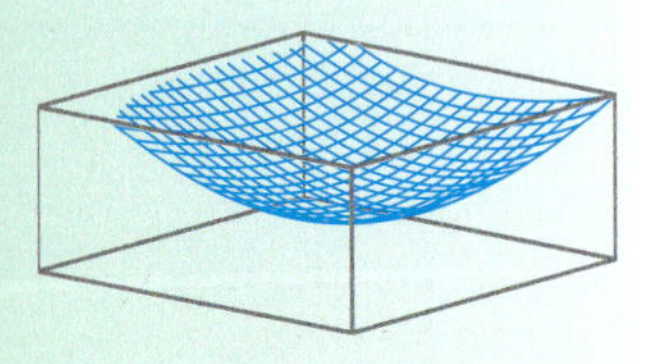

Mit dem CAS können Sie auch eine Funktion zweier Variablen grafisch darstellen.

b) Wie würde ein Verfahren für die Abstandsberechnung eines Punktes zu einer Ebene als Extremwertproblem aussehen? Warum können wir hier das Minimum nicht so einfach bestimmen?

Aufgaben

28 *Flugrouten*

Zwei Flugzeuge fliegen mit gleich bleibender Geschwindigkeit auf geradem Kurs. Das erste befindet sich zum Zeitpunkt $t = 0$ im Nullpunkt eines geeignet gewählten Koordinatensystems. Zum Zeitpunkt $t = 3$ ist es in $P=(6|-3|9)$. Zu den entsprechenden Zeitpunkten befindet sich das zweite Flugzeug in $Q=(2|28|-14)$ bzw. $R=(5|19|-2)$. Koordinatenangaben: Einheit 10 m, Zeiteinheiten in Sekunden.

Gruppenarbeit

(I)
Wann sind sich die Flugzeuge am nächsten? Wie weit sind sie dann von einander entfernt?
In welchen Positionen befinden sich die beiden Flugzeuge zu dem Zeitpunkt?

(II)
Zu welchem Zeitpunkt binnen der ersten Minute ist der Abstand der Flugzeuge am größten?
Wo befinden sich in dem Moment die beiden Flugzeuge?

(III)
Wie groß ist der minimale Abstand der beiden Flugrouten?
Welcher Unterschied besteht zwischen dem minimalen Abstand der Flugrouten und der geringsten Entfernung der beiden Flugzeuge?
Welcher Wert ist der kleinere?

(IV)
Mit welchen Geschwindigkeiten fliegen die beiden Flugzeuge?

Mit welcher Geschwindigkeit müsste das zweite Flugzeug fliegen, damit die geringste Entfernung der Flugzeuge mit der minimalen Entfernung der Flugrouten übereinstimmt?

Tipp:

Stellen Sie die Flugrouten als $\vec{a}(t) = \vec{p} + t\vec{v}_1$ und $\vec{b}(t) = \vec{q} + t\vec{v}_2$ dar. Die Geschwindigkeitsvektoren $\vec{v}_1$ und $\vec{v}_2$ werden so gewählt, dass mit dem Parameter t jeweils die Position des Flugzeugs zum Zeitpunkt t bestimmt ist. Beachten Sie, dass der (Zeit-)Parameter t in beiden Geradengleichungen der gleiche ist.
Die Entfernungsfunktion entf(t) lässt sich dann als Entfernung der jeweiligen Positionen zum Zeitpunkt t bestimmen.

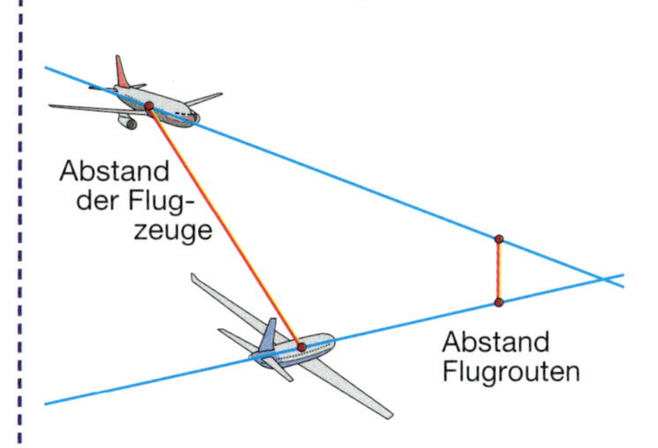

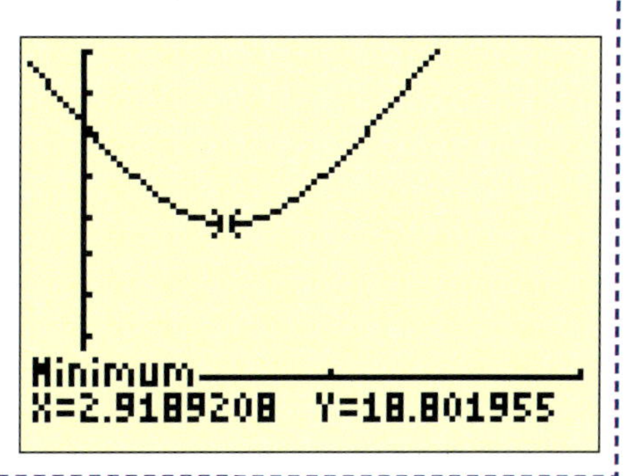

CHECK UP

Skalarprodukt und Messen

Skalarprodukt von Vektoren

$a_1 b_1 + a_2 b_2 + a_3 b_3$ heißt
Skalarprodukt von $\vec{a}$ und $\vec{b}$.

Schreibweise: $\vec{a} \cdot \vec{b}$ oder $\vec{a}\,\vec{b}$

$\vec{a} \cdot \vec{b} = |\vec{a}| \cdot |\vec{b}| \cdot \cos(\gamma)$

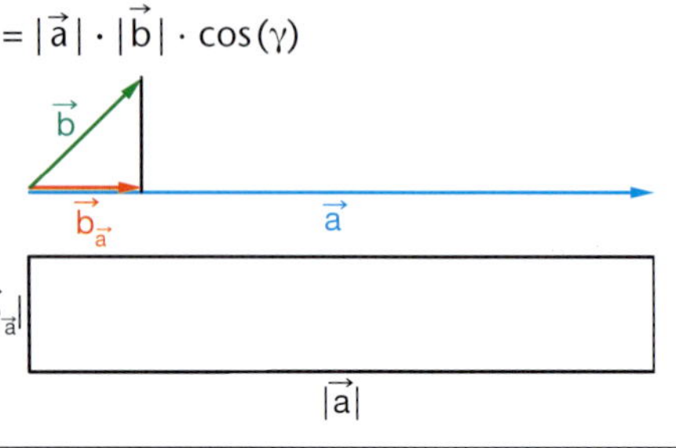

Länge eines Vektors

$|\vec{a}| = \sqrt{\vec{a} \cdot \vec{a}} = \sqrt{a_1{}^2 + a_2{}^2 + a_3{}^2}$

in der Ebene

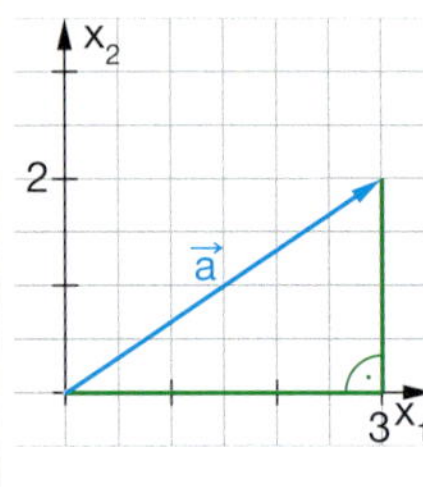

$|\vec{a}| = \sqrt{3^2 + 2^2} = \sqrt{13}$

im Raum

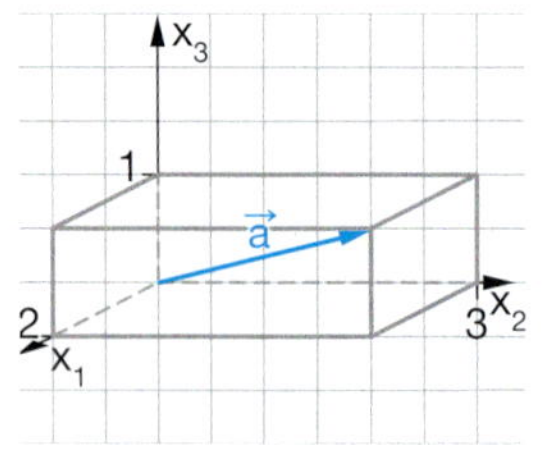

$|\vec{a}| = \sqrt{2^2 + 3^2 + 1^2} = \sqrt{14}$

Orthogonalität von Vektoren

Zwei Vektoren sind genau dann zueinander orthogonal, wenn $\vec{a} \cdot \vec{b} = 0$ erfüllt ist.

Mit Koordinaten:
$\vec{a} \perp \vec{b} \Leftrightarrow a_1 b_1 + a_2 b_2 + a_3 b_3 = 0$

Winkel zwischen zwei Vektoren

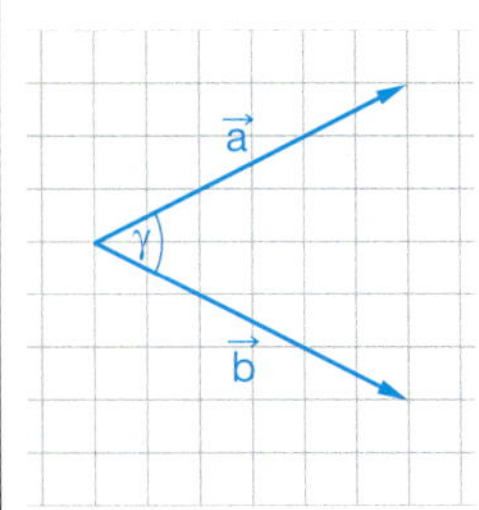

$$\cos(\gamma) = \frac{\vec{a} \cdot \vec{b}}{|\vec{a}| \cdot |\vec{b}|} = \frac{a_1 b_1 + a_2 b_2 + a_3 b_3}{\sqrt{a_1^2 + a_2^2 + a_3^2} \cdot \sqrt{b_1^2 + b_2^2 + b_3^2}}$$

1 *Skalarprodukte berechnen*
Welches Skalarprodukt hat den größten Wert?

$\begin{pmatrix} 2 \\ 3 \\ -4 \end{pmatrix} \cdot \begin{pmatrix} 0{,}5 \\ 1{,}5 \\ 2{,}5 \end{pmatrix}$; $\begin{pmatrix} -1 \\ 1{,}5 \\ 2 \end{pmatrix} \cdot \begin{pmatrix} -1 \\ 2 \\ -3 \end{pmatrix}$; $\begin{pmatrix} 2 \\ -1 \\ -4 \end{pmatrix} \cdot \begin{pmatrix} -4 \\ 2 \\ -3 \end{pmatrix}$; $\begin{pmatrix} -1{,}5 \\ 2 \\ 0{,}5 \end{pmatrix} \cdot \begin{pmatrix} -2 \\ -4 \\ 3 \end{pmatrix}$; $\begin{pmatrix} 3 \\ 4 \\ -1 \end{pmatrix} \cdot \begin{pmatrix} -2{,}5 \\ 3 \\ 4 \end{pmatrix}$

2 *Skalarprodukte ordnen*

Ordnen Sie für $\vec{a} = \begin{pmatrix} 2 \\ -1 \\ 0 \end{pmatrix}$, $\vec{b} = \begin{pmatrix} 3 \\ 1 \\ 4 \end{pmatrix}$ und $\vec{c} = \begin{pmatrix} 5 \\ 0 \\ -2 \end{pmatrix}$ die Skalarprodukte $\vec{a} \cdot \vec{b}$, $\vec{a} \cdot \vec{c}$ und $\vec{b} \cdot \vec{c}$ der Größe nach.

3 *Parallelogramm, aber keine Raute?*
Zeigen Sie, dass das Viereck mit den Eckpunkten $A = (3|1|2)$, $B = (8|1|3)$, $C = (9|4|5)$ und $D = (4|4|4)$ ein Parallelogramm, aber keine Raute ist.

4 *Gleichseitige Dreiecke*
Zeigen Sie rechnerisch, dass für je drei verschiedene Zahlen a, b, c die Punkte $P = (a|b|c)$, $Q = (b|c|a)$ und $R = (c|a|b)$ ein gleichseitiges Dreieck bilden, ebenso die Punkte $S = (a|c|b)$, $T = (b|a|c)$ und $U = (c|b|a)$.
Gilt dies auch für $V = (a|a|b)$, $W = (a|b|a)$ und $X = (b|a|a)$?

5 *Längere Vektoren – größeres Skalarprodukt?*
Für vier Vektoren gilt $|\vec{a}| > |\vec{b}| > |\vec{c}| > |\vec{d}|$. Kann man daraus schließen, dass $\vec{a}\,\vec{b} > \vec{c}\,\vec{d}$ gilt?

6 *Orthogonal zu zwei Vektoren*
Geben Sie einen Vektor $\vec{w}$ an, der orthogonal zu $\vec{u} = \begin{pmatrix} 0 \\ 1 \\ -3 \end{pmatrix}$ und zu $\vec{v} = \begin{pmatrix} 2 \\ 0 \\ -2 \end{pmatrix}$ ist. Ist $\vec{w}$ eindeutig bestimmt?

7 *Winkel in Pyramide*
Ist der Winkel zwischen $\vec{u}$ und $\vec{v}$ ein rechter Winkel oder ist er größer oder kleiner als 90°?
Stellen Sie eine Vermutung auf und überprüfen Sie diese.

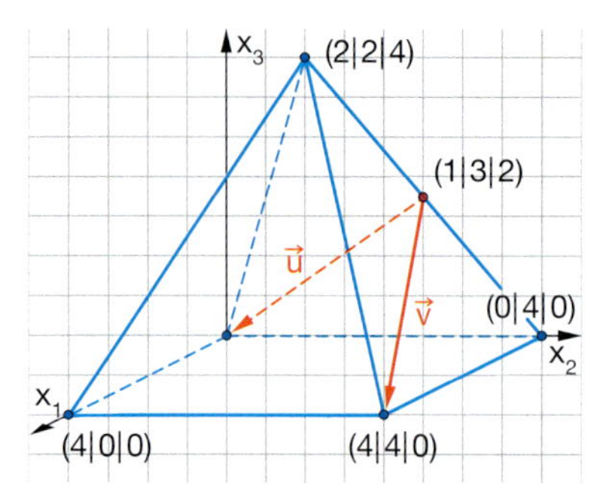

8 *Winkel im Dreieck*
Berechnen Sie die Winkel im roten Dreieck.

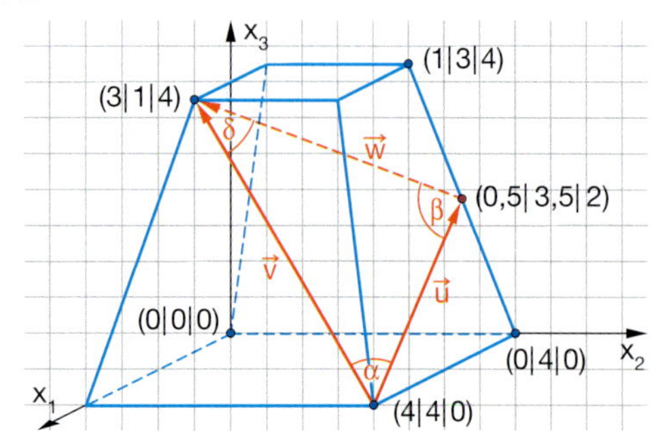

CHECK UP

Skalarprodukt und Messen

9 *Normalenvektoren – Normalenform*

a) Bestimmen Sie je einen Normalenvektor folgender Ebenen:

E_1: $\vec{x} = \begin{pmatrix} 0 \\ 1 \\ 2 \end{pmatrix} + r\begin{pmatrix} 0 \\ 1 \\ 4 \end{pmatrix} + s\begin{pmatrix} 1 \\ 1 \\ 1 \end{pmatrix}$, E_2: $\vec{x} = r\begin{pmatrix} 2 \\ 1 \\ 4 \end{pmatrix} + s\begin{pmatrix} 3 \\ 0 \\ 3 \end{pmatrix}$,

E_3: $2x_1 - 3x_2 + 7x_3 = 10$

b) Geben Sie E_1, E_2 und E_3 in Normalenform an.

10 *Winkel zwischen Geraden*

Gibt es unter den drei Geraden g, h und k im Würfel zwei, die orthogonal zueinander sind?
Stellen Sie eine Vermutung auf und berechnen Sie dann die Winkel zwischen je zwei der drei Geraden.

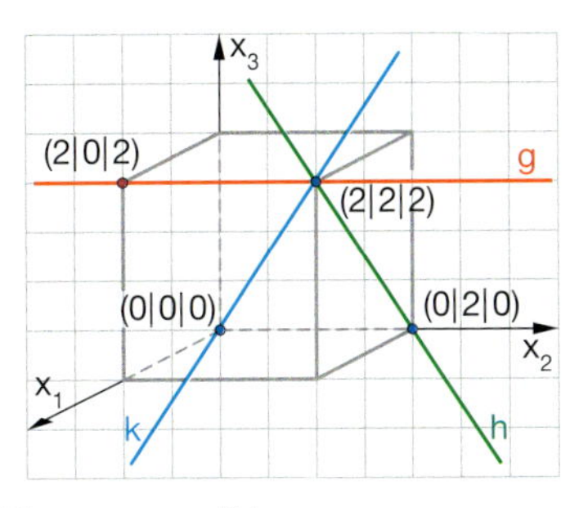

g: $\vec{x} = \begin{pmatrix} 2 \\ 0 \\ 2 \end{pmatrix} + r\begin{pmatrix} 0 \\ 1 \\ 0 \end{pmatrix}$, h: $\vec{x} = \begin{pmatrix} 0 \\ 2 \\ 0 \end{pmatrix} + s\begin{pmatrix} 1 \\ 0 \\ 1 \end{pmatrix}$, k: $\vec{x} = t\begin{pmatrix} 1 \\ 1 \\ 1 \end{pmatrix}$

11 *Winkel zwischen Gerade und Ebene*

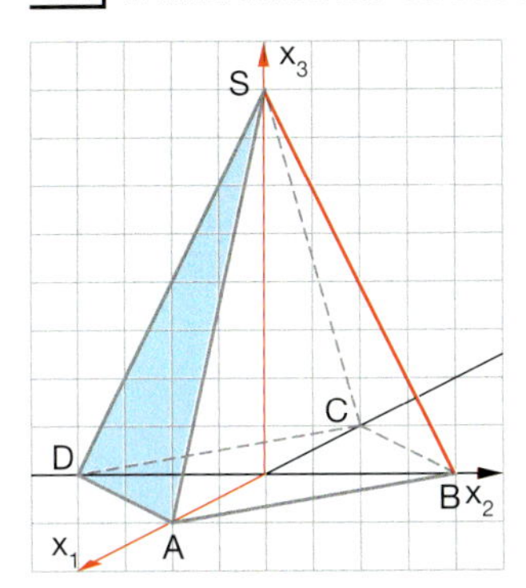

Die Ebene E wird durch die Punkte A = (2|0|0), S = (0|0|4) und D = (0|−2|0) beschrieben. Bestimmen Sie die Winkel, die die Ebene E mit der x_1-Achse, mit der x_3-Achse und mit der Kante BS bildet.

12 *Winkel zwischen zwei Ebenen*

a) Bestimmen Sie mithilfe der Formel $\cos\gamma = \frac{\vec{a} \cdot \vec{b}}{|\vec{a}| \cdot |\vec{b}|}$ den Winkel zwischen den Ebenen E_1 und E_2.
E_1 wird durch die Punkte A, E, H und D bestimmt, E_2 durch die Punkte A, B, F und E.
Begründen Sie, dass dies nicht der Winkel zwischen den entsprechenden Seitenflächen des Pyramidenstumpfes ist und geben Sie diesen an.

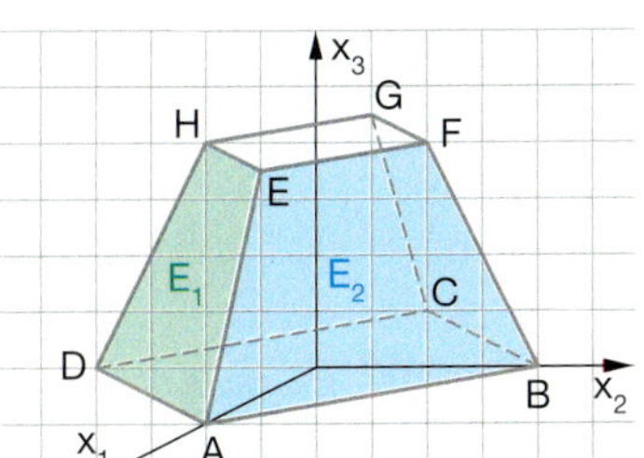

A = (4|0|0) B = (0|4|0)
C = (−4|0|0) D = (0|−4|0)
E = (2|0|4) F = (0|2|4)
G = (−2|0|4) H = (0|−2|4)

b) Ist der Winkel zwischen benachbarten Seitenflächen kleiner oder größer als der Winkel zwischen einer Seitenfläche und der Deckfläche des Pyramidenstumpfes?
Vermuten Sie und überprüfen Sie rechnerisch.

Normalenvektor einer Ebene

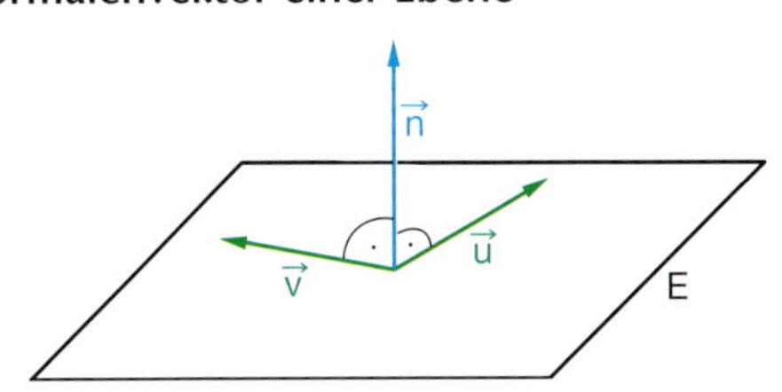

Ein Vektor $\vec{n}$, der orthogonal zu beiden Richtungsvektoren der Ebene ist, heißt **Normalenvektor der Ebene**.
$\vec{n} \cdot \vec{u} = 0$ und $\vec{n} \cdot \vec{v} = 0$

Winkel zwischen Geraden

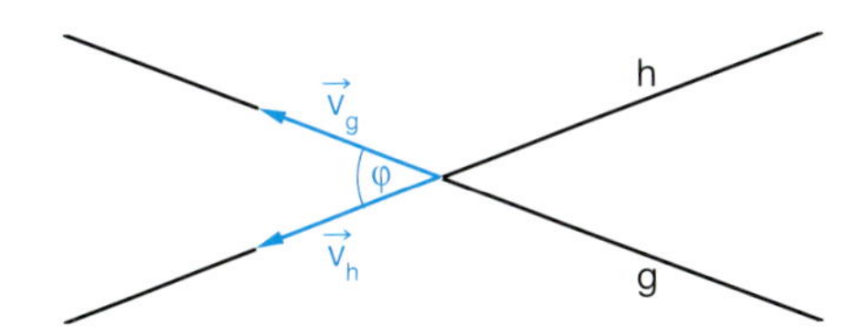

Der Winkel zwischen zwei Geraden ist der Winkel zwischen den Richtungsvektoren.

Winkel zwischen Ebenen

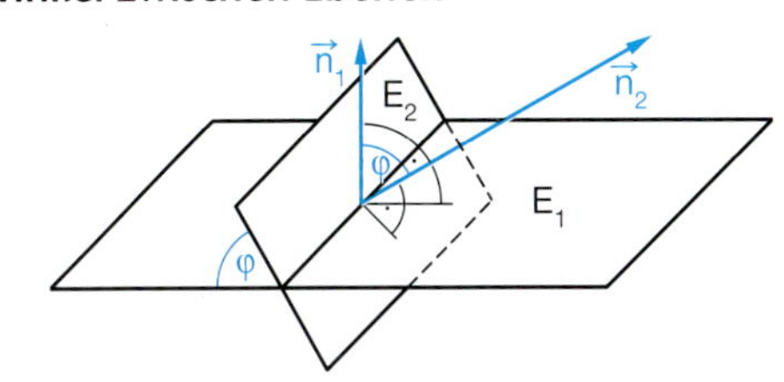

Der Winkel zwischen zwei Ebenen ist der Winkel zwischen den Normalenvektoren.

Winkel zwischen Gerade und Ebene

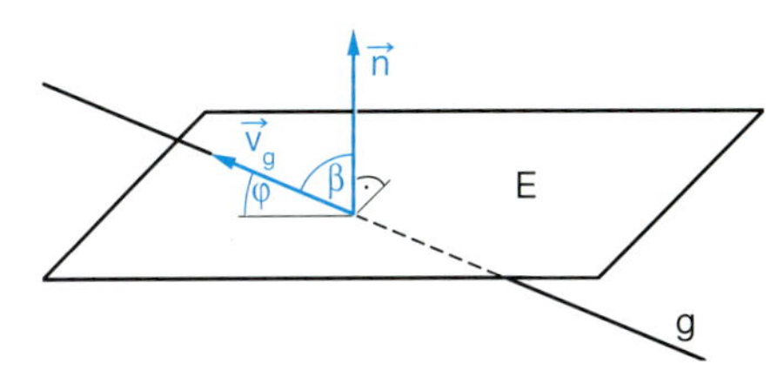

Der Winkel zwischen einer Ebene und einer Geraden ist der Ergänzungswinkel zum Winkel zwischen dem Normalenvektor der Ebene und dem Richtungsvektor der Geraden.

Normalenform einer Ebenengleichung

E : $\vec{n} \cdot (\vec{x} - \vec{q}) = 0$, falls $\vec{n}$ ein Normalenvektor und Q ein Punkt von E ist.

CHECK UP

Skalarprodukt und Messen

Abstand Punkt – Punkt

$d(P, Q) = \sqrt{(q_1 - p_1)^2 + (q_2 - p_2)^2 + (q_3 - p_3)^2}$

Abstand Punkt – Gerade

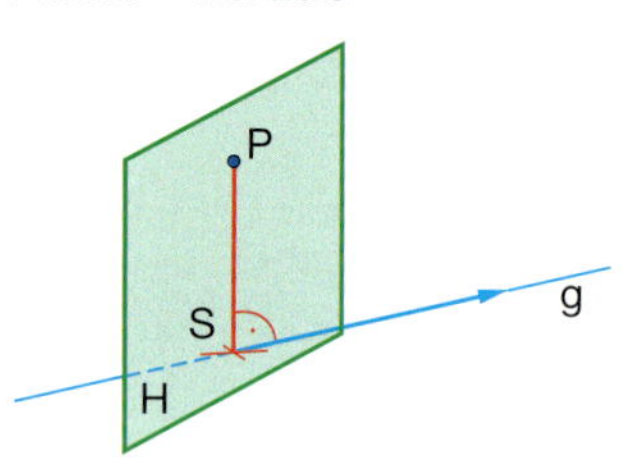

Vorgehen
(1) Hilfsebene H bestimmen, die senkrecht zu g ist und P enthält
(2) Schnittpunkt S von g und H bestimmen
(3) Abstand der Punkte P und S bestimmen

Spezialfall:
Abstand paralleler Geraden
P ist beliebiger Punkt einer der Geraden. Der Abstand von P zur anderen Geraden ist der gesuchte Abstand.

Abstand Punkt – Ebene

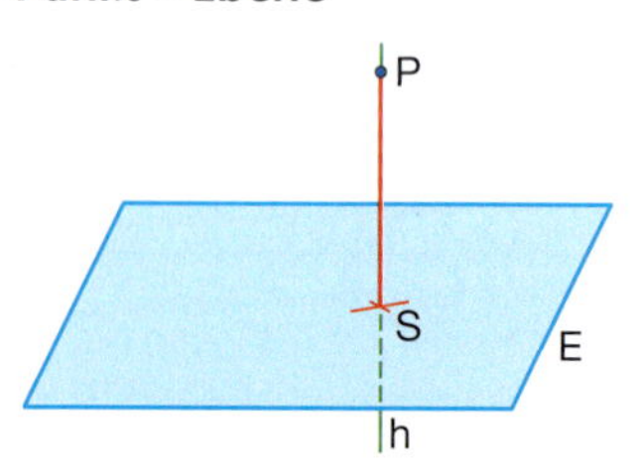

Vorgehen
(1) Hilfsgerade h bestimmen, die senkrecht zu E ist und P enthält
(2) Schnittpunkt S von h und E bestimmen
(3) Abstand der Punkte P und S bestimmen

Spezialfall:
Abstand paralleler Ebenen
P ist beliebiger Punkt einer der Ebenen. Der Abstand von P zur anderen Ebene ist der gesuchte Abstand.

Hesse'sche Normalenform

$E: \vec{n}_0 \cdot (\vec{x} - \vec{q}) = 0$ mit $\vec{n}_0 = \frac{1}{|\vec{n}|} \cdot \vec{n}$

Zur Berechnung des Abstands eines Punktes P zur Ebene E den Vektor $\vec{p}$ einsetzen:
$d(P, E) = |\vec{n}_0 \cdot (\vec{p} - \vec{q})|$

13 *Satteldach*
Bestimmen Sie rechnerisch den Abstand des Dachfirstes zur Bodenfläche. Vergleichen Sie mit den Angaben in der Zeichnung.

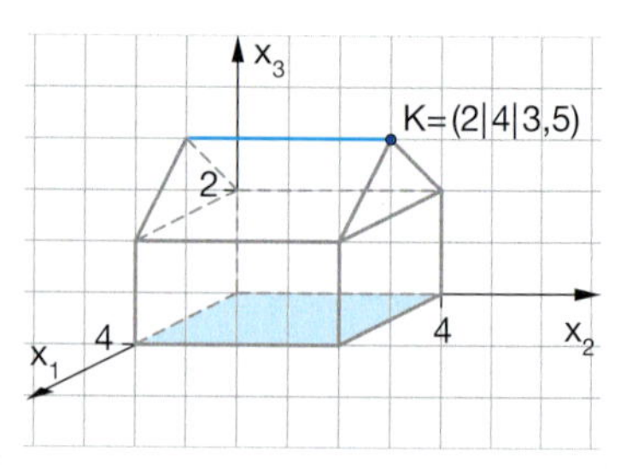

14 *Abstände vom Ursprung*
Bestimmen Sie den Abstand des Punktes A, der Geraden g und der Ebene W vom Ursprung.

$A = (2|2|1)$ $B = (2|4|1)$
$C = (0|4|1)$ $D = (0|2|1)$
$E = (2|2|3)$ $F = (2|4|3)$
$G = (0|4|3)$ $H = (0|2|3)$

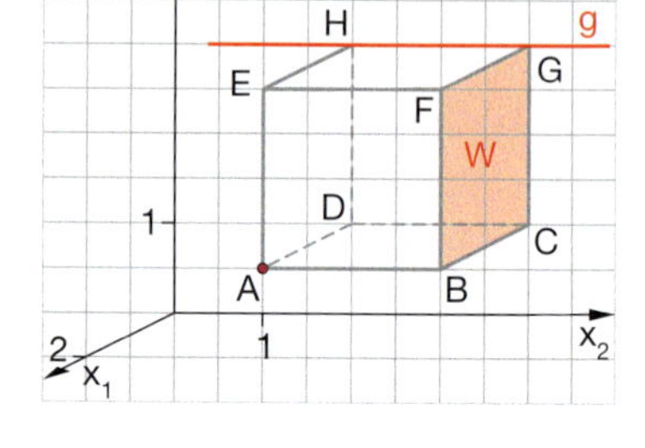

15 *Abstände im Spat*

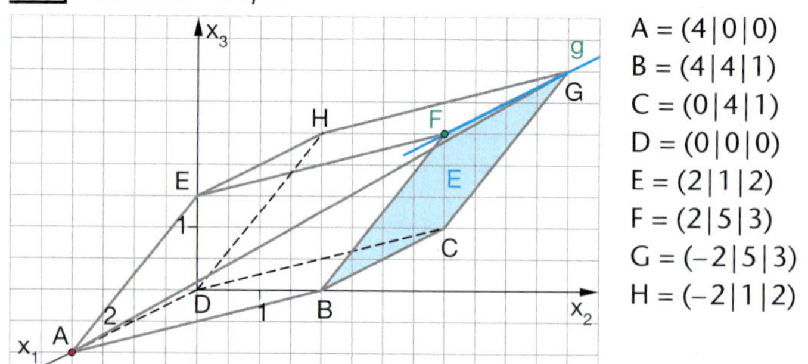

$A = (4|0|0)$
$B = (4|4|1)$
$C = (0|4|1)$
$D = (0|0|0)$
$E = (2|1|2)$
$F = (2|5|3)$
$G = (-2|5|3)$
$H = (-2|1|2)$

Berechnen Sie im Spat den Abstand des Eckpunktes A
- zum Punkt F,
- zur Geraden g durch F und G,
- zur Ebene E durch B, C, F und G.

16 *Abstand Punkt – Koordinatenebenen*
Welchen Abstand hat der Punkt $P = (4|3|-2)$ von den Koordinatenebenen (x_1x_2-Ebene, x_1x_3-Ebene und x_2x_3-Ebene)? Überprüfen Sie Ihre Angaben rechnerisch.

17 *Wo steckt der Fehler?*
Gesucht ist der Abstand zwischen der Ebene E mit den Achsenschnittpunkten $(1|0|0)$, $(0|1|0)$ und $(0|0|1)$ und dem Ursprung. E hat die Koordinatenform $x_1 + x_2 + x_3 = 1$ und den

Normalenvektor $\vec{n} = \begin{pmatrix}1\\1\\1\end{pmatrix}$.

Mit der Hesse'schen Normalenform ergibt sich

$$d(O,E) = \left|\begin{pmatrix}1\\1\\1\end{pmatrix} \cdot \left(\begin{pmatrix}0\\0\\0\end{pmatrix} - \begin{pmatrix}1\\0\\0\end{pmatrix}\right)\right| = 1.$$

Begründen Sie, weshalb der Abstand kleiner sein muss als 1 und suchen Sie den Fehler.

Sichern und Vernetzen – Vermischte Aufgaben

Training

1 *Skalarprodukt berechnen*

Welches Skalarprodukt hat den kleinsten Wert?

$\begin{pmatrix}1\\-3\\-4\end{pmatrix}\cdot\begin{pmatrix}1\\2\\-3\end{pmatrix}$ $\quad\begin{pmatrix}-3\\-2\\5\end{pmatrix}\cdot\begin{pmatrix}1\\3\\0\end{pmatrix}$ $\quad\begin{pmatrix}-2\\0\\3\end{pmatrix}\cdot\begin{pmatrix}2\\-5\\3\end{pmatrix}$ $\quad\begin{pmatrix}-1\\4\\0{,}5\end{pmatrix}\cdot\begin{pmatrix}3\\1\\-6\end{pmatrix}$ $\quad\begin{pmatrix}4\\1\\-3\end{pmatrix}\cdot\begin{pmatrix}1\\-1\\-1\end{pmatrix}$

2 *Senkrechte Vektoren*

a) Zeigen Sie rechnerisch, dass die blauen Kanten im Würfel senkrecht zueinander stehen.

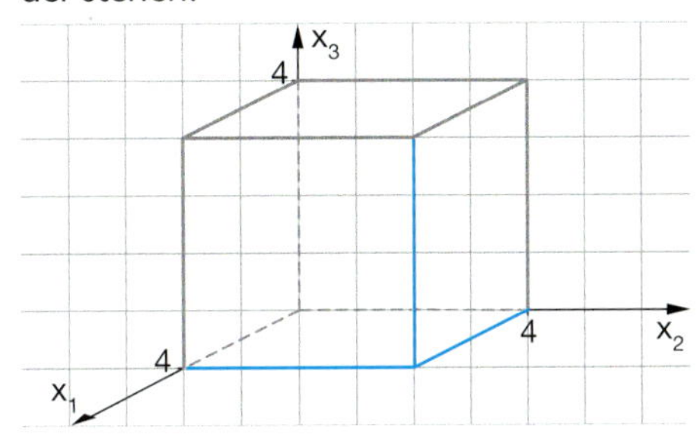

b) Zeigen Sie rechnerisch, dass die Raumdiagonale die Ebene, in der die Fläche BCEH liegt, nicht senkrecht schneidet.

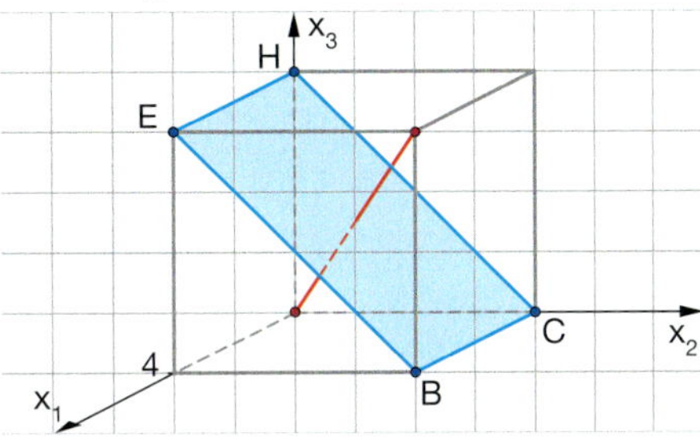

3 *Winkel zwischen Geraden*

a) Bestimmen Sie die Winkelgrößen in einer Seitenfläche.

b) Wie groß ist der Winkel zwischen einer Seitenfläche und der Grundfläche?

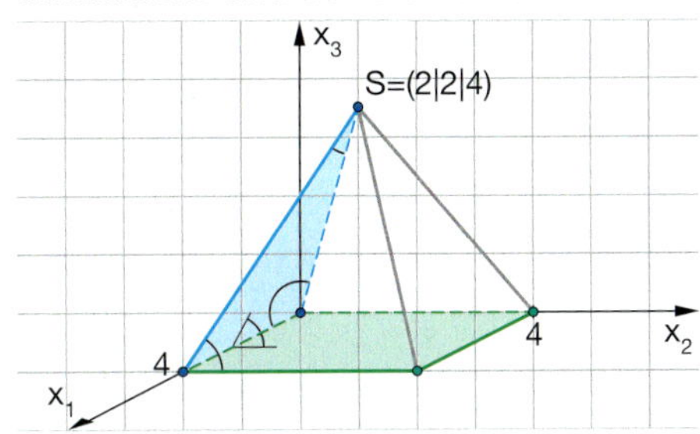

4 *Doppelwürfel*

a) Ist das Dreieck ECL rechtwinklig?

b) Finden Sie noch weitere rechtwinklige Dreiecke mit Ecken auf dem Doppelwürfel, die nicht auf der Oberfläche liegen.

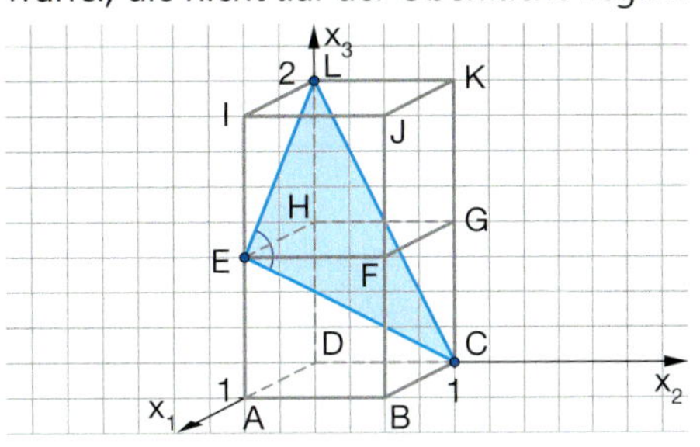

5 *Winkel zwischen Ebenen*

Zeigen Sie, dass der Winkel zwischen der Ebene E mit der Gleichung $x_1 - x_2 + \sqrt{\frac{2}{3}}\,x_3 = 1$ und der x_1x_2-Ebene 60° beträgt.

6 *Abstand Punkt – Ebene*

Bestimmen Sie den Abstand des Punktes F = (4 | 4 | 4) von der Ebene E, in der die Sechseckfläche liegt.

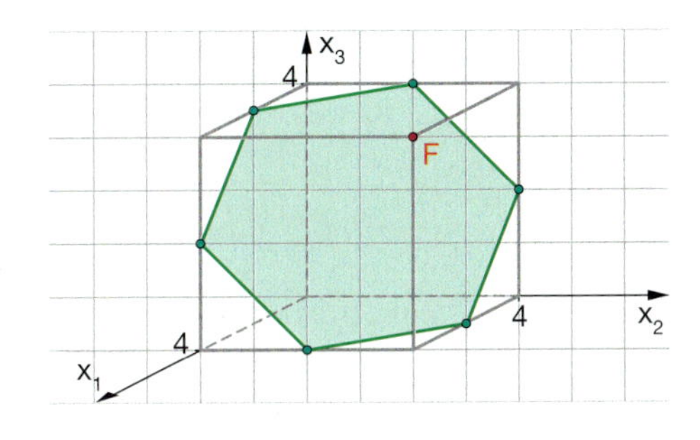

7 *Abstand Punkt – Gerade*

Wie weit ist der Punkt N = (4 | 4 | 2) von der Geraden $g: \vec{x} = \begin{pmatrix}4\\0\\4\end{pmatrix} + t\begin{pmatrix}-4\\0\\0\end{pmatrix}$ entfernt?

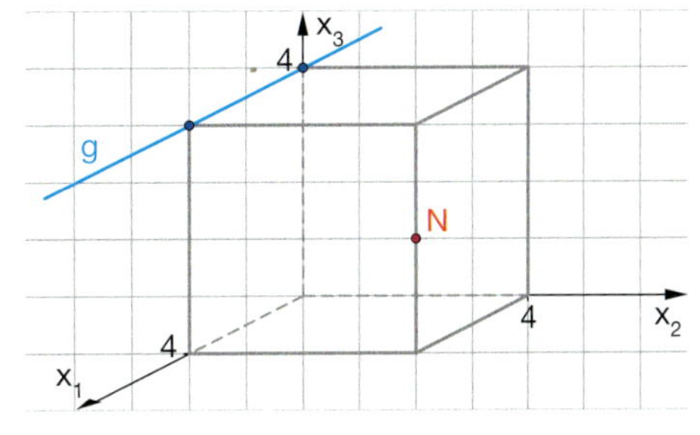

Verstehen von Begriffen und Verfahren

8 *Vektor, Zahl oder sinnlos?*

Jeweils zwei der folgenden Ausdrücke beschreiben einen Vektor, eine Zahl oder sind sinnlos. Entscheiden Sie.

(1) $\vec{a} \cdot \vec{b} + s$ (2) $\vec{a} \cdot \vec{b} + \vec{c}$
(3) $(\vec{a} + \vec{b}) \cdot \vec{c}$ (4) $s \cdot (\vec{a} + \vec{b})$
(5) $s \cdot (r \cdot \vec{a})$ (6) $s - r \cdot \vec{a}$

9 *Geraden*

Geben Sie zu E: $\vec{x} = \begin{pmatrix} 1 \\ 2 \\ -1 \end{pmatrix} + r\begin{pmatrix} 2 \\ 1 \\ 1 \end{pmatrix} + s\begin{pmatrix} 3 \\ -1 \\ 1 \end{pmatrix}$ Gleichungen von Geraden g_1 und g_2 an, für die gilt:

- g_1 ist parallel zu E.
- g_2 ist senkrecht zu E.

10 *Topfbilder*

Ordnen Sie die „Topfbilder" den „Multiplikationen" zu.

a)

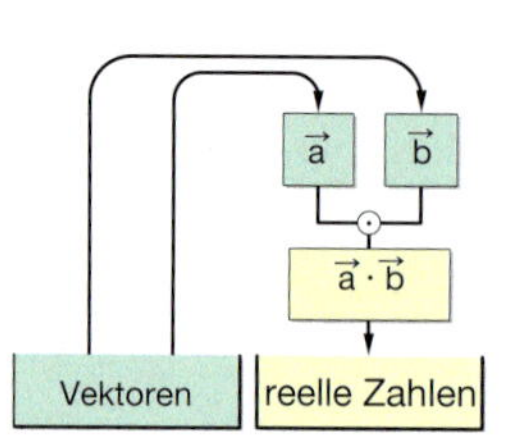

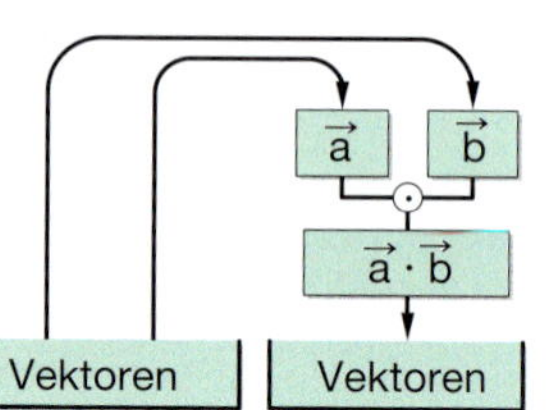

c)

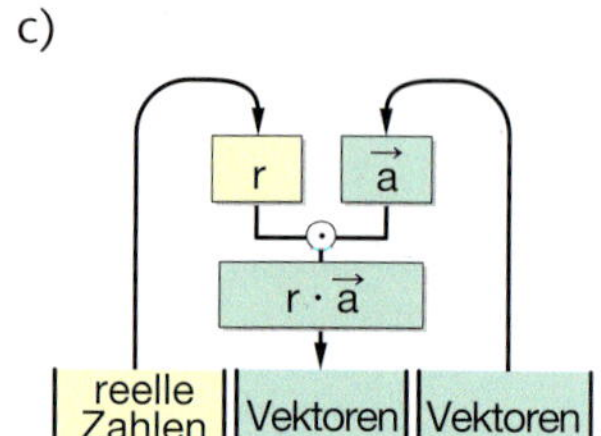

11 *Ebene in Normalenform*

Welche geometrische Bedeutung haben die Vektoren $\vec{n}$ und $\vec{x} - \vec{q}$ in der Ebenengleichung E: $\vec{n} \cdot (\vec{x} - \vec{q}) = 0$?

12 *Ebenen in unterschiedlichen Formen*

Zu den Ebenen E_1: $2x_1 + 4x_2 + x_3 = 8$ und E_2: $-x_1 + 2x_2 - x_3 = 0$ sind auch die Gleichungen in Normalenform und Parameterform angegeben.

I) $\vec{x} = \begin{pmatrix} 1 \\ 2 \\ 3 \end{pmatrix} + r\begin{pmatrix} 5 \\ 6 \\ 7 \end{pmatrix} + s\begin{pmatrix} 9 \\ 9 \\ 9 \end{pmatrix}$

II) $\vec{x} = \begin{pmatrix} 0 \\ 0 \\ 8 \end{pmatrix} + r\begin{pmatrix} -1 \\ 0 \\ 2 \end{pmatrix} + s\begin{pmatrix} 0 \\ 1 \\ -4 \end{pmatrix}$

III) $\begin{pmatrix} -1 \\ 2 \\ -1 \end{pmatrix} \cdot \left(\vec{x} - \begin{pmatrix} -1 \\ 2 \\ -1 \end{pmatrix}\right) = 0$

IV) $\begin{pmatrix} 2 \\ 4 \\ 1 \end{pmatrix} \cdot \left(\vec{x} - \begin{pmatrix} 0 \\ 0 \\ 8 \end{pmatrix}\right) = 0$

a) Ordnen Sie den beiden Ebenen die passenden Gleichungen zu.
b) Welche Gleichungsform würden Sie für die Beantwortung folgender Fragen wählen? Begründen Sie Ihre Wahl.

- Liegt der Punkt P = (0|2|3) auf der Ebene E_1?
- Wie liegen die Ebenen E_1 und E_2 zueinander?
- Welchen Abstand hat der Punkt Q = (4|9|6) von E_1?

13 *Abstand Punkt – Gerade*

a) Beschreiben Sie ein Verfahren, mit dem man den Abstand eines Punktes P von einer Geraden g: $\vec{x} = \vec{a} + t\vec{v}$ im Raum bestimmen kann.
b) Wenden Sie das Verfahren auf das Beispiel P = (2|3|4) und g: $\vec{x} = \begin{pmatrix} 2 \\ 0 \\ 10 \end{pmatrix} + t\begin{pmatrix} 1 \\ 2 \\ -2 \end{pmatrix}$ an.

14 *Wahr oder falsch?*

Es sind zwei Ebenen und eine Gerade im Raum gegeben.

E: $\vec{x} = \vec{a} + r\vec{u} + s\vec{v}$ F: $\vec{n} \cdot (\vec{x} - \vec{q}) = 0$ g: $\vec{x} = \vec{b} + t\vec{w}$

Welche der Aussagen sind wahr? Begründen Sie Ihre Entscheidung.

(A) $(\vec{x} - \vec{q}) \cdot \vec{w} = 0 \Rightarrow g \perp F$ (B) $g \perp E \Rightarrow \vec{w} \cdot \vec{u} = 0$ und $\vec{w} \cdot \vec{v} = 0$ (C) $\vec{w} \perp \vec{n} \Rightarrow g$ liegt in F

15 *Skalarprodukt – wahr oder falsch?*

Welche Aussagen sind wahr? Begründen Sie Ihre Antwort.

a) $|\vec{a} \cdot \vec{b}| = |\vec{a}| \cdot |\vec{b}|$
b) $\vec{a} \cdot \vec{b} = 0 \Rightarrow \vec{a} = \vec{0}$ oder $\vec{b} = \vec{0}$
c) $\vec{a} = \vec{0}$ oder $\vec{b} = \vec{0} \Rightarrow \vec{a} \cdot \vec{b} = 0$
d) $r \cdot \vec{b} = \vec{0} \Rightarrow r = 0$ oder $\vec{b} = \vec{0}$

16 *Spiegelpunkte*

Anwenden und Modellieren

a) Spiegeln Sie die Spitze der Pyramide $S = (0|4|4)$ an der Grundebene

$$E: \vec{x} = \begin{pmatrix} 4 \\ 0 \\ 4 \end{pmatrix} + r \begin{pmatrix} -1 \\ 0 \\ 0 \end{pmatrix} + s \begin{pmatrix} 0 \\ 1 \\ -1 \end{pmatrix}.$$

Beschreiben Sie Ihr Vorgehen.

b) Wie kann der Spiegelpunkt an einer Geraden bestimmt werden?

Spiegeln Sie den Punkt $S = (0|4|4)$ an der Geraden

$$g: \vec{x} = \begin{pmatrix} 4 \\ 0 \\ 4 \end{pmatrix} + t \begin{pmatrix} 0 \\ 4 \\ -4 \end{pmatrix}.$$

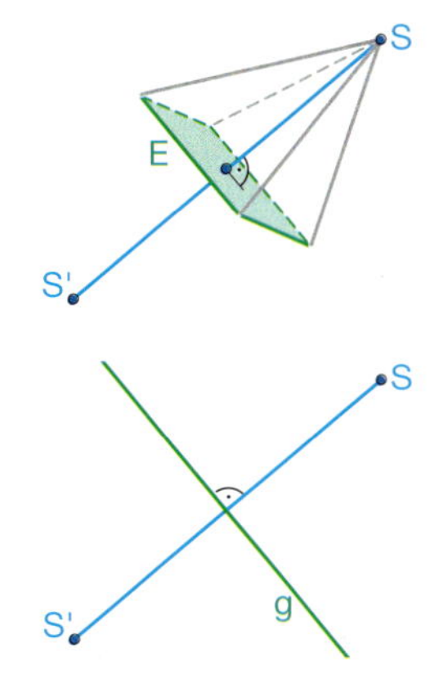

17 *Rund um das Oktaeder*

Gruppenarbeit

1 Geben Sie die Koordinaten des Oktaeders im Würfel mit der Kantenlänge 4 an.	8 Welche weiteren Winkel sind am Oktaeder zu entdecken? Wie gelingt der Nachweis?	7 Welcher Winkel γ wird hier bestimmt? $\cos(\gamma) = \frac{(-2)\cdot(-2) + (-2)\cdot 2 + 0 \cdot 0}{\sqrt{8}\cdot\sqrt{8}}$
2 Zeigen Sie, dass die Seitenflächen gleichseitige Dreiecke sind. 3 In welchem Winkel schneidet die Kante BC die Seitenfläche ABS_1?	x_3, 4, S_1, D, A, C, B, x_1, 4, S_2, 4, x_2	6 Wie müssen r und s eingeschränkt werden, damit die Ebene E $E: \vec{x} = \begin{pmatrix} 4 \\ 2 \\ 2 \end{pmatrix} + r \begin{pmatrix} -2 \\ 2 \\ 0 \end{pmatrix} + s \begin{pmatrix} -2 \\ 0 \\ 2 \end{pmatrix}$ eine Seitenfläche des Oktaeders beschreibt?
4 Unter welchen Blickwinkeln sieht man von B aus die Kanten CD und DS_2?	5 $E: \vec{x} = \begin{pmatrix} 4 \\ 2 \\ 2 \end{pmatrix} + r \begin{pmatrix} -2 \\ 2 \\ 0 \end{pmatrix} + s \begin{pmatrix} -2 \\ 0 \\ 2 \end{pmatrix}$	Deuten Sie die Gleichung geometrisch und stellen Sie den Zusammenhang zum Oktaeder her.

18 *Sicherheitsabstand von Flugzeugen*

Ein Sportflugzeug A und ein Transportflugzeug B befinden sich jeweils auf geradlinigem Flug. Im Koordinatensystem (Angaben in 1 km) des Flughafens werden die Positionen zum Zeitpunkt 0 und dann 6 Minuten später festgehalten.

	Ort zum Zeitpunkt 0	Ort zum Zeitpunkt 6 Minuten
Sportflugzeug A	$(0\|4\|2)$	$(20\|-6\|2)$
Transportflugzeug B	$(3\|0\|3)$	$(3\|50\|-7)$

a) Bestimmen Sie jeweils die Richtung und den Betrag der Geschwindigkeit (in km/h) der Flugzeuge.

b) Zeigen Sie, dass man die Positionen der beiden Flugzeuge zum Zeitpunkt t (t in Stunden) durch die folgenden Gleichungen beschreiben kann:

$$\vec{a}(t) = \begin{pmatrix} 0 \\ 4 \\ 2 \end{pmatrix} + t \begin{pmatrix} 200 \\ -100 \\ 0 \end{pmatrix} \quad \text{und} \quad \vec{b}(t) = \begin{pmatrix} 3 \\ 0 \\ 3 \end{pmatrix} + t \begin{pmatrix} 0 \\ 500 \\ -100 \end{pmatrix}$$

c) Wann und wo kommen sich die beiden Flugzeuge am nächsten? Wird ein Sicherheitsabstand von 1,5 km eingehalten?

d) Zeigen Sie, dass der Abstand der Flugrouten ungefähr 0,49 km beträgt. Begründen Sie, warum dieser kleiner als die minimale Entfernung der Flugzeuge ist.

19 *Punktmengen*

Kommunizieren und Präsentieren

Im 3-dimensionalen Raum werden drei Punktmengen durch Gleichungen beschrieben.

$E_1: \vec{x} = \begin{pmatrix} 3 \\ 1 \\ 0 \end{pmatrix} + r \begin{pmatrix} 1 \\ 1 \\ 0 \end{pmatrix} + s \begin{pmatrix} 1 \\ 0 \\ 1 \end{pmatrix}$ $\quad E_2: \begin{pmatrix} -1 \\ 1 \\ 1 \end{pmatrix} \cdot \left[\vec{x} - \begin{pmatrix} 1 \\ 1 \\ 1 \end{pmatrix} \right] = 0$ $\quad E_3: -x_1 + x_2 + x_3 = 1$

a) Erläutern und begründen Sie, dass es sich jeweils um eine Ebene im Raum handelt.
b) Zeigen Sie, dass $E_2 = E_3$ und E_1 parallel zu E_2 ist.

20 *Ebenen darstellen*

Veranschaulichen Sie zum Beispiel mithilfe des abgebildeten Materials die Darstellung einer Ebene:
a) in Parameterform
b) in Normalenform
Erläutern Sie die jeweilige Darstellung an Ihrem Modell.

21 *Ebenen in unterschiedlichen Formen*

Für verschiedene Aufgaben sind unterschiedliche Darstellungsformen für Ebenen unterschiedlich gut geeignet.
In der Tabelle sind drei Gleichungsformen für eine Ebene und vier Aufgabenstellungen angegeben.

	Punktprobe	Schnitt Gerade – Ebene	Schnitt Ebene – Ebene	Abstandsbestimmung von Ebenen
Parameterform	■	■	■	■
Koordinatenform	■	■	■	■
Hesse'sche NF	■	■	■	■

a) Geben Sie jeweils an, wie weit die Gleichungsform zur Lösung der Aufgabe geeignet ist:
++ sehr gut + gut o neutral – weniger – – schlecht
b) Ergänzen Sie die Tabelle um weitere Aufgaben.

22 *Schnittmenge von drei Ebenen*

a) Geben Sie eine geeignete Strategie an, wie Sie die Schnittmenge von drei Ebenen bestimmen können, wenn alle drei Ebenen
- in Parameterform
- in Koordinatenform gegeben sind.

b) Welche unterschiedlichen Lagen von Ebenen können betrachtet werden? Ordnen Sie diese den angegebenen Bildern zu. Ergänzen Sie weitere Bilder.
c) Wie zeigen sich in der Strategie die speziellen Fälle (Schnittmenge: leer, ein Punkt, eine Gerade, eine Ebene)? Geben Sie eine Anleitung. Erläutern Sie jeweils an einem passenden Beispiel.

4 Matrizen

Matrizen sind Tabellen mit denen man rechnen kann. Diese tauchen bereits beim Lösen von linearen Gleichungssystemen auf. Matrizen haben ein sehr breites Anwendungsfeld. Mit ihrer Hilfe kann man wirtschaftliche Zusammenhänge oder Käuferverhalten über längere Zeitperioden modellieren oder auch geometrische Abbildungen beschreiben.

4.1 Von Tabellen zu Matrizen – Matrizen in Anwendungen

Große Datenmengen können übersichtlich in Matrizen dargestellt und bearbeitet werden.
Die Bedeutung der Einträge in einer Matrix ist von der jeweiligen Situation abhängig. So spricht man z. B. von Bestellmatrizen oder Verflechtungsmatrizen.
Bei der Modellierung von Situationen stellen Übungsgraphen oder die dazugehörigen Matrizen eine geeignete Hilfe dar.

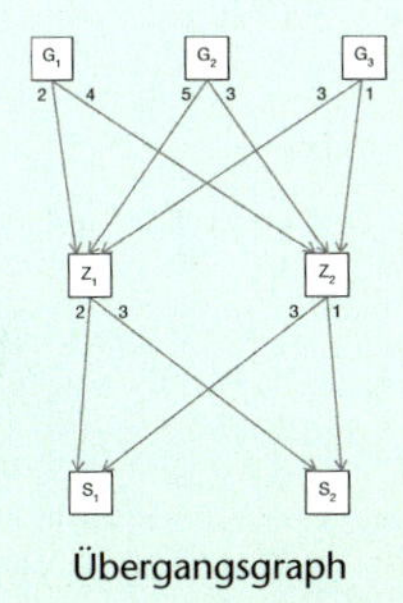

Übergangsgraph

4.2 Übergangsprozesse

Langfristige Entwicklungen, bei denen die Übergänge über längere Zeit nach dem gleichen Muster verlaufen, lassen sich mithilfe von Übergangsmatrizen übersichtlich darstellen und bearbeiten.
Dabei spielen sogenannte stochastische Matrizen eine wesentliche Rolle. Darüber hinaus können auch Populationsentwicklungen mit Übergangsmatrizen modelliert werden, z.B. eine Population aus Käfern, ihren Eiern und deren Larven.

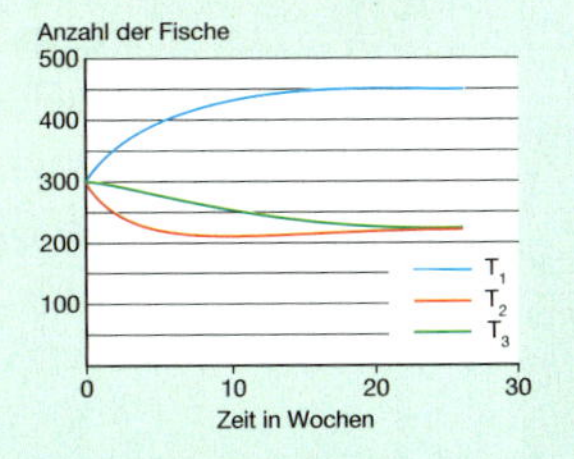

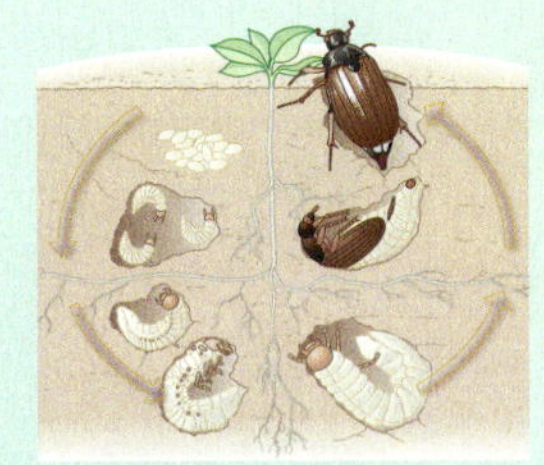

Maikäferentwicklung

4.3 Geometrische Abbildungen

Geometrische Abbildungen in der Ebene und im Raum lassen sich durch Abbildungsmatrizen beschreiben.
Dies ermöglicht es, mithilfe des Computers Bildfiguren zu berechnen und damit auch bewegte Bilder zu erzeugen.

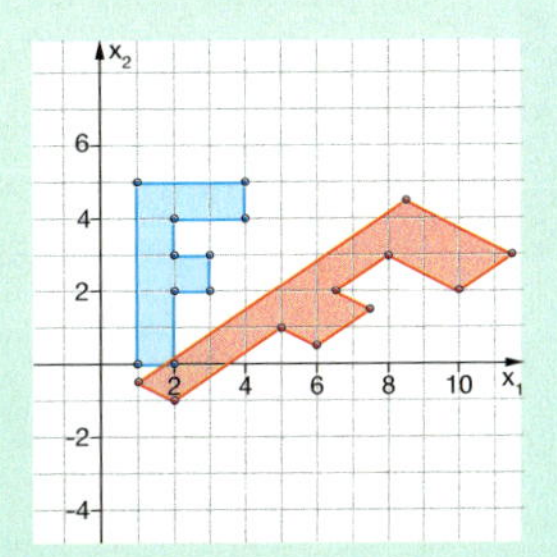

4.1 Von Tabellen zu Matrizen – Matrizen in Anwendungen

Was Sie erwartet

Rang	Trikot	Verein	Sp	S	U	N	T	TD	P
1 (1)		Bayern München	31	18	9	4	65:28	+37	63
2 (2)		FC Schalke 04	31	18	7	6	52:29	+23	61
3 (5)		Werder Bremen (P)	31	15	9	7	67:39	+28	54
4 (3)		Bayern 04 Leverkusen	31	14	12	5	60:36	+24	54
5 (4)		Borussia Dortmund	31	15	8	8	49:36	+13	53
6 (7)		VFB Stuttgart	31	14	8	9	46:38	+8	50
7 (6)		Hamburger SV	31	12	12	7	50:35	+15	48
8 (8)		VfL Wolfsburg (M)	31	13	7	11	60:55	+5	46
9 (9)		Eintracht Frankfurt	31	12	9	10	42:46	-4	45

Tabellen und Listen tauchen in den verschiedensten Zusammenhängen auf. Die Tabelleneinträge sind häufig Zahlen. Bei Veränderungen in diesen Tabellen müssen solche Zahlen oft, manchmal sehr aufwendig, verrechnet werden. Aus dieser Problematik heraus hat sich in der Mathematik das weite Feld der Matrizenrechnung entwickelt. Matrizen sind Tabellen, mit denen man rechnen kann. Sie haben sie bereits beim Lösen linearer Gleichungssysteme kennen gelernt.

Matrizen werden mittlerweile als wichtiges Hilfsmittel in vielen Bereichen genutzt, z.B. zur Planung der Lagerhaltung in Betrieben, zur Prognose von Wachstumsprozessen, zur Analyse von Käuferverhalten und in vielen anderen Zusammenhängen. Einen Meilenstein auf dem Gebiet der praktischen Anwendung von Matrizen schuf Wassily Leontief mit seiner Entwicklung der Input-Output-Methode zur Analyse wirtschaftlicher Zusammenhänge. Dafür erhielt er 1973 den Nobelpreis für Wirtschaftswissenschaften (vgl. S. 164).

Aufgaben

1 *Gemüseeinkauf*

Ein Gemüsehändler betreibt in einer Stadt drei Filialen (F_1, F_2, F_3). Diese werden montags, mittwochs und freitags neu beliefert. Tomaten (T), Zucchini (Z), Möhren (M) und Bohnen (B) bezieht der Händler von einem ortsansässigen Bauern. Die Bestellungen einer Woche (in kg) hat der Händler übersichtlich in *Bestellmatrizen* notiert:

montags:

$$\begin{matrix} T & Z & M & B \end{matrix}$$
$$\begin{pmatrix} 25 & 6 & 10 & 5 \\ 15 & 4 & 5 & 4 \\ 20 & 7 & 10 & 8 \end{pmatrix} \begin{matrix} F_1 \\ F_2 \\ F_3 \end{matrix}$$

mittwochs:

$$\begin{matrix} T & Z & M & B \end{matrix}$$
$$\begin{pmatrix} 15 & 5 & 5 & 8 \\ 10 & 4 & 5 & 6 \\ 20 & 5 & 5 & 10 \end{pmatrix} \begin{matrix} F_1 \\ F_2 \\ F_3 \end{matrix}$$

freitags:

$$\begin{matrix} T & Z & M & B \end{matrix}$$
$$\begin{pmatrix} 35 & 8 & 15 & 12 \\ 15 & 6 & 10 & 11 \\ 25 & 10 & 15 & 10 \end{pmatrix} \begin{matrix} F_1 \\ F_2 \\ F_3 \end{matrix}$$

a) Für Montag werden von Filiale 2 15 kg Tomaten, 4 kg Zucchini, 5 kg Möhren und 4 kg Bohnen bestellt. Was bestellt Filiale 3 für Freitag?

b) Der Händler bezahlt den Bauern am Ende der Woche. Dazu stellt er eine Matrix auf, die die Bestellungen der gesamten Woche wiedergibt. Bestimmen Sie diese Matrix. Wie verändert sich die Matrix, wenn in der Folgewoche von allen Produkten in allen Filialen die doppelte Menge bestellt wird?

c) Die Preise des Bauern pro Kilogramm Gemüse in € lassen sich darstellen als

Preisvektor: $$\vec{p} = \begin{pmatrix} 1{,}10 \\ 0{,}60 \\ 0{,}50 \\ 2{,}50 \end{pmatrix} \begin{matrix} T \\ Z \\ M \\ B \end{matrix}$$

Wie hoch ist die Rechnung für jede der Filialen am Montag?

Aufgaben

Vgl. Exkurs zur Lagerhaltung auf Seite 159

2 *Lagerhaltung*

In vielen Unternehmen ist die Lagerung von Materialien eine wichtige Angelegenheit. So muss z. B. in Möbelbaufirmen Material verschiedenster Art (Schrauben, Nägel, Leim, Lack, Holz etc.) je nach gerade anstehender Produktion in ausreichender Menge zur Verfügung stehen. Im Folgenden ist eine sehr vereinfachte Situation dargestellt.

Eine Möbelbaufirma produziert Regalwände. Die Regalwände können aus zwei verschiedenen Modulen (M_1 und M_2) selbst zusammengestellt werden. Für die unterschiedlichen Module werden verschiedene Mengen an Einzelteilen (z. B. Schrauben, Böden, etc.) benötigt. Es werden drei verschiedene Einzelteiltypen (E_1, E_2 und E_3) gebraucht. Der Rohstoffbedarf für die einzelnen Module lässt sich in einem *Verflechtungsgraphen* oder einer *Verflechtungsmatrix* darstellen.

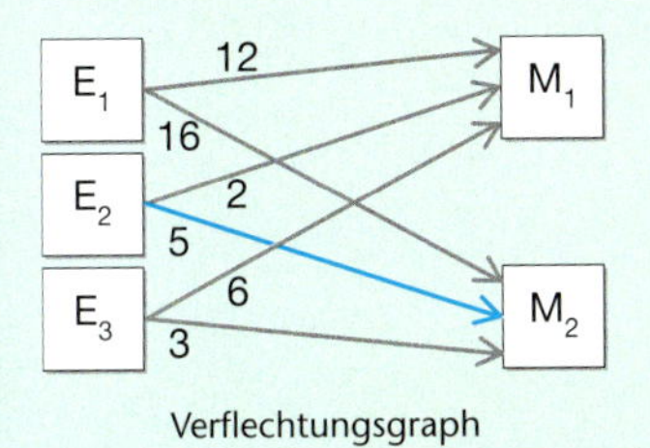

Verflechtungsgraph

Für die Herstellung von Modul M_2 braucht man 5 Einzelteile des Typs E_2.

$$\begin{array}{c} M_1 \; M_2 \\ \begin{pmatrix} 12 & 16 \\ 2 & 5 \\ 6 & 3 \end{pmatrix} \end{array} \begin{array}{c} E_1 \\ E_2 \\ E_3 \end{array}$$

Verflechtungsmatrix

a) Es geht eine Bestellung von 15 Modulen M_1 und 8 Modulen M_2 ein. Ermitteln Sie die Anzahl der Einzelteile, die aus dem Lager geliefert werden müssen.

b) Für ein anderes Regalwandsystem sehen die Module anders aus. Der Bedarf an Einzelteilen für diese Module wird durch den nebenstehenden Graphen beschrieben. Übersetzen Sie den Graphen in eine passende Verflechtungsmatrix.

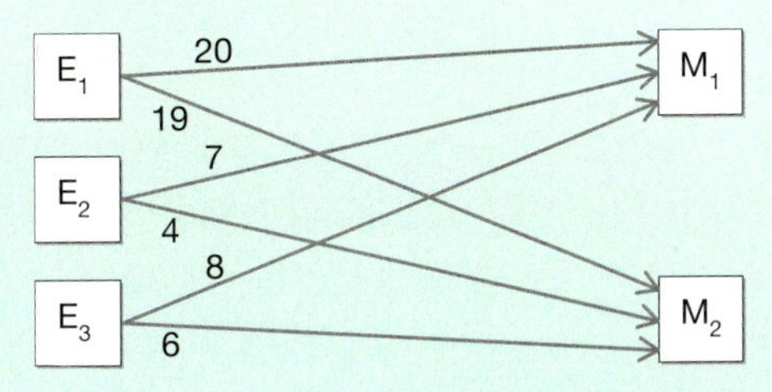

3 *Marktanalyse*

Der Hersteller der Jugendzeitschrift *Crazy* (C) möchte den Absatz seiner Zeitschrift verbessern. Dazu lässt er eine Marktanalyse durchführen. Zurzeit ist nur ein Konkurrenzprodukt auf dem Markt, nämlich die Zeitschrift *Szene* (S). Eine Analyse hat ergeben, dass ein gewisser Teil der Kunden von Woche zu Woche das Produkt wechselt. Der Übergangsgraph stellt die Übergangsquoten für einen Wechsel von einer Zeitschrift zur anderen dar, die durch die Marktanalyse bestimmt wurden. Für die mathematische Modellierung nimmt man an, dass die Gesamtzahl der Käufer von Woche zu Woche unverändert bei 7700 bleibt.

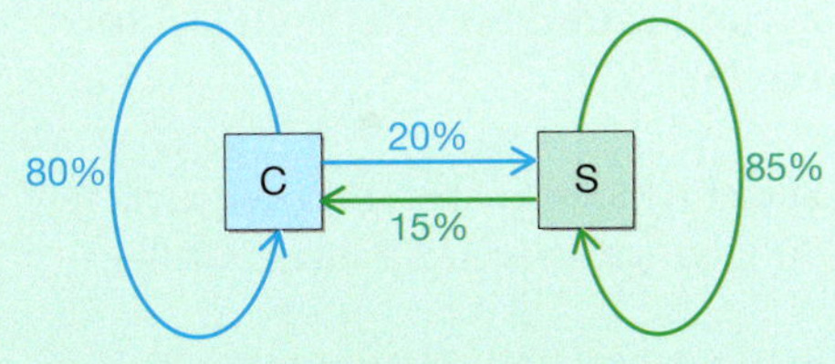

Übergangsgraph

a) Die Übergangsquoten lassen sich auch durch eine *Übergangsmatrix* angeben. Ergänzen Sie die Lücken. Betrachten Sie die einzelnen Spalten. Was fällt auf? Finden Sie dafür eine Erklärung?

b) In einer bestimmten Woche gibt es 3500 Käufer für *Crazy* und 4200 Käufer für *Szene*. Wie sehen die Verkaufszahlen in den nächsten zwei Wochen aus?

c) Wie würden Sie mithilfe der gegebenen Daten die langfristige Prognose für die Zeitschrift *Crazy* ermitteln? Beschreiben Sie ein Verfahren.

von

$$\begin{array}{c} C \quad S \\ \begin{pmatrix} 0{,}8 & \blacksquare \\ 0{,}2 & \blacksquare \end{pmatrix} \end{array} \begin{array}{c} C \\ S \end{array} \text{ nach}$$

Übergangsmatrix

Aufgaben

4 *Schatten an der Wand*

Durch paralleles Licht wird der Schatten eines Kuboktaeders auf einer Ebene erzeugt. Das Kuboktaeder wird auf die Ebene „projiziert“. Wie lässt sich diese Projektion möglichst einfach beschreiben, wenn die Richtung der Lichtstrahlen und die Gleichung der Ebene bekannt sind?

Die Ebene hat die Koordinatengleichung $2x_1 + x_3 = 0$ und die Lichtstrahlen haben die Richtung $\vec{v} = \begin{pmatrix} -2 \\ 2 \\ -1 \end{pmatrix}$. Die Koordinaten der Punkte $A_3 = (4|6|3)$, $A_7 = (3|6|4)$ und $A_8 = (2|5|4)$ sind gegeben.

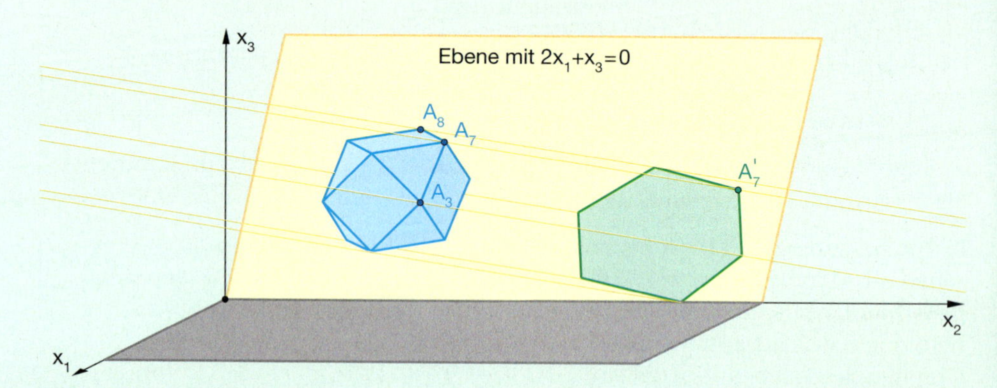

Sie können die Schattenpunkte auf der Wand als Schnittpunkte einer Geraden mit der Ebene berechnen.

$$\begin{pmatrix} 3 \\ 6 \\ 4 \end{pmatrix} + t \begin{pmatrix} -2 \\ 2 \\ -1 \end{pmatrix} = \begin{pmatrix} 3-2t \\ 6+2t \\ 4-t \end{pmatrix}$$

und $2 \cdot (3 - 2t) + (4 - t) = 0 \Rightarrow t = 2$

Damit: $\begin{pmatrix} 3 \\ 6 \\ 4 \end{pmatrix} + 2 \begin{pmatrix} -2 \\ 2 \\ -1 \end{pmatrix} = \begin{pmatrix} -1 \\ 10 \\ 2 \end{pmatrix}$

a) Erklären Sie die nebenstehende Rechnung und interpretieren Sie das Ergebnis.

Berechnen Sie auch die zu den anderen Punkten gehörigen Schattenpunkte.

b) Zeigen Sie, dass sich der Bildpunkt P′ eines beliebigen Punktes $P = (x_1|x_2|x_3)$ mit der folgenden Formel berechnet:

$$P' = \begin{pmatrix} 0{,}2x_1 \quad\quad - 0{,}4x_3 \\ 0{,}8x_1 + x_2 + 0{,}4x_3 \\ -0{,}4x_1 \quad\quad + 0{,}8x_3 \end{pmatrix}$$

Die Koordinaten des Bildpunktes P′ entstehen durch Multiplikation mit Faktoren und Addition aus den Koordinaten des Punktes P.

Dies schreibt man auch als Matrix-Vektor-Multiplikation: $P' = \begin{pmatrix} 0{,}2 & 0 & -0{,}4 \\ 0{,}8 & 1 & 0{,}4 \\ -0{,}4 & 0 & 0{,}8 \end{pmatrix} \cdot \begin{pmatrix} x_1 \\ x_2 \\ x_3 \end{pmatrix}$

Basiswissen

Große Datenmengen können übersichtlich in Tabellen aufgelistet werden. Oft kann man mit diesen Tabellen auch rechnen. Tabellen, mit denen man rechnet, heißen Matrizen. Je nachdem, was die Einträge in einer Matrix bedeuten, spricht man auch von Bestellmatrizen, Übergangsmatrizen, Verflechtungsmatrizen oder Abbildungsmatrizen.

Matrizen in Anwendungen

Ein Bäcker beliefert drei Schulen S_1, S_2 und S_3 mit belegten Brötchen (B) und Laugenbrezeln (L). Die Bestellmengen sind an allen Werktagen gleich.

Bestellmatrix mit 3 Zeilen für die 3 Schulen und 2 Spalten für die 2 Produkte **((3 × 2) – Matrix)**:

$$B_{Tag} = \begin{matrix} S_1 \\ S_2 \\ S_3 \end{matrix} \overset{\begin{matrix} B & L \end{matrix}}{\begin{pmatrix} 250 & 180 \\ 200 & 130 \\ 280 & 200 \end{pmatrix}}$$

Schule 2 bestellt 130 Laugenbrezeln

Oft ist es sinnvoll, Matrizen, passend zur Bedeutung ihrer Einträge, zusätzlich mit Buchstaben zu beschriften, um den Überblick nicht zu verlieren.

Die Schulen bezahlen den Bäcker immer am Ende der Woche. Deshalb ist die Bestellmenge der ganzen Woche wichtig:

S-Multiplikation einer Matrix

$$B_{Woche} = 5 \cdot B_{Tag} = 5 \cdot \begin{pmatrix} 250 & 180 \\ 200 & 130 \\ 280 & 200 \end{pmatrix} = \overset{\begin{matrix} B & L \end{matrix}}{\begin{pmatrix} 1250 & 900 \\ 1000 & 650 \\ 1400 & 1000 \end{pmatrix}} \begin{matrix} S_1 \\ S_2 \\ S_3 \end{matrix}$$

$5 \cdot 180$

In einer bestimmten Woche bestellen anlässlich des Tages der offenen Tür alle Schulen auch an einem Samstag Brötchen und Laugenbrezel. Für diese Woche ergibt sich eine neue Wochenbestellmatrix:

Addition zweier Matrizen

$$B_{neu} = B_{Woche} + B_{Sa} = \begin{pmatrix} 1250 & 900 \\ 1000 & 650 \\ 1400 & 1000 \end{pmatrix} + \begin{pmatrix} 340 & 180 \\ 440 & 280 \\ 340 & 130 \end{pmatrix} = \overset{\begin{matrix} B & L \end{matrix}}{\begin{pmatrix} 1590 & 1080 \\ 1440 & 930 \\ 1740 & 1130 \end{pmatrix}} \begin{matrix} S_1 \\ S_2 \\ S_3 \end{matrix}$$

$1000 + 440$

Die Schulen müssen dem Bäcker 0,70 € pro Brötchen und 0,50 € pro Brezel bezahlen. Das ergibt folgende Rechnungsbeträge am Ende der Woche:

Multiplikation einer Matrix mit einem Vektor

$$\vec{v}_{Beträge} = B_{Woche} \cdot \begin{pmatrix} 0{,}7 \\ 0{,}5 \end{pmatrix} = \begin{pmatrix} 1250 & 900 \\ 1000 & 650 \\ 1400 & 1000 \end{pmatrix} \cdot \begin{pmatrix} 0{,}7 \\ 0{,}5 \end{pmatrix} = \begin{pmatrix} 1325 \\ 1025 \\ 1480 \end{pmatrix} \begin{matrix} S_1 \\ S_2 \\ S_3 \end{matrix}$$

Betrag für Schule 2: $0{,}7 \cdot 1000 + 0{,}5 \cdot 650$

„Zeile mal Vektor"

Beispiele

A *Bedarfsplanung*

Die Matrizen zeigen die Anzahl dreier Handytypen H_1, H_2 und H_3, die in zwei aufeinanderfolgenden Wochen in den Filialen F_1 und F_2 verkauft wurden.

$$\overset{\begin{matrix} F_1 & F_2 \end{matrix}}{\begin{pmatrix} 13 & 17 \\ 8 & 0 \\ 3 & 14 \end{pmatrix}} \begin{matrix} H_1 \\ H_2 \\ H_3 \end{matrix} \qquad \overset{\begin{matrix} F_1 & F_2 \end{matrix}}{\begin{pmatrix} 20 & 11 \\ 5 & 5 \\ 13 & 9 \end{pmatrix}} \begin{matrix} H_1 \\ H_2 \\ H_3 \end{matrix}$$

Berechnen Sie die Gesamtverkaufszahlen der Filialen F_1 und F_2 nach den zwei Wochen.

Lösung:

Addition der Matrizen liefert:

$$\begin{pmatrix} 13 & 17 \\ 8 & 0 \\ 3 & 14 \end{pmatrix} + \begin{pmatrix} 20 & 11 \\ 5 & 5 \\ 13 & 9 \end{pmatrix} = \begin{pmatrix} 13+20 & 17+11 \\ 8+5 & 0+5 \\ 3+13 & 14+9 \end{pmatrix} = \overset{\begin{matrix} F_1 & F_2 \end{matrix}}{\begin{pmatrix} 33 & 28 \\ 13 & 5 \\ 16 & 23 \end{pmatrix}} \begin{matrix} H_1 \\ H_2 \\ H_3 \end{matrix}$$

Die Verkaufszahlen der beiden Filialen kann man jetzt aus den entsprechenden Spalten ablesen. So wurden z. B. in Filiale 1 insgesamt 33 Handys vom Typ H_1 verkauft.

Beispiele

B *Personalentwicklung*

Ein Unternehmen unterhält drei verschiedene Produktionsstätten an den Orten A, B und C. Im Sinne der Aus- und Weiterbildung werden einige Mitarbeiter gelegentlich an einen anderen Standort versetzt. Um langfristig planen zu können, gibt es festgelegte Jahresquoten für den Wechsel der Standorte, die durch Übergangsmatrizen beschrieben werden:

Festlegung: Die Übergänge von A zu den drei Unternehmen in einer Spalte zu schreiben, ist eine Festlegung. Man könnte sie auch in einer Zeile schreiben. Dann würde sich die Art der Multiplikation mit einem Vektor verändern. Deshalb wird in diesem Buch nur die hier dargestellte Schreibweise verwendet.

$$\begin{array}{c} \text{von} \\ \begin{array}{ccc} A & B & C \end{array} \end{array}$$
$$\begin{pmatrix} 0{,}8 & 0{,}05 & 0{,}25 \\ 0{,}1 & 0{,}9 & 0{,}05 \\ 0{,}1 & 0{,}05 & 0{,}7 \end{pmatrix} \begin{array}{l} A \\ B \;\text{nach} \\ C \end{array}$$

Interpretieren Sie die Einträge der markierten Spalte. Ermitteln Sie die Anzahl der Mitarbeiterinnen und Mitarbeiter an den einzelnen Standorten nach einem Jahr, wenn zu Beginn des Jahres 800 Mitarbeiterinnen und Mitarbeiter am Standort A, 500 am Standort B und 600 am Standort C arbeiten.

Lösung:

Die markierten Einträge bedeuten:
Von den Mitarbeiterinnen und Mitarbeitern der Firma C wechseln 25 % nach einem Jahr zum Standort A, 5 % wechseln zum Standort B und 70 % bleiben am Standort C.
Die neuen Mitarbeiteranzahlen erhält man durch Multiplikation der Übergangsmatrix mit dem passenden Startvektor:

$$\begin{pmatrix} 0{,}8 & 0{,}05 & 0{,}25 \\ 0{,}1 & 0{,}9 & 0{,}05 \\ 0{,}1 & 0{,}05 & 0{,}7 \end{pmatrix} \cdot \begin{pmatrix} 800 \\ 500 \\ 600 \end{pmatrix} = \begin{pmatrix} 0{,}8 \cdot 800 + 0{,}05 \cdot 500 + 0{,}25 \cdot 600 \\ 0{,}1 \cdot 800 + 0{,}9 \cdot 500 + 0{,}05 \cdot 600 \\ 0{,}1 \cdot 800 + 0{,}05 \cdot 500 + 0{,}7 \cdot 600 \end{pmatrix} = \begin{pmatrix} 815 \\ 560 \\ 525 \end{pmatrix} \begin{array}{l} A \\ B \\ C \end{array}$$

Nach einem Jahr gibt es also 815 Mitarbeiterinnen und Mitarbeiter am Standort A, 560 am Standort B und 525 am Standort C.

Übungen

5 *Bundesligatabelle*

Die Tabellen zeigen Auszüge aus dem Stand der Fußballbundesliga nach dem 30. und 31. Spieltag der Saison 2009/10.

a) Übersetzen Sie die Tabellen in passende Matrizen und subtrahieren Sie die Matrix des 30. Spieltags von der Matrix des 31. Spieltags. Interpretieren Sie die Ergebnismatrix.

	Spiele	Tore	Gegentore	Differenz	Punkte
FC Bayern München	30	58	28	30	60
FC Schalke 04	30	49	28	21	58
Bayer 04 Leverkusen	30	59	34	25	54
Borussia Dortmund	30	48	35	13	52
Werder Bremen	30	63	37	26	51
Hamburger SV	30	50	34	16	48
VfB Stuttgart	30	44	37	7	47

	Spiele	Tore	Gegentore	Differenz	Punkte
FC Bayern München	31	65	28	37	63
FC Schalke 04	31	52	29	23	61
Bayer 04 Leverkusen	31	60	36	24	54
Borussia Dortmund	31	49	36	13	53
Werder Bremen	31	67	39	28	54
Hamburger SV	31	50	35	15	48
VfB Stuttgart	31	46	38	8	50

b) Vergleichen Sie den Aufbau der Tabellen mit der Struktur der Bundesligatabelle auf Seite 148. Was wurde verändert? Warum ist dies notwendig?

6 *Veränderung von Bestellmatrizen*

Ein Unternehmer betreibt in einer Stadt vier Kioske K_1, K_2, K_3 und K_4. Von einem Verlag bezieht er wöchentlich drei verschiedene Zeitschriften Z_1, Z_2 und Z_3. Die Bestellmatrix B gibt die wöchentliche Bestellung wieder, der Preisvektor $\vec{p}$ die Preise, die der Kioskbetreiber für die einzelnen Zeitschriften bezahlen muss.

a) Berechnen Sie die Beträge, die der Kioskbetrieb wöchentlich für die einzelnen Kioske an den Verlag zahlt.

b) Wie verändern sich jeweils die Bestellmatrix bzw. der Preisvektor, wenn

(1) die Zeitschrift 1 teurer wird?

(2) ein Kiosk Betriebsferien macht?

(3) die Zeitschrift 2 aus dem Programm genommen wird?

(4) ein weiterer Kiosk eröffnet wird?

(5) zwei weitere Zeitschriften von dem Verlag bezogen werden?

Übungen

$$\begin{matrix} & Z_1 & Z_2 & Z_3 & \\ B = & \begin{pmatrix} 120 & 70 & 30 \\ 45 & 30 & 30 \\ 80 & 65 & 40 \\ 100 & 50 & 20 \end{pmatrix} & & & \begin{matrix} K_1 \\ K_2 \\ K_3 \\ K_4 \end{matrix} \end{matrix}$$

$$\vec{p} = \begin{pmatrix} 1{,}80 \\ 2{,}40 \\ 2{,}10 \end{pmatrix} \begin{matrix} Z_1 \\ Z_2 \\ Z_3 \end{matrix}$$

Matrizen mit dem GTR

WERKZEUG

Matrix-Vektor-Operationen lassen sich übersichtlich per Hand ausführen. Bei umfangreicheren Rechnungen lassen sich die Operationen per GTR ausführen.

Eingabe der Matrizen A und B

[A] $\begin{bmatrix} 1 & 1 & 1 \\ 2 & 1 & 2 \\ 3 & 2 & 4 \end{bmatrix}$

[B] $\begin{bmatrix} 2 & 0 & 1 \\ 2 & 1 & 3 \\ 3 & 1 & 2 \end{bmatrix}$

Eingabe eines Vektors $\vec{v}$

[C] $\begin{bmatrix} 1 \\ 1 \\ 0 \end{bmatrix}$

$3 \cdot A$

3*[A] $\begin{bmatrix} 3 & 3 & 3 \\ 6 & 3 & 6 \\ 9 & 6 & 12 \end{bmatrix}$

$A + B$

[A]+[B] $\begin{bmatrix} 3 & 1 & 2 \\ 4 & 2 & 5 \\ 6 & 3 & 6 \end{bmatrix}$

$A \cdot \vec{v}$

[A]*[C] $\begin{bmatrix} 2 \\ 3 \\ 5 \end{bmatrix}$

7 *Tarifklassen einer Haftpflichtversicherung*

Bei einem Versicherungsunternehmen kann man eine Haftpflichtversicherung mit drei Tarifklassen abschließen. Tarifklasse X ist die teuerste, Z die günstigste Tarifklasse. Bei Vertragsabschluss beginnt man mit Tarifklasse X. Bleibt man während eines Jahres schadenfrei, so steigt man in die nächst günstigere Klasse auf, im Schadenfall steigt man in die nächst ungünstigere Klasse ab.

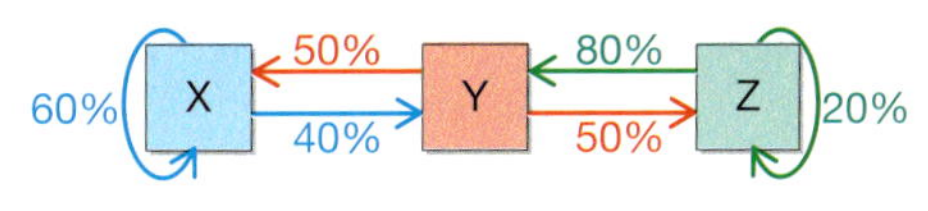

durchschnittliche Wechselquoten im Jahr

a) Stellen Sie eine passende Übergangsmatrix auf. Begründen Sie, dass drei Matrixeinträge den Wert 0 haben.

b) Ermitteln Sie die Kundenverteilung am Jahresende.

Übungen

$$\vec{p}_{\text{Anfang}} = \begin{pmatrix} 31\,400 \\ 15\,700 \\ 11\,000 \end{pmatrix} \begin{matrix} X \\ Y \\ Z \end{matrix}$$

Kundenverteilung zu Jahresbeginn

8 *Käuferverhalten*

Die drei Internetanbieter I_1, I_2 und I_3 sind Marktführer. Sie schließen mit ihren Kunden Jahresverträge ab. Ein Marktforschungsinstitut ermittelt folgende Kundenströme pro Jahr:

25 % der Kunden von I_1 wechseln zu I_2 und 35 % wechseln zu I_3.
40 % der Kunden von I_2 wechseln zu I_1 und 35 % wechseln zu I_3.
40 % der Kunden von I_3 wechseln zu I_1 und 25 % wechseln zu I_2.

a) Zeichnen Sie einen Übergangsgraphen und erstellen Sie die Übergangsmatrix.

b) In einem bestimmten Jahr hat das Unternehmen I_1 1 Million, das Unternehmen I_2 1,5 Millionen und das Unternehmen I_3 2 Millionen Kunden. Berechnen Sie die Verteilung für das nächste Jahr unter der Annahme, dass die Anzahl der Kunden konstant bleibt.

Mathematische Fachsprache

aus einem Lexikon:

Matrix [lat. „Stammutter, Muttertier, Gebärmutter"], (.....)
◆ in der *Mathematik* ein rechteckiges (Zahlen)-Schema der Form

$$A = (a_{ik}) = \begin{pmatrix} a_{11} & a_{12} & \cdots & a_{1n} \\ a_{21} & a_{22} & \cdots & a_{2n} \\ \cdots & \cdots & \cdots & \cdots \\ a_{m1} & a_{m2} & \cdots & a_{mn} \end{pmatrix}$$

Ein mit a_{ik} bezeichnetes Element steht in der *i*-ten Zeile und in der *k*-ten Spalte. Die Anzahl *m* der Zeilen und die Anzahl *n* der Spalten definiert den Typ einer M.; man sagt, sie ist von der *Ordnung* $m \times n$ oder eine $(m \times n)$-Matrix. (.....)

Quelle: Meyers Großes Taschenlexikon, Band 14, Bibliographisches Institut & F.A. Brockhaus AG

Die mathematische Notation (vgl. links) einer Matrix hat den Vorteil, dass man sich bei der Zeilen- und Spaltenanzahl nicht festlegen muss, sondern sie allgemein hält. Benutzt man diese Matrixschreibweise bei der Erstellung von Rechenregeln, so ist sichergestellt, dass die Regeln allgemeingültig für **alle** Matrizen formuliert werden können.

Übungen

Matrizen, bei denen die Zeilenanzahl mit der Spaltenanzahl übereinstimmt, heißen **quadratisch**.

9 *(m × n) – Matrizen analysieren*

$$A = \begin{pmatrix} 1 & 3 \\ 2 & -1 \end{pmatrix} \qquad B = \begin{pmatrix} 1 & 0 & 1 \\ 2 & 1 & -1 \\ -1 & 2 & 2 \end{pmatrix} \qquad C = \begin{pmatrix} 1 & 0 & 2 & 1 & 3 \\ -1 & 3 & 0 & -2 & 1 \\ 2 & 1 & 1 & 3 & 2 \end{pmatrix}$$

a) Bestimmen Sie jeweils den Typ der Matrix. Welche Matrizen sind quadratisch?
b) Geben Sie jeweils den Eintrag a_{23} an. Wo ist das nicht möglich?
c) Geben Sie jeweils das Element unten rechts in der allgemeinen Form an.

10 *(m × n) – Matrizen erstellen*

Erstellen Sie eine $(m \times n)$-Matrix mit den angegebenen Eigenschaften.
a) $m = 3$; $n = 2$; $a_{12} = 2$; $a_{22} = 2$; $a_{32} = 2$; die übrigen Einträge sind 1.
b) $m = 3$; $n = 3$; $a_{ik} = 1$ für $i = k$; $a_{ik} = 0$ für $i \neq k$;
c) $m = 2$; $n = 4$; $a_{ik} = i + k$
d) $m = 2$; $n = 3$; $a_{ik} = i \cdot k$

11 *Summenregel und Skalarmultiplikation*

a) Vervollständigen Sie in Ihrem Heft die Summenregel.

$$\begin{pmatrix} a_{11} & a_{12} & \cdots & a_{1n} \\ a_{21} & a_{22} & \cdots & a_{2n} \\ \cdots & \cdots & \cdots & \cdots \\ a_{m1} & a_{m2} & \cdots & a_{mn} \end{pmatrix} + \begin{pmatrix} b_{11} & b_{12} & \cdots & b_{1n} \\ b_{21} & b_{22} & \cdots & b_{2n} \\ \cdots & \cdots & \cdots & \cdots \\ b_{m1} & b_{m2} & \cdots & b_{mn} \end{pmatrix} = \begin{pmatrix} a_{11} + b_{11} & ■ & \cdots & ■ \\ ■ & ■ & \cdots & ■ \\ \cdots & \cdots & \cdots & \cdots \\ ■ & ■ & \cdots & a_{mn} + b_{mn} \end{pmatrix}$$

b) Formulieren Sie allgemein, wie in Teilaufgabe a), die S-Multiplikation einer Matrix A mit einem Skalar s.

12 *Multiplikation mit einem Vektor*

Eine Matrix $A = (a_{ik})$ wird mit einem Vektor $\vec{v}$ multipliziert.

$$\begin{pmatrix} a_{11} & a_{12} & \cdots & a_{1n} \\ a_{21} & a_{22} & \cdots & a_{2n} \\ \cdots & \cdots & \cdots & \cdots \\ a_{m1} & a_{m2} & \cdots & a_{mn} \end{pmatrix} \cdot \vec{v} = \vec{p}$$

a) Wie viele Komponenten (Einträge) muss der Vektor $\vec{v}$ haben, damit die Multiplikation möglich ist? Wie sieht ein Ergebnisvektor $\vec{p}$ aus?
b) Welche Komponente des Ergebnisvektors wird mit $a_{21} v_1 + a_{22} v_2 + \ldots + a_{2n} v_n$ berechnet? Geben Sie auf gleiche Weise die letzte Komponente des Ergebnisvektors an.

Übungen

13 *Backzutaten*

Frau Oslender verdient sich nebenbei etwas Geld, indem sie auf Vorbestellung Torten backt. Zu ihren Spezialitäten zählen Schwarzwälder-Kirschtorte (K), Schokosahnetorte (S) und Erdbeertorte (E). Damit sie schnell weiß, welche Zutatenmengen sie kaufen muss, hat ihre Tochter ihr ein kleines Rechenprogramm geschrieben, das auf einer passenden Verflechtungsmatrix basiert. Frau Oslender muss jetzt nur noch die bestellten Mengen in einen Bestellvektor eingeben, um zu wissen, wie viel sie einkaufen muss (Eier in Stück, andere Zutaten in Gramm).

a) Welche Mengen an Eiern, Mehl, Zucker und Sahne muss Frau Oslender kaufen, wenn eine Bestellung von 6 K, 8 S und 5 E vorliegt? Rechnen Sie mithilfe einer passenden Verflechtungsmatrix.

b) Die Verflechtungsmatrix von Frau Oslenders Tochter ist vermutlich etwas aufwendiger. Begründen Sie. Erstellen Sie mithilfe eines Kochbuchs für drei Kuchen Ihrer Wahl eine vollständige Verflechtungsmatrix.

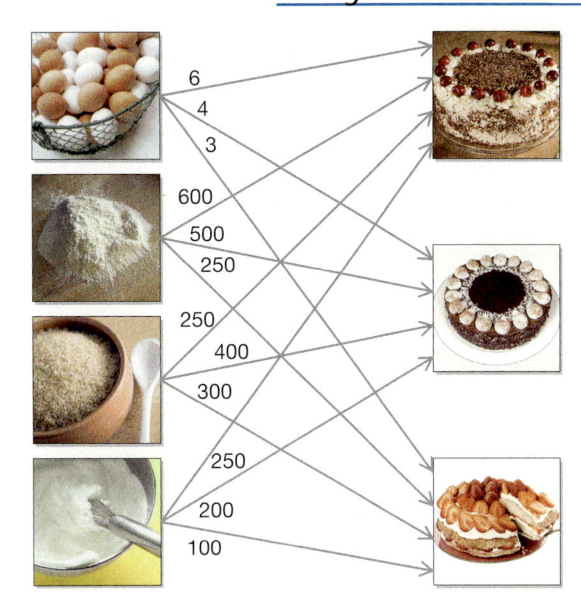

14 *Verknüpfung von Verflechtungsmatrizen*

In einer Schreinerei werden zwei Schranktypen T_1 und T_2 produziert. Die Schränke werden aus verschiedenen Modulen (M_1, M_2, M_3) zusammengestellt. Zur Herstellung der Module werden vier verschiedene Rohstoffe (R_1, R_2, R_3, R_4) benötigt.

$$A = \begin{pmatrix} 12 & 16 & 10 \\ 2 & 5 & 3 \\ 6 & 3 & 0 \\ 4 & 1 & 8 \end{pmatrix} \quad \text{(Spalten } M_1, M_2, M_3\text{; Zeilen } R_1, R_2, R_3, R_4\text{)}$$

$$B = \begin{pmatrix} 3 & 2 \\ 1 & 3 \\ 4 & 6 \end{pmatrix} \quad \text{(Spalten } T_1, T_2\text{; Zeilen } M_1, M_2, M_3\text{)}$$

a) Erläutern Sie die Bedeutung der Matrizen A und B.

b) Für die Produktion ist es hilfreich zu wissen, welche Rohstoffmengen man für die einzelnen Schranktypen benötigt. Dies soll in der Matrix C dargestellt werden. Der erste Eintrag ist bereits angegeben. Ermitteln Sie die restlichen Einträge. Beschreiben Sie ihr Vorgehen.

$$C = \begin{pmatrix} 92 & \blacksquare \\ \blacksquare & \blacksquare \\ \blacksquare & \blacksquare \\ \blacksquare & \blacksquare \end{pmatrix} \quad \text{(Spalten } T_1, T_2\text{; Zeilen } R_1, R_2, R_3, R_4\text{)}$$

c) Der Firma liegt eine Bestellung von sechs Schränken des Typs 1 und acht Schränken des Typs 2 vor. Berechnen Sie die benötigten Rohstoffmengen. Wie können Sie vorgehen?

zu b): **benötigte Menge an R_1 für T_1:**
$12 \cdot 3$ für Modul 1,
$16 \cdot 1$ für Modul 2,
$10 \cdot 4$ für Modul 3
insgesamt:
$12 \cdot 3 + 16 \cdot 1 + 10 \cdot 4 = 92$
Zur Produktion eines Schrankes vom Typ 1 benötigt man also 92 Einheiten R_1.

15 *Bedarfsplanung in der Großküche*

Eine Großküche beliefert zwei Schulmensen S_1 und S_2 mit Mittagessen. Es wird immer ein fleischhaltiges (F) und ein vegetarisches (V) Gericht angeboten. Für alle Gerichte gibt es Angaben über die pro Person benötigte Zutatenmenge. Am Mittwoch soll es Eintopf geben. Bestimmen Sie aus den angegebenen Verflechtungsgraphen, welche Mengen an Kartoffeln (K), Möhren (M) und Hackfleisch (H) bestellt werden müssen.

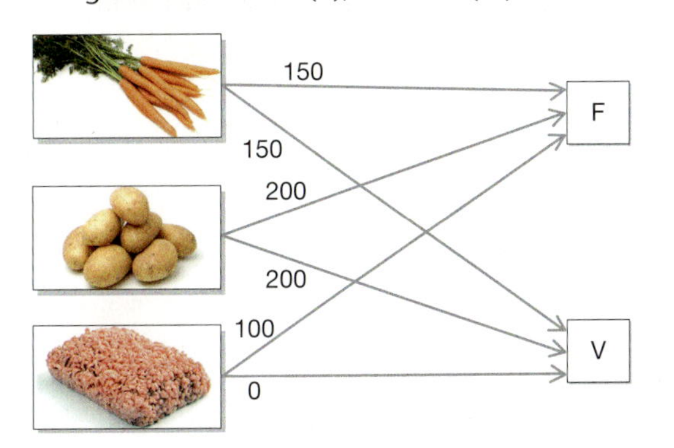

Bedarf pro Person

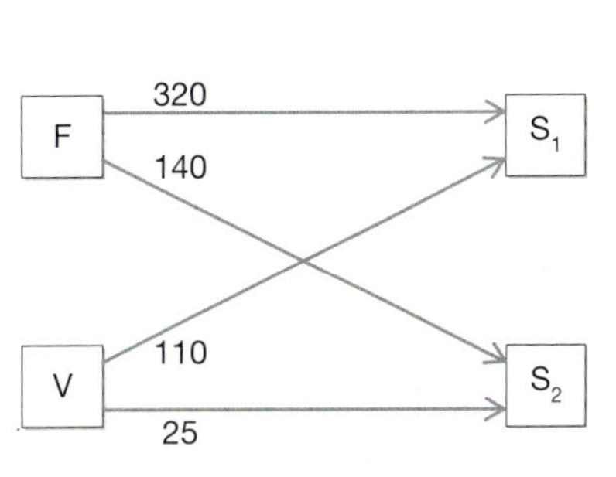

Bestellung am Mittwoch

Basiswissen

Die Verwendung von Matrizen in Sachzusammenhängen führt oft dazu, dass man die Zeilen einer Matrix systematisch mit den Spalten einer anderen Matrix multiplizieren muss.

Multiplikation von Matrizen

In den Läden einer Bioladenkette kann man drei verschiedene Müslimischungen kaufen. Die einzelnen Läden werden einmal im Monat mit den Grundzutaten beliefert und stellen die Mischungen selbst zusammen.

Absatzmenge zweier Läden

	Laden 1	Laden 2
Mischung 1	25 kg	17 kg
Mischung 2	30 kg	20 kg
Mischung 3	15 kg	18 kg

Mischungsverhältnisse pro kg Mischung

	Mischung 1	Mischung 2	Mischung 3
Weizenflocken	0,8	0,3	0
Dinkelflocken	0	0,3	0,5
Haferflocken	0	0,3	0,3
Rosinen	0,05	0,1	0,1
Leinsamen	0,15	0	0,1

Menge Rosinen für Laden 2:
$0{,}05 \cdot 17\text{ kg} + 0{,}1 \cdot 20\text{ kg} + 0{,}1 \cdot 18\text{ kg}$

Darstellung in Graphen

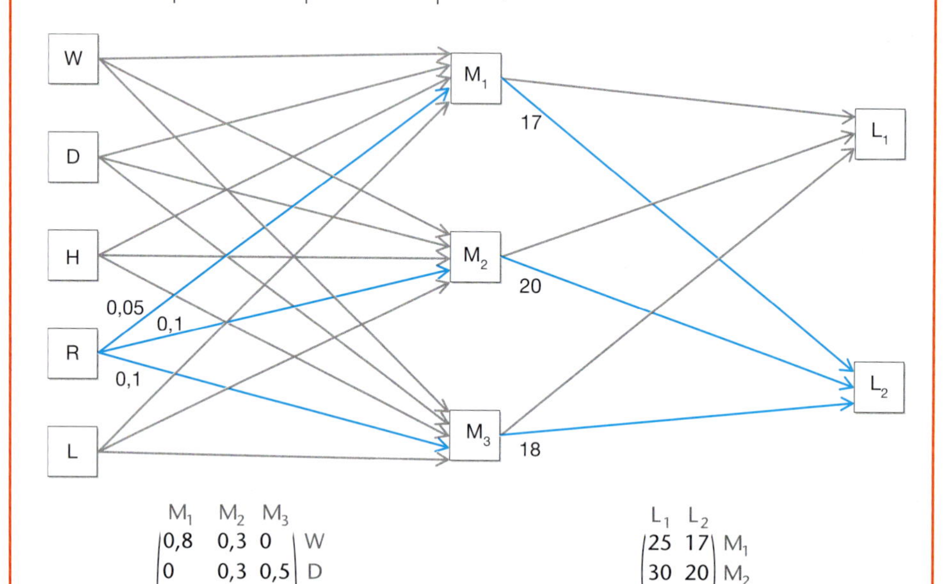

Darstellung in Matrizen

$$\begin{array}{c} \begin{matrix} M_1 & M_2 & M_3 \end{matrix} \\ \begin{pmatrix} 0{,}8 & 0{,}3 & 0 \\ 0 & 0{,}3 & 0{,}5 \\ 0 & 0{,}3 & 0{,}3 \\ 0{,}05 & 0{,}1 & 0{,}1 \\ 0{,}15 & 0 & 0{,}1 \end{pmatrix} \end{array} \begin{matrix} W \\ D \\ H \\ R \\ L \end{matrix} \qquad \begin{array}{c} \begin{matrix} L_1 & L_2 \end{matrix} \\ \begin{pmatrix} 25 & 17 \\ 30 & 20 \\ 15 & 18 \end{pmatrix} \end{array} \begin{matrix} M_1 \\ M_2 \\ M_3 \end{matrix}$$

Lösung durch **Multiplikation von Matrizen**

$$\begin{pmatrix} 0{,}8 & 0{,}3 & 0 \\ 0 & 0{,}3 & 0{,}5 \\ 0 & 0{,}3 & 0{,}3 \\ 0{,}05 & 0{,}1 & 0{,}1 \\ 0{,}15 & 0 & 0{,}1 \end{pmatrix} \cdot \begin{pmatrix} 25 & 17 \\ 30 & 20 \\ 15 & 18 \end{pmatrix} = \begin{pmatrix} 29 & 19{,}6 \\ 16{,}5 & 15 \\ 13{,}5 & 11{,}4 \\ 5{,}75 & 4{,}65 \\ 5{,}25 & 4{,}35 \end{pmatrix}$$

(Spalten der Ergebnismatrix: L_1, L_2)

„4. Zeile mal 2. Spalte"
$0{,}05 \cdot 17 + 0{,}1 \cdot 20 + 0{,}1 \cdot 18 = 4{,}65$
d.h. Laden 2 benötigt 4,65 kg Rosinen

Liefermengen für die Läden

	Laden 1	Laden 2
Weizenflocken	29 kg	19,6 kg
Dinkelflocken	16,5 kg	15 kg
Haferflocken	13,5 kg	11,4 kg
Rosinen	5,75 kg	4,65 kg
Leinsamen	5,25 kg	4,35 kg

Bei der Matrizenmultiplikation wird immer das Skalarprodukt einer Zeile der ersten Matrix mit einer Spalte der zweiten Matrix berechnet. Deshalb muss die Spaltenanzahl der ersten Matrix mit der Zeilenanzahl der zweiten Matrix übereinstimmen.

Beispiele

C Multiplizieren Sie die Matrizen $A = \begin{pmatrix} 3 & 0 & -1 \\ 2 & 1 & 0 \end{pmatrix}$ und $B = \begin{pmatrix} 0 & -2 \\ 4 & 1 \\ 1 & 2 \end{pmatrix}$.

Lösung:

$$A \cdot B = \begin{pmatrix} 3 & 0 & -1 \\ 2 & 1 & 0 \end{pmatrix} \cdot \begin{pmatrix} 0 & -2 \\ 4 & 1 \\ 1 & 2 \end{pmatrix} = \begin{pmatrix} 3 \cdot 0 + 0 \cdot 4 + (-1) \cdot 1 & 3 \cdot (-2) + 0 \cdot 1 + (-1) \cdot 2 \\ 2 \cdot 0 + 1 \cdot 4 + 0 \cdot 1 & 2 \cdot (-2) + 1 \cdot 1 + 0 \cdot 2 \end{pmatrix} = \begin{pmatrix} -1 & -8 \\ 4 & -3 \end{pmatrix}$$

D Kann man Matrizen mit sich selbst multiplizieren?

Lösung:

Bei der Matrizenmultiplikation muss die Spaltenanzahl der ersten Matrix mit der Zeilenanzahl der zweiten Matrix übereinstimmen. Matrizen lassen sich also mit sich selbst multiplizieren, wenn die Anzahl der Zeilen mit der Anzahl der Spalten übereinstimmt.

Übungen

16 *Wahlprognose*

In einer kleinen Gemeinde stehen nur die zwei Parteien Weiß (W) und Blau (B) zur Wahl. Bei der letzten Wahl erreichte W 55 % der Stimmen, B 45 %. Die Prognose für die nächste Wahl wird durch die Übergangsmatrix Ü beschrieben.

a) Berechnen Sie die Stimmanteile, die für die nächsten zwei Wahlen für die Parteien zu erwarten sind, wenn man jeweils von 10 000 abgegebenen Stimmen und unveränderten Übergangsquoten ausgeht.

b) Martina überlegt sich, ob es eine Übergangsmatrix gibt, welche die Übergangsquoten von der letzten zur übernächsten Wahl beschreibt. Sie erhält $Ü_2 = \begin{pmatrix} 0{,}7 & 0{,}45 \\ 0{,}3 & 0{,}55 \end{pmatrix}$. Versuchen Sie, die Einträge herzuleiten. Multiplizieren Sie $Ü_2$ mit der Ausgangsverteilung der oben beschriebenen Wahl und vergleichen Sie mit Ihrem Ergebnis aus a).

von
B W

$$Ü = \begin{pmatrix} 0{,}8 & 0{,}3 \\ 0{,}2 & 0{,}7 \end{pmatrix} \begin{matrix} B \\ W \end{matrix} \text{ nach}$$

Darstellung für den Wechsel von B nach W nach 2 Wahlen:

$0{,}8 \cdot 0{,}2 + 0{,}2 \cdot 0{,}7 = 0{,}3$

Verbleib im 1. J. | Wechsel im 2. J. | Wechsel im 1. J. | Verbleib im 2 J.

WERKZEUG

Multiplikation von Matrizen mit dem GTR

A · B

```
[A]
        [1 1 1]
        [2 1 2]
        [3 2 4]

[B]
        [2 0 1]
        [2 1 3]
        [3 1 2]

[A]*[B]
        [ 7 2  6]
        [12 3  9]
        [22 6 17]
```

Multiplikation von Matrizen mit dem Falk-Schema

Möchte man Matrizen ohne elektronische Hilfsmittel multiplizieren, so besteht die Gefahr, die Übersicht zu verlieren und die falschen Zeilen bzw. Spalten miteinander zu multiplizieren. Dies lässt sich vermeiden, indem man die Matrizen geschickt aufschreibt („Falk-Schema"). Jedes Element der Ergebnismatrix lässt sich dann berechnen, indem man den auf gleicher Höhe stehenden Zeilenvektor mit dem darüber stehenden Spaltenvektor multipliziert.

Falk-Schema:

$$\begin{pmatrix} 1 & -2 & -1 \\ 0 & 3 & 4 \end{pmatrix} \cdot \begin{pmatrix} 2 & -2 & 0 & -1 \\ 5 & 3 & 4 & 2 \\ 0 & 1 & -3 & 6 \end{pmatrix}:$$

	$\begin{pmatrix} 2 & -2 & 0 & -1 \\ 5 & 3 & 4 & 2 \\ 0 & 1 & -3 & 6 \end{pmatrix}$
$\begin{pmatrix} 1 & -2 & -1 \\ 0 & 3 & 4 \end{pmatrix}$	$\begin{pmatrix} -8 & -9 & -5 & -11 \\ 15 & 13 & 0 & 30 \end{pmatrix}$

Ergebnismatrix

$$(0\ 3\ 4) \cdot \begin{pmatrix} -2 \\ 3 \\ 1 \end{pmatrix} = 0 \cdot (-2) + 3 \cdot 3 + 4 \cdot 1 = 13$$

Der Name „Falk-Schema" verweist auf SIGURD FALK, einen Professor der TU Braunschweig.

17 *Übersicht durch Verwendung des Falk-Schemas*

Ordnen Sie die Matrizen nach dem Falk-Schema an. An welcher Stelle der Ergebnismatrix steht das Skalarprodukt der 2. Zeile mit der 3. Spalte?

Überprüfen Sie weitere Elemente der Ergebnismatrix durch passende Skalarprodukte.

$$\begin{pmatrix} 3 & 1 \\ 0 & 5 \\ 2 & -1 \end{pmatrix} \cdot \begin{pmatrix} 1 & -1 & 2 & 3 \\ 0 & 4 & 0 & -2 \end{pmatrix} = \begin{pmatrix} 3 & 1 & 6 & 7 \\ 0 & 20 & 0 & -10 \\ 2 & -6 & 4 & 8 \end{pmatrix}$$

Übungen

[A]*[B]
$\begin{bmatrix} 7 & 2 & 6 \\ 12 & 3 & 9 \\ 22 & 6 & 17 \end{bmatrix}$

18 *Übungen mit dem Falk-Schema*

Multiplizieren Sie die Matrizen A und B mithilfe des Falk-Schemas. Überprüfen Sie Ihre Ergebnisse mit dem GTR.

a) $A = \begin{pmatrix} 3 & -1 \\ 4 & 7 \end{pmatrix}$, $B = \begin{pmatrix} 2 & 6 \\ -4 & -1 \end{pmatrix}$

b) $A = \begin{pmatrix} 2 & 3 & 0 \\ -1 & 0 & -2 \end{pmatrix}$, $B = \begin{pmatrix} 1 & 2 & 3 & -2 \\ -3 & 0 & 10 & 1 \\ 6 & -1 & 2 & 0 \end{pmatrix}$

c) $A = \begin{pmatrix} 2 & 0 & -5 \\ 3 & 1 & 6 \\ -2 & 5 & 4 \end{pmatrix}$, $B = \begin{pmatrix} 0 & 1 & 4 \\ -3 & 1 & -3 \\ 5 & -1 & 0 \end{pmatrix}$

d) $A = \begin{pmatrix} 4 & 3 & 0 \\ -2 & 0 & 1 \end{pmatrix}$, $B = \begin{pmatrix} 3 & -1 \\ 0 & -2 \\ 2 & -4 \end{pmatrix}$

19 *Multiplikation möglich?*

Welche der angegebenen Produkte lassen sich berechnen? Begründen Sie. Führen Sie die Multiplikation gegebenenfalls aus.

a) $\begin{pmatrix} 1 & 2 \\ -1 & 3 \end{pmatrix} \cdot \begin{pmatrix} -2 & 4 \\ 0 & 3 \end{pmatrix}$

b) $\begin{pmatrix} 2 & -3 \\ 5 & -1 \end{pmatrix} \cdot \begin{pmatrix} 1 & 0 & 4 \\ 0 & 3 & -2 \end{pmatrix}$

c) $\begin{pmatrix} 1 & 0 & 4 \\ 0 & 3 & -2 \end{pmatrix} \cdot \begin{pmatrix} 2 & -3 \\ 5 & -1 \end{pmatrix}$

d) $\begin{pmatrix} 3 & -1 \\ 1 & 0 \\ -3 & 2 \\ 2 & 6 \end{pmatrix} \cdot \begin{pmatrix} -1 & 5 & 0 \\ 3 & 2 & -2 \end{pmatrix}$

e) $\begin{pmatrix} 2 & 1 & -3 & 5 \\ -3 & 0 & 5 & 0 \\ 6 & 3 & 2 & -1 \end{pmatrix} \cdot \begin{pmatrix} 2 & 1 & -3 & 5 \\ -3 & 0 & 5 & 0 \\ 6 & 3 & 2 & -1 \end{pmatrix}$

f) $\begin{pmatrix} 2 & 3 & 4 \\ 1 & -2 & 5 \end{pmatrix} \cdot \begin{pmatrix} 3 \\ -2 \\ 6 \end{pmatrix}$

20 *Seifenherstellung*

Ein Seifenhersteller stellt aus drei Grundstoffen G_1, G_2, G_3 zwei Zwischenprodukte Z_1, Z_2 und aus diesen die beiden Seifensorten S_1 und S_2 her. Der Mengenbedarf in Mengeneinheiten (ME) für die Zwischen- und Endprodukte lässt sich aus dem Verflechtungsgraphen entnehmen. Dabei geben die Zahlen an den Pfeilen an, wie viele ME an Vorprodukten für eine ME des Folgeproduktes benötigt werden.

a) Bestimmen Sie eine Matrix, aus der man für jede Seife die Mengeneinheiten an Grundstoffen ablesen kann. Beschreiben Sie Ihr Vorgehen.

b) Es liegt eine Bestellung von 100 Stück der Sorte S_1 und 150 Stück der Sorte S_2 vor. Wie viele Mengeneinheiten an Grundstoffen werden benötigt?

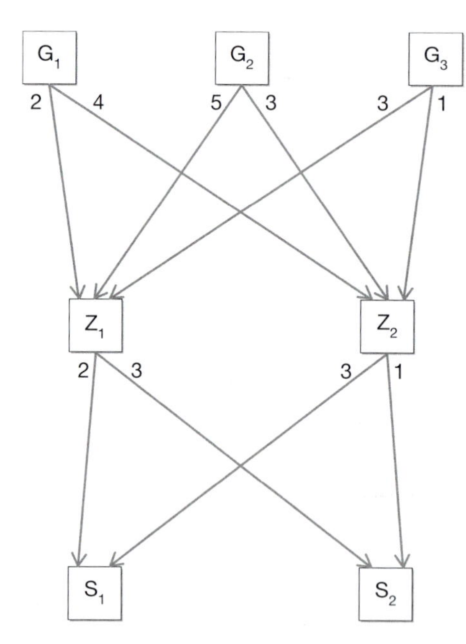

21 *Kundenströme*

Ein Marktforschungsinstitut beobachtet ein halbes Jahr lang das Wechselverhalten von Kunden zwischen zwei Kaufhäusern R und V. Die Kundenströme lassen sich für das erste halbe Jahr mit der Matrix A beschreiben. Das Institut erstellt eine Ganzjahresprognose unter der Annahme, dass das Wechselverhalten im zweiten Halbjahr gleich bleibt, folgendermaßen:

von
R V
$A = \begin{pmatrix} 0{,}6 & 0{,}3 \\ 0{,}4 & 0{,}7 \end{pmatrix}$ R V nach

$A \cdot A = \begin{pmatrix} 0{,}6 & 0{,}3 \\ 0{,}4 & 0{,}7 \end{pmatrix} \cdot \begin{pmatrix} 0{,}6 & 0{,}3 \\ 0{,}4 & 0{,}7 \end{pmatrix} = \begin{pmatrix} 0{,}6 \cdot 0{,}6 + 0{,}3 \cdot 0{,}4 & ■ \\ ■ & ■ \end{pmatrix} = \begin{pmatrix} 0{,}48 & ■ \\ ■ & ■ \end{pmatrix}$

Interpretieren Sie den ersten Eintrag der Ergebnismatrix. Berechnen Sie auch die übrigen Einträge.

Lagerhaltung in Betrieben

In vielen Unternehmen ist die Beschaffung und Lagerung von Materialien ein wichtiger betriebswirtschaftlicher Aspekt. Die Lagerhaltung ist oft kompliziert, denn einerseits sollten nicht zu viele Materialien vorrätig sein, da dies Raum erfordert und dadurch Kosten entstehen. Bei vielen Materialien besteht bei langer Lagerung außerdem das Risiko des Verderbens. Andererseits sollte der Materialvorrat immer groß genug sein, um eine fortlaufende Produktion ohne Unterbrechung zu gewährleisten, denn auch ein Produktionsstillstand verursacht Kosten. Die Lagerverwaltung muss also gut überlegte Bedarfsplanungen durchführen. Dazu werden Informationen darüber benötigt, welche Mengen von Materialien für bestimmte Mengen von End- bzw. Zwischenprodukten gebraucht werden. Außerdem muss bekannt sein, welche Mengen an Endprodukten auf dem Markt abgesetzt werden können bzw. bestellt sind. Moderne Unternehmen benutzen für ihre Lagerverwaltung Software, die speziell auf ihre Produktion zugeschnitten ist. Die mathematische Grundlage dieser Software bilden in der Regel Matrizen. Benutzer können alle notwendigen Daten (Stückzahlen, Materialmengen usw.) in Tabellen eingeben. Die Software erkennt diese Tabellen als Matrizen und verrechnet sie problemangepasst.

Ausschnitte aus entsprechenden Tabellen für eine Großbäckerei:

Produkt	Anzahl 21.07.	Anzahl 22.07.
Baguette	90	65
Rosinenbrot	10	15
Mehrkornbrot	25	15
Dinkelbrot	20	10

Zutaten pro Stück (in g)	Baguette	Rosinenbrot	Mehrkornbrot	Dinkelbrot
Weizenmehl Typ 405	200	400	200	0
Dinkelmehl	0	0	100	500
Rosinen	0	100	0	0
Sonnenblumenkerne	0	0	200	0
Hefe	10	20	0	0

Übungen

22 *Großbäckerei*

Im Exkurs finden Sie Ausschnitte aus Tabellen der Lagerverwaltung einer Großbäckerei.

a) Eine Großbäckerei produziert meist sehr viele verschiedene Produkte und benötigt daher auch eine Vielzahl an verschiedenen Zutaten. Wie wirkt sich dies auf die oben beschriebenen Tabellen bzw. die dadurch erzeugten Matrizen aus?

b) Stellen Sie für die Tabellenausschnitte passende Matrizen auf und multiplizieren Sie diese miteinander. Interpretieren Sie das Ergebnis im Sachzusammenhang.

23 *Zweistufiger Produktionsprozess*

Der Graph stellt einen zweistufigen Produktionsprozess dar.

a) Ermitteln Sie zwei Matrizen A und B, welche die beiden Stufen des Produktionsprozesses beschreiben.

b) Ein Kunde bestellt 4 Endprodukte vom Typ E_1 und 6 vom Typ E_2. Berechnen Sie den Rohstoffbedarf auf zwei verschiedenen Wegen.

c) Stellen Sie eine Bedarfsmatrix M auf, die jedem Kunden die bestellte Menge an Endprodukten zuordnet. Ermitteln Sie dann eine Matrix Q, die für jeden Kunden die benötigte Rohstoffmenge angibt.

Kundenbestellung:

	K_1	K_2	K_3
E_1	3	5	4
E_2	7	5	6

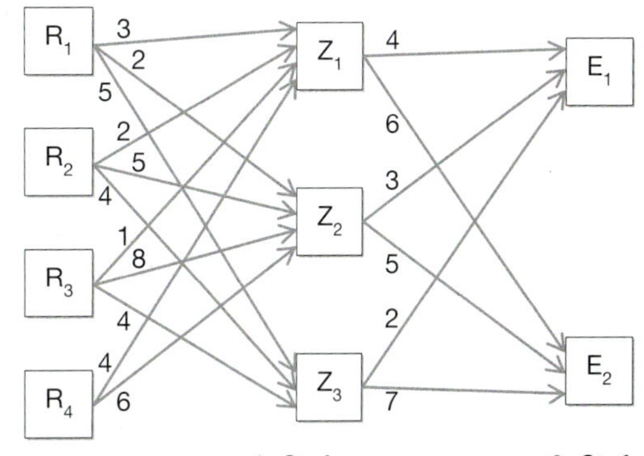

Auf den beiden folgenden Seiten geht es um Regeln und Gesetze für das Rechnen mit Matrizen.

Gesetze für die Addition von Matrizen

Für die Addition von Matrizen gelten die gleichen Gesetze wie für die Addition von reellen Zahlen.

Kommutativgesetz: $A + B = B + A$
Assoziativgesetz: $(A + B) + C = A + (B + C)$
Inverses Element: $A + (-A) = 0$ („0" steht hier für eine Matrix, deren Einträge alle Null sind.)

Übungen

Beweisidee:
Bei den Beweisen der Additionsgesetze für Matrizen wendet man die Additionsgesetze für die reellen Zahlen auf die einzelnen Elemente der Matrizen an.

24 *Beweis des Kommutativgesetzes*
Im Folgenden ist die Idee zum Beweis des Kommutativgesetzes der Addition von (2 × 2)-Matrizen dargestellt.

$$A + B = \begin{pmatrix} a_{11} & a_{12} \\ a_{21} & a_{22} \end{pmatrix} + \begin{pmatrix} b_{11} & b_{12} \\ b_{21} & b_{22} \end{pmatrix} = \begin{pmatrix} a_{11} + b_{11} & \blacksquare \\ \blacksquare & \blacksquare \end{pmatrix} = \begin{pmatrix} b_{11} + a_{11} & \blacksquare \\ \blacksquare & \blacksquare \end{pmatrix} = B + A$$

a) Notieren Sie den Beweis vollständig.
b) Wie müsste man die Notation des Beweises verändern, damit er für beliebige Matrizen gilt und nicht nur für (2 × 2)-Matrizen?

25 *Beweis des Assoziativgesetzes*
Auch das Assoziativgesetz bei der Addition von Matrizen lässt sich beweisen, indem man das Assoziativgesetz der Addition reeller Zahlen auf die Einträge der Matrix anwendet. Führen Sie den Beweis für (2 × 2)-Matrizen durch. Der Ansatz ist gegeben.

$$(A + B) + C = \left(\begin{pmatrix} a_{11} & a_{12} \\ a_{21} & a_{22} \end{pmatrix} + \begin{pmatrix} b_{11} & b_{12} \\ b_{21} & b_{22} \end{pmatrix}\right) + \begin{pmatrix} c_{11} & c_{12} \\ c_{21} & c_{22} \end{pmatrix} = \ldots = A + (B + C)$$

26 *Kommutativität der Multiplikation von Matrizen?*
Der Verleger der Zeitschrift A lässt von einem Marktforschungsinstitut das Kaufverhalten seiner Kunden analysieren. Dabei interessiert ihn vor allem der Wechsel der Kunden zum Konkurrenzprodukt B. Die Matrizen H_1 und H_2 beschreiben die entsprechenden Übergänge für das erste und zweite Halbjahr der Analyse. Daraus soll für den Auftraggeber eine Jahrestendenz berechnet werden.

$$H_1 = \begin{pmatrix} 0{,}7 & 0{,}2 \\ 0{,}3 & 0{,}8 \end{pmatrix} \qquad H_2 = \begin{pmatrix} 0{,}77 & 0{,}25 \\ 0{,}23 & 0{,}75 \end{pmatrix}$$

$$P_1 = H_1 \cdot H_2 \qquad P_2 = H_2 \cdot H_1$$

a) Weisen Sie nach, dass die Matrizen P_1 und P_2 verschieden sind. Was bedeutet dies für die Multiplikation von Matrizen?
b) Welche der beiden Matrizen P_1 oder P_2 beschreibt Ihrer Ansicht nach das Ganzjahresverhalten der Kunden? Begründen Sie.

KURZER RÜCKBLICK

1 Wie verändert sich der Umfang eines Quadrates, wenn die Seiten verdoppelt werden?

2 Wie groß sind die Winkel α und β?

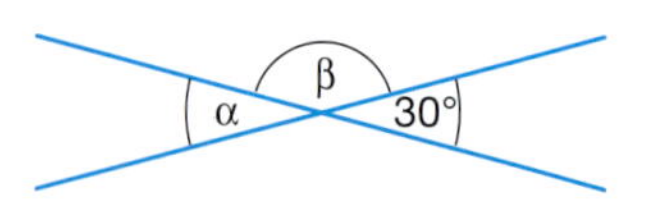

3 Ein rechtwinkliges Dreieck hat eine Kathete a = 4 cm und die Hypotenuse c = 5 cm. Wie groß ist der Flächeninhalt des Dreiecks?

4 Wie groß sind die Winkel, in denen die Diagonale eines Rechtecks mit den Kantenlängen 1 cm und 2 cm die rechten Winkel schneidet?

Übungen

27 *Assoziativgesetz und Matrizenmultiplikation*

a) Welche drei Matrizen kann man miteinander multiplizieren?
Berechnen Sie das Produkt.

(I) $\underset{A}{\begin{pmatrix} 10 & 6 \\ 40 & 30 \\ 2 & 2 \end{pmatrix}} \cdot \underset{B}{\begin{pmatrix} 6 & 4 \\ 16 & 8 \end{pmatrix}} \cdot \underset{C}{\begin{pmatrix} 20 & 40 & 25 & 15 \\ 30 & 5 & 25 & 10 \end{pmatrix}}$ (II) $\underset{E}{\begin{pmatrix} 2 & 4 \\ 1 & 3 \end{pmatrix}} \cdot \underset{F}{\begin{pmatrix} 2 & 6 & 1 \\ 4 & 10 & 5 \end{pmatrix}} \cdot \underset{G}{\begin{pmatrix} 5 & 8 & 12 \\ 3 & 1 & 7 \end{pmatrix}}$

b) Wie haben Sie das Produkt berechnet? Wahrscheinlich haben Sie A · B berechnet und anschließend diese Matrix mit C multipliziert: (A · B) · C.
Es geht auch anders: Zuerst B · C berechnen und dann A · (B · C). Bestätigen Sie, dass die Ergebnisse in beiden Fällen gleich sind.

Es gilt das Assoziativgesetz für die Multiplikation von Matrizen.

28 *Multiplikation mit der Einheitsmatrix*

Können Sie das Ergebnis der Produkte vorhersagen? Begründen Sie.

a) $\begin{pmatrix} -3 & 5 \\ 2 & 7 \end{pmatrix} \cdot \begin{pmatrix} 1 & 0 \\ 0 & 1 \end{pmatrix}$ b) $\begin{pmatrix} 2 & 9 & 2 \\ 4 & -6 & 3 \\ -3 & 8 & 0 \end{pmatrix} \cdot \begin{pmatrix} 1 & 0 & 0 \\ 0 & 1 & 0 \\ 0 & 0 & 1 \end{pmatrix}$

c) $\begin{pmatrix} 1 & 0 & 0 & 0 \\ 0 & 1 & 0 & 0 \\ 0 & 0 & 1 & 0 \\ 0 & 0 & 0 & 1 \end{pmatrix} \cdot \begin{pmatrix} 3 & 2 & 1 & 0 \\ -1 & 0 & 0 & 1 \\ 2 & 5 & 2 & 1 \\ 6 & 2 & -1 & 3 \end{pmatrix}$

Einheitsmatrix
Eine quadratische Matrix, die auf der Diagonalen aus Einsen und sonst nur aus Nullen besteht, heißt **Einheitsmatrix**.

$$E = \begin{pmatrix} 1 & 0 & 0 & 0 \\ 0 & 1 & 0 & 0 \\ 0 & 0 & 1 & 0 \\ 0 & 0 & 0 & 1 \end{pmatrix}$$

29 *Distributivgesetz*

Für die Multiplikation von Matrizen gilt das Distributivgesetz (A + B) · C = A · C + B · C.
a) Bestätigen Sie das Gesetz an folgendem Beispiel.

$A = \begin{pmatrix} 5 & 8 & 6 \\ 3 & 6 & 3 \end{pmatrix}$ $B = \begin{pmatrix} 4 & 2 & 4 \\ 2 & 6 & 0 \end{pmatrix}$ $C = \begin{pmatrix} 500 & 300 \\ 300 & 300 \\ 200 & 400 \end{pmatrix}$

b) Bestätigen Sie mit demselben Beispiel, dass auch C · (A + B) = C · A + C · B gilt.
Warum muss man hier – anders als beim Distributivgesetz bei reellen Zahlen – zwei Distributivgesetze formulieren?

Gesetze für die Multiplikation von Matrizen

Für Matrizen A, B und C gelten die folgenden Gesetze, sofern die entsprechenden Produkte existieren:

Assoziativgesetz: (A · B) · C = A · (B · C)
Distributivgesetz: (1) (A + B) · C = A · C + B · C
(2) C · (A + B) = C · A + C · B

In der Regel gilt A · B ≠ B · A, die Matrizenmultiplikation ist also **nicht kommutativ**.
Für quadratische Matrizen A gilt: A · E = E · A = A
Die Multiplikation mit der Einheitsmatrix ändert die Matrix nicht.

GRUNDWISSEN

Welche Aussagen sind wahr?
a) Zwei Ebenen haben als Schnittmenge immer eine Schnittgerade.
b) g: $\vec{x} = \begin{pmatrix} 1 \\ 2 \\ -1 \end{pmatrix} + t\begin{pmatrix} 0 \\ 0 \\ 1 \end{pmatrix}$ beschreibt eine zur x_3-Achse parallele Gerade.

Übungen

$$M = \begin{pmatrix} 0{,}7 & 0{,}2 \\ 0{,}3 & 0{,}8 \end{pmatrix} \begin{matrix} S \\ V \end{matrix}$$ (Spalten: S, V)

30 *Rückwärts denken*

In einer Stadt gibt es zwei Tageszeitungen, die Stadtnachrichten (S) und die Volkszeitung (V), die zusammen 100 000 Käufer haben. Am Jahresende kaufen 49 500 Kunden die Stadtnachrichten, 50 500 die Volkszeitung. Man nimmt an, dass das Wechselverhalten der Käufer innerhalb des Jahres durch die nebenstehende Übergangsmatrix M gegeben ist. Wie war die Kundenverteilung zu Jahresbeginn?

gesucht: $\begin{pmatrix} x \\ y \end{pmatrix}$ mit $\begin{pmatrix} 0{,}7 & 0{,}2 \\ 0{,}3 & 0{,}8 \end{pmatrix} \cdot \begin{pmatrix} x \\ y \end{pmatrix} = \begin{pmatrix} 49\,500 \\ 50\,500 \end{pmatrix}$

Idee: Suche Matrix $\begin{pmatrix} a & b \\ c & d \end{pmatrix}$ mit $\begin{pmatrix} a & b \\ c & d \end{pmatrix} \cdot \begin{pmatrix} 0{,}7 & 0{,}2 \\ 0{,}3 & 0{,}8 \end{pmatrix} = \begin{pmatrix} 1 & 0 \\ 0 & 1 \end{pmatrix}$

Dann gilt: $\begin{pmatrix} a & b \\ c & d \end{pmatrix} \cdot \begin{pmatrix} 0{,}7 & 0{,}2 \\ 0{,}3 & 0{,}8 \end{pmatrix} \cdot \begin{pmatrix} x \\ y \end{pmatrix} = \begin{pmatrix} x \\ y \end{pmatrix} = \begin{pmatrix} a & b \\ c & d \end{pmatrix} \cdot \begin{pmatrix} 49\,500 \\ 50\,500 \end{pmatrix}$

Lösung: $\begin{pmatrix} a & b \\ c & d \end{pmatrix} \cdot \begin{pmatrix} 0{,}7 & 0{,}2 \\ 0{,}3 & 0{,}8 \end{pmatrix} = \begin{pmatrix} 1 & 0 \\ 0 & 1 \end{pmatrix} \Leftrightarrow \begin{matrix} 0{,}7a + 0{,}3b = 1 \\ 0{,}2a + 0{,}8b = 0 \end{matrix}$ und $\begin{matrix} 0{,}7c + 0{,}3d = 0 \\ 0{,}2c + 0{,}8d = 1 \end{matrix}$

$\Rightarrow a = 1{,}6;\quad b = -0{,}4;\quad c = -0{,}6$ und $d = 1{,}4 \Rightarrow \begin{pmatrix} a & b \\ c & d \end{pmatrix} = \begin{pmatrix} 1{,}6 & -0{,}4 \\ -0{,}6 & 1{,}4 \end{pmatrix}$

Kundenverteilung zu Jahresbeginn: $\begin{pmatrix} 1{,}6 & -0{,}4 \\ -0{,}6 & 1{,}4 \end{pmatrix} \cdot \begin{pmatrix} 49\,500 \\ 50\,500 \end{pmatrix} = \begin{pmatrix} 59\,000 \\ 41\,000 \end{pmatrix}$

Probe: $\begin{pmatrix} 0{,}7 & 0{,}2 \\ 0{,}3 & 0{,}8 \end{pmatrix} \cdot \begin{pmatrix} 59\,000 \\ 41\,000 \end{pmatrix} = \begin{pmatrix} 49\,500 \\ 50\,500 \end{pmatrix}$, also kauften zu Jahresbeginn 59 000 Kunden die Stadtnachrichten und 41 000 Kunden die Volkszeitung.

$$B = \begin{pmatrix} 0{,}6 & 0{,}2 \\ 0{,}4 & 0{,}8 \end{pmatrix} \begin{matrix} S \\ V \end{matrix}$$ (Spalten: S, V)

a) Erläutern Sie die Lösungsidee. Begründen Sie dazu schrittweise das Vorgehen im Kasten.

b) Berechnen Sie die Kundenverteilung zu Jahresbeginn, wenn die Übergangsquoten durch die Matrix B bestimmt werden.

Inverse Matrix für die Multiplikation

Gilt für zwei quadratische Matrizen A und B nun $A \cdot B = B \cdot A = E$, so heißen A und B **invers** zueinander.
Die Inverse einer Matrix A wird häufig auch mit A^{-1} bezeichnet.

Beispiel:

$A = \begin{pmatrix} 1 & 1 & 1 \\ 2 & 1 & 2 \\ 3 & 2 & 4 \end{pmatrix}$ $\quad A^{-1} = \begin{pmatrix} 0 & 2 & -1 \\ 2 & -1 & 0 \\ -1 & -1 & 1 \end{pmatrix}$

$A \cdot A^{-1} = A^{-1} \cdot A = \begin{pmatrix} 1 & 0 & 0 \\ 0 & 1 & 0 \\ 0 & 0 & 1 \end{pmatrix} = E$

Nicht zu jeder quadratischen Matrix gibt es eine Inverse.

31 *Welche Matrizen besitzen eine Inverse?*

Nicht zu jeder Matrix gibt es eine Inverse.

a) Begründen Sie, dass nur quadratische Matrizen eine Inverse besitzen können.

b) Weisen Sie mit dem GTR nach, dass die Matrix $M = \begin{pmatrix} 4 & 4 \\ 4 & 4 \end{pmatrix}$ nicht invertierbar ist.

Erstellen Sie als Ansatz zur Bestimmung der Inversen ein Gleichungssystem (vgl. Kasten oben) und begründen Sie anhand des Gleichungssystems, dass es keine Lösung geben kann.

Aus der Formelsammlung:
Die (2 × 2)-Matrix $\begin{pmatrix} a & b \\ c & d \end{pmatrix}$ hat genau dann eine Inverse, wenn $ad - bc \neq 0$ ist.

32 *Bestimmung der Inversen mit dem GTR*

Überprüfen Sie mit dem GTR, ob eine Inverse existiert. Versuchen Sie für die Fälle ohne Inverse eine Begründung zu finden.

a) $M = \begin{pmatrix} 2 & 0{,}2 \\ 3 & 7 \end{pmatrix}$ b) $M = \begin{pmatrix} 3 & 1 \\ 3 & 1 \end{pmatrix}$ c) $M = \begin{pmatrix} 1 & 4 & 0 \\ 0 & -1 & -2 \\ 3 & 2 & 3 \end{pmatrix}$ d) $M = \begin{pmatrix} 2 & 3 & 4 \\ 3 & -8 & 6 \\ -1 & 5 & -2 \end{pmatrix}$

Mit dem GTR lässt sich die Inverse Matrix zur Matrix A mit dem Befehl A^{-1} berechnen.

```
[A]
      [1 1 1]
      [2 1 2]
      [3 2 4]
```

```
[A]^-1
      [0  2  -1]
      [2  -1  0]
      [-1 -1  1]
```

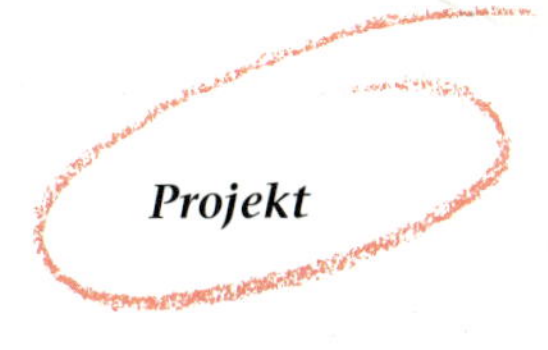

Verschlüsselte Botschaften

Martin und Sabine tauschen im Mathematikunterricht verschlüsselte Botschaften aus. Dazu brauchen sie nur eine Zuordnungstabelle von Zahlen und Buchstaben sowie ihren GTR. Einen Schlüssel C zur Entschlüsselung der Botschaft haben sie heimlich vereinbart.

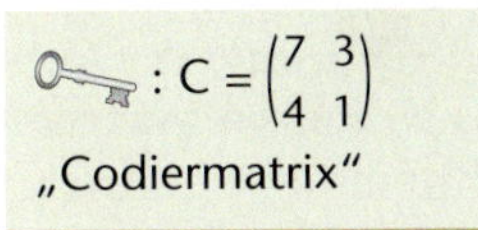

Experimentieren und Verstehen

Experimentieren Sie mit Ihrem GTR. Wie sieht die Decodiermatrix C^{-1} von Sabine aus?

*	A	B	C	D	E	F	G	H	I	J	K	L	M	N	O	P	Q	R	S	T	U
0	1	2	3	4	5	6	7	8	9	10	11	12	13	14	15	16	17	18	19	20	21

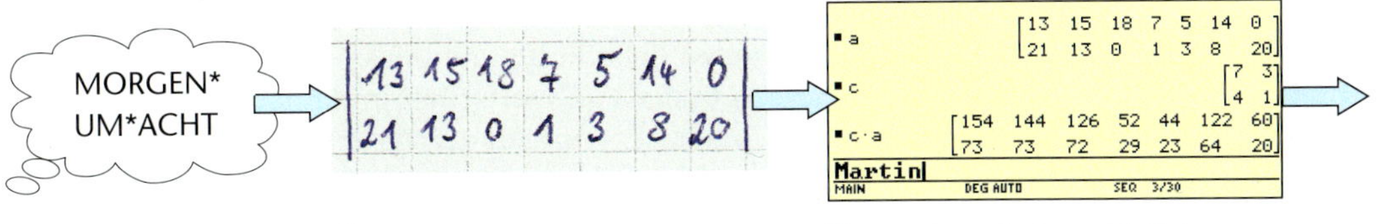

① Martin überlegt sich eine Nachricht.

② Er übersetzt die Nachricht mithilfe der Buchstabentabelle in eine Matrix.

③ Mit dem GTR multipliziert er sie mit der Codiermatrix.

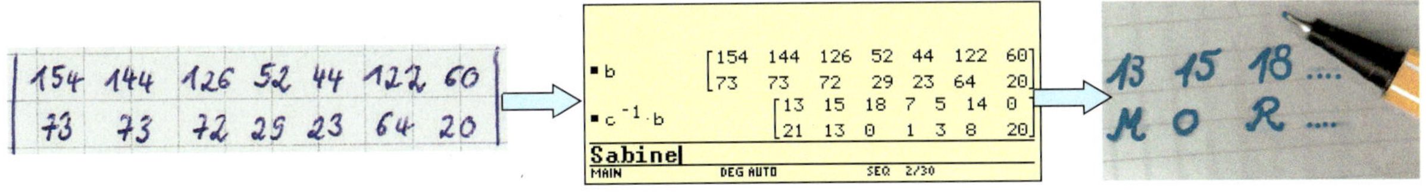

④ Das Ergebnis schickt er als Botschaft an Sabine.

⑤ Sabine multipliziert die Matrix mit der Inversen der Codiermatrix.

⑥ Sabine übersetzt das Ergebnis mithilfe der Buchstabentabelle – fertig.

Mögliche Aufträge und Fragestellungen zur Vertiefung

Weiterdenken und Präsentieren

I
Die Abbildung zeigt ein allgemeines Schema der Verschlüsselung von Nachrichten. Erläutern Sie das Codierungsverfahren von Martin und Sabine mithilfe des Schemas.

II
Auf einem alten Zettel von Sabine an Martin steht:
$\begin{pmatrix} 77 & 83 & 147 & 174 & 115 \\ 33 & 27 & 48 & 61 & 35 \end{pmatrix}$
Können Sie die Botschaft entschlüsseln?

III
Welche Matrizen eignen sich als Codiermatrizen? Wie müssen die zugehörigen „Textmatrizen" jeweils aussehen?

IV
Erstellen Sie eigene verschlüsselte Texte, die Sie durch andere entschlüsseln lassen, indem Sie die Codiermatrix angeben.

V
Wie sollte die Codiermatrix gewählt werden, damit die Zahlen in der codierten Botschaft nicht so groß werden?

VI
Sabine musste zur Decodierung die inverse „Decodiermatrix" bestimmen. Gibt es auch Codiermatrizen, die mit der Decodiermatrix übereinstimmen (also zu sich selbst invers sind)? Welche Vorteile hätte dies?

VII
Eignet sich jede quadratische Matrix zum Codieren?

WASSILY LEONTIEF
1905–1999

Input-Output-Analyse

1973 wurde der Nobelpreis für Wirtschaftswissenschaften an den amerikanischen Volkswirtschaftler WASSILY LEONTIEF verliehen. Mit der Entwicklung der Input-Output-Analyse, die ihn fast sein ganzes Leben lang beschäftigte, hat LEONTIEF eines der wichtigsten Analysemodelle der Wirtschaftspolitik erdacht. Mit diesem Modell lassen sich Verflechtungen zwischen verschiedenen Wirtschaftssektoren oder Betrieben einer Volkswirtschaft untersuchen, z. B. die direkten und indirekten Auswirkungen von Nachfrage, Preis und Lohnänderungen auf die Gesamtwirtschaft. Die Darstellung solcher Verflechtungen erfolgt in Verflechtungsgraphen oder in sogenannten Input-Output-Tabellen.
Input-Output-Tabellen geben einen detaillierten Einblick in die Güterströme und Produktionsverflechtungen in der Volkswirtschaft und mit der übrigen Welt. Sie dienen als Basis für Vorausschätzungen der wirtschaftlichen Entwicklung. Sie werden ferner für internationale Vergleiche der Produktionsstrukturen und -ergebnisse in den Volkswirtschaften verwendet. Die Einträge der Tabellen bestehen aus Zahlen (in der Regel handelt es sich dabei je nach Sachzusammenhang um Geld- oder Mengeneinheiten). Somit sind die Tabellen der Matrizenrechnung zugänglich. Das Rechnen mit Matrizen ist die mathematische Grundlage der Input-Output-Analyse. Im Zusammenhang mit der Entwicklung der Input-Output-Analyse hat LEONTIEF auch einige Beiträge zur Matrizenrechnung geliefert. Das zugrundeliegende mathematische Modell wird deshalb häufig auch „Leontief-Modell" genannt.

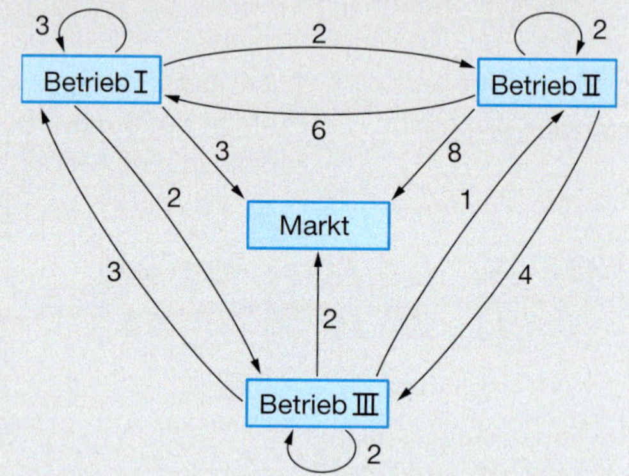

Aufgaben

33 *Input-Output-Analyse*

Der zugehörige Verflechtungsgraph ist im Exkurs dargestellt.

Die Idee der Input-Output-Analyse ist, dass die Endnachfrage nach bestimmten Produkten auch zu einer internen Nachfrage von den Produktionsbetrieben selbst führt, da die an der Herstellung beteiligten Produktionsbereiche auch untereinander durch gegenseitige Lieferungen voneinander abhängen. Diese Verflechtung lässt sich in **Input-Output-Tabellen** durch die Angabe der von den einzelnen Betrieben produzierten Mengen-, Güter- oder Werteinheiten darstellen.
Dazu ein Beispiel für drei Betriebe B I, B II und B III:

allgemein

	B I	B II	B III	Konsumenten (Markt)	Gesamtproduktion
B I	a_{11}	a_{12}	a_{13}	y_1	x_1
B II	a_{21}	a_{22}	a_{23}	y_2	x_2
B III	a_{31}	a_{32}	a_{33}	y_3	x_3

Beispiel

	B I	B II	B III	Konsumenten (Markt)	Gesamtproduktion
B I	3	2	2	3	10
B II	6	2	4	8	20
B III	3	1	2	2	8

In einer Zeile lässt sich der Output eines Betriebes ablesen, z. B. liefert Betrieb II sechs Mengeneinheiten an Betrieb I, zwei Mengeneinheiten verbraucht der Betrieb selbst und vier Mengeneinheiten gehen an Betrieb III. Für den Konsumenten verbleiben acht Mengeneinheiten bei einer Gesamtproduktion von 20 Mengeneinheiten.

Die Elemente einer Spalte geben den Input eines Betriebes an. So bezieht Betrieb III zur Produktion von acht Mengeneinheiten zwei Mengeneinheiten von Betrieb I, vier von Betrieb II und zwei von sich selbst.

a) Überprüfen Sie die Gültigkeit der folgenden Gleichung mit den Zahlen aus dem Beispiel und begründen Sie diese allgemein.

$$\begin{pmatrix} x_1 \\ x_2 \\ x_3 \end{pmatrix} = \begin{pmatrix} a_{11} & a_{12} & a_{13} \\ a_{21} & a_{22} & a_{23} \\ a_{31} & a_{32} & a_{33} \end{pmatrix} \cdot \begin{pmatrix} 1 \\ 1 \\ 1 \end{pmatrix} + \begin{pmatrix} y_1 \\ y_2 \\ y_3 \end{pmatrix}$$

b) Die Einträge in der Input-Output-Tabelle beziehen sich auf die produzierte Gesamtmenge. Da diese veränderlich ist, normiert man die Einträge so, dass sie sich auf die Produktion von einer Mengeneinheit beziehen, also den Anteil an einer produzierten Einheit wiedergeben. Aus diesen Einträgen bildet man eine Matrix folgendermaßen:

$$A = \begin{pmatrix} \frac{a_{11}}{x_1} & \frac{a_{12}}{x_2} & \frac{a_{13}}{x_3} \\ \frac{a_{21}}{x_1} & \frac{a_{22}}{x_2} & \frac{a_{23}}{x_3} \\ \frac{a_{31}}{x_1} & \frac{a_{32}}{x_2} & \frac{a_{33}}{x_3} \end{pmatrix}$$

A heißt Inputmatrix, Verflechtungsmatrix oder Technologiematrix. Die Matrixeinträge heißen auch Technologiekoeffizienten.

Bestimmen Sie die Inputmatrix für das Beispiel. Zeigen Sie dann für das Beispiel die Gültigkeit der Gleichung $\vec{x} = A \cdot \vec{x} + \vec{y}$

A: Inputmatrix
$\vec{x}$: Gesamtproduktionsvektor
$\vec{y}$: Konsum-/Marktabgabevektor

c) Die in b) entwickelte Gleichung $\vec{x} = A \cdot \vec{x} + \vec{y}$ ist die zentrale Gleichung der Input-Output-Analyse. Mit ihr lassen sich verschiedene Probleme lösen, z. B. lässt sich bei bekannter Gesamtproduktion die für den Konsum zur Verfügung stehende Produktionsmenge ermitteln. Ebenso lässt sich zu einer bestehenden Konsumnachfrage die notwendige Gesamtproduktion berechnen. Welche Gleichung des Kastens würden Sie für welches Problem verwenden? Begründen Sie Ihre Entscheidung.
Ermitteln Sie die Leontief-Inverse für das Beispiel. Verwenden Sie dazu Ihre Inputmatrix aus b).

Leontief-Gleichungen:

$A \cdot \vec{x} + \vec{y} = \vec{x}$

$\Leftrightarrow \quad \vec{y} = \vec{x} - A \cdot \vec{x}$

$\Leftrightarrow \quad \vec{y} = (E - A) \cdot \vec{x}$

$\Leftrightarrow \quad \vec{x} = (E - A)^{-1} \cdot \vec{y}$

$(E - A)^{-1}$ heißt **Leontief-Inverse**.

34 *Verflechtung in einer Volkswirtschaft*

Ein Betrieb ist in drei Abteilung K, L und M untergliedert. Die Verflechtung der einzelnen Abteilungen lässt sich nach dem Leontief-Modell durch die folgende Verflechtungsmatrix beschreiben:

$$\begin{matrix} & K & L & M & \\ A = & \begin{pmatrix} 0,4 & 0,3 & 0,2 \\ 0,2 & 0,4 & 0 \\ 0,5 & 0,1 & 0,2 \end{pmatrix} & \begin{matrix} K \\ L \\ M \end{matrix} \end{matrix}$$

a) Abteilung K produziert 700 Einheiten, Abteilung L 400 Einheiten und Abteilung M 800 Einheiten. Bestimmen Sie, wie viele Einheiten dann an den Markt abgegeben werden können, d. h. für den Konsum zur Verfügung stehen.

b) Seitens der Konsumenten besteht eine Nachfrage nach 97 Einheiten der Abteilung K, 98 der Abteilung L und 221 der Abteilung M.
Wie groß muss die Gesamtproduktion sein, um den Bedarf zu decken?

4.2 Übergangsprozesse

Was Sie erwartet

Wählerwanderungen, Käuferverhalten über längere Zeitperioden und Populationsentwicklungen sind Prozesse, die in der Realität sehr komplex sein können.

Um sie zu beschreiben, werden mathematische Modelle entwickelt, bei deren Berechnung Matrizen eine wichtige Rolle spielen. In solchen Modellen können langfristige Entwicklungen untersucht und möglicherweise wichtige Erkenntnisse gewonnen werden, die Grundlage von Entscheidungen und Maßnahmen sein können.

In diesem Abschnitt ist der Einsatz eines Computers (Tabellenkalkulation) oder GTR sinnvoll und für die Berechnung langfristiger Entwicklungen unentbehrlich.

Aufgaben

1 *Mäuselabyrinth*

Ein biologisches Forschungslabor will das Verhalten von Mäusen studieren. Dazu benutzt es eine Versuchsanordnung, die im Grundriss abgebildet ist. Sie besteht aus drei Räumen, die durch vier Türen miteinander verbunden sind. Die Forscher haben festgestellt, dass jede Maus innerhalb einer Minute den Raum wechselt. Dabei ist die Wahl der Tür völlig zufällig.
Zu Beginn der Untersuchung werden 18 Mäuse in Raum 1 gesetzt.

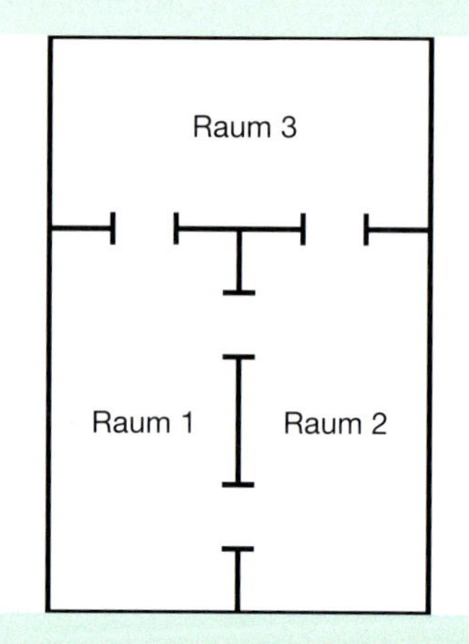

In Prof. Ratons Aufzeichnungen finden sich folgende Eintragungen:

Die Summe der Spalteneinträge in der Matrix ist jeweils 1. Woran liegt das?

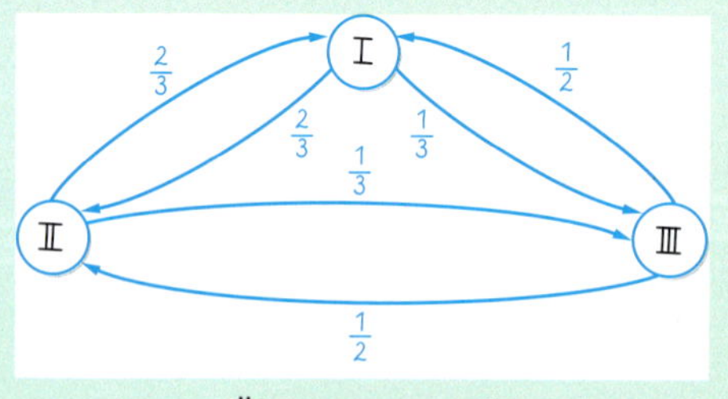

Übergangsgraph

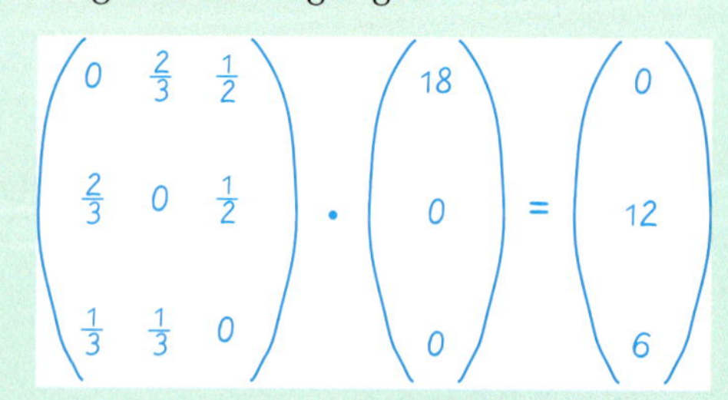

$$\begin{pmatrix} 0 & \frac{2}{3} & \frac{1}{2} \\ \frac{2}{3} & 0 & \frac{1}{2} \\ \frac{1}{3} & \frac{1}{3} & 0 \end{pmatrix} \cdot \begin{pmatrix} 18 \\ 0 \\ 0 \end{pmatrix} = \begin{pmatrix} 0 \\ 12 \\ 6 \end{pmatrix}$$

Übergangsmatrix

a) Interpretieren Sie die Aufzeichnung von Prof. Raton.
Was bedeuten die Pfeile im Übergangsgraphen? Wo finden sich die Zahlen in der Matrix wieder? Welche Bedeutung hat die Multiplikation der Matrix mit dem Vektor? Welche Bedeutung haben die beiden Vektoren?

b) Berechnen Sie, wie viele Mäuse sich nach 1, 2 beziehungsweise 3 Minuten in den einzelnen Räumen voraussichtlich aufhalten werden.
Beschreiben Sie Ihre Vorgehensweise.

Aufgaben

2 *Mittagessen im italienischen Restaurant*

Im Frankfurter Bankenviertel liegen zwei italienische Restaurants „da Franco“ und „da Mario“ direkt nebeneinander. Beide bieten einen günstigen Mittagstisch an, der von den Beschäftigten in den umliegenden Banken gerne genutzt wird.

Beobachtungen haben ergeben, dass immer 10 % der Gäste von „da Franco“ am nächsten Tag bei „da Mario“ essen, während immer 20 % der Gäste von „da Mario“ am nächsten Tag bei „da Franco“ essen.

Heute sind bei „da Franco“ 160 Gäste bedient worden, bei „da Mario“ 140 Gäste. Wie sieht die Entwicklung der Gästeanzahl in den nächsten Tagen aus?

a) Die Anzahl der Gäste für den nächsten Tag können mithilfe eines **Übergangsgraphen** bestimmt werden.

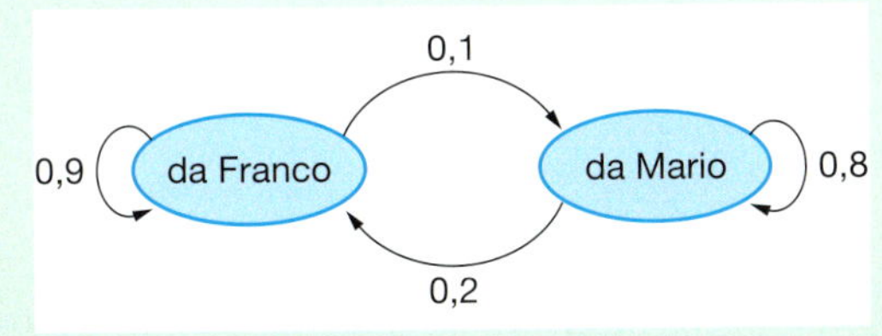

Wichtige (vereinfachende) **Modellannahme:** Der Übergangsgraph bleibt während des gesamten Prozesses unverändert.

Am nächsten Tag sind bei „da Franco“ $160 \cdot 0{,}9 + 140 \cdot 0{,}2 = 172$ Gäste und bei „da Mario“ $140 \cdot 0{,}8 + 160 \cdot 0{,}1 = 128$ Gäste zu erwarten.

Bestimmen Sie auf gleiche Weise die Gästeanzahl der beiden Restaurants für den übernächsten Tag.

b) Die Gästeanzahl für die Folgetage kann auch mithilfe einer Übergangstabelle oder Übergangsmatrix bestimmt werden.

	da Franco	da Mario
da Franco	0,9	0,2
da Mario	0,1	0,8

Gästeanzahl für den 1. Folgetag:

$$\vec{v}_1 = M \cdot \vec{v}_0 = \begin{pmatrix} 0{,}9 & 0{,}2 \\ 0{,}1 & 0{,}8 \end{pmatrix} \cdot \begin{pmatrix} 160 \\ 140 \end{pmatrix} = \begin{pmatrix} 172 \\ 128 \end{pmatrix}$$

Iteratives Verfahren zur Bestimmung der Folgeverteilungen:
$\vec{v}_1 = M \cdot \vec{v}_0$
$\vec{v}_2 = M \cdot \vec{v}_1$
usw.

M : Übergangsmatrix
$\vec{v}_0$: Anfangsverteilung/Anfangsvektor
$\vec{v}_1$: Folgeverteilung/Folgevektor am 1. Tag

Begründen Sie, wie die Übergangsmatrix aus der Tabelle entsteht.
Berechnen Sie die Gästeanzahl mithilfe der Übergangsmatrix für den 2., 3. und 4. Folgetag.

c) Anstelle der schrittweisen Berechnung können Sie für die Berechnung der Gästeanzahl an den Folgetagen auch Matrixpotenzen verwenden. Bestätigen Sie durch Vergleich mit den Ergebnissen aus b), dass sich die Gästeanzahl am 2. Tag ($\vec{v}_2$) aus $\vec{v}_2 = M^2 \cdot \vec{v}_0$ ergibt, die am 3. Tag ($\vec{v}_3$) aus $\vec{v}_3 = M^3 \cdot \vec{v}_0$, usw.

$M^2 = M \cdot M$

d) Berechnen Sie die Gästeanzahl für den 10. Folgetag mithilfe der Matrixpotenz M^{10}. Begründen Sie, warum dieser Rechenweg günstiger ist, als das in b) beschriebene Rechenverfahren.

```
[A]^10
[[.6760825083 .6478349834]
 [.3239174917 .3521650166]]
```

Basiswissen

Wichtige (vereinfachende) **Modellannahme**: Bei den hier betrachteten Prozessen bleibt die Übergangsmatrix immer gleich.

Langfristige Entwicklungen, bei denen die Übergänge über längere Zeit gleich verlaufen, lassen sich mithilfe von Übergangsmatrizen darstellen.

Übergangsprozesse mit Matrizen beschreiben

Übergangsprozesse können übersichtlich in einem Übergangsgraphen oder einer Übergangsmatrix dargestellt werden.

Beispiel: Wählerwanderung

Bei der Landtagswahl hat es für die Partei A gerade zur absoluten Mehrheit gereicht. Ergebnis der Wahl: Partei A 50 %, Partei B 40 % und Partei C 10 %.

Die nun regierende Partei A möchte wissen, ob es bei der nächsten Wahl wieder reichen wird bzw. mit welchem Ergebnis zu rechnen ist.

Zustand: Partei A, Partei B, Partei C

Übergangswahrscheinlichkeit: Die Zahlen an den Pfeilen oder in der Tabelle sind die Übergangswahrscheinlichkeiten von Zustand zu Zustand.

Übergangsgraph

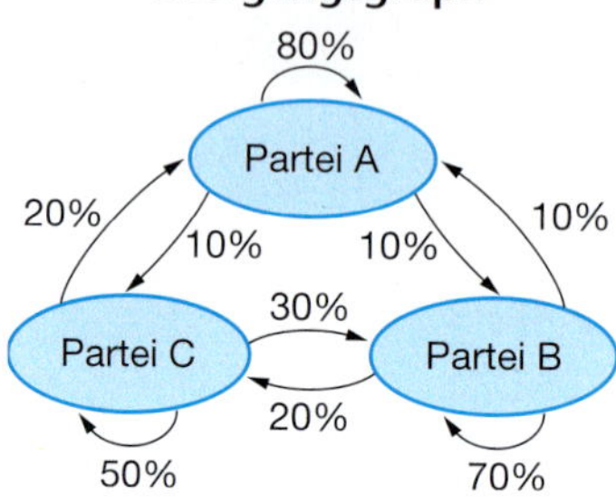

Übergangstabelle

nach \ von	Partei A	Partei B	Partei C
Partei A	0,8	0,1	0,2
Partei B	0,1	0,7	0,3
Partei C	0,1	0,2	0,5

In der Übergangstabelle sind die Wahrscheinlichkeiten zusammengefasst, mit denen eine Person bei der nächsten Wahl eine Partei wählt.

Übergangsmatrix

Die Übergangstabelle wird in eine Übergangsmatrix M übersetzt:

$$\text{Übergangsmatrix } M = \begin{pmatrix} 0{,}8 & 0{,}1 & 0{,}2 \\ 0{,}1 & 0{,}7 & 0{,}3 \\ 0{,}1 & 0{,}2 & 0{,}5 \end{pmatrix} \qquad \text{Anfangsverteilung } \vec{v}_0 = \begin{pmatrix} 0{,}5 \\ 0{,}4 \\ 0{,}1 \end{pmatrix}$$

Verteilung: Die jeweils vorhandene (absolute / relative) Verteilung auf die Zustände wird im Verteilungsvektor zusammengefasst. Die Anfangsverteilung wird auch Startverteilung genannt.

Übergangsprozesse schrittweise (iterativ)

Aufeinanderfolgende Verteilungen lassen sich durch Anwendung der Übergangsmatrix (Matrix mal Vektor) auf die vorherige Verteilung bestimmen: $\vec{v}_{n+1} = M \cdot \vec{v}_n$

Anfangsverteilung — **Übergangsmatrix anwenden** — Verteilung nächste Wahl

$$\vec{v}_0 = \begin{pmatrix} 0{,}5 \\ 0{,}4 \\ 0{,}1 \end{pmatrix} \rightarrow \vec{v}_1 = \begin{pmatrix} 0{,}8 & 0{,}1 & 0{,}2 \\ 0{,}1 & 0{,}7 & 0{,}3 \\ 0{,}1 & 0{,}2 & 0{,}5 \end{pmatrix} \cdot \begin{pmatrix} 0{,}5 \\ 0{,}4 \\ 0{,}1 \end{pmatrix} = \begin{pmatrix} 0{,}8 \cdot 0{,}5 + 0{,}1 \cdot 0{,}4 + 0{,}2 \cdot 0{,}1 \\ 0{,}1 \cdot 0{,}5 + 0{,}7 \cdot 0{,}4 + 0{,}3 \cdot 0{,}1 \\ 0{,}1 \cdot 0{,}5 + 0{,}2 \cdot 0{,}4 + 0{,}5 \cdot 0{,}1 \end{pmatrix} = \begin{pmatrix} 0{,}46 \\ 0{,}36 \\ 0{,}18 \end{pmatrix}$$

Entsprechend kann man nun mit $\vec{v}_1$ als Anfangsvektor den Verteilungsvektor $\vec{v}_2$ nach der übernächsten Wahl berechnen: $\vec{v}_2 = M \cdot \vec{v}_1$

$$\vec{v}_1 \rightarrow \vec{v}_2 = \begin{pmatrix} 0{,}8 & 0{,}1 & 0{,}2 \\ 0{,}1 & 0{,}7 & 0{,}3 \\ 0{,}1 & 0{,}2 & 0{,}5 \end{pmatrix} \cdot \begin{pmatrix} 0{,}46 \\ 0{,}36 \\ 0{,}18 \end{pmatrix} = \begin{pmatrix} 0{,}8 \cdot 0{,}46 + 0{,}1 \cdot 0{,}36 + 0{,}2 \cdot 0{,}18 \\ 0{,}1 \cdot 0{,}46 + 0{,}7 \cdot 0{,}36 + 0{,}3 \cdot 0{,}18 \\ 0{,}1 \cdot 0{,}46 + 0{,}2 \cdot 0{,}36 + 0{,}5 \cdot 0{,}18 \end{pmatrix} = \begin{pmatrix} 0{,}440 \\ 0{,}352 \\ 0{,}208 \end{pmatrix}; \ \vec{v}_2 \rightarrow \vec{v}_3; \ \ldots$$

Übergangsprozesse mit Matrixpotenz

Anstelle der schrittweisen Verteilungsbestimmung, kann $\vec{v}_n$ auch mit der Matrixpotenz M^n bestimmt werden: $\vec{v}_n = M^n \cdot \vec{v}_0$ $\quad \vec{v}_2 = M \cdot (M \cdot \vec{v}_0) = (M \cdot M) \cdot \vec{v}_0 = M^2 \cdot \vec{v}_0$

Matrixpotenz: $M^n = M \cdot M \cdot \ldots \cdot M$

$$\vec{v}_2 = M^2 \cdot \vec{v}_0 = \begin{pmatrix} 0{,}8 & 0{,}1 & 0{,}2 \\ 0{,}1 & 0{,}7 & 0{,}3 \\ 0{,}1 & 0{,}2 & 0{,}5 \end{pmatrix}^2 \cdot \begin{pmatrix} 0{,}5 \\ 0{,}4 \\ 0{,}1 \end{pmatrix} = \begin{pmatrix} 0{,}67 & 0{,}19 & 0{,}29 \\ 0{,}18 & 0{,}56 & 0{,}38 \\ 0{,}15 & 0{,}25 & 0{,}33 \end{pmatrix} \cdot \begin{pmatrix} 0{,}5 \\ 0{,}4 \\ 0{,}1 \end{pmatrix} = \begin{pmatrix} 0{,}440 \\ 0{,}352 \\ 0{,}208 \end{pmatrix}; \ \vec{v}_3 = M^3 \cdot \vec{v}_0; \ \ldots$$

Übungen

4201.xls
4202.xls

3 *Rent-a-Car*

Ein Autoverleih vermietet Autos der drei Firmen A, B und C. Jedes Jahr werden die Fahrzeuge durch Neuwagen ersetzt.
Im Übergangsgraphen ist die Einkaufspolitik der Firma dargestellt. Beispielsweise bedeutet die Zahl 0,3 am Pfeil von A zu B: „30 % der A-Fahrzeuge werden durch Fahrzeuge der Firma B ersetzt."

a) Stellen Sie die Situation in einer Übergangsmatrix dar.

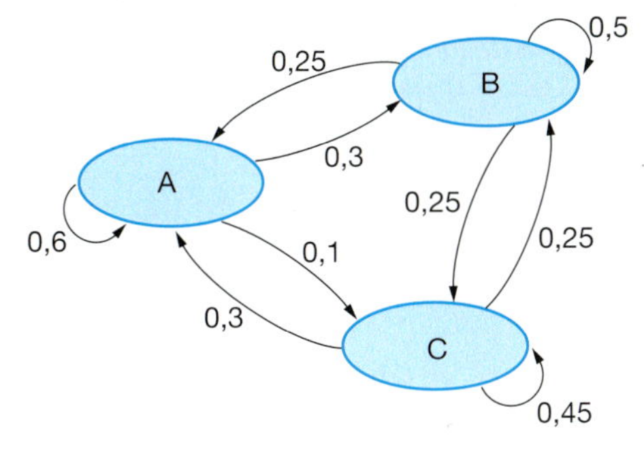

b) In Frankfurt hat der Konzern in diesem Jahr 50 Fahrzeuge von A, 40 von B und 100 von C. Berechnen Sie die Zahlen für die nächsten drei Jahre.

c) In Hamburg verfügt der Konzern über 85 Fahrzeuge von A, 76 von B und 50 von C. Berechnen Sie auch hier die Zahlen für die nächsten drei Jahre.
Interpretieren Sie das verblüffende Ergebnis.

4 *Haarwaschmittel*

Ein Hersteller von Haarwaschmitteln hat die Sorten „Goldener Glanz" (GG), „Frische und Kraft" (FK) und „Volumen Traum" (VT) im Angebot.
Das Kaufverhalten der Kunden von Monat zu Monat ist in der Tabelle dargestellt. So greifen z. B. 10 % der Kunden, die vorher „Frische und Kraft" gekauft haben, im nächsten Monat zur Sorte „Goldener Glanz".

	GG	FK	VT
GG	0,90	0,10	0,20
FK	0,05	0,70	0,20
VT	0,05	0,20	0,60

a) Zeichnen Sie den zughörigen Übergangsgraphen.

b) In diesem Monat kaufen 20 % der Kunden GG, 30 % die Sorte FK und 50 % kaufen VT. Berechnen Sie die Anteile für die nächsten drei Monate. Wie hoch sind die Anteile nach einem Jahr?

Tabellenkalkulation hilft

E3 =$A3*D$3+$B3*D$4+$C3*D$5

	A	B	C	D	E	F
1	Matrix			Monate		
2				0	1	2
3	0,9	0,1	0,2	20	31	
4	0,05	0,7	0,2	30		
5	0,05	0,2	0,6	50		

kopieren von E3 in E4 bis F5

	A	B	C	D	E	F
1	Matrix			Monate		
2				0	1	2
3	0,9	0,1	0,2	20	31	38,5
4	0,05	0,7	0,2	30	32	31,35
5	0,05	0,2	0,6	50	37	30,15

Durch weiteres Kopieren bis P5 erhält man die Entwicklung über 12 Monate.

c) Die Grafik zeigt die Entwicklung des Kundenanteils von GG während eines Jahres. Erstellen Sie entsprechende Grafiken für die Kundenanteile von FK und VT.

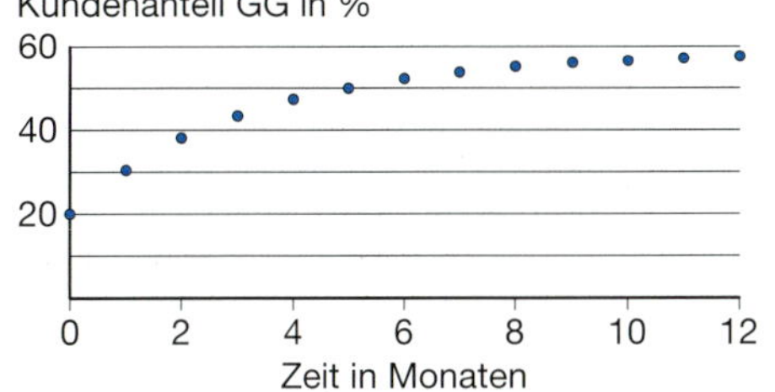

Innermathematisches Training

Übungen

5 *Verteilungen bestimmen*

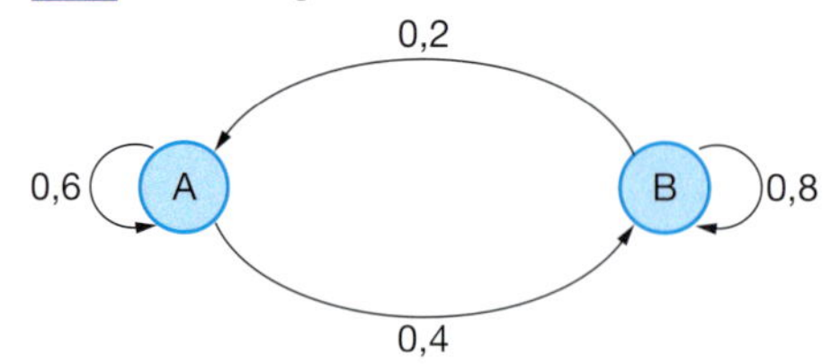

Berechnen Sie aus der Anfangsverteilung $\vec{v}_0 = \begin{pmatrix} 1 \\ 0 \end{pmatrix}$ die Verteilungen $\vec{v}_1$ und $\vec{v}_2$.

6 *Übergangsmatrix bestimmen*

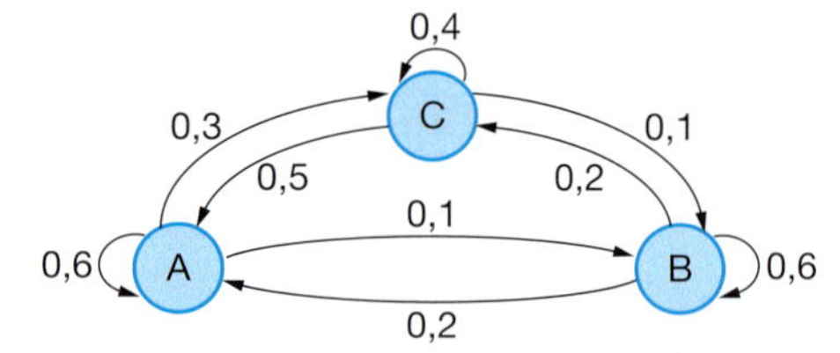

Geben Sie die Übergangsmatrix an und berechnen Sie $\vec{v}_2$, falls für die Anfangsverteilung gilt: A: 0,1; B: 0,3; C: 0,6.

7 *Verteilungen bestimmen*

$$M = \begin{pmatrix} 0{,}9 & 0 & 0{,}3 \\ 0 & 0{,}6 & 0 \\ 0{,}1 & 0{,}4 & 0{,}7 \end{pmatrix}; \ \vec{v}_0 = \begin{pmatrix} 200 \\ 400 \\ 200 \end{pmatrix}$$

Berechnen Sie $\vec{v}_1$, $\vec{v}_2$ und $\vec{v}_{10}$.

8 *Übergangsgraphen bestimmen*

$$M = \begin{pmatrix} 0{,}4 & 0 & 0{,}1 \\ 0{,}6 & 0{,}8 & 0{,}2 \\ 0 & 0{,}2 & 0{,}7 \end{pmatrix}; \ \vec{v}_0 = \begin{pmatrix} 0{,}1 \\ 0{,}6 \\ 0{,}3 \end{pmatrix}$$

Geben Sie den Übergangsgraphen an und bestimmen Sie $\vec{v}_1$.

9 *Übergangsgraphen und Matrix ergänzen*

Füllen Sie die Lücken und begründen Sie, dass die stochastische Matrix quadratisch ist.

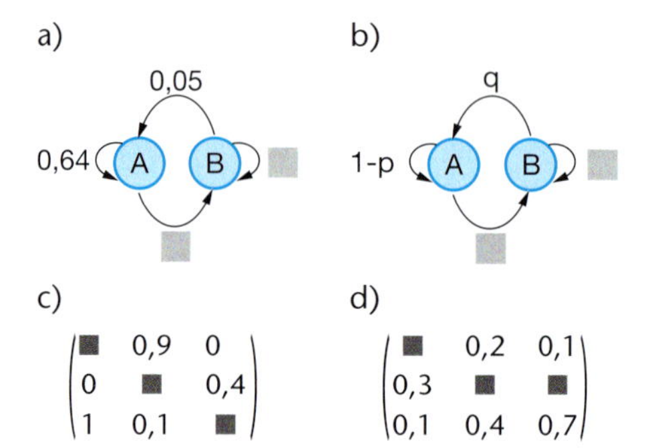

c) $\begin{pmatrix} \blacksquare & 0{,}9 & 0 \\ 0 & \blacksquare & 0{,}4 \\ 1 & 0{,}1 & \blacksquare \end{pmatrix}$

d) $\begin{pmatrix} \blacksquare & 0{,}2 & 0{,}1 \\ 0{,}3 & \blacksquare & \blacksquare \\ 0{,}1 & 0{,}4 & 0{,}7 \end{pmatrix}$

e) Überprüfen Sie bei den vorhergehenden Aufgaben, ob die Übergangsmatrizen jeweils stochastische Matrizen sind (stichprobenartig).

> **Stochastische Matrix**
> In den Übergangsgraphen und Übergangsmatrizen sind jeweils relative Häufigkeiten oder Wahrscheinlichkeiten eingetragen.
> Die Einträge in der Matrix sind alle nicht negativ (≥ 0) und die Spaltensumme beträgt jeweils 1.
>
> Eine solche quadratische Matrix heißt **stochastische Matrix**.

10 *Übergangsgraphen mit Parametern*

Ergänzen Sie am Übergangsgraphen den fehlenden Eintrag und ermitteln Sie jeweils die Werte für die Parameter a und c.

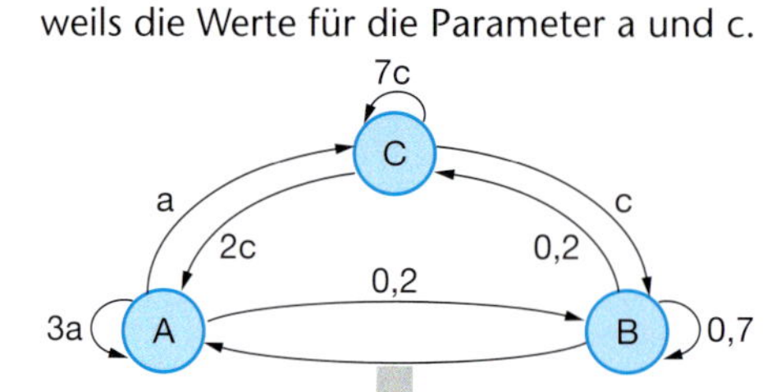

11 *Einträge gesucht*

Gegeben ist eine stochastische Matrix M. Berechnen Sie jeweils die fehlenden Einträge.

a) $\begin{pmatrix} 0{,}5 & \blacksquare \\ 0{,}5 & \blacksquare \end{pmatrix}^2 = \begin{pmatrix} 0{,}375 & \blacksquare \\ \blacksquare & \blacksquare \end{pmatrix}$

b) $\begin{pmatrix} a & c \\ b & d \end{pmatrix}^2 = \begin{pmatrix} 0{,}28 & 0{,}24 \\ \blacksquare & \blacksquare \end{pmatrix}$ mit $a + d = 1{,}2$

12 *Einmal stochastisch – immer stochastisch*

Zeigen Sie an einem selbst gewählten Beispiel, dass das Produkt zweier stochastischer (2 × 2)-Matrizen wieder eine stochastische Matrix ist. Zeigen Sie dies auch allgemein für stochastiche (2 × 2)-Matrizen. Was folgt daraus für die Matrixpotenz einer stochastischen Matrix?

Übungen

Vereinfachende **Modellannahme**: Das Wechselverhalten von Woche zu Woche verhält sich nach der Matrix W und die Gesamtzahl der Diskothekenbesucher bleibt gleich.

13 *Relative – absolute Werte*

In einer Kleinstadt gibt es drei Diskotheken, die von Jugendlichen der Stadt und den umliegenden Dörfern am Samstagabend besucht werden. Das Wechselverhalten der Jugendlichen zwischen den drei Diskotheken von Woche zu Woche lässt sich durch die Übergangsmatrix W beschreiben.

$$\begin{matrix} & D_1 & D_2 & D_3 & \\ W = & \begin{pmatrix} 0{,}8 & 0{,}2 & 0{,}2 \\ 0{,}1 & 0{,}7 & 0{,}3 \\ 0{,}1 & 0{,}1 & 0{,}5 \end{pmatrix} & & & \begin{matrix} D_1 \\ D_2 \\ D_3 \end{matrix} \end{matrix}$$

a) Übersetzen Sie die Matrix in einen Übergangsgraphen.

b) An einem Wochenende wurden 440 Besucher in Diskothek 1, 390 Besucher in Diskothek 2 und 370 Besucher in Diskothek 3 gezählt. Untersuchen Sie die Entwicklung der Besucherzahlen für die nächsten sechs Wochen. Was vermuten Sie für die langfristige Entwicklung? Überprüfen Sie Ihre Vermutung mit dem GTR.

c) An einem anderen Wochenende besuchten 40 % der Jugendlichen Diskothek 1, 35 % Diskothek 2 und 25 % Diskothek 3. Bestimmen Sie die Anteile der Jugendlichen, die an den kommenden sechs Wochenenden die einzelnen Diskotheken besuchen. Welche langfristige Entwicklung erwarten Sie?

d) Vergleichen Sie die Rechnungen aus Teil b) und c) und beschreiben Sie Gemeinsamkeiten und Unterschiede.

Relative – absolute Werte
Die Berechnung von Folgeverteilungen kann sowohl relativ (mit Anteilen) als auch mit absoluten Werten erfolgen. Aus den relativen Anteilen lassen sich bei gegebener Gesamtgröße die absoluten Werte ermitteln und umgekehrt.

4201.xls
4202.xls

14 *Verkehr*

Beim morgendlichen Berufsverkehr benutzen die Pendler entweder das eigene Auto oder den öffentlichen Personennahverkehr (ÖPNV). Eine Studie hat ergeben, dass von einem zum nächsten Monat 18 % der Autofahrer zum ÖPNV wechseln, während 5 % der Benutzer des ÖPNV wieder das eigene Auto benutzen. In diesem Monat haben 18 000 Personen das eigene Auto und 5000 den ÖPNV benutzt. Stellen Sie das Wechselverhalten in einem Übergangsgraphen und in einer Übergangsmatrix dar. Berechnen Sie die voraussichtliche Entwicklung der Nutzerzahlen in den nächsten fünf Monaten.

15 *Modellieren, wenn die Übergangsmatrix nicht gleich bleibt*

Ein Marktforschungsinstitut wurde von einem Verlag beauftragt, das Kaufverhalten der Käufer von zwei neu aufgelegten, wöchentlich erscheinenden Computerzeitschriften A und B zu untersuchen, um so Hilfen für spätere Produktions- und Vertriebsentscheidungen zu liefern.

Zu Beginn (in Woche 0) kauften 2000 Kunden die Zeitschrift A und 3000 Kunden die Zeitschrift B. Das Institut ermittelt mithilfe statistischer Untersuchungen, wie die wöchentlichen Wechsel der Käufer stattfinden.

Die Ergebnisse werden in *Übergangstabellen* festgehalten.

Anfangsentwicklung mit unterschiedlichen Übergangsmatrizen

Woche 0 → Woche 1

	von A	von B
zu A	79 %	5 %
zu B	21 %	95 %

Woche 1 → Woche 2

	von A	von B
zu A	75 %	6 %
zu B	25 %	94 %

Woche 2 → Woche 3

	von A	von B
zu A	83 %	4 %
zu B	17 %	96 %

a) Bestimmen Sie die Verteilung der Zeitschriften für die ersten drei Wochen.

b) Da man nicht weitere Wochenergebnisse für eine Prognose abwarten möchte, setzt das Institut eine „mittlere" Übergangsmatrix $M = \begin{pmatrix} 0{,}8 & 0{,}05 \\ 0{,}2 & 0{,}95 \end{pmatrix}$ an, die immer gleich bleibt. So wird eine langfristige Vorhersage möglich. Erstellen Sie damit eine Prognose.

Weitere Entwicklung mit gleichbleibender „mittlerer" Übergangsmatrix

Übungen

16 *Was bedeuten eigentlich die Einträge in M^n?*

a) Ermitteln Sie für den Übergangsgraphen die zugehörige Übergangsmatrix M.

b) In der Matrixpotenz $M^2 = \begin{pmatrix} 0{,}55 & 0{,}30 \\ 0{,}45 & 0{,}70 \end{pmatrix}$ beschreibt $a_{11} = 0{,}55$ den Übergang von A nach A in zwei Schritten.
Mithilfe des Übergangsgraphen findet man die zwei Wege von A nach A.

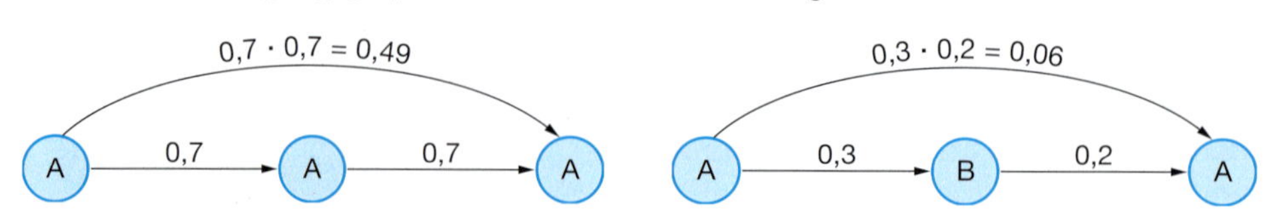

Die Summe der beiden Wahrscheinlichkeiten ergibt 0,55.
Bestätigen auf die gleiche Weise die anderen Einträge in M^2.
c) Untersuchen Sie ebenso bei M^3 die Bedeutung des Wertes a_{21}. Beschreiben Sie allgemein, welche Bedeutung die Einträge in M^n haben.

17 *Blick zurück – Inverse der Übergangsmatrix*

Bei einem Prozess, der durch die Matrix $M = \begin{pmatrix} 0{,}6 & 0{,}2 \\ 0{,}4 & 0{,}8 \end{pmatrix}$ beschrieben werden kann,

ergibt sich nach drei Zeittakten die Verteilung $\vec{v}_3 = \begin{pmatrix} 1936 \\ 4064 \end{pmatrix}$. Damit kann man jeden weiteren Zustand berechnen.
Aber wie sieht es mit den ersten drei Verteilungen aus? Hier hilft die Inverse.
a) Ermitteln Sie mit M^{-1} die drei vorherigen Verteilungen $\vec{v}_1$, $\vec{v}_2$, $\vec{v}_3$.
b) Julian meint: „Der Blick in die Vergangenheit ist doch einfach! Man muss nur die bekannten Regeln zum Lösen einer Gleichung auch bei Matrizen anwenden, also $\vec{v}_3 = M \cdot \vec{v}_2$ |:M. Schon hat man die Verteilung $\vec{v}_2$. Zwei weitere Schritte, dann hat man den Anfangszustand."
Was meinen Sie zu dieser Argumentation?

[A]⁻¹

$\begin{bmatrix} 2 & -.5 \\ -1 & 1.5 \end{bmatrix}$

Genauere Informationen zur Inversen finden Sie auf Seite 162.

18 *Forellenteiche*

Drei Teiche T_1, T_2 und T_3 sind miteinander verbunden. Die Forellen, die darin leben, wechseln ab und zu den Teich. Aufgrund der Strömungsverhältnisse sind Wechsel von T_1 nach T_3 und von T_3 nach T_2 nicht möglich. Die wöchentliche Fischwanderung ist in der Tabelle dargestellt.

nach \ von	T_1	T_2	T_3
T_1	0,9	0,1	0,1
T_2	0,1	0,8	0
T_3	0	0,1	0,9

Am Ende der Angelsaison Anfang November waren die drei Teiche leergefischt und es werden in jeden Teich 300 einjährige Forellen ausgesetzt.
Wir gehen von einem vereinfachten Modell aus, in dem sich die Gesamtanzahl der Forellen bis zur neuen Angelsaison Anfang Mai nicht ändert.
a) Bestimmen Sie die Verteilungen für die ersten drei Wochen.
b) Wie geht es weiter? In der Grafik sind die Verteilungen bis zur 26. Woche dargestellt. Interpretieren Sie die Grafik und bestätigen Sie die Werte für die letzten Wochen.

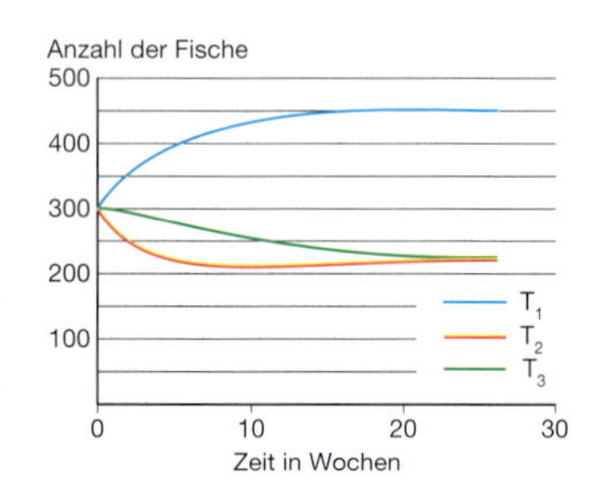

4201.xls
4202.xls

Basiswissen

Bei vielen Problemen stellt sich im Laufe des Prozesses eine stabile Verteilung ein.

Langfristige Entwicklung und stabile Verteilung

Stabile Verteilung: Bei Anwenden der Matrix M ändert sch der Verteilungsvektor nicht mehr: $M \cdot \vec{v} = \vec{v}$

$$\begin{pmatrix} 0,9 & 0,1 & 0,1 \\ 0,1 & 0,8 & 0 \\ 0 & 0,1 & 0,9 \end{pmatrix} \cdot \begin{pmatrix} 0,5 \\ 0,25 \\ 0,25 \end{pmatrix} = \begin{pmatrix} 0,5 \\ 0,25 \\ 0,25 \end{pmatrix}$$

Wie findet man eine stabile Verteilung, falls sie existiert?

Strategie A

Probieren

„hochrechnen und vermuten"

$\vec{v}_1 = M \cdot \vec{v}_0$; $\vec{v}_2 = M \cdot \vec{v}_1$;
$\vec{v}_3 = M \cdot \vec{v}_2$ usw. $\vec{v}_{n+1} = M \cdot \vec{v}_n$

Ggf. mehrere Schritte zusammenfassen: $\vec{v}_{20} = M^{20} \cdot \vec{v}_0$

Mit Rechnereinsatz kommt man nach einigen Schritten zu einer Vermutung, die mit $M \cdot \vec{v} = \vec{v}$ bestätigt oder verworfen wird.

Mit $\vec{v}_0 = \begin{pmatrix} 120 \\ 280 \\ 100 \end{pmatrix}$ folgt: $\vec{v}_1 = \begin{pmatrix} 146 \\ 236 \\ 118 \end{pmatrix}$, $\vec{v}_2 = \begin{pmatrix} 166,8 \\ 203,4 \\ 129,8 \end{pmatrix}$

$$\begin{pmatrix} 0,9 & 0,1 & 0,1 \\ 0,1 & 0,8 & 0 \\ 0 & 0,1 & 0,9 \end{pmatrix} \cdot \begin{pmatrix} 0,5 \\ 0,25 \\ 0,25 \end{pmatrix} = \begin{pmatrix} 0,5 \\ 0,25 \\ 0,25 \end{pmatrix}$$

$$\vec{v}_{20} = M^{20} \cdot \vec{v}_0 = \begin{pmatrix} 248,50 \\ 123,04 \\ 128,45 \end{pmatrix}; \quad \vec{v}_{50} = M^{50} \cdot \vec{v}_0 = \begin{pmatrix} 249,99 \\ 124,99 \\ 125,01 \end{pmatrix}$$

$$\vec{v}_{100} = M^{100} \cdot \vec{v}_0 = \begin{pmatrix} 250 \\ 125 \\ 125 \end{pmatrix}$$

Strategie B

Gleichungssystem lösen

Die Gleichung $M \cdot \vec{v} = \vec{v}$ lösen.

$$\begin{pmatrix} 0,9 & 0,1 & 0,1 \\ 0,1 & 0,8 & 0 \\ 0 & 0,1 & 0,9 \end{pmatrix} \cdot \begin{pmatrix} x \\ y \\ z \end{pmatrix} = \begin{pmatrix} x \\ y \\ z \end{pmatrix}$$

Dies führt zu einem LGS.

$$\begin{aligned} 0,9x + 0,1y + 0,1z &= x \\ 0,1x + 0,8y &= y \\ 0,1y + 0,9z &= z \end{aligned}$$

Da zusätzlich $x + y + z = 1$ gilt (stochastische Matrix), ist die Lösung eindeutig.

Lösung: $x = 2z$ und $y = z$
$x = 0,5 \quad y = 0,25 \quad z = 0,25$

Strategie C

Grenzmatrix vermuten

Die Stabilisierung zeigt sich auch an der Matrixpotenz.

$$M^4 = \begin{pmatrix} 0,7048 & 0,2952 & 0,2952 \\ 0,2500 & 0,4548 & 0,0452 \\ 0,0452 & 0,2500 & 0,6596 \end{pmatrix}$$

Vermuten einer Grenzmatrix mit hoher Matrixpotenz

$$M^8 = \begin{pmatrix} 0,5838\ldots & 0,4161\ldots & 0,4161\ldots \\ 0,2919\ldots & 0,2919\ldots & 0,1241\ldots \\ 0,1241\ldots & 0,2919\ldots & 0,4597\ldots \end{pmatrix}$$

$$M^{32} = \begin{pmatrix} 0,5003\ldots & 0,4996\ldots & 0,4996\ldots \\ 0,2513\ldots & 0,2490\ldots & 0,2482\ldots \\ 0,2482\ldots & 0,2513\ldots & 0,2521\ldots \end{pmatrix}$$

Die Einzeleinträge in den Matrixpotenzen bilden jeweils eine Folge, die einen Grenzwert hat.

Vermutung: $\lim\limits_{n \to \infty} M^n = \begin{pmatrix} 0,5 & 0,5 & 0,5 \\ 0,25 & 0,25 & 0,25 \\ 0,25 & 0,25 & 0,25 \end{pmatrix}$

Die stabile Verteilung ist unabhängig von der Startverteilung.

Anwenden der Grenzmatrix auf Anfangsverteilung liefert

$$\begin{pmatrix} 0,5 & 0,5 & 0,5 \\ 0,25 & 0,25 & 0,25 \\ 0,25 & 0,25 & 0,25 \end{pmatrix} \cdot \begin{pmatrix} a \\ b \\ 1-a-b \end{pmatrix} = \begin{pmatrix} 0,5 \\ 0,25 \\ 0,25 \end{pmatrix}$$

Interessante Feststellung im Beispiel:
Die Spalten der „Grenzmatrix" entsprechen der stabilen Verteilung.

Nicht zu jeder stochastischen Übergangsmatrix gibt es genau eine stabile Verteilung und nicht jede Übergangsmatrix hat eine „Grenzmatrix".

Dies gilt immer, wenn genau eine stabile Verteilung existiert.

Beispiel

Raum 1
Raum 2
Raum 4
Raum 3

A *Mäuselabyrinth*

In einem Labor soll das Verhalten von Mäusen untersucht werden. Die Forscher benutzen die im Bild dargestellte Anordnung. Sie überlegen sich zunächst, wie sich die Verteilungen entwickeln werden, wenn sich die Mäuse folgendermaßen verhalten:

- Die Mäuse wechseln innerhalb einer Minute auf jeden Fall durch eine der Türen in einen angrenzenden Raum.
- Die Wahl der Türen ist zufällig.

Zu Beginn der Untersuchung werden in jeden Raum 20 Mäuse gesetzt.
Es gibt eine stabile Verteilung. Bestimmen Sie diese mit den verschiedenen Strategien.
Wie verteilen sich die 80 Mäuse demnach langfristig?

Lösung: Text übersetzen

Übergangsgraph

Raum 1 → Raum 2: 50%; Raum 2 → Raum 1: 50%; Raum 3 → Raum 1: 50%; Raum 3 → Raum 2: 50%; Raum 1 → Raum 3: 25%...

Übergangstabelle

	Raum 1	Raum 2	Raum 3	Raum 4
Raum 1	0	0,5	0,25	0
Raum 2	0,5	0	0,25	0
Raum 3	0,5	0,5	0	1
Raum 4	0	0	0,5	0

Übergangsmatrix

$$M = \begin{pmatrix} 0 & 0,5 & 0,25 & 0 \\ 0,5 & 0 & 0,25 & 0 \\ 0,5 & 0,5 & 0 & 1 \\ 0 & 0 & 0,5 & 0 \end{pmatrix}$$

Strategie A – Probieren

```
[A]^50*[B]
[16.00004999]
[16.00004999]
[31.99973823]
[16.00016178]
```

$$\vec{v_1} = M \cdot \begin{pmatrix} 20 \\ 20 \\ 20 \\ 20 \end{pmatrix} = \begin{pmatrix} 15 \\ 15 \\ 40 \\ 10 \end{pmatrix}; \quad \vec{v_2} = M^2 \cdot \begin{pmatrix} 20 \\ 20 \\ 20 \\ 20 \end{pmatrix} = \begin{pmatrix} 17,5 \\ 17,5 \\ 25 \\ 20 \end{pmatrix}; \quad \vec{v_{15}} = M^{15} \cdot \begin{pmatrix} 20 \\ 20 \\ 20 \\ 20 \end{pmatrix} = \begin{pmatrix} 15,92 \\ 15,92 \\ 32,44 \\ 15,7 \end{pmatrix}; \quad \vec{v_{30}} = \begin{pmatrix} 16,00 \\ 16,00 \\ 31,98 \\ 16,01 \end{pmatrix}$$

Vermutung: Die stabile Verteilung ist $\begin{pmatrix} 16 \\ 16 \\ 32 \\ 16 \end{pmatrix}$. Bestätigung: $\begin{pmatrix} 0 & 0,5 & 0,25 & 0 \\ 0,5 & 0 & 0,25 & 0 \\ 0,5 & 0,5 & 0 & 1 \\ 0 & 0 & 0,5 & 0 \end{pmatrix} \cdot \begin{pmatrix} 16 \\ 16 \\ 32 \\ 16 \end{pmatrix} = \begin{pmatrix} 16 \\ 16 \\ 32 \\ 16 \end{pmatrix}$

Strategie
Gleichungssystem lösen

Strategie B – Gleichungssystem lösen

Gesucht sind Zahlen x, y, z und w, welche die Bedingung unten erfüllen. Gelöst wird das Gleichungssystem mit dem Gauß-Algorithmus.

Gleichungssystem	umgeformte Matrix	Diagonalform	Interpretation
$\begin{pmatrix} 0 & 0,5 & 0,25 & 0 \\ 0,5 & 0 & 0,25 & 0 \\ 0,5 & 0,5 & 0 & 1 \\ 0 & 0 & 0,5 & 0 \end{pmatrix} \cdot \begin{pmatrix} x \\ y \\ z \\ w \end{pmatrix} = \begin{pmatrix} x \\ y \\ z \\ w \end{pmatrix}$	$\begin{pmatrix} -1 & 0,5 & 0,25 & 0 & 0 \\ 0,5 & -1 & 0,25 & 0 & 0 \\ 0,5 & 0,5 & -1 & 1 & 0 \\ 0 & 0 & 0,5 & -1 & 0 \end{pmatrix}$	$\begin{pmatrix} 1 & 0 & 0 & -1 & 0 \\ 0 & 1 & 0 & -1 & 0 \\ 0 & 0 & 1 & -2 & 0 \\ 0 & 0 & 0 & 0 & 0 \end{pmatrix}$	$x = w$ $y = w$ $z = 2w$

Eine stabile Verteilung erhält man mit $x = w$, $y = w$ und $z = 2w$.
Die 80 Mäuse verteilen sich langfristig so: Je 16 Mäuse (20 %) in die Räume 1, 2, und 4 und 32 Mäuse (40 %) in den Raum 3.

Strategie
Grenzmatrix vermuten

Strategie C – Grenzmatrix vermuten

$$M^{10} = \begin{pmatrix} 0,205 & 0,2041 & 0,1879 & 0,2148 \\ 0,2041 & 0,205 & 0,1879 & 0,2148 \\ 0,3759 & 0,3759 & 0,4628 & 0,3222 \\ 0,2148 & 0,2148 & 0,1611 & 0,248 \end{pmatrix}; \quad M^{30} = \begin{pmatrix} 0,2 & 0,2 & 0,1998 & 0,2002 \\ 0,2 & 0,2 & 0,1998 & 0,2002 \\ 0,3996 & 0,3996 & 0,4009 & 0,3988 \\ 0,2002 & 0,2002 & 0,1994 & 0,2006 \end{pmatrix};$$

$$M^{100} = \begin{pmatrix} 0,2 & 0,2 & 0,2 & 0,2 \\ 0,2 & 0,2 & 0,2 & 0,2 \\ 0,4 & 0,4 & 0,4 & 0,4 \\ 0,2 & 0,2 & 0,2 & 0,2 \end{pmatrix}$$

In den Spalten der Matrix steht jeweils die stabile Verteilung, allerdings in relativen Häufigkeiten. Die entsprechenden absoluten Häufigkeiten bei insgesamt 80 Mäusen sind (16; 16; 32; 16).

Die Unabhängigkeit von der Anfangsverteilung wird auch durch das Anwenden der Grenzmatrix auf eine andere Anfangsverteilung bestätigt:

$$\begin{pmatrix} 0,2 & 0,2 & 0,2 & 0,2 \\ 0,2 & 0,2 & 0,2 & 0,2 \\ 0,4 & 0,4 & 0,4 & 0,4 \\ 0,2 & 0,2 & 0,2 & 0,2 \end{pmatrix} \cdot \begin{pmatrix} 30 \\ 15 \\ 25 \\ 10 \end{pmatrix} = \begin{pmatrix} 16 \\ 16 \\ 32 \\ 16 \end{pmatrix}$$

Übungen

19 *Autovermieter*

Für einen Autovermieter mit drei Standorten gilt für den wöchentlichen Wechsel der nebenstehende Übergangsgraph (H: Hannover, B: Braunschweig, G: Göttingen).
An einem Tag stehen 50 % der Fahrzeuge in Hannover und je 25 % an den beiden anderen Standorten. Untersuchen Sie die langfristige Entwicklung. Gibt es eine stabile Verteilung?

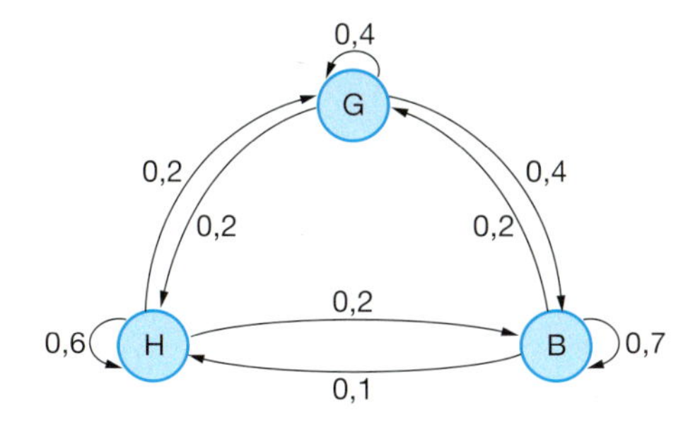

20 *Marktanalyse*

Ein Marktforschungsinstitut hat das Kaufverhalten der Leser von konkurrierenden Zeitschriften (Gala und Scala) untersucht, die einmal im Monat erscheinen.
Dabei hat sich herausgestellt, dass 90 % der Gala-Leser beim nächsten Mal wieder Gala lesen, während 8 % der Scala-Leser beim nächsten Mal die Zeitschrift Gala kaufen.

	Gala	Scala
Gala	0,90	0,08
Scala	0,10	0,92

Im letzten Monat haben 12 000 Leser „Gala“ und 6 000 Leser „Scala“ gekauft.
Wie ist die langfristige Entwicklung, wenn das Käuferverhalten wie in der Tabelle bleibt.
Stellt sich eine stabile Verteilung ein?

21 *Forschungslabor*

Ein biologisches Forschungslabor will das Verhalten von Mäusen studieren. Dazu benutzt es eine Versuchsanordnung, die im Grundriss abgebildet ist. Sie besteht aus vier Räumen, die durch Türen miteinander verbunden sind.

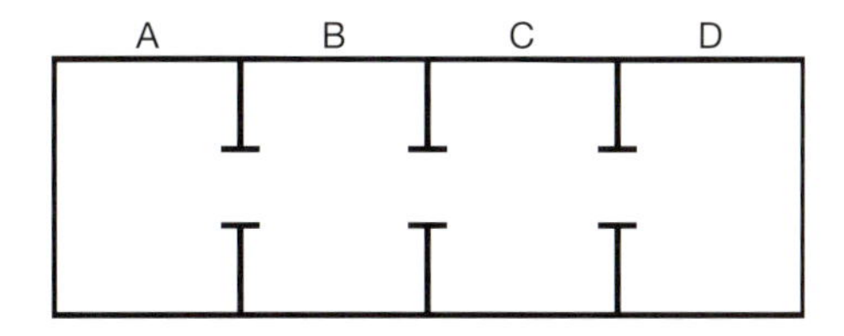

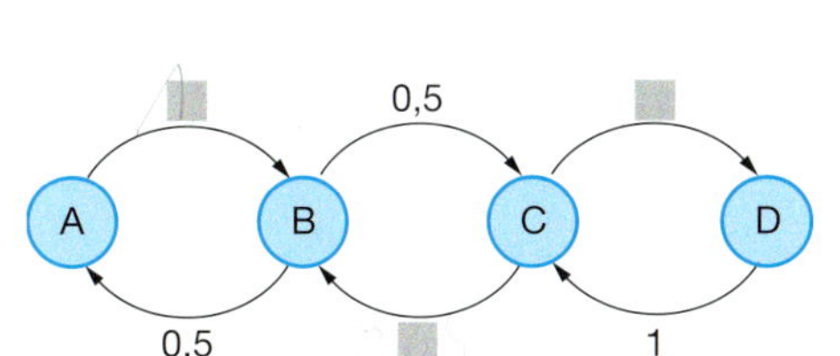

Die Forscher haben festgestellt, dass jede Maus innerhalb einer Minute in den Nachbarraum wechselt. Dabei ist die Wahl des linken oder rechten Nachbarraums zufällig.

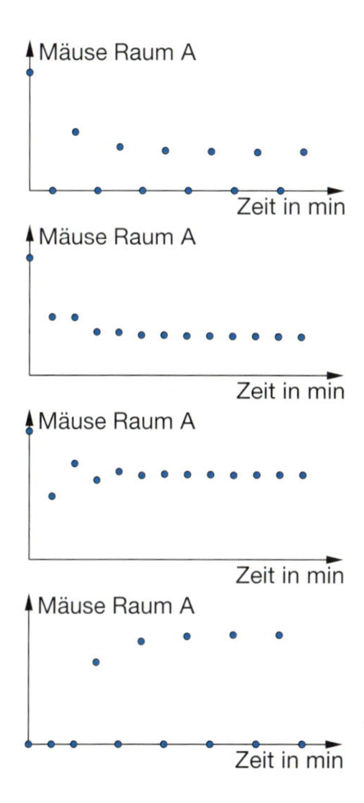

a) Am Anfang setzen die Forscher 30 Mäuse in Raum A und 30 Mäuse in Raum B. Zeigen Sie, dass sich langfristig eine stabile Verteilung einstellt.
b) Diese stabile Verteilung lässt sich auch in einer Grafik darstellen. Welche der nebenstehenden Grafiken beschreibt die Situation?
c) Weisen Sie nach, dass sich die Population langfristig anders entwickelt, wenn Sie alle 60 Mäuse in den Raum A setzen (Hinweis: Multiplizieren Sie den Anfangsvektor mit M^{30}, M^{31}, ...). Zeigen Sie, dass es keine Grenzmatrix gibt. Welche Grafik beschreibt diese Situation?
d) Die beiden anderen Grafiken gehören zu den Anfangsverteilungen $\begin{pmatrix} 15 \\ 15 \\ 15 \\ 15 \end{pmatrix}$ und $\begin{pmatrix} 0 \\ 0 \\ 0 \\ 60 \end{pmatrix}$. Ordnen Sie zu.

Innermathematisches Training

Übungen

22 *Grenzmatrix bestimmen*
Bestimmen Sie zu der Übergangsmatrix

$$M = \begin{pmatrix} 0,9 & 0,2 \\ 0,1 & 0,8 \end{pmatrix}$$

die Matrixpotenzen M^2 sowie M^{10} und ermitteln Sie die Grenzmatrix.

23 *Grenzmatrix bestimmen*
Ermitteln Sie die Grenzmatrix.

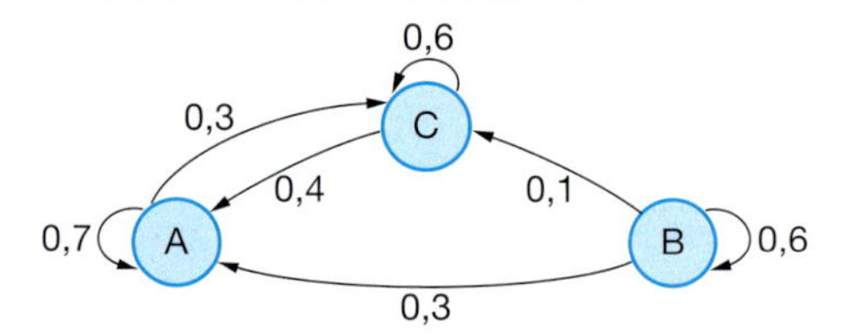

24 *Vektor für stabile Verteilung*
a) Gegeben ist die folgende Übergangsmatrix M. Bestimmen Sie die zugehörige stabile Verteilung mit Spaltensumme 1.

$$M = \begin{pmatrix} 0,4 & 0,2 & 0,6 \\ 0,4 & 0,8 & 0 \\ 0,2 & 0 & 0,4 \end{pmatrix}$$

b) Zeigen Sie mithilfe zweier verschiedener Anfangsverteilungen, dass die stabile Verteilung unabhängig von der Anfangsverteilung ist.

25 *Übergangsmatrix bestimmen*
Gegeben ist die stabile Verteilung

$\vec{v} = \begin{pmatrix} 0,25 \\ 0,75 \end{pmatrix}$ sowie der unvollständige Übergangsgraph.

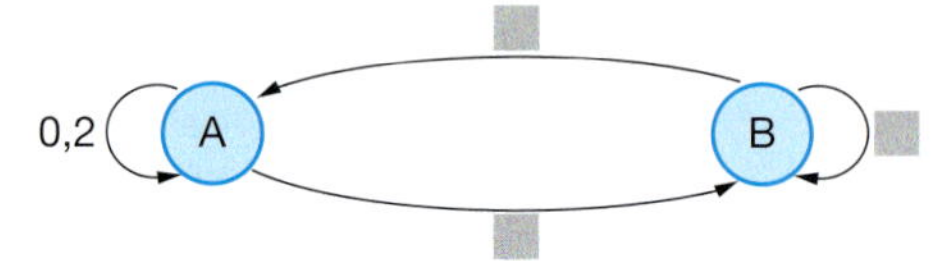

Vervollständigen Sie den Graphen und geben Sie die zugehörige Übergangsmatrix an.

26 *Langfristige Entwicklung*
Gegeben ist der nebenstehende Übergangsgraph.
Für die Anfangsverteilung gilt:
A: 245; B: 185; C: 155
Berechnen Sie die langfristige Verteilung.

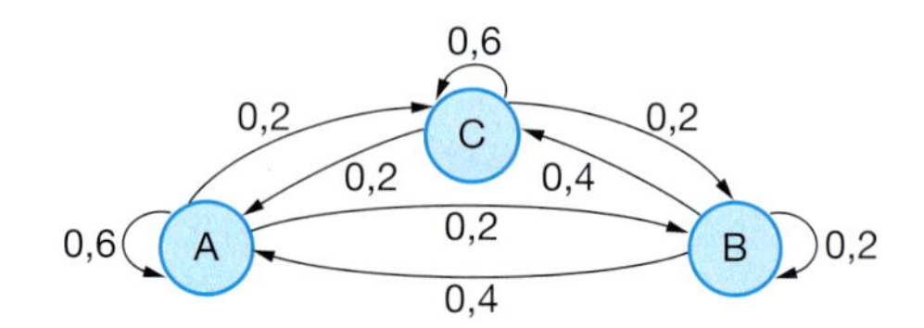

27 *Matrixpotenzen*
a) Bilden Sie jeweils die Matrixpotenzen M^2 und M^3.

$A = \begin{pmatrix} 0,1 & 0,6 \\ 0,9 & 0,4 \end{pmatrix}$ $B = \begin{pmatrix} 0,8 & 0,3 & 0 \\ 0,2 & 0,7 & 0 \\ 0 & 0 & 1 \end{pmatrix}$ $C = \begin{pmatrix} 0,8 & 0,3 & 0 \\ 0,2 & 0,7 & 1 \\ 0 & 0 & 0 \end{pmatrix}$ $D = \begin{pmatrix} 0 & 1 \\ 1 & 0 \end{pmatrix}$

$E = \begin{pmatrix} 1 & 0 & 0 \\ 0 & 1 & 0 \\ 0 & 0 & 1 \end{pmatrix}$ $F = \begin{pmatrix} 0 & 1 & 0 \\ 1 & 0 & 0 \\ 0 & 0 & 1 \end{pmatrix}$ $G = \begin{pmatrix} 0,8 & 0,3 & 0,4 \\ 0,1 & 0,6 & 0,1 \\ 0,1 & 0,1 & 0,5 \end{pmatrix}$

b) Haben alle Matrizen eine Grenzmatrix?

Wenn Sie eine Anfangsverteilung nutzen, so verwenden Sie eine Anfangsverteilung mit der Spaltensumme 1.

28 *Stabile Verteilungen – ein zweiter Blick*
Untersuchen Sie die folgenden Übergangsmatrizen auf stabile Verteilungen.

a) $\begin{pmatrix} 0,8 & 0,3 & 0,4 \\ 0,1 & 0,6 & 0,1 \\ 0,1 & 0,1 & 0,5 \end{pmatrix}$ b) $\begin{pmatrix} 0,8 & 0,3 & 0 \\ 0,2 & 0,7 & 1 \\ 0 & 0 & 0 \end{pmatrix}$ c) $\begin{pmatrix} 0,8 & 0,3 & 0 \\ 0,2 & 0,7 & 0 \\ 0 & 0 & 1 \end{pmatrix}$

GRUNDWISSEN

Welche Produkte lassen sich berechnen? Führen Sie die Multiplikation gegebenenfalls durch.

a) $\begin{pmatrix} 2 & 1 \\ 3 & 4 \end{pmatrix} \cdot \begin{pmatrix} 3 & 4 \\ 1 & 0 \\ 2 & 5 \end{pmatrix}$ b) $\begin{pmatrix} 2 & 1 \\ 3 & 4 \end{pmatrix} \cdot \begin{pmatrix} 3 \\ -1 \end{pmatrix}$ c) $\begin{pmatrix} 2 & 1 \\ 3 & 4 \end{pmatrix} \cdot (50)$

Übungen

29 *Experiment Schokolinsen*

Spielregeln:
1. Spieler A schiebt jeweils ein Drittel seiner Schokolinsen von Feld A nach Feld B.
Spieler B schiebt jeweils die Hälfte seiner Schokolinsen von Feld B nach Feld A.
2. Schieben Sie gleichzeitig.
3. Eventuell muss gerundet werden.
4. Schieben Sie erneut wie in 1.

Für das „Partnerspiel" legen Sie von 50 Schokolinsen zunächst 10 in Feld A und 40 in Feld B. Danach schieben Sie die Schokolinsen nach den Spielregeln.

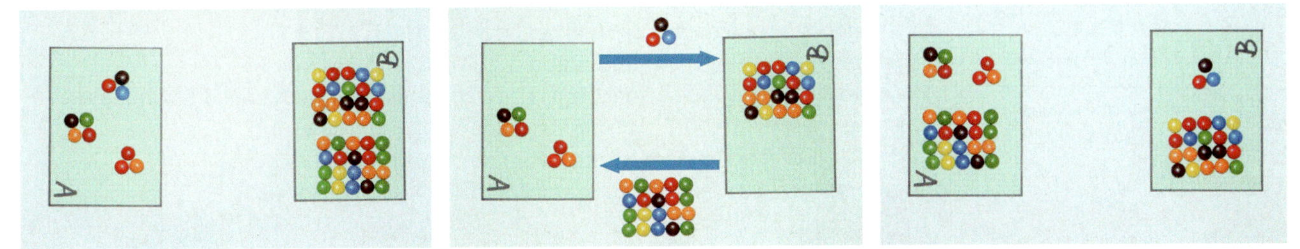

Anfangsverteilung Schieben Folgeverteilung

Spielen Sie einige Runden. Notieren Sie nach jedem Schritt jeweils die Verteilung der Schokolinsen auf die beiden Felder.

Feld A	10	27	■	■
Feld B	40	■	20	■

a) Was beobachten Sie? Vergleichen Sie mit Ihren Nachbarn.
b) Wiederholen Sie das Experiment für eine andere Anfangsverteilung der 50 Schokolinsen auf die beiden Felder. Stellen Sie eine Vermutung auf.
c) Überprüfen Sie Ihre Vermutung mit einem passenden mathematischen Modell. Stellen Sie eine Übergangsmatrix auf und berechnen Sie die Entwicklung der Schokolinsenverteilung – diesmal ohne Runden. Vergleichen Sie die Ergebnisse.

30 *Experiment Umfüllproblem*

Zwei Messzylinder A und B enthalten 800 ml bzw. 200 ml Wasser. Nun werden 30 % des Wassers von A nach B und 20 % von B nach A umgefüllt. Dazu werden zwei Zwischenbehälter verwendet. Dieser Vorgang wird nun mehrfach wiederholt.

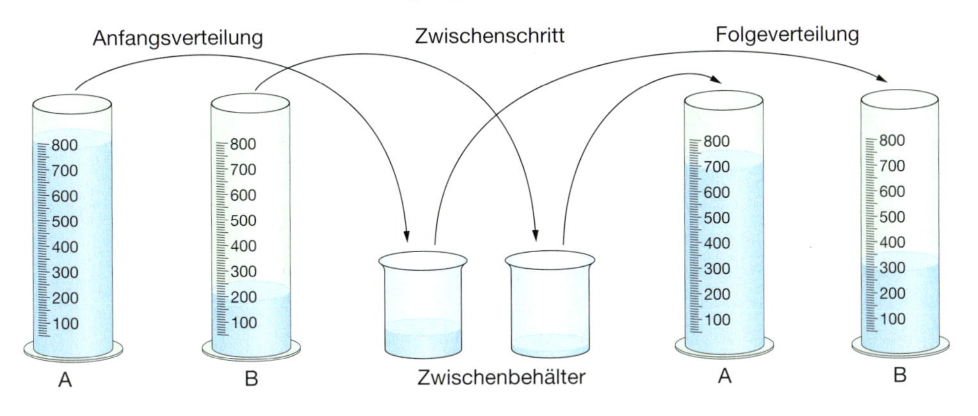

a) Wie entwickelt sich die Verteilung des Wassers in den beiden Behältern A und B und in den Zwischenbehältern? Können Sie aufgrund der ersten Schritte des Experiments eine Vermutung aufstellen?
b) Überprüfen Sie rechnerisch Ihre Vermutung mit einer geeigneten Übergangsmatrix.

Übungen

4201.xls
4202.xls

31 *Wechsel der Stromanbieter*

In einem Land gibt es vier Stromanbieter A, B, C und D. Alle Verträge gelten nur für ein Jahr und im November jeden Jahres haben die Kunden die Möglichkeit, die Verträge zu erneuern oder einen anderen Stromanbieter zu wählen. Mithilfe einer Umfrage wurde das Kundenverhalten ermittelt. Die Ergebnisse sind in der folgenden stochastischen Matrix M dargestellt.

$$M = \begin{array}{c} \begin{array}{cccc} A & B & C & D \end{array} \\ \begin{pmatrix} 0{,}60 & 0{,}10 & 0{,}10 & 0{,}05 \\ 0{,}10 & 0{,}75 & 0{,}05 & 0{,}10 \\ 0{,}05 & 0{,}10 & 0{,}80 & 0{,}15 \\ 0{,}25 & 0{,}05 & 0{,}05 & 0{,}70 \end{pmatrix} \end{array} \begin{array}{c} A \\ B \\ C \\ D \end{array}$$

a) Wie entwickelt sich die langfristige prozentuale Verteilung der Kunden auf die vier Stromanbieter?
b) Inwiefern ist das Modell nicht realistisch? Nennen Sie mindestens zwei Gründe.

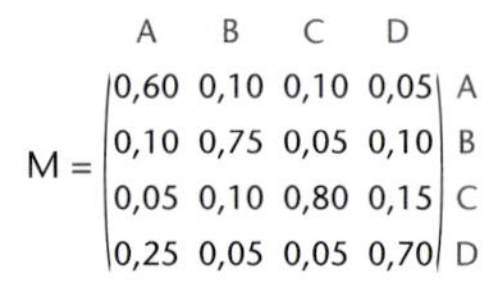

$$M = \begin{array}{c} \begin{array}{cccc} A & B & C & D \end{array} \\ \begin{pmatrix} 0{,}60 & 0{,}10 & 0{,}10 & 0{,}05 \\ 0{,}10 & 0{,}75 & 0{,}05 & 0{,}10 \\ 0{,}05 & 0{,}10 & 0{,}80 & 0{,}15 \\ 0{,}25 & 0{,}05 & 0{,}05 & 0{,}70 \end{pmatrix} \end{array} \begin{array}{c} A \\ B \\ C \\ D \end{array}$$

32 *Genauer hingeschaut – Wechsel der Stromanbieter*

a) Welches Kundenverhalten beschreibt $a_{34} = 0{,}15$ in der Matrix M?
b) Wie groß ist die Wahrscheinlichkeit, dass ein Kunde, der heute bei B Stromkunde ist,
(1) diesem Anbieter fünf aufeinander folgende Jahre treu bleibt?
(2) nach fünf Jahren wieder zu den Kunden dieses Anbieters zählt?
c) Interpretieren Sie die Bedeutung der Matrix M^{15} im Sachkontext.

33 *Psychologie*

In einem Experiment soll untersucht werden, wie schnell Mäuse lernen.
Eine Maus, die den Raum 1 aufsucht, wird mit Käse belohnt, im Raum 2 gibt es keine Belohnung. Nach den Untersuchungen gehen Forscher davon aus, dass eine Maus, die vorher Raum 1 aufgesucht hat, mit 70 %iger Wahrscheinlichkeit beim nächsten Mal wieder Raum 1 aufsucht. Eine Maus, die vorher in Raum 2 war, wird sich beim nächsten Mal mit gleicher Wahrscheinlichkeit für einen der beiden Räume entscheiden.
a) Stellen Sie den Übergangsgraphen mit den beiden Zuständen „Raum 1" und „Raum 2" auf.
b) Zu Beginn entscheiden sich von 100 Mäusen je 50 Mäuse für einen der beiden Räume. Untersuchen Sie die langfristige Entwicklung und bestimmen Sie die stabile Verteilung.
c) Wie sieht die langfristige Entwicklung aus, wenn sich anfangs 40 Mäuse für Raum 1 und 60 Mäuse für Raum 2 entscheiden?
d) In einem anderen Experiment stellen die Forscher fest, dass sich nach einiger Zeit eine stabile Verteilung einstellt: 80 % der Mäuse suchen Raum 1 auf, 20 % Raum 2. Bestimmen Sie mit diesen Angaben die Wahrscheinlichkeit p, dass eine Maus Raum 1 wieder aufsucht, wenn sie vorher schon Raum 1 aufgesucht hat.

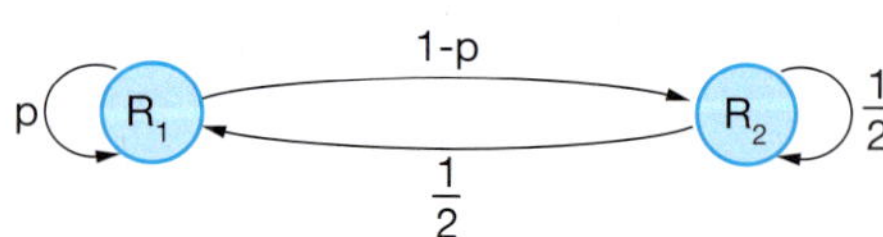

Kann man aus der langfristigen Entwicklung (stabile Verteilung) auf die Übergangswahrscheinlichkeiten schließen?

$M \cdot \vec{v} = \vec{v}$

34 *Irrfahrten*

Die Abbildung zeigt die Übergangsgraphen dreier Irrfahrten. Anfangs starten in jedem der vier Zustände E_1, E_2, E_3, E_4 gleich viele Mäuse, z. B. jeweils n = 10 Mäuse, die dann in festen Zeitabständen ihre Positionen mit den vorgegebenen Wahrscheinlichkeiten wechseln.

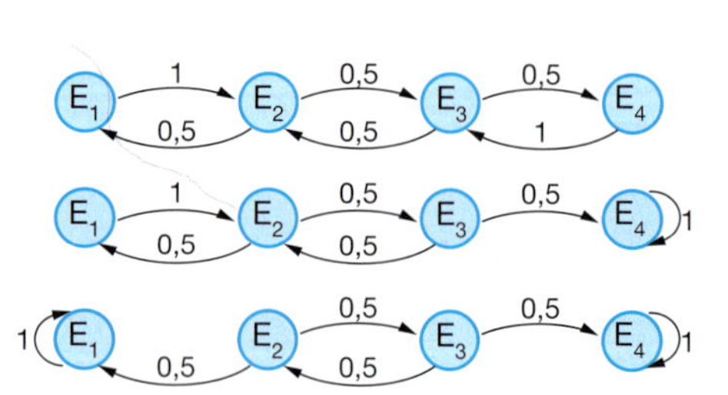

a) Stellen Sie zunächst die drei Übergangsmatrizen auf. Können Sie aus den Graphen und den Matrizen Vermutungen über die Entwicklung gewinnen?
b) Untersuchen und beschreiben Sie die langfristige Entwicklung. Gibt es eine stabile Verteilung?

Bei den Irrfahrten denken manche wahrscheinlich zuerst an die „Irrfahrten des ODYSSEUS". Hier geht es aber um eine gewisse Art von Zufallsprozessen, die sich auch mit Übergangsgraphen beschreiben lassen.

Populationsentwicklung

Übergangsmatrizen finden auch bei Modellen zur Populationsentwicklung ihre Anwendung. So kann z. B. die Entwicklung einer aus Käfern, ihren Eiern und deren Larven bestehenden Population beschrieben werden.
Die hierbei auftretenden Matrizen können anderer Art sein als die vorher betrachteten stochastischen Matrizen.

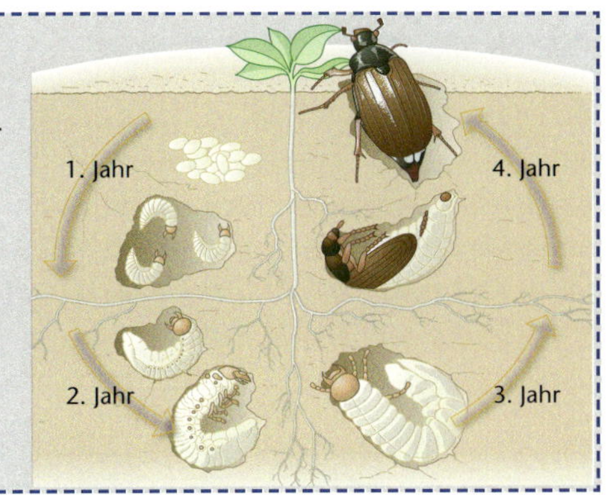

Übungen

35 *Maikäferpopulationsentwicklung mit vierjährigem Zyklus*

Maikäfer entwickeln sich über einen Zeitraum von mehreren Jahren. Aus im Boden abgelegten Eiern schlüpfen nach einigen Wochen die Larven (Engerlinge), die sich im zweiten Jahr verpuppen. Schließlich schlüpfen die Käfer Ende April des folgenden Jahres, diese legen wieder Eier und sterben danach.

	Eier	Larven	Puppen	Maikäfer
Eier	0	0	0	80
Larven	0,25	0	0	0
Puppen	0	0,25	0	0
Maikäfer	0	0	0,2	0

Man kann beobachten, dass alle drei bis vier Jahre besonders viele Käfer fliegen. In einer vereinfachten Modellannahme wird ein vierjähriger Zyklus angenommen.

a) Erklären Sie die Bedeutung der Zahlen in der Tabelle und schreiben Sie die Übergangsmatrix auf.

b) Zur Tabelle ist der Übergangsgraph angegeben. Ergänzen Sie die fehlenden Einträge.

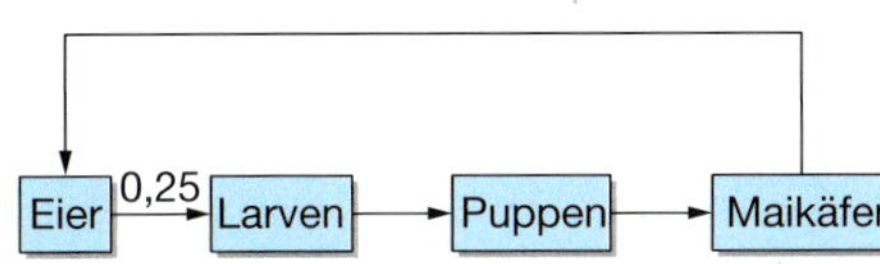
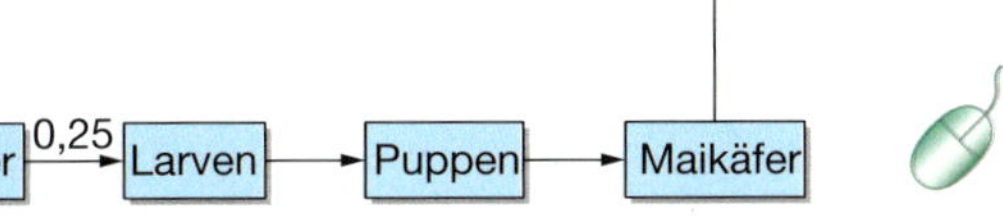

c) In der Anfangsverteilung werden 640 Eier, 240 Larven, 40 Puppen und 50 Maikäfer gezählt. Berechnen Sie die Entwicklung der Maikäferpopulation in den nächsten vier Jahren und bestimmen Sie die Matrixpotenzen bis M^4.

Bei solchen Problemen ist der GTR oder eine Tabellenkalkulation sehr hilfreich.

	A	B	C	D	E	F	G
1	Generation	0	1		3	4	5
2	Eier	640	4000				
3	Larven	240	160				
4	Puppen	40	60				
5	Maikäfer	50	8				

=80*B5
=0,25*B2
=0,25*B3
=0,2*B4

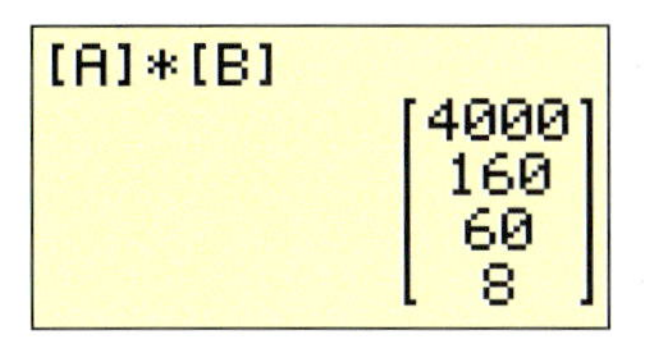

d) Mit der Tabellenkalkulation kann man auch eine grafische Darstellung erzeugen. Im Bild ist die Anzahl der Maikäfer für einen Zeitraum von 10 Jahren grafisch dargestellt. Erstellen Sie je eine Grafik für die Anzahlen der Eier, Larven und Puppen.

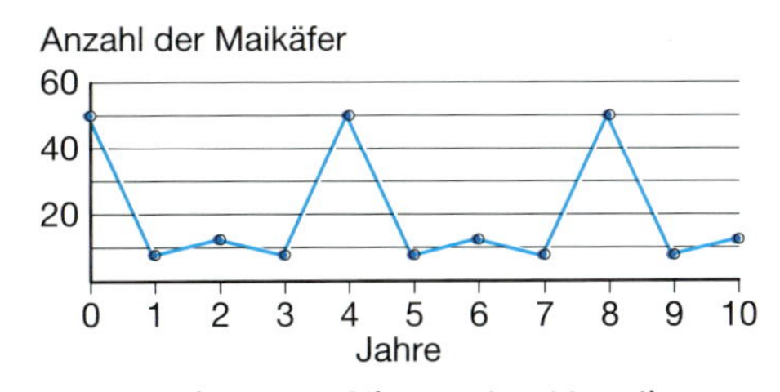

e) Experimentieren Sie auch mit anderen Anfangsverteilungen. Gibt es eine Verteilung, bei der die Zahlen von einem Jahr zum nächsten konstant bleiben (stabile Verteilung)? Im Modell wird die Zahl 80 (ein Maikäfer legt 80 Eier) durch 100 ersetzt. Wie werden sich die Anzahlen der Maikäfer in den nächsten 20 Jahren entwickeln? Verdeutlichen Sie dies in einer grafischen Darstellung.

Was passiert, wenn…

Übungen

36 *Käferpopulation mit dreimonatigem Zyklus*

Der Übergangsgraph stellt vereinfacht die Entwicklung einer Käferpopulation dar. Aus den Eiern schlüpfen nach einem Monat Larven, die nach einem weiteren Monat zu Käfern werden, die wieder nach einem Monat einmalig Eier legen.

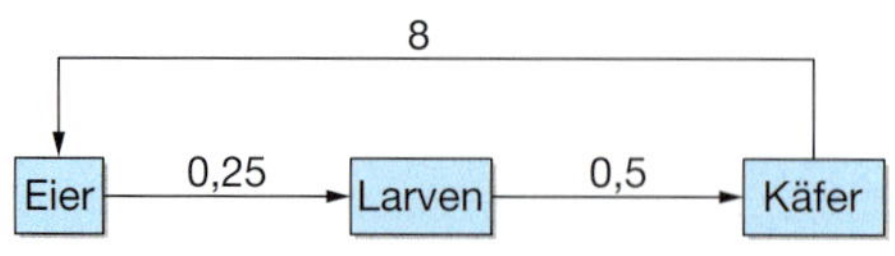

a) Erklären Sie die Bedeutung der Zahlen im Übergangsgraphen und stellen Sie die Zahlen in einer Übergangsmatrix dar.

b) Zu Beginn der Beobachtung werden 40 Eier, 20 Larven und 12 Käfer gezählt. Untersuchen Sie die Entwicklung in den nächsten fünf Monaten. Können Sie aufgrund der Ergebnisse die weitere Entwicklung beschreiben?

c) Welchen Einfluss hat die Startverteilung? Untersuchen Sie die Entwicklung in den nächsten fünf Monaten auch bei diesen Startverteilungen:
20 Eier, 50 Larven, 30 Käfer und
e Eier, l Larven, k Käfer

Zyklische Prozesse

Bei einem zyklischen Prozess wiederholen sich die Verteilungen in regelmäßigen periodischen Abständen. Wir nennen sie **zyklisch periodische Prozesse**.

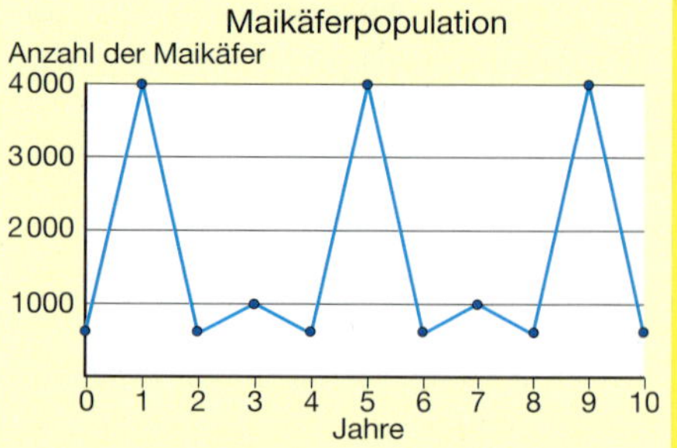

Es gibt auch zyklische Prozesse, bei denen die Gesamtpopulation wächst oder schrumpft.

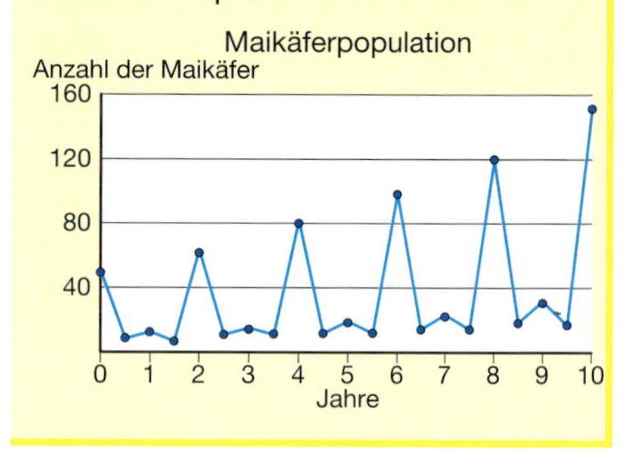

4201.xls
4202.xls

37 *Insektenpopulation*

Die Population einer Insektenart entwickelt sich in den drei Stufen E, I_1 und I_2.

a) Beschreiben Sie die im Übergangsgraphen dargestellte Entwicklung mit Ihren Worten und bestimmen Sie die Übergangsmatrix.

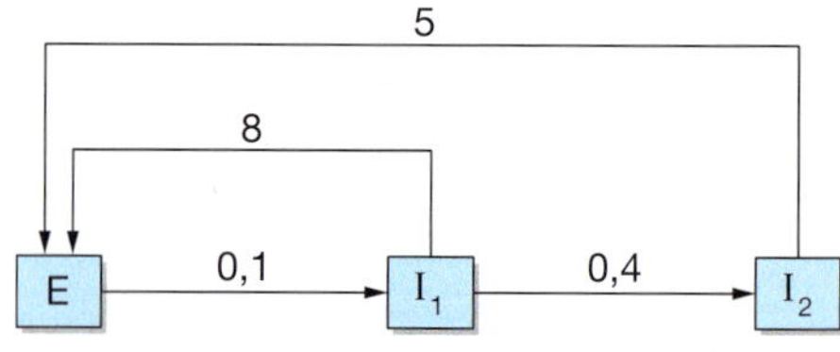

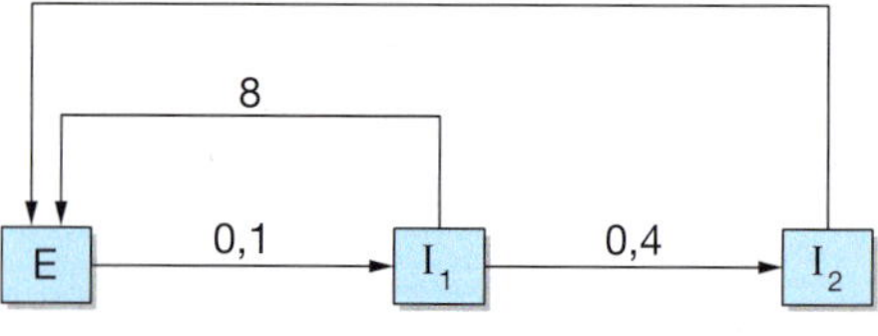

b) Anfangs gelten E = 50, $I_1 = 10$ und $I_2 = 5$. Untersuchen Sie die Entwicklung in den ersten vier Intervallen. Handelt es sich um einen zyklisch periodischen Prozess?

c) Zeigen Sie, dass es eine stabile Verteilung gibt, bei der sich die Zahlen von einem Intervall zum nächsten nicht verändern.

d) Im Übergangsgraphen wird die Zahl 8 durch die Zahl 10 ersetzt. Untersuchen Sie, ob es jetzt auch eine stabile Verteilung gibt.

38 *Käferpopulation*

Die Entwicklung einer Population wird durch den folgenden Übergangsgraphen beschrieben.

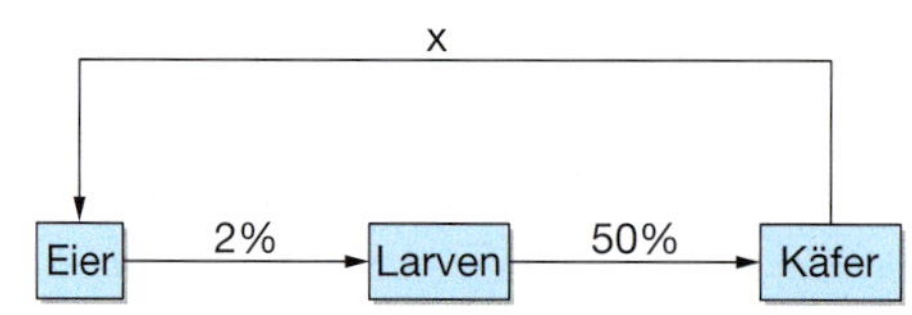

Wie muss der Wert für x gewählt werden, damit der Prozess nach drei Intervallen reproduziert wird (zyklisch periodisch)?

Zyklisch periodischer Prozess

Woran erkennt man an einer Matrix, dass ein zyklisch periodischer Prozess vorliegt?
Periodisch nach n Jahren, d.h.

$\vec{v}_n = \vec{v}_0$; $M^n \cdot \vec{v}_0 = \vec{v}_0$; $M^n = E$

Einen zyklisch periodischen Prozess erkennt man daran, dass es eine Matrixpotenz M^n mit $M^n = E$ (Einheitsmatrix) gibt.

Übungen

39 *Populationsentwicklungen*

Die Übergangsmatrizen zu Populationsentwicklungen sind angegeben.
In einem Fall stirbt die Population aus, in einem Fall entwickelt sich die Population zyklisch und in einem Fall nimmt die Population zu.
Welche Matrix gehört zu welchem Fall? Sie können die Matrixpotenzen M^3 betrachten oder eine Anfangsverteilung, z. B. $\vec{v}_0 = \begin{pmatrix} 60 \\ 40 \\ 10 \end{pmatrix}$ nutzen.

a)
$$M_1 = \begin{pmatrix} 0 & 0 & 50 \\ 0{,}1 & 0 & 0 \\ 0 & 0{,}4 & 0 \end{pmatrix}$$

b)
$$M_2 = \begin{pmatrix} 0 & 0 & 20 \\ 0{,}2 & 0 & 0 \\ 0 & 0{,}25 & 0 \end{pmatrix}$$

c)
$$M_3 = \begin{pmatrix} 0 & 0 & 25 \\ 0{,}2 & 0 & 0 \\ 0 & 0{,}1 & 0 \end{pmatrix}$$

$\begin{pmatrix} 0 & 0 & c \\ a & 0 & 0 \\ 0 & b & 0 \end{pmatrix}$

Das Produkt abc gibt Auskunft über die Entwicklung.

40 *Parameter für einen zyklisch periodischen Prozess*

Welche Bedingung muss für die Werte a, b und c gelten, damit der dargestellte zyklische Prozess periodisch wird?

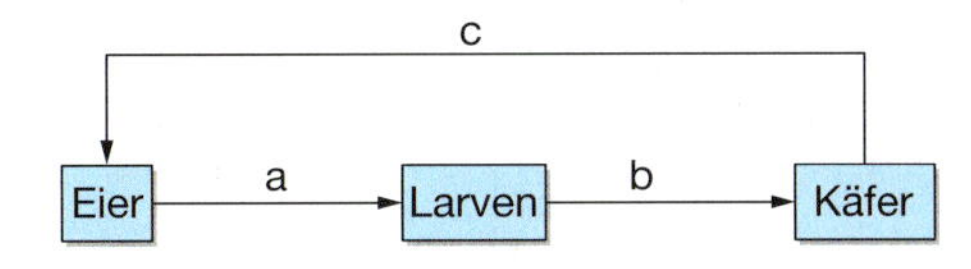

41 *Laubfrösche*

Beim Laubfrosch schlüpfen aus den Eiern Kaulquappen, die sich nach ca. zwei Jahren zu geschlechtsreifen Fröschen entwickeln. Als erwachsene Tiere im Alter von 2–4 Jahren legen die Weibchen pro Jahr etwa 20 Eier. Berücksichtigt man eine Gleichverteilung von weiblichen und männlichen Tieren innerhalb einer Population, so sind das etwa 10 Eier pro Tier und Jahr in dieser Altersgruppe.
Bei den älteren Tieren (4–6 Jahre) sinkt dieser Wert auf etwa 5 Eier pro Tier und Jahr. Älter als sechs Jahre wird ein Laubfrosch nicht.
Nur aus vier von 100 Eiern entwickelt sich ein geschlechtsreifer Laubfrosch und nur die Hälfte von diesen wird älter als vier Jahre.
Das Modell, das die Entwicklung einer Laubfroschpopulation in Zwei-Jahres-Intervallen beschreibt, ist in einem Übergangsgraphen skizziert.

4201.xls
4202.xls

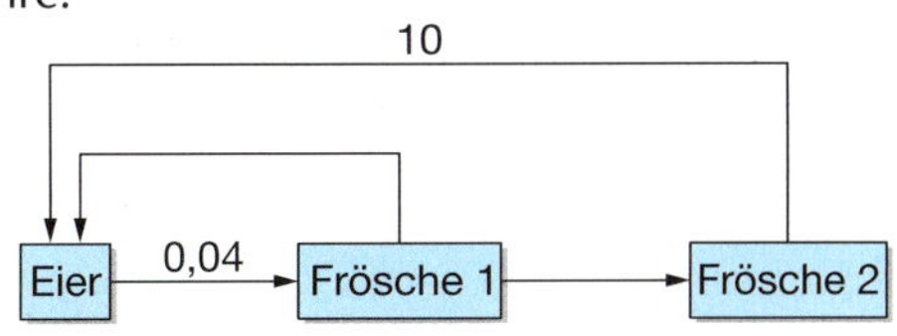

Warum kann man die Stufe der Kaulquappen weglassen?

a) Tragen Sie die fehlenden Werte im Übergangsgraphen ein. Stellen Sie die Übergangsmatrix auf.

b) In einem abgeschlossenen Biotop (es wandern keine Laubfrösche von außen hinzu) werden 100 erwachsene Laubfrösche (50 männliche, 50 weibliche) angesiedelt. Untersuchen Sie die Entwicklung.

c) Zeigen Sie, dass es eine stabile Verteilung gibt, bei der sich die Zahlen von einem Intervall zum nächsten nicht verändern.

d) Was passiert, wenn sich durch günstige Umweltbedingungen die Geburtenrate pro Tier in beiden Altersgruppen um 10 % erhöht, sich durch mehr Fressfeinde aber nur noch drei von 100 Eiern zu geschlechtsreifen Fröschen entwickeln?

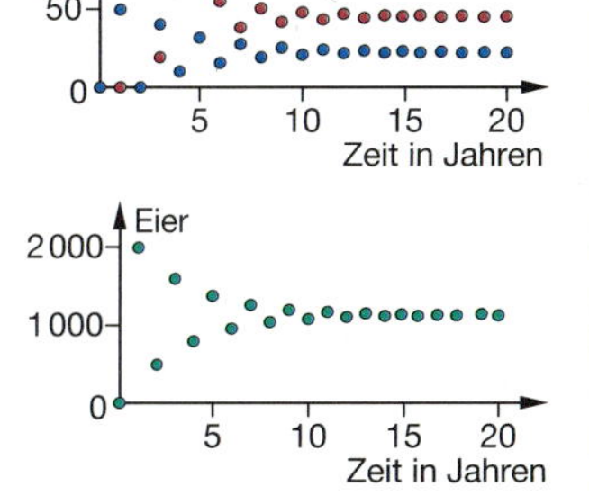

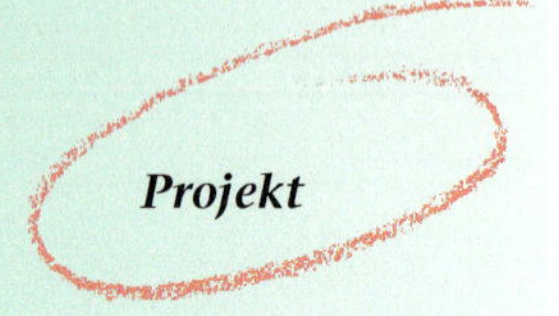

Warteschlangen

Situation

Warteschlangen sind ein häufig gestelltes Problem im Alltag. Die Theorie der Warteschlangen hilft z. B. bei der Frage, wie viele Kassen oder Telefonleitungen zur Verfügung gestellt werden sollten, damit die Wartezeit „erträglich" bleibt.
Vor einem Sessellift, der nur einige Personen befördern kann, bildet sich eine Warteschlange. Kann man den *Auf-* und *Abbau* der Warteschlange beschreiben?

Vereinfachtes Modell Warteschlange am Sessellift

In einem stark vereinfachten Modell gilt:
Ein Sessellift kann alle 30 Sekunden eine Person befördern. Innerhalb dieses Zeitraums kommen höchstens zwei Personen am Lift an. Die Zugänge erfolgen zufällig und in nicht benachbarten Zeitintervallen unabhängig voneinander.
Aus langfristigen Beobachtungen hat man die Wahrscheinlichkeiten für die Anzahl der eintreffenden Personen im Zeitintervall 30 Sekunden gewonnen.

Anzahl der eintreffenden Personen im Zeitintervall 30 Sekunden

Anzahl der Personen	0	1	2
Wahrscheinlichkeit	0,3	0,5	0,2

Dabei hat man festgestellt, dass die Schlangenlänge höchstens sechs Personen umfasst.
Als maximale Schlangenlänge werden in unserem Modell sechs Personen zugelassen.

Bearbeiten des Modells mit Hilfen

Die Übergangsmatrix hat das folgende Aussehen:

$$M = \begin{array}{c} \begin{matrix} 0 & 1 & 2 & 3 & 4 & 5 & 6 \end{matrix} \\ \begin{pmatrix} 0{,}8 & 0{,}3 & 0 & 0 & 0 & 0 & 0 \\ 0{,}2 & 0{,}5 & 0{,}3 & 0 & 0 & 0 & 0 \\ 0 & 0{,}2 & 0{,}5 & 0{,}3 & 0 & 0 & 0 \\ 0 & 0 & 0{,}2 & 0{,}5 & 0{,}3 & 0 & 0 \\ 0 & 0 & 0 & 0{,}2 & 0{,}5 & 0{,}3 & 0 \\ 0 & 0 & 0 & 0 & 0{,}2 & 0{,}5 & 0{,}3 \\ 0 & 0 & 0 & 0 & 0 & 0{,}2 & 0{,}7 \end{pmatrix} \end{array}$$

Die Zustände 0, 1, ...6 beschreiben die Schlangenlänge.
Der Eintrag $a_{11} = 0{,}8$ kommt folgendermaßen zustande:
Es kommt keine Person: 0,3
Es kommt eine Person, die gleich befördert wird: 0,5
In beiden Fällen ist die Länge der Warteschlange 0.

Anfangsverteilung

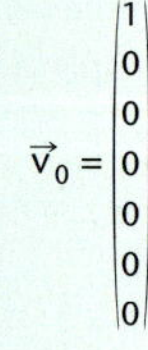

Der Übergangsgraph hilft, die Einträge in der Übergangsmatrix zu verstehen.

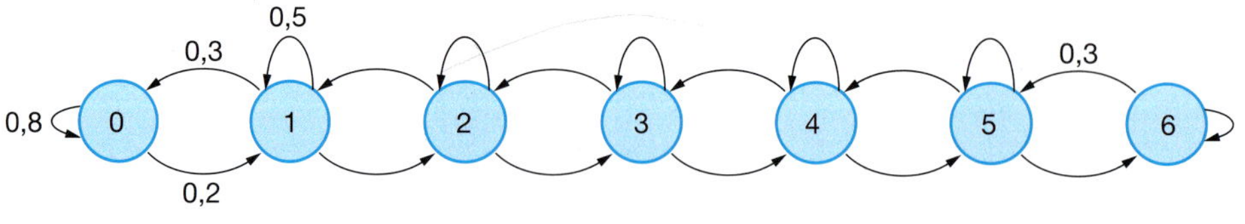

Wie muss der Übergangsgraph ergänzt werden? Erklären Sie die Matrixeinträge mithilfe des Übergangsgraphen.
Wie entwickelt sich die Länge der Warteschlange, wenn die Länge anfangs 0 ist?

Modellkritik

Welche Bedingungen werden bei realen Warteschlangen eine Rolle spielen?

Variationen

Was ändert sich,
- wenn die maximale Länge der Warteschlange auf sieben oder mehr Personen verlängert wird?
- wenn sich die oben angegebenen Wahrscheinlichkeiten für die eintreffenden Personen ändern?
- wenn bei der Anzahl der eintreffenden Personen auch drei oder vier zugelassen werden?

Tabellenkalkulation oder CAS notwendig

4.3 Geometrische Abbildungen

Was Sie erwartet

Bilder spielen bei der Nutzung von Computern eine wichtige Rolle. Die Computergrafik ist ohne Mathematik nicht möglich. Insbesondere bei bewegten Bildern sind die verschiedensten geometrischen Abbildungen von großer Bedeutung. Viele dieser Abbildungen lassen sich mithilfe von Matrizen „berechnen". Dies gelingt bei der speziellen Klasse der linearen Abbildungen auf besonders einfache und übersichtliche Weise. Auch die Hintereinanderausführung oder die Umkehrung von Abbildungen lassen sich durch Matrixoperationen (Multiplikation, Inversenbildung) beschreiben. Da der Computer diese Sprache „versteht", können wir mithilfe der heute zugänglichen Software einfache Abbildungen und bewegte Bilder selbst erzeugen.

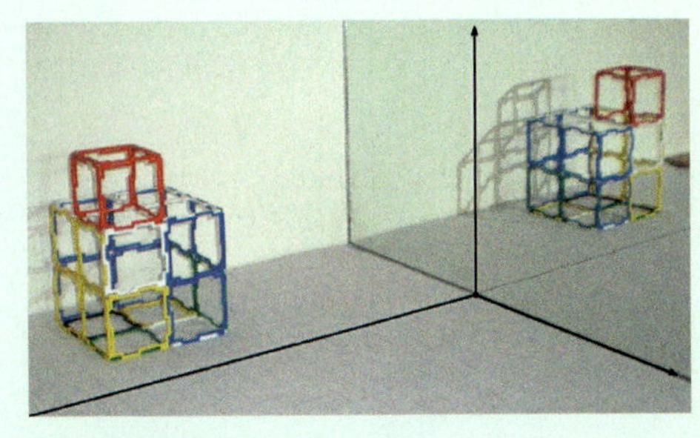

Aufgaben

1 *Bildbearbeitung*

Mit einem Bildbearbeitungsprogramm können Fotografien im Computer manipuliert werden. So können sie z. B. gedreht, gespiegelt, vergrößert oder verkleinert werden.

Aber wie wird das realisiert?

Im Computer werden die einzelnen Punkte mit Zahlenpaaren dargestellt, zum Beispiel A = (4|3), B = (2|4) und C = (−2|−1). Wenn das Bild um 180° gedreht wird, wird zu jedem Punkt ein Bildpunkt berechnet und dargestellt.

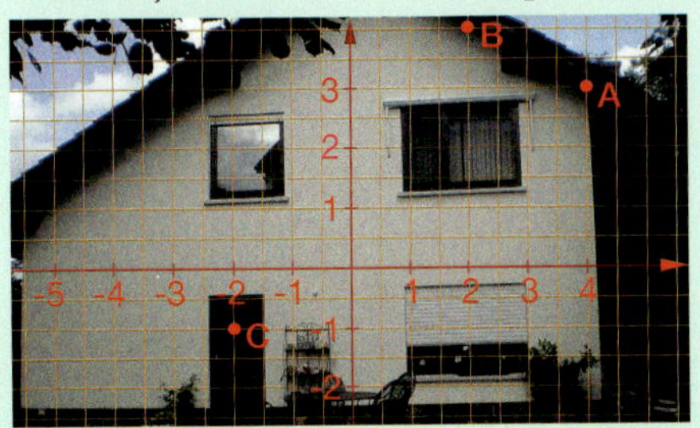

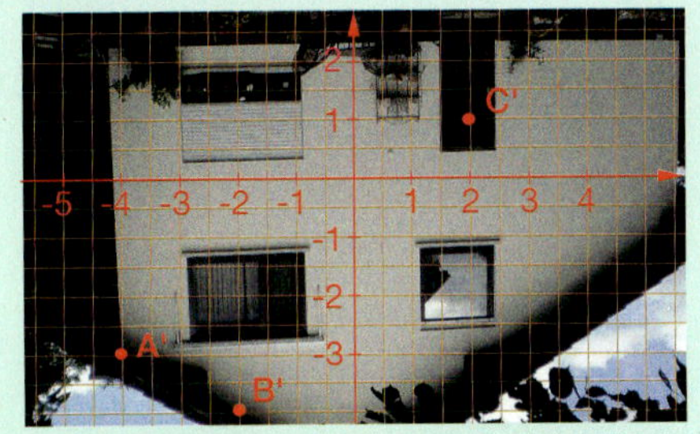

a) Bestimmen Sie die Koordinaten der Bildpunkte A′, B′ und C′ und formulieren Sie eine Abbildungsvorschrift in der Form:
„Zum Punkt P gehört der Bildpunkt P′" mit $\vec{p} = \begin{pmatrix} x_1 \\ x_2 \end{pmatrix}$ und $\vec{p}\,' = \begin{pmatrix} x_1' \\ x_2' \end{pmatrix}$.

b) Zeigen Sie, dass sich der Punkt P′ auch durch eine Matrix-Vektor-Multiplikation berechnen lässt: $\vec{p}\,' = \begin{pmatrix} x_1' \\ x_2' \end{pmatrix} = \begin{pmatrix} -1 & 0 \\ 0 & -1 \end{pmatrix} \cdot \begin{pmatrix} x_1 \\ x_2 \end{pmatrix}$

Durch die Matrix $\begin{pmatrix} -1 & 0 \\ 0 & -1 \end{pmatrix}$ wird die Drehung um 180° um den Ursprung beschrieben.

c) Das Ausgangsbild lässt sich an der vertikalen Achse spiegeln. Das so entstehende Bild ist nebenstehend dargestellt.
Bestimmen Sie die Koordinaten der Bildpunkte und die allgemeine Abbildungsvorschrift.
Mit welcher Matrix muss man P hier multiplizieren, um den Bildpunkt zu berechnen?

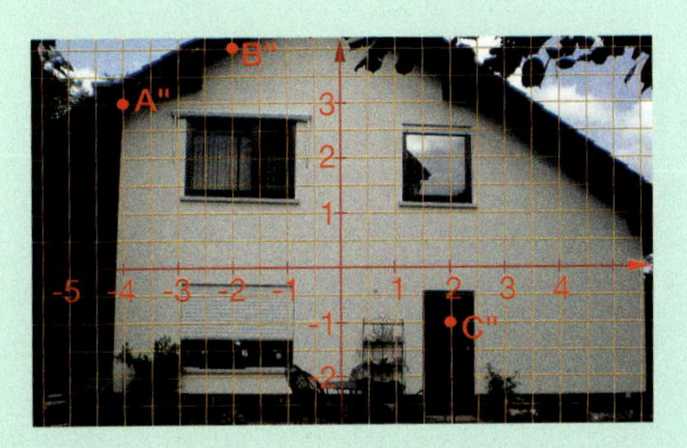

Aufgaben

2 *Spieglein, Spieglein*

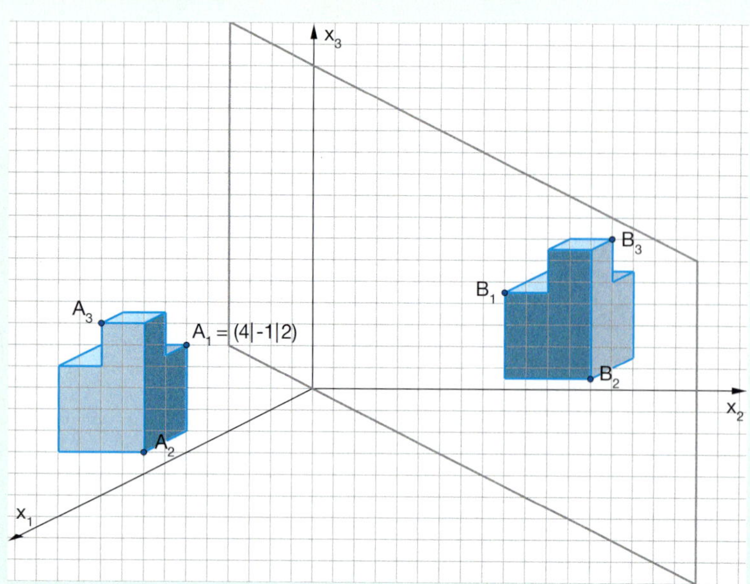

Auf einem Würfel der Kantenlänge 2 „sitzt" ein Würfel der Kantenlänge 1. Der Punkt A_1 hat die Koordinaten $A_1 = (4|-1|2)$ und die Grundkanten des Würfels sind parallel zu den Koordinatenachsen. Ein Spiegel steht senkrecht auf der Winkelhalbierenden der x_1x_2-Ebene und erzeugt ein Bild des Würfels. Welche Koordinaten haben die Punkte des Bildwürfels?

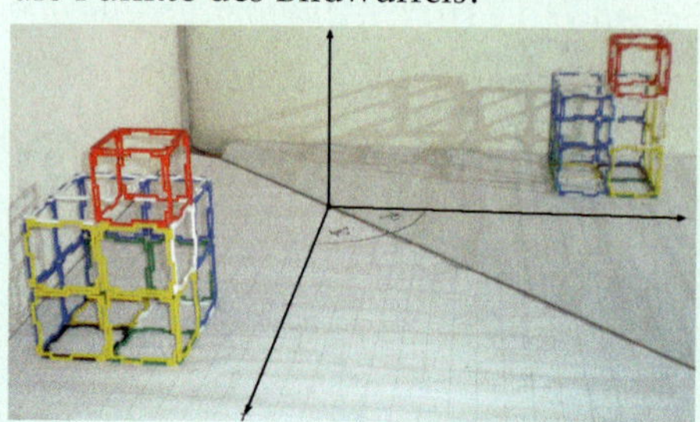

a) Bestimmen Sie die Koordinaten der Punkte A_2 und A_3 und geben Sie die Koordinaten der zugehörigen Bildpunkte B_1, B_2 und B_3 an.

b) Zeigen Sie, dass sich bei dieser Abbildung das Bild P' eines beliebigen Punktes $P = (x_1|x_2|x_3)$ durch Multiplikation mit der angegebenen Matrix berechnen lässt:

$$\vec{p}' = \begin{pmatrix} x_1' \\ x_2' \\ x_3' \end{pmatrix} = \begin{pmatrix} 0 & 1 & 0 \\ 1 & 0 & 0 \\ 0 & 0 & 1 \end{pmatrix} \cdot \begin{pmatrix} x_1 \\ x_2 \\ x_3 \end{pmatrix}$$

3 *Schatten an der Wand*

Auf der Ebene E mit der Gleichung E: $x_1 + x_2 = 0$ wird durch paralleles Licht ein Schatten erzeugt.
Die Richtung der Lichtstrahlen ist $\vec{v} = \begin{pmatrix} -6 \\ 1 \\ 1 \end{pmatrix}$.

Der Bildpunkt A' des Punktes $A = (5|-2|4)$ lässt sich als Schnitt einer Geraden mit einer Ebene berechnen.
g ist die Gerade des Lichtstrahls durch A:

$$g: \vec{x} = \vec{a} + t\vec{v} = \begin{pmatrix} 5 \\ -2 \\ 4 \end{pmatrix} + t \begin{pmatrix} -6 \\ 1 \\ 1 \end{pmatrix} = \begin{pmatrix} 5 - 6t \\ -2 + t \\ 4 + t \end{pmatrix}$$

Einsetzen in die Ebenengleichung ergibt:
$(5 - 6t) + (-2 + t) = 0$, also $t = 0{,}6$
Mit $\vec{a}' = \vec{a} + 0{,}6\vec{v}$ erhält man $A' = (1{,}4|-1{,}4|4{,}6)$.

a) Berechnen Sie auch die zu den Punkten $B = (6|-1|2)$ und $C = (6|-1|0)$ gehörenden Bildpunkte B' und C'.

b) Zeigen Sie, dass sich der Bildpunkt eines beliebigen Punktes P auch mit einer Matrix-Vektor-Multiplikation berechnen lässt:

$$\vec{p}' = \begin{pmatrix} x_1' \\ x_2' \\ x_3' \end{pmatrix} = \begin{pmatrix} -0{,}2x_1 - 1{,}2x_2 \\ 0{,}2x_1 + 1{,}2x_2 \\ 0{,}2x_1 + 0{,}2x_2 + x_3 \end{pmatrix} = \begin{pmatrix} \blacksquare & \blacksquare & \blacksquare \\ \blacksquare & \blacksquare & \blacksquare \\ \blacksquare & \blacksquare & \blacksquare \end{pmatrix} \cdot \begin{pmatrix} x_1 \\ x_2 \\ x_3 \end{pmatrix}.$$

Ergänzen Sie die Einträge in der Matrix.

Basiswissen

Die in den einführenden Aufgaben behandelten linearen Abbildungen bilden eine Grundlage für die Computergrafik.

Berechnung der Bildpunkte bei einer linearen Abbildung

Aus den Koordinaten eines Punktes P lassen sich die Koordinaten des Bildpunktes P′ berechnen.

Beispiel:

$x_1' = -0{,}5x_1 - x_2$
$x_2' = x_1$

Die Gleichungen zur Berechnung von x_1' und x_2' sind linear, daher heißt eine solche Abbildung **lineare Abbildung**.

Für den Punkt P = (3 | 2) gilt:
$x_1' = -0{,}5 \cdot 3 - 2 = -3{,}5$
$x_2' = 3$
Somit: P′ = (–3,5 | 3)

Die Berechnung der Bildpunkte lässt sich übersichtlich durch eine Matrix-Vektor-Multiplikation durchführen.

In der Ebene: $\vec{p}' = \begin{pmatrix} x_1' \\ x_2' \end{pmatrix} = \begin{pmatrix} a & b \\ c & d \end{pmatrix} \cdot \begin{pmatrix} x_1 \\ x_2 \end{pmatrix}$

Im Raum: $\vec{p}' = \begin{pmatrix} x_1' \\ x_2' \\ x_3' \end{pmatrix} = \begin{pmatrix} a & b & c \\ d & e & f \\ g & h & i \end{pmatrix} \cdot \begin{pmatrix} x_1 \\ x_2 \\ x_3 \end{pmatrix}$

$M_E = \begin{pmatrix} a & b \\ c & d \end{pmatrix}$ bzw. $M_R = \begin{pmatrix} a & b & c \\ d & e & f \\ g & h & i \end{pmatrix}$

nennt man Abbildungsmatrix. Sie repräsentieren die jeweilige Abbildung.

Berechnung der Bildpunkte mit einer Matrix:

$\vec{p}' = \begin{pmatrix} x_1' \\ x_2' \end{pmatrix} = \begin{pmatrix} -0{,}5 & -1 \\ 1 & 0 \end{pmatrix} \cdot \begin{pmatrix} 3 \\ 2 \end{pmatrix} = \begin{pmatrix} -3{,}5 \\ 3 \end{pmatrix}$

Somit: P′ = (–3,5 | 3)

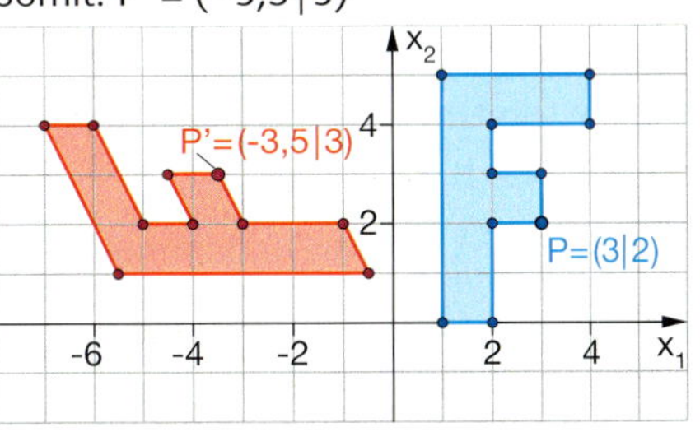

Beispiele

A *Bild bei gegebener Abbildungsmatrix finden*

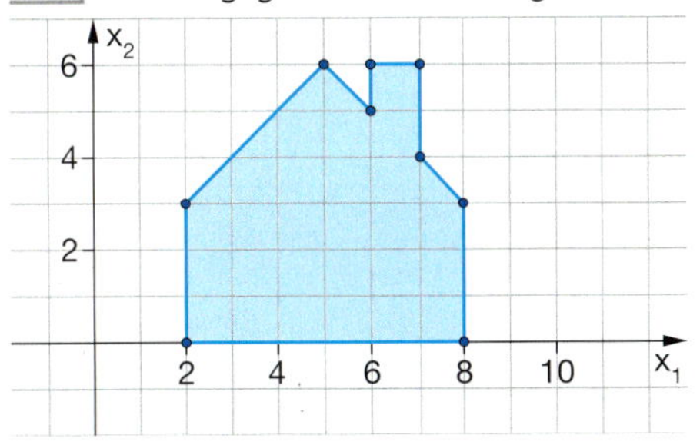

Eine lineare Abbildung ist durch die Matrix $\begin{pmatrix} -1 & 0 \\ 0{,}5 & -1 \end{pmatrix}$ gegeben.

Wie sieht das Bild des Hauses aus?

Lösung:

Berechnung der Bildpunkte:

$\begin{pmatrix} -1 & 0 \\ 0{,}5 & -1 \end{pmatrix} \cdot \begin{pmatrix} 2 \\ 0 \end{pmatrix} = \begin{pmatrix} -2 \\ 1 \end{pmatrix}$,

$\begin{pmatrix} -1 & 0 \\ 0{,}5 & -1 \end{pmatrix} \cdot \begin{pmatrix} 8 \\ 0 \end{pmatrix} = \begin{pmatrix} -8 \\ 4 \end{pmatrix}$,

$\begin{pmatrix} -1 & 0 \\ 0{,}5 & -1 \end{pmatrix} \cdot \begin{pmatrix} 8 \\ 3 \end{pmatrix} = \begin{pmatrix} -8 \\ 1 \end{pmatrix}$,

$\begin{pmatrix} -1 & 0 \\ 0{,}5 & -1 \end{pmatrix} \cdot \begin{pmatrix} 7 \\ 4 \end{pmatrix} = \begin{pmatrix} -7 \\ -0{,}5 \end{pmatrix}$ usw.

Zeichnen des Bildes:

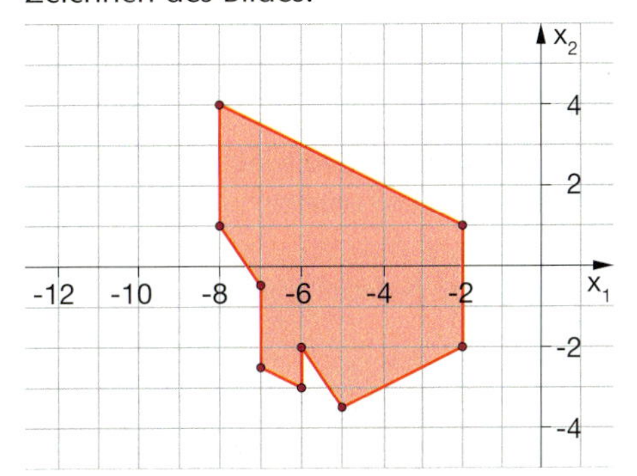

4302.ggb

Beispiele

B *Abbildungsmatrix zu einer geometrischen Abbildung finden*

Wie sieht die Abbildungsmatrix einer Spiegelung an der x_2x_3-Ebene aus?

Lösung:

Um die Koordinaten eines Spiegelpunktes zu bestimmen, muss nur die x_1-Koordinate mit dem Faktor -1 multipliziert werden. Also gilt dann:

$$\vec{p}' = \begin{pmatrix} x_1' \\ x_2' \\ x_3' \end{pmatrix} = \begin{pmatrix} -1 & 0 & 0 \\ 0 & 1 & 0 \\ 0 & 0 & 1 \end{pmatrix} \cdot \begin{pmatrix} x_1 \\ x_2 \\ x_3 \end{pmatrix}$$

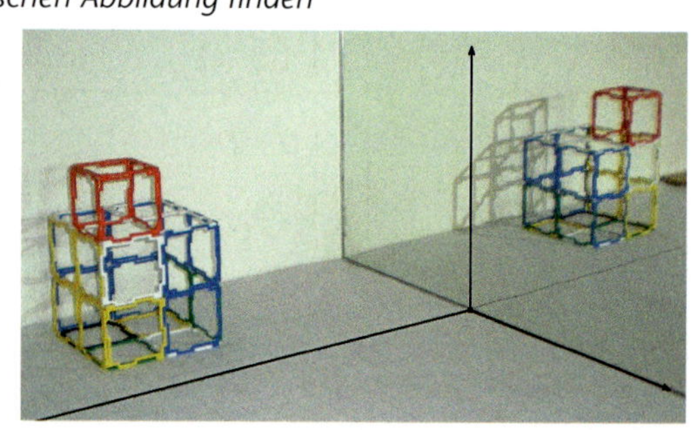

Übungen

4 *Bilder bei linearen Abbildungen in der Ebene*

a) Berechnen und zeichnen Sie die Bildpunkte des Hauses, wenn bei der linearen Abbildung die Matrix

$$M = \begin{pmatrix} -1 & 0,5 \\ 0,5 & 2 \end{pmatrix}$$

benutzt wird.

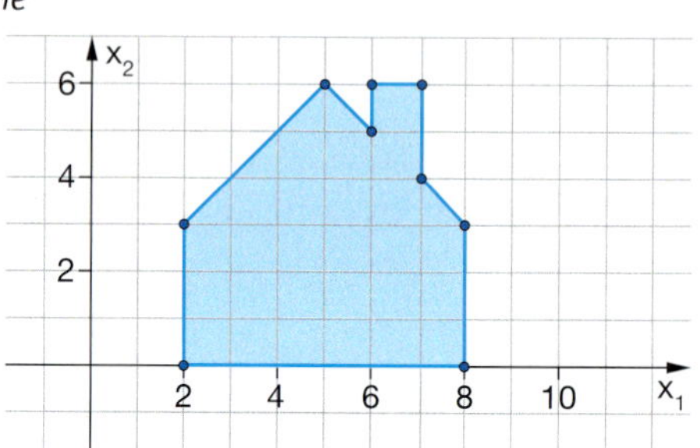

b) Mit anderen linearen Abbildungen wurden die folgenden Bilder erzeugt:

4302.ggb
4304.xls

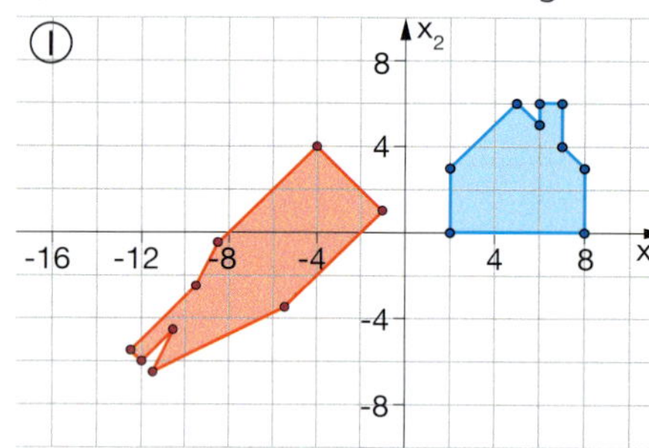

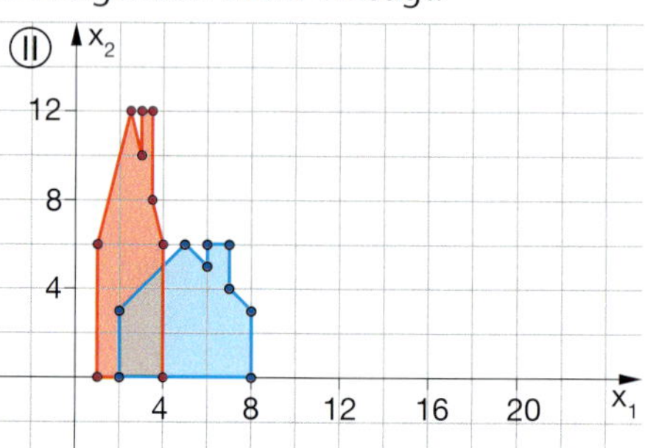

Ordnen Sie jedem Bild die passende Matrix zu.

$M_1 = \begin{pmatrix} 0,5 & 0 \\ 0 & 2 \end{pmatrix}$; $M_2 = \begin{pmatrix} -0,5 & -1,5 \\ 0,5 & -1,5 \end{pmatrix}$

5 *Abbildung im Raum*

Im Raum ist eine lineare Abbildung durch die Matrix

$$M = \begin{pmatrix} 1 & 0 & 0 \\ 0 & 1 & 0 \\ 1 & 1 & 1 \end{pmatrix}$$

gegeben.

Berechnen Sie die Bildpunkte der Ecken des abgebildeten Würfels und zeichnen Sie das Bild.

Handelt es sich dabei wieder um einen Würfel?

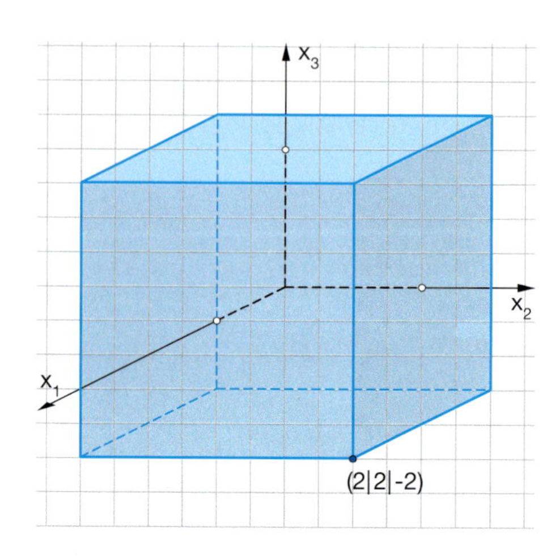

Übungen

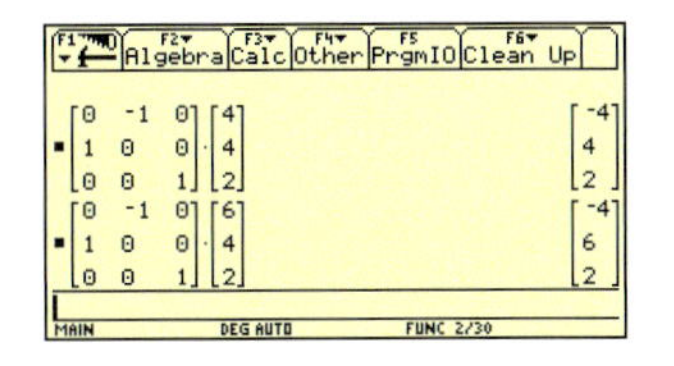

6 *Pyramide im Raum*

Durch die Punkte A = (4 | 4 | 2), B = (6 | 4 | 2), C = (4 | 6 | 2) und D = (4 | 4 | 4) ist eine Pyramide gegeben. Zeichnen Sie diese Pyramide im „2-1-Koordinatensystem“.
Die folgenden Matrizen beschreiben lineare Abbildungen, die auf die Pyramide angewendet werden.

$$M_1 = \begin{pmatrix} 0 & -1 & 0 \\ 1 & 0 & 0 \\ 0 & 0 & 1 \end{pmatrix} \quad M_2 = \begin{pmatrix} 1 & 0 & 0 \\ 0 & -1 & 0 \\ 0 & 0 & 1 \end{pmatrix} \quad M_3 = \begin{pmatrix} 1 & 0 & 0 \\ 0 & 0 & -1 \\ 0 & 0 & 1 \end{pmatrix}$$

Berechnen Sie jeweils die Koordinaten der Eckpunkte und zeichnen Sie das Bild der Pyramide. Kennzeichnen Sie auch das Bild des Dreiecks ACD.

7 *Würfelgebäude*

a) Auf einem Würfel der Kantenlänge 2 „sitzt“ ein Würfel der Kantenlänge 1. Berechnen Sie für die folgenden Abbildungsmatrizen jeweils die Bildpunkte für die Eckpunkte des Würfelgebäudes und zeichnen Sie das Bild.

$$M = \begin{pmatrix} -1 & 0 & 0 \\ 0 & -1 & 0 \\ 0 & 0 & 1 \end{pmatrix} \quad N = \begin{pmatrix} 0 & -1 & 0 \\ 0 & 0 & 0 \\ 0 & 0 & 1 \end{pmatrix}$$

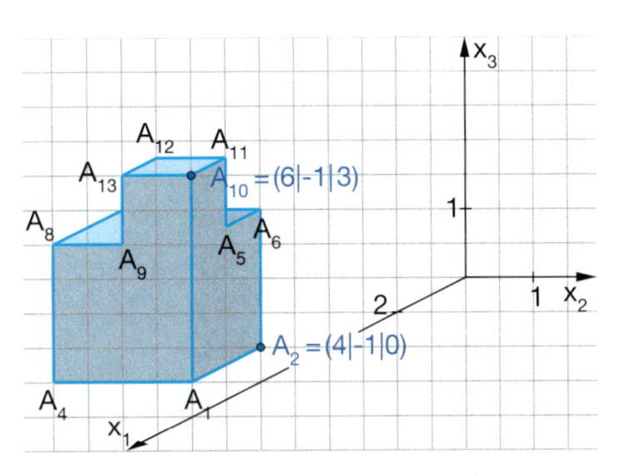

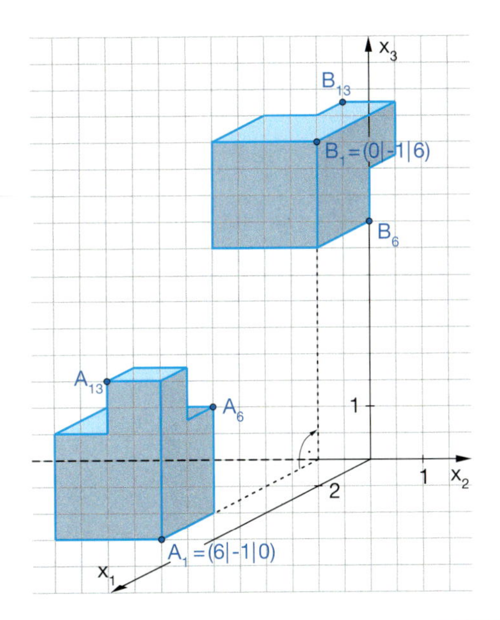

b) Der Körper wird um die x_2-Achse um 90° gedreht. Dabei wird der Punkt A_1 auf den Punkt B_1 abgebildet.

Bestimmen Sie die Koordinaten der Punkte A_6 und A_{13} und die der zugehörigen Bildpunkte B_6 und B_{13}.
Überlegen Sie, welche Koordinaten das Bild des Punktes $P = (x_1 | x_2 | x_3)$ hat und bestimmen Sie die Abbildungsmatrix.

Tipp: Überprüfen Sie dazu, wie die Koordinaten von A_1, A_6 und A_{13} mit denen von B_1, B_6 und B_{13} zusammenhängen.

GRUNDWISSEN

1 Welche Matrix ist zu $M = \begin{pmatrix} 2 & 1 \\ 3 & 4 \end{pmatrix}$ die inverse Matrix für die Multiplikation?

a) $\begin{pmatrix} 1 & 3 \\ 4 & 2 \end{pmatrix}$ b) $\begin{pmatrix} -2 & -1 \\ -3 & -4 \end{pmatrix}$ c) $\begin{pmatrix} \frac{4}{5} & -\frac{1}{5} \\ -\frac{3}{5} & \frac{2}{5} \end{pmatrix}$ d) $\begin{pmatrix} -2 & 3 \\ 1 & -4 \end{pmatrix}$

2 Gibt es zu jeder Matrix eine inverse Matrix für die Multiplikation?

3 Welche Matrix ist zu $M = \begin{pmatrix} 2 & 1 \\ 3 & 4 \end{pmatrix}$ die inverse Matrix für die Addition? Gibt es zu jeder Matrix eine inverse Matrix für die Addition?

Übungen

8 *Welche Matrix steckt dahinter?*

Das zu einer Figur gehörende Bild ist bekannt. Welche Matrix beschreibt die zugehörige lineare Abbildung?

Der Zeichnung entnimmt man z. B.

$$\begin{pmatrix} 1 \\ 5 \end{pmatrix} \to \begin{pmatrix} 3 \\ 5{,}5 \end{pmatrix} \text{ und } \begin{pmatrix} 2 \\ 2 \end{pmatrix} \to \begin{pmatrix} -2 \\ 3 \end{pmatrix},$$

d. h. $\begin{pmatrix} a & b \\ c & d \end{pmatrix} \cdot \begin{pmatrix} 1 \\ 5 \end{pmatrix} = \begin{pmatrix} 3 \\ 5{,}5 \end{pmatrix}$ und $\begin{pmatrix} a & b \\ c & d \end{pmatrix} \cdot \begin{pmatrix} 2 \\ 2 \end{pmatrix} = \begin{pmatrix} -2 \\ 3 \end{pmatrix}$

muss gelöst werden.

Dies führt zu einem linearen Gleichungssystem:

$$\begin{aligned} a + 5b &= 3 \\ c + 5d &= 5{,}5 \\ 2a + 2b &= -2 \\ 2c + 2d &= 3 \end{aligned}$$

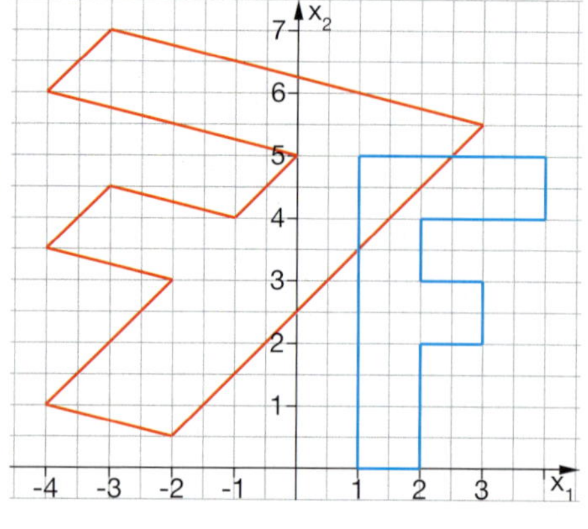

Strategie zur Bestimmung einer Matrix
Ermitteln Sie die Koordinaten von zwei Punkten und ihren Bildpunkten und bestimmen Sie die Matrix durch Lösen eines linearen Gleichungssystems.

a) Lösen Sie dieses Gleichungssystem und zeigen Sie, dass $M = \begin{pmatrix} -2 & 1 \\ 0{,}5 & 1 \end{pmatrix}$ die Matrix der zugehörigen linearen Abbildung ist.

b) Vorsicht! Die Strategie in a) führt nicht immer zum Ziel. Überlegen Sie, warum Sie die Matrix nicht berechnen können, wenn Sie zum Beispiel (2|2) und (3|3) mit ihren Bildpunkten gewählt hätten. Welche Bedingungen müssen die beiden Punkte erfüllen, damit die Rechnung erfolgreich ist?

9 *Abbildungsmatrix finden*

Im Folgenden sind jeweils die Bildfigur und eine Ausgangsfigur (Urbild) gegeben. Bestimmen Sie jeweils die zugehörige Abbildungsmatrix.

a)

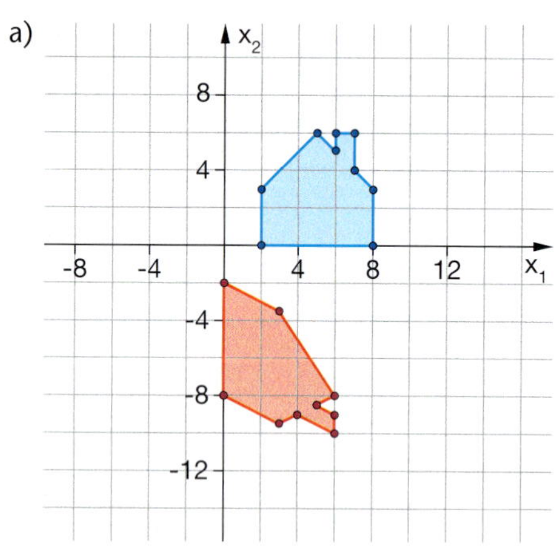

b)

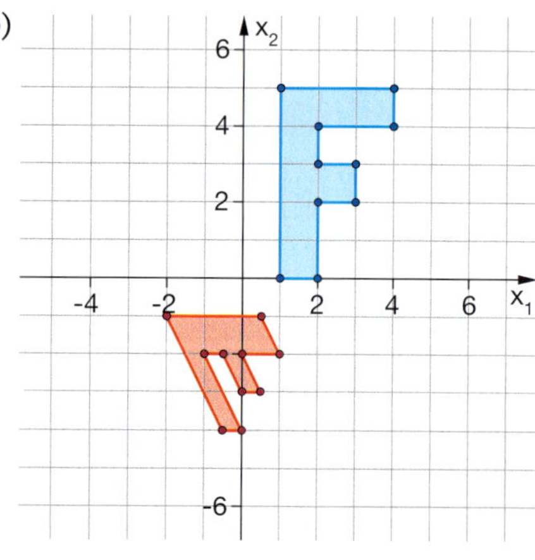

4301.ggb
4302.ggb
4303.ggb

c)

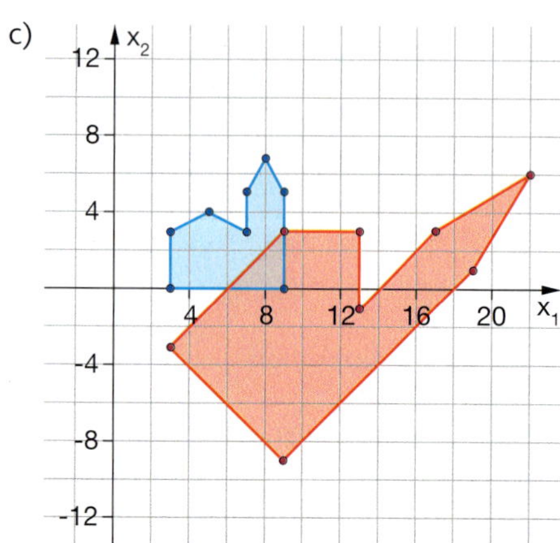

d)

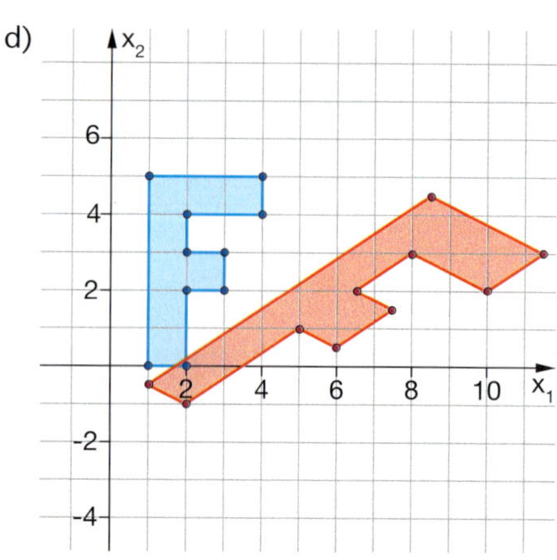

Übungen

10 *Spiegelung an einer Ursprungsgeraden*

a) Bestimmen Sie die Matrix der Spiegelung an der Geraden g: $x_2 = 0{,}5 \cdot x_1$.

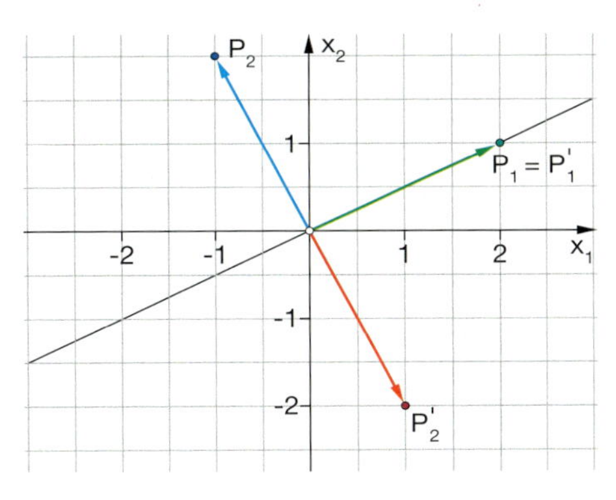

Strategie:
Wählen Sie einen Punkt P_1 auf der Geraden g (er bleibt fest, weil er auf der Spiegelachse liegt) und einen Punkt P_2 auf einer zur Spiegelachse senkrechten Geraden durch den Ursprung (sein Ortsvektor wird auf den Gegenvektor abgebildet).

b) Wie sieht die Abbildungsmatrix einer Spiegelung an der Geraden g: $x_2 = m \cdot x_1$ aus?

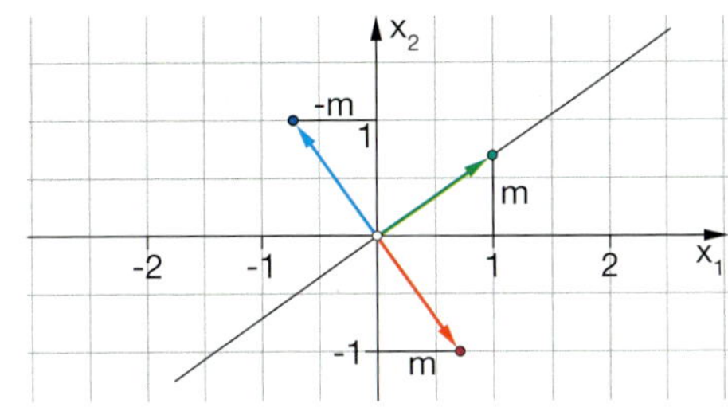

Strategie:
Wenden Sie die gleiche Strategie wie in a) an.
Mit den Steigungsdreiecken können Sie die Koordinaten der Punkte bestimmen.

11 *Symmetrien beim Quadrat*

Es gibt Abbildungen, die eine Figur wieder auf sich abbilden. Ein Beispiel ist die Spiegelung an der roten Geraden, die das Quadrat wieder auf das Quadrat abbildet.
a) Bestimmen Sie die zugehörige Matrix.
b) Das Quadrat hat noch drei weitere Symmetrieachsen. Durch Spiegeln an diesen Achsen und auch durch Drehungen um 90°, 180°, 270° und 360° um den Ursprung wird das Quadrat auf sich selbst abgebildet.
Bestimmen Sie auch für diese Abbildungen die zugehörigen Matrizen.

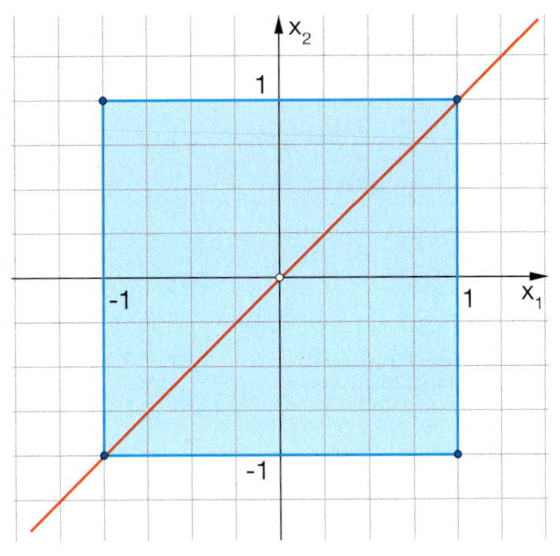

Hier lohnt sich arbeitsteilige Gruppenarbeit.

12 *Schattenbild als Projektion auf eine Ebene*

Paralleles Licht wirft einen Schatten des Turms auf die Ebene mit der Gleichung E: $x_1 - x_2 = 0$.
Die Richtung der Lichtstrahlen ist gegeben durch den Vektor

$\vec{v} = \begin{pmatrix} 2 \\ 4 \\ 1 \end{pmatrix}$.

Bestimmen Sie die Abbildungsmatrix dieser Projektion.

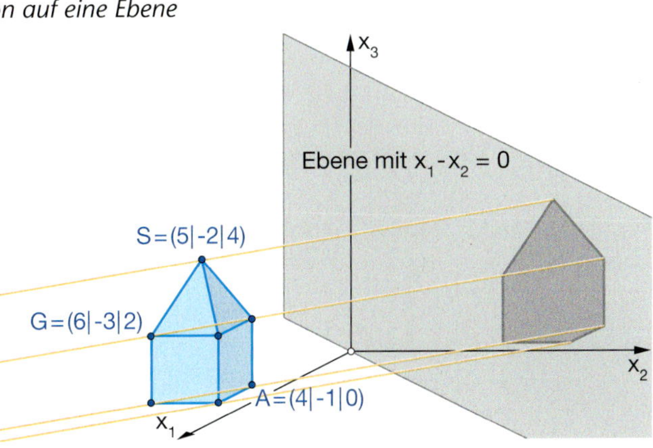

Übungen

4305.ggb
4306.ggb
4307.ggb

13 *Forschen und Präsentieren*

Welche Abbildungen werden durch Matrizen der Form $\begin{pmatrix} a & -b \\ b & a \end{pmatrix}$ beschrieben? Lassen sich schon bekannte Abbildungen identifizieren?
Wählen Sie für a und b besondere Werte (0, 1, −1, …), berechnen Sie jeweils die Bildpunkte und zeichnen Sie das Bild der Figur.
Finden Sie möglichst viele bekannte Abbildungen, die durch solche Matrizen dargestellt werden. Halten Sie Ihre Ergebnisse auf einem Poster fest und präsentieren Sie diese.

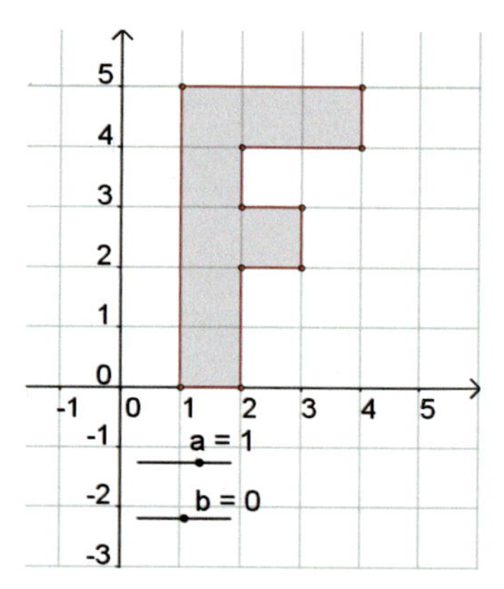

„Dynamische Veranschaulichung"

Wie lässt sich die durch die Matrix M gegebene Abbildung $M = \begin{pmatrix} 1 & -2 \\ 2 & 1 \end{pmatrix}$ möglichst gut veranschaulichen?

Man kann natürlich eine Figur und ihr Bild zeichnen.
Dies vermittelt einen ersten Eindruck.

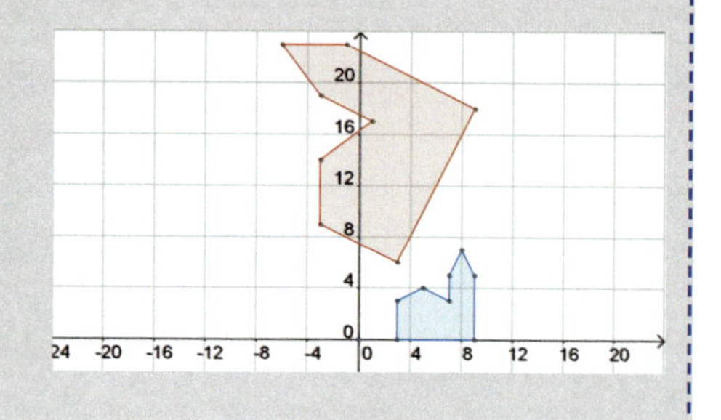

4308.ggb
4309.ggb
4310.ggb
4311.xls

Dynamischer wird die Sache, wenn wir die Matrix M schrittweise aus der Einheitsmatrix $\begin{pmatrix} 1 & 0 \\ 0 & 1 \end{pmatrix}$ erzeugen: $M_k = \begin{pmatrix} 1 & -k \\ k & 1 \end{pmatrix}$
Wir steuern den Parameter k über einen Schieberegler und verändern seinen Wert von 0 bis 2, z. B. in 10 Schritten.

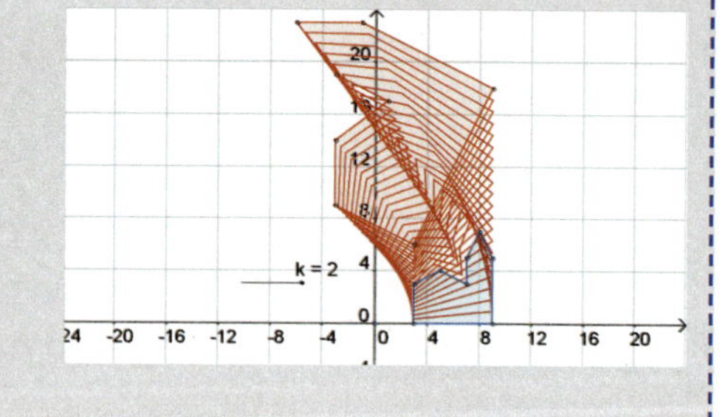

Übungen

„Randwerte" des Schiebereglers:

		k = 0	k = 2
M_1	$\begin{pmatrix} 1-k & k \\ k & 1-k \end{pmatrix}$	$\begin{pmatrix} 1 & 0 \\ 0 & 1 \end{pmatrix}$	$\begin{pmatrix} -1 & 2 \\ 2 & -1 \end{pmatrix}$
M_2	$\begin{pmatrix} 1-\frac{k}{2} & k \\ k & 1-\frac{k}{2} \end{pmatrix}$	$\begin{pmatrix} 1 & 0 \\ 0 & 1 \end{pmatrix}$	$\begin{pmatrix} 0 & 2 \\ 2 & 0 \end{pmatrix}$
M_3	$\begin{pmatrix} 1-k & 0 \\ 0 & 1 \end{pmatrix}$	$\begin{pmatrix} 1 & 0 \\ 0 & 1 \end{pmatrix}$	$\begin{pmatrix} -1 & 0 \\ 0 & 1 \end{pmatrix}$

14 *Bewegliche Bilder*

Veranschaulichen Sie die zu den Matrizen

$M_1 = \begin{pmatrix} -1 & 2 \\ 2 & -1 \end{pmatrix}$, $M_2 = \begin{pmatrix} 0 & 2 \\ 2 & 0 \end{pmatrix}$ und $M_3 = \begin{pmatrix} -1 & 0 \\ 0 & 1 \end{pmatrix}$

gehörenden Abbildungen dynamisch.
Erzeugen Sie die Matrizen, wie im Exkurs, aus der Einheitsmatrix (Schieberegler $0 \le k \le 2$).

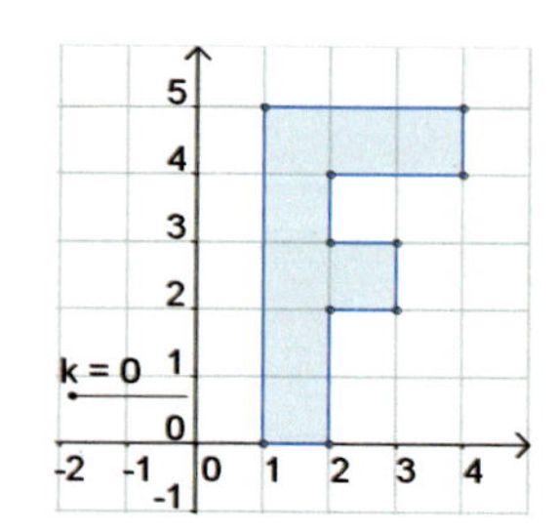

Für die Matrix M_1 sind fünf Schritte gezeigt.

k = 0	k = 0,5	k = 1	k = 1,5	k = 2

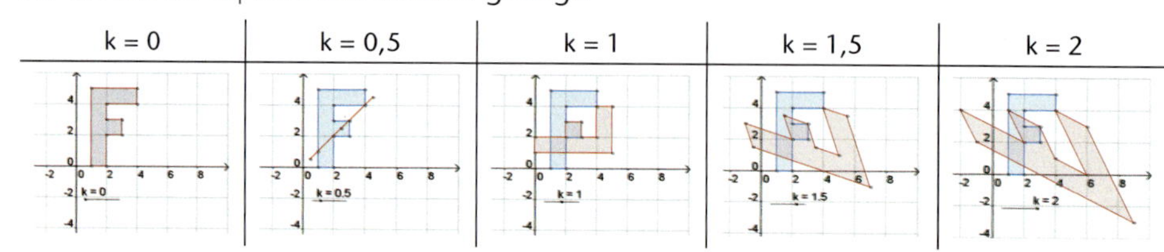

Übungen

15 *Wie sehen die Bilder von Geraden aus?*
Bisher haben wir die Bildpunkte einfach wieder geradlinig verbunden.
Aber ist das überhaupt erlaubt?
In den Bildern unten ist die Matrix $\begin{pmatrix} -1 & -1 \\ 1{,}5 & -1 \end{pmatrix}$ benutzt worden.

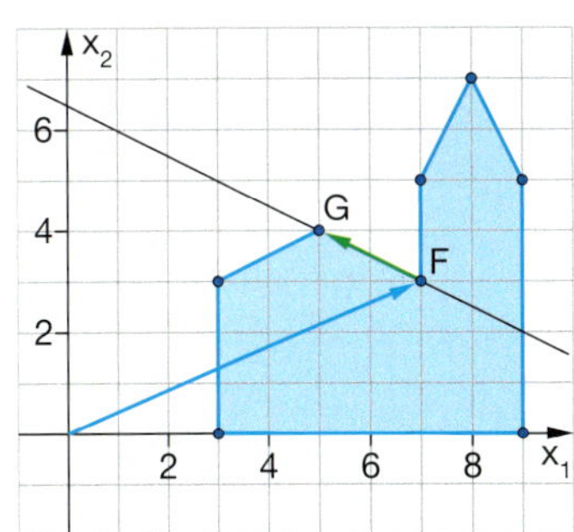

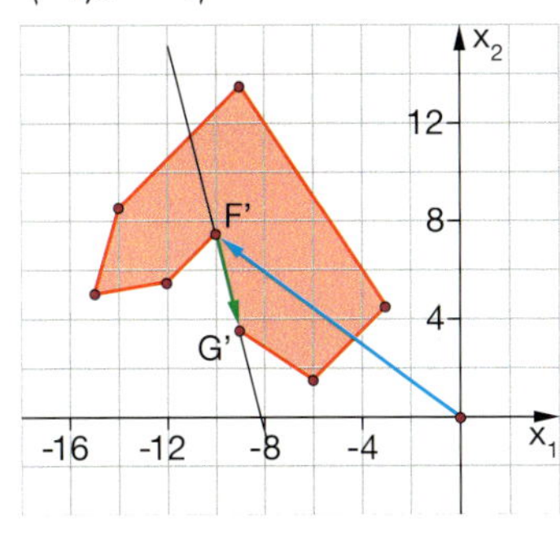

Geradentreue

Eine mit Matrizen definierte Abbildung ist „geradentreu", wenn das Bild einer Geraden eine Gerade oder ein Punkt ist. Diese „Linearität" folgt aus den Eigenschaften
Additivität: $M \cdot (\vec{p} + \vec{q}) = M \cdot \vec{p} + M \cdot \vec{q}$
Homogenität: $M \cdot (s \cdot \vec{p}) = s \cdot (M \cdot \vec{p})$
Das ist der wesentliche Grund, warum eine solche Abbildung **linear** heißt.

Durch die Punkte F = (7 | 3) und G = (5 | 4) verläuft eine Gerade.

a) Bestimmen Sie eine Gleichung in Punkt-Richtungs-Form für diese Gerade FG.
b) Interpretieren Sie die nebenstehenden Rechnungen und Ergebnisse.
Welche Punkte sind berechnet worden?

$$\begin{pmatrix} -1 & -1 \\ 1{,}5 & -1 \end{pmatrix} \cdot \begin{pmatrix} 7 \\ 3 \end{pmatrix} = \begin{pmatrix} -10 \\ 7{,}5 \end{pmatrix}; \begin{pmatrix} -1 & -1 \\ 1{,}5 & -1 \end{pmatrix} \cdot \begin{pmatrix} 5 \\ 4 \end{pmatrix} = \begin{pmatrix} -9 \\ 3{,}5 \end{pmatrix}$$

c) Wählen Sie verschiedene Punkte auf der Geraden durch F und G. Berechnen Sie deren Bildpunkte und zeigen Sie, dass diese auf der Geraden durch F′ und G′ liegen.
d) Begründen Sie allgemein, dass alle Punkte der Geraden FG auf Punkte der Geraden F′G′ abgebildet werden.

Ansatz zu d):
$$\begin{pmatrix} -1 & -1 \\ 1{,}5 & -1 \end{pmatrix} \cdot \begin{pmatrix} 7-2t \\ 3+\ \ t \end{pmatrix} = \begin{pmatrix} \blacksquare \\ \blacksquare \end{pmatrix}$$

Inversion am Kreis – eine nicht „geradentreue" Abbildung

Bisher haben alle Abbildungen, die Sie kennen gelernt haben, die Eigenschaft, dass das Bild einer Geraden wieder eine Gerade ist.

Eine neue Abbildung: Die Inversion am Kreis

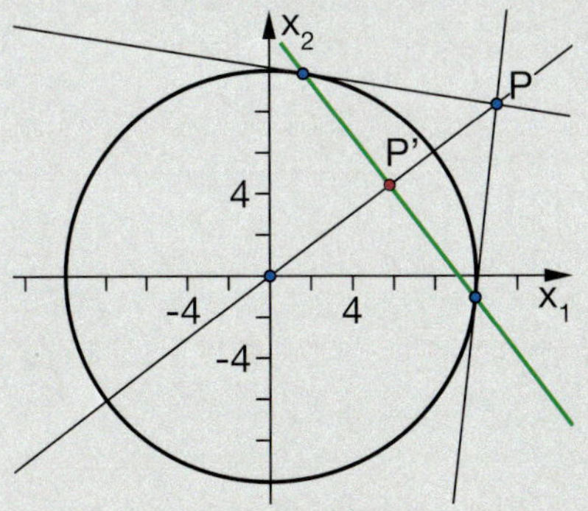

Konstruktionsvorschrift: Vom Punkt P aus werden die Tangenten an einen gegebenen Kreis gezeichnet dessen Mittelpunkt im Ursprung liegt.
Die Gerade durch die Berührpunkte B_1 und B_2 schneidet die Ursprungsgerade OP im Punkt P′. Dies ist der Bildpunkt von P.

Die Inversion am Kreis ist nicht mehr „geradentreu", d. h. sie kann auch nicht mit einer Matrix $M = \begin{pmatrix} a & b \\ c & d \end{pmatrix}$ beschrieben werden. Es gibt Geraden, deren Bilder keine Geraden sind.

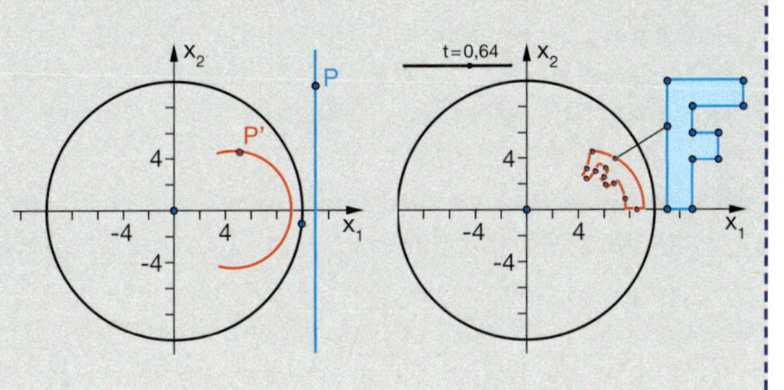

4312.ggb
4313.ggb
4314.ggb

Übungen

Strategie zur Bestimmung einer Matrix
Ermitteln Sie die Bilder der Basisvektoren. Die Bilder der Basisvektoren bilden dann die Spalten der Matrix.

16 *Bilder von Basisvektoren*

Mit den Vektoren $\begin{pmatrix}1\\0\end{pmatrix}$ und $\begin{pmatrix}0\\1\end{pmatrix}$ lassen sich alle Vektoren der Ebene als Linearkombination darstellen.

Deshalb werden $\begin{pmatrix}1\\0\end{pmatrix}$ und $\begin{pmatrix}0\\1\end{pmatrix}$ auch Basisvektoren genannt.

Berechnen Sie für die durch die drei Matrizen gegebenen Abbildungen

jeweils die Bilder der Basisvektoren $\begin{pmatrix}1\\0\end{pmatrix}$ und $\begin{pmatrix}0\\1\end{pmatrix}$.

a) $\begin{pmatrix}-0{,}5 & 2\\ 1 & -3\end{pmatrix}$ b) $\begin{pmatrix}1{,}8 & 0{,}7\\ -2{,}5 & 1{,}2\end{pmatrix}$ c) $\begin{pmatrix}a & b\\ c & d\end{pmatrix}$

Vergleichen Sie in jedem Fall die Ergebnisse mit der Matrix und formulieren Sie allgemeine Eigenschaften über den Zusammenhang der Bilder mit der Matrix.
Überprüfen Sie entsprechende Aussagen auch für den Raum

mit der Abbildungsmatrix $\begin{pmatrix}-1 & 3 & -4\\ 2 & 0 & 6\\ 7 & 1 & -2\end{pmatrix}$ und den Basisvektoren $\begin{pmatrix}1\\0\\0\end{pmatrix}$, $\begin{pmatrix}0\\1\\0\end{pmatrix}$ und $\begin{pmatrix}0\\0\\1\end{pmatrix}$.

Basisvektoren in der Ebene

x_2, 1, 1, x_1

im Raum

x_3, 1, x_1, 1, 1, x_2

17 *Die Matrix einer Drehung*

Eine besonders häufig benutzte Abbildung ist eine Drehung. Um die zugehörige Matrix zu ermitteln, greifen wir auf die Strategie aus Aufgabe 16 zurück. Begründen Sie anhand der Figur, dass die Basisvektoren bei einer Drehung um den Winkel α so abgebildet werden:

$\begin{pmatrix}1\\0\end{pmatrix} \to \begin{pmatrix}\cos(\alpha)\\ \sin(\alpha)\end{pmatrix}$ und $\begin{pmatrix}0\\1\end{pmatrix} \to \begin{pmatrix}-\sin(\alpha)\\ \cos(\alpha)\end{pmatrix}$

Erklären Sie die Abbildungsmatrix im gelben Kasten.

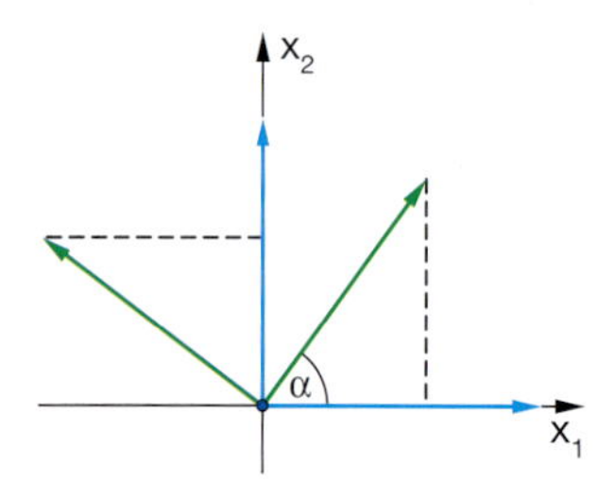

Die Basisvektoren werden um den Winkel α gedreht.

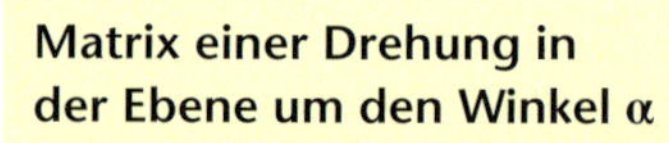

Matrix einer Drehung in der Ebene um den Winkel α

$$D(\alpha) = \begin{pmatrix}\cos(\alpha) & -\sin(\alpha)\\ \sin(\alpha) & \cos(\alpha)\end{pmatrix}$$

18 *Spiegelung an der x_1x_3-Ebene im Raum*

Zeigen Sie mithilfe der Bilder der Basisvektoren, dass die Spiegelung an der x_1x_3-Ebene durch diese Matrix beschrieben wird:

$$S_{x_1x_3} = \begin{pmatrix}1 & 0 & 0\\ 0 & -1 & 0\\ 0 & 0 & 1\end{pmatrix}$$

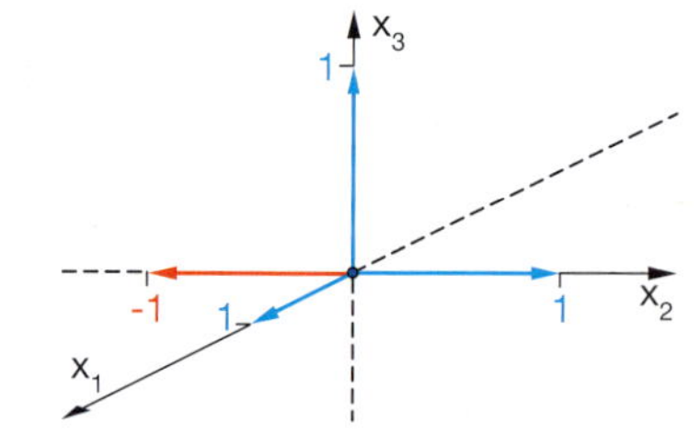

19 *Matrizen von bekannten Abbildungen in der Ebene*

Bestimmen Sie die zu diesen Abbildungen gehörenden Matrizen, indem Sie die Strategie mit den Bildern der Basisvektoren nutzen:

- Spiegelung an der x_1-Achse
- Spiegelung an der x_2-Achse
- Spiegelung an der Winkelhalbierenden im 1. und 3. Quadranten
- Spiegelung an der Winkelhalbierenden im 2. und 4. Quadranten
- Streckung mit dem Faktor $k \neq 0$

20 *Welche Abbildung steckt dahinter?*

a) Im Raum ist eine Abbildung mit der Matrix M angegeben: $M = \begin{pmatrix}0 & -1 & 0\\ 1 & 0 & 0\\ 0 & 0 & 1\end{pmatrix}$

Erklären Sie die „Natur“ der Abbildung anhand der Bilder der Basisvektoren.
b) Geben Sie die Matrix einer Drehung im Raum um 90° um die x_1-Achse und einer Drehung um 90° um die x_2-Achse an.

Übungen

21 *Hintereinanderausführung von Abbildungen*

Zeichnen Sie das Haus. Berechnen Sie die Bildpunkte mit der Abbildungsmatrix $A = \begin{pmatrix} 0{,}5 & 2 \\ 1 & -2 \end{pmatrix}$ und zeichnen Sie das Bild. Führen Sie anschließend mit dem Bild die Abbildung mit der Abbildungsmatrix $B = \begin{pmatrix} -1 & 0{,}5 \\ 0{,}5 & 1 \end{pmatrix}$ durch.
Durch welche Matrix C lässt sich die Gesamtabbildung beschreiben?
Wie kann man C aus A und B berechnen?

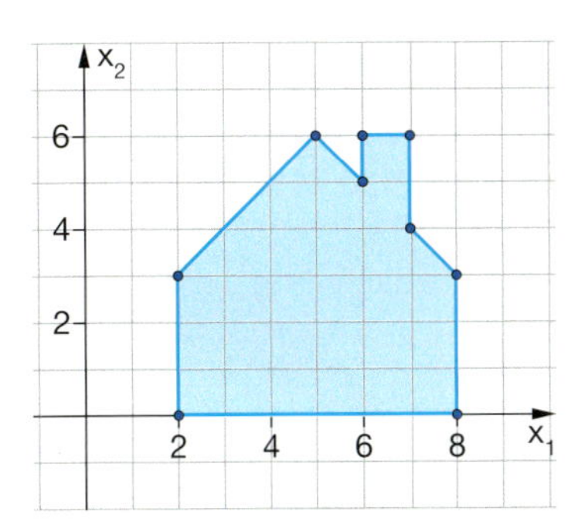

Hintereinanderausführung von Abbildungen

Die Hintereinanderausführung von Abbildungen wird beschrieben durch das Produkt der entsprechenden Matrizen.

C=B·A

Zunächst wird die Abbildung mit der Matrix A durchgeführt, danach die Abbildung mit der Matrix B.

$A \cdot \vec{p} = \vec{p}\,'$
$B \cdot \vec{p}\,' = B \cdot (A \cdot \vec{p}) = \vec{p}\,''$
$B \cdot (A \cdot \vec{p}) = (B \cdot A) \cdot \vec{p} = \vec{p}\,''$

Die Matrix C der gesamten Abbildung ist das Produkt der Matrizen B und A.
Die Reihenfolge ist dabei unbedingt zu beachten.

$C = B \cdot A$
$C \cdot \vec{p} = (B \cdot A) \cdot \vec{p} = \vec{p}\,''$

22 *Zwei Spiegelungen*

Spiegeln Sie das Haus zunächst an der Geraden mit der Gleichung $x_2 = 3x_1$, danach das Bild an der Geraden mit der Gleichung $x_2 = -x_1$.
Bestimmen Sie für jede der Abbildungen die zugehörige Matrix und berechnen Sie die Matrix der Hintereinanderausführung. Um welche Abbildung handelt es sich dabei?

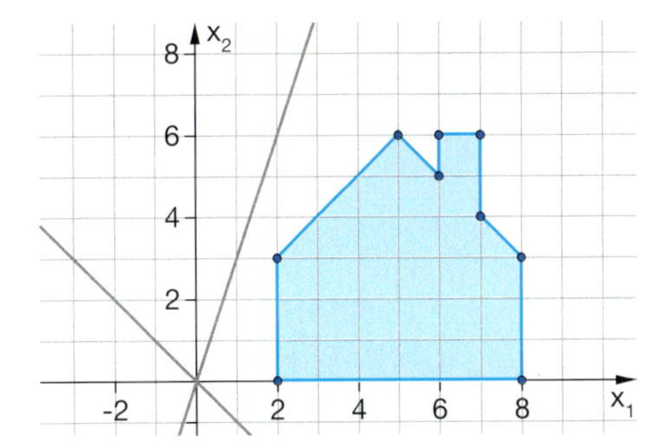

23 *Tripelspiegel*

Ein Tripelspiegel besteht aus drei paarweise zueinander orthogonalen Spiegeln. Er wird zum Beispiel in der Messtechnik eingesetzt, weil er im Hinblick auf die Richtung des reflektierten Strahls eine besondere Eigenschaft hat. Zur algebraischen Beschreibung der Abbildung stellen wir uns vor, dass die Spiegelflächen in den drei Koordinatenebenen liegen.

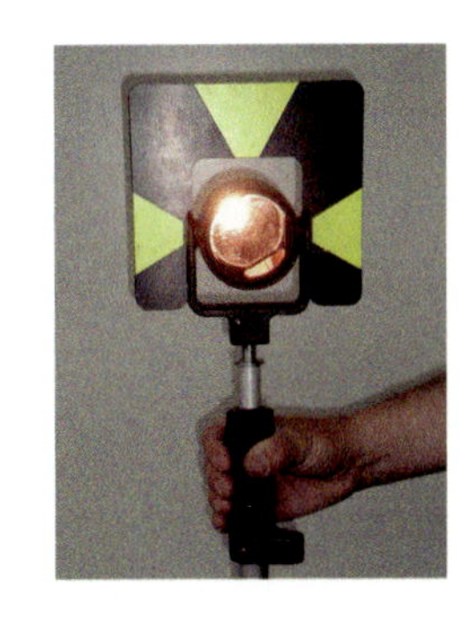

Die Abbildung setzt sich aus einer Spiegelung an der x_1x_2-Ebene, gefolgt von einer Spiegelung an der x_1x_3-Ebene und schließlich einer Spiegelung an der x_2x_3-Ebene zusammen.
Bestimmen Sie die Matrizen dieser drei Spiegelungen und berechnen Sie damit die Matrix der Abbildung durch Multiplikation der Matrizen. Welche Aussage können Sie mit dieser Matrix über die Richtung des reflektierten Strahls machen?

Bilder der Basisvektoren benutzen

Übungen

24 *Ausgangsfigur rekonstruieren – Prozess umkehren*

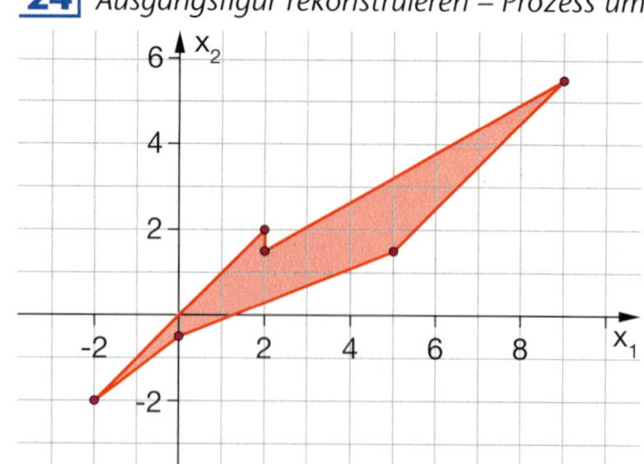

Das nebenstehende Bild ist durch Anwendung der Matrix

$M = \begin{pmatrix} -1 & 1 \\ -1 & 0{,}5 \end{pmatrix}$

entstanden.
Rekonstruieren Sie die ursprüngliche Figur.

Zur inversen Matrix und deren Berechnung siehe 4.1, Seite 162.

Inverse Matrix

Um vom Bild auf das Urbild schließen zu können, benötigt man die Umkehrung der Abbildung. Diese wird durch die inverse Matrix M^{-1} beschrieben.

$\mathbf{M^{-1} \cdot \vec{p}\,' = \vec{p}}$

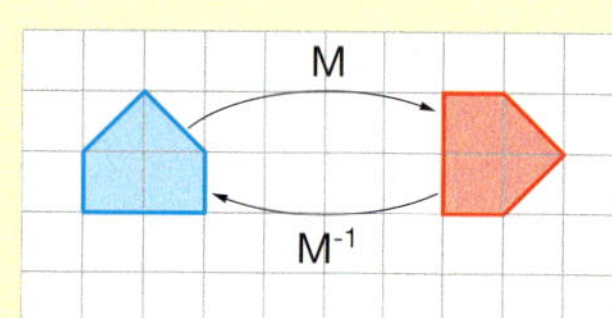

Es gilt:

$M^{-1} \cdot \vec{p}\,' = M^{-1} \cdot (M \cdot \vec{p}) = (M^{-1} \cdot M) \cdot \vec{p} = \vec{p}$

25 *Inverse Matrix*

Das Bild ist durch Anwendung der Matrix $A = \begin{pmatrix} -1 & 0{,}5 \\ 2 & 0{,}5 \end{pmatrix}$ entstanden.

Rekonstruieren Sie die ursprüngliche Figur.
Berechnen Sie die Punkte der Ausgangsfigur mithilfe der inversen Matrix.

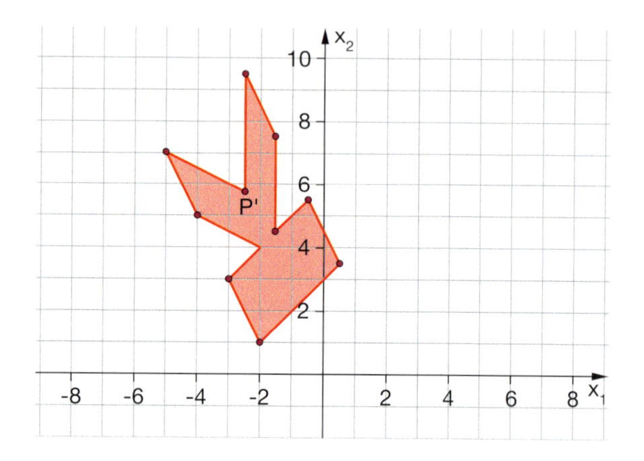

26 *Prozess umdrehen*

a) Bei der Abbildung rechts ist die Matrix $B = \begin{pmatrix} 1 & -1 \\ -0{,}5 & 0 \end{pmatrix}$ benutzt worden.
Rekonstruieren Sie die ursprüngliche Figur.

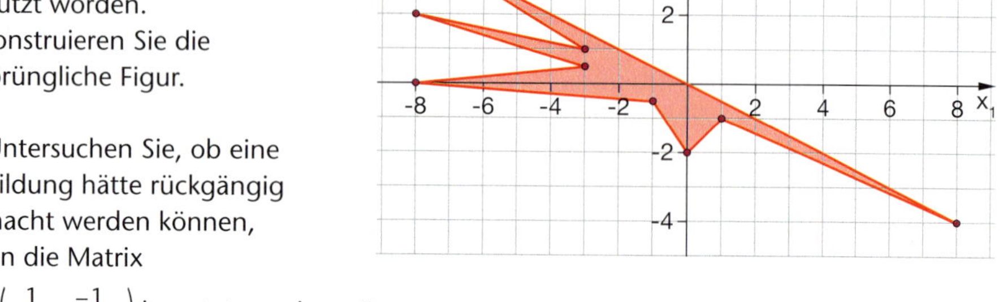

b) Untersuchen Sie, ob eine Abbildung hätte rückgängig gemacht werden können, wenn die Matrix

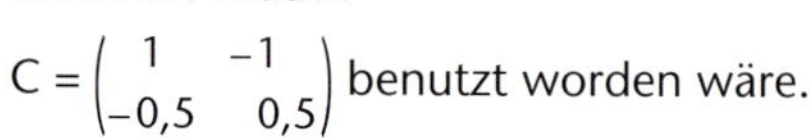

$C = \begin{pmatrix} 1 & -1 \\ -0{,}5 & 0{,}5 \end{pmatrix}$ benutzt worden wäre.
Können Sie das Ergebnis an einer Figur begründen?

Projektionen

Jede Darstellung eines räumlichen Objekts auf einem Blatt Papier oder einem Bildschirm ist zweidimensional. Die 3D-Koordinaten müssen zunächst in 2D-Koordinaten transformiert werden, bevor die Objekte gezeichnet werden können. Dies kann je nach Situation und Ziel unterschiedlich realisiert werden.
In diesem Buch haben Sie fast immer die sogenannte **Kavalierprojektion** benutzt. Dieser Begriff stammt aus dem mittelalterlichen Militärwesen. Kavaliere (Reiter) sind Aufbauten auf den Festungsanlagen gewesen, die in dieser Art der Darstellung („von vorne betrachtet“) unverzerrt gezeichnet worden sind.
In einer anderen Situation möchte man z.B. den Grundriss eines Gebäudes in seinen Abmessungen und Winkeln darstellen. Dabei kommt es darauf an, dass die Basisvektoren der ersten und zweiten Achse dieselbe Länge haben und orthogonal zueinander sind. Diese **Militärprojektion** wird häufig bei Gebäuden oder anschaulichen Stadtplänen verwendet.
Will man alle Längenverhältnisse unverzerrt darstellen, benutzt man die **Isometrie**. In dieser Darstellung wird der Umriss einer Kugel als Kreis dargestellt.
In der Technik wird häufig auch die **Dimetrie** verwendet.

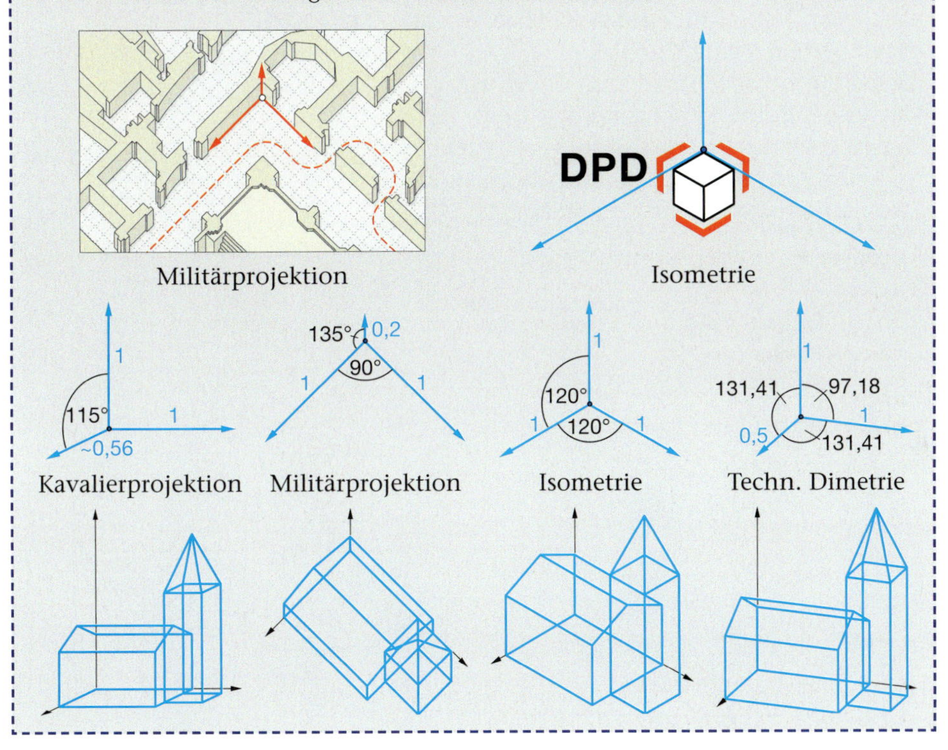

27 *Projektionsmatrizen*

Projektionen sind Abbildungen vom Raum in die Ebene. Sie lassen sich ebenfalls mit Matrizen beschreiben, in diesem Fall mit (2 × 3)-Matrizen. Die Matrizen erhält man durch die Bilder der drei Basisvektoren.

a) Die vier Matrizen für die vier Projektionen im Exkurs sind hier notiert. Ordnen Sie diese passend den Projektionen zu.

$$M_1 = \begin{pmatrix} -\cos(30°) & \cos(30°) & 0 \\ -\sin(30°) & -\sin(30°) & 1 \end{pmatrix} \qquad M_2 = \begin{pmatrix} -0{,}5 & 1 & 0 \\ -0{,}25 & 0 & 1 \end{pmatrix}$$

$$M_3 = \begin{pmatrix} -0{,}5 \cdot \cos(41{,}41°) & \cos(7{,}18°) & 0 \\ -0{,}5 \cdot \sin(41{,}41°) & -\sin(7{,}18°) & 1 \end{pmatrix} \qquad M_4 = \begin{pmatrix} -\cos(45°) & \cos(45°) & 0 \\ -\sin(45°) & -\sin(45°) & 0{,}2 \end{pmatrix}$$

b) Entwerfen Sie ein Phantasiegebäude und stellen Sie es in den verschiedenen Ansichten dar.

Übungen

4315.xls

Aufgaben

Schöne Grafiken

Ein wesentliches Element der Computergrafik ist die Erzeugung „schöner Bilder“. Diese können durch die Anwendung einer Abbildung mit einem oder mehreren Parametern auf eine geeignete Figur entstehen, also sozusagen durch Zeichnen einer „Bilderschar“.

Ein Beispiel:

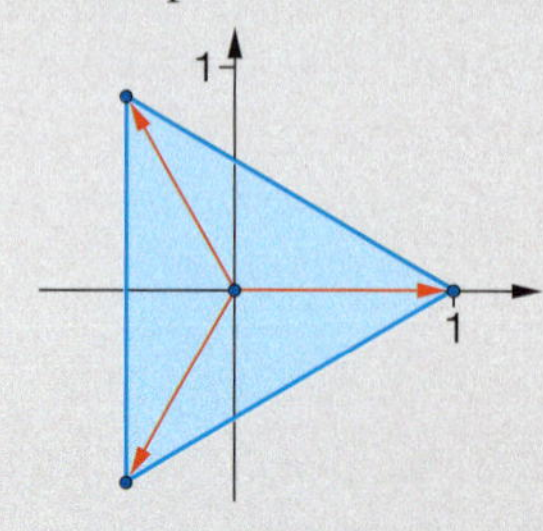

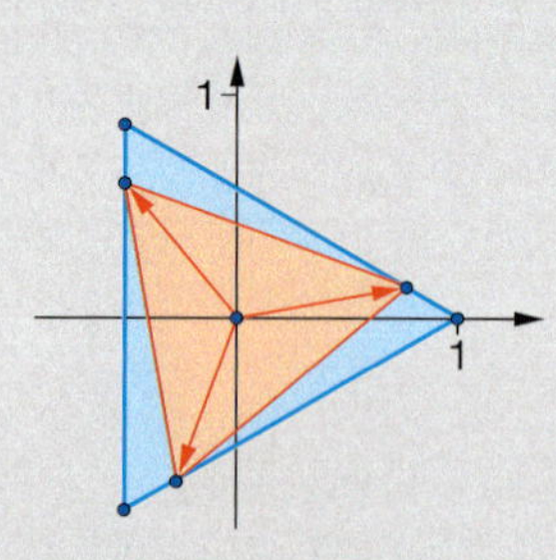

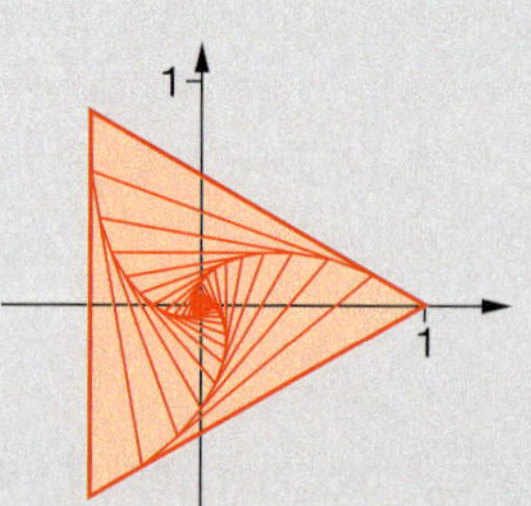

Ein gleichseitiges Dreieck wird in n Schritten jeweils um 10° um den Ursprung gedreht. Bei jedem Drehschritt wird es gleichzeitig mit einem kleiner werdenden Faktor k^n $(k < 1)$ verkleinert (zentrische Streckung). Durch Spiegeln des Ausgangsdreicks an einer Achse oder durch Verschieben des Dreiecks kann man weitere Basisdreiecke erzeugen, die dann ebenfalls in die Abbildungsfolge einbezogen werden.

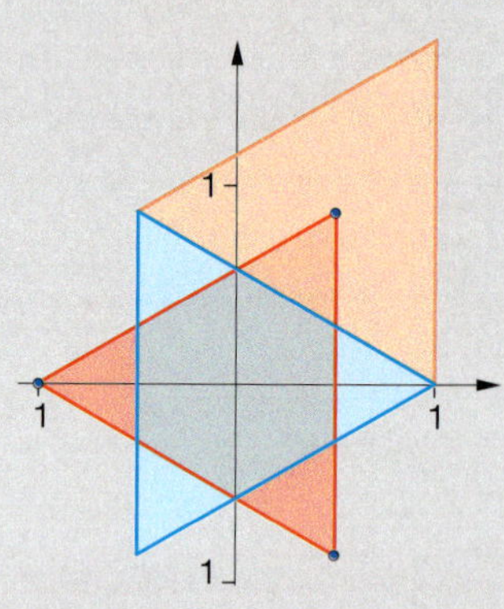

Im Internet finden Sie Programme, mit denen Sie selbst „schöne Bilder“ erzeugen können.

4316.ggb
4317.ggb
4318.ggb
4319.ggb
4320.ggb
4321.ggb

Je nach Ausgangsbild und Variation des Parameters entstehen dann „schöne Bilder“.

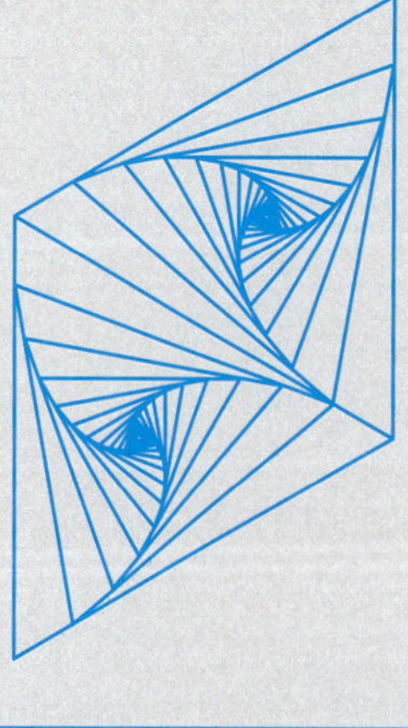

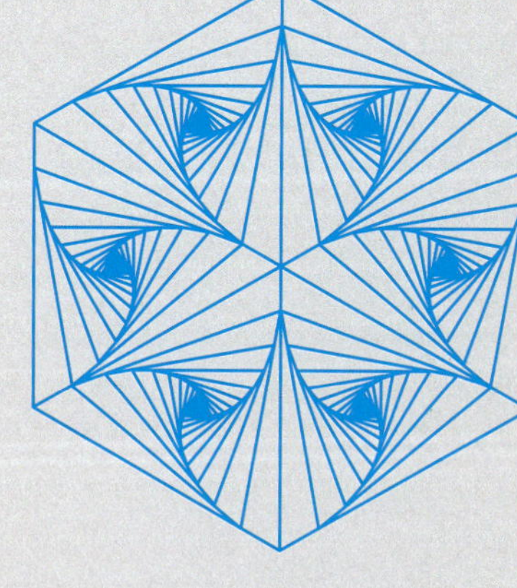

CHECK UP

1 *Matrixverknüpfungen*

Gegeben sind $A = \begin{pmatrix} 1 & 5 & 7 \\ 3 & 2 & 6 \\ 4 & 8 & 2 \end{pmatrix}$, $B = \begin{pmatrix} 2 & 3 & 0 \\ 6 & 4 & 1 \\ 9 & 5 & 3 \end{pmatrix}$, $\vec{v} = \begin{pmatrix} 2 \\ 5 \\ 3 \end{pmatrix}$ und $\vec{w} = \begin{pmatrix} 4 \\ 1 \\ 6 \end{pmatrix}$.

Berechnen Sie $A \cdot B$, $3 \cdot A + 4 \cdot B$ und $A \cdot \vec{v} + B \cdot \vec{w}$.

2 *Getreidehändler*

Ein Getreidehändler beliefert drei Kunden mit unterschiedlichen Getreidesorten.

Getreideart	Preis pro kg
Weizen	0,60 €
Roggen	0,80 €
Dinkel	1,70 €

Familie Ahlers: 10 kg Weizen, 5 kg Roggen, 5 kg Dinkel
Familie Baier: 20 kg Weizen, 10 kg Roggen, 1 kg Dinkel
Familie Callsen: 5 kg Weizen, 8 kg Roggen, 8 kg Dinkel
Stellen Sie die Auslieferung an die drei Kunden als Matrix dar und berechnen Sie die Rechnungsbeträge der drei Familien.

3 *Matrix aus Graphen*

Ein Hersteller produziert aus drei Rohstoffen zwei Zwischenprodukte und daraus drei Endprodukte.

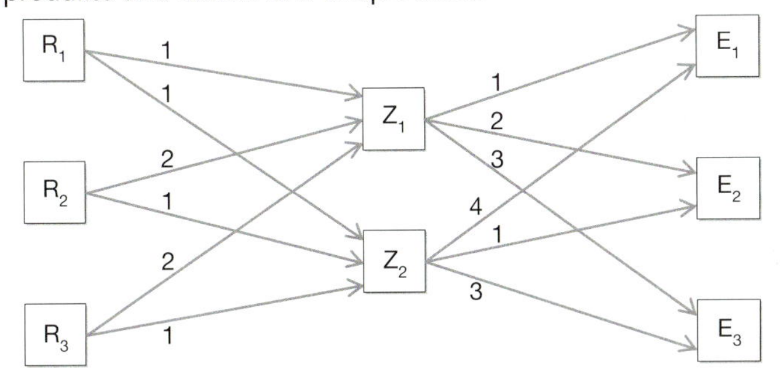

Rohstoffe Zwischenprodukte Endprodukte

Erstellen Sie aus dem Graphen die zugehörige Matrix.
Beschriften Sie entsprechend die Zeilen und Spalten der Matrix.

4 *Materialverflechtung*

Die Materialverflechtung eines zweistufigen Produktionsprozesses mit vier Rohstoffen, drei Zwischenprodukten und zwei Endprodukten wird durch die Matrizen

$A = \begin{array}{c} \begin{matrix} Z_1 & Z_2 & Z_3 \end{matrix} \\ \begin{pmatrix} 1 & 1 & 2 \\ 2 & 1 & 0 \\ 1 & 1 & 2 \\ 0 & 3 & 4 \end{pmatrix} \end{array} \begin{matrix} R_1 \\ R_2 \\ R_3 \\ R_4 \end{matrix}$ und $B = \begin{array}{c} \begin{matrix} E_1 & E_2 \end{matrix} \\ \begin{pmatrix} 2 & 1 \\ 1 & 0 \\ 1 & 2 \end{pmatrix} \end{array} \begin{matrix} Z_1 \\ Z_2 \\ Z_3 \end{matrix}$ beschrieben.

a) Zeichnen Sie den zugehörigen Verflechtungsgraphen.
b) Bestimmen Sie den Rohstoffbedarf für jedes Endprodukt.

5 *Inverse*

Existiert jeweils eine inverse Matrix für die Multiplikation? Geben Sie diese gegebenenfalls an.

a) $\begin{pmatrix} 2 & 0 \\ 0 & 2 \end{pmatrix}$ b) $\begin{pmatrix} 0 & 1 \\ 0 & 0 \end{pmatrix}$ c) $\begin{pmatrix} 2 & 1 \\ 6 & 8 \end{pmatrix}$

d) $\begin{pmatrix} 1 & 0 & 1 \\ 0 & 1 & -1 \end{pmatrix}$ e) $\begin{pmatrix} 1 & 0 \\ 0 & 1 \end{pmatrix}$ f) $\begin{pmatrix} 1 & 1 \\ 1 & 1 \end{pmatrix}$

Matrizen

Matrixverknüpfungen

Addition von Matrizen

$$\begin{pmatrix} 2 & 8 \\ 10 & 5 \end{pmatrix} + \begin{pmatrix} 3 & 7 \\ 6 & 15 \end{pmatrix} = \begin{pmatrix} 2+3 & 8+7 \\ 10+6 & 5+15 \end{pmatrix} = \begin{pmatrix} 5 & 15 \\ 16 & 20 \end{pmatrix}$$

S-Multiplikation einer Matrix

$$3 \cdot \begin{pmatrix} 2 & 8 \\ 10 & 5 \end{pmatrix} = \begin{pmatrix} 3 \cdot 2 & 3 \cdot 8 \\ 3 \cdot 10 & 3 \cdot 5 \end{pmatrix} = \begin{pmatrix} 6 & 24 \\ 30 & 15 \end{pmatrix}$$

Multiplikation mit einem Vektor

$$\begin{pmatrix} 2 & 8 \\ 10 & 5 \end{pmatrix} \cdot \begin{pmatrix} 3 \\ 6 \end{pmatrix} = \begin{pmatrix} 2 \cdot 3 + 8 \cdot 6 \\ 10 \cdot 3 + 5 \cdot 6 \end{pmatrix} = \begin{pmatrix} 54 \\ 60 \end{pmatrix}$$

Multiplikation von Matrizen

$$\begin{pmatrix} 2 & 8 \\ 10 & 5 \end{pmatrix} \cdot \begin{pmatrix} 3 & 7 \\ 6 & 15 \end{pmatrix} = \begin{pmatrix} 2 \cdot 3 + 8 \cdot 6 & 2 \cdot 7 + 8 \cdot 15 \\ 10 \cdot 3 + 5 \cdot 6 & 10 \cdot 7 + 5 \cdot 15 \end{pmatrix} = \begin{pmatrix} 54 & 134 \\ 60 & 145 \end{pmatrix}$$

Matrizen in Anwendungen

Strategie

- Situation erfassen
- Matrizen aufstellen
  z. B. Bestellmatrizen
  Verflechtungsmatrizen
  Bedarfsmatrizen
  Materialverbrauchsmatrizen
  Abbildungsmatrizen
  Übergangsmatrizen (siehe nächste Seite)
- Matrixverknüpfung berechnen
- Ergebnis interpretieren

Inverse Matrix für die Multiplikation

Gilt für zwei quadratische Matrizen A und B:
$A \cdot B = B \cdot A = E$,
so heißen A und B **invers** zueinander. Die Inverse einer Matrix A wird häufig auch mit A^{-1} bezeichnet.

Beispiel: $A = \begin{pmatrix} 1 & 1 & 1 \\ 2 & 1 & 2 \\ 3 & 2 & 4 \end{pmatrix}$ $A^{-1} = \begin{pmatrix} 0 & 2 & -1 \\ 2 & -1 & 0 \\ -1 & -1 & 1 \end{pmatrix}$

$$A \cdot A^{-1} = A^{-1} \cdot A = \begin{pmatrix} 1 & 0 & 0 \\ 0 & 1 & 0 \\ 0 & 0 & 1 \end{pmatrix} = E$$

Nicht zu jeder quadratischen Matrix gibt es eine Inverse.

CHECK UP

Matrizen – Übergangsprozesse

Übergangsprozesse mit Matrizen beschreiben

Strategie

- Situation erfassen
- Übergangsgraphen oder Übergangstabelle erstellen

  Übergangsgraph

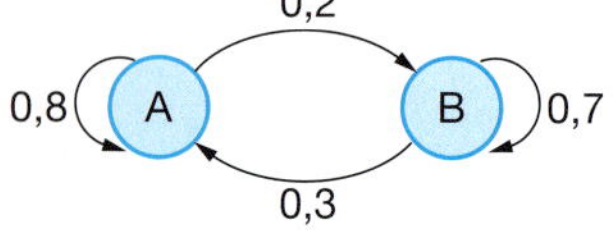

  Übergangstabelle

	A	B
A	0,8	0,3
B	0,2	0,7

- Übergangsmatrix aufstellen

  $M = \begin{pmatrix} 0{,}8 & 0{,}3 \\ 0{,}2 & 0{,}7 \end{pmatrix}$

- Anfangsverteilung aufstellen

  $\vec{v}_0 = \begin{pmatrix} 40 \\ 60 \end{pmatrix}$

- Entwicklung der Anfangsverteilung

schrittweise	**mit Matrixpotenz**
$\vec{v}_0 = \begin{pmatrix} 40 \\ 60 \end{pmatrix}$	$\vec{v}_0 = \begin{pmatrix} 40 \\ 60 \end{pmatrix}$
$\vec{v}_1 = M \cdot \vec{v}_0 = \begin{pmatrix} 50 \\ 50 \end{pmatrix}$	$\vec{v}_1 = M \cdot \vec{v}_0 = \begin{pmatrix} 50 \\ 50 \end{pmatrix}$
$\vec{v}_2 = M \cdot \vec{v}_1 = \begin{pmatrix} 55 \\ 45 \end{pmatrix}$	$\vec{v}_2 = M^2 \cdot \vec{v}_0 = \begin{pmatrix} 55 \\ 45 \end{pmatrix}$
$\vec{v}_3 = M \cdot \vec{v}_2 = \begin{pmatrix} 57{,}5 \\ 42{,}5 \end{pmatrix}$	$\vec{v}_3 = M^3 \cdot \vec{v}_0 = \begin{pmatrix} 57{,}5 \\ 42{,}5 \end{pmatrix}$
$\vec{v}_{100} = M \cdot \vec{v}_{99} = \begin{pmatrix} 60 \\ 40 \end{pmatrix}$	$\vec{v}_{100} = M^{100} \cdot \vec{v}_0 = \begin{pmatrix} 60 \\ 40 \end{pmatrix}$

Stochastische Matrix

In den Übergangsgraphen und Übergangsmatrizen sind jeweils relative Häufigkeiten oder Wahrscheinlichkeiten eingetragen.
Die Einträge in der Matrix sind alle nicht negativ (≥ 0) und die Spaltensumme beträgt jeweils 1.
Eine solche quadratische Matrix M heißt **stochastische Matrix**.

z.B. $M = \begin{pmatrix} 0{,}1 & 0{,}5 & 0{,}4 \\ 0{,}7 & 0{,}5 & 0{,}3 \\ 0{,}2 & 0 & 0{,}3 \end{pmatrix}$

6 *Von der Matrix zum Graphen*

Zeichnen Sie jeweils den Übergangsgraphen.

$M_1 = \begin{pmatrix} 0{,}6 & 0 & 0{,}4 \\ 0{,}3 & 0{,}5 & 0 \\ 0{,}1 & 0{,}5 & 0{,}6 \end{pmatrix}$ $M_2 = \begin{pmatrix} 1 & 0{,}3 & 0{,}7 \\ 0 & 0{,}1 & 0{,}3 \\ 0 & 0 & 0 \end{pmatrix}$

$M_3 = \begin{pmatrix} 0 & 0 & 0 & 0{,}25 \\ 20 & 0 & 0 & 0 \\ 0 & 0{,}5 & 0 & 0 \\ 0 & 0 & 0{,}4 & 0 \end{pmatrix}$ $M_4 = \begin{pmatrix} 0{,}1 & 0{,}3 & 0 & 0 \\ 0{,}9 & 0{,}7 & 0 & 0 \\ 0 & 0 & 0{,}6 & 0{,}5 \\ 0 & 0 & 0{,}4 & 0{,}5 \end{pmatrix}$

7 *Vom Graphen zur Matrix*

Stellen Sie jeweils die Übergangsmatrix auf. In welchen Fällen handelt es sich um eine stochastische Matrix?

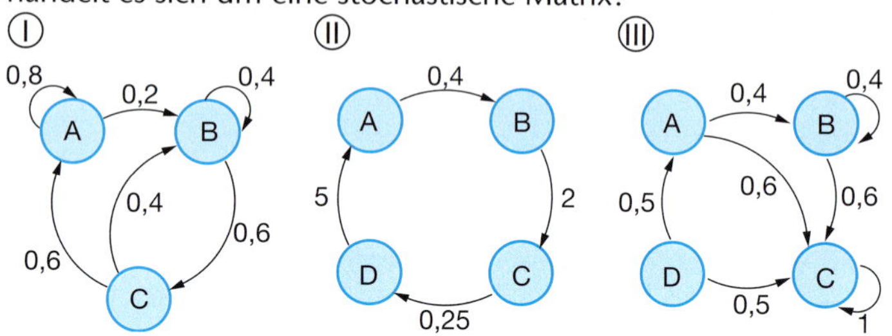

8 *Einen Prozess untersuchen*

Ein Prozess lässt sich durch drei Zustände A, B und C und die Übergangsmatrix $M = \begin{pmatrix} 0{,}2 & 0{,}3 & 0{,}7 \\ 0{,}3 & 0{,}4 & 0{,}1 \\ 0{,}5 & 0{,}3 & 0{,}2 \end{pmatrix}$ beschreiben.

a) Zeichnen Sie den Übergangsgraphen.

b) Berechnen Sie, wie sich die Anfangsverteilung $\vec{v}_0 = \begin{pmatrix} 60 \\ 60 \\ 60 \end{pmatrix}$ über zwei Generationen entwickelt.

c) Berechnen Sie M^2 und interpretieren Sie die Elemente dieser Matrix.

9 *Freizeitgestaltung*

Herr Klausen geht am Freitag abend gerne aus. In Frage kommen Fitness-Center (F), Kino (K) oder Restaurant (R), allerdings nie zweimal dasselbe hintereinander. Die Entscheidung trifft er jedes Mal mithilfe eines Würfels. War er im Fitness-Center bzw. im Kino, so haben beim nächsten Mal die beiden möglichen Ziele die gleiche Wahrscheinlichkeit. War er im Restaurant, so bevorzugt er beim nächsten Mal das Fitness-Center mit einer Wahrscheinlichkeit von $\frac{2}{3}$ im Vergleich zum Kino mit $\frac{1}{3}$.

a) Zeichnen Sie den Übergangsgraphen und stellen Sie die Übergangsmatrix M auf.

b) Der Vektor $\vec{v}_0 = \begin{pmatrix} 1 \\ 0 \\ 0 \end{pmatrix}$ drückt aus, dass Herr Klausen am letzten Freitag $\begin{pmatrix} \text{im Kino} \\ \text{nicht im Restaurant} \\ \text{nicht im Fitness-Center} \end{pmatrix}$ war. Berechnen Sie $\vec{v}_1 = M \cdot \vec{v}_0$ und $\vec{v}_2 = M^2 \cdot \vec{v}_0$. Interpretieren Sie die beiden Vektoren.

c) Untersuchen Sie, wie sich das Ergebnis von $M^k \cdot \vec{v}_0$ für steigende k (k = 10, k = 20, k = 40) entwickelt und interpretieren Sie diese Entwicklung.

10 *Stabile Verteilung*

Untersuchen Sie, ob zu folgenden Übergangsprozessen eine stabile Verteilung existiert.

a)

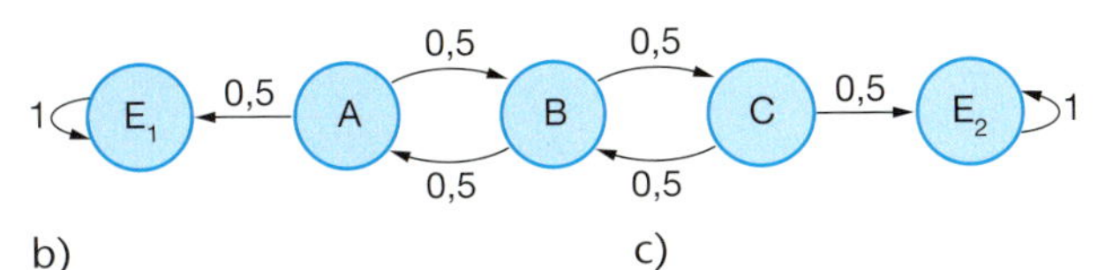

b)

nach \ von	A	B	C
A	0,5	0	0,4
B	0,2	0,5	0,4
C	0,3	0,5	0,2

c)

$$M = \begin{pmatrix} 0 & 0 & 0 & 0{,}25 \\ 0{,}4 & 0 & 0 & 0 \\ 0 & 0{,}5 & 0 & 0 \\ 0 & 0 & 40 & 0 \end{pmatrix}$$

d)

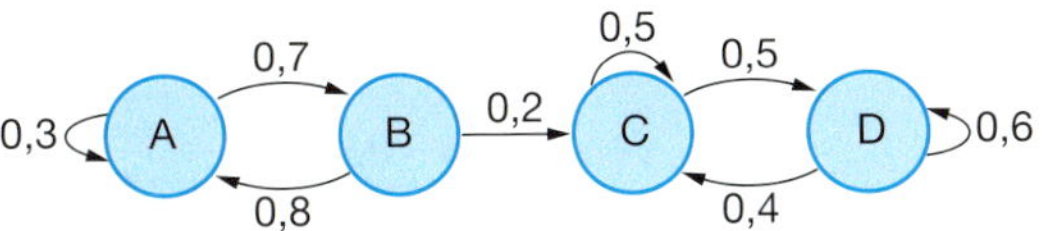

11 *Fahrradverleih*

Auf einer langgestreckten Insel möchten viele Tagestouristen zum Erkunden der Insel eine Strecke zu Fuß gehen und eine Strecke mit dem Fahrrad fahren. Am Fähranleger im Süden (S) der Insel sowie im Norden (N) gibt es jeweils eine Verleihstation. Zu Beginn waren in beiden Stationen jeweils 300 Fahrräder abgestellt. Man hat beobachtet, dass täglich von den im Süden ausgeliehenen Fahrrädern 40 % wieder im Süden abgegeben werden und von den im Norden ausgeliehenen Fahrrädern 10 % wieder im Norden.

a) Bestimmen Sie die Verteilung der Fahrräder für die nächsten fünf Tage.

b) Wie sollten die Fahrräder verteilt werden, damit eine stabile Verteilung entsteht?

12 *Käferwanderung*

In einem Naturschutzgebiet haben Wissenschaftler die Wanderbewegung einer bestimmten Käferart beobachtet. Diese Tierart hält sich in drei Regionen A, B und C des Gebietes auf. Die Käfer wurden markiert, damit man das Wanderverhalten von Monat zu Monat relativ genau bestimmen kann.

80 % der Käfer im Gebiet A bleiben dort, jeweils 10 % wandern in Gebiet B und C ab. Von den Käfern in Gebiet B verbleiben 60 % dort, 10 % wandern nach A und 30 % nach C ab. 20 % der Tiere aus Gebiet C wechseln ins Gebiet A, 30 % ins Gebiet B, während 50 % das Gebiet C nicht verlassen.

a) Eine Zählung ergibt 300 Tiere im Gebiet A, 700 im Gebiet B und 200 im Gebiet C. Berechnen Sie die Verteilung dieser Käferart in den nächsten drei Monaten.

b) Gibt es eine stabile Verteilung?

CHECK UP

Matrizen – Übergangsprozesse

Langfristige Entwicklung und stabile Verteilung

Stabile Verteilung

$M \cdot \vec{v} = \vec{v}$ $\qquad \begin{pmatrix} 0{,}8 & 0{,}3 \\ 0{,}2 & 0{,}7 \end{pmatrix} \cdot \begin{pmatrix} 60 \\ 40 \end{pmatrix} = \begin{pmatrix} 60 \\ 40 \end{pmatrix}$

Finden einer stabilen Verteilung, falls es diese gibt:

Strategien

A Probieren

$\vec{v}_0 = \begin{pmatrix} 40 \\ 60 \end{pmatrix}$; $\quad \vec{v}_1 = \begin{pmatrix} 50 \\ 50 \end{pmatrix}$; $\quad \vec{v}_2 = \begin{pmatrix} 55 \\ 45 \end{pmatrix}$

$\vec{v}_{10} = M^{10} \cdot \vec{v}_0 = \begin{pmatrix} 59{,}98 \\ 40{,}02 \end{pmatrix}$; $\quad \vec{v}_{30} = M^{30} \cdot \vec{v}_0 = \begin{pmatrix} 60 \\ 40 \end{pmatrix}$

$\vec{v}_{50} = M^{50} \cdot \vec{v}_0 = \begin{pmatrix} 60 \\ 40 \end{pmatrix}$

B Gleichungssystem lösen

$M \cdot \begin{pmatrix} x \\ y \end{pmatrix} = \begin{pmatrix} x \\ y \end{pmatrix}$ und $x + y = 100$

LGS: $\quad -0{,}2x + 0{,}3y = 0$

$\qquad\quad x + y = 100$

Lösung: $x = 60$; $y = 40$

C Grenzmatrix vermuten

$M^{10} = \begin{pmatrix} 0{,}6 & 0{,}6 \\ 0{,}4 & 0{,}4 \end{pmatrix}$; $\quad M^{20} = \begin{pmatrix} 0{,}6 & 0{,}6 \\ 0{,}4 & 0{,}4 \end{pmatrix}$

Grenzmatrix $M_G = \lim\limits_{k \to \infty} M^k = \begin{pmatrix} 0{,}6 & 0{,}6 \\ 0{,}4 & 0{,}4 \end{pmatrix}$

Populationsentwicklung

Bei einem zyklischen Prozess wiederholen sich die Verteilungen in regelmäßigen **periodischen Abständen.**

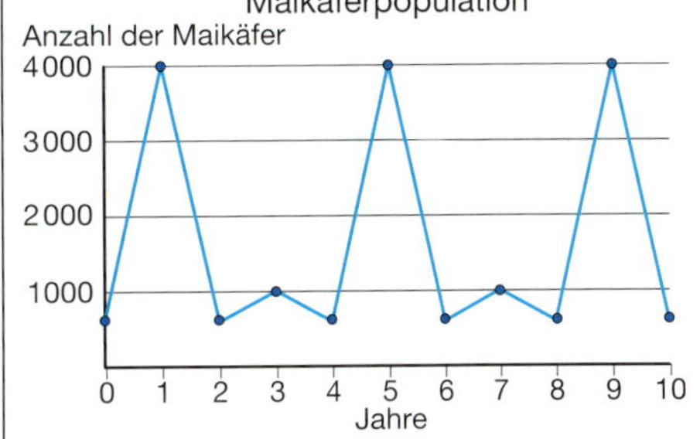

Strategie zum Erkennen

a) Grafik zeichnen

b) Es gibt eine Matrixpotenz M^n mit $M^n = E$.

CHECK UP

Matrizen – Geometrische Abbildungen

Matrix-Vektor-Multiplikation

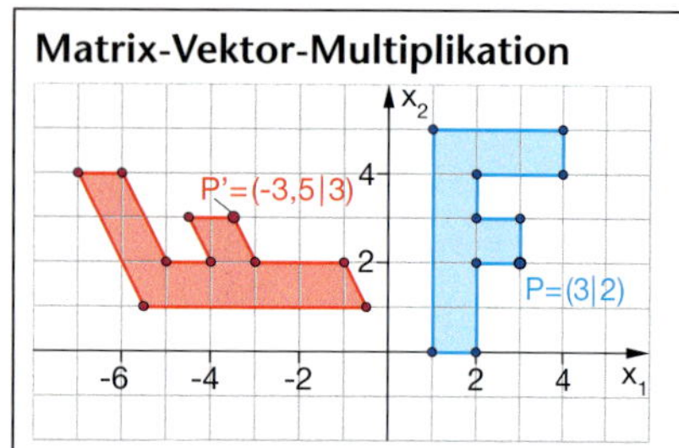

Berechnung der Bildpunkte

$\vec{p}\,' = \begin{pmatrix} x_1' \\ x_2' \end{pmatrix} = \begin{pmatrix} a & b \\ c & d \end{pmatrix} \cdot \begin{pmatrix} x_1 \\ x_2 \end{pmatrix}$ bzw. $\vec{p}\,' = \begin{pmatrix} x_1' \\ x_2' \\ x_3' \end{pmatrix} = \begin{pmatrix} a & b & c \\ d & e & f \\ g & h & i \end{pmatrix} \cdot \begin{pmatrix} x_1 \\ x_2 \\ x_3 \end{pmatrix}$

Abbildungsmatrix

$M = \begin{pmatrix} a & b \\ c & d \end{pmatrix}$ bzw. $M = \begin{pmatrix} a & b & c \\ d & e & f \\ g & h & i \end{pmatrix}$

Abbildungsmatrix finden

Strategie 1
Ermitteln Sie die Koordinaten von zwei Punkten und ihren Bildpunkten und bestimmen Sie die Matrix durch Lösen eines LGS.

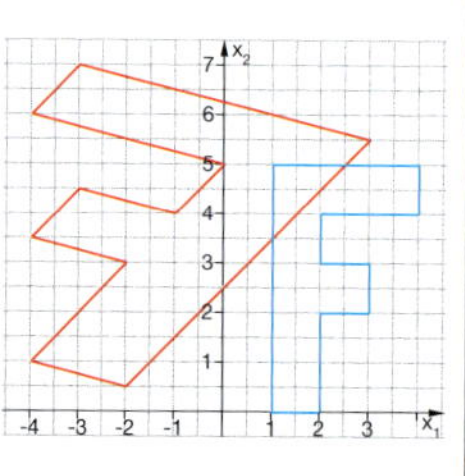

Strategie 2
Ermitteln Sie die Bilder der Basisvektoren. Die Bilder der Basisvektoren bilden dann die Spalten der Matrix.

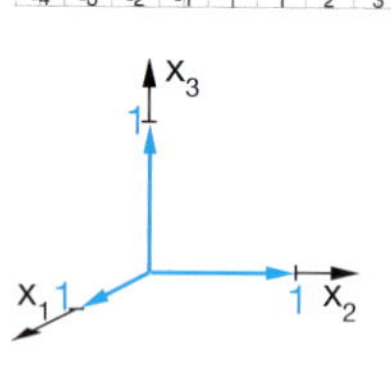

Basisvektoren im Raum

Abbildungsmatrix einer Drehung in der Ebene

$D(\alpha) = \begin{pmatrix} \cos(\alpha) & -\sin(\alpha) \\ \sin(\alpha) & \cos(\alpha) \end{pmatrix}$

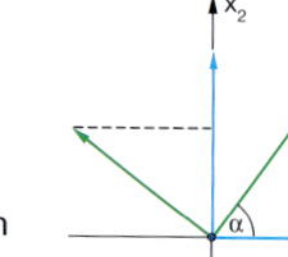

Drehung der Basisvektoren in der Ebene

Matrixoperationen und Abbildungen

Hintereinanderausführung

$C = B \cdot A$

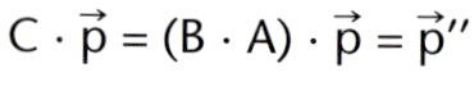

$C \cdot \vec{p} = (B \cdot A) \cdot \vec{p} = \vec{p}\,''$

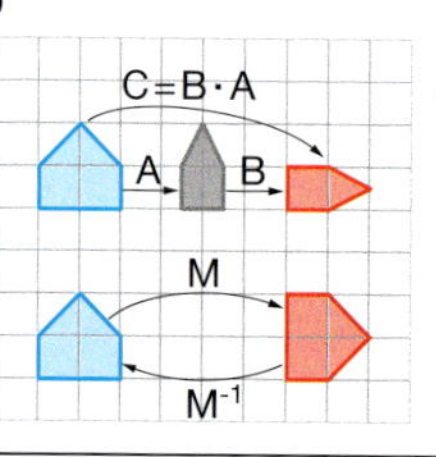

Inverse
Urbild finden mithilfe der inversen Matrix, falls sie existiert.

13 *Bildpunkte berechnen*
Bestimmen Sie die Eckpunkte der Figur und berechnen Sie deren Bildpunkte bei der Abbildung mit der Abbildungsmatrix

$M = \begin{pmatrix} 0{,}5 & -0{,}5 \\ 0 & 1 \end{pmatrix}$

Zeichnen Sie die Bildfigur.

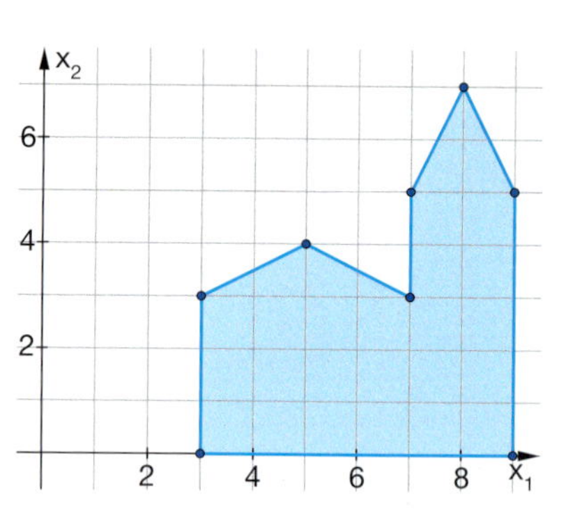

14 *Abbildungsmatrix finden*
Die rote Figur ist das Bild der blauen Figur.
Bestimmen Sie die zugehörige Abbildungsmatrix.

15 *Projektionsmatrix bestätigen*
Das Oktaeder wird auf die Ebene mit der Gleichung $2x_1 - x_2 + 3x_3 = 0$ in Richtung des Vektors $\begin{pmatrix} -4 \\ 0 \\ -1 \end{pmatrix}$ projiziert.
Zeigen Sie, dass die Projektion beschrieben wird durch die Matrix

$M = \frac{1}{11} \cdot \begin{pmatrix} 3 & 4 & -12 \\ 0 & 11 & 0 \\ -2 & 1 & 8 \end{pmatrix}.$

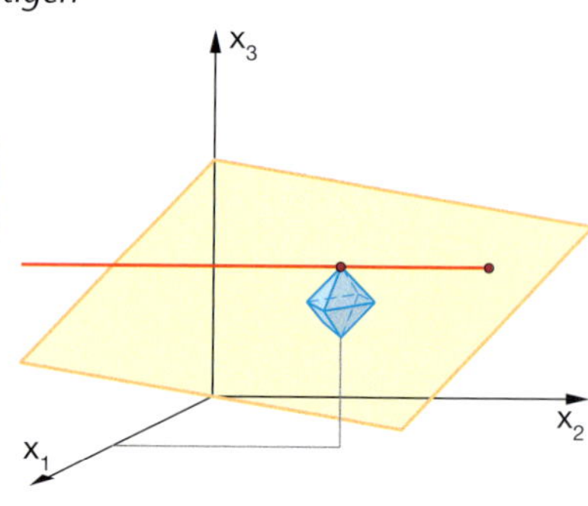

16 *Drehung im Raum*
a) Bestimmen Sie die Matrix einer Drehung um den Winkel α mit der x_3-Achse als Drehachse.
b) Wie sehen die entsprechenden Matrizen aus, wenn man um die x_2-Achse oder um die x_1-Achse dreht?

17 *Abbildungen in der Ebene hintereinander*
a) Bestimmen Sie die Matrix S einer Spiegelung an der x_2-Achse und die Matrix D der Drehung um 90° mit dem Ursprung als Drehzentrum.
b) Zunächst wird an der x_2-Achse gespiegelt, danach um 90° gedreht. Durch welche Matrix wird diese Abbildung beschrieben?
c) Welche Matrix erhält man, wenn man die Reihenfolge der Abbildungen vertauscht?

18 *Inverse*
Bei der Abbildung ist die Matrix $\begin{pmatrix} -0{,}5 & 1{,}5 \\ 1{,}5 & -0{,}5 \end{pmatrix}$ benutzt worden.
Bestimmen Sie mithilfe der inversen Matrix das Urbild.

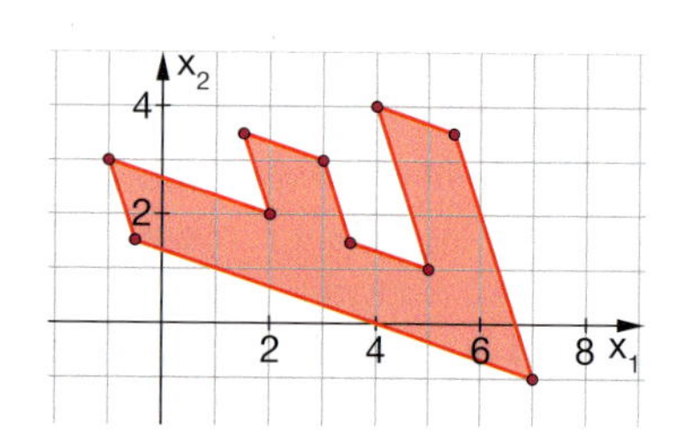

Sichern und Vernetzen – Vermischte Aufgaben

Training

1 *Matrixverknüpfungen*

a) Berechnen Sie.

(I) $\begin{pmatrix} 2 & 3 \\ 1 & 4 \\ 0 & 5 \end{pmatrix} + \begin{pmatrix} 4 & 1 \\ 7 & 9 \\ 5 & 2 \end{pmatrix}$ (II) $\begin{pmatrix} 9 & 8 & 1 \\ 4 & 6 & 5 \end{pmatrix} \cdot \begin{pmatrix} 2 \\ 3 \\ 1 \end{pmatrix}$ (III) $\begin{pmatrix} 2 & 3 \\ 4 & 5 \end{pmatrix} \cdot \begin{pmatrix} 1 & 6 \\ 3 & 2 \end{pmatrix}$ (IV) $3 \cdot \begin{pmatrix} 2 & 1 \\ 5 & 8 \end{pmatrix}$

b) Multiplizieren Sie jeweils zwei der Matrizen. Welche Produkte sind möglich?

$A = \begin{pmatrix} 7 & 3 \\ 10 & 5 \end{pmatrix}$ $B = (6 \;\; 1 \;\; 3)$ $C = \begin{pmatrix} 2 & 5 & 1 & 0 \\ 4 & 11 & 8 & 7 \end{pmatrix}$ $D = \begin{pmatrix} 2 \\ 9 \end{pmatrix}$ $E = \begin{pmatrix} 3 \\ 1 \\ 4 \\ 5 \end{pmatrix}$

2 *Matrizenmultiplikation*

Ergänzen Sie die fehlenden Einträge.

$$\begin{pmatrix} 0{,}82 & 0{,}18 & 0{,}18 \\ 0{,}17 & 0{,}65 & 0{,}01 \\ 0{,}01 & 0{,}17 & 0{,}81 \end{pmatrix} \cdot \begin{pmatrix} 0{,}82 & 0{,}18 & 0{,}18 \\ 0{,}17 & 0{,}65 & 0{,}01 \\ 0{,}01 & 0{,}17 & 0{,}81 \end{pmatrix} = \begin{pmatrix} ■ & 0{,}2952 & ■ \\ ■ & ■ & 0{,}0452 \\ 0{,}0452 & ■ & ■ \end{pmatrix}$$

3 *Matrizenprodukt*

a) Berechnen Sie jeweils das Matrizenprodukt. Was fällt Ihnen auf?

(I) $\begin{pmatrix} 3 & 9 & 8 \\ 4 & 3 & 3 \\ 2 & 9 & 0 \end{pmatrix} \cdot \frac{1}{71} \begin{pmatrix} -9 & 24 & 1 \\ 2 & \frac{-16}{3} & \frac{23}{3} \\ 10 & -3 & -9 \end{pmatrix}$ (II) $\begin{pmatrix} 4 & 5 \\ 3 & 4 \end{pmatrix} \cdot \begin{pmatrix} 4 & -5 \\ -3 & 4 \end{pmatrix}$

b) Mit welcher Matrix müssen Sie die Matrix $\begin{pmatrix} 6 & 7 \\ 5 & 6 \end{pmatrix}$ multiplizieren, um den gleichen Effekt wie in Teilaufgabe a) zu erhalten?

4 *Übergangsmatrizen, Übergangsgraphen, Verteilungen bestimmen*

a) *Verteilungen bestimmen*

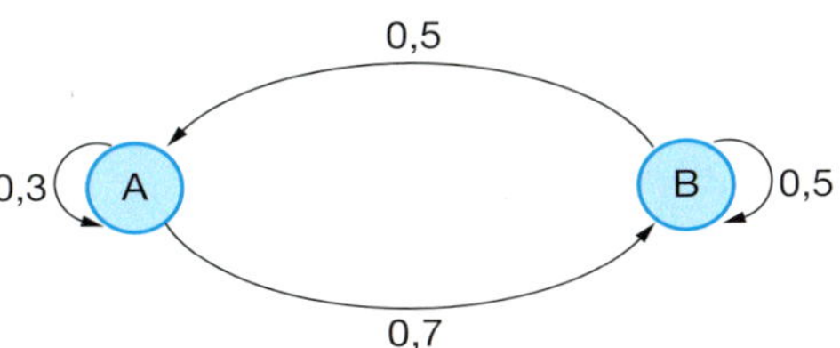

Berechnen Sie aus der Anfangsverteilung $\vec{v}_0 = \begin{pmatrix} 1 \\ 0 \end{pmatrix}$ die Verteilungen $\vec{v}_1$ und $\vec{v}_2$.

b) *Übergangsmatrix bestimmen*

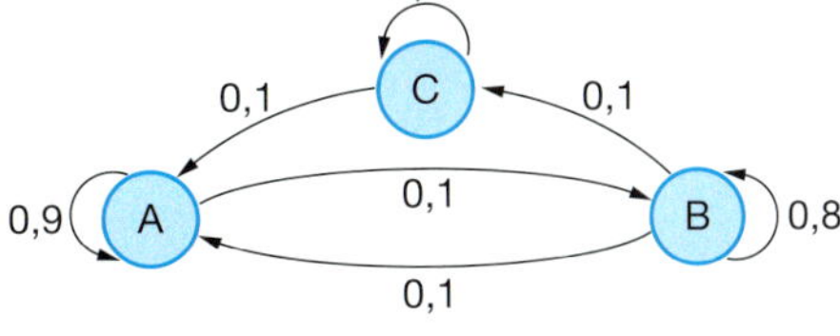

Geben Sie die Übergangsmatrix an und berechnen Sie $\vec{v}_2$ für die Anfangsverteilung A: 5; B: 10; C: 20.

c) *Verteilungen bestimmen*

$M = \begin{pmatrix} 0{,}6 & 0{,}1 & 0{,}1 \\ 0{,}3 & 0{,}8 & 0{,}2 \\ 0{,}1 & 0{,}1 & 0{,}7 \end{pmatrix}$; $\vec{v}_1 = \begin{pmatrix} 2 \\ 5{,}5 \\ 7{,}5 \end{pmatrix}$

Berechnen Sie $\vec{v}_2$ und $\vec{v}_0$.

d) *Langfristige Entwicklung bestimmen*

$M = \begin{pmatrix} 0{,}5 & 0{,}2 & 0{,}4 \\ 0{,}3 & 0{,}5 & 0 \\ 0{,}2 & 0{,}3 & 0{,}6 \end{pmatrix}$; $\vec{v}_0 = \begin{pmatrix} 0{,}2 \\ 0{,}5 \\ 0{,}3 \end{pmatrix}$

Bestimmen Sie die langfristige Entwicklung.

5 *Bildpunkte bestimmen*

Bestimmen Sie die Bildpunkte mit den Abbildungsmatrizen und zeichnen Sie jeweils die Bildfigur.

$M_1 = \begin{pmatrix} 1 & 0 \\ 0{,}5 & 1 \end{pmatrix}$; $M_2 = \begin{pmatrix} 1 & 0 \\ 1 & -1 \end{pmatrix}$

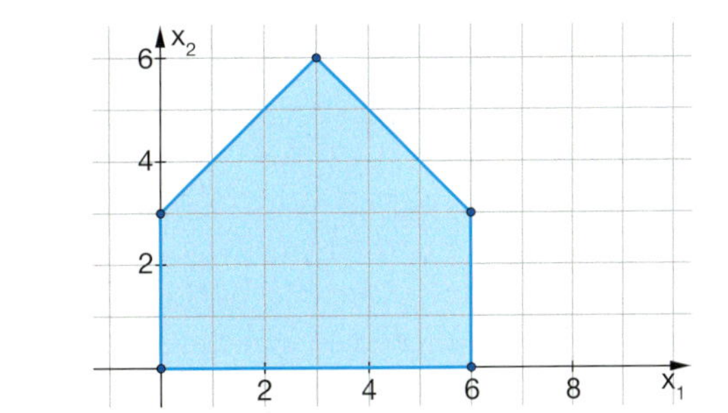

6 *Abbildungsmatrizen zuordnen*

Sie sehen hier zwei mit verschiedenen Abbildungsmatrizen erzeugte Bilder der blauen Figur. Ordnen Sie jedem Bild die richtige Abbildungsmatrix zu.

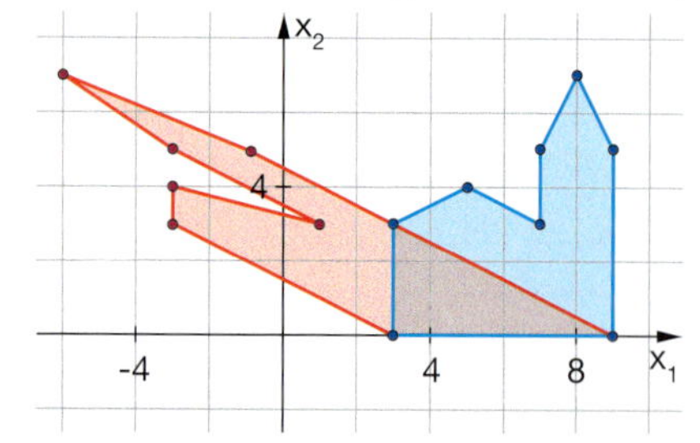

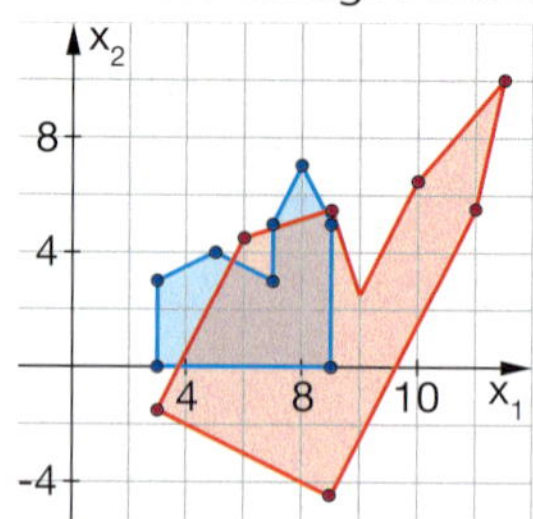

$A = \begin{pmatrix} -1 & 2 \\ 0{,}5 & 0 \end{pmatrix}$ $B = \begin{pmatrix} 1 & 1 \\ -0{,}5 & 2 \end{pmatrix}$

$C = \begin{pmatrix} 1 & -2 \\ -0{,}5 & 1 \end{pmatrix}$ $D = \begin{pmatrix} 1 & -2 \\ 0 & 1 \end{pmatrix}$

Verstehen von Begriffen und Verfahren

7 *Matrizenmultiplikation*

a) Warum kann man eine (3 × 4)-Matrix nicht mit einer (2 × 4)-Matrix multiplizieren?
b) Kann man quadratische Matrizen immer miteinander multiplizieren?

8 *Rechengesetze für Matrizen*

Welche Gesetze gelten für Matrixoperationen?

a) $A + B = B + A$
b) $A \cdot B = B \cdot A$
c) $(A + B) \cdot C = A \cdot C + B \cdot C$
d) $A \cdot (B \cdot C) = (A \cdot B) \cdot C$

9 *Inverse Matrix der Mulitplikation*

a) Geben Sie eine Definition für eine inverse Matrix an.
b) Gibt es zu jeder Matrix eine inverse Matrix? Wie kann man feststellen, ob es zu einer Matrix eine Inverse gibt?
c) Geben Sie Matrizen an, die eine inverse Matrix haben und welche, die keine inverse Matrix haben.

10 *Eine schnelle Methode zur Bestimmung der Inversen M^{-1}*

a) Zeigen Sie: Für $M = \begin{pmatrix} a & b \\ c & d \end{pmatrix}$ ist $\frac{1}{ad - bc}\begin{pmatrix} d & -b \\ -c & a \end{pmatrix}$ die inverse Matrix von M.
b) Ermitteln Sie mit der Formel aus a) jeweils die zugehörige inverse Matrix.

$A = \begin{pmatrix} 0{,}1 & 0{,}2 \\ 0{,}9 & 0{,}8 \end{pmatrix}$; $B = \begin{pmatrix} 0{,}5 & 0{,}4 \\ 0{,}5 & 0{,}6 \end{pmatrix}$; $C = \begin{pmatrix} 2 & 3 \\ 3 & 2 \end{pmatrix}$; $D = \begin{pmatrix} 0 & 1 \\ 1 & 0 \end{pmatrix}$

11 *Übergangsmatrix – Wo steckt der Fehler?*

Der Übergangsgraph zeigt die Quoten, mit der die Kunden dreier Stromanbieter innerhalb eines Jahres den Anbieter wechseln. Bei der Erstellung der zugehörigen Übergangsmatrix ist ein Fehler unterlaufen.

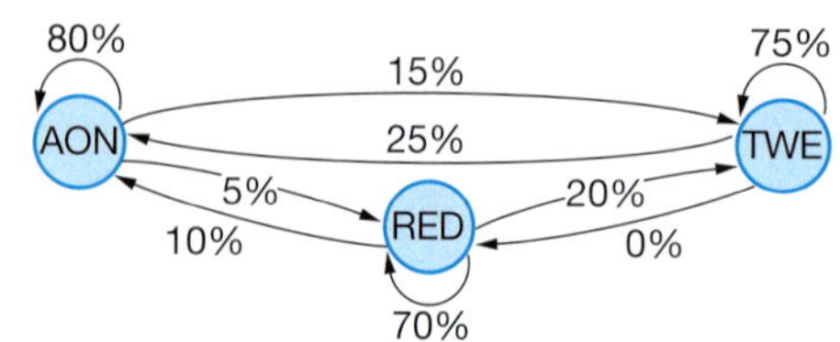

$$M = \begin{pmatrix} 0{,}8 & 0{,}15 & 0{,}05 \\ 0{,}25 & 0{,}75 & 0 \\ 0{,}1 & 0{,}2 & 0{,}7 \end{pmatrix}$$

(Spalten: AON, TWE, RED; Zeilen: AON, TWE, RED)

12 *Übergangsmatrix aus Verteilungsvektoren*

Gegeben sind die Verteilungen $\vec{v}_1 = \begin{pmatrix} 0{,}4 \\ 0{,}6 \end{pmatrix}$ und $\vec{v}_2 = \begin{pmatrix} 0{,}32 \\ 0{,}68 \end{pmatrix}$.

a) Berechnen Sie die Übergangsmatrix S, die von $\vec{v}_1$ zu $\vec{v}_2$ führte (keine eindeutige Lösung).
b) Nehmen Sie nun noch $\vec{v}_3 = \begin{pmatrix} 0{,}336 \\ 0{,}664 \end{pmatrix}$ hinzu. Passt Ihre Lösung noch?
Können Sie Ihre Lösung entsprechend abändern?

13 *Langfristige Entwicklung*

a) Erläutern Sie den Zusammenhang zwischen der schrittweisen Entwicklung und der Matrixpotenz.

b) Welche Rolle spielt die Matrixpotenz bei der Einstellung einer stabilen Verteilung?

14 *Was macht die Abbildung?*

Im Raum wird eine Abbildung durch die Matrix M beschrieben. Erklären Sie anhand der Bilder der Basisvektoren, um welche Abbildung es sich dabei handelt. Was „macht" die Abbildung mit dem Würfel, der durch die drei Basisvektoren erzeugt wird? Ist das Bild wieder ein Würfel?

$$M = \begin{pmatrix} 1 & -1 & 0 \\ 1 & 1 & 0 \\ 0 & 0 & \sqrt{2} \end{pmatrix}$$

15 *Ist die Abbildung umkehrbar?*

a) Zeichnen Sie das Bild des Hauses, wobei die Abbildungsmatrix

$$N = \begin{pmatrix} -1 & 4 \\ 0{,}5 & -2 \end{pmatrix}$$

benutzt wird.

b) Ist die Abbildung umkehrbar? Begründen Sie.

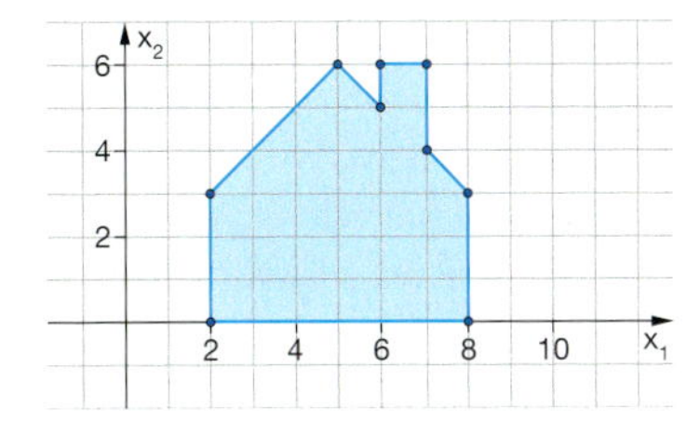

Anwenden und Modellieren

16 *Chemiewerk*

Ein chemisches Werk stellt aus den Rohstoffen R_1, R_2, R_3 die Produkte P_1, P_2, P_3 her. Für jede Tonne dieser Produkte wird eine bestimmte Menge der einzelnen Rohstoffe benötigt.

	P_1	P_2	P_3
R_1	7 t	2 t	0 t
R_2	12 t	1 t	1 t
R_3	3 t	9 t	8 t

a) Im ersten Monat des Jahres werden 170 t von P_1, 250 t von P_2 und 120 t von P_3 produziert. Welche Menge von den einzelnen Rohstoffen wurde verbraucht?

b) Wie viele Tonnen Rohstoffe müssen für den nächsten Monat eingeplant werden, wenn damit zu rechnen ist, dass die Produktion von P_1 um 10 %, die von P_2 um 15 % gesteigert wird und die von P_3 um 20 % sinkt?

17 *Getränkehersteller*

Ein Getränkehersteller produziert an drei Standorten A, B und C jeweils die Sorten Apfelsaft, Orangensaft und Multisaft. Aus technischen Gründen fallen die verschiedenen Sorten an jedem Standort in einem festen Verhältnis zueinander an.

	A	B	C
Apfelsaft	200 hl	300 hl	200 hl
Orangensaft	100 hl	200 hl	400 hl
Multisaft	200 hl	400 hl	500 hl

a) Für einen bestimmten Monat liegen Aufträge für 470 hl Apfelsaft, 500 hl Orangensaft und 760 hl Multisaft vor. Kann die Produktion so eingestellt werden, dass ohne Überschuss produziert wird?

b) In welchem Maße sind dann die einzelnen Standorte in ihrer Kapazität ausgelastet?

18 *Materialverbrauch*

Für die Produktion von drei verschiedenen Werkstücken W_1, W_2, W_3 werden jeweils drei Materialien M_1, M_2, M_3 benötigt. Die Matrix M gibt den Materialverbrauch in Mengeneinheiten für die drei Werkstücke an.

$$\begin{matrix} & W_1 & W_2 & W_3 & \\ M = & \begin{pmatrix} 1 & 2 & 10 \\ 1 & 3 & 20 \\ 4 & 4 & 0 \end{pmatrix} & & & \begin{matrix} M_1 \\ M_2 \\ M_3 \end{matrix} \end{matrix}$$

a) Wie viele der Mengeneinheiten der Materialien werden für die Produktion von zwei Werkstücken W_1, drei Werkstücken W_2 und vier Werkstücken W_3 benötigt?

b) Die Produktionsleitung möchte den Lagerbestand der Materialien mit 65 Mengeneinheiten M_1, 120 M_2 und 10 M_3 auflösen. Untersuchen Sie, ob das ohne Restbestand möglich ist.

19 *Wetterlage*

In einem beliebten Naherholungsgebiet gibt es niemals zwei Tage hintereinander schönes Wetter. Auf einen Schönwettertag folgt mit gleicher Wahrscheinlichkeit Regen oder Schnee. Schneit es, dann ist mit 50 % Wahrscheinlichkeit auch am nächsten Tag das gleiche Wetter. Schneit es am nächsten Tag nicht mehr, dann kommt mit gleicher Wahrscheinlichkeit schönes Wetter oder Regen. Für Regen gilt Entsprechendes wie für Schnee.

a) Geben Sie die Übergangsmatrix an.

b) Was können Sie über die Wetterlage in einer Woche sagen, wenn heute die Sonne scheint?

20 *Kopierer*

Ein Kopierer ist immer in einem der beiden Zustände: entweder ist er in Ordnung oder er ist defekt. Falls er kopiert, wird er in 70 % aller Fälle am nächsten Tag auch kopieren. Falls er defekt ist, wird er in 50 % aller Fälle am nächsten Tag auch defekt sein.

a) Erstellen Sie die zugehörige Übergangsmatrix.

b) Wie groß ist die Wahrscheinlichkeit, dass der Kopierer auch am nächsten Tag, nach einer Woche und nach einem Monat kopiert, wenn der Kopierer heute in Ordnung ist?

21 *Lohngruppen und Kosten*

Ein Unternehmen verfügt über genau 1200 Stellen, die mit Mitarbeitern der Lohngruppen L 1, L 2 und L 3 besetzt werden können. Zurzeit sind 58 % in der Lohngruppe L 1, 22 % in der Lohngruppe L 2 und der Rest in L 3. In der Tabelle sind die monatlichen Kosten des Unternehmens pro Mitarbeiter dargestellt.

	L 1	L 2	L 3
Kosten pro Mitarbeiter in Geldeinheiten (GE)	2300	3100	4200

Aus langjährigen Erfahrungen kann das Unternehmen davon ausgehen, dass in den Lohngruppen L 1 und L 2 jährlich jeweils 10 % in die nächst höhere Lohngruppe aufsteigen und in den Lohngruppen L 2 und L 3 jährlich jeweils 10 % ausscheiden und durch neue Mitarbeiter ersetzt werden, die wieder in der Lohngruppe L 1 anfangen.

a) Berechnen Sie die durchschnittlichen Kosten pro Mitarbeiter zu Beginn.

b) Bestimmen Sie die zugehörige Übergangsmatrix.

c) Ermitteln Sie die langfristig zu erwartenden durchschnittlichen Kosten pro Mitarbeiter.

22 *Populationsentwicklung von Zebras*

Eine Population von Zebras in einem Nationalpark wird in Altersklassen eingeteilt.

J: Jungtiere; E: ausgewachsene Tiere; A: Alttiere

Die Entwicklung der Population von einem Jahr zum nächsten wird durch die folgende Matrix beschrieben:

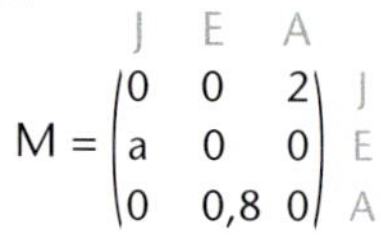

$$M = \begin{pmatrix} 0 & 0 & 2 \\ a & 0 & 0 \\ 0 & 0{,}8 & 0 \end{pmatrix}$$

(Spalten: J, E, A; Zeilen: J, E, A)

Zu Beginn der Untersuchung wird der Nationalpark von 40 Jungtieren, 20 ausgewachsenen Tieren und 25 Alttieren bevölkert.

a) Erläutern Sie mithilfe eines geeigneten Diagramms den Sachzusammenhang und die Bedeutung des Parameters a.

b) Untersuchen Sie die Entwicklung der Zebrapopulation für verschiedene Werte von a über einen Zeitraum von 12 Jahren.

c) Bei welchem Wert des Parameters a würde die Population insgesamt alle drei Jahre um 4 % wachsen?

23 *Wo liegt die Spiegelachse?*

Die blaue Figur ist das Bild der roten Figur bei der Abbildung mit der Matrix

$$M = \begin{pmatrix} -0{,}6 & 0{,}8 \\ 0{,}8 & 0{,}6 \end{pmatrix}$$

Offensichtlich handelt es sich um eine Achsenspiegelung.
Rekonstruieren Sie die Spiegelachse.

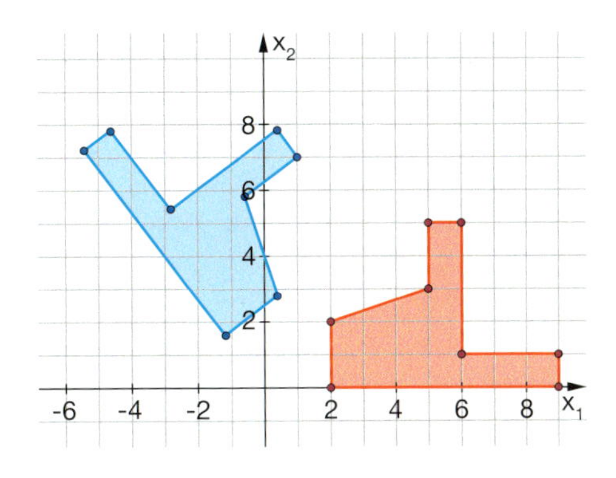

24 *Einen Würfel auf die Spitze stellen*

Stellen Sie den Würfel (Kantenlänge 4) „auf die Spitze", indem Sie zwei Achsendrehungen hintereinander ausführen. Der Punkt mit den Koordinaten (4 | 4 | 4) soll hinterher auf der x_3-Achse liegen.
Bestimmen Sie die Matrizen der beiden Drehungen und die Matrix der Abbildung, die sich aus der Hintereinanderausführung der beiden Drehungen ergibt.

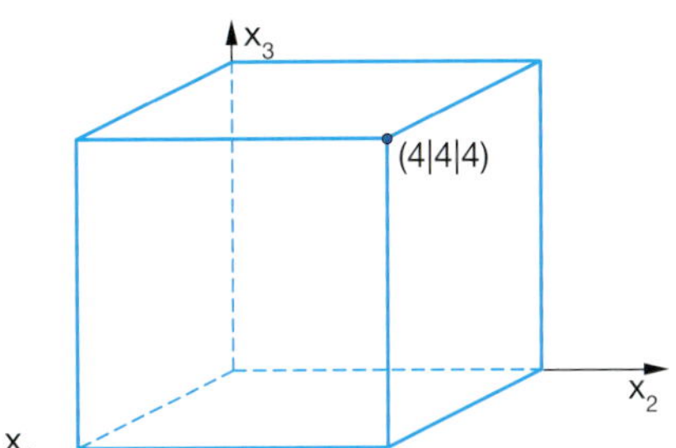

25 *Wie entsteht eine Sechseckgrafik?*

Kommunizieren und Präsentieren

Ein regelmäßiges Sechseck (n-Eck) lässt sich durch mehrfaches Drehen des Punktes $A_1 = (1 \mid 0)$ bzw. des Vektors $\begin{pmatrix} 1 \\ 0 \end{pmatrix}$ um den Ursprung erzeugen.

Durch wiederholte Anwendung einer geeigneten Drehstreckung auf das Sechseck erhält man die rechte Figur.

Erzeugen Sie die beiden Figuren und erläutern Sie Ihr Vorgehen. Übertragen Sie das Verfahren auch auf andere regelmäßige Vielecke.

Nutzen Sie entsprechende Software.

26 *Hintereinanderausführung von Abbildungen*

In der Ebene sind eine Drehung um den Ursprung um 90° und eine Spiegelung an der x_2-Achse Abbildungen, die sich durch Hintereinanderausführen miteinander verknüpfen lassen.

a) Untersuchen Sie zeichnerisch und durch Berechnungen mithilfe von Matrizen, ob diese Verknüpfung kommutativ ist.

b) Stellen Sie Ihren Lösungsweg dar. Gibt es verschiedene Lösungswege?

27 *Verbindung von linearer Algebra und Analysis*

Aufgabenformulierung in der Sprache der Analysis

Aus den Funktionen $f(x) = 1 - x$ und $g(x) = \frac{1}{x}$ lassen sich auf verschiedene Weisen neue Funktionen durch Verketten erzeugen: $f(g(x))$ und $g(f(x))$ oder auch $f(f(x))$ und $g(g(x))$. Das Spiel lässt sich fortsetzen, indem man diese beiden neuen Funktionen wieder mit sich selbst verkettet oder auch mit den beiden Ausgangsfunktionen. Die so entstandenen Funktionen werden wieder mit den bisher erzeugten Funktionen verkettet usw.

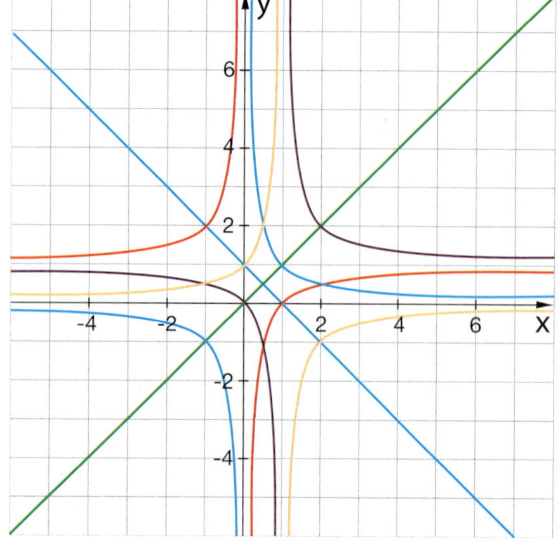

Man könnte nun meinen, dass auf diese Weise immer mehr neue Funktionen erzeugt werden. Überraschenderweise werden aber nur wenige verschiedene Funktionen auf diese Weise erzeugt.

a) Zeigen Sie, dass sich die nebenstehend aufgeführten Funktionen durch Verkettungen von f und g erzeugen lassen.

$h_1(x) = \frac{x-1}{x}$ $\quad h_2(x) = \frac{1}{-x+1}$

$h_3(x) = x$ $\quad h_4(x) = \frac{x}{x-1}$

b)

Forschungsauftrag

Wie viele verschiedene Funktionen lassen sich durch Verkettung von f und g erzeugen? Woher wissen Sie, dass Sie alle Funktionen gefunden haben?

Bearbeitung in der Sprache der linearen Algebra

Eine Verbindung mit linearer Algebra kann zur Beantwortung der Frage nützlich sein.
Die beiden Funktionen f und g sind Spezialfälle einer Funktion der Form:

$$h(x) = \frac{ax+b}{cx+d}$$

Diese können durch invertierbare Matrizen repräsentiert werden:

$$A = \begin{pmatrix} a & b \\ c & d \end{pmatrix} \text{ mit } ad - bc \neq 0$$

Die Verkettung zweier Funktionen h_A und h_B entspricht dann der Multiplikation der beiden Matrizen A und B.

$$h_A \circ h_B = h_{A \cdot B}$$

Übertragen Sie die Matrizendarstellung auf die beiden oben angegebenen Funktionen f und g und bestätigen Sie damit Ihre oben gefundenen Ergebnisse.

Versuchen Sie, die Frage über die Anzahl der erzeugbaren Funktionen systematisch mit Matrizenmultiplikationen zu beantworten.

Weitere Forschungsaufträge

c) Untersuchen Sie jeweils auch die Verkettungen zweier anderer Funktionen.

(I) $f(x) = \frac{x+1}{-x+1}$
$g(x) = -x$

(II) $f(x) = 2x$
$g(x) = \frac{1}{x}$

5 Ergänzungen – Kugeln, Kegelschnitte und Vektorräume

Mithilfe der analytischen Darstellungen von Geraden und Ebenen lassen sich viele interessante Objektstudien betreiben und geometrische Zusammenhänge erforschen. Mit der Erweiterung auf Kreise und Kugeln und auf die Kegelschnitte beschränken wir uns nicht mehr nur auf lineare Gebilde. Im Rahmen dieses Buches kann diese Erweiterung nur an wenigen exemplarischen Problemen geschehen; dabei werden die in den vorherigen Kapiteln erworbenen Begriffe und Verfahren zur Problemlösung wieder verwendet. In einem letzten Lernabschnitt wird die bisher schon sehr vielfältige Verwendung von Vektoren in unterschiedlichen Interpretationen durch die abstrakte Definition des Vektorraums unter ein gemeinsames Dach gestellt. Einige überraschende Interpretationen führen zu sehr anregenden Anwendungen.

5.1 Kreise und Kugeln

Mit der analytischen Beschreibung von Abständen gelangt man auf direktem Wege zu Gleichungen, die Kreise in der Ebene oder Kugeln im Raum beschreiben. Diese sind in der Form völlig gleich. Ebenso lassen sich Tangenten und Tangentialebenen einfach beschreiben und berechnen. Damit können weitere interessante Objekte mithilfe der Analytischen Geometrie erforscht werden. Der Einsatz entsprechender 3D-Software unterstützt hierbei die Anschauung und zeigt Wege der Problemlösung auf.

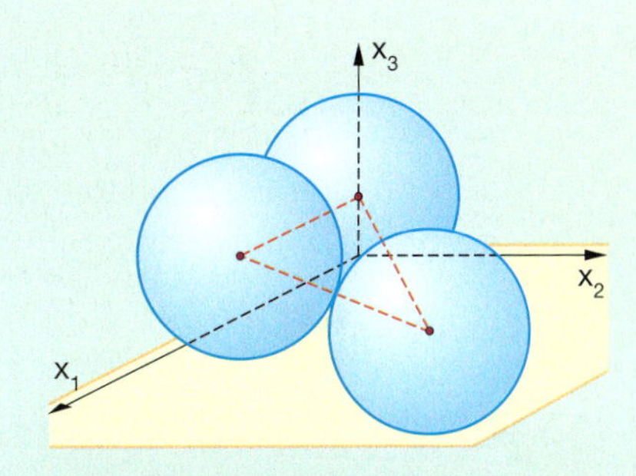

5.2 Kegelschnitte

Dieses komplexe Gebiet wird nur in Ansätzen behandelt. Ausgehend von den beobachtbaren Schnittkurven beim Schnitt eines Kegels mit einer Ebene werden anschließend die Kurven als geometrische Ortslinien konstruiert und dann auch analytisch durch Gleichungen dargestellt. Mit den durchaus anspruchsvollen Aufgaben können die Kompetenzen der geometrischen Anschauung und des Beweisens gestärkt werden.

5.3 Vektorräume

Hier wird auf wenigen Seiten ein Einblick in die abstrakte Definition von Vektoren gegeben und der Vorrat an Modellen durch einige ungewohnte Interpretationen und Anwendungen erweitert. So sind z. B. magische Quadrate oder auch Polynome höchstens 2. Grades Vektoren und man kann aus gegebenen Elementen durch Linearkombination weitere Elemente erzeugen.

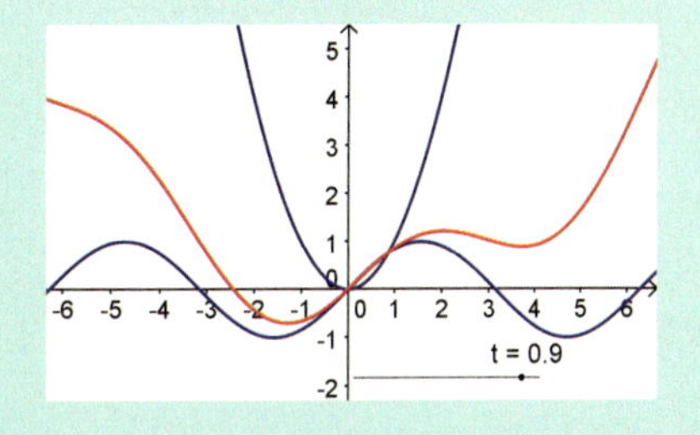

5.1 Kreise und Kugeln

Was Sie erwartet

Mit der Betrachtung von Kreisen und Kugeln werden die Untersuchungen auf nicht lineare Objekte erweitert und weitere Anwendungen der Analytischen Geometrie erschlossen.

Aufgaben

1 *Kreise in der Ebene – geometrisch und algebraisch*

Mit der Software Geogebra wurden zwei Kreise konstruiert. In einem Punkt eines Kreises wurde mithilfe einer Hilfsgeraden die Tangente durch diesen Punkt gezeichnet. Die Software erzeugt automatisch im Algebra-Fenster die analytische Beschreibung der Punkte, Geraden und Kreise.

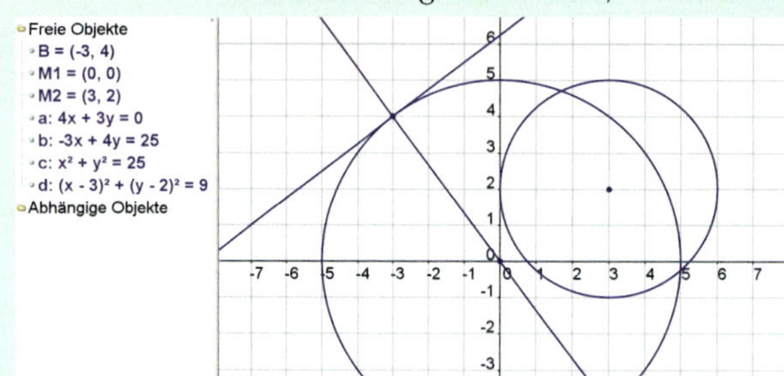

a) Führen Sie die Konstruktionen selbst auf einem Blatt Papier oder mit Ihrem DGS aus. Ordnen Sie die Gleichungen a, b, c und d den geometrischen Objekten zu.

b) Die Gleichungen zu a und b können Sie auch jeweils in der Normalenform $\vec{n} \cdot \vec{x} = d$ schreiben. Was können Sie über die Beziehung der beiden Normalenvektoren aussagen?

c) Zeigen Sie rechnerisch, dass der Punkt $P = (4|3)$ auf dem Kreis $M(O, 5)$ liegt und geben Sie die Gleichung der Tangente in P an den Kreis an. Wenn Sie über eine entsprechende Software verfügen, können Sie sich in der Geometrie-Ansicht von der Richtigkeit überzeugen.

2 *Von der Ebene in den Raum – Kreis- und Kugelgleichung*

Der Kreis in der Ebene ist der geometrische Ort aller Punkte, die von einem Punkt M den gleichen Abstand haben.	Die Kugel im Raum ist der geometrische Ort aller Punkte, die von einem Punkt M den gleichen Abstand haben.

Mit diesen Definitionen können wir unmittelbar durch Nutzen der Analytischen Geometrie die entsprechenden Gleichungen aufstellen.

a) Begründen Sie anhand der Zeichnungen die folgenden Gleichungen mithilfe von Vektoren.

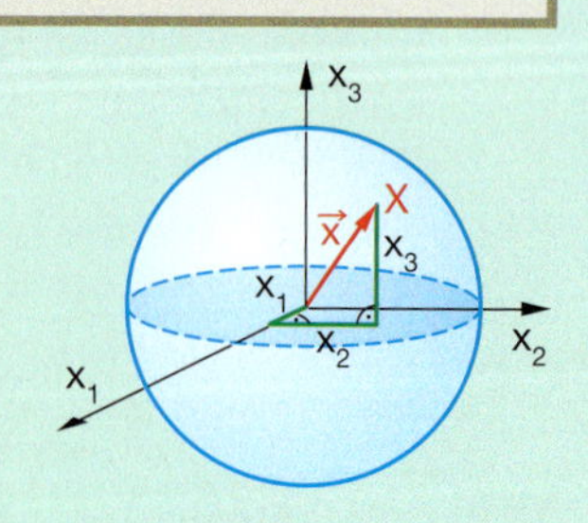

Kugel mit Mittelpunkt O: $\vec{x} \cdot \vec{x} = r^2$

Kugel mit Mittelpunkt M: $(\vec{x} - \vec{m}) \cdot (\vec{x} - \vec{m}) = r^2$

b) Interessanterweise gelten die beiden Gleichungen auch für den Kreis in der Ebene.
Für den Kreis mit dem Mittelpunkt O und dem Radius r kennen Sie bereits die Koordinatengleichung $x_1^2 + x_2^2 = r^2$. Leiten Sie aus den obigen Gleichungen die Koordinatengleichungen für die Kugel her.

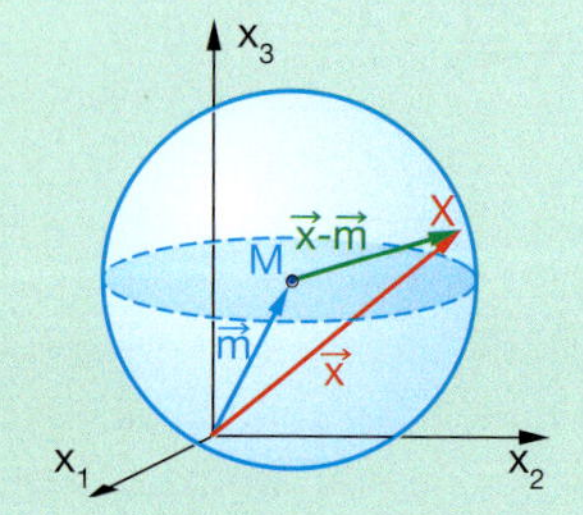

Basiswissen

Mithilfe von Vektoren lassen sich die Punkte eines Kreises in der Ebene oder die Punkte einer Kugel im Raum durch eine einfache Gleichung beschreiben.

Kreise in der Ebene und Kugeln im Raum

Kreise und Kugeln mit Mittelpunkt im Ursprung

Kreis in der Ebene

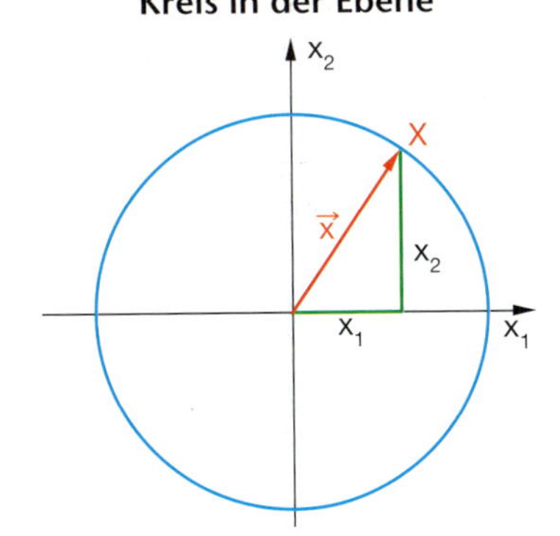

Kugel im Raum

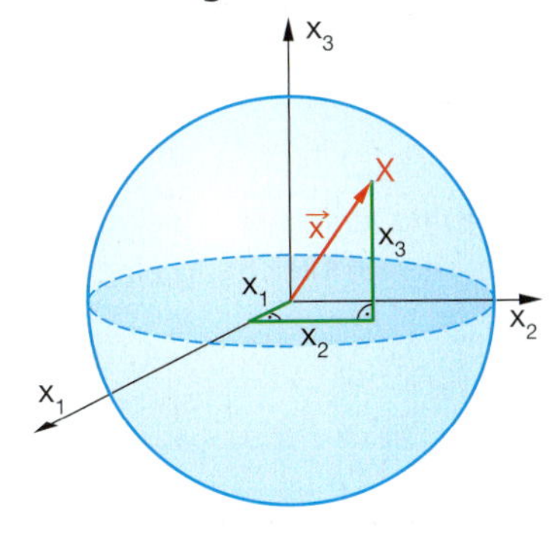

$K(O, r): |\vec{x}| = r$ oder $K(O, r): \vec{x} \cdot \vec{x} = r^2$

Koordinatengleichung eines Kreises
$K(O, r): x_1{}^2 + x_2{}^2 = r^2$

Koordinatengleichung einer Kugel
$K(O, r): x_1{}^2 + x_2{}^2 + x_3{}^2 = r^2$

Durch den Mittelpunkt und den Radius r ist ein Kreis bzw. eine Kugel festgelegt.
Alle Punkte X, die die Bedingung erfüllen, liegen auf dem Kreisrand bzw. auf der Kugeloberfläche.

Die Gleichung wird auch „implizite Gleichung" genannt und oft in der Form
$\mathbf{x_1{}^2 + x_2{}^2 + x_3{}^2 - r^2 = 0}$
geschrieben.

Kreise und Kugeln mit Mittelpunkt M

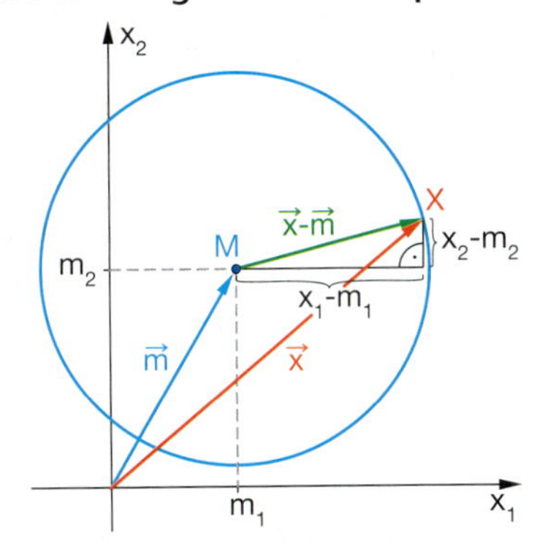

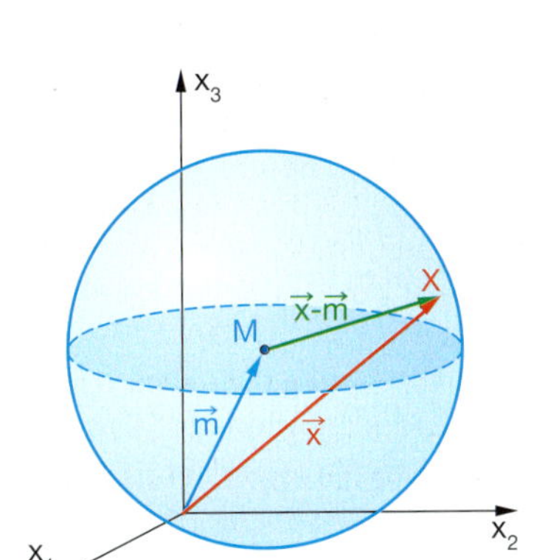

$K(M, r): |\vec{x} - \vec{m}| = r$ oder $K(M,r): (\vec{x} - \vec{m}) \cdot (\vec{x} - \vec{m}) = r^2$

Koordinatengleichung eines Kreises
$K(M, r): (x_1 - m_1)^2 + (x_2 - m_2)^2 = r^2$

Koordinatengleichung einer Kugel
$K(M, r): (x_1 - m_1)^2 + (x_2 - m_2)^2 + (x_3 - m_3)^2 = r^2$

Übungen

3 *Kreis- und Kugelgleichungen*

Welche Gleichungen beschreiben denselben Kreis bzw. dieselbe Kugel? Geben Sie jeweils den Mittelpunkt und den Radius an.

(I) $\left(x - \begin{pmatrix} 1 \\ 2 \\ 3 \end{pmatrix}\right)^2 = 16$

(II) $(x_1 + 3)^2 + (x_2 - 5)^2 = 4$

(III) $\left(\vec{x} - \begin{pmatrix} 1 \\ 2 \\ 3 \end{pmatrix}\right) \cdot \left(\vec{x} - \begin{pmatrix} 1 \\ 2 \\ 3 \end{pmatrix}\right) = 16$

(IV) $\left(\vec{x} - \begin{pmatrix} 3 \\ -5 \end{pmatrix}\right)^2 = 2^2$

(V) $(x_1 - 1)^2 + (x_2 - 2)^2 + (x_3 - 3)^2 = 4^2$

(VI) $\left(\vec{x} - \begin{pmatrix} -3 \\ 5 \end{pmatrix}\right) \cdot \left(\vec{x} - \begin{pmatrix} -3 \\ 5 \end{pmatrix}\right) = 2^2$

Übungen

Skizzen können hilfreich sein.

Der Würfel hat die Kantenlänge 4, der Koordinatenursprung liegt in der Würfelmitte. Die große Kugel ist die Inkugel des Würfels, die kleinen Kugeln haben den Radius 1 und ihre Mittelpunkte in den Würfelecken.

4 *Kreise und Kugeln*

Geben Sie die Gleichungen der Kreise und Kugeln an.

a)

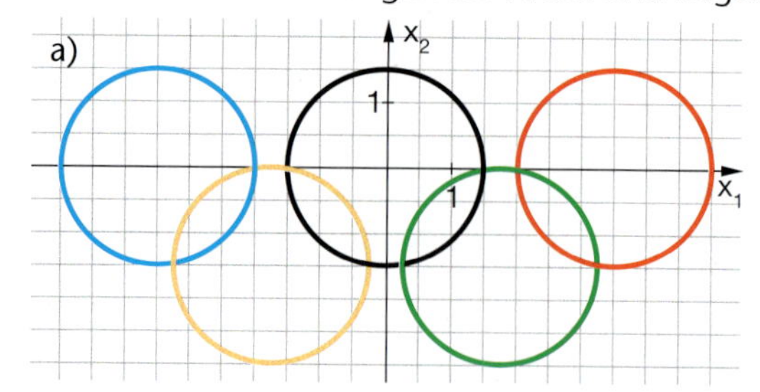

b)

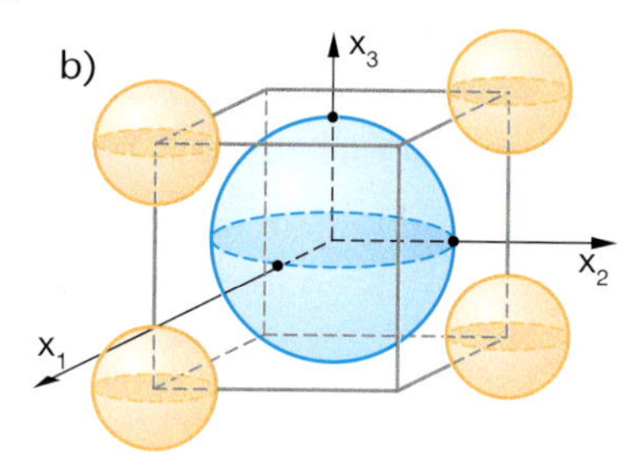

5 *Kreise und Kugeln mit vorgegebenen Bedingungen*

Bestimmen Sie die Gleichung eines Kreises oder einer Kugel K(M, r) mit

a) $M = (1 \mid -2)$ und $r = 4$.	b) $M = (2 \mid 4)$ und der Ursprung liegt auf K.	c) $A = (3 \mid 0)$, $B = (5 \mid 2)$ liegen auf K mit $r = 2$.
d) $M = (1 \mid 0 \mid 1)$ und $r = 2$.	e) $M = (1 \mid 0 \mid 1)$ und der Ursprung liegt auf K.	f) Strecke $\overline{AB}$ mit $A = (-1 \mid 2 \mid 7)$, $B = (3 \mid -2 \mid 5)$ ist Durchmesser.

In den meisten Aufgaben in diesem Lernabschnitt ist das Zeichnen mit geeigneter Software hilfreich und kann auch zur Überprüfung der Ergebnisse dienen.

6 *Punktprobe*

Ein Punkt kann außerhalb oder innerhalb eines Kreises bzw. einer Kugel oder auf dem Kreisrand bzw. auf der Kugeloberfläche liegen.
Wie kann man das feststellen?
Überprüfen Sie die Lage der folgenden Punkte bezüglich des Kreises oder bezüglich der Kugel K(M, r). Beschreiben Sie einen Lösungsweg und vergleichen Sie mit anderen.

a) $K((2 \mid 4), 3)$ $\quad A = (-2 \mid 3)$, $B = (0 \mid 0)$, $C = (-1 \mid 4)$, $D = (2 \mid 3)$

b) $K((-15 \mid -9 \mid 1), 9)$ $\quad A = (-5 \mid 1 \mid 6)$, $B = (0 \mid -2 \mid 4)$, $C = (-16 \mid -4 \mid 2)$, $D = (-15 \mid 0 \mid 1)$

7 *Lage von Geraden zu Kreisen und Kugeln*

a) Welche Möglichkeiten gibt es für die Lage einer Geraden zu einem Kreis oder einer Kugel? Erstellen Sie jeweils entsprechende Skizzen.
b) Entscheiden Sie welche Lage vorliegt.

Kreis $K((2 \mid 3), 5)$; g: $\vec{x} = \begin{pmatrix} 1 \\ 0 \end{pmatrix} + t\begin{pmatrix} 2 \\ 1 \end{pmatrix}$ $\qquad$ Kugel $K(O, 5)$; g: $\vec{x} = \begin{pmatrix} 2 \\ 1 \\ 7 \end{pmatrix} + t\begin{pmatrix} 2 \\ -3 \\ 4 \end{pmatrix}$

8 *Lage von Ebenen und Kugeln*

In den Bildern wird die Lage der Ebene zur Kugel mit dem Abstand d zum Mittelpunkt beschrieben. Entscheiden Sie für die Kugel $K((1 \mid 2 \mid 3), 3)$, welcher Fall für die Ebenen vorliegt. Beschreiben Sie Ihren Lösungsweg.

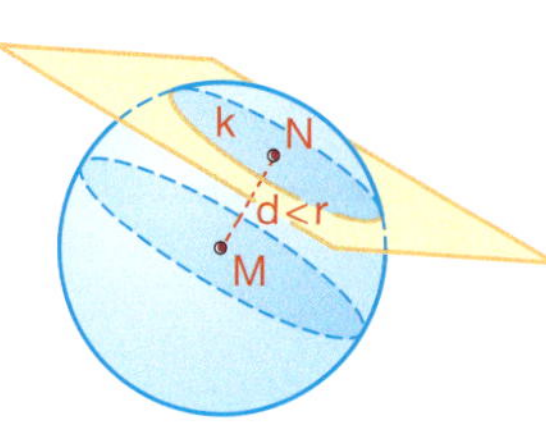

Ⓑ

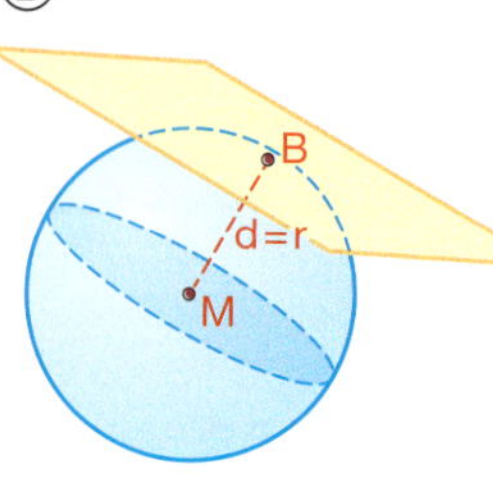

Ⓒ

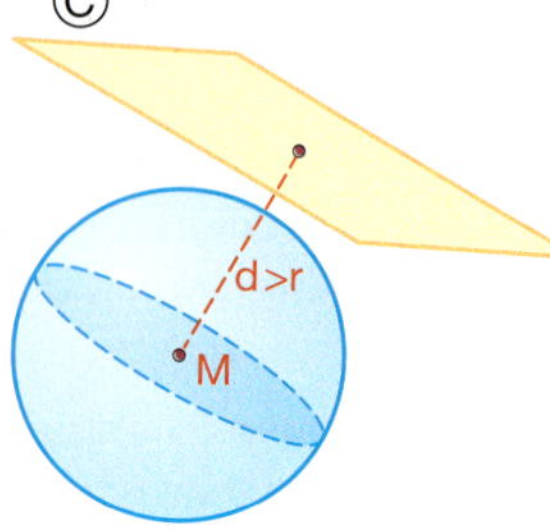

Ⓘ E: $2x_1 + 2x_2 + 3x_3 - 30 = 0$

Ⓘⓘ E: $x_1 + x_2 + 2x_3 - 15 = 0$

Ⓘⓘⓘ E: $2x_1 + 2x_2 - x_3 - 12 = 0$

Übungen

9 *Tangentengleichungen*

Gegeben sind die Kugel K((4|3|1), 3), der Punkt B = (6|5|2) und die Ebene E: $2x_1 + 2x_2 + x_3 = 24$.

a) Zeigen Sie, dass die Ebene E eine Tangentialebene der Kugel im Punkt B ist.

b) Begründen Sie die Gleichung für die Tangentialebene anhand der Zeichnung.

c) Interessanterweise gelten die Gleichungen auch in der Ebene. Zeigen Sie dies.

Tangentengleichungen

Tangentialebene an eine Kugel im Berührpunkt B:

T: $(\vec{b} - \vec{m}) \cdot (\vec{x} - \vec{b}) = 0$

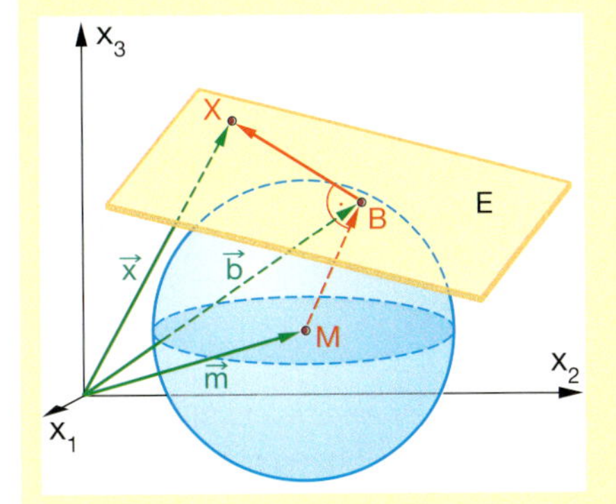

Die Tangentengleichung lässt sich auch mithilfe des Radius in der folgenden Form schreiben:

T: $(\vec{b} - \vec{m}) \cdot (\vec{x} - \vec{m}) = r^2$

10 *Besonders einfache Gleichungen*

Zeigen Sie, wie sich die Tangentengleichungen für Kreise und Kugeln, deren Mittelpunkt im Ursprung liegt, vereinfachen.

11 *Tangentengleichungen umformen*

Zeigen Sie, dass sich die Tangentengleichung in der Form

T: $(\vec{b} - \vec{m}) \cdot (\vec{x} - \vec{m}) = r^2$ aus

T: $(\vec{b} - \vec{m}) \cdot (\vec{x} - \vec{b}) = 0$ mit den nebenstehenden Umformungen herstellen lässt.

$\vec{x} - \vec{b} = (\vec{x} - \vec{m}) - (\vec{b} - \vec{m})$

$(\vec{b} - \vec{m}) \cdot (\vec{b} - \vec{m}) = r^2$

12 *Tangente und Tangentialebenen*

a) Bestimmen Sie die Tangente des Kreises mit dem Mittelpunkt M = (3|4) und dem Radius 5 im Berührpunkt B = (6|8).

b) Bestimmen Sie die Tangentialebene zur Kugel mit dem Radius 3 um den Ursprung im Berührpunkt B = (2|−1|2).

c) Bestimmen Sie die Tangentialebene zur Kugel mit dem Mittelpunkt M = (1|2|3) und dem Radius 6 im Berührpunkt B = (5|4|7).

d) Bestimmen Sie die Tangentialebenen in den Schnittpunkten der Kugel K(O, 6) mit der Geraden g: $\vec{x} = \begin{pmatrix} 0 \\ 3 \\ 1 \end{pmatrix} + t\begin{pmatrix} 4 \\ -1 \\ 3 \end{pmatrix}$.

13 *Passende Kugelgleichungen finden*

a) Die Ebene E: $\begin{pmatrix} -6 \\ 3 \\ -2 \end{pmatrix} \cdot \left(\vec{x} - \begin{pmatrix} -5 \\ 0 \\ 9 \end{pmatrix}\right) = 0$ ist Tangentialebene an die Kugel K(M, r) mit M = (5|−3|6).

Bestimmen Sie die Gleichung für die Kugel.

b) Die Ebene E: $\begin{pmatrix} 2 \\ 4 \\ 1 \end{pmatrix} \cdot \left(\vec{x} - \begin{pmatrix} 3 \\ 1 \\ 0 \end{pmatrix}\right) = 0$ ist Tangentialebene an die Kugel K(M, r) mit Berührpunkt B = (2|1|2).

Wie viele Kugeln gibt es? Beschreiben Sie ihre Lage.

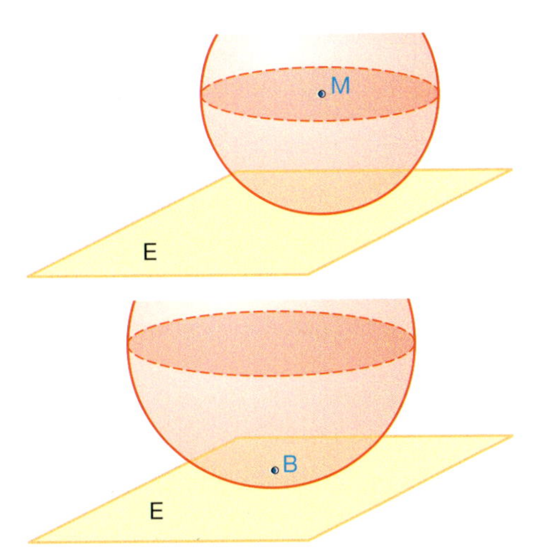

Objektstudien mit Kugeln
Zum Überprüfen ist das Zeichnen mit geeigneter Software hilfreich.

Übungen

14 *Drei Kugeln*
Es sollen drei Kugeln mit dem Radius 4 gezeichnet werden, die auf der x_1x_2-Ebene liegen und sich gegenseitig berühren. Bestimmen Sie die Mittelpunkte der Kugeln.

Eine vierte Kugel mit dem Radius 4 wird so auf die drei Kugeln gelegt, dass sie alle drei berührt. Bestimmen Sie ihren Mittelpunkt.

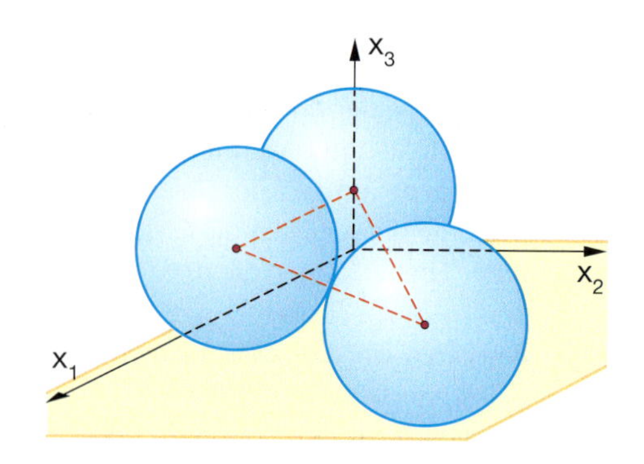

15 *Schnittkreis einer Kugel mit einer Ebene*
a) Wenn sich eine Ebene mit einer Kugel schneidet, so kann sich ein Schnittkreis ergeben. Erläutern Sie, dass sich der Mittelpunkt M′ des Schnittkreises als Fußpunkt des Lotes von M auf E ergibt. Der Radius des Schnittkreises ist $r' = \sqrt{r^2 - d^2}$.
b) Bestimmen und zeichnen Sie den Schnittkreis der Kugel K(M, r) mit dem Mittelpunkt M = (2|−1|5) und dem Radius 7 mit der Ebene E: $\begin{pmatrix} 2 \\ 1 \\ -2 \end{pmatrix} \cdot \vec{x} - 11 = 0$.

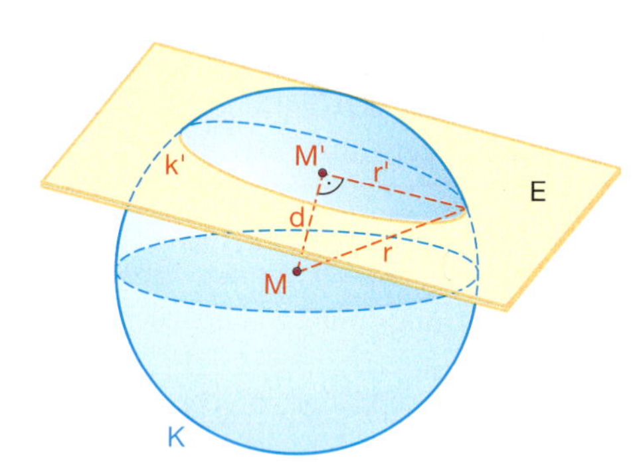

16 *Parallele Tangentialebene*
An eine Kugel mit Radius 3 und Mittelpunkt M = (2|4|3) sollen die Tangentialebenen gezeichnet werden, die zu der Ebene mit der Gleichung $2x_1 + 3x_2 - x_3 = 8$ parallel sind.
Gleichung der Kugel: $(x_1 - 2)^2 + (x_2 - 4)^2 + (x_3 - 3)^2 = 9$
Bestimmen und zeichnen Sie die Tangentialebenen.

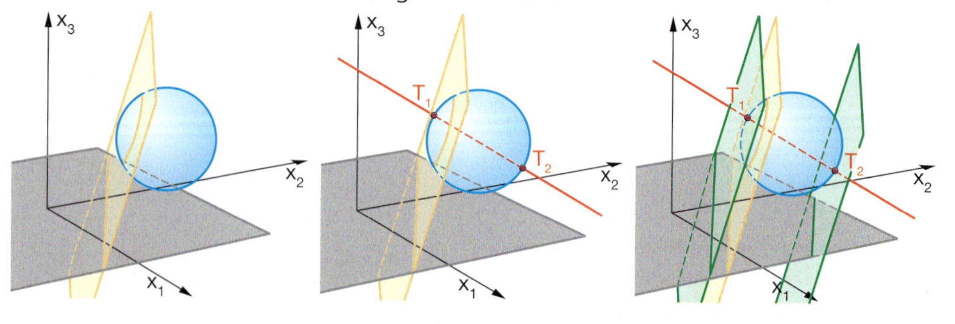

Strategie:
Aus der Koordinatenform einer Ebene lesen Sie einen Normalenvektor ab: $\vec{n} = \begin{pmatrix} 2 \\ 3 \\ -1 \end{pmatrix}$
Damit können Sie die Gerade durch den Mittelpunkt zeichnen, die orthogonal zur Ebene ist. Die Schnittpunkte T_1 und T_2 dieser Geraden mit der Kugel können berechnet werden. Die Ebenen durch T_1 und T_2 haben den gleichen Normalenvektor wie die gegebene Ebene.

Übungen

17 *Schnittkreis von zwei Kugeln*
In den Bildern ist die Lage von zwei Kugeln zueinander dargestellt.

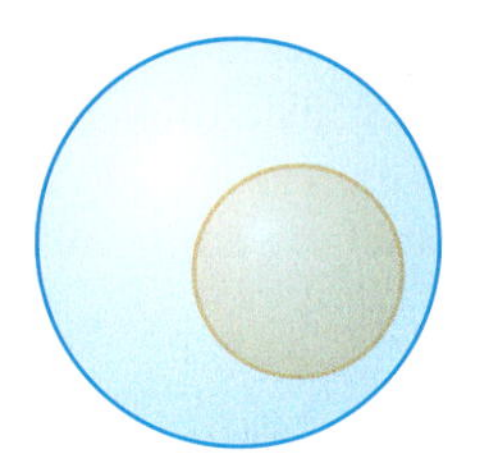

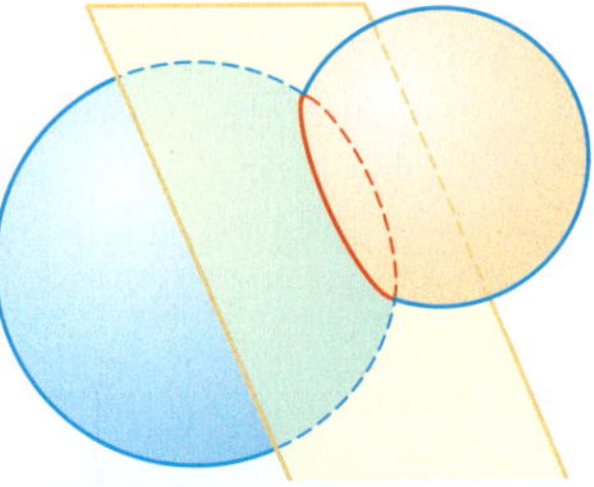

Der interessante Fall ist der, wenn die beiden Kugeln einen Schnittkreis haben.

Eine Kugel mit Mittelpunkt $(-2|-2|1)$ hat den Radius 4, die zweite Kugel hat den Mittelpunkt $(-1|3|3)$ und den Radius 3. Bestimmen Sie die Gleichung der Ebene, in der die gemeinsamen Punkte der beiden Kugeln liegen, und bestimmen Sie den Mittelpunkt und den Radius des Schnittkreises.
Zeichnen Sie beide Kugeln und die Ebene.

Ebene eines Schnittkreises

Da die gemeinsamen Punkte beide Kugelgleichungen erfüllen, genügen sie auch jeder Kombination der Gleichungen. Multiplizieren Sie beide Gleichungen aus.

Zum Beispiel werden die beiden Kugelgleichungen

K_1: $(x_1 + 3)^2 + x_2^2 + (x_3 + 2)^2 = 25$ und

K_2: $(x_1 + 2)^2 + (x_2 - 1)^2 + x_3^2 = 49$

vereinfacht zu

K_1: $x_1^2 + 6x_1 + x_2^2 + x_3^2 + 4x_3 = 12$ und

K_2: $x_1^2 + 4x_1 + x_2^2 - 2x_2 + x_3^2 = 44$.

Durch Subtraktion („linke Seite minus linke Seite, rechte …“) werden die quadratischen Terme eliminiert. Der Rest ist die Gleichung einer Ebene.

Die Differenz „linke Seite minus linke Seite …“ ergibt: $2x_1 + 2x_2 + 4x_3 = -32$ ist die Gleichung der Ebene, die den Schnittkreis enthält.

18 *Kugel in einer Pyramide*
Eine quadratische Pyramide hat die Grundkante 40 und die Höhe 60.
Die Grundkanten sind parallel zur x_1- und zur x_2-Achse, die Spitze liegt auf der x_3-Achse. Berechnen Sie den Radius der größten Kugel, die gerade noch in die Pyramide hineinpasst und zeichnen Sie die Pyramide mit der Kugel.

Tipp:
Der Mittelpunkt liegt auf der Höhe der Pyramide und hat zu den Seitenflächen denselben Abstand wie zur Grundfläche.

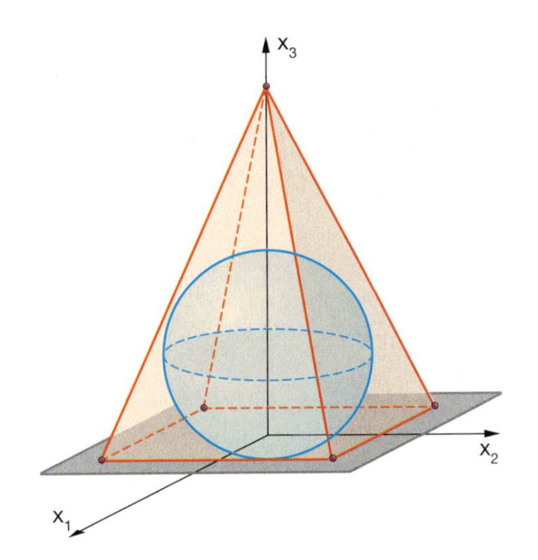

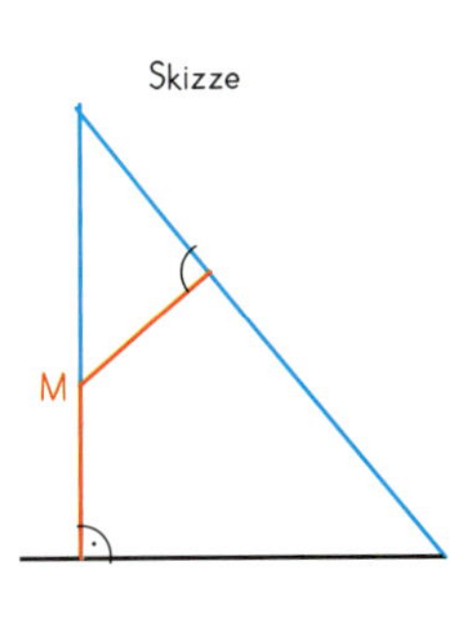

Aufgaben

Parameterdarstellung von Kreis und Kugel

Bei Geraden und Ebenen gibt es Parameterdarstellungen als Punkt-Richtungs-Form und implizite Darstellungen als Koordinatenform.
Bei verschiedenen Computerprogrammen benötigt man zur Visualisierung einer Fläche eine Parameterdarstellung.
Für Kreise und Kugeln haben wir bisher nur die implizite Darstellung aufgestellt und nutzen können.

Gibt es auch für Kreise und Kugeln Parameterdarstellungen?

19 *Parameterdarstellung eines Kreises in der Ebene*
Mithilfe der trigonometrischen Funktionen lassen sich Kreise, deren Mittelpunkt im Ursprung liegt, durch Parametergleichungen beschreiben.

$$x_1(t) = r \cdot \cos(t)$$
$$x_2(t) = r \cdot \sin(t)$$
$$0 \le t \le 2\pi$$

Wie lassen sich Kreise mit Mittelpunkt $M = (m_1 | m_2)$ beschreiben?

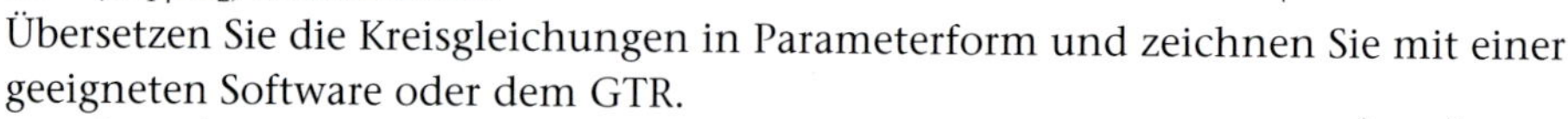

Übersetzen Sie die Kreisgleichungen in Parameterform und zeichnen Sie mit einer geeigneten Software oder dem GTR.

a) $x_1^2 + x_2^2 = 9$ b) $(x_1^2 - 2)^2 + (x_2^2 + 3)^2 = 4$ c) $\frac{x_1^2}{4} + \frac{x_2^2}{4} = 1$

Parameterdarstellung einer Kugel

Die Parameterdarstellung einer Kugel wird hier am Beispiel einer Kugel mit Radius 5 demonstriert.

Zunächst wird ein Halbkreis in der Ebene in Parameterdarstellung erzeugt.
Für die Punkte des Halbkreises in der Ebene gilt:
$H = (5\cos(\alpha) | 5\sin(\alpha))$ mit $-\frac{\pi}{2} \le \alpha \le \frac{\pi}{2}$

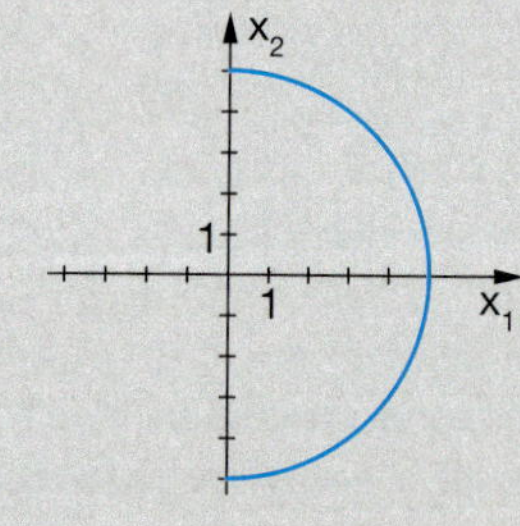

Der Halbkreis wird im Raum „auf die x_3-Achse gesetzt". Dabei gibt es keine Verschiebung auf der x_2-Achse.
$H = (5 \cdot \cos(\alpha) | 0 | 5 \cdot \sin(\alpha))$ mit $-\frac{\pi}{2} \le \alpha \le \frac{\pi}{2}$

Bei einer Drehung um die x_3-Achse werden die x_1- und die x_2-Koordinaten mithilfe der Drehung erzeugt:

$$\begin{pmatrix} \cos(\beta) & -\sin(\beta) & 0 \\ \sin(\beta) & \cos(\beta) & 0 \\ 0 & 0 & 1 \end{pmatrix} \cdot \begin{pmatrix} 5 \cdot \cos(\alpha) \\ 0 \\ 5 \cdot \sin(\alpha) \end{pmatrix} = \begin{pmatrix} 5 \cdot \cos(\alpha) \cdot \cos(\beta) \\ 5 \cdot \cos(\alpha) \cdot \sin(\beta) \\ 5 \cdot \sin(\alpha) \end{pmatrix}$$

Damit gilt für die Punkte der Kugel:
$(5 \cdot \cos(\alpha) \cdot \cos(\beta) | 5 \cdot \cos(\alpha) \cdot \sin(\beta) | 5 \cdot \sin(\alpha))$
mit $-\frac{\pi}{2} \le \alpha \le \frac{\pi}{2}$ und $0 \le \beta \le 2\pi$

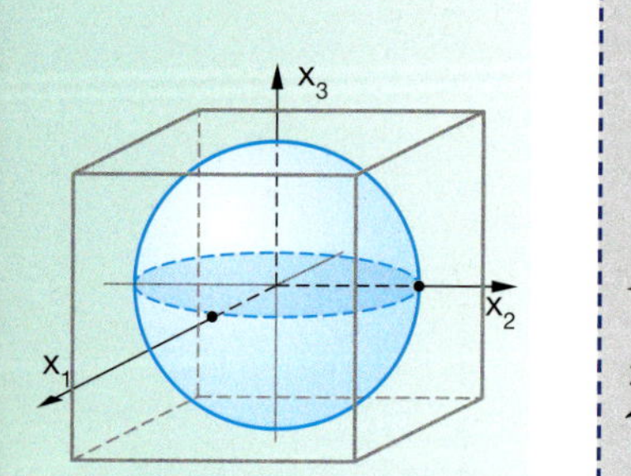

5.2 Kegelschnitte

Was Sie erwartet

Kegelschnitte sind Kurven, die beim Schnitt einer Ebene mit einem geraden Kreiskegel entstehen. Sie begegnen uns häufig im täglichen Leben, zum Beispiel, wenn der Lichtkegel einer Taschenlampe auf dem Boden eine Ellipse erzeugt oder bei dem parabelförmigen Bogen einer Stahlbrücke. Sie sind aber auch Gegenstand geometrischer Darstellungen und Untersuchungen. Oftmals hat dabei das Zusammenspiel von Geometrie und Algebra zu den Lösungen schwieriger Problemstellungen in Theorie und Anwendung geführt. Deshalb wird hier im Rahmen der analytischen Geometrie ein Streifzug in dieses Thema angeboten.

Aufgaben

1 *Experimentelle Erkundung der Kegelschnitte*
Besorgen Sie sich einen Kegel aus Styropor und schneiden Sie diesen mit einem Messer glatt durch.

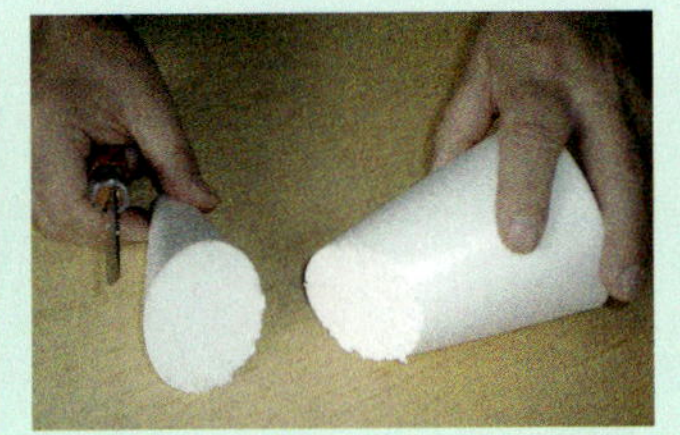
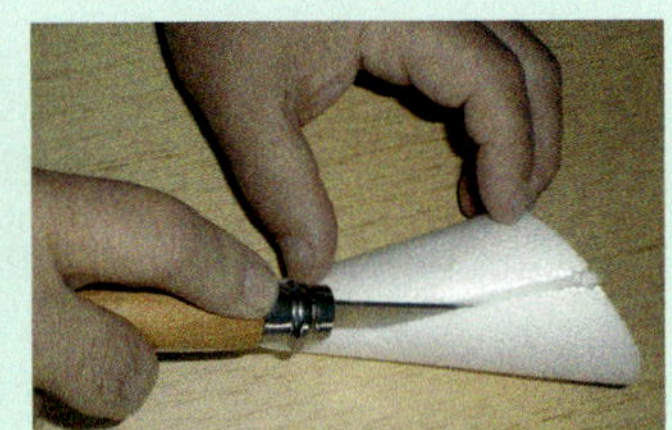

Welche Formen der Schnittkurven können Sie beobachten? Wie hängen die einzelnen Formen von der Lage der Schnittebene zum Kegel ab? Erstellen Sie eine Übersicht.

Eine kleine Galerie von Kegelschnitten aus der Werkstatt

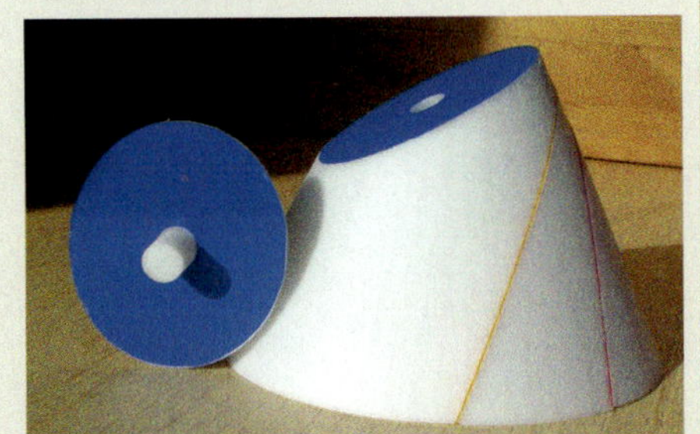

Basiswissen

Kegelschnitte

Ein gerader Doppelkegel wird von einer Ebene geschnitten. Je nach Lage der Ebene entstehen unterschiedliche Schnittkurven.

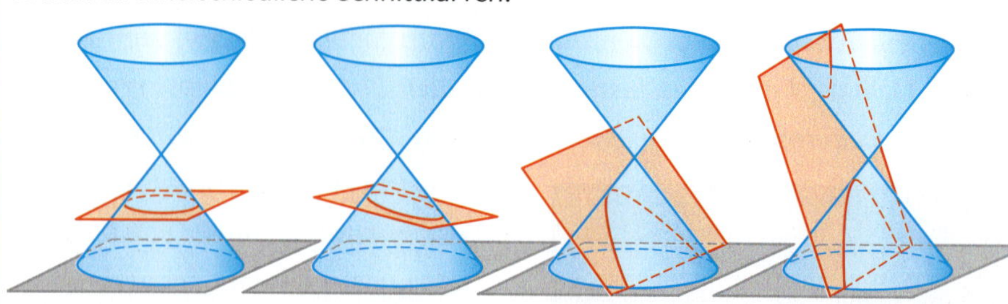

Ein **Kreis** entsteht, wenn der Schnitt orthogonal zur Symmetrieachse liegt.

Ist der Schnitt flacher als die Mantellinie des Kegels, dann entsteht eine **Ellipse**.

Ist der Schnitt parallel zur Mantellinie, dann entsteht eine **Parabel**.

Eine **Hyperbel** entsteht, wenn die Schnittebene steiler als die Mantellinie ist.

Übungen

2 *Kegel trifft Ebene*

In keinem der oben beschriebenen Fälle geht die Schnittebene durch „das Zentrum" des Doppelkegels. Wie muss die Ebene den Doppelkegel treffen, damit als entsprechende Schnittkurve

a) ein Punkt, b) zwei Geraden, c) eine Gerade entsteht?

Fertigen Sie jeweils eine Skizze an.

5201.cg3
5202.cg3
5203.cg3
5204.cg3

Dandelinsche Kugeln

Wir kennen die Kegelschnitte Kreis und Parabel bereits als Kurven in der Ebene und die passenden Gleichungen dazu. Wie kann man nun im Raum die Schnittfiguren eines Kegels mit einer Ebene einer algebraischen Beschreibung zugänglich machen? Diese Frage ist zu Beginn des 19. Jahrhunderts von dem belgischen Mathematiker G. P. DANDELIN (1794–1847) beantwortet worden.

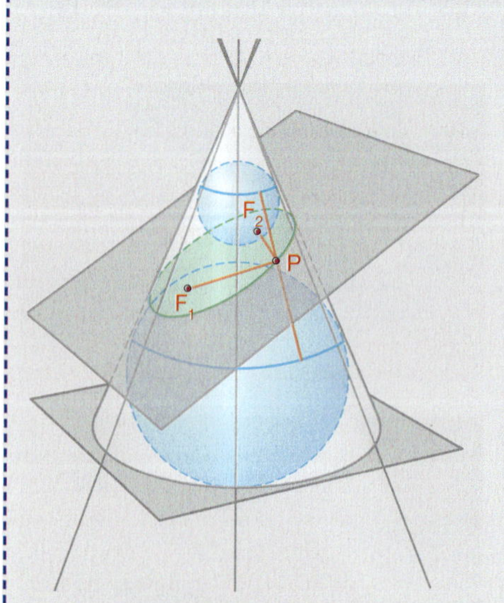

Im Bild wird ein Kegel von einer Ebene so geschnitten, dass eine Ellipse entsteht.

Dandelins Idee zur Lösung des Problems:

„Dem Kegel werden zwei Kugeln so einbeschrieben, dass sie den Kegel (in einem Kreis) und die Ebene (in einem Punkt) gerade berühren. Die Berührpunkte werden mit F_1 und F_2 bezeichnet."

Seine Beobachtung: Die Summe der Abstände eines beliebigen Punktes P auf der Ellipse zu den Punkten F_1 und F_2 liefert immer denselben Wert.

Genauer können wir mit unseren Mitteln hier darauf nicht eingehen.
Wir werden im Folgenden diese Eigenschaften nutzen, um die Kurven zu konstruieren und die Gleichungen herzuleiten.

Übungen

Konstruktion der Kegelschnitte

3 *Kegelschnitte als Ortskurven und deren Konstruktion*

Kegelschnitte können auf verschiedene Weisen auch konstruiert werden. Sie sehen hier drei mit einem DGS erzeugte Kurven ...

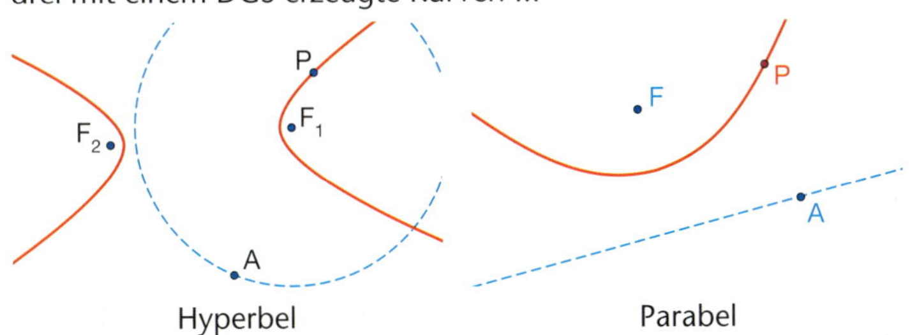

Hyperbel   Parabel

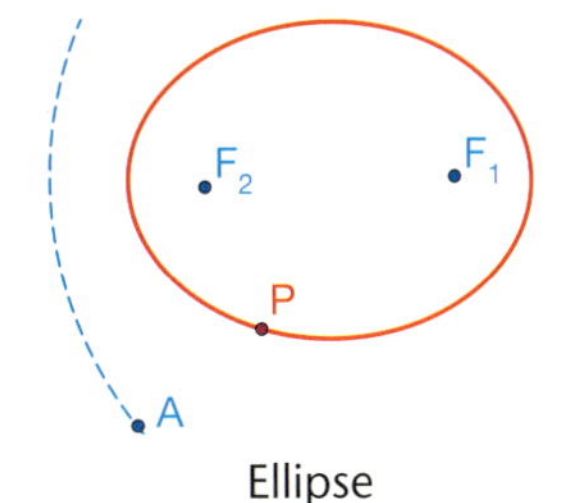

Ellipse

... und drei Konstruktionsprotokolle

A
- Zeichnen Sie eine Gerade g.
- Zeichnen Sie einen Punkt F, der nicht auf der Geraden liegt.
- Wählen Sie einen Punkt A auf der Geraden.
- Der Punkt P ist der Schnittpunkt der Mittelsenkrechten von $\overline{AF}$ und der Orthogonalen zu g im Punkt A.
- Zeichnen Sie die Ortslinie des Punktes P, wenn A auf der Geraden bewegt wird.

B
- Zeichnen Sie einen Kreis mit Mittelpunkt F_1.
- Zeichnen Sie einen Punkt F_2 im Inneren des Kreises.
- Wählen Sie einen Punkt A auf dem Kreis.
- Der Punkt P ist der Schnittpunkt der Mittelsenkrechten von $\overline{AF_2}$ und der Geraden $\overline{AF_1}$.
- Zeichnen Sie die Ortslinie des Punktes P, wenn A auf dem Kreis bewegt wird.

C
- Zeichnen Sie einen Kreis mit Mittelpunkt F_1.
- Zeichnen Sie einen Punkt F_2 außerhalb des Kreises.
- Wählen Sie einen Punkt A auf dem Kreis.
- Der Punkt P ist der Schnittpunkt der Mittelsenkrechten von $\overline{AF_2}$ und der Geraden $\overline{AF_1}$.
- Zeichnen Sie die Ortslinie des Punktes P, wenn A auf dem Kreis bewegt wird.

Führen Sie die Konstruktionen durch und ordnen Sie die Protokolle den Kurven zu.

4 *Parametervariation bei den Konstruktionen*

a) Verändern Sie bei der Ellipsenkonstruktion (vgl. Übung 3) die Lage des Punktes F_2 und beobachten Sie die Veränderung der Kurve (Ziehen Sie dabei F_2 auch aus dem Kreis heraus).

b) Experimentieren Sie auch bei der Parabel- und Hyperbelkonstruktion durch Ändern entsprechender Parameter.

Fassen Sie Ihre Beobachtungen in einem kurzen Protokoll zusammen.

Kegelschnitte als Ortslinien

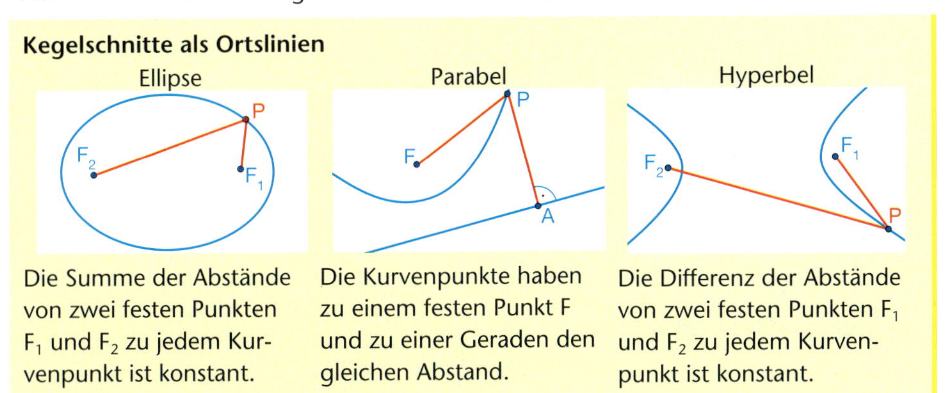

Ellipse: Die Summe der Abstände von zwei festen Punkten F_1 und F_2 zu jedem Kurvenpunkt ist konstant.

Parabel: Die Kurvenpunkte haben zu einem festen Punkt F und zu einer Geraden den gleichen Abstand.

Hyperbel: Die Differenz der Abstände von zwei festen Punkten F_1 und F_2 zu jedem Kurvenpunkt ist konstant.

Die Punkte F_1 und F_2 bzw. F nennt man auch **Brennpunkte**.

5 *Kreis als Ortslinie*

Ergänzen Sie die drei Beschreibungen durch eine entsprechende Beschreibung für den Kreis.

Übungen

6 *Begründungen*

Die Ortslinieneigenschaften der Kegelschnitte lassen sich aus der Konstruktion heraus begründen. Für die Hyperbel ist dies ausgeführt.

Abstandsdifferenz

Der Punkt F_1 ist der Mittelpunkt des Kreises, A ist ein beliebiger Punkt auf dem Kreis, F_2 liegt außerhalb. Der Punkt P wird konstruiert als Schnittpunkt der Geraden durch A und F_1 und der Mittelsenkrechten der Strecke $\overline{AF_2}$. Deshalb ist die Strecke $\overline{PF_2}$ genau so lang wie die Strecke $\overline{AP}$. Die Differenz der Streckenlängen $\overline{PF_2}$ und $\overline{PF_1}$ ist die Länge der Strecke $\overline{AF_1}$. Das ist gerade der Radius des Kreises.

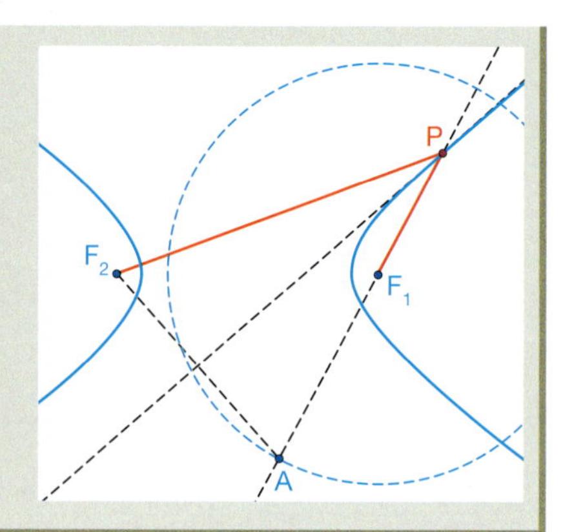

Begründen Sie auch die auf der vorigen Seite angegebenen Orstlinieneigenschaften für die Ellipse und die Parabel mithilfe der Konstruktionen.

algebraische Beschreibung der Kegelschnitte

7 *Variationen der Kreisgleichung*

Ein Kreis mit dem Mittelpunkt (0|0) und Radius r wird durch die Gleichung $x^2 + y^2 = r^2$ beschrieben. Division durch r^2 liefert die äquivalente Gleichung $\frac{x^2}{r^2} + \frac{y^2}{r^2} = 1$.

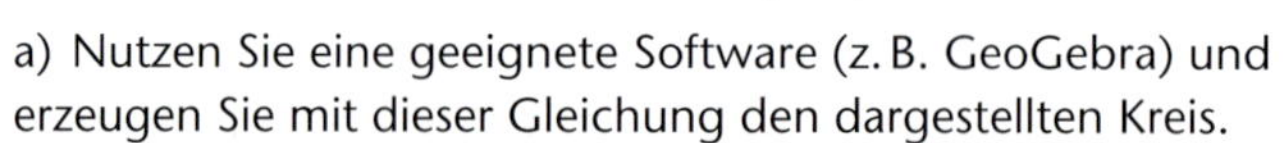

a) Nutzen Sie eine geeignete Software (z. B. GeoGebra) und erzeugen Sie mit dieser Gleichung den dargestellten Kreis.
b) Variieren Sie die Gleichung und beobachten Sie die entstehenden Kurven.
Verwenden Sie für die Nenner unterschiedliche Werte, z. B. $\frac{x^2}{2^2} + \frac{y^2}{5^2} = 1$.
Ersetzen Sie das + in der Gleichung durch ein –, z. B. $\frac{x^2}{4^2} - \frac{y^2}{2^2} = 1$.
Fassen Sie Ihre Beobachtungen in einem Protokoll zusammen.

Überprüfen Sie Ihre Entscheidung mit geeigneter Software.

8 *Gleichungen den Kurven zuordnen*

Sie sehen hier drei Kurven und drei Gleichungen. Ordnen Sie jeder Kurve die richtige Gleichung zu.

Ⓐ
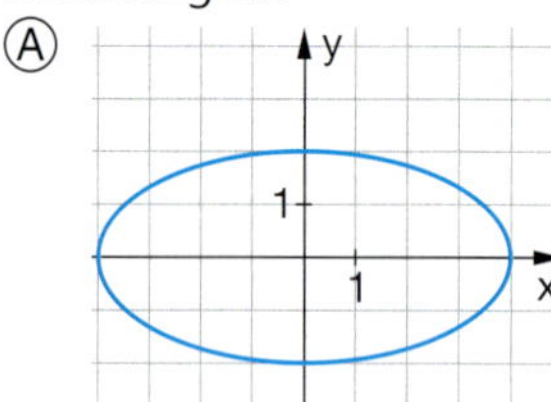

Ⓑ
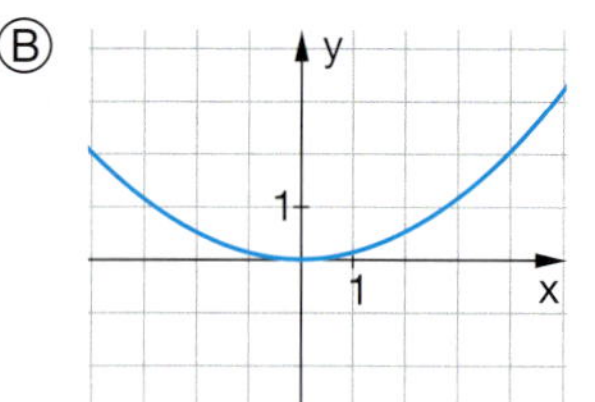

Ⓒ
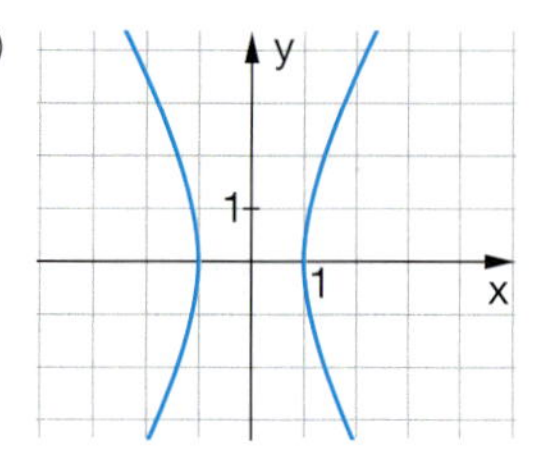

Ⓘ $\frac{x^2}{1^2} - \frac{y^2}{2^2} = 1$

Ⓘⓘ $\frac{x^2}{4^2} + \frac{y^2}{2^2} = 1$

Ⓘⓘⓘ $x^2 - 8y = 0$

Gleichungen der Kegelschnitte

Die Gleichungen der Kegelschnitte mit Mittelpunkt bzw. Scheitelpunkt im Ursprung:

Kreis	Ellipse	Hyperbel	Parabel
$x^2 + y^2 = r^2$	$\frac{x^2}{a^2} + \frac{y^2}{b^2} = 1$	$\frac{x^2}{a^2} - \frac{y^2}{b^2} = 1$	$y = \frac{1}{4a}x^2$

Übungen

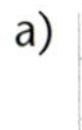

9 *Gleichungen von Kurven*

Bestimmen Sie die zu diesen Kegelschnitten gehörenden Gleichungen.

a) 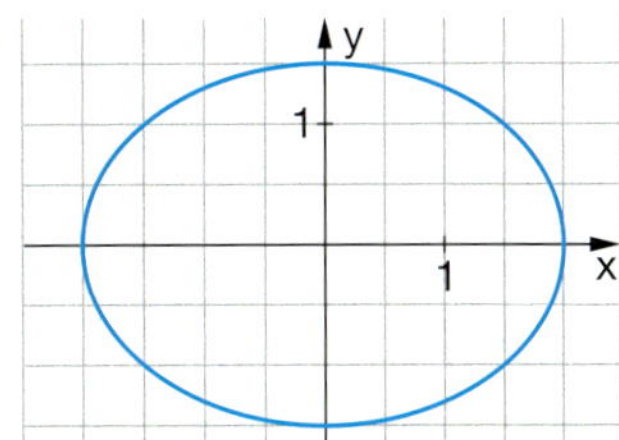

b) 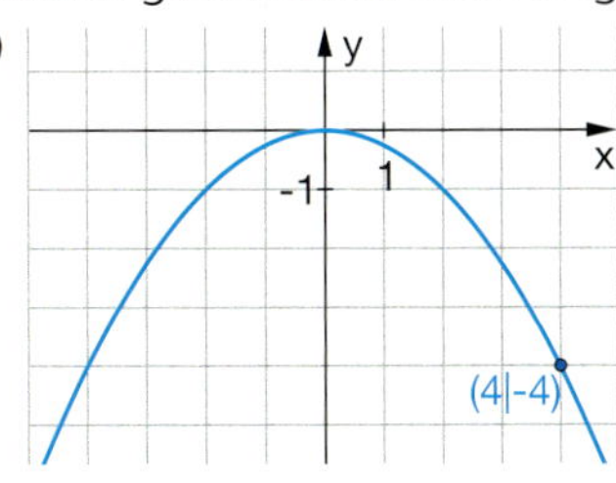

c) 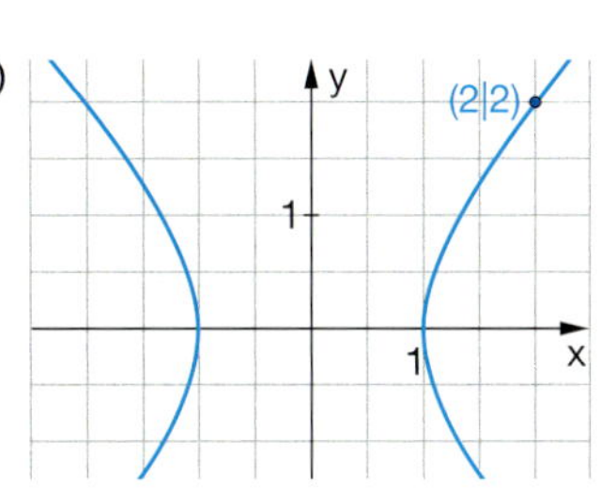

10 *Herleitung der Gleichungen für die Kegelschnitte aus den Ortslinieneigenschaften*

Für die Ellipse ist die Herleitung im Folgenden aufgeführt.

Wir legen die x-Achse des Koordinatensystems durch die Punkte F_1 und F_2 und wählen als y-Achse die Mittelsenkrechte der Strecke $\overline{F_1F_2}$. Der Abstand der Punkte F_1 und F_2 vom Ursprung wird mit e bezeichnet.

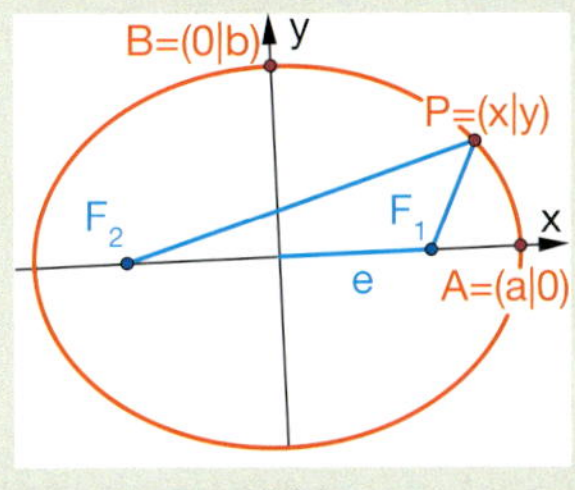

Bild 1

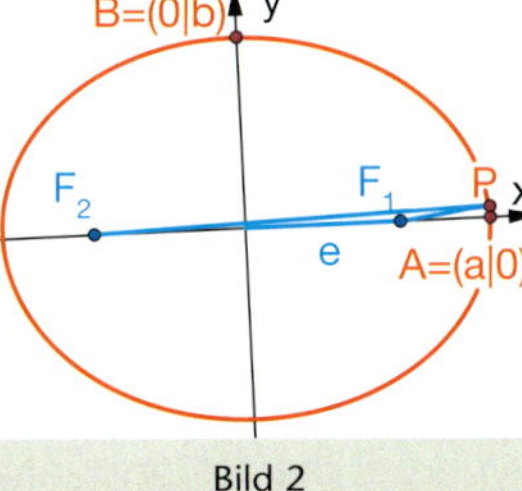

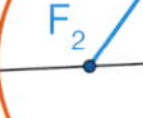

Bild 2

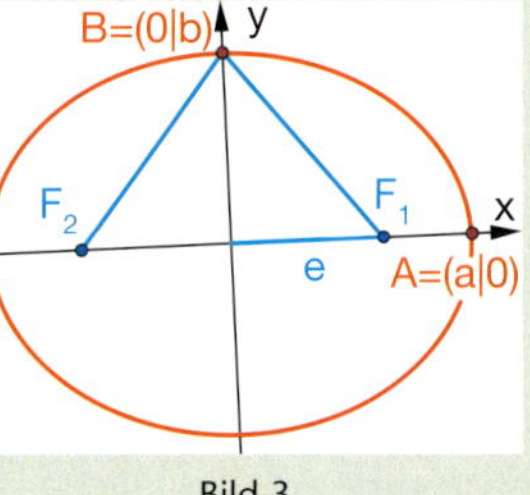

Bild 3

Mit der Lage von P auf der x-Achse (Bild 2) sieht man: Die Summe der Abstände eines Punktes P zu F_1 und F_2 ist 2a: $|\overline{PF_1}| + |\overline{PF_2}| = 2a$

Bild 3 liefert einen Zusammenhang zwischen a, b und e, weil die Länge der Strecke $\overline{BF_1}$ gleich a sein muss: $e^2 + b^2 = a^2$

Mit Bild 1 lassen sich die Abstände mit x, y und e aufschreiben:

$|\overline{PF_1}| = \sqrt{(x-e)^2 + y^2}$ und $|\overline{PF_2}| = \sqrt{(x+e)^2 + y^2}$

Damit ist die Vorarbeit geleistet, es muss nun die Gleichung bearbeitet werden:

$$|\overline{PF_1}| + |\overline{PF_2}| = 2a \Leftrightarrow \sqrt{(x-e)^2 + y^2} + \sqrt{(x+e)^2 + y^2} = 2a$$

$$\Leftrightarrow \sqrt{(x-e)^2 + y^2} = 2a - \sqrt{(x+e)^2 + y^2}$$

Die Gleichung wird auf beiden Seiten quadriert:

$(x-e)^2 + y^2 = 4a^2 - 4a\sqrt{(x+e)^2 + y^2} + (x+e)^2 + y^2$

Vereinfachen dieser Gleichung, nochmaliges Quadrieren und Nutzen der Beziehung $a^2 - e^2 = b^2$ liefert schließlich die Gleichung $\frac{x^2}{a^2} + \frac{y^2}{b^2} = 1$.

Die Brennpunkte sind $F_1 = (e\,|\,0)$ und $F_2 = (-e\,|\,0)$.

Bei der Berechnung der Brennpunkte von Ellipse und Hyperbel werden die Beziehungen $e^2 + b^2 = a^2$ (Ellipse) bzw. $a^2 + b^2 = e^2$ (Hyperbel) genutzt.

Führen Sie die Herleitungen für die Parabel und die Hyperbel selbst aus.

Hyperbel

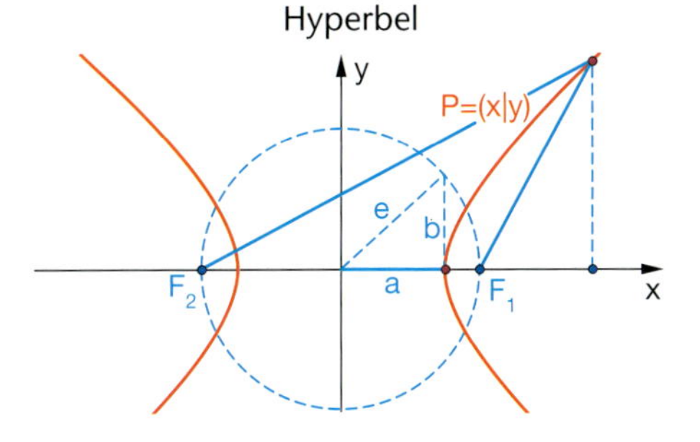

Brennpunkte: $F_1 = (e\,|\,0)$ und $F_2 = (-e\,|\,0)$

Parabel

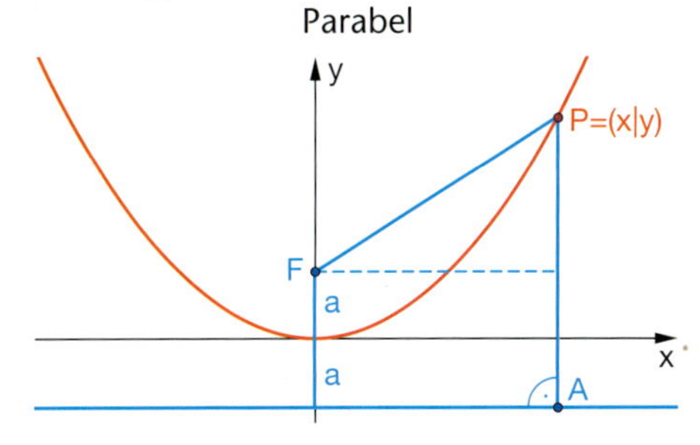

Brennpunkt: $F = (0\,|\,a)$

Übungen

Mittelpunktsform einer Ellipsengleichung
Eine Ersetzung von x durch x – 3 und y durch y – 1 bewirkt eine Verschiebung um 3 nach rechts und um 1 nach oben.
Man erhält eine Ellipse mit Mittelpunkt

$M = (3|1)$: $\frac{(x-3)^2}{25} + \frac{(y-1)^2}{9} = 1$

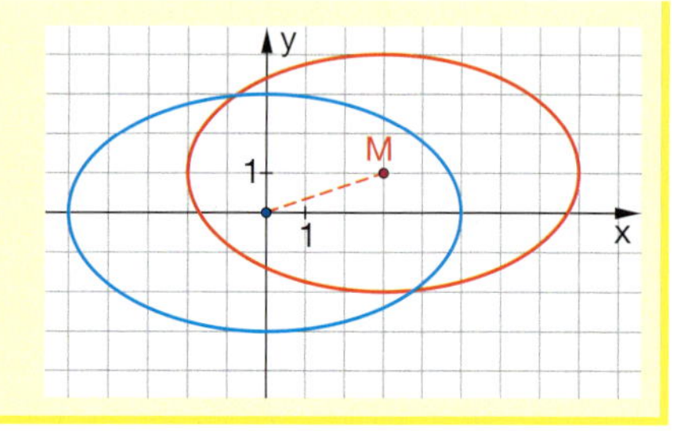

11 *Mittelpunktsform einer Hyperbel-/Parabelgleichung*
Erstellen Sie die Mittelpunktsformen der Hyperbelgleichung und der Parabelgleichung.

12 *Mittelpunktsform von Gleichungen*
a) Zeichnen Sie mit einem Computerprogramm die zur Gleichung $4x^2 + y^2 - 6y = -5$ gehörende Kurve.
Um welche Kurve handelt es sich dabei?
Wo liegt der Mittelpunkt und wie groß sind die Halbachsen?
Erklären Sie die rechts dargestellte Rechnung.

$$4x^2 + y^2 - 6y = -5$$
$$4x^2 + y^2 - 6y + 9 = 4$$
$$4x^2 + (y-3)^2 = 4$$
$$x^2 + \frac{(y-3)^2}{2^2} = 1$$

b) Zeichnen Sie mit einem Computerprogramm die durch die folgenden Gleichungen gegebenen Kurven:
A: $x^2 + 6x + 4y^2 - 8y = 3$ B: $4x^2 - 16x - 9y^2 - 54y = 101$ C: $x^2 + 10x - 2y = -19$
Bestimmen Sie bei Ellipse oder Hyperbel den Mittelpunkt, bei einer Parabel den Scheitelpunkt. Formen Sie die Gleichungen in die Mittelpunktsform um.
c) Zeichnen Sie die zur Gleichung $0{,}01x^2 + 2xy + 0{,}25y^2 = 1$ gehörende Kurve. Um welchen Kegelschnitt kann es sich dabei handeln? Warum lässt sich die Gleichung nicht mehr wie in a) oder b) in die Mittelpunktsform umformen?

Der eigentliche Beginn der Analytischen Geometrie

Die zu einer Gleichung der Form $ax^2 + bx + cxy + dy^2 + ey = k$ gehörenden Kurven können wir – falls der Faktor $c = 0$ ist – in Mittelpunktsgleichungen von Kegelschnitten umformen.

Wie verhält es sich aber, wenn der Faktor $c \neq 0$ ist? Offensichtlich sind auch hier die Kurven wieder Kegelschnitte. Sie liegen aber nicht mehr so günstig im Koordinatensystem. Die Idee ist nun, dass man die Koordinatenachsen so dreht, dass sie mit den Hauptachsen des Kegelschnitts zusammen fallen. Bei dieser Transformation verändert sich die zugehörige Gleichung – der xy-Term fällt dabei weg. Durch diese „Hauptachsentransformation" hat man nun einen vollständigen Überblick über die Kurven, die durch Gleichungen zweiten Grades in x und y erzeugt werden. Sie sind nichts anderes als die schon in der Antike (Apollonius von Perga – 262 bis 190 v. Chr.) intensiv studierten Kegelschnitte. Diese wesentliche Einsicht geht auf Fermat (1601–1665) und Descartes (1596–1650) zurück und markiert den eigentlichen Startpunkt der Analytischen Geometrie.
Mit der abschließenden Beantwortung eines Problems öffnet sich – wie immer in der Wissenschaft – ein weites Feld neuer Fragen und Untersuchungen.
- Was ist mit Gleichungen höheren Grades?
- Was ergibt sich, wenn man eine weitere (oder mehr) Variable hinzunimmt?
- …

Forschungen in diese Richtung sind bis heute aktuell.

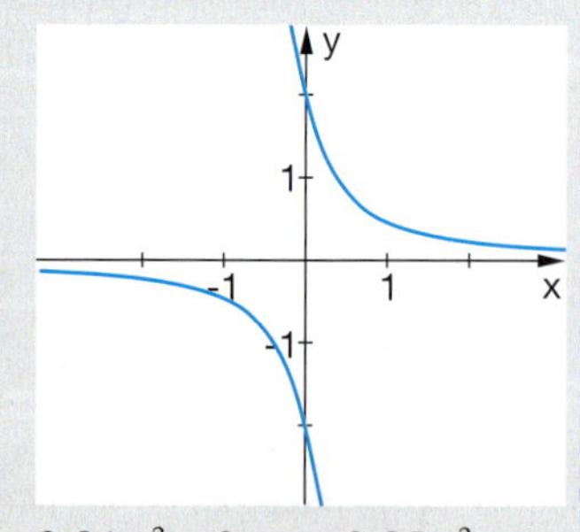

$0{,}01x^2 + 2xy + 0{,}25y^2 = 1$

Drehung um 41,7°

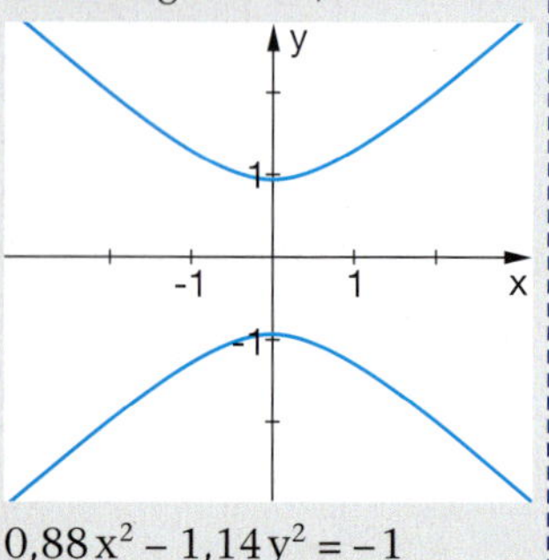

$0{,}88x^2 - 1{,}14y^2 = -1$

5.3 Vektorräume

Was Sie erwartet

In diesem Buch wird sehr viel mit Vektoren gearbeitet. Sie erweisen sich in vielen Zusammenhängen als nützlich zum Beschreiben und Lösen von Problemen.

Was sind nun eigentlich Vektoren? Die Antwort auf diese Frage ist alles andere als einfach. Die Recherche in diesem Buch bringt ganz Unterschiedliches hervor: Einmal werden Vektoren als Tripel definiert, dann sind es Pfeile, die sowohl für Verschiebungen als auch für Punkte im Raum (Ortsvektoren) stehen. In der Physik werden Vektoren zur Darstellung von Geschwindigkeiten oder von Kräften herangezogen. Schließlich haben wir mit Bestellvektoren wirtschaftliche Probleme untersucht und mit Zustandsvektoren Prozesse und Populationsentwicklungen analysiert. Trotz der unterschiedlichen Bedeutungen gibt es aber auch eine Gemeinsamkeit, die für alle Vektoren zutrifft: Man kann mit ihnen rechnen und dabei gelten für alle Rechnungen die gleichen Gesetze. Mathematiker definieren deshalb Vektoren auch nicht über ihre Bedeutung, sondern nur durch Angabe der Regeln, wie man mit ihnen umgeht. Das ist ähnlich wie beim Schachspiel. Auch hier spielt es keine Rolle, aus welchem Material die einzelnen Spielsteine hergestellt sind oder wie sie benannt werden, es kommt im Wesentlichen nur auf die Spielregeln an.

In diesem Lernabschnitt wird ein kurzer Einblick in die mathematische Definition eines Vektorraums gegeben und an einigen unerwarteten Beispielen die Kraft einer solchen abstrakt definierten Struktur aufgezeigt.

Aufgaben

1 *Magische Quadrate erzeugen*

Ein magisches Quadrat ist eine Matrix, bei der die *Summe jeder Zeile*, die *Summe jeder Spalte* und die *Summe jeder Diagonalen* immer die gleiche Zahl liefert. Dabei dürfen durchaus Zahlen doppelt vorkommen oder es dürfen auch negative Zahlen verwendet werden.

a) Ergänzen Sie die folgenden Matrizen zu magischen Quadraten und notieren Sie die jeweilige Summe. Überlegen Sie beim letzten nicht zu lange.

(I) $\begin{pmatrix} \blacksquare & \blacksquare & -6 \\ \blacksquare & -3 & 8 \\ \blacksquare & \blacksquare & -11 \end{pmatrix}$ (II) $\begin{pmatrix} \blacksquare & 3 & \blacksquare \\ \blacksquare & 5 & \blacksquare \\ 6 & 7 & \blacksquare \end{pmatrix}$ (III) $\begin{pmatrix} \blacksquare & 1 & -10 \\ \blacksquare & -4 & \blacksquare \\ 2 & \blacksquare & \blacksquare \end{pmatrix}$ (IV) $\begin{pmatrix} \blacksquare & 1 & \blacksquare \\ \blacksquare & 3 & \blacksquare \\ \blacksquare & 6 & 2 \end{pmatrix}$

b) Beantworten Sie exemplarisch anhand der magischen Quadrate A und B folgende Fragen:

- Ist die Summe von zwei magischen Quadraten wieder ein magisches Quadrat?
- Ist das Vielfache (S-Multiplikation) eines magischen Quadrats wieder ein magisches Quadrat?
- Ist $5 \cdot A + 2 \cdot B$ ein magisches Quadrat?
- Gibt es ein magisches Quadrat N, so dass $A + N = A$ gilt?

c) Wie lässt sich das magische Quadrat C aus den Quadraten A und B kombinieren? Überlegen Sie, mit welchen Faktoren A und B multipliziert und anschließend addiert werden müssen, um das Quadrat C zu erhalten.

$$A = \begin{pmatrix} 7 & -2 & 4 \\ 0 & 3 & 6 \\ 2 & 8 & -1 \end{pmatrix}$$

$$B = \begin{pmatrix} 4 & -15 & 5 \\ -1 & -2 & -3 \\ -9 & 11 & -8 \end{pmatrix}$$

$$C = \begin{pmatrix} 10 & 11 & 3 \\ 1 & 8 & 15 \\ 13 & 5 & 6 \end{pmatrix}$$

Aufgaben

2 *Funktionen aus anderen Funktionen zusammensetzen*

Auch mit Funktionen kann man „rechnen" wie mit Vektoren. Durch Vervielfachen (skalares Multiplizieren) und Addieren können aus gegebenen Funktionen neue erzeugt werden.

Wir beschäftigen uns hier mit ganzrationalen Funktionen höchstens 2. Grades, zu denen neben den quadratischen auch die linearen und konstanten Funktionen gehören.

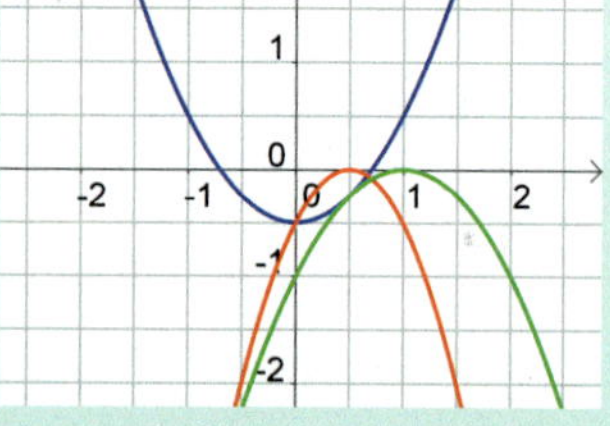

a) f und g sind zwei ganzrationale Funktionen 2. Grades:
$f(x) = x^2 - 0{,}5$
$g(x) = -2x^2 + 2x - 0{,}5$
Im Bild sind die Graphen von f, g und f + g dargestellt. Ordnen Sie die Graphen den Funktionen zu und bestimmen Sie den Funktionsterm von f + g.

5301.ggb
5302.ggb

b) Veranschaulichen Sie die Linearkombination $r \cdot f + s \cdot g$ der Funktionen f und g mit einer geeigneten Software.

c) Können die Funktionen f und g so kombiniert werden, dass eine lineare Funktion entsteht?

d) Lassen sich die Funktionen h_1 und h_2 aus f und g kombinieren? Gibt es also reelle Zahlen r und s mit $r \cdot f(x) + s \cdot g(x) = h_1(x)$?
$h_1(x) = 32x^2 - 24x + 2 \qquad h_2(x) = -24x^2 + 14x + 2$
Sinnvoll ist es, wenn Sie mit den „Koeffizientenvektoren" $\vec{f} = \begin{pmatrix} 1 \\ 0 \\ -0{,}5 \end{pmatrix}$ und $\vec{g} = \begin{pmatrix} -2 \\ 2 \\ -0{,}5 \end{pmatrix}$ arbeiten.

Jede ganzrationale Funktion 2. Grades ist durch drei Koeffizienten eindeutig bestimmt. So gehört zur Funktion f der „Koeffizientenvektor" $\vec{f}$.

Basiswissen

Der Begriff des Vektorraums ist ein zentraler Begriff in der Mathematik. Er wird nicht über die inhaltliche Bedeutung, sondern mit den Rechengesetzen definiert. Diese sind nichts anderes als eine Zusammenfassung der in diesem Buch beim Rechnen mit Vektoren benutzten Regeln.

Vektorraum

Vektor

Ein **Vektorraum** ist eine nichtleere Menge V von Elementen, die wir **Vektoren** nennen.

Verknüpfungen

Für das Rechnen mit diesen Vektoren gibt es zwei Verknüpfungen, eine Addition und eine S-Multiplikation.

Addition

$+ : V \times V \to V$

Zwei Elementen aus V wird ein Element aus V zugeordnet.

S-Multiplikation

$\cdot : R \times V \to V$

Einer reellen Zahl und einem Element aus V wird ein Element aus V zugeordnet.

Gesetze

Für alle Vektoren $\vec{u}, \vec{v}, \vec{w}$ und alle reellen Zahlen r, s gilt:

Für die Addition:
- $\vec{u} + (\vec{v} + \vec{w}) = (\vec{u} + \vec{v}) + \vec{w}$
- $\vec{u} + \vec{v} = \vec{v} + \vec{u}$
- Es gibt einen Nullvektor (neutrales Element) mit $\vec{v} + \vec{0} = \vec{v}$.
- Es gibt zu jedem Vektor $\vec{v}$ einen Gegenvektor $-\vec{v}$ (inverses Element) mit $\vec{v} + (-\vec{v}) = \vec{0}$.

Für die S-Multiplikation:
- $(r + s) \cdot \vec{v} = r \cdot \vec{v} + s \cdot \vec{v}$
- $(r \cdot s) \cdot \vec{v} = r \cdot (s \cdot \vec{v})$
- $1 \cdot \vec{v} = \vec{v}$
- $r \cdot (\vec{u} + \vec{v}) = r \cdot \vec{u} + r \cdot \vec{v}$

Übungen

3 *(2 × 2)-Matrizen*

a) Die (2 × 2)-Matrizen bilden einen Vektorraum. Dazu müsste die Gültigkeit der Gesetze für die Addition von Matrizen und die Skalarmultiplikation von Matrizen nachgewiesen werden.
Weisen Sie hier exemplarisch die Gültigkeit dieser Gesetze für die Vektoraddition nach:
- „Es gibt ein neutrales Element."
- „Zu jedem Element gibt es ein inverses Element."

b) Wie bei Vektoren im Raum kann man Linearkombinationen bilden.
Wie sieht die Linearkombination $2 \cdot A + 4 \cdot B - 3 \cdot C$ aus?

c) Interessant ist immer die Frage, ob sich Matrizen aus anderen „erzeugen" lassen. Kann man die Matrizen C und D aus den Matrizen A und B „linear kombinieren"?
D. h., gibt es reelle Zahlen r und s, …
… sodass $r \cdot A + s \cdot B = C$ gilt?
… sodass $r \cdot A + s \cdot B = D$ gilt?

$A = \begin{pmatrix} 2 & 1 \\ -3 & 4 \end{pmatrix}$

$B = \begin{pmatrix} 0{,}5 & 0 \\ 1 & 2 \end{pmatrix}$

$C = \begin{pmatrix} -2 & 1 \\ 0 & 2 \end{pmatrix}$

$D = \begin{pmatrix} -2{,}5 & -2 \\ 9 & -2 \end{pmatrix}$

Mit dem inversen Element ist hier eine Matrix als „Gegenelement" bei der Addition gemeint; nicht die Inverse bei der Multiplikation.

4 *Ganzrationale Funktionen höchstens 3. Grades*

Alle ganzrationalen Funktionen höchstens 3. Grades sind Vektoren. Diese werden in der üblichen Weise addiert und vervielfacht.

$f_1(x) = 2x^3 - 5x^2 + 7$ $\quad f_2(x) = -x^3 + 2x^2 - 4x + 1$
$f_3(x) = x^3 - 3x - 2$ $\quad g(x) = 9x^3 - 19x^2 + 5x + 17$

a) Kann man aus den Funktionen f_1, f_2 und f_3 die Funktion g erzeugen?
Übersetzen Sie dazu die Funktionen in die zugehörigen Koeffizientenvektoren und arbeiten Sie damit weiter.

b) Was ist der „Nullvektor", wie sieht der „Gegenvektor" von f_2 aus?

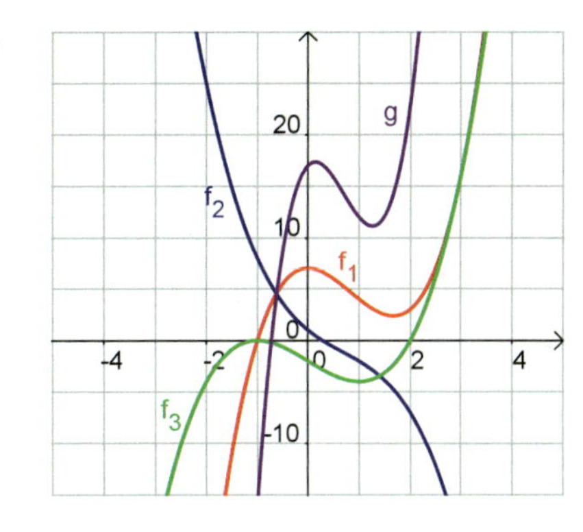

Zur Funktion f mit $f(x) = 3x^3 - 2x + 5$ gehört der Koeffizientenvektor $\vec{f} = \begin{pmatrix} 3 \\ 0 \\ -2 \\ 5 \end{pmatrix}$.

Für die Beschreibung eines Vektorraums eignen sich die Begriffe Basis, Dimension und linear abhängig bzw. linear unabhängig.

Linear abhängig/unabhängig, Basis und Dimension

Die Vektoren $\vec{a}_1, \vec{a}_2, \vec{a}_3, \vec{a}_4, \ldots$ heißen **linear unabhängig**, wenn aus
$r_1 \cdot \vec{a}_1 + r_2 \cdot \vec{a}_2 + r_3 \cdot \vec{a}_3 + r_4 \cdot \vec{a}_4 + \ldots = \vec{0}$ folgt: $r_1 = r_2 = r_3 = r_4 = \ldots = 0$

Der Nullvektor $\vec{0}$ lässt sich nicht aus den Vektoren $\vec{a}_1, \vec{a}_2, \vec{a}_3, \vec{a}_4, \ldots$ linear kombinieren.

Wenn die Vektoren $\vec{a}_1, \vec{a}_2, \vec{a}_3, \vec{a}_4, \ldots$ **linear abhängig** sind, lässt sich mindestens einer dieser Vektoren aus den übrigen linear kombinieren (erzeugen).

Eine Menge von linear unabhängigen Vektoren, mit denen sich jeder andere Vektor des Vektorraums erzeugen lässt, ist eine **Basis** des Vektorraums.

Die Anzahl der Elemente einer Basis nennt man **Dimension** des Vektorraums.

Übungen

5 *Basis im Raum und in der Ebene*

Die Vektoren des Raums bilden einen Vektorraum.

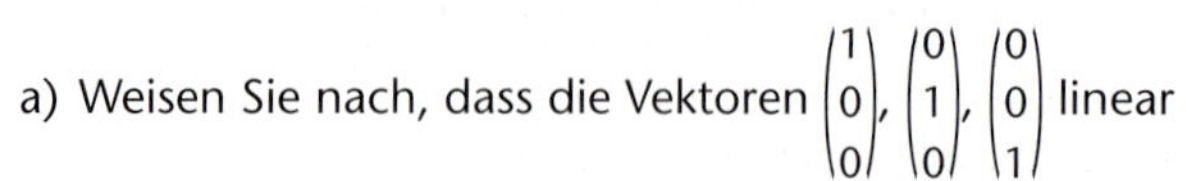

a) Weisen Sie nach, dass die Vektoren $\begin{pmatrix}1\\0\\0\end{pmatrix}, \begin{pmatrix}0\\1\\0\end{pmatrix}, \begin{pmatrix}0\\0\\1\end{pmatrix}$ linear unabhängig sind und dass jeder Vektor des Raums mit diesen drei Vektoren erzeugt werden kann.

Zeigen Sie dies auch für $\begin{pmatrix}1\\0\\0\end{pmatrix}, \begin{pmatrix}1\\1\\0\end{pmatrix}, \begin{pmatrix}1\\1\\1\end{pmatrix}$.

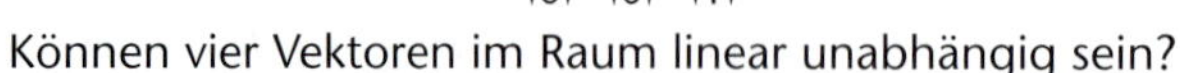

Können vier Vektoren im Raum linear unabhängig sein?

b) Wie sieht es in der Ebene aus? Geben Sie eine Basis für die Ebene an, die nicht die beiden üblichen Basisvektoren $\begin{pmatrix}1\\0\end{pmatrix}$ und $\begin{pmatrix}0\\1\end{pmatrix}$ enthält.

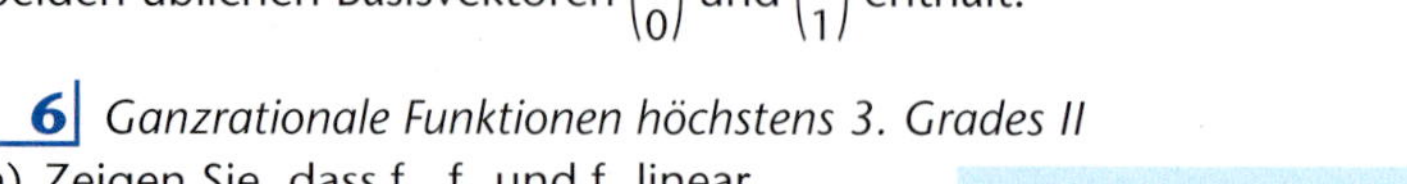

6 *Ganzrationale Funktionen höchstens 3. Grades II*

a) Zeigen Sie, dass f_1, f_2 und f_3 linear unabhängig sind.

b) Lässt sich der Vektor h aus f_1, f_2 und f_3 kombinieren?
Was bedeutet das Ergebnis für die Dimension des Vektorraums?

$f_1(x) = 2x^3 - 5x^2 + 7$
$f_2(x) = -x^3 + 2x^2 - 4x + 1$
$f_3(x) = x^3 - 3x - 2$
$h(x) = -4x^3 + x - 1$

7 *Basis für (2 × 2)-Matrizen*

a) Zeigen Sie, dass die Matrizen $\begin{pmatrix}1 & 0\\0 & 0\end{pmatrix}, \begin{pmatrix}1 & 1\\0 & 0\end{pmatrix}, \begin{pmatrix}0 & 0\\1 & 0\end{pmatrix}$ linear unabhängig sind, aber keine Basis bilden. Geben Sie eine Matrix an, die mit den drei Matrizen nicht erzeugt werden kann.

b) Bestimmen Sie eine weitere Matrix, die die drei Matrizen zu einer Basis ergänzt. Jede beliebige (2 × 2)-Matrix lässt sich dann mit den vier Matrizen erzeugen.

8 *Vektorraum ganzrationaler Funktionen höchstens 3. Grades*

Im Vektorraum der ganzrationalen Funktionen höchstens 3. Grades bilden die Polynome p_0, p_1, p_2 und p_3 mit $p_0(x) = 1$, $p_1(x) = x$, $p_2(x) = x^2$ und $p_3(x) = x^3$ eine Basis. Dies ist unmittelbar einsichtig und kann leicht nachgeprüft werden.

Hier geht es um die sogenannten „Bernsteinpolynome" B_0, B_1, B_2 und B_3, die für den Beweis eines Satzes in der Analysis benötigt werden. In dem Beweis wird die Eigenschaft verwendet, dass die Bernsteinpolynome jedes andere Polynom erzeugen können.

Bersteinpolynome

$B_0(x) = (1 - x)^3$

$B_1(x) = 3x(1 - x)^2$

$B_2(x) = 3x^2(1 - x)$

$B_3(x) = x^3$

Bersteinpolynome ausmultipliziert

$B_0(x) = -x^3 + 3x^2 - 3x + 1$

$B_1(x) = 3x^3 - 6x^2 + 3x$

$B_2(x) = 3x^2 - 3x^3$

$B_3(x) = x^3$

„Übersetzen" Sie die Funktionsterme in die zugehörigen Koeffizientenvektoren und arbeiten Sie mit diesen weiter.

a) Zeigen Sie, dass die Bernsteinpolynome linear unabhängig sind.

b) Lässt sich die Funktion f mit $f(x) = -x^3 + 2x^2 - 4x + 1$ mit den Bernsteinpolynomen linear kombinieren?

c) Zeigen Sie, dass sich mit den Bernsteinpolynomen jede beliebige ganzrationale Funktion 3. Grades erzeugen lässt.

Vektorraum der reellen Funktionen

Dass die ganzrationalen Funktionen höchstens 3. Grades einen Vektorraum bilden, haben Sie kennengelernt. Wenn wir nun die Menge erweitern und alle reellen Funktionen betrachten, so bilden auch sie einen Vektorraum. Fragen nach Basis und Dimension sind hier allerdings nicht mehr so einfach zu beantworten. Aber wie steht es mit anderen Objekten, die Sie aus der Geometrie kennen (Strecke, Gerade, Ebene, ...)?
Mit den Vektoren (Funktionen) können wir nun auch diese Objekte darstellen und dabei überraschende Erfahrungen machen.

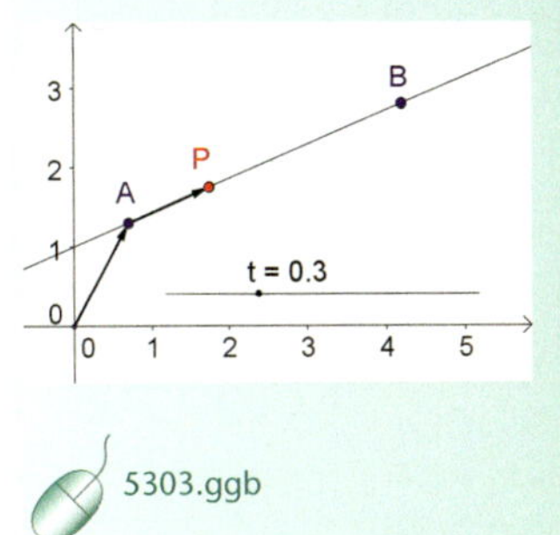

Eine Strecke in der Ebene und im Raum
In der räumlichen Geometrie wird die Strecke zwischen den Punkten A und B beschrieben durch die Gleichung „Ortsvektor plus Vielfaches des Richtungsvektors“:

$$\text{Strecke}\,(A, B) = A + t \cdot (B - A), \quad 0 \le t \le 1$$

Für $t = 0$ erhält man den Punkt A, für $t = 1$ den Punkt B.
Mit dieser Gleichung ist die Menge aller Punkte auf der Strecke $\overline{AB}$ erfasst.

5303.ggb

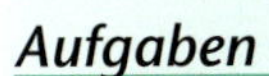

Aufgaben

9 *Eine „Strecke“ im Raum der reellen Funktionen*
Was bedeutet es, wenn die Objekte nicht die Punkte im Raum, sondern reelle Funktionen sind?
Als Anfangspunkt wählen wir die Normalparabel p mit $p(x) = x^2$, als Endpunkt die Sinusfunktion: $\text{Strecke}\,(p(x), \sin(x)) = p(x) + t \cdot (\sin(x) - p(x))$ mit $0 \le t \le 1$

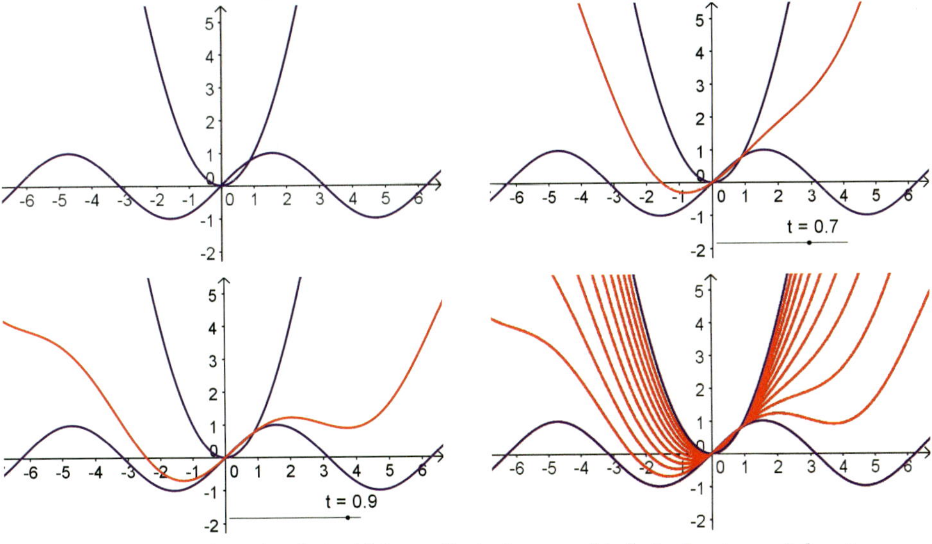

5304.ggb
5307.ggb

„Anfangs- und Endpunkte“ sind blau, „Zwischenpunkte“ sind rot gezeichnet.
Experimentieren Sie mit der im Internet angebotenen Datei oder erstellen Sie selbst eine solche. Nehmen Sie auch andere Funktionen als Anfangs- und Endpunkte.

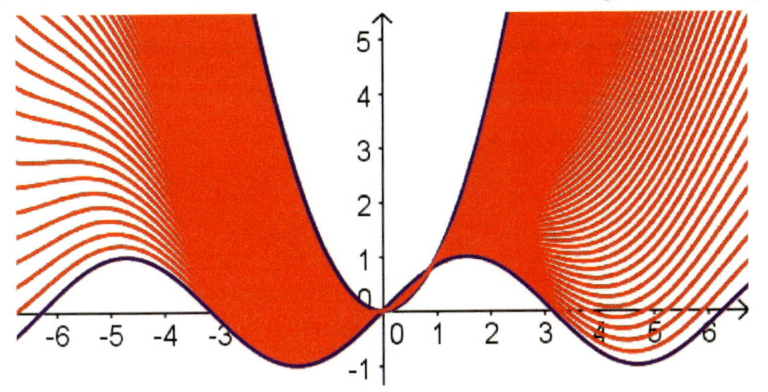

Aufgaben

Projekt

In der Tabelle ist in Spalte C die Punktfolge für t = 0,5 angegeben.

10 *„Morphing" nachvollziehen*

Viele Figuren können durch Punktfolgen dargestellt werden.
Zeichnen Sie die in Spalte A und die in Spalte B dargestellte Figur. Unter Umständen werden nur die Punkte gezeichnet, die dann noch zu einem Vieleck ergänzt werden müssen. Sie sind Anfangs- und Endpunkt unserer Strecke.
Fügen Sie einen Schieberegler ein und berechnen Sie die Punktfolge in Spalte C:
$C1 = A1 + t \cdot (B1 - A1)$, entsprechend bis C12
Lassen Sie auch diese Figur zeichnen.
Durch Variieren des Parameters t lässt sich eine Figur in die andere verwandeln.

	A	B	C
1	(0, 0)	(5, 0)	(2.5, 0)
2	(1, 0)	(6, 0)	(3.5, 0)
3	(1, 2)	(6, 2)	(3.5, 2)
4	(1, 2)	(7, 2)	(4, 2)
5	(1, 3)	(7, 3)	(4, 3)
6	(1, 3)	(6, 3)	(3.5, 3)
7	(1, 4)	(6, 4)	(3.5, 4)
8	(3, 4)	(8, 4)	(5.5, 4)
9	(3, 5)	(8, 5)	(5.5, 5)
10	(-2, 5)	(5, 5)	(1.5, 5)
11	(-2, 4)	(5, 4)	(1.5, 4)
12	(0, 4)	(5, 4)	(2.5, 4)

5305.ggb

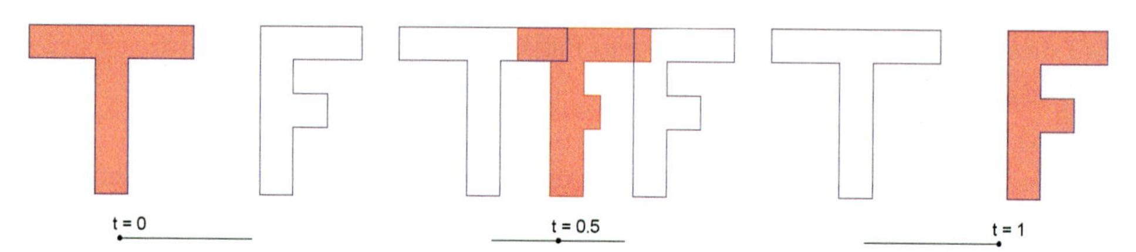

11 *„Morphing" kreativ*

Werden Sie kreativ! Entwerfen Sie zwei Figuren (Anfangs- und Endpunkt), die Sie als Vieleck darstellen.
Führen Sie mittels „Morphing" die eine Figur in die andere über.
Beachten Sie dabei, dass die Anzahlen der Einträge in den Punktfolgen übereinstimmen müssen.
Ein gelungenes Beispiel:
Wie man *aus einer Mücke einen Elefanten macht …*

5306.ggb

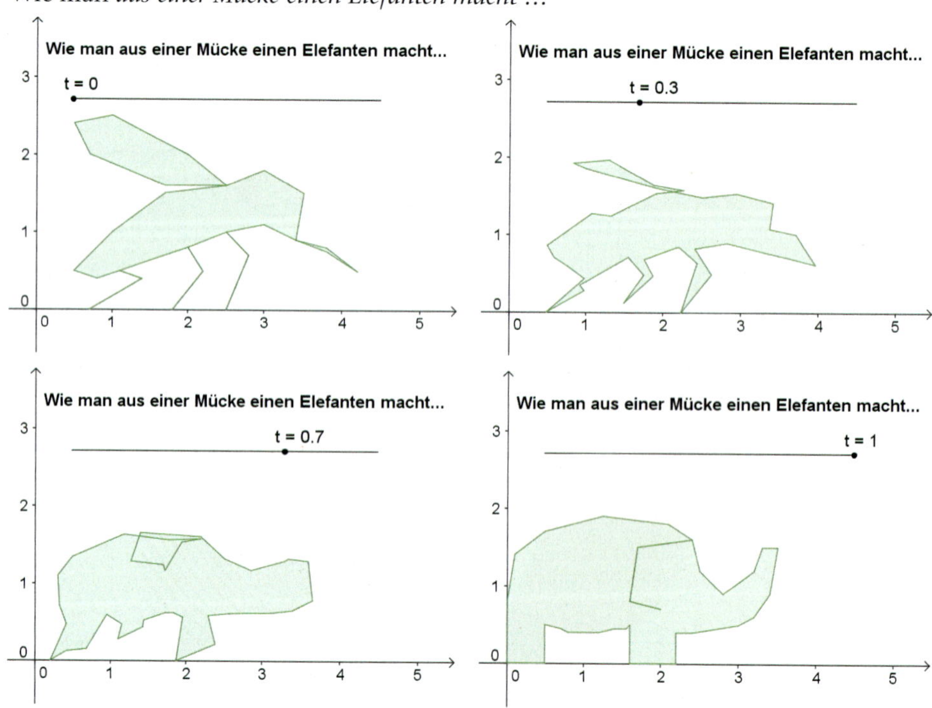

Sichern und Vernetzen – Vermischte Aufgaben

Training

1 *Kreis- bzw. Kugelgleichung aufstellen*

Stellen Sie eine Kreis- bzw. Kugelgleichung auf.

a) $M = (0\,|\,0)$, $r = 3$ b) $M = (1\,|\,2)$, $r = 4$ c) $M = (3\,|\,-2\,|\,4)$, $r = 5$ d) $M = (1\,|\,5\,|\,3)$, $A = (-1\,|\,3\,|\,4)$ e) $A = (2\,|\,4\,|\,6)$, $B = (0\,|\,2\,|\,5)$

2 *Punktprobe*

Prüfen Sie, ob die Punkte auf der Kugel K mit dem Mittelpunkt $M = (2\,|\,1\,|\,-3)$ und dem Radius 3 liegen.

$A = (2\,|\,1\,|\,0)$; $B = (1\,|\,1\,|\,0)$; $C = (0\,|\,0\,|\,0)$; $D = (4\,|\,0\,|\,-5)$; $E = (0\,|\,0\,|\,-1)$; $F = (1\,|\,-1\,|\,-1)$

3 *Tangenten an Kreis*

a) Bestimmen Sie die Tangente des Kreises mit dem Mittelpunkt $M = (1\,|\,5)$ und dem Radius 5 im Berührpunkt $B = (4\,|\,1)$.

b) Bestimmen Sie die Tangenten in den Berührpunkten $(1\,|\,0)$; $(6\,|\,5)$; $(1\,|\,10)$ und $(-4\,|\,5)$. Was bilden die Schnittpunkte der vier Tangenten?

4 *Tangentialebenen an Kugel*

a) An eine Kugel mit Mittelpunkt im Ursprung und dem Radius 5 werden in den Schnittpunkten mit den Koordinatenachsen Tangentialebenen gelegt. Bestimmen Sie die Gleichungen dieser Tangentialebenen.

b) Schneiden sich die Tangentialebenen?

5 *Kegelschnittsgleichungen gesucht*

Bestimmen Sie die Gleichung der in den folgenden Bildern dargestellten Kegelschnitte.

Ⓘ

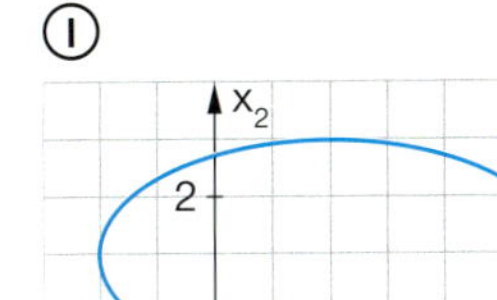

Ⓘ Ⓘ

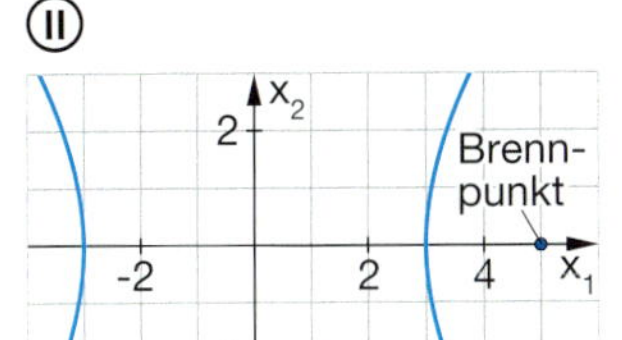

Ⓘ Ⓘ Ⓘ

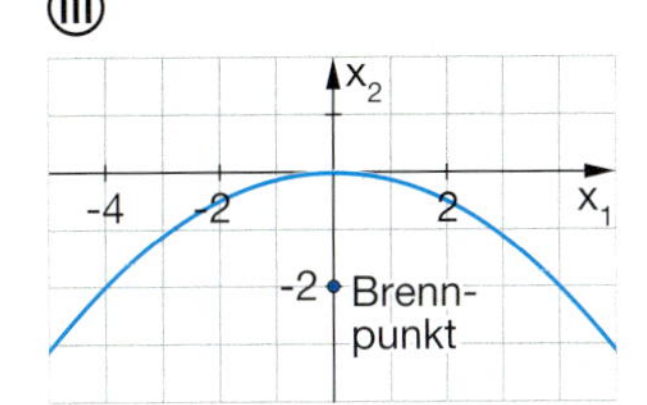

6 *Mittelpunktsgleichungen gesucht*

Formen Sie die Gleichungen in die Mittelpunktsform um und beschreiben Sie Lage und Gestalt der zugehörigen Kegelschnitte.

a) $x^2 - 4x + 4y^2 + 8y = -4$ b) $4x^2 - 8x - 9y^2 + 36y = 68$ c) $x^2 + 2x - 8y + 41 = 0$

7 *Angabe von Linearkombinationen*

a) Geben Sie für $\vec{v} = \begin{pmatrix} 3 \\ -1 \end{pmatrix}$, $\vec{w} = \begin{pmatrix} -2 \\ -1 \end{pmatrix}$, $\vec{x} = \begin{pmatrix} 2 \\ 0 \\ -1 \end{pmatrix}$ und $\vec{y} = \begin{pmatrix} 1 \\ 4 \\ -1 \end{pmatrix}$ an:

$0{,}5\vec{v} + 3\vec{w}$; $-\vec{v} + 10\vec{w}$; $\vec{x} - 2\vec{y}$; $4\vec{x} + \vec{y}$

b) Weshalb ist $\vec{v} + 2\vec{x}$ kein Vektor?

8 *Darstellung als Linearkombination*

a) Stellen Sie die Funktion $f(x) = 3x^2 - 7x + 17$ als Linearkombination der Funktionen $g(x) = x^2 + 1$ und $h(x) = x - 2$ dar.

b) Ist f auch darstellbar als Linearkombination von $g(x) = x^2 - x$, $h(x) = 4x - 17$ und $k(x) = x^2 + 3x - 17$?

c) Gibt es in a) oder b) auch mehrere Lösungen?

9 *Linear abhängig – linear unabhängig*

Von den vier Vektormengen sind je zwei linear abhängig bzw. linear unabhängig.

I: $\begin{pmatrix} 2 \\ 0 \\ -1 \end{pmatrix}, \begin{pmatrix} -1 \\ 0 \\ 0{,}5 \end{pmatrix}$ II: $\begin{pmatrix} 2 \\ 0 \\ -1 \end{pmatrix}, \begin{pmatrix} 2 \\ 1 \\ -1 \end{pmatrix}$ III: $\begin{pmatrix} 1 \\ 3 \\ 4 \end{pmatrix}, \begin{pmatrix} 3 \\ 4 \\ -1 \end{pmatrix}, \begin{pmatrix} 4 \\ 0 \\ 3 \end{pmatrix}$ IV: $\begin{pmatrix} 1 \\ 3 \\ 4 \end{pmatrix}, \begin{pmatrix} 3 \\ 4 \\ -1 \end{pmatrix}, \begin{pmatrix} 4 \\ 7 \\ 3 \end{pmatrix}$

Verstehen von Begriffen und Verfahren

10 *Kugel, Gerade und Ebene*

a) Beschreiben Sie die Lagemöglichkeiten einer Geraden zu einer Kugel.
b) Welche Möglichkeiten gibt es für die Lage einer Ebene zu einer Kugel?

11 *Kugelgleichungen*

In welchen Fällen wird eine Kugel beschrieben?

$K_1\,(O, 3)$ $\qquad K_2$: $x_1 + x_2 + x_3 = 9$
K_3: $x_1{}^2 = 16$ $\qquad K_4$: $(x_2{}^2 - 3)^2 = 5^2$

12 *Tangentialebene*

Gibt es Tangentialebenen, die durch den Ursprung verlaufen können?

13 *Kugel zwischen parallelen Ebenen*

Es sind zwei parallele Ebenen gegeben. Beschreiben Sie die Lage der Mittelpunkte von Kugeln, die diese beiden Ebenen als Tangentialebenen haben.

14 *Abstand Punkt – Kugel*

a) Beschreiben Sie ein Verfahren, mit dem Sie den Abstand eines Punktes zu einer Kugel bestimmen können.
b) Wie erkennen Sie bei der Berechnung des Abstandes, dass der Punkt auf der Kugeloberfläche liegt?

15 *Vier Kugeln*

Vier Kugeln mit gleich großem Radius sollen sich gegenseitig berühren.
a) Wie liegen die vier Kugeln zueinander?
b) Welche Figur bilden die Mittelpunkte der vier Kugeln?
c) Kann eine weitere Kugel die bisherigen vier Kugeln berühren?

16 *Kegelschnitt*

Die folgende Kegelschnittsgleichung enthält den Parameter k.

$$x^2 - 2x + ky^2 + y = 0$$

a) Bestimmen Sie für $k = 1$ und $k = -1$ die Mittelpunktsform. Um welchen Kegelschnitt handelt es sich jeweils?
b) Für welche Werte für k erhält man…
 … eine Ellipse,
 … eine Hyperbel,
 … eine Parabel?

17 *Faktor a gesucht*

Geben Sie jeweils einen Wert für a an, sodass die Funktionen f, g und h linear abhängig bzw. linear unabhängig sind.

$f(x) = 2x^2 + x - 3$	$g(x) = 7x^2 + x$	$h(x) = -3x^2 + ax - 6$

18 *Linear abhängig – unabhängig*

a) Zeigen Sie, dass die „Vektoren" A, B, C linear unabhängig sind.
b) Ergänzen Sie eine Matrix D so, dass A, B, C, D linear abhängig sind.
c) Ergänzen Sie eine Matrix E so, dass A, B, C, E linear unabhängig sind.

$$A = \begin{pmatrix} 2 & -1 \\ 0 & 1 \end{pmatrix},\ B = \begin{pmatrix} 0 & -2 \\ 1 & 1 \end{pmatrix},\ C = \begin{pmatrix} 4 & 1 \\ -1 & 1 \end{pmatrix}$$

19 *Basis*

$$\vec{a} = \begin{vmatrix} 2 \\ -1 \\ 0 \\ 3 \end{vmatrix},\quad \vec{b} = \begin{vmatrix} 1 \\ 1 \\ -2 \\ 0 \end{vmatrix},\quad \vec{c} = \begin{vmatrix} 1 \\ -3 \\ 4 \\ 3 \end{vmatrix},\quad \vec{d} = \begin{vmatrix} -1 \\ 0 \\ 1 \\ 0 \end{vmatrix},\quad \vec{e} = \begin{vmatrix} 5 \\ -1 \\ -2 \\ 3 \end{vmatrix}$$

Wählen Sie aus diesen fünf Vektoren vier so aus, dass diese eine Basis im Vektorraum der Zahlenspalten der Länge 4 bilden.

Anwenden und Modellieren

20 *Tangentialebene*
Eine Kugel $K(M, r)$ hat den Mittelpunkt $M = (3|6|-4)$ und die Tangentialebene $T: 2x_1 - 2x_2 - x_3 = 10$.

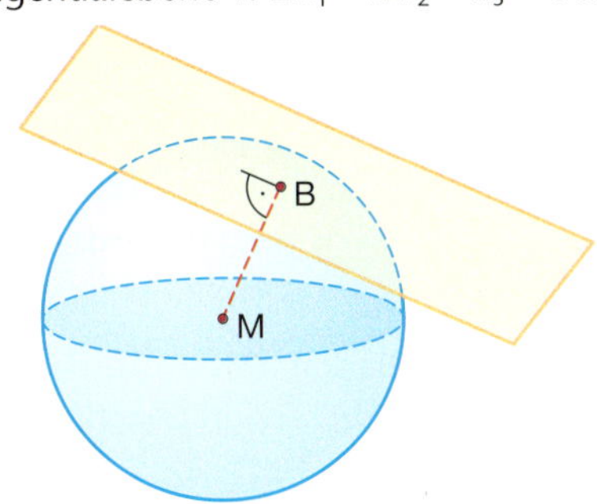

Bestimmen Sie den Kugelradius r und den Berührpunkt der Tangentialebene.

21 *Kugel zwischen zwei Ebenen*
Gegeben sind die Ebenen
$E_1: 5x_1 + 4x_2 + 3x_3 + 20 = 0$,
$E_2: 5x_1 + 4x_2 + 3x_3 - 50 = 0$
und die Gerade g durch die Punkte $A = (2|2|-1)$ und $B = (3|8|1)$.

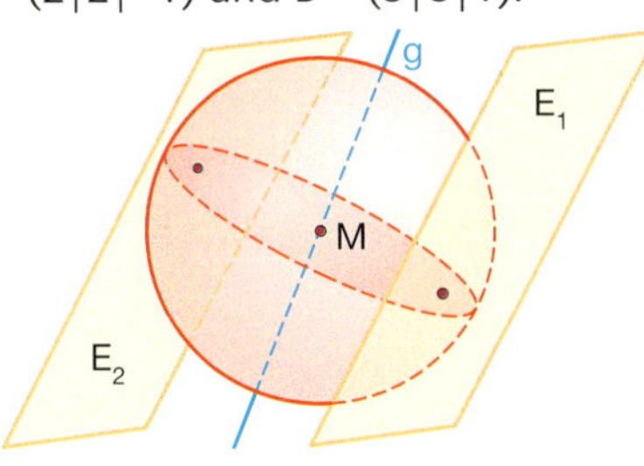

Gibt es eine Kugel, die die beiden Kugeln berührt und ihren Mittelpunkt auf g hat?

22 *Kugel und Ebene*
Die Kugel K hat den Mittelpunkt $M = (1|0|-1)$ und den Radius 13.
a) Zeigen Sie, dass die Kugel die Ebene
$E: 12x_1 - 3x_2 + 4x_3 - 73 = 0$
in einem Kreis schneidet.

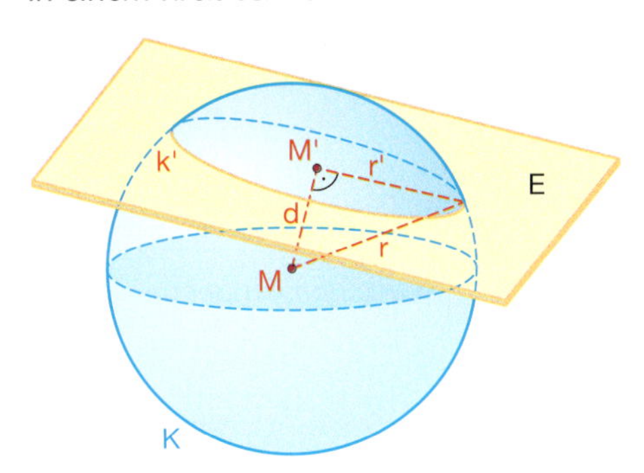

b) Bestimmen Sie dessen Mittelpunkt und Radius.

23 *Zwei Kugeln*
Gegeben sind die Kugeln
$K_1: x_1^2 + x_2^2 + x_3^2 = 25$ und
$K_2: (x_1 - 3)^2 + (x_2 - 2)^2 + (x_3 - 6)^2 = 32$.
a) Geben Sie die Mittelpunkte und die Radien der beiden Kugeln an. Begründen Sie, dass sich die beiden Kugeln in einem Kreis schneiden.

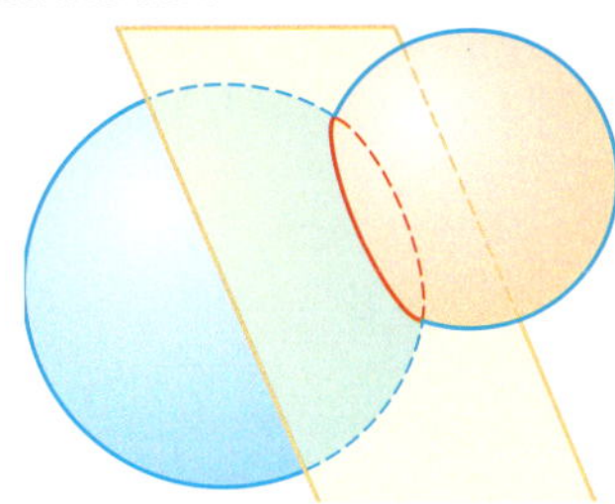

b) Bestimmen Sie die Gleichung der Ebene, in der dieser Kreis liegt und berechnen Sie Mittelpunkt und Radius des Schnittkreises.

24 *Stirlingmotor*
Ein Stirlingmotor wird durch Erhitzen eines Gases betrieben. Dabei können unterschiedliche Wärmequellen genutzt werden. Mit einem Parabolspiegel, der die Sonnenstrahlen im Brennpunkt bündelt, kann auch die Sonne als Wärmequelle genutzt werden. Der abgebildete Spiegel hat einen Durchmesser von 40 cm und der tiefste Punkt liegt 9,2 cm unter dem Rand. Bestimmen Sie die Höhe des Brennpunktes über dem tiefsten Punkt.

25 *Nierensteinzertrümmerer*
In der Medizin wird ein Gerät zur berührungslosen Zertrümmerung von Harnsteinen mithilfe von gebündelten Stoßwellen benutzt. Das Gerät hat einen Reflektor in Form eines Ellipsoids. Der Erzeuger der Stoßwellen wird in dem einen Brennpunkt des Ellipsoids platziert. Die Wellen werden reflektiert und in dem anderen Brennpunkt des Ellipsoids gebündelt. Bestimmen Sie aus dem dargestellten Querschnitt des Ellipsoids die Lage der Brennpunkte.

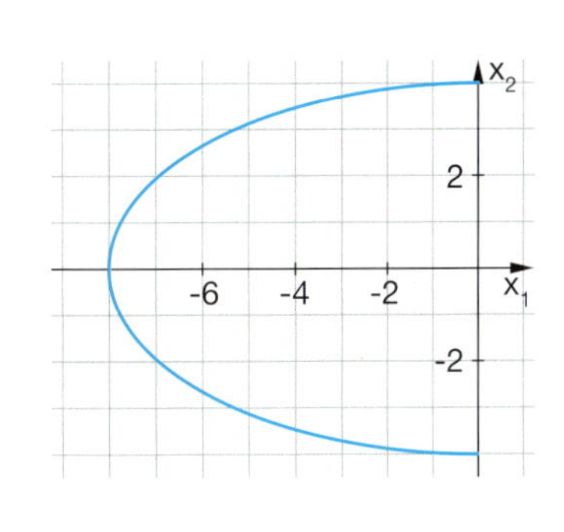

Kommunizieren und Präsentieren

26 *Magische Quadrate*

a) Zeigen Sie, dass sich das magische Quadrat $\begin{pmatrix} 5 & 1 & 0 \\ -3 & 2 & 7 \\ 4 & 3 & -1 \end{pmatrix}$ als Linearkombination der magischen Quadrate $\begin{pmatrix} 2 & 2 & -1 \\ -2 & 1 & 4 \\ 3 & 0 & 0 \end{pmatrix}$, $\begin{pmatrix} 0 & -1 & 1 \\ 1 & 0 & -1 \\ -1 & 1 & 0 \end{pmatrix}$, $\begin{pmatrix} -1 & 0 & 1 \\ 2 & 0 & -2 \\ -1 & 0 & 1 \end{pmatrix}$ darstellen lässt.

Warum reichen für die Linearkombination nicht zwei magische Quadrate? Sind die drei magischen Quadrate linear unabhängig?

b) Wie kommt man auf die drei magischen Quadrate? Welche Erkenntnisse über magische Quadrate lassen sich durch „Forschen" gewinnen?

$\begin{pmatrix} a_1 & b_1 & c_1 \\ a_2 & b_2 & c_2 \\ a_3 & b_3 & c_3 \end{pmatrix}$ Beginnen Sie mit einem magischen Quadrat, dessen Summe Sie mit k bezeichnen. Die Bedingungen lassen sich in Gleichungen „übersetzen", z.B. $a_1 + b_1 + c_1 = k$.

a_1	b_1	c_1	a_2	b_2	c_2	a_3	b_3	c_3	k
1	1	1	0	0	0	0	0	0	1

Schreiben Sie die übrigen sieben Gleichungen auf und übertragen Sie das lineare Gleichungssystem in ein Koeffizientenschema.

Lösen Sie dieses Gleichungssystem mit dem Gauß-Algorithmus und übersetzen Sie die reduzierte Matrix wieder in entsprechende Gleichungen.

Welchen Zusammenhang erkennen Sie aus einer der Gleichungen zwischen b_2 und der Summe k? Ersetzen Sie k durch ein entsprechendes Vielfaches von b_2 in den anderen Gleichungen und drücken Sie alle anderen Variablen durch b_2, b_3 und c_3 aus.

„Zerlegen" Sie die Matrix in eine Summe von drei Matrizen so, dass die erste nur noch b_2, die zweite nur noch b_3 und die dritte nur noch c_3 enthält (b_2, b_3, c_3 dann ausklammern). Nutzen Sie diese Matrizen zur Konstruktion von beliebig vielen magischen (3×3)-Quadraten.

Erklären Sie die Aussage „Der Vektorraum der magischen (3×3)-Quadrate hat die Dimension 3".

27 *Tangentialebenen*

Veranschaulichen Sie mithilfe des abgebildeten Materials die Lage von Tangentialebenen zu einer Kugel.

a) bei zwei Tangentialebenen

b) bei drei Tangentialebenen

Erläutern Sie die jeweilige Darstellung an Ihrem Modell.

c) Untersuchen Sie, ob sich die Tangentialebenen der Kugel $K((2|0|-1), r)$ mit den Berührpunkten $A = (0|-11|-11)$; $B = (13|10|1)$ und $C = (12|5|9)$ in einem Punkt schneiden.

28 *Parabolspiegel*

Die zur Konstruktion der Parabel benutzte Mittelsenkrechte AF ist die Tangente an die Parabel im Punkt P. Wenn ein Strahl im Punkt P auf den „Parabolspiegel" trifft und reflektiert wird, wird der „einfallende" Strahl an der Normalen im Punkt P gespiegelt.

Führen Sie die Konstruktion mit einer dynamischen Geometriesoftware aus und experimentieren Sie damit.

Erklären Sie, wie der Strahl im Punkt P auf den „Reflektor" treffen muss, damit der „ausfallende" Strahl durch den Brennpunkt F geht.

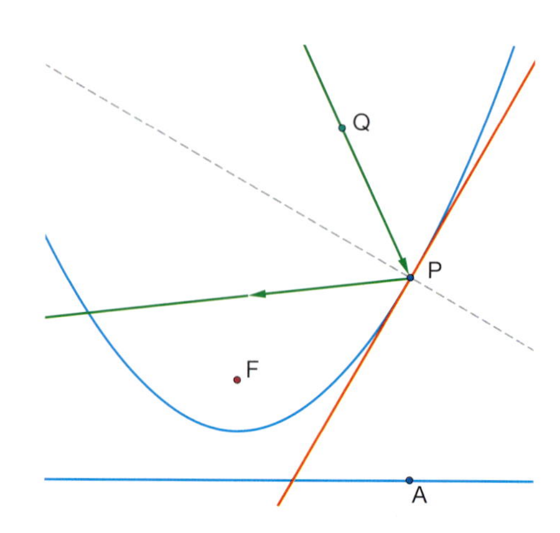

Aufgaben zur Vorbereitung auf das Abitur*

Raumgeometrie

1 *Viereck*

Ein Quader ABCDEFGH hat die Kantenlängen $\overline{DA} = 6$ cm, $\overline{DC} = 4$ cm und $\overline{DE} = 4$ cm. M ist der Mittelpunkt der Kante $\overline{CG}$.

a) Geben Sie eine Gleichung der Ebene T an, die durch die Punkte E, B und M bestimmt ist.
b) Zeigen Sie rechnerisch, dass der Mittelpunkt K der Kante $\overline{GH}$ ein Punkt der Ebene T ist.
c) Bestimmen Sie den Schnittpunkt S der Raumdiagonalen $\overline{DF}$ mit der Ebene T. Ist S gleichzeitig Diagonalenschnittpunkt der Geraden EM und BK?
d) Entscheiden Sie, ob die Raumdiagonale $\overline{DF}$ orthogonal zur Ebene T ist.
e) Zeigen Sie, dass die Länge von $\overline{EB}$ das Doppelte der Länge von $\overline{KM}$ ist und dass die Längen von $\overline{EK}$ und $\overline{BM}$ gleich sind. Was bedeutet dies geometrisch?
f) Bestimmen Sie die Innenwinkel des Vierecks EBMK.

2 *Würfel*

Ein Würfel ABCDEFGH hat die Kantenlänge 4.

a) Geben Sie eine Gleichung der Ebene T an, die durch das Dreieck A, B und H bestimmt ist. Welche besondere Lage hat T im Würfel?
b) Bestimmen Sie die Länge der Diagonalen $\overline{BG}$ und begründen Sie, dass der Abstand des Punktes C von der Ebene T den Wert $2 \cdot \sqrt{2}$ hat.
c) Die Gerade g steht senkrecht auf der Ebenen T und halbiert die Diagonale $\overline{BG}$. Stellen Sie eine Gleichung der Geraden g auf.

3 *Oktaeder*

Ein Würfel ABCDEFGH hat die Kantenlänge 4 (Lage wie in Aufgabe 2).

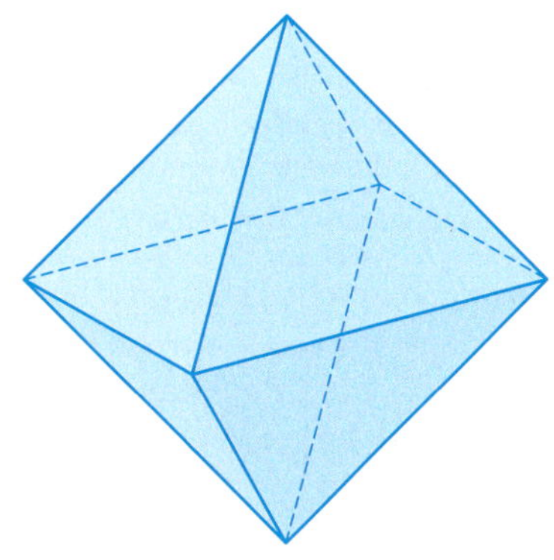

a) Die sechs Mittelpunkte der Seitenflächen des Würfels bilden die Eckpunkte eines Oktaeders. Zeichnen Sie das Oktaeder.
b) Begründen Sie geometrisch an der Zeichnung und rechnerisch, dass die Kantenlänge des Oktaeders halb so lang ist wie die Diagonale einer Würfelseitenfläche.
c) Zeigen Sie, dass eine Seitenfläche des Oktaeders in der Ebene mit der Gleichung $x_1 + x_2 + x_3 - 8 = 0$ liegt und zeigen Sie, dass der Abstand der Seitenfläche vom Oktaedermittelpunkt $d = \frac{1}{\sqrt{3}} \cdot 2$ beträgt.
d) Geben Sie eine Gleichung der Inkugel des Oktaeders an.

*) Die Lösungen zu den Abituraufgaben finden Sie im Internet unter www.schroedel.de/neuewege-s2.

4 *Würfelschnitte*

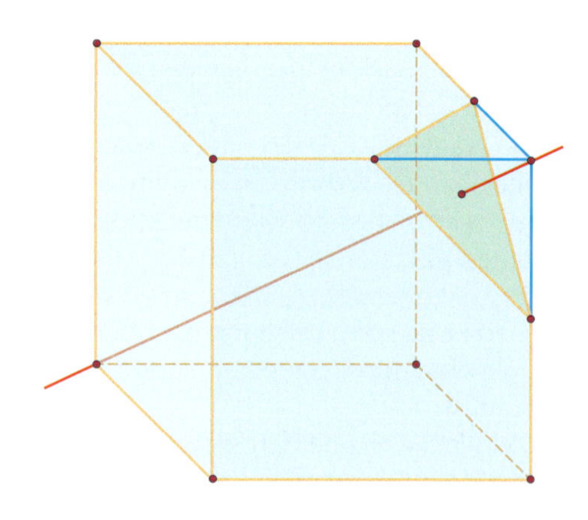

Die Punkte $O = (0|0|0)$, $A = (4|0|0)$, $B = (0|4|0)$, $C = (0|0|4)$ und $F = (4|4|4)$ sind Eckpunkte eines Würfels.

a) Eine zur Raumdiagonalen $\overline{OF}$ senkrechte Ebene bewegt sich von F nach O. Welche Schnittflächen mit dem Würfel zeigen sich dabei? Beschreiben Sie dies mithilfe geeigneter Skizzen.

b) Zeigen Sie, dass alle zu $\overline{OF}$ senkrechten Ebenen die Gleichung E_a: $x_1 + x_2 + x_3 = a$ erfüllen.
Für welche Werte von a schneidet die Ebene E_a den Würfel?

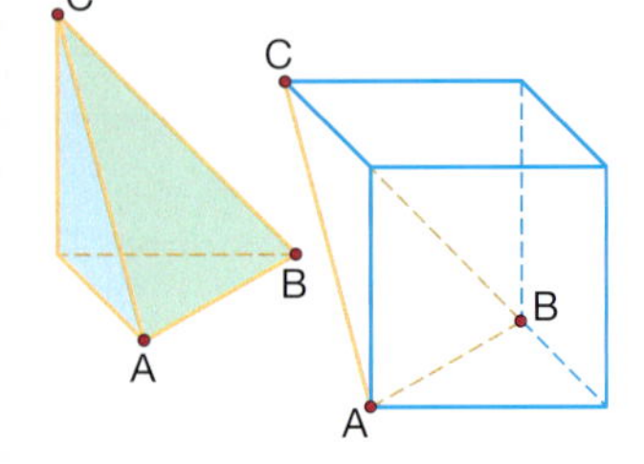

c) Die Ebene E: $x_1 + x_2 + x_3 = 6$ schneidet den Würfel in einem Sechseck. Zeichnen Sie den Würfel und das Sechseck in ein Koordinatensystem und begründen Sie, dass dies ein regelmäßiges Sechseck ist und dass der Würfel mit diesem Schnitt halbiert wird.

d) Zeigen Sie, dass auch das Dreieck ABC zu den Schnittflächen von E_a mit dem Würfel gehört. Bestimmen Sie den zugehörigen Wert für a. Welche Form hat der abgeschnittene Würfelteil und wie groß ist dessen Volumen? Vergleichen Sie den Umfang des Dreiecks ABC mit dem des Sechsecks aus Aufgabenteil c).

e) Welcher Zusammenhang besteht zwischen der Anzahl der Ecken der Schnittfigur und den Werten von a?

f) Gibt es Ebenen außerhalb der Schar E_a, die den Würfel in einem Fünfeck schneiden?

5 *Punktmengen im $\mathbb{R}^3$*

Im $\mathbb{R}^3$ werden drei Punktmengen durch Gleichungen beschrieben:

E_1: $\vec{x} = \begin{pmatrix} 3 \\ 1 \\ 0 \end{pmatrix} + r\begin{pmatrix} 1 \\ 1 \\ 0 \end{pmatrix} + s\begin{pmatrix} 1 \\ 0 \\ 1 \end{pmatrix}$ E_2: $\begin{pmatrix} -1 \\ 1 \\ 1 \end{pmatrix} \cdot \left(\vec{x} - \begin{pmatrix} 1 \\ 1 \\ 1 \end{pmatrix}\right) = 0$ E_3: $-x_1 + x_2 + x_3 = 1$

a) Erläutern Sie kurz, dass es sich bei allen drei Punktmengen um Ebenen im Raum handelt.

b) Zeigen Sie: $E_2 = E_3$ und E_1 parallel zu E_2.

c) Geben Sie Gleichungen von zwei Geraden g_1 und g_2 an, für die gilt:
- g_1 parallel zu E_1
- g_2 orthogonal zu E_1

d) Bestimmen Sie den Abstand des Punktes $P = (3|1|0)$ von der Ebene E_2.

e) Beschreiben Sie ein Verfahren, mit dem man den Abstand eines Punktes P von einer Geraden $g: \vec{x} = \vec{a} + t \cdot \vec{b}$ im Raum bestimmen kann.
Wenden Sie das Verfahren auf das Beispiel $P = (2|3|4)$, $\vec{a} = \begin{pmatrix} 2 \\ 0 \\ 10 \end{pmatrix}$ und $\vec{b} = \begin{pmatrix} 1 \\ 2 \\ -2 \end{pmatrix}$ an.

6 *Quader in einer Pyramide*

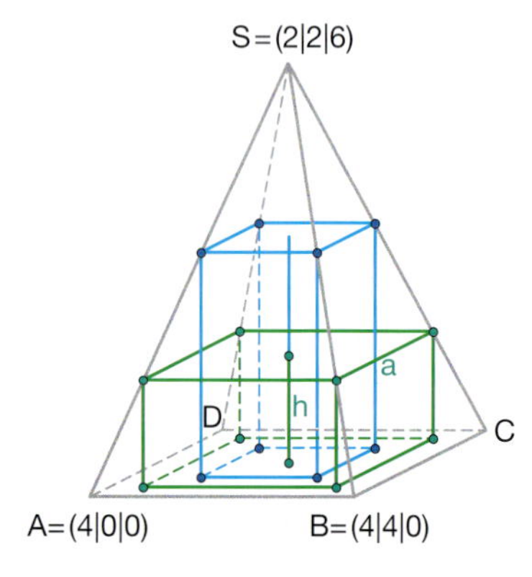

In eine quadratische Pyramide ABCDS mit der Kantenlänge 4 und der Höhe 6 sollen Quader mit quadratischer Grundseite a und unterschiedlicher Höhe h einbeschreiben werden.

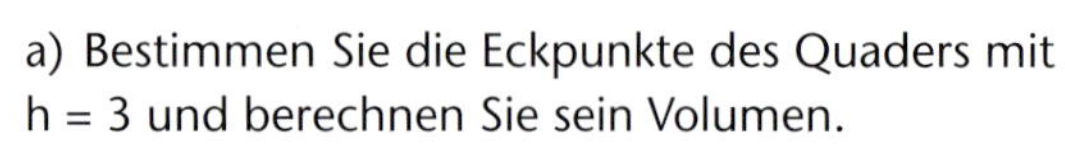

a) Bestimmen Sie die Eckpunkte des Quaders mit h = 3 und berechnen Sie sein Volumen.

b) Für welches h ist der Quader ein Würfel? Bestimmen Sie das Volumen dieses Würfels.

c) Bestimmen Sie mithilfe der Analysis die Höhe des Quaders mit maximalem Volumen.

7 *Kirchturmdach*

Das Kupferdach des Kirchturms einer Kirche besteht aus einem Pyramidenstumpf, einem aufgesetzten Quader und einer auf den Quader aufgesetzten Pyramide. Das gesamte Dach soll neu gedeckt werden. Von einem zugehörigen Schrägbild sind folgende Punkte bekannt (1 LE ≙ 1 m):
$A_1 = (4|-4|0)$ $B_1 = (4|4|0)$
$C_1 = (-4|4|0)$ $A_2 = (3|-3|2)$
$B_2 = (3|3|2)$ $A_3 = (3|-3|4)$
$S = (0|0|10)$

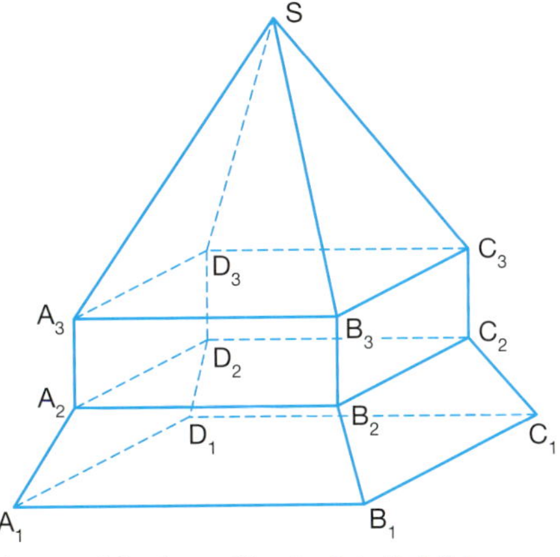

a) Bestimmen Sie die Koordinaten aller Eckpunkte und fertigen Sie ein Schrägbild an.
b) Untersuchen Sie, ob die Dachflächen B_3C_3S und $B_1C_1C_2B_2$ parallel zueinander sind.
c) Für die Verstärkung des Dachstuhles soll ein Stützbalken eingezogen werden: Er wird in der Mitte M_3 der Dachkante $\overline{A_3D_3}$ angesetzt und stützt die Dachfläche B_3C_3S im Punkt P senkrecht ab. Bestätigen Sie, dass P die Koordinaten $P = (0|1{,}8|6{,}4)$ hat. Berechnen Sie die Länge des Balkens (ohne Berücksichtigung der Dicke der Balken).
d) Begründen Sie: Nicht bei jedem Dachstuhl in Form einer quadratischen Pyramide mit der Grundfläche ABCD und der Spitze S ist es möglich, vom Mittelpunkt M einer Kante der Grundfläche aus die gegenüberliegende dreieckige Dachfläche F senkrecht abzustützen.

8 *Marktplatz*

Der Marktplatz einer kleinen Stadt – ein $30 \times 40\ m^2$ großes Rechteck – soll mit einer Plane überdacht werden. Diese soll an den Enden von vier – unterschiedlich langen – Pfosten befestigt werden, die in den Ecken des Grundstücks errichtet werden.
Im Koordinatensystem (1 LE ≙ 10 m) können die Fuß- und Endpunkte der Pfosten dargestellt werden durch:
$P = (0|0|0)$, $Q = (3|0|0)$, $R = (3|4|0)$, $S = (0|4|0)$, $T = (0|0|0{,}5)$, $U = (3|0|1)$, $V = (3|4|1{,}5)$, $W = (0|4|2)$

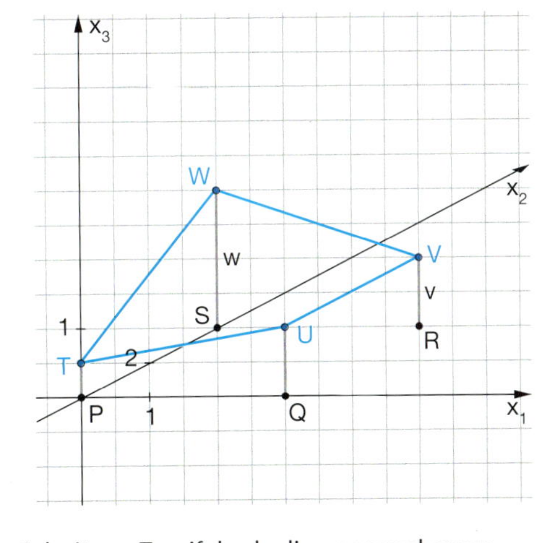

a) Beim Aufstellen der Pfosten kommen den Arbeitern Zweifel, ob die vorgegebenen Höhen der Pfosten zu einer ebenen Plane führen.
Zeigen Sie, dass die Zweifel berechtigt sind und ändern Sie die Höhe von w so ab, dass nun die Punkte T, U, V und W in einer Ebene liegen.
b) Zeigen Sie, dass das in a) aufgetretene Problem auch dadurch gelöst werden kann, dass die Pfosten in R und S getauscht werden.
Bezeichnen Sie die geänderten Eckpunkte mit V' und W' und zeichnen Sie die geänderte Plane in eine Skizze ein. Weisen Sie nach, dass jetzt die Pfostenendpunkte auf einer Ebene liegen.
c) Nun soll die Plane für das gemäß b) geänderte Gestell bestellt werden. Es wird vermutet, dass ihre Fläche ca. $1000\ m^2$ beträgt. Begründen Sie ohne den Flächeninhalt der Plane zu berechnen, dass dies nicht sein kann. Weisen Sie nach, dass die Plane die Form eines Parallelogramms hat.

9 *Pyramide*

Gegeben ist die quadratische Pyramide mit den Eckpunkten $A = (4|0|0)$, $B = (4|4|0)$, $C = (0|4|0)$, $D = (0|0|0)$ und $S = (2|2|4)$.

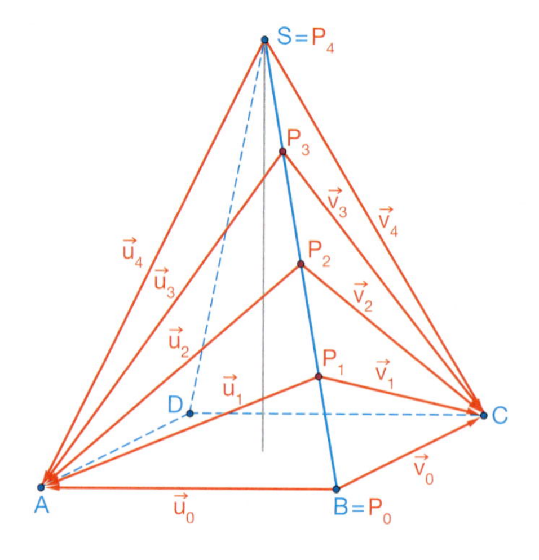

a) Zeichnen Sie ein Schrägbild der Pyramide.

b) Berechnen Sie die Länge von $\overline{BS}$ und den Winkel $\sphericalangle$ BSD.

c) Mit P_h werden die Punkte von $\overline{BS}$ mit der x_3-Koordinate h bezeichnet. Tragen Sie $P_1 = (3{,}5|3{,}5|1)$, $P_2 = (3|3|2)$, und $P_3 = (2{,}5|2{,}5|3)$ in das Schrägbild ein und bezeichnen Sie B mit P_0 und S mit P_4. Bestätigen Sie rechnerisch, dass P_2 auf $\overline{BS}$ liegt.

Nun werden die Dreiecke AP_hC mit den Seitenvektoren $\overrightarrow{P_hA} = \vec{u}_h$ und $\overrightarrow{P_hC} = \vec{v}_h$ betrachtet. Es soll die Änderung der Winkel α_h in P_h in Abhängigkeit von h untersucht werden. Die Winkel $\alpha_0 = 90°$, $\alpha_3 = 85{,}08°$ und $\alpha_4 = 70{,}53°$ legen die Vermutung nahe, dass α_h mit wachsendem h kleiner wird.

Berechnen Sie α_1 und α_2 und nehmen Sie Stellung zu der obigen Vermutung.

d) Bestimmen Sie die Koordinaten der Punkte P_h sowie der Vektoren $\vec{u}_h$ und $\vec{v}_h$ und bestätigen Sie, dass Folgendes gilt: $\cos(\alpha_h) = \frac{1{,}5h^2 - 4h}{1{,}5h^2 - 4h + 16}$

e) Zeigen Sie, dass es außer h = 0 ein weiteres h gibt, für das das Dreieck AP_hC rechtwinklig ist. Bestimmen Sie für dieses h die Länge der Strecke $\overline{P_hA}$ und ermitteln Sie mithilfe der Analysis das Maximum der Winkel.

(Benutzen Sie dabei folgende Umformung: $\frac{a+b}{a+b+c} = \frac{a+b+c-c}{a+b+c} = 1 - \frac{c}{a+b+c}$)

Übergangsprozesse

10 *Mehrstufiger Produktionsprozess – Holzpuzzles*

Eine Spielzeugfirma stellt Holzpuzzles her. Es gibt vier verschiedene Puzzleteile T_1, T_2, T_3 und T_4, aus denen sich vier unterschiedliche Puzzles P_1, P_2, P_3 und P_4 zusammensetzen lassen. Die Firma bietet drei Verpackungen mit unterschiedlichen Mengen von Puzzles an: Eine Mini-Box (B_1), eine Standard-Box (B_2) und eine Big-Box (B_3). Die folgenden Listen geben an, (1) wie viele der einzelnen Puzzleteile zu jedem der Puzzles benötigt werden, (2) wie viele der verschiedenen Puzzles in den drei Verpackungen Platz haben und (3) wie viele der einzelnen Puzzleteile in jeder der Verpackungen enthalten sind.

(1)	P_1	P_2	P_3	P_4
T_1	4	3	4	0
T_2	7	5	2	8
T_3	5	3	0	3
T_4	2	4	4	6

(2)	B_1	B_2	B_3
P_1	1	3	5
P_2	3	k_1	6
P_3	1	k_2	4
P_4	2	3	6

(3)	B_1	B_2	B_3
T_1	17	32	54
T_2	40	69	121
T_3	20	36	61
T_4	30	48	86

a) Bestimmen Sie die Werte für k_1 und k_2. Welche Bedeutung haben diese Zahlen?

b) Die Firma bekommt einen Auftrag über 60 Miniboxen B_1, 30 Standardboxen B_2 und 40 Big-Boxen B_3. Wie viele der einzelnen Puzzleteile werden dafür benötigt?

11 *Magische Quadrate*

Ausgehend von der Matrix $M = \begin{pmatrix} a & b & c \\ d & e & f \\ g & h & i \end{pmatrix}$ kann man mit der

(a,b,e)-Formel $\begin{pmatrix} e-b & e+a+b & e-a \\ e-a+b & e & e+a-b \\ e+a & e-a-b & e+b \end{pmatrix}$ magische (3 × 3)-Quadrate konstruieren.

a) Wie groß ist die magische Summe s?
b) Erzeugen Sie mit der Formel zwei magische Quadrate mit natürlichen Zahlen. Welche Bedingungen müssen dazu a, b, e erfüllen? Welche Rolle spielt der Parameter e?
c) A und B seien zwei magische (3 × 3)-Quadrate mit der magischen Summe s. Zeigen Sie, dass für alle natürlichen Zahlen x und y die Linearkombination $xA + yB$ wieder ein magisches Quadrat ist. Welche magische Summe ergibt sich?

12 *Schulkantine*

Eine Schulkantine bietet täglich drei verschiedene Gerichte (Tagessuppe, Salat, Pasta) an. Pro Woche werden durchschnittlich 1000 Portionen verkauft. Nach einer langfristig erhobenen Statistik verändert sich der Verkauf der einzelnen Gerichte von Woche zu Woche:

	Tagessuppe	Salat	Pasta
Tagessuppe	0 %	40 %	80 %
Salat	70 %	40 %	20 %
Pasta	30 %	20 %	0 %

a) Beschreiben Sie das Wechselverhalten und geben Sie die Übergangsmatrix an.
b) Nach den Sommerferien wurden in der 1. Woche 150 Portionen Tagessuppe, 210 Portionen Salat und 640 Portionen Pasta verkauft. Mit wie vielen verkauften Portionen kann man in den nächsten beiden Wochen rechnen?
c) Nach wie vielen Wochen kann mit annähernd stabilen Verkaufszahlen gerechnet werden? Warum ist der Kantinenbetreiber an diesen Zahlen interessiert?

13 *Übergangsprozess*

Ein Prozess wird durch folgenden Übergangsgraphen beschrieben.

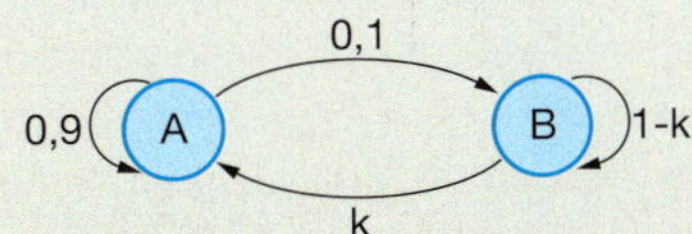

Zu Beginn befinden sich im Zustand A 700 Objekte und im Zustand B 300 Objekte. Während des betrachteten Prozesses ändert sich die Gesamtzahl der Objekte nicht. Bei den Teilaufgaben a) bis c) gilt $k = 0,3$.

a) Stellen Sie die Übergangsmatrix M auf und berechnen Sie die Verteilungen für die ersten beiden Generationen.
b) Der Vektor $\begin{pmatrix} a_n \\ b_n \end{pmatrix}$ beschreibt die Verteilung nach n Generationen. Zeigen Sie, dass man das erste Element des Vektors als rekursive Folge definieren kann durch
$a_{n+1} = 0,6 \cdot a_n + 300;\ a_0 = 700$.
c) Leiten Sie mithilfe der Folge aus b) eine stabile Verteilung her.
d) Bestimmen Sie k so, dass $\begin{pmatrix} 200 \\ 800 \end{pmatrix}$ ein stabiler Vektor ist.

14 *Glücksspiel*

Bei einem Glücksspiel gibt es ein Münzfeld und ein Würfelfeld. Es gelten die Regeln: Zu Beginn steht der Spieler auf dem Münzfeld. Dort muss der Spieler eine Münze werfen. Bei Kopf hat der Spieler verloren, bei Zahl wechselt er auf das Würfelfeld, auf dem der Spieler einen Würfel werfen muss. Bei 5 oder 6 hat der Spieler gewonnen, sonst wechselt er auf das Münzfeld. Die Spielzüge können also vier mögliche Ergebnisse haben: Verlieren (V), Münzfeld (M), Würfelfeld (W) und Gewinnen (G)

$$U = \begin{pmatrix} 1 & \frac{1}{2} & 0 & 0 \\ 0 & 0 & \frac{2}{3} & 0 \\ 0 & \frac{1}{2} & 0 & 0 \\ 0 & 0 & \frac{1}{3} & 1 \end{pmatrix} \begin{matrix} V \\ M \\ W \\ G \end{matrix} \quad \text{(Spalten: V M W G)}$$

a) Erläutern Sie, inwiefern die Matrix U den Spielprozess beschreibt.
b) Zeichnen Sie einen Übergangsgraphen mit den Zuständen V, M, W und G.
c) Interpretieren Sie die folgenden Berechnungen im Hinblick auf die Gewinnwahrscheinlichkeit bei diesem Spiel.

$$U^5 \cdot \begin{pmatrix} 0 \\ 1 \\ 0 \\ 0 \end{pmatrix} = \begin{pmatrix} 0{,}7222222222 \\ 0 \\ 0{,}0555555555 \\ 0{,}2222222222 \end{pmatrix} \quad U^{10} \cdot \begin{pmatrix} 0 \\ 1 \\ 0 \\ 0 \end{pmatrix} = \begin{pmatrix} 0{,}7469135802 \\ 0{,}004115226337 \\ 0 \\ 0{,}2489711934 \end{pmatrix} \quad U^{20} \cdot \begin{pmatrix} 0 \\ 1 \\ 0 \\ 0 \end{pmatrix} = \begin{pmatrix} 0{,}7499872986 \\ 1{,}69350878 \cdot 10^{-5} \\ 0 \\ 0{,}2499957662 \end{pmatrix}$$

$$\vec{v} = \begin{pmatrix} V \\ M \\ W \\ G \end{pmatrix}$$

d) Zeigen Sie, dass der Ansatz $U \cdot \vec{v} = \vec{v}$ mit $V + M + W + G = 1$ nicht geeignet ist, die Gewinnwahrscheinlichkeit des Spiels zu berechnen und begründen Sie dies.

15 *Populationsprozess*

Die Entwicklung einer Tierart in einem bestimmten Gebiet soll untersucht werden. Die weiblichen Tiere werden in drei Altersklassen eingeteilt: A_1: höchstens ein Jahr alt, A_2: älter als ein Jahr bis maximal zwei Jahre alt, A_3: älter als zwei Jahre Folgendes wird ermittelt: Die jährliche Geburtenrate bei A_1 beträgt 0,13, bei A_2 0,56 und bei A_3 1,64. Von den Tieren aus A_1 überleben jährlich 25 %, von denen aus A_2 56 % und von denen aus A_3 58 %.

a) Welche der Matrizen A, B, C beschreibt die oben dargestellte Entwicklung dieser Tiere?

$$A = \begin{pmatrix} 0{,}25 & 0 & 0 \\ 0 & 0{,}56 & 0{,}58 \\ 0{,}13 & 0{,}56 & 1{,}64 \end{pmatrix} \quad B = \begin{pmatrix} 0{,}13 & 0{,}56 & 1{,}64 \\ 0{,}25 & 0 & 0 \\ 0 & 0{,}56 & 0{,}58 \end{pmatrix} \quad C = \begin{pmatrix} 0{,}13 & 0{,}56 & 1{,}64 \\ 0 & 0{,}56 & 0{,}58 \\ 0{,}25 & 0 & 0 \end{pmatrix}$$

Warum sind die beiden anderen Matrizen zur Modellbildung hier nicht geeignet?
b) Wie entwickelt sich die Population langfristig?

16 *Käferpopulation*

Käfer durchlaufen in ihrer Entwicklung mehrere Stadien.

- Jedes Jahr werden pro Käfer 10 Eier gelegt. Nach der Eiablage sterben die Käfer.
- Nach einem Jahr haben sich 30 % der Eier zu Larven entwickelt.
- Nach einem weiteren Jahr werden 40 % der Larven zu Käfern, die ein Jahr später wieder Eier legen.
- Zu Beginn der Betrachtung besteht die Population aus 1000 Eiern, 1000 Larven und 1000 Käfern.

Die Grafik zeigt die Entwicklung der Käfer nach diesem Modell über einen Zeitraum von 15 Jahren.

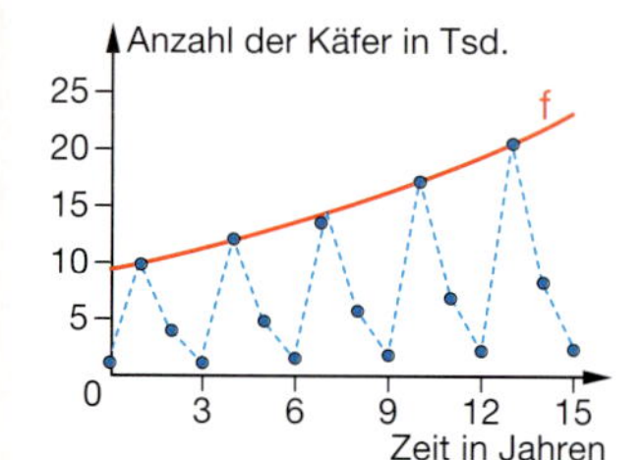

a) Stellen Sie einen Übergangsgraphen mit Übergangsmatrix auf und berechnen Sie die Anzahl der Käfer nach 2 Jahren.
b) Erklären Sie das zyklische Verhalten der Käferpopulation.
c) Bestimmen Sie die Funktion f, die die langfristige Entwicklung der relativen Maxima beschreibt.
d) Durch Insektizide lassen sich die Übergangsraten zwischen den einzelnen Stadien beeinflussen. Finden Sie eine Bedingung für diese Übergangsraten, unter der es zu einer periodischen Populationsentwicklung kommt.

17 *Miniermotte*

Zur Bekämpfung der Miniermotte, die Kastanienbäume befällt und gefährdet, wird seit einigen Jahren das Laub der Kastanien verbrannt, damit die Puppen nicht im Laub überwintern können. Die Motten bringen je nach Lebensbedingungen pro Sommer zwei bis vier Generationen hervor.

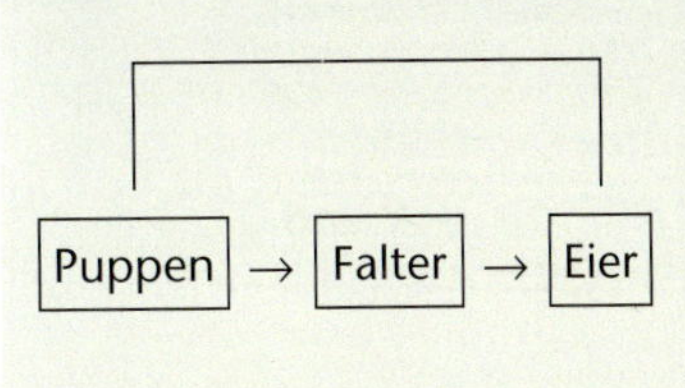

In einem vereinfachten Modell gehen wir von einer neuen Generation pro Sommer aus, wobei eine Generation aus einem dreischrittigen Entwicklungszyklus besteht. Aus 50 % der Puppen entstehen Falter, jeder Falter legt durchschnittlich 20 Eier. 25 % der Eier entwickeln sich über Larven zu Puppen, die sich im nächsten Jahr weiter entwickeln.

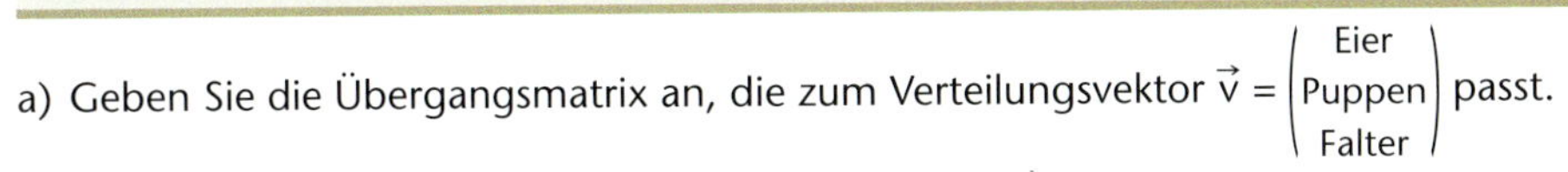

a) Geben Sie die Übergangsmatrix an, die zum Verteilungsvektor $\vec{v} = \begin{pmatrix} \text{Eier} \\ \text{Puppen} \\ \text{Falter} \end{pmatrix}$ passt.

b) In einem Garten gibt es 100 Puppen. Berechnen Sie die Anzahl der Puppen in den nächsten drei Jahren. Wie ist die langfristige Entwicklung?

c) Wie ist die Entwicklung, wenn 50 % des Laubes verbrannt werden? Wie viel Laub müsste verbrannt werden, damit die Population der Miniermotten konstant bleibt?

18 *Versandabteilung – Warteschlange*

Eine Versandabteilung erhält Aufträge an jedem Morgen zu Beginn der Arbeitszeit. Der Auftragseingang an verschiedenen Tagen erfolgt unabhängig voneinander. An einem Tag sollen höchstens zwei Bestellungen eingehen. Die Prozentsätze für den Eingang keiner, einer oder zweier Bestellungen sind 0,3; 0,5 und 0,2. Die Erledigung eines Auftrags nimmt genau einen Tag in Anspruch. An einem Tag wird also stets nur ein Auftrag bearbeitet und erledigt. Falls schon vor den Neuzugängen am Morgen drei Aufträge vorliegen, wird höchstens noch ein Auftrag angenommen. Die Höchstzahl unbearbeiteter Aufträge ist also 3.

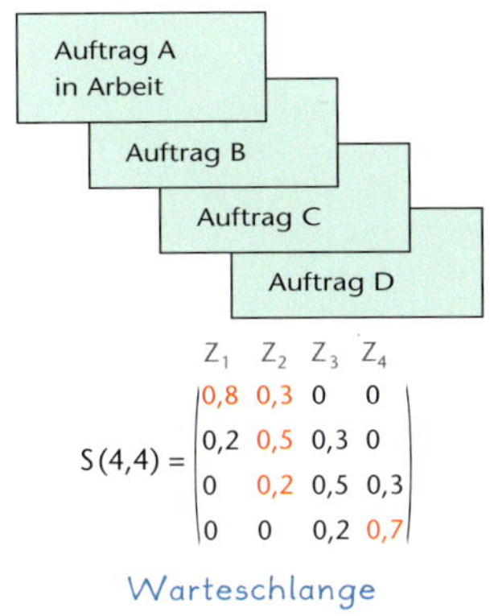

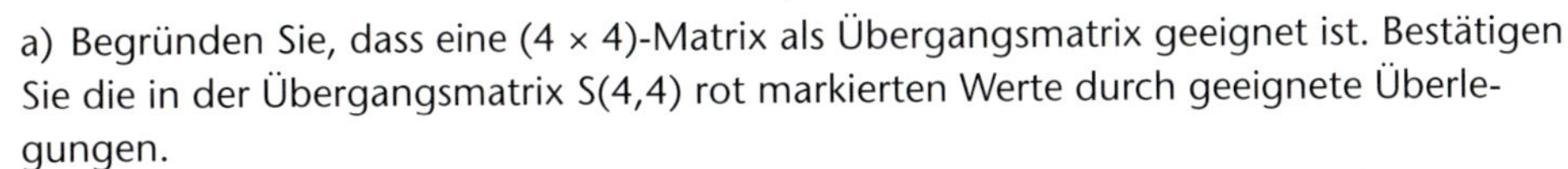

a) Begründen Sie, dass eine (4 × 4)-Matrix als Übergangsmatrix geeignet ist. Bestätigen Sie die in der Übergangsmatrix S(4,4) rot markierten Werte durch geeignete Überlegungen.

b) In wie viel Prozent der Fälle liegen am Morgen des vierten Tages zwei Aufträge vor (ohne eventuelle Neuzugänge des vierten Tages), wenn am Morgen des ersten Tages ein Auftrag vorlag?

c) Zeigen Sie, dass es eine stabile Verteilung gibt und kommentieren Sie die stabile Verteilung unter dem Aspekt, dass die Abteilungsleitung eine Verringerung des Personalbestands in Erwägung zieht.

d) Wie ändert sich die Übergangsmatrix, wenn die Höchstzahl bearbeiteter Aufträge auf vier erhöht wird? Begründen Sie das Ergebnis.

19 *Geometrische Abbildung*

Geometrische Abbildungen

Gegeben ist die Matrix $A = \begin{pmatrix} 0 & 0 & 1 \\ 0 & 1 & 0 \\ 1 & 0 & 0 \end{pmatrix}$.

a) Untersuchen Sie, ob es stabile Vektoren $\vec{k}_s$ gibt mit $A \cdot \vec{k}_s = \vec{k}_s$.

b) Beschreiben Sie die Wirkung von A als geometrische Abbildung.

c) Untersuchen Sie in gleicher Weise die Matrix $B = \begin{pmatrix} 1 & 0 & 0 \\ 0 & 1 & 0 \\ 1 & 0 & 0 \end{pmatrix}$.

d) Untersuchen Sie die Produkte A · B sowie B · A und deuten Sie die Ergebnisse geometrisch.

20 *Projektion*

In einem Holzschnitt von A. DÜRER wird gezeigt, wie ein räumliches Objekt zeichnerisch dargestellt werden kann.
Stellen Sie sich vor, dass ein Haus im Koordinatensystem hinter der „Glas"-Wand x_1x_3-Ebene steht.
Das Haus hat die Länge 6 und die Breite 8, die Traufenhöhe ist 3 und die Firsthöhe 4,5. Der Punkt A hat die Koordinaten $A = (4|-2|0)$.
Ein Beobachter steht im Punkt $Z = (2|2|7)$ und möchte das Bild des Hauses auf der x_1x_3-Ebene zeichnen.

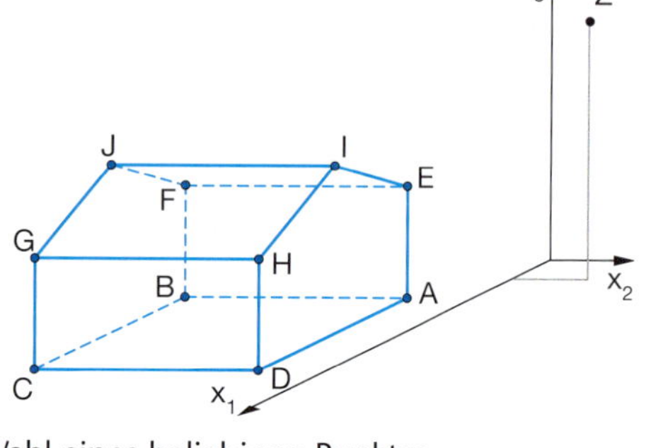

a) Berechnen Sie die Bildpunkte und zeichnen Sie das Haus und sein Bild im Koordinatensystem. Erklären Sie Ihre Rechnungen.
b) Wie groß ist der Winkel, unter dem der Beobachter den Dachfirst sieht?
c) Entwickeln Sie eine Formel, mit der nach Wahl eines beliebigen Punktes

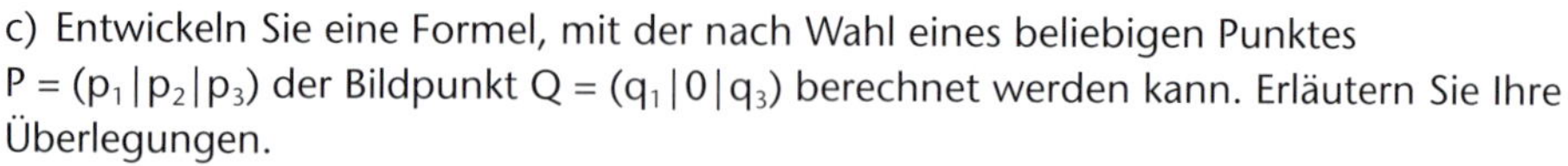

$P = (p_1|p_2|p_3)$ der Bildpunkt $Q = (q_1|0|q_3)$ berechnet werden kann. Erläutern Sie Ihre Überlegungen.
d) Bearbeiten Sie Teilaufgabe c) auch für den Fall, dass Z die Koordinaten $Z = (z_1|z_2|z_3)$ hat.

21 *Lineare Abbildungen und Matrizen*

Durch die Matrix D wird eine Abbildung im Raum beschrieben.

$$D = \begin{pmatrix} \frac{2}{3} & -\frac{2}{3} & \frac{1}{3} \\ \frac{1}{3} & \frac{2}{3} & \frac{2}{3} \\ -\frac{2}{3} & -\frac{1}{3} & \frac{2}{3} \end{pmatrix}$$

a) Berechnen Sie für die Punkte $A = (4|3|1)$, $B = (2|-2|4)$ und $C = (-3|3|3)$ die Bildpunkte A_1, B_1 und C_1.
b) Zeigen Sie, dass jeder Punkt der Geraden

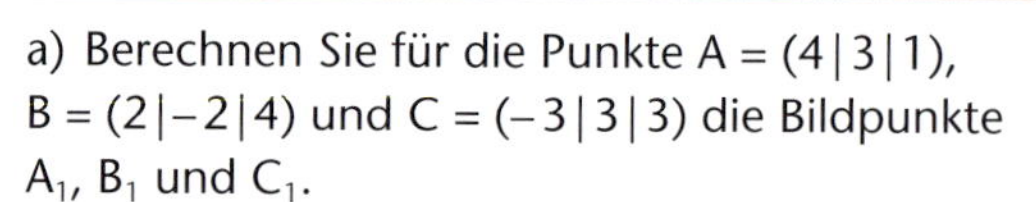

$g: \vec{x} = r\begin{pmatrix} -1 \\ 1 \\ 1 \end{pmatrix}$ auf sich abgebildet wird (Punkt und Bildpunkt sind identisch). Zeichnen Sie das rechte Bild ab und die Gerade g dort hinein.
(Der Würfel hat die Kantenlänge 2 und jede Kante ist parallel zu einer Koordinatenachse. Der Ursprung des Koordinatensystems ist in der Mitte des Würfels.)
c) Die Punkte A und B liegen in der Ebene E mit der Gleichung $x_1 - x_2 - x_3 = 0$. Zeigen Sie, dass die Bildpunkte A_1 und B_1 auch in der Ebene E liegen und begründen Sie, dass die Ebene E orthogonal zur Geraden g ist.
d) Berechnen Sie den Winkel zwischen den Ortsvektoren von A und A_1 bzw. B und B_1.
e) $P = (r|s|r-s)$ ist ein beliebiger Punkt der Ebene E. Berechnen Sie den Bildpunkt P_1 und zeigen Sie, dass der Winkel zwischen $\overrightarrow{OP}$ und $\overrightarrow{OP_1}$ 60° beträgt.
f) Welche Abbildung wird wohl durch die Matrix D beschrieben? (Berechnen Sie für die Begründung auch die Matrixpotenzen D^2, D^3, ..., D^6.)

Lösungen zu den Check-ups

Lösungen zu Seite 41

1 Im „2-1-Koordinatensystem“:

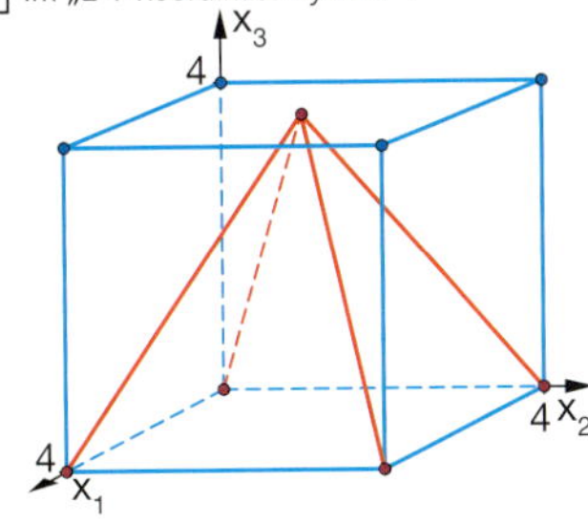

2 Koordinaten der Eckpunkte: $A = (5|0|0)$, $M = (5|5|2{,}5)$, $G = (0|5|5)$, $N = (0|0|2{,}5)$

Seiten des Vierecks: $\overrightarrow{AM} = \begin{pmatrix} 0 \\ 5 \\ 2{,}5 \end{pmatrix}$, $\overrightarrow{MG} = \begin{pmatrix} -5 \\ 0 \\ 2{,}5 \end{pmatrix}$, $\overrightarrow{GN} = \begin{pmatrix} 0 \\ -5 \\ -2{,}5 \end{pmatrix}$, $\overrightarrow{NA} = \begin{pmatrix} 5 \\ 0 \\ -2{,}5 \end{pmatrix}$

Die Seitenlängen sind jeweils $\sqrt{31{,}25}$, aber $\overrightarrow{AM} \cdot \overrightarrow{MG} = 6{,}25 \neq 0$. Das Viereck ist eine Raute, aber kein Quadrat.

3 Die Punkte liegen auf einer Geraden, der Verlängerung der Raumdiagonalen im Würfel mit der Kantenlänge 1 durch $(0|0|0)$ und $(1|1|1)$.

4

a) „1-1-Koordinatensystem“

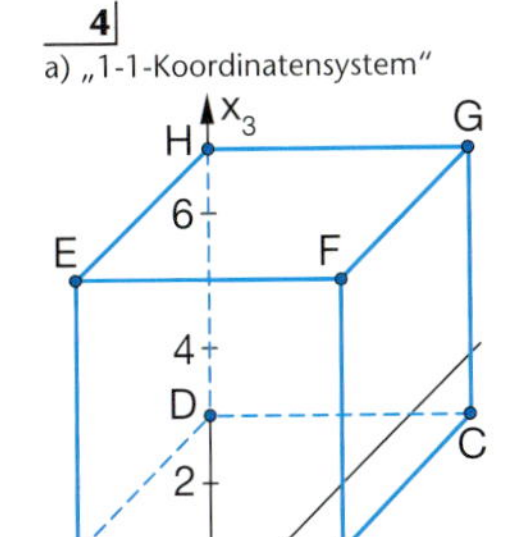

b) „2-1-Koordinatensystem“

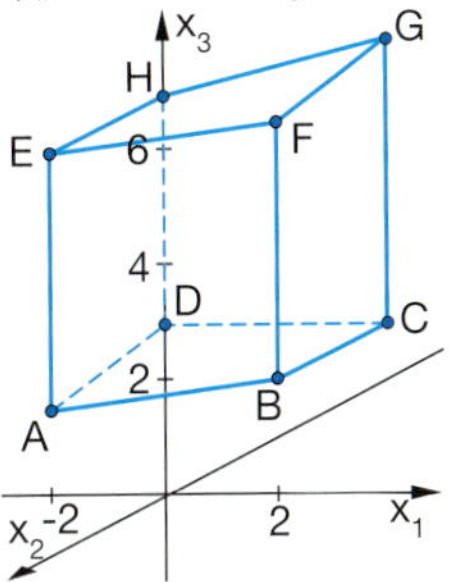

Das Bild b) zeigt, dass es sich nicht um einen Würfel handelt. Die verschiedenen Ansichten resultieren aus den unterschiedlichen Koordinatensystemen.

c) „Boden“: A liegt nicht in der durch B, C und D bestimmten Ebene. Die x_3-Koordinate müsste 3 sein.

„Deckfläche“: E, F und H liegen auf der Ebene E: $-x_2 + 5x_3 = 35$.

G liegt nicht auf E, denn $-6 + 5 \cdot 9 \neq 35$.

5 Es gibt acht verschiedene Vektoren: $\overrightarrow{AB}$, $\overrightarrow{AD}$, $\overrightarrow{AE}$, $\overrightarrow{EI}$, $\overrightarrow{HI}$, $\overrightarrow{FK}$, $\overrightarrow{GK}$, $\overrightarrow{IK}$

Parallel zueinander sind: $\overrightarrow{AB} \parallel \overrightarrow{DC} \parallel \overrightarrow{EF} \parallel \overrightarrow{HG} \parallel \overrightarrow{IK}$ und $\overrightarrow{AD} \parallel \overrightarrow{BC} \parallel \overrightarrow{EH} \parallel \overrightarrow{FG}$ sowie $\overrightarrow{AE} \parallel \overrightarrow{DH} \parallel \overrightarrow{BF} \parallel \overrightarrow{CG}$

6 a) Ortsvektoren der Eckpunkte des grünen Würfels:

$\begin{pmatrix} 1 \\ 0 \\ 0 \end{pmatrix}$; $\begin{pmatrix} 1 \\ 1 \\ 0 \end{pmatrix}$; $\begin{pmatrix} 0 \\ 1 \\ 0 \end{pmatrix}$; $\begin{pmatrix} 0 \\ 0 \\ 0 \end{pmatrix}$; $\begin{pmatrix} 1 \\ 0 \\ 1 \end{pmatrix}$; $\begin{pmatrix} 1 \\ 1 \\ 1 \end{pmatrix}$; $\begin{pmatrix} 0 \\ 1 \\ 1 \end{pmatrix}$; $\begin{pmatrix} 0 \\ 0 \\ 1 \end{pmatrix}$

Ortsvektoren der Eckpunkte des roten Würfels:

$\begin{pmatrix} 0 \\ 2{,}5 \\ 0 \end{pmatrix}$; $\begin{pmatrix} 0 \\ 3{,}5 \\ 0 \end{pmatrix}$; $\begin{pmatrix} -1 \\ 3{,}5 \\ 0 \end{pmatrix}$; $\begin{pmatrix} -1 \\ 2{,}5 \\ 0 \end{pmatrix}$; $\begin{pmatrix} 0 \\ 2{,}5 \\ 1 \end{pmatrix}$; $\begin{pmatrix} 0 \\ 3{,}5 \\ 1 \end{pmatrix}$; $\begin{pmatrix} -1 \\ 3{,}5 \\ 1 \end{pmatrix}$; $\begin{pmatrix} -1 \\ 2{,}5 \\ 1 \end{pmatrix}$

Ortsvektoren der Eckpunkte des blauen Würfels:

$\begin{pmatrix} 0 \\ -1 \\ 3 \end{pmatrix}$; $\begin{pmatrix} 0 \\ 0 \\ 3 \end{pmatrix}$; $\begin{pmatrix} -1 \\ 0 \\ 3 \end{pmatrix}$; $\begin{pmatrix} -1 \\ -1 \\ 3 \end{pmatrix}$; $\begin{pmatrix} 0 \\ -1 \\ 4 \end{pmatrix}$; $\begin{pmatrix} 0 \\ 0 \\ 4 \end{pmatrix}$; $\begin{pmatrix} -1 \\ 0 \\ 4 \end{pmatrix}$; $\begin{pmatrix} -1 \\ -1 \\ 4 \end{pmatrix}$

b) Verschiebungsvektoren:

grün → rot: $\begin{pmatrix} -1 \\ 2{,}5 \\ 0 \end{pmatrix}$, rot → blau: $\begin{pmatrix} 0 \\ -3{,}5 \\ 3 \end{pmatrix}$, blau → grün: $\begin{pmatrix} 1 \\ 1 \\ -3 \end{pmatrix}$

Lösungen zu Seite 42

7 a) $|\overrightarrow{AB}| = \left|\begin{pmatrix} 2-4 \\ 3-2 \\ 8-7 \end{pmatrix}\right| = \left|\begin{pmatrix} -2 \\ 1 \\ 1 \end{pmatrix}\right| = \sqrt{(-2)^2 + 1^2 + 1^2} = \sqrt{6}$;

$|\overrightarrow{BC}| = \left|\begin{pmatrix} 3-2 \\ 1-3 \\ 9-8 \end{pmatrix}\right| = \left|\begin{pmatrix} 1 \\ -2 \\ 1 \end{pmatrix}\right| = \sqrt{1^2 + (-2)^2 + 1^2} = \sqrt{6}$;

$|\overrightarrow{AC}| = \left|\begin{pmatrix} 3-4 \\ 1-2 \\ 9-7 \end{pmatrix}\right| = \left|\begin{pmatrix} -1 \\ -1 \\ 2 \end{pmatrix}\right| = \sqrt{(-1)^2 + (-1)^2 + 2^2} = \sqrt{6}$;

Da alle Seiten gleich lang sind, ist das Dreieck ABC gleichseitig.

b) –

c) $|\overrightarrow{AB}| = \left|\begin{pmatrix} 6-2 \\ 4-1 \\ 6-4 \end{pmatrix}\right| = \left|\begin{pmatrix} 4 \\ 3 \\ 2 \end{pmatrix}\right| = \sqrt{4^2 + 3^2 + 2^2} = \sqrt{29}$;

$|\overrightarrow{BC}| = \left|\begin{pmatrix} 2-6 \\ 2-4 \\ 3-6 \end{pmatrix}\right| = \left|\begin{pmatrix} -4 \\ -2 \\ -3 \end{pmatrix}\right| = \sqrt{(-4)^2 + (-2)^2 + (-3)^2} = \sqrt{29}$;

$|\overrightarrow{AC}| = \left|\begin{pmatrix} 2-2 \\ 2-1 \\ 3-4 \end{pmatrix}\right| = \left|\begin{pmatrix} 0 \\ 1 \\ -1 \end{pmatrix}\right| = \sqrt{0^2 + 1^2 + (-1)^2} = \sqrt{2}$;

Da die Seiten AB und BC gleich lang sind, ist das Dreieck ABC gleichschenklig.

8 a) $\vec{m} = \vec{a} + \frac{1}{2}(\vec{b} - \vec{a}) = \frac{1}{2}\vec{a} + \frac{1}{2}\vec{b} = \frac{1}{2}(\vec{a} + \vec{b})$

$\vec{m} = \frac{1}{2}\left[\begin{pmatrix} 1 \\ -3 \\ 4 \end{pmatrix} + \begin{pmatrix} 5 \\ 3 \\ 2 \end{pmatrix}\right] = \frac{1}{2}\begin{pmatrix} 6 \\ 0 \\ 6 \end{pmatrix} = \begin{pmatrix} 3 \\ 0 \\ 3 \end{pmatrix} \Rightarrow M = (3|0|3)$

b) $\vec{m} = \frac{1}{2}(\vec{a} + \vec{b}) \Leftrightarrow 2\vec{m} = \vec{a} + \vec{b} \Leftrightarrow \vec{b} = 2\vec{m} - \vec{a}$

$b = 2\begin{pmatrix} 2 \\ -4 \\ 1 \end{pmatrix} - \begin{pmatrix} -1 \\ 2 \\ 3 \end{pmatrix} = \begin{pmatrix} 5 \\ -10 \\ -1 \end{pmatrix} \Rightarrow B = (5|-10|-1)$

9 Der zu P gehörende Ortsvektor ist $\vec{p} = \frac{1}{2}(\vec{b} - \vec{a})$. Dieser Vektor ist halb so lang wie der Verbindungsvektor von A nach B. Es wird also nicht der Mittelpunkt der Strecke $\overline{AB}$ beschrieben.

10

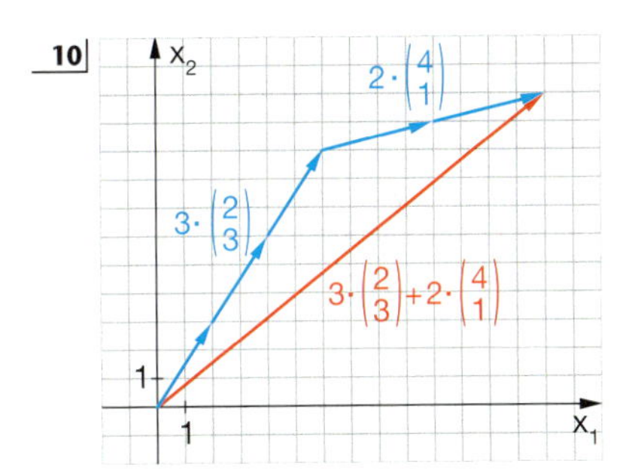

11 a) $\vec{c} = -\vec{b} + \vec{a}$, $\vec{d} = -\frac{1}{2}\vec{b}$

b) $\vec{c} = \vec{a}$, $\vec{d} = \frac{1}{2}(\vec{a} + \vec{b})$

12 a) $|\overrightarrow{AB}| = \left|\begin{pmatrix} 2-1 \\ 2-0 \\ 7-4 \end{pmatrix}\right| = \left|\begin{pmatrix} 1 \\ 2 \\ 3 \end{pmatrix}\right| = \sqrt{1^2 + 2^2 + 3^2} = \sqrt{14}$;

$|\overrightarrow{BC}| = \left|\begin{pmatrix} 3-2 \\ 0-2 \\ 10-7 \end{pmatrix}\right| = \left|\begin{pmatrix} 1 \\ -2 \\ 3 \end{pmatrix}\right| = \sqrt{1^2 + (-2)^2 + 3^2} = \sqrt{14}$;

$|\overrightarrow{CD}| = \left|\begin{pmatrix} 2-3 \\ -2-0 \\ 7-10 \end{pmatrix}\right| = \left|\begin{pmatrix} -1 \\ -2 \\ -3 \end{pmatrix}\right| = \sqrt{(-1)^2 + (-2)^2 + (-3)^2} = \sqrt{14}$;

$|\overrightarrow{DA}| = \left|\begin{pmatrix} 1-2 \\ 0-(-2) \\ 4-7 \end{pmatrix}\right| = \left|\begin{pmatrix} -1 \\ 2 \\ -3 \end{pmatrix}\right| = \sqrt{(-1)^2 + 2^2 + (-3)^2} = \sqrt{14}$

b) Für den Mittelpunkt der Raute gilt

$\vec{m} = \vec{a} + \frac{1}{2}\overrightarrow{AC} = \begin{pmatrix} 1 \\ 0 \\ 4 \end{pmatrix} + \frac{1}{2}\begin{pmatrix} 3-1 \\ 0-0 \\ 10-4 \end{pmatrix} = \begin{pmatrix} 1 \\ 0 \\ 4 \end{pmatrix} + \begin{pmatrix} 1 \\ 0 \\ 3 \end{pmatrix} = \begin{pmatrix} 2 \\ 0 \\ 7 \end{pmatrix}$.

Somit ist $M = (2|0|7)$.

13 a) S wird an C gespiegelt, indem der Vektor $\overrightarrow{SC} = \begin{pmatrix}-2\\2\\-3\end{pmatrix}$ nach C verschoben wird.
Damit gilt $S'_c = (0|7|0)$.
b) $S'_A = (8|-1|0)$; $S'_B = (8|7|0)$; $S'_D = (0|-1|0)$
c) Doppelpyramide

Lösungen zu Seite 91

1 Es entsteht das Viereck ACGE, das den Würfel halbiert.

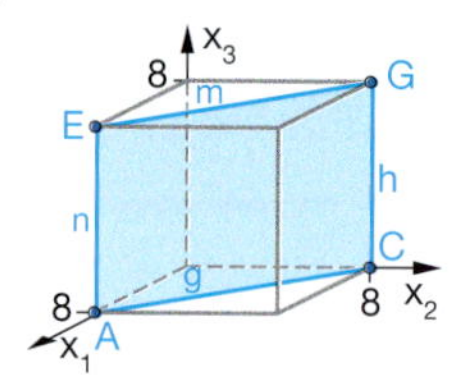

2 a) Parallel zu g sind z.B. $h: \vec{x} = \begin{pmatrix}0\\2\\-1\end{pmatrix} + t\begin{pmatrix}-2\\1\\4\end{pmatrix}$ oder $k: \vec{x} = \begin{pmatrix}1\\2\\3\end{pmatrix} + t\begin{pmatrix}4\\-2\\-8\end{pmatrix}$.

Einen Schnittpunkt mit g haben z. B. $h: \vec{x} = \begin{pmatrix}1\\2\\3\end{pmatrix} + t\begin{pmatrix}3\\0\\1\end{pmatrix}$ oder $k: \vec{x} = \begin{pmatrix}-1\\3\\7\end{pmatrix} + t\begin{pmatrix}2\\-4\\5\end{pmatrix}$.

b) g und k schneiden sich in $S = (3|-1|2)$; h und k sind zueinander parallel; g und h sind windschief.

3 $AB: \vec{x} = \begin{pmatrix}4\\0\\0\end{pmatrix} + t\begin{pmatrix}0\\4\\0\end{pmatrix}$ mit $0 \le t \le 1$; $DC: \vec{x} = t\begin{pmatrix}0\\4\\0\end{pmatrix}$ mit $0 \le t \le 1$;

$AS: \vec{x} = \begin{pmatrix}4\\0\\0\end{pmatrix} + t\begin{pmatrix}-2\\2\\6\end{pmatrix}$ mit $0 \le t \le 1$; $CS: \vec{x} = \begin{pmatrix}0\\4\\0\end{pmatrix} + t\begin{pmatrix}2\\-2\\6\end{pmatrix}$ mit $0 \le t \le 1$

4 Die Punkte im Sechseck sind $R = (9|0|4)$; $S = (3|0|0)$; $T = (0|1|0)$;
$U = (0|3|4)$; $V = (3|3|6)$ und $W = (9|1|6)$.
Parallel sind $\overline{RS}$ und $\overline{UV}$; $\overline{ST}$ und $\overline{VW}$ sowie $\overline{TU}$ und $\overline{WR}$.

5 a) Die Geraden $g: \vec{x} = \begin{pmatrix}0\\7\\0\end{pmatrix} + r\begin{pmatrix}4\\-4\\4\end{pmatrix}$ und $h: \vec{x} = \begin{pmatrix}2\\5\\0\end{pmatrix} + s\begin{pmatrix}0\\0\\1\end{pmatrix}$ schneiden sich für

$r = 0{,}5$ und $s = 2$ im Punkt $(2|5|2)$.

b) Die Geraden $g: \vec{x} = \begin{pmatrix}4\\0\\0\end{pmatrix} + t\begin{pmatrix}-3\\3\\2\end{pmatrix}$ und $h: \vec{x} = \begin{pmatrix}3\\1\\2\end{pmatrix} + t\begin{pmatrix}-1\\3\\-2\end{pmatrix}$ sind windschief.

Lösungen zu Seite 92

6 a) vordere Dachfläche: $E: \vec{x} = \begin{pmatrix}2\\0\\1{,}5\end{pmatrix} + r\begin{pmatrix}0\\4\\0\end{pmatrix} + s\begin{pmatrix}-1\\1\\1{,}5\end{pmatrix}$;

rechte Dachfläche: $E: \vec{x} = \begin{pmatrix}2\\4\\1{,}5\end{pmatrix} + r\begin{pmatrix}-2\\0\\0\end{pmatrix} + s\begin{pmatrix}-1\\-1\\1{,}5\end{pmatrix}$;

hintere Dachfläche: $E: \vec{x} = \begin{pmatrix}0\\0\\1{,}5\end{pmatrix} + r\begin{pmatrix}0\\4\\0\end{pmatrix} + s\begin{pmatrix}1\\1\\1{,}5\end{pmatrix}$;

linke Dachfläche: $E: \vec{x} = \begin{pmatrix}0\\0\\1{,}5\end{pmatrix} + r\begin{pmatrix}2\\0\\0\end{pmatrix} + s\begin{pmatrix}1\\1\\1{,}5\end{pmatrix}$.

b) E beschreibt die Ebene, in der die vordere Hausfläche liegt.

7 E beschreibt die Ebene, in der die Bodenfläche liegt.
F beschreibt die Ebene, in der das Dreieck ABD liegt.
Die Ebenen, in denen die weiteren Flächen liegen sind:

„hintere Fläche": $E: \vec{x} = \begin{pmatrix}0\\0\\0\end{pmatrix} + r\begin{pmatrix}0\\4\\0\end{pmatrix} + s\begin{pmatrix}0\\2\\2\end{pmatrix}$; „linke Fläche": $E: \vec{x} = \begin{pmatrix}0\\0\\0\end{pmatrix} + r\begin{pmatrix}4\\2\\0\end{pmatrix} + s\begin{pmatrix}0\\2\\2\end{pmatrix}$

8 Für A ergibt sich $1{,}5 \cdot 4 + 2 \cdot 0 + 3 \cdot 0 = 6$ wahr;
für B: $1{,}5 \cdot 0 + 2 \cdot 3 + 3 \cdot 0 = 6$ wahr; für C: $1{,}5 \cdot 0 + 2 \cdot 0 + 3 \cdot 2 = 6$ wahr.
Für P gilt $1{,}5 \cdot 2 + 2 \cdot 2 + 3 \cdot (-1) = 4 \neq 6$. P liegt somit nicht auf E.

9 Der Schnittpunkt ist jeweils der Mittelpunkt des Würfels $M = \left(\frac{1}{2}\middle|\frac{1}{2}\middle|\frac{1}{2}\right)$.
Weitere Ebenen, die sich mit der Raumdiagonalen in M schneiden, sind Ebenen, die den Würfel halbieren.

10 a) Das Dreieck, das in der Ebene $E: \vec{x} = \begin{pmatrix}4\\0\\0\end{pmatrix} + r\begin{pmatrix}-4\\0\\4\end{pmatrix} + s\begin{pmatrix}0\\4\\4\end{pmatrix}$ liegt, wird von der Raumdiagonalen $g: \vec{x} = \begin{pmatrix}0\\4\\0\end{pmatrix} + t\begin{pmatrix}4\\-4\\4\end{pmatrix}$ im Punkt $S = \left(\frac{8}{3}\middle|\frac{4}{3}\middle|\frac{8}{3}\right)$ geschnitten.

b) Die Gerade g schneidet nicht die Ebene, in der das Dreieck AFH liegt.
Die Gerade ist parallel zur Ebene.

11 $E_1: \vec{x} = \begin{pmatrix}0\\0\\2\end{pmatrix} + r\begin{pmatrix}0\\3\\0\end{pmatrix} + s\begin{pmatrix}4\\0\\0\end{pmatrix}$; $E_2: \vec{x} = \begin{pmatrix}0\\0\\0\end{pmatrix} + r\begin{pmatrix}0\\3\\0\end{pmatrix} + s\begin{pmatrix}4\\0\\2\end{pmatrix}$; $E_3: \vec{x} = \begin{pmatrix}0\\0\\0\end{pmatrix} + r\begin{pmatrix}0\\3\\0\end{pmatrix} + s\begin{pmatrix}4\\0\\0\end{pmatrix}$

E_1 und E_3 sind zueinander parallel.
E_1 und E_2 schneiden sich in der Schnittgeraden $g: \vec{x} = \begin{pmatrix}4\\0\\2\end{pmatrix} + t\begin{pmatrix}0\\3\\0\end{pmatrix}$.

E_2 und E_3 schneiden sich in der Schnittgeraden $g: \vec{x} = \begin{pmatrix}0\\0\\0\end{pmatrix} + t\begin{pmatrix}0\\3\\0\end{pmatrix}$.

Lösungen zu Seite 138

1 $\begin{pmatrix}2\\3\\-4\end{pmatrix} \cdot \begin{pmatrix}0{,}5\\1{,}5\\2{,}5\end{pmatrix} = -4{,}5$ $\quad \begin{pmatrix}-1\\1{,}5\\2\end{pmatrix} \cdot \begin{pmatrix}-1\\2\\-3\end{pmatrix} = -2$ $\quad \begin{pmatrix}2\\-1\\-4\end{pmatrix} \cdot \begin{pmatrix}-4\\2\\-3\end{pmatrix} = 2$

$\begin{pmatrix}-1{,}5\\2\\0{,}5\end{pmatrix} \cdot \begin{pmatrix}-2\\-4\\3\end{pmatrix} = -3{,}5$ $\quad \begin{pmatrix}3\\4\\-1\end{pmatrix} \cdot \begin{pmatrix}-2{,}5\\3\\4\end{pmatrix} = 0{,}5$

2 $\vec{a} \cdot \vec{b} = 5 < \vec{b} \cdot \vec{c} = 7 < \vec{a} \cdot \vec{c} = 10$

3 Das Viereck ABCD hat die Seitenvektoren $\vec{a} = \begin{pmatrix}5\\0\\1\end{pmatrix}$, $\vec{b} = \begin{pmatrix}1\\3\\2\end{pmatrix}$, $\vec{c} = \begin{pmatrix}-5\\0\\-1\end{pmatrix}$ und $\vec{d} = \begin{pmatrix}-1\\-3\\-2\end{pmatrix}$.

Gegenüberliegende Seiten sind also parallel und gleichlang.
Benachbarte Seiten aber haben unterschiedliche Längen $a = c = \sqrt{26}$, $b = d = \sqrt{14}$

4 Für das Dreieck PQR gilt: $\overrightarrow{PQ} = \begin{pmatrix}b-a\\c-b\\a-c\end{pmatrix}$, $\overrightarrow{QR} = \begin{pmatrix}c-b\\a-c\\b-a\end{pmatrix}$, $\overrightarrow{RP} = \begin{pmatrix}a-c\\b-a\\c-b\end{pmatrix}$

Die Seitenlängen sind demnach gleich. Dieselben drei Koordinaten haben auch die Seitenvektoren im Dreieck STU.
Die Seitenvektoren in VWX haben jeweils die Koordinaten $a-b$, $b-a$ und 0 und damit ebenfalls gleiche Länge.

5 Nein, denn die Länge von Vektoren sagt nichts aus über den Winkel, den sie bilden.
Zum Beispiel gilt für die Vektoren $\vec{a} = \begin{pmatrix}15\\0\\0\end{pmatrix}$, $\vec{b} = \begin{pmatrix}0\\13\\0\end{pmatrix}$, $\vec{c} = \begin{pmatrix}2\\1\\2\end{pmatrix}$ und $\vec{d} = \begin{pmatrix}0\\1\\0\end{pmatrix}$
dann $15 > 13 > 3 > 1$,
aber $\vec{a}\vec{b} = 0$ und $\vec{c}\vec{d} = 1$.

6 Für die Koordinaten von $\vec{w}$ muss $w_2 = 3w_3$ und $w_1 = w_3$ gelten.

Für jedes $\vec{w}$ erfüllt $\vec{w} = \begin{pmatrix}w\\3w\\w\end{pmatrix}$ die Bedingung.

7 Mit $\vec{u} = \begin{pmatrix}-1\\-3\\-2\end{pmatrix}$ und $\vec{v} = \begin{pmatrix}3\\1\\-2\end{pmatrix}$ gilt: $\cos(\alpha) = \frac{-2}{\sqrt{14} \cdot \sqrt{14}} = -0{,}14 \Rightarrow \alpha = 98{,}21°$

8 Mit $\vec{u} = \begin{pmatrix}-3{,}5\\-0{,}5\\2\end{pmatrix}$, $\vec{v} = \begin{pmatrix}-1\\-3\\4\end{pmatrix}$, $\vec{w} = \begin{pmatrix}2{,}5\\-2{,}5\\2\end{pmatrix}$ gilt:

(1) $\cos(\alpha) = \frac{13}{\sqrt{16{,}5} \cdot \sqrt{26}} = 0{,}63 \Rightarrow \alpha = 51{,}12°$

(2) $\cos(\beta) = \frac{3{,}5}{\sqrt{16{,}5} \cdot \sqrt{16{,}5}} = 0{,}21 \Rightarrow \beta = 77{,}75°$

(3) $\cos(\gamma) = \frac{13}{\sqrt{16{,}5} \cdot \sqrt{26}} = 0{,}63 \Rightarrow \gamma = 51{,}12°$

Das Dreieck ist somit gleichschenklig.

Lösungen zu Seite 139

9 Normalenvektor zu E_1: Es muss gelten: $n_2 + 4n_3 = 0$ und $n_1 + n_2 + n_3 = 0$

$\Rightarrow n_2 = -4n_3$ und $n_1 = 3n_3 \Rightarrow \vec{n} = \begin{pmatrix} 3 \\ -4 \\ 1 \end{pmatrix}$

Normalenvektor zu E_2: Es muss gelten: $2n_1 + n_2 + 4n_3 = 0$ und $3n_1 + 3n_3 = 0$

$\Rightarrow n_1 = -n_3$ und $n_2 = -2n_3 \Rightarrow \vec{n} = \begin{pmatrix} -1 \\ -2 \\ 1 \end{pmatrix}$

Normalenvektor zu E_3: $\vec{n} = \begin{pmatrix} 2 \\ -3 \\ 7 \end{pmatrix}$

Normalenformen:

E_1: $\begin{pmatrix} 3 \\ -4 \\ 1 \end{pmatrix} \cdot \left[\vec{x} - \begin{pmatrix} 0 \\ 1 \\ 2 \end{pmatrix}\right] = 0$; E_2: $\begin{pmatrix} -1 \\ -2 \\ 1 \end{pmatrix} \cdot \left[\vec{x} - \begin{pmatrix} 2 \\ 1 \\ 4 \end{pmatrix}\right] = 0$; E_3: $\begin{pmatrix} 2 \\ -3 \\ 7 \end{pmatrix} \cdot \left[\vec{x} - \begin{pmatrix} 5 \\ 0 \\ 0 \end{pmatrix}\right] = 0$

10 Winkel zwischen g und h: $\cos(\alpha) = \frac{0}{\sqrt{2}} = 0 \Rightarrow \alpha = 90°$

Somit sind g und h orthogonal.

Winkel zwischen g und k: $\cos(\alpha) = \frac{1}{\sqrt{3}} = 0{,}58 \Rightarrow \alpha = 54{,}7°$

Winkel zwischen h und k: $\cos(\alpha) = \frac{2}{\sqrt{2} \cdot \sqrt{3}} = 0{,}82 \Rightarrow \alpha = 35{,}3°$

11 E hat die Koordinatenform $2x_1 - 2x_2 + x_3 = 4$.

Mit dem Normalenvektor $\vec{n} = \begin{pmatrix} 2 \\ -2 \\ 1 \end{pmatrix}$ von E und den Richtungsvektoren

$\vec{u} = \begin{pmatrix} 1 \\ 0 \\ 0 \end{pmatrix}$, $\vec{u} = \begin{pmatrix} 0 \\ 0 \\ 1 \end{pmatrix}$ bzw. $\vec{u} = \begin{pmatrix} 0 \\ -2 \\ 4 \end{pmatrix}$ ergibt sich für die Ergänzungswinkel β und die gesuchten Winkel α:

(1) Winkel zwischen E und x_1-Achse : $\cos(\beta) = \frac{2}{3} \Rightarrow \beta = 48{,}2° \Rightarrow \alpha = 41{,}8°$

(2) Winkel zwischen E und x_3-Achse : $\cos(\beta) = \frac{1}{3} \Rightarrow \beta = 70{,}5° \Rightarrow \alpha = 19{,}5°$

(3) Winkel zwischen E und Kante BS : $\cos(\beta) = \frac{8}{3 \cdot \sqrt{20}} \Rightarrow \beta = 53{,}4° \Rightarrow \alpha = 36{,}6°$

12 a) Parameterdarstellungen und Normalenvektoren von E_1 und E_2:

E_1: $\vec{x} = \begin{pmatrix} 4 \\ 0 \\ 0 \end{pmatrix} + r\begin{pmatrix} -4 \\ -4 \\ 0 \end{pmatrix} + s\begin{pmatrix} -2 \\ 0 \\ 4 \end{pmatrix}$, $\vec{n} = \begin{pmatrix} 2 \\ -2 \\ 1 \end{pmatrix}$; E_2: $\vec{x} = \begin{pmatrix} 4 \\ 0 \\ 0 \end{pmatrix} + r\begin{pmatrix} -4 \\ 4 \\ 0 \end{pmatrix} + s\begin{pmatrix} -2 \\ 0 \\ 4 \end{pmatrix}$, $\vec{n} = \begin{pmatrix} 2 \\ 2 \\ 1 \end{pmatrix}$

$\Rightarrow \cos(\alpha) = \frac{1}{9} \Rightarrow \alpha = 83{,}6°$ oder $\alpha = 96{,}4°$ (Ergänzungswinkel)

Überlegungen am Objekt ergeben, dass der Winkel zwischen den Seitenflächen größer als 90° sein muss. Somit gilt $\alpha = 96{,}4°$.

b) Die Deckfläche hat den Normalenvektor $\vec{n} = \begin{pmatrix} 0 \\ 0 \\ 1 \end{pmatrix}$. Damit gilt für den Winkel β

zwischen den Ebenen E_1 und der Deckfläche: $\cos(\beta) = \frac{1}{\sqrt{9}} = \frac{1}{3} \Rightarrow \beta = 70{,}53°$

Der gesuchte Winkel ist größer als 90°. Es ist der Ergänzungswinkel zu 180°, nämlich 109,5°.

Der Winkel zwischen zwei Seitenflächen ist kleiner als der Winkel zwischen einer Seitenfläche und der Deckfläche.

Lösungen zu Seite 140

13 Der Abstand Dachfirst zur Bodenfläche beträgt 3,5.

14 Abstand von O zu A: $d(O, A) = \sqrt{4 + 4 + 1} = 3$

Abstand von O zu g: $d(O, g) = 3$, denn g verläuft parallel zur x_2-Achse, auf der Höhe 3. Der Abstand von O zu g ist daher der Abstand von O zum Punkt (0|0|3). Abstand von O zu W: $d(O, W) = 4$, denn W verläuft parallel zur x_1x_3- Ebene, im Abstand 4. Der Abstand von O zu W ist daher der Abstand von O zum Punkt (0|4|0).

15 Abstand von A zu F: $d(A, F) = \sqrt{4 + 25 + 9} = 6{,}16$

Der Abstand von A zu F beträgt 6,16.

Abstand von A zu FG: Aufstellen der Geradengleichung g von FG: $\vec{x} = \begin{pmatrix} 2 \\ 5 \\ 3 \end{pmatrix} + t\begin{pmatrix} -4 \\ 0 \\ 0 \end{pmatrix}$

Der Richtungsvektor von g ist Normalenvektor der Hilfsebene H, die durch A verläuft:

Gleichung von H: $-4x_1 = -16$ bzw. $x_1 = 4$

Schnittpunkt von g und H: $2 - 4t = 4 \Leftrightarrow t = -0{,}5 \Rightarrow S = (4|5|3)$

$d(A, S) = \sqrt{0 + 25 + 9} = 5{,}83$ Der Abstand von A zu FG beträgt 5,83.

Abstand von A zu BCFG: Ebenengleichung E: $\vec{x} = \begin{pmatrix} 4 \\ 4 \\ 1 \end{pmatrix} + r\begin{pmatrix} -4 \\ 0 \\ 0 \end{pmatrix} + s\begin{pmatrix} -2 \\ 1 \\ 2 \end{pmatrix}$

Ein Normalenvektor von E: $\vec{n} = \begin{pmatrix} 0 \\ 2 \\ -1 \end{pmatrix}$; zu E senkrechte Hilfsgerade h durch A mit

h: $\vec{x} = \begin{pmatrix} 4 \\ 0 \\ 0 \end{pmatrix} + t\begin{pmatrix} 0 \\ 2 \\ -1 \end{pmatrix}$

Das LGS zur Berechnung des Schnittpunktes von E und h

(I: $4 - 4r - 2s = 4 \wedge$ II: $4 + s = 2t \wedge 1 + 2s = -t$) ergibt $r = 0{,}6$; $s = -1{,}2$; $t = 1{,}4$ und den Schnittpunkt $S = (4|2{,}8|-1{,}4)$.

$d(A, S) = \sqrt{0 + 7{,}84 + 1{,}96} = 3{,}13$ Der Abstand von A zu BCFG beträgt 3,13.

16 $d(P, x_1x_2) = 2$; $d(P, x_1x_3) = 3$; $d(P, x_2x_3) = 4$

17 Der Abstand Ursprung – Ebene muss kleiner sein als der Abstand vom Ursprung zu den Achsenschnittpunkten. Dieser beträgt 1. Der Fehler: der Normalenvektor wurde nicht normiert.

Es hätte mit $\vec{n}_0 = \frac{1}{\sqrt{3}}\begin{pmatrix} 1 \\ 1 \\ 1 \end{pmatrix}$ gerechnet werden müssen. $d(O, E) = \frac{1}{\sqrt{3}}$

Lösungen zu Seite 195

1 a) $A \cdot B = \begin{pmatrix} 95 & 58 & 26 \\ 72 & 47 & 20 \\ 74 & 54 & 14 \end{pmatrix}$ b) $3 \cdot A + 4 \cdot B = \begin{pmatrix} 11 & 27 & 21 \\ 33 & 22 & 22 \\ 48 & 44 & 18 \end{pmatrix}$ c) $A \cdot \vec{v} + B \cdot \vec{w} = \begin{pmatrix} 59 \\ 68 \\ 113 \end{pmatrix}$

2 $\begin{matrix} A \\ B \\ C \end{matrix} \begin{pmatrix} 10 & 5 & 5 \\ 20 & 10 & 1 \\ 5 & 8 & 8 \end{pmatrix} \cdot \begin{pmatrix} 0{,}6 \\ 0{,}8 \\ 1{,}7 \end{pmatrix} = \begin{pmatrix} 18{,}5 \\ 21{,}7 \\ 23 \end{pmatrix}$

Familie Ahlers: 18,50 €
Familie Baier: 21,70 €
Familie Callsen: 23,00 €

3

$\begin{matrix} & Z_1 & Z_2 & \\ & 1 & 1 & R_1 \\ & 2 & 1 & R_2 \\ & 2 & 1 & R_3 \end{matrix}$ Rohstoffe und Zwischenprodukte

$\begin{matrix} E_1 & E_2 & E_3 & \\ 1 & 2 & 3 & Z_1 \\ 4 & 1 & 3 & Z_2 \end{matrix}$ Zwischenprodukte und Endprodukte

$\begin{pmatrix} 1 & 1 \\ 2 & 1 \\ 2 & 1 \end{pmatrix} \cdot \begin{pmatrix} 1 & 2 & 3 \\ 4 & 1 & 3 \end{pmatrix} = \begin{pmatrix} 5 & 3 & 6 \\ 6 & 5 & 9 \\ 6 & 5 & 9 \end{pmatrix}$ (Spalten E_1, E_2, E_3; Zeilen R_1, R_2, R_3) Rohstoffe und Endprodukte

4

a) Verflechtungsgraph

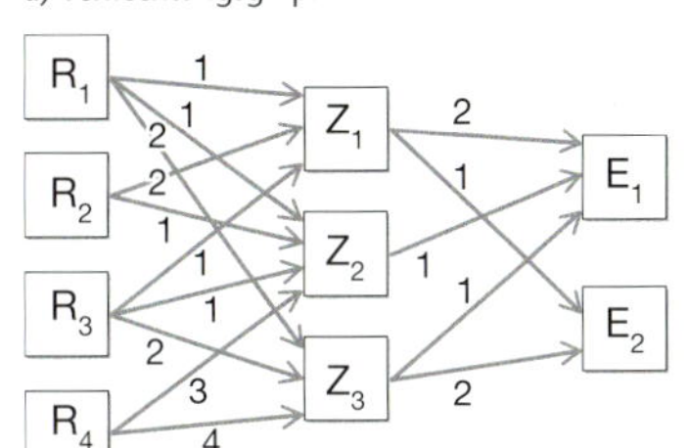

b) Rohstoffe und Endprodukte

$\begin{pmatrix} 1 & 1 & 2 \\ 2 & 1 & 0 \\ 1 & 1 & 2 \\ 0 & 3 & 4 \end{pmatrix} \cdot \begin{pmatrix} 2 & 1 \\ 1 & 0 \\ 1 & 2 \end{pmatrix} = \begin{pmatrix} 5 & 5 \\ 5 & 2 \\ 5 & 5 \\ 7 & 8 \end{pmatrix}$ (Spalten E_1, E_2; Zeilen R_1, R_2, R_3, R_4)

E_1 benötigt $5R_1$, $5R_2$, $5R_3$ und $7R_4$.
E_2 benötigt $5R_1$, $2R_2$, $5R_3$ und $8R_4$.

5

a)	b)	c)	d)	e)	f)
$\begin{pmatrix} 0{,}5 & 0 \\ 0 & 0{,}5 \end{pmatrix}$	existiert nicht	$\begin{pmatrix} 0{,}8 & -0{,}1 \\ -0{,}6 & 0{,}2 \end{pmatrix}$	existiert nicht	$\begin{pmatrix} 1 & 0 \\ -2 & 1 \end{pmatrix}$	existiert nicht

Lösungen zu Seite 196

6

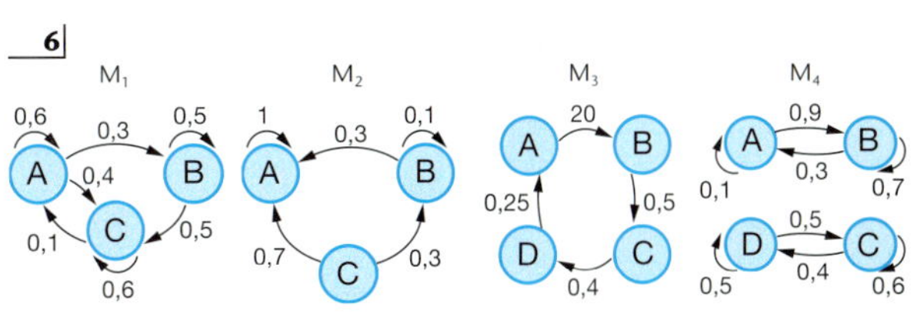

7

$M_I = \begin{pmatrix} 0{,}8 & 0 & 0{,}6 \\ 0{,}2 & 0{,}4 & 0{,}4 \\ 0 & 0{,}6 & 0 \end{pmatrix}$ stochastisch

$M_{II} = \begin{pmatrix} 0 & 0 & 0 & 5 \\ 0{,}4 & 0 & 0 & 0 \\ 0 & 2 & 0 & 0 \\ 0 & 0 & 0{,}25 & 0 \end{pmatrix}$ nicht stochastisch

$M_{III} = \begin{pmatrix} 0 & 0 & 0 & 0{,}5 \\ 0{,}4 & 0{,}4 & 0 & 0 \\ 0{,}6 & 0{,}6 & 0 & 0{,}5 \\ 0 & 0 & 1 & 0 \end{pmatrix}$ stochastisch

8

a)

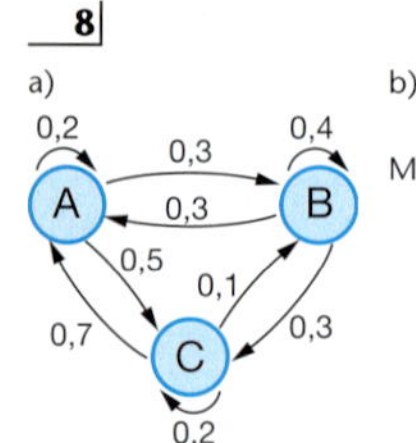

b)

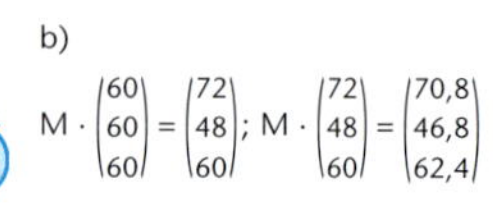

$M \cdot \begin{pmatrix} 60 \\ 60 \\ 60 \end{pmatrix} = \begin{pmatrix} 72 \\ 48 \\ 60 \end{pmatrix}$; $M \cdot \begin{pmatrix} 72 \\ 48 \\ 60 \end{pmatrix} = \begin{pmatrix} 70{,}8 \\ 46{,}8 \\ 62{,}4 \end{pmatrix}$

c) $M^2 = \begin{pmatrix} 0{,}48 & 0{,}39 & 0{,}31 \\ 0{,}23 & 0{,}28 & 0{,}27 \\ 0{,}29 & 0{,}33 & 0{,}42 \end{pmatrix}$

M^2 beschreibt die Übergangsraten für einen Zeitraum von zwei Generationen: $m_{32} = 0{,}33$ bedeutet, dass nach zwei Generationen ein Anteil von 33 % von B nach C gewechselt ist.

9

a) Graph

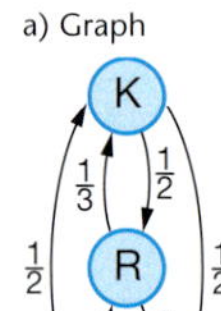

Matrix

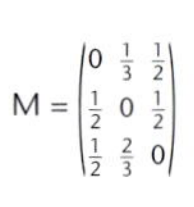

$M = \begin{pmatrix} 0 & \frac{1}{3} & \frac{1}{2} \\ \frac{1}{2} & 0 & \frac{1}{2} \\ \frac{1}{2} & \frac{2}{3} & 0 \end{pmatrix}$

b) $\vec{v}_1 = M \cdot \begin{pmatrix} 1 \\ 0 \\ 0 \end{pmatrix} = \begin{pmatrix} 0 \\ 0{,}5 \\ 0{,}5 \end{pmatrix}$; $\vec{v}_2 = M^2 \cdot \begin{pmatrix} 1 \\ 0 \\ 0 \end{pmatrix} = \begin{pmatrix} 0{,}41666 \\ 0{,}25 \\ 0{,}33333 \end{pmatrix}$

$\vec{v}_1$: Am nächsten Freitag trifft man Herrn Klausen mit der Wahrscheinlichkeit von 50% im Restaurant, mit der Wahrscheinlichkeit von 50% im Fitness-Center.

$\vec{v}_2$: Am übernächsten Freitag trifft man Herrn Klausen mit der Wahrscheinlichkeit von 42% im Kino, mit der Wahrscheinlichkeit von 25% im Restaurant, mit der Wahrscheinlichkeit von 33% im Fitness-Center. (Werte gerundet).

c) **Strategie A:**

$M^{10} \cdot \begin{pmatrix} 1 \\ 0 \\ 0 \end{pmatrix} = \begin{pmatrix} 0{,}2958984375 \\ 0{,}3330078125 \\ 0{,}37109375 \end{pmatrix}$; $M^{20} \cdot \begin{pmatrix} 1 \\ 0 \\ 0 \end{pmatrix} = \begin{pmatrix} 0{,}2962948481 \\ 0{,}3333330154 \\ 0{,}3703721364 \end{pmatrix}$; $M^{40} \cdot \begin{pmatrix} 1 \\ 0 \\ 0 \end{pmatrix} = \begin{pmatrix} 0{,}2962962962 \\ 0{,}3333333333 \\ 0{,}3703703703 \end{pmatrix}$

$\rightarrow$ Vermutung: $\lim\limits_{k \to \infty} M^k \cdot \begin{pmatrix} 1 \\ 0 \\ 0 \end{pmatrix} = \begin{pmatrix} 0{,}\overline{296} \\ 0{,}\overline{3} \\ 0{,}\overline{370} \end{pmatrix} = \begin{pmatrix} \frac{8}{27} \\ \frac{1}{3} \\ \frac{10}{27} \end{pmatrix}$

Strategie B:

$M \cdot \begin{pmatrix} k \\ r \\ f \end{pmatrix} = \begin{pmatrix} k \\ r \\ f \end{pmatrix}$ und $k + r + f = 1$ führt auf das LGS $\begin{pmatrix} -k + \frac{1}{3}r + \frac{1}{2}f = 0 \\ \frac{1}{2}k - r + \frac{1}{2}f = 0 \\ k + r + f = 1 \end{pmatrix}$ mit der Lösung $k = \frac{8}{27}$; $r = \frac{1}{3}$; $f = \frac{10}{27}$.

Langfristig trifft man Herrn Klausen am Freitagabend mit einer Wahrscheinlichkeit von 30% im Kino, 33% im Restaurant und 37% im Fitness-Center (Werte gerundet).

Lösungen zu Seite 197

10

a) $M = \begin{pmatrix} 1 & 0{,}5 & 0 & 0 & 0 \\ 0 & 0 & 0{,}5 & 0 & 0 \\ 0 & 0{,}5 & 0 & 0{,}5 & 0 \\ 0 & 0 & 0{,}5 & 0 & 0 \\ 0 & 0 & 0 & 0{,}5 & 1 \end{pmatrix}$ $\quad M_G = \begin{pmatrix} 1 & 0{,}75 & 0{,}5 & 0{,}25 & 0 \\ 0 & 0 & 0 & 0 & 0 \\ 0 & 0 & 0 & 0 & 0 \\ 0 & 0 & 0 & 0 & 0 \\ 0 & 0{,}25 & 0{,}5 & 0{,}75 & 1 \end{pmatrix}$

b) $M = \begin{pmatrix} 0{,}5 & 0 & 0{,}4 \\ 0{,}2 & 0{,}5 & 0{,}4 \\ 0{,}3 & 0{,}5 & 0{,}2 \end{pmatrix}$ $\quad M_G = \begin{pmatrix} 0{,}274 & 0{,}274 & 0{,}274 \\ 0{,}384 & 0{,}384 & 0{,}384 \\ 0{,}342 & 0{,}342 & 0{,}342 \end{pmatrix}$

c) $M = \begin{pmatrix} 0 & 0 & 0 & 0{,}25 \\ 0{,}4 & 0 & 0 & 0 \\ 0 & 0{,}5 & 0 & 0 \\ 0 & 0 & 20 & 0 \end{pmatrix}$

Hier existiert keine stabile Verteilung. Der Prozess ist periodisch mit $M^k = M^{k+3}$.

d) $M = \begin{pmatrix} 0{,}3 & 0{,}8 & 0 & 0 \\ 0{,}7 & 0 & 0 & 0 \\ 0 & 0{,}2 & 0{,}5 & 0{,}5 \\ 0 & 0 & 0{,}4 & 0{,}6 \end{pmatrix}$ $\quad M_G = \begin{pmatrix} 0 & 0 & 0 & 0 \\ 0 & 0 & 0 & 0 \\ 0{,}44 & 0{,}44 & 0{,}44 & 0{,}44 \\ 0{,}55 & 0{,}55 & 0{,}55 & 0{,}55 \end{pmatrix}$

11

a)

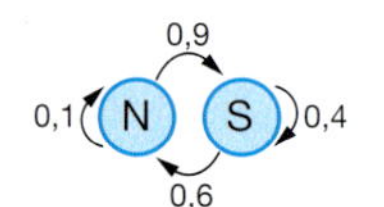

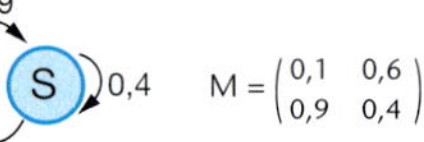

$M = \begin{pmatrix} 0{,}1 & 0{,}6 \\ 0{,}9 & 0{,}4 \end{pmatrix}$

Matrix		Tag 0	1	2	3	4	5
0,1	0,6	300	210	255	233	243,8	238,13
0,9	0,4	300	390	345	368	356,3	361,88

b) **Strategie B**

$M \cdot \begin{pmatrix} n \\ s \end{pmatrix} = \begin{pmatrix} n \\ s \end{pmatrix}$ und $n + s = 600$ führt auf das LGS $\begin{pmatrix} -0{,}9n + 0{,}6s = 0 \\ n + s = 600 \end{pmatrix}$ mit der Lösung $n = 240$; $s = 360$.

Im Norden sollten 240 und im Süden 360 Fahrräder stationiert werden.

12 a)

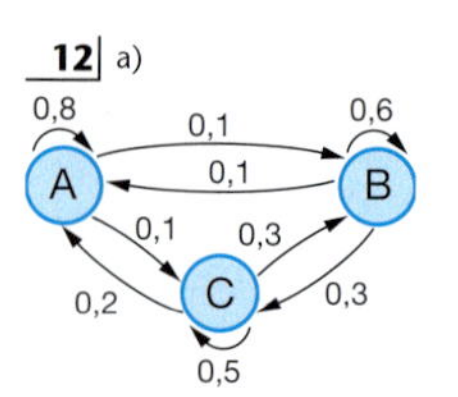

$M = \begin{pmatrix} 0{,}8 & 0{,}1 & 0{,}2 \\ 0{,}1 & 0{,}6 & 0{,}3 \\ 0{,}1 & 0{,}3 & 0{,}5 \end{pmatrix}$

Matrix			Tag 0	1	2	3
0,8	0,1	0,2	300	350	399	435,1
0,1	0,6	0,3	700	510	443	413,1
0,1	0,3	0,5	200	340	358	351,8

b) Wählen Sie dazu Strategie B aus Aufgabe 9c):

$M \cdot \begin{pmatrix} a \\ b \\ c \end{pmatrix} = \begin{pmatrix} a \\ b \\ c \end{pmatrix}$ und $a + b + c = 1200$ führt auf das LGS $\begin{pmatrix} -0{,}2a + 0{,}1b + 0{,}2c = 0 \\ 0{,}1a - 0{,}4b + 0{,}3c = 0 \\ a + b + c = 1200 \end{pmatrix}$ mit der Lösung $a = \frac{6600}{13}$; $b = \frac{4800}{13}$; $c = \frac{4200}{13}$.

Lösungen zu Seite 198

13

Mit der Abbildungsmatrix $M = \begin{pmatrix} 0{,}5 & -0{,}5 \\ 0 & 1 \end{pmatrix}$ folgt für die Punkte:

Kirche	Bild
(3 | 0)	(1,5 | 0)
(3 | 3)	(0 | 3)
(5 | 4)	(0,5 | 4)
(7 | 3)	(2 | 3)
(7 | 5)	(1 | 5)
(8 | 7)	(0,5 | 7)
(9 | 5)	(2 | 5)
(9 | 0)	(4,5 | 0)

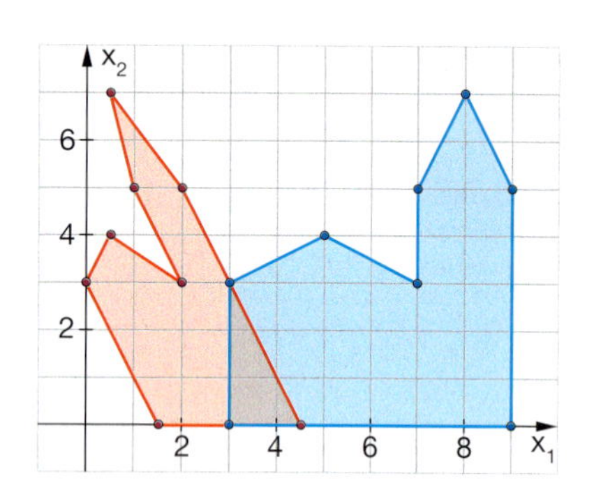

14 Wählen Sie zwei Punkte und ihre Bildpunkte, z.B.: $\begin{pmatrix} a & b \\ c & d \end{pmatrix} \cdot \begin{pmatrix} 2 \\ 0 \end{pmatrix} = \begin{pmatrix} -2 \\ 2 \end{pmatrix}$ und $\begin{pmatrix} a & b \\ c & d \end{pmatrix} \cdot \begin{pmatrix} 7 \\ 4 \end{pmatrix} = \begin{pmatrix} -7 \\ 9 \end{pmatrix}$

Lösen des LGS $2a = -2$, $2c = 2$, $7a + 4b = -7$, $7c + 4d = 9$ liefert: $a = -1$, $b = 0$; $c = 1$; $d = 0{,}5$

$\Rightarrow \begin{pmatrix} a & b \\ c & d \end{pmatrix} = \begin{pmatrix} -1 & 0 \\ 1 & 0{,}5 \end{pmatrix}$

15 $\begin{pmatrix} x_1 \\ x_2 \\ x_3 \end{pmatrix} + t \cdot \begin{pmatrix} -4 \\ 0 \\ -1 \end{pmatrix} = \begin{pmatrix} x_1 - 4t \\ x_2 \\ x_3 - t \end{pmatrix}$ und $2 \cdot (x_1 - 4t) - x_2 + 3 \cdot (x_3 - t) = 0$ wird nach t aufgelöst: $t = \frac{1}{11} \cdot (2x_1 - x_2 + 3x_3)$

$$\begin{pmatrix} x_1 \\ x_2 \\ x_3 \end{pmatrix} + \frac{1}{11} \cdot (2x_1 - x_2 + 3x_3) \cdot \begin{pmatrix} -4 \\ 0 \\ -1 \end{pmatrix} = \begin{pmatrix} \frac{3}{11}x_1 + \frac{4}{11}x_2 - \frac{12}{11}x_3 \\ x_2 \\ -\frac{2}{11}x_1 + \frac{1}{11}x_2 + \frac{8}{11}x_3 \end{pmatrix} = \frac{1}{11} \cdot \begin{pmatrix} 3 & 4 & -12 \\ 0 & 11 & 0 \\ -2 & 1 & 8 \end{pmatrix} \cdot \begin{pmatrix} x_1 \\ x_2 \\ x_3 \end{pmatrix}$$

16 Drehung um die

x_3-Achse: $\begin{pmatrix} \cos(\alpha) & -\sin(\alpha) & 0 \\ \sin(\alpha) & \cos(\alpha) & 0 \\ 0 & 0 & 1 \end{pmatrix}$, x_2-Achse: $\begin{pmatrix} \cos(\alpha) & 0 & -\sin(\alpha) \\ 0 & 1 & 0 \\ \sin(\alpha) & 0 & \cos(\alpha) \end{pmatrix}$,

x_1-Achse: $\begin{pmatrix} 1 & 0 & 0 \\ 0 & \cos(\alpha) & -\sin(\alpha) \\ 0 & \sin(\alpha) & \cos(\alpha) \end{pmatrix}$

17

a) $S = \begin{pmatrix} -1 & 0 \\ 0 & 1 \end{pmatrix}$ und $D = \begin{pmatrix} 0 & -1 \\ 1 & 0 \end{pmatrix}$

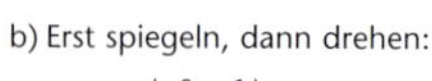

b) Erst spiegeln, dann drehen:

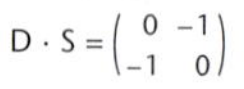

$D \cdot S = \begin{pmatrix} 0 & -1 \\ -1 & 0 \end{pmatrix}$

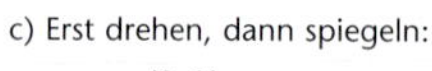

c) Erst drehen, dann spiegeln:

$S \cdot D = \begin{pmatrix} 0 & 1 \\ 1 & 0 \end{pmatrix}$

18

Die inverse Matrix ist: $\begin{pmatrix} 0{,}25 & 0{,}75 \\ 0{,}75 & 0{,}25 \end{pmatrix}$.

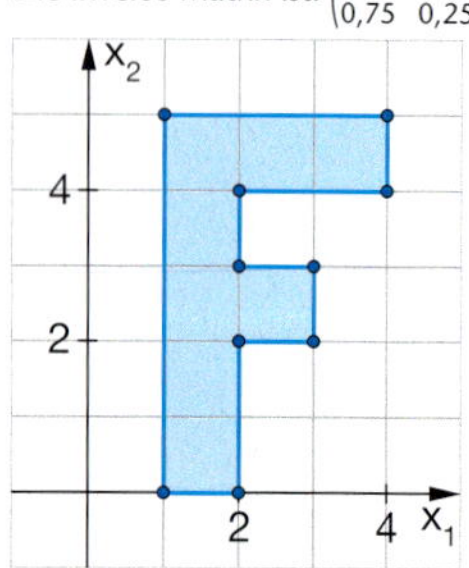

Stichwortverzeichnis

2D-Darstellung realer Objekte 16
3D im Gehirn 92

Abbildungsmatrix 185, 188
Abstand 128
–, als Extremwertproblem 138
–, Punkt-Ebene **130**
–, Punkt-Gerade **130**
–, Punkt-Gerade mithilfe der Analysis 138
–, Situationen 128
–, windschiefer Geraden 136
–, zweier Punkte 14
Achsenabschnittsform 80

Basis 223
Bernsteinpolynome 224
Bestellmatrix 153
Betrag eines Vektors **28**
Bildbearbeitung 183
Bildpunkte **185**
Brennpunkt 217, 219

Codieren - Decodieren 163

Dachfläche 72, 73
Dachformen 17
–, Pultdach 17
–, Satteldach 17, 77
–, Walmdach 17, 43, 53, 117
Dandelinsche Kugeln 216
DESCARTES Lexikon 11
DESCARTES, RENÉ 11, 24
Diagonalform einer Matrix 64, 125
Differenzvektor 32
Dimension eines Vektorraums 223
Dodekaeder 123
Drehmatrix 192
Dreiecksform einer Matrix 64
DÜRER, ALBRECHT 91
Dynamische Veranschaulichung 190

Ebene 14
–, eines Schnittkreises 213
–, Mittenviereck 41
–, Normalenvektor **113**
Ebenengleichung 75
–, Achsenabschnittsform 80
–, Koordinatenform **75**
–, Normalenform **118**, 134
–, Punkt-Richtungs-Form **75**
Einheitsmatrix 161

FALK, SIGURD 157
Falk-Schema 157
FERMAT, PIERRE DE 24
Fluoritkristalle 13

GAUSS, CARL FRIEDRICH 63
Gauß-Algorithmus 63
Geometrische Interpretation von Gleichungssystemen 124
Geraden 52
–, identische 61
–, im Raum **52**
–, in Ebene **52**
–, parallele 61
–, Schnittpunkt 62
–, windschiefe 61
geradentreue Abbildung 191
Gleichungen für Kegelschnitte 218
GRASSMANN, HERMANN GÜNTER 42
Grenzmatrix **173**, 174

Haus des Nikolaus 26, 47, 55
HESSE, LUDWIG OTTO 134
Hesse'sche Normalenform **134**
Hintereinanderausführung einer Abbildung 193
Input-Output-Analyse 164
Insektenpopulation 180
inverse Abbildungen 194
inverse Matrix 162, 194
inverse Matrix für Multiplikation 162
Inversion am Kreis 191
Irrfahrten 178

Käferpopulation 180
Kegelschnitte **216**
–, als Ortslinien 217
–, Ellipsengleichung 218
–, Hyperbelgleichung 218
–, Kreisgleichung 218
–, Parabelgleichung 218
Koeffizientenmatrix 63
–, erweiterte 63
Koordinatenform **75**
Koordinatengleichung 209
–, einer Kugel **209**
–, eines Kreises **209**
Koordinatensystem 12, **14**, 16
–, in der Ebene **14**
–, räumlich **14**, 16
Kosinussatz 101
Kreis 209
–, in der Ebene **209**
–, Koordinatengleichung **209**
–, Parameterdarstellung 214
Kuboktaeder 88
Kugel 209
–, im Raum **209**
–, Koordinatengleichung **209**
–, Parameterdarstellung 214

Lagebeziehungen 61
–, zwischen Ebenen **86**, 89
–, zwischen Geraden **61**, 65
–, zwischen Gerade und Ebene **82**, 89
Lagerhaltung 149, 159
Länge eines Vektors **102**
Laser 51
LEIBNIZ, GOTTFRIED WILHELM 42
Leontief-Inverse 165
Leontief-Modell 164
LEONTIEF, WASSILY 164
linear abhängig 34, **61**, 84, 223
linear unabhängig **61**, 84, 223
lineare Abhängigkeit von drei Vektoren 84
lineare Gleichungssysteme 124
Linearkombination 32
Lotfußpunktverfahren **130**

Magische Quadrate 221
Maikäferpopulation 179
Marktanalyse 149, 158, 162, 171, 175
Matrix 63
–, Addition 151
–, Diagonalform 64
–, Dreiecksform 64
–, inverse 162, 194
–, Multiplikation **156**

–, Multiplikation mit Vektor 151
–, Rechengesetze 160, 161
–, S-Multiplikation 151
–, stochastische 170
–, Übergangsprozesse **168**
Matrizen in Anwendungen 151
Mäuselabyrinth 166, 174, 175, 178
Mittelpunktsform 220
–, einer Ellipsengleichung 220
–, von Gleichungen 220
Mittenviereck **14**, 15, 41
–, in der Ebene 41
–, im Raum 41
Morphing 226

Normalenform einer Ebenengleichung **118**, 134
Normalenvektor **113**

Objektstudien mit Kugeln 212
Oktaeder 87, 107, 132
Orthogonalität von Vektoren 38, **102**, 111
Orthogonalitätsbedingung für Vektoren 38
Ortslinien 217
Ortsvektor **28**

parallele Vektoren 34
Parameterdarstellung 214
–, eines Kreises 214
–, einer Kugel 214
Parkettierung des Raumes 122, 123
Parkettierungen 30
Platonische Körper 48
–, Parkettierung 123
–, Winkel 122
Populationen 179
–, Insekten 180
–, Käfer 180
–, Maikäfer 179
Populationsentwicklung 179
Projektionen 59, 189, 195
–, Parallel- 59, 69
–, Zentral- 59, 69
Prozesse 180
–, zyklische 180
–, zyklische periodische 180
Punkte 14
–, Abstand 14
–, Darstellung 14
–, im Koordinatensystem 28
Punkt-Richtungs-Form 52, 75
–, Ebenengleichung **75**
–, Geradengleichung **52**
Pyramide 90, 213

Rechengesetze für Vektoren 40
Richtungsvektor 52, 75

Satz des Thales 109
Satz von Varignon 41
Schatten 60, 69, 70, 150, 184, 189
Schnittkreis 213
Schnittkurven eines Doppelkegels **216**
Schnittpunkt von Geraden 62
Schrägbilder 12, 22, 25
Schwerpunkte 37
Skalarprodukt 100, **102**
–, Eigenschaften 108
–, S-Multiplikation 126
–, von Vektoren **102**
Spat 35
Spiegel 184, 189, 193
Spurpunkte 58, 80
stabile Verteilung **173**
stochastische Matrix 170
Strategien zur Abstandsbestimmung 133
Stützvektor 52, 75
Styroporschnitte 215

Tangentialebene 211
Tangentialgleichungen 211
Tripelspiegel 70, 71, 193

Übergangsgraph, -matrix **168**, 182
Übergangsprozess **168**
Übergangstabelle **168**
Umfüllproblem 177

Vektor 28
–, Addition **32**
–, Betrag **28**
–, Länge **102**
–, Linearkombination **32**
–, Orthogonalität **102**
–, Rechengesetze 40
–, S-Multiplikation **32**
Vektoren 28
–, algebraisch **28**
–, geometrisch **28**
–, in der Physik 110
–, orthogonale 38
–, Orthogonalitätsbedingung 38
–, parallele 34
–, Skalarprodukt **102**
Vektorprodukt **126**
–, Flächenberechnungen 127
–, Volumenberechnungen 127
Vektorraum **222**
–, Basis 223
–, der reellen Funktionen 225
–, Dimension 223
verschlüsselte Botschaften 163

Wahlprognose 157
Walmdach 17, 43, 53, 117
Warteschlangen 182
Winkel 102
–, zwischen Ebenen **113**
–, zwischen Geraden **113**
–, zwischen Gerade und Ebene 112, **113**
–, zwischen zwei Vektoren **102**
Würfelhäuser 12
Würfelschnitte 21, 47, 57, 66,67,76, 79,80, 85
Würfelverschiebungen 30

Zahlenpaar **14**, 28
Zahlentripel **14**, 28
Zentralperspektive 91
zyklische periodische Prozesse 180
zyklische Prozesse 180

Fotoverzeichnis

Umschlag: fotolia.com, New York (euregio photo); 9.1, 79.1: Prof. Günter Schmidt, Stromberg; 9.3, 41.1: Prof. Günter Schmidt, Stromberg; 10.1: M. C. Escher's „Cubic Space Division". The M. C. Escher Company, Holland. All rightsreserved. www.mcescher.com; 11.1: Thomas Vogt, Hargesheim/Bad Kreuznach; 12.1: ANDIA.fr, Pacé (Barthe); 12.2: Prof. Günter Schmidt, Stromberg; 13.1: Michael Bostelmann, Neuhäusel; 13.3: Focus, Hamburg (Charles D. Winters/Photo Researchers); 14.1, 15.1, 16.1: Prof. Günter Schmidt, Stromberg; 20.1-6: Michael Bostelmann, Neuhäusel; 21.1-4: Prof. Günter Schmidt, Stromberg; 22.1: Dr. Hubert Weller, Lahnau; 24.1: Picture-Alliance, Frankfurt (SefanoBianchetti/Leemage); 24.2: Picture-Alliance, Frankfurt (Leemage); 25.1: Guido Schiefer Fotografie, Köln; 25.2: Dr. Hubert Weller, Lahnau; 26.1: Prof. Günter Schmidt, Stromberg; 30.1: M. C. Escher's „Symmetry Drawing E27". The M. C. Escher Company, Holland. All rightsreserved. www.mcescher.com; 35.1: Focus, Hamburg (SPL/Sinclair Stammers); 36.1-2, 37, 41.2, 48.1-2,49.1, 71.1, 193.1: Prof. Günter Schmidt, Stromberg; 49.2, 50.1: Günter Steinberg, Oldenburg; 49.3-4: Michael Bostelmann, Neuhäusel; 51.1: Chesapeake Light Craft, Annapolis, Maryland; 51.2: Corbis, Düsseldorf (John Madere); 59.1, 150.1: Dr. Hubert Weller, Lahnau; 60.1: mauritiusimages, Mittenwald (Photoshot); 60.2: Visum, Hamburg (Marc Steinmetz); 60.3: Prof. Günter Schmidt, Stromberg; 61.1: Getty Images, München (CasparBenson);63.1:akg-images,Berlin;68.1:UlrichNusko,Bern;68.2:F1online,Frankfurt(Horizon); 69.1: VasfiBicer; 70.2: Dr. Hubert Weller, Lahnau; 70.3-4: Prof. Günter Schmidt, Stromberg; 70.1, 70.5: Dr. Hubert Weller, Lahnau; 72.1: fotolia.com , New York (Gina Sanders); 72.2-8: Michael Bostelmann, Neuhäusel; 90.1: Dr. Hubert Weller, Lahnau; 90.2: bildagentur-online, Burgkunstadt; 91.1, 91.3, 92.1-2: Dr. Hubert Weller, Lahnau; 91.2, 238.1: akg-images, Berlin; 92.3: fotolia.com, New York (k-xperience); 97.1: fotolia.com , New York (Yantra); 99.1-2, 117.1: Prof. Günter Schmidt, Stromberg; 99.3, 136.1: Thomas Vogt, Hargesheim/Bad Kreuznach; 99.4, 139.1: alimdi.net, Deisenhofen (Kurt Moebus); 100.1: akg-images, Berlin; 101.1: Thomas Vogt, Hargesheim/Bad Kreuznach; 103.1: Michael Bostelmann, Neuhäusel; 110.1, 111.1-2: Prof. Günter Schmidt, Stromberg; 118.1, 121.1-2: Thomas Vogt, Hargesheim/Bad Kreuznach; 122.1: Frankfurter Allgemeine Zeitung, Frankfurt (F.A.Z.-Grafik Kaiser); 122.2: Dr. Michael Engel – University of Michigan, ComputationalNanoscience & Soft Matter Simulation, Ann Arbor, MI 48109-2136; 123.1-3: Prof. Günter Schmidt, Stromberg; 124.1-8: Michael Bostelmann, Neuhäusel; 128.1: bildagentur-online, Burgkunstadt (SC-Photos); 128.2: Picture-Alliance, Frankfurt (dpa); 128.3: Corbis, Düsseldorf (David Madison); 128.4: Corbis, Düsseldorf (Jeremy Horner); 128.5: imago, Berlin (Steinach); 128.6: Corbis, Düsseldorf (Nigel Pavitt/JAI); 129.1: Prof. Günter Schmidt, Stromberg; 134.1: Ruprecht-Karls-Universität Heidelberg, Universitätsarchiv, Heidelberg; 146.1: Martin Zacharias, Molfsee; 147.1, 149.1: Helga Lade, Frankfurt (J.M. Voss); 148.1: fotolia.com, New York (Elena Elisseeva); 151.1: fotolia.com, New York (Juergen Muehlig); 151.2: Visum, Hamburg (Stefan Kroeger); 155.1A: Westend 61, München (Creativ Studio Heinemann); 155.1B: plainpicture, Hamburg (Mira); 155.1C: gettyimages, München (Titova Valeria); 155.1D: picture-alliance, Frankfurt (Image Source); 155.1E: Schapowalow, Hamburg (Huber); 155.1F: fotolia.com (Indigo Fish); 155.1G: Food Centrale, Hamburg (FoodFolio); 155.2A: fotolia.com (Christian Jung); 155.2B: fotolia.com (Denis Dryashkin); 155.2C: fotolia.com (Sport Moments); 158.1: Wilhelm Mierendorf, Stuttgart; 159.1: varioimages, Bonn; 163.1-3: Thomas Vogt, Hargesheim/Bad Kreuznach; 164.1: Corbis, Düsseldorf (Bettmann); 166.1: Visum, Hamburg (Gustavo Alabiso); 167.1: mauritiusimages, Mittenwald (Alamy); 169.1: imago, Berlin (Manfred Segerer); 169.2: STOCK4B, München (Rose/Mueller/unlike); 171.1: mauritiusimages, Mittenwald (Greatshots); 171.2: Joker, Bonn (Karl-Heinz Hick); 172.1: Werner Otto, Oberhausen; 175.1: argus, Hamburg (Mike Schroeder); 177.1-5: Martin Zacharias, Molfsee; 179.1: Okapia, Frankfurt (JefMeul); 181.1: Naturfoto-Online, Steinburg (Stefan Ernst); 182.1: A1PIX /YourPhoto Today, Taufkirchen; 183.1-4, 184.1,186.1, 191.1: Dr. Hubert Weller, Lahnau; 193.2: Prof. Günter Schmidt, Stromberg; 199.1: Tierbildarchiv Angermayer, Holzkirchen (Pfletschinger); 204.1: iStockphoto, Calgary (Hemp); 204.2: Blue Chip, Essen; 204.3: Okapia, Frankfurt (Bruce); 205.1: Picture-Alliance, Frankfurt (dpa); 207.1: Dr. Hubert Weller, Lahnau; 208.1: Eberhard Lehmann; 212.1: Dr. Hubert Weller, Lahnau; 213.1: fotolia.com , New York (Alexander Mamich); 215.1: fotolia.com , New York (Bibanesi); 215.2-9, 216.1, 221.1, 229.1: Dr. Hubert Weller, Lahnau; 230.1: Martin Zacharias, Molfsee; 233.1: mauritiusimages, Mittenwald (Torsten Krüger); 235.1: Martin Egbert, Ibbenbueren(Martin Egbert); 237.1: imago, Berlin (Steffen Schellhorn); 237.2: Rolf Wellinghorst, Quakenbrück.

Es war nicht in allen Fällen möglich, die Inhaber der Bildrechte ausfindig zu machen und um Abdruckgenehmigung zu bitten. Berechtigte Ansprüche werden selbstverständlich im Rahmen der üblichen Konditionen abgegolten.